공조냉동기계
기능사 필기

시대에듀

편·저·자·약·력

허판효

現 온라인 교육기관 합격시대 전임교수
　온라인 교육기관 안전교육 전임교수
　에듀퓨어 전임교수
　영남기술직업학교 강사

前 도시가스, 가스공사 외부 강사
　소방협회 위촉 강사
　서울 삼성전자 기흥사업장 가스기능장 출강
　천안 아산 삼성디스플레이 가스산업기사 출강

[저서]
위험물산업기사 필기
위험물산업기사 실기
위험물기능사 필기
위험물기능사 실기

끝까지 책임진다! 시대에듀!
QR코드를 통해 도서 출간 이후 발견된 오류나 개정법령, 변경된 시험 정보, 최신기출문제, 도서 업데이트 자료 등이 있는지 확인해 보세요! 시대에듀 합격 스마트 앱을 통해서도 알려 드리고 있으니 구글 플레이나 앱 스토어에서 다운받아 사용하세요.
또한, 파본 도서인 경우에는 구입하신 곳에서 교환해 드립니다.

편집진행 윤진영·최 영 | **표지디자인** 권은경·길전홍선 | **본문디자인** 정경일

PREFACE

공조냉동기계 분야의 전문가를 향한 첫 발걸음!

공조냉동기계는 건축물 및 공작물이나 산업공장의 기반시설, 현장의 실내 환경을 최적으로 조성함은 물론 생산 제품의 냉각·가열공정과 제품의 위생적 관리 및 물류를 위해 냉동·냉장설비를 주어진 조건으로 유지하는 기술입니다.

공조냉동기계기능사 자격자는 공조기기를 통한 과도한 에너지 낭비와 신재생에너지의 적용 등 최근 가장 핫이슈로 떠오른 에너지 절약 방안을 구축하기 위해 건축물 및 공작물과 산업공장의 공조냉동, 유틸리티 등 필요한 설비를 조작하고 유지·관리하는 일을 하기 위한 기능인으로서, 산업사회를 이끄는 자격증으로서 전망이 밝습니다.

공조냉동기계기능사에 대한 관심은 점차 상승하고 있으며, 수험생이 짧은 시간 안에 자격증을 취득할 수 있도록 본 도서를 윙크(Win-Q) 시리즈로서 PART 01은 핵심이론, PART 02는 과년도 + 최근 기출복원문제로 구성하였습니다. PART 01은 13년간 기출문제의 Keyword를 철저히 분석하여 시험에 나오는 중요 내용으로 핵심이론을 구성하였으며, 반복 출제되는 문제를 추려내어 그에 따른 빈출문제를 수록하였고, PART 02에서는 13년간의 기출(복원)문제를 수록하여 PART 01에서 놓칠 수 있는 다양한 문제를 접하고 새로운 유형의 문제에 대비할 수 있도록 하였습니다.

이 책으로 공부하는 모든 수험생에게 합격의 영광이 함께하기를 기원합니다.
끝으로, 이 책이 발간되기까지 도와주신 분들께 감사드립니다.

편저자 씀

자격증·공무원·금융/보험·면허증·언어/외국어·검정고시/독학사·기업체/취업
이 시대의 모든 합격! 시대에듀에서 합격하세요!
www.youtube.com → 시대에듀 → 구독

[공조냉동기계기능사] 필기

시험안내

개 요
경제 성장과 더불어 산업체에서부터 가정에 이르기까지 냉동기 및 공기조화설비 수요가 큰 폭으로 증가하고 있다. 이에 따라 공조냉동기계와 관련된 생산, 공정, 시설, 기구의 안전관리 등을 담당할 기능 인력을 양성하기 위하여 자격을 제정하였다.

진로 및 전망
공조냉동기술은 주로 제빙, 식품 저장 및 가공 분야 외에 경공업, 중화학공업 분야, 의학, 축산업, 원자력공업 및 대형 건물의 냉난방시설에 이르기까지 광범위하게 응용되고 있다. 또한 생활 수준의 향상으로 냉난방설비 수요가 증가함에 따라 냉동공조기계의 설치 및 관리, 보수, 점검의 업무를 담당할 기능 인력의 수요 증가가 기대된다.

수행직무
공조냉동기계를 설치·운전하고, 냉매를 교환·보충하며 압축기, 응축기, 증발기, 펌프, 모터, 밸브 등과 같은 부속설비를 관리·보수·점검하는 업무 등의 직무를 수행한다.

시험일정

구 분	필기원서접수 (인터넷)	필기시험	필기합격 (예정자)발표	실기원서접수	실기시험	최종 합격자 발표일
제1회	1월 초순	1월 하순	2월 초순	2월 초순	3월 중순	4월 중순
제2회	3월 중순	4월 초순	4월 중순	4월 하순	5월 하순	7월 초순
제3회	6월 초순	6월 하순	7월 중순	7월 하순	8월 하순	9월 하순
제4회	8월 하순	9월 중순	10월 중순	10월 중순	11월 하순	12월 하순

※ 상기 시험일정은 시행처의 사정에 따라 변경될 수 있으니, www.q-net.or.kr에서 확인하시기 바랍니다.

시험요강
❶ 시행처 : 한국산업인력공단
❷ 시험과목
  ㉠ 필기 : 공조냉동, 자동제어 및 안전관리
  ㉡ 실기 : 공조냉동기계 실무
❸ 검정방법
  ㉠ 필기 : 객관식 4지 택일형 60문항(1시간)
  ㉡ 실기 : 복합형(작업형 : 2시간 정도, 필답형 : 1시간 정도)
❹ 합격기준 : 각각 100점을 만점으로 하여 60점 이상(필기, 실기)

검정현황

필기시험

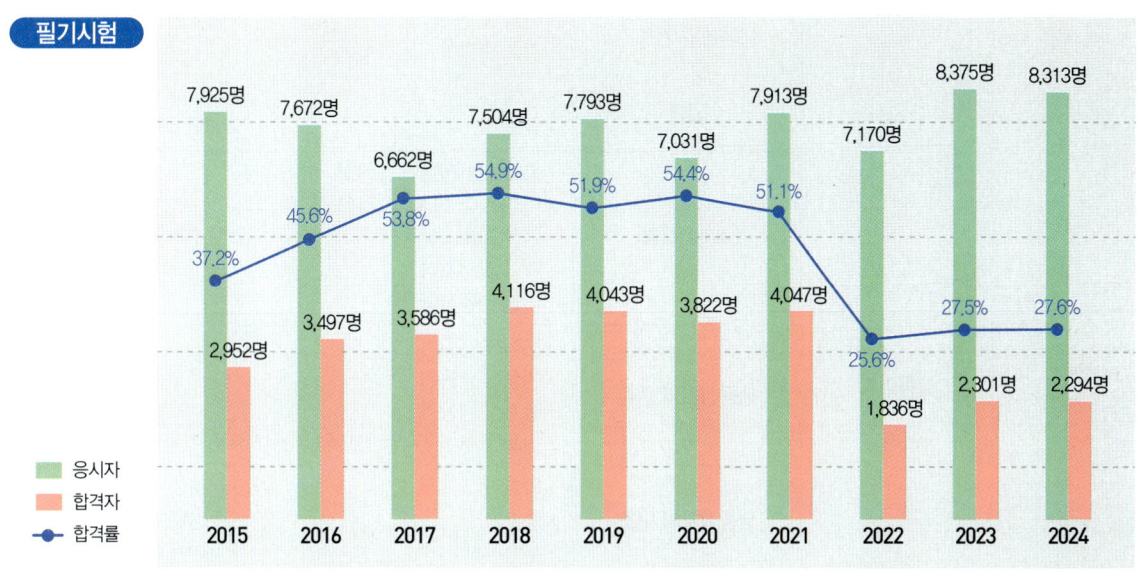

실기시험

시험안내

출제기준

필기과목명	주요항목	세부항목	세세항목
공조냉동, 자동제어 및 안전관리	냉동기계	냉동의 기초	• 단위 및 용어 • 냉동의 원리 • 기초 열역학
		냉매	• 냉매 • 신냉매 및 천연냉매 • 브라인 • 냉동기유
		냉동사이클	• 몰리에르 선도와 상변화 • 카르노 및 이론 실제사이클 • 단단 압축사이클 • 다단 압축사이클 • 이원 냉동사이클
		냉동장치의 종류	• 용적식 냉동기 • 원심식 냉동기 • 흡수식 냉동기 • 신재생에너지(지열, 태양열 이용 히트펌프 등)
		냉동장치의 구조	• 압축기 • 응축기 • 증발기 • 팽창밸브 • 부속장치 • 제어용 부속기기
		냉동장치의 응용	• 제빙 및 동결장치 • 열펌프 및 축열장치
		냉각탑 점검	• 냉각탑 • 수질관리
		냉동·냉방설비 설치	• 냉동·냉방장치
	공기조화	공기조화의 기초	• 공기조화의 개요 • 공기의 성질과 상태 • 공기조화의 부하
		공기조화방식	• 중앙공기조화방식 • 개별공기조화방식
		공기조화기기	• 송풍기 및 에어필터 • 공기냉각 및 가열코일 • 가습·감습장치 • 열교환기 • 열원기기 • 기타 공기조화 부속기기
		덕트 및 급·배기설비	• 덕트 및 덕트의 부속품 • 급·배기설비

필기과목명	주요항목	세부항목	세세항목	
공조냉동, 자동제어 및 안전관리	보일러설비 설치	급·배수 통기설비 설치	• 급·배수 통기설비	
		증기설비 설치	• 증기설비	
		난방설비 설치	• 난방방식	
		급탕설비 설치	• 급탕방식	
	유지보수공사 안전관리	관련 법규 파악	• 냉동기 검사 • 고압가스안전관리법(냉동 관련) • 산업안전보건법 • 기계설비법	
		안전작업	• 안전보호구	• 안전장비
		안전교육 실시	• 안전교육	
		안전관리	• 가스 및 위험물 안전 • 냉동기 안전 • 화재 안전	• 보일러 안전 • 공구 취급 안전
		냉동장치 유지 및 운전	• 냉동장치 유지 및 운전	
	자재관리	측정기관리	• 계측기	
		유지보수 자재 및 공구관리	• 자재관리 • 공구 종류, 특성 및 관리	
		배관	• 배관재료 • 배관시공	• 배관도시법 • 배관공작
	냉동설비 설치	냉동·냉방설비 설치	• 냉동·냉방 배관 • 냉동·냉방장치 방음, 방진, 지지	
	공조배관 설치	공조배관 설치계획 및 설치	• 공조배관설비	
	공조제어설비 설치	공조제어설비 설치계획	• 공조설비제어시스템	
		공조제어설비 제작 설치	• 검출기	• 제어밸브
		전기 및 자동제어	• 직류회로 • 시퀀스회로	• 교류회로
	냉동제어설비 설치	냉동제어설비 설치계획	• 냉동설비 제어시스템	
		냉동제어설비 제작 설치	• 냉동제어설비 구성장치	
	보일러제어설비 설치	보일러제어설비 설치계획	• 보일러설비 제어시스템	
		보일러제어설비 제작 설치	• 보일러제어설비 구성장치	

[공조냉동기계기능사] 필기

 CBT 응시 요령

기능사 종목 전면 CBT 시행에 따른
CBT 완전 정복!

"CBT 가상 체험 서비스 제공"
한국산업인력공단
(http://www.q-net.or.kr) 참고

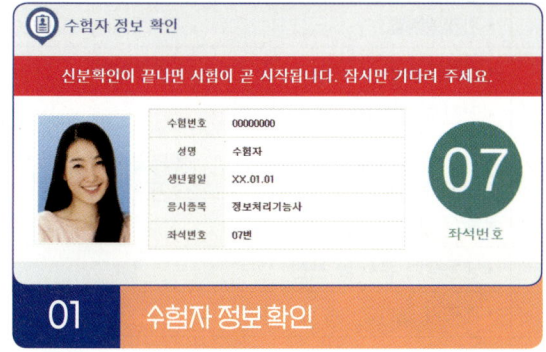

시험장 감독위원이 컴퓨터에 나온 수험자 정보와 신분증이 일치하는지를 확인하는 단계입니다. 수험번호, 성명, 생년월일, 응시종목, 좌석번호를 확인합니다.

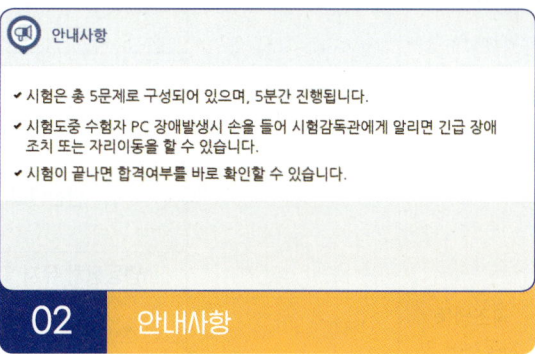

시험에 관한 안내사항을 확인합니다.

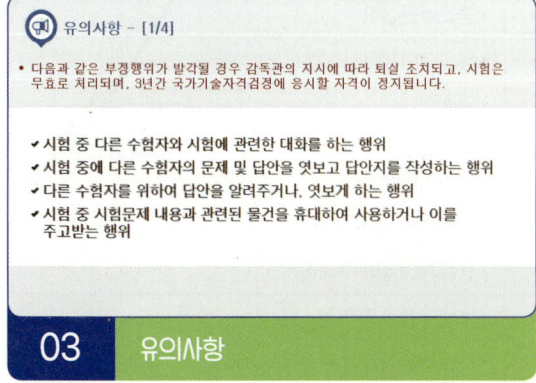

부정행위에 관한 유의사항이므로 꼼꼼히 확인합니다.

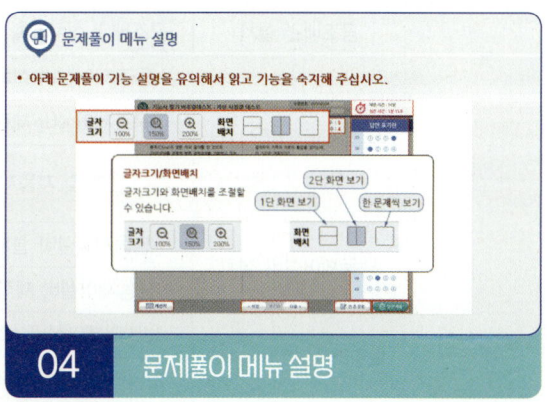

문제풀이 메뉴의 기능에 관한 설명을 유의해서 읽고 기능을 숙지해 주세요.

CBT GUIDE

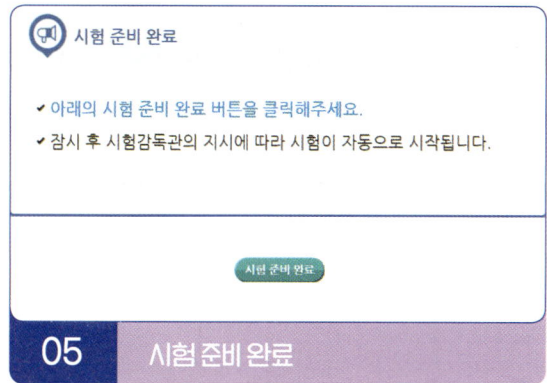

05 시험 준비 완료

시험 안내사항 및 문제풀이 연습까지 모두 마친 수험자는 시험 준비 완료 버튼을 클릭한 후 잠시 대기합니다.

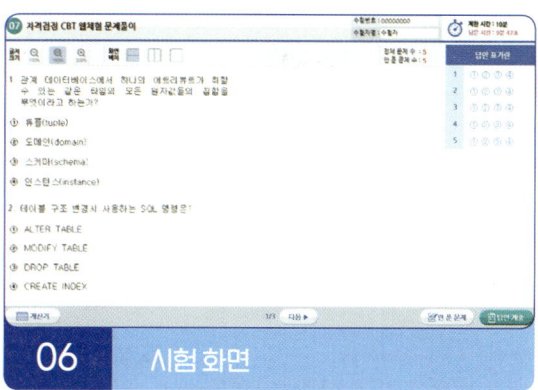

06 시험 화면

시험 화면이 뜨면 수험번호와 수험자명을 확인하고, 글자크기 및 화면배치를 조절한 후 시험을 시작합니다.

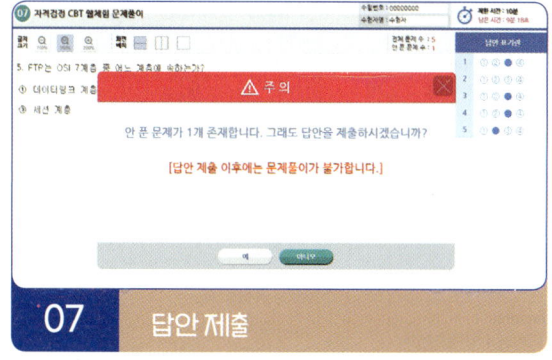

07 답안 제출

[답안 제출] 버튼을 클릭하면 답안 제출 승인 알림창이 나옵니다. 시험을 마치려면 [예] 버튼을 클릭하고 시험을 계속 진행하려면 [아니오] 버튼을 클릭하면 됩니다. 답안 제출은 실수 방지를 위해 두 번의 확인 과정을 거칩니다. [예] 버튼을 누르면 답안 제출이 완료되며 득점 및 합격여부 등을 확인할 수 있습니다.

CBT 완전 정복 TIP

내 시험에만 집중할 것
CBT 시험은 같은 고사장이라도 각기 다른 시험이 진행되고 있으니 자신의 시험에만 집중하면 됩니다.

이상이 있을 경우 조용히 손을 들 것
컴퓨터로 진행되는 시험이기 때문에 프로그램상의 문제가 있을 수 있습니다. 이때 조용히 손을 들어 감독관에게 문제점을 알리며, 큰 소리를 내는 등 다른 사람에게 피해를 주는 일이 없도록 합니다.

연습 용지를 요청할 것
응시자의 요청에 한해 연습 용지를 제공하고 있습니다. 필요시 연습 용지를 요청하며 미리 시험에 관련된 내용을 적어놓지 않도록 합니다. 연습 용지는 시험이 종료되면 회수되므로 들고 나가지 않도록 유의합니다.

답안 제출은 신중하게 할 것
답안은 제한 시간 내에 언제든 제출할 수 있지만 한 번 제출하게 되면 더 이상의 문제풀이가 불가합니다. 안 푼 문제가 있는지 또는 맞게 표기하였는지 다시 한 번 확인합니다.

[공조냉동기계기능사] 필기

구성 및 특징

핵심이론

필수적으로 학습해야 하는 중요한 이론들을 각 과목별로 분류하여 수록하였습니다. 시험과 관계없는 두꺼운 기본서의 복잡한 이론은 이제 그만! 시험에 꼭 나오는 이론을 중심으로 효과적으로 공부하십시오.

10년간 자주 출제된 문제

출제기준을 중심으로 출제 빈도가 높은 기출문제와 필수적으로 풀어보아야 할 문제를 핵심이론당 1~2문제씩 선정했습니다. 각 문제마다 핵심을 찌르는 명쾌한 해설이 수록되어 있습니다.

FORMULA OF PASS · SDEDU.CO.KR

STRUCTURES

과년도 기출문제

지금까지 출제된 과년도 기출문제를 수록하였습니다. 각 문제에는 자세한 해설이 추가되어 핵심이론만으로는 아쉬운 내용을 보충 학습하고 출제경향의 변화를 확인할 수 있습니다.

최근 기출복원문제

최근에 출제된 기출문제를 복원하여 가장 최신의 출제경향을 파악하고 새롭게 출제된 문제의 유형을 익혀 처음 보는 문제들도 모두 맞힐 수 있도록 하였습니다.

최신 기출문제 출제경향

2022년 1회
- 흡수식 냉동기의 특징
- 동관의 특징
- 현열비(SHF ; Sensible Heat Factor, 감열비)
- 아스펙트비
- 공기조화용 취출구의 종류
- 공조방식의 분류

2022년 2회
- 연관용 배관공구
- 스케일의 생성원인
- 수관식 보일러의 특성
- 실효온도(ET ; Effective Temperature, 유효온도, 감각온도, 실감온도)
- 펌프의 상사법칙
- 냉동기의 성적계수

2023년 1회
- 만액식 증발기의 특징
- 추기회수장치(응축기 주요 부품)
- 재해율 중 연천인율
- 습공기 선도
- 방폭구조의 종류
- 감습장치

2023년 2회
- 고온수난방
- 콜드 드래프트(Cold Draft) 현상
- 수공구 사용방법
- 스케줄 번호(Schedule Number)
- 관 이음쇠의 종류
- 실내부하의 종류

TENDENCY OF QUESTIONS

2024년 1회
- 무기질 브라인
- 키르히호프 제1법칙(전류법칙), 키르히호프 제2법칙(전압법칙)
- 브라인의 동파방지대책
- *P-h* 선도(압력-엔탈피 선도)로 구할 수 있는 것
- 공동현상의 방지대책
- 회전식 압축기 특징

2024년 2회
- 보일러 점화 전 점검사항
- 연삭(Grinding)작업
- 몰리에르 선도
- 밀폐형 압축기의 장점
- 자연적 냉동방법
- 압축기 및 응축기에서 심한 온도 상승의 방지대책

2025년 1회
- 공조방식 중 중앙방식과 개별방식
- 냉매재료별 사용 불가능한 금속
- 리스트레인트의 종류
- 주철관의 성질
- 관이음쇠의 종류
- 현열비(SHF ; Sensible Heat Factor, 감열비)

2025년 2회
- 방폭구조의 종류
- 통기관 설비
- 냉매의 오존파괴지수(ODP)
- 열부하
- 증발식 응축기
- 몰리에르 선도(*P-h* 선도)상의 표시사항

[공조냉동기계기능사] 필기

D-20 스터디 플래너

20일 완성!

D-20	D-19	D-18	D-17
☑ 시험안내 및 빨간키 훑어보기	☑ CHAPTER 01 공조냉동 1. 냉동기계 1-1. 냉동의 기초 1-2. 냉매	☑ CHAPTER 01 공조냉동 1. 냉동기계 1-3. 냉동사이클 1-4. 냉동장치	☑ CHAPTER 01 공조냉동 1. 냉동기계 1-5. 냉동장치의 구조 1-6. 냉동장치의 응용 1-7. 냉각탑 점검

D-16	D-15	D-14	D-13
☑ CHAPTER 01 공조냉동 2. 공기조화 1-1. 공기조화 1-2. 펌프	☑ CHAPTER 01 공조냉동 3. 보일러설비 설치	☑ CHAPTER 02 자동제어 및 안전관리 1. 유지보수공사 안전관리 1-1. 관련 법규 파악	☑ CHAPTER 02 자동제어 및 안전관리 1. 유지보수공사 안전관리 1-2. 안전작업 1-3. 안전교육 실시

D-12	D-11	D-10	D-9
☑ CHAPTER 02 자동제어 및 안전관리 1. 유지보수공사 안전관리 1-4. 안전관리 1-5. 기타 설비기기 안전관리	☑ CHAPTER 02 자동제어 및 안전관리 2. 자재관리 1-1. 측정기관리 1-2. 배관	☑ CHAPTER 02 자동제어 및 안전관리 2. 자재관리 1-3. 냉동장치 유지 및 운전	☑ CHAPTER 02 자동제어 및 안전관리 3. 냉동설비 설치 1-1. 냉동·냉방설비 설치

D-8	D-7	D-6	D-5
☑ CHAPTER 02 자동제어 및 안전관리 4. 공조배관 설치 1-1. 공조배관 설치계획 및 설치	☑ CHAPTER 02 자동제어 및 안전관리 5. 공조제어설비 설치 1-1. 공조제어설비 설치계획 및 제작 설치 1-2. 전기 및 자동제어	☑ CHAPTER 02 자동제어 및 안전관리 6. 냉동제어 및 보일러 제어설비 설치 1-1. 냉동제어설비 설치계획 1-2. 보일러 제어설비 및 제작 설비 설치계획	2013~2014년 과년도 기출문제 풀이

D-4	D-3	D-2	D-1
2015~2016년 과년도 기출문제 풀이	2017~2020년 과년도 기출복원문제 풀이	2021~2024년 과년도 기출복원문제 풀이	2025년 최근 기출복원문제 풀이

합격 수기

한 번에 합격했네요!

저처럼 고생하면서 공부하실 분들을 위해서 몇 글자 적어봅니다. 책은 Win-Q 공조냉동기계기능사로 공부했습니다. 공부방법은 이론은 한 번만 정독하고 나머지는 다 기출문제에 투자했습니다. 안전관리의 경우에는 솔직히 상식적인 것이 많이 나와서 그렇게 고민은 안하고 술술 넘어갔던 거 같네요. 단어에 대한 설명, 수치, 색깔 같은 부분만 조금 공부해주시면 될 것 같습니다. 냉동기계는 물리와 화학에 대한 내용이 많이 나와서 아마 조금은 버거우실 수 있을 것 같아요. 그래도 기본적인 내용이니까 조금 공부하시면 이해가 되실 겁니다. 다만 비슷한 단어가 많아서 내용이 서로 바뀌지 않도록 유의하셔서 보셔야 할 것 같아요. 뭐 나머지 내용들은 암기 위주라서 달달 외우시면 될 것 같습니다. 공기조화 단원도 이해보다는 암기하는 내용이 많아서 여기도 공부하는데 크게 어려움은 없었습니다. 기출문제는 한 4~5번 반복했던 것 같고 답이랑 답과 관련된 해설을 집중적으로 봤습니다. 처음에 풀면 잘 안풀리고 조금 실망하게 될지도 모르지만 어차피 기출이라는 게 비슷한 내용이 반복되는 거라 점점 익숙해져서 최근기출복원문제 풀 때쯤이면 어느 정도 문제 답이 눈에 보이실 겁니다. 그렇게 4~5번 정도 반복하시면 많이 나오는 것들은 눈에 다 들어올겁니다. 제가 보기에는 조금만 공부하면 그렇게 막 어려운 시험은 아닌 거 같아요. 다들 열공하시고 꼭 합격합시다! 파이팅!

2022년 공조냉동기계기능사 합격자

하하, 합격수기라니.. 뭔가 너무 어색하네요.

어색하고 귀찮지만 저는 쉽게 붙은 시험은 아니라서 혹시 저처럼 헤매고 계시는 분들에게 조금이나 도움이 될까 해서 후기를 한번 써보려고 해요. 기능사 시험은 기출이 답이기 때문에 저는 기출부터 풀었습니다. 기출을 3회분 정도만 풀어도 대충 감이 옵니다. 계속 풀다보면 이론을 어떻게 공부해야 할지 스스로 갈피를 잡게 될 겁니다. 이론부터 공부하면 너무 지루하다고 생각될 수 있으니 기출부터 풀어보시길 권합니다. 아! 참고로 윙크책은 이론내용이 진짜 적습니다. 이론을 중시하시는 분들에게는 별로 권하고 싶지는 않지만 이론 내용이 적다는 것은 그만큼 중요한 내용만 추려냈다고 생각이 됩니다. 저는 이론이 방대한 책보다는 내용을 압축한 책을 선호하는 편이라서 윙크책으로 공부하는데 크게 불편한 것은 없었습니다. 기출 → 이론으로 공부를 하고 어느 정도 공부가 마무리 되면 시험 전날과 당일에는 책 가장 앞쪽에 있는 빨리 보는 간단한 키워드를 공부하면 됩니다. 핵심 키워드만 있는 요약집 같은 건데 실제로 도움이 많이 됩니다. 기출을 풀어보면 아시겠지만 기출에서 중복된 문제들의 축약된 정보라고 보시면 됩니다. 꼭 공부하시길 권해드립니다. 기본에 충실하면 시험에 합격할 수 있습니다. 저는 그 기본이 기출문제라고 생각합니다. 책에 있는 기출은 꼭 다 풀어보시고 시험보시길 바랍니다. 저처럼 두 번 낙방하는 일은 없기를 바래요; 시험보게 되면 좋은 소식있기를 바랍니다.

2023년 공조냉동기계기능사 합격자

[공조냉동기계기능사] 필기

이 책의 목차

빨리보는 간단한 키워드

PART 01	핵심이론	
CHAPTER 01	공조냉동	002
CHAPTER 02	자동제어 및 안전관리	061

PART 02	과년도 + 최근 기출복원문제	
2013년	과년도 기출문제	112
2014년	과년도 기출문제	170
2015년	과년도 기출문제	229
2016년	과년도 기출문제	289
2017년	과년도 기출복원문제	334
2018년	과년도 기출복원문제	377
2019년	과년도 기출복원문제	405
2020년	과년도 기출복원문제	432
2021년	과년도 기출복원문제	462
2022년	과년도 기출복원문제	489
2023년	과년도 기출복원문제	516
2024년	과년도 기출복원문제	542
2025년	최근 기출복원문제	569

빨간키

빨리보는 간단한 키워드

재해예방의 4원칙

손실우연의 원칙	손실은 사고 발생 시의 조건 및 상황에 따라 달라지므로 손실은 우연성에 의해 결정된다.
예방가능의 원칙	재해는 원칙적으로 원인만 제거되면 예방이 가능하다.
원인연계의 원칙	재해의 원인은 여러 요소들이 복합적으로 작용하여 재해를 유발시킨다.
대책선정의 원칙	재해의 원인이 각기 다르므로 원인을 정확히 규명해서 대책을 선정, 실시해야 한다.

안전점검의 종류

수시점검(일상점검)	현장에서 매일 안전성을 유지하기 위하여 작업 시작 전, 작업 중 또는 작업 종료 시에 실시하는 점검
정기점검	주기적으로 일정한 기간을 정하여 정기적으로 실시하는 점검
특별점검	기계, 기구 및 설비를 신설, 이전, 변경하거나 고장 시에 실시하는 점검
임시점검	기계, 기구 및 설비의 이상 발견 시 임시로 실시하는 점검

컨베이어 및 크레인의 안전장치

컨베이어의 안전장치	• 비상정지장치(급정지장치) • 덮개 및 울 설치 : 화물의 낙하 위험 방지 • 이탈방지장치 : 브레이크 • 역전방지장치 : 역주행 방지
크레인 안전장치	• 과부하방지장치 : 크레인에 정격하중 이상의 하중이 부하되었을 때 자동으로 상승이 정지되면서 경보음이 발생하는 장치 • 권과방지장치 : 권과를 방지하기 위하여 자동으로 동력을 차단하고, 작동을 제동하는 장치 • 훅해지장치 : 훅에서 와이어로프가 이탈하는 것을 방지하는 장치 • 비상정지장치 : 이동 중 이상상태 발생 시 급정지시킬 수 있는 장치

화재의 분류

구 분	정 의	소화방법
A급화재 (일반화재)	물질이 연소된 후 재를 남기는 종류의 화재로 목재, 종이, 섬유 등의 화재가 이에 속하며, 구분색은 백색	물에 의한 냉각소화로 주수, 산 알칼리, 포 등
B급화재 (유류 및 가스화재)	연소 후 아무것도 남지 않는 화재로 에테르, 알코올, 석유, 가연성 액체가스 등 유류 및 가스화재가 이에 속하며, 구분 색은 황색	공기차단으로 인한 피복소화로 화학포, 증발성 액체(할로겐화물), 탄산가스, 소화분말(드라이케미컬) 등
C급화재 (전기화재)	전기기구·기계 등에서 발생되는 화재가 이에 속하며, 구분 색은 청색	탄산가스, 증발성 액체, 소화분말 등
D급화재 (금속분화재)	마그네슘과 같은 금속화재가 이에 속하며, 구분 색은 없음	팽창질석, 팽창진주암, 마른 모래 등

소화방법

- 냉각소화(물 소화약제) : 물이나 그 밖의 액체의 증발잠열을 이용하여 냉각시키는 방법
- 질식소화(CO_2, 할로겐 소화약제) : 공기 중의 산소농도를 감소시켜 산소 공급을 차단하여 소화하는 방법
- 제거소화(가연물 제거) : 가스의 밸브를 차단하거나 산림화재의 경우 수목을 제거하는 방법 등으로 가연물을 제거하여 소화하는 방법

- 화학소화(부촉매 효과) : 연소의 연쇄반응을 억제하여 소화하는 방법으로, 불꽃연소에는 매우 효과적이지만 특별한 경우를 제외하고는 표면연소에 효과가 없음
- 희석소화 : 제4류 위험물의 수용성 가연물질인 알코올, 에테르, 에스테르 등과 같이 화재 시 다량의 물을 방사하여 가연물의 연소농도를 낮추어 화재를 소화하는 방법

온도 상호간의 공식

- $K = 273 + ℃$
- $°F = \dfrac{9}{5}℃ + 32$
- $°R = °F + 460$

표준대기압(atm)

1기압은 위도 45°의 해면에서 0℃ 760mmHg가 매 cm^2에 주는 힘

1atm = 760mmHg = 10,332mmH_2O(mmAq = kg/m^2) = 1.0332kg/cm^2 = 14.7psi(= lb/$inch^2$)
= 1013.25mbar = 101,325Pa(= N/m^2)

절대압력(완전 진공을 0으로 하여 측정한 압력)

단위 : kg/cm^2·a, kg/m^2·a, lb/in^2·a

- 절대압력(kg/cm^2·a) = 대기압(1.033kg/cm^2) + 게이지압력(kg/cm^2)
- 절대압력 = 대기압 − 진공압력
- 게이지압력(kg/cm^2) = 절대압력(kg/cm^2·a) − 대기압(1.033kg/cm^2)

※ 1kg/cm^2 = 0.1MPa

열량 상호간의 관계식

1kcal = 3.968BTU = 2.205CHU

열역학 법칙

- 열역학 제0법칙(열평형의 법칙) : 온도계의 원리를 제공해 주는 법칙이다.

  일반식 : $Q_2 = G \times C \times \Delta t = G \times C(t_2 - t_1)$

- 열역학 제1법칙 : 에너지 보존의 법칙을 적용, 열량은 일량으로, 일량은 열량으로 환산 가능함을 밝힌 법칙이다.

  즉, $Q(kcal) \leftrightarrow W(kg·m)$: 가역법칙

  ※ 열과 일에 대해 설명하는 법칙

  19세기 후반 독일 : Mayer(메이어), Helmholtz(헬름홀츠), 영국 : Joule(줄)

※ Joule의 실험

1kcal = 4185.5J = 4185.5N·m = 4.1855kJ = 4185.5N·m = 426.8kg·m = 427kg·m

$1/427(kcal/kg·m) = A$ (환산계수)

$A = 1/427(kcal/kg·m)$: 일의 열당량(즉, 일을 열로 환산)

- 열역학 제2법칙 : 일에너지는 열에너지로 쉽게 바뀔 수 있지만, 열에너지를 일에너지로 바꾸려면 열기관을 통해야 하는데 열기관을 통해도 열의 전부가 일로 바뀌지 않고 일부가 손실된다. 이렇게 열은 쉽게 일로 바뀔 수 없는 것이다. 즉, 열은 고온에서 저온으로 이동한다는 에너지 변환의 방향성을 표시하는 법칙을 말한다. 가역인지 비가역인지 구분하는 법칙(엔트로피를 설명하는 법칙)이다.

$$W \underset{\text{불가능}}{\overset{\text{가능}}{\longleftrightarrow}} Q$$

※ 열역학 제2법칙의 표현
- Clausius의 표현 : 에너지의 방향성을 밝힌 표현으로, '~자연계에 아무런 변화도 남기지 않고 열은 저온체에서 고온체로 이동하지 않는다.' 즉, 성적계수가 무한대인 냉동기의 제작은 불가능하다.
- Kelvin과 Plank의 표현 : '~어느 단일 열저장소로부터 열을 공급받아 자연계에 아무런 변화도 남기지 않고, 계속적으로 열을 일로 변환시키는 열기관은 있을 수 없다.' 즉, 열효율이 100%인 기관은 존재할 수 없다.
- Ostwald의 표현 : '~제2종 영구기관은 존재할 수 없다.'

- 열역학 제3법칙 : 어떠한 이상적인 방법으로도 어떤 계를 절대온도 0K(-273℃)에는 이르게 할 수 없다. 즉, 0K에 근접하면 엔트로피는 0에 근접한다.

냉동의 방법

- 자연적 냉동방법 : 얼음의 융해 잠열을 이용하는 방법, 승화열을 이용하는 방법, 증발열을 이용하는 방법, 기한제를 이용하는 방법
- 기계적 냉동방법 : 증기압축식 냉동기(압축기, 응축기, 팽창밸브, 증발기), 흡수식 냉동기(흡수기, 발생기, 응축기, 팽창밸브, 증발기)

※ 흡수식 냉동기에서 냉매와 흡수제

냉 매	물(H_2O)	물(H_2O)	암모니아(NH_3)
흡수제	LiBr	LiCl	물(H_2O)

냉매의 종류

1차 냉매(직접 냉매)	냉동사이클 내를 순환하는 동작유체로서 잠열에 의해 열을 운반하는 냉매(NH_3, Freon 등)
2차 냉매(간접 냉매)	감열에 의해 열을 운반하는 냉매로 제빙장치의 브라인, 공조장치의 냉수 등이 이에 속함(NaCl, $CaCl_2$, $MgCl_2$ 등)

■ 암모니아(NH_3) 냉매의 특성

- 가연성, 폭발성, 악취, 독성이 있음
- 냉동효과가 크기 때문에 다른 냉매보다 냉매 순환량이 적어도 되므로 배관이 가늘어도 됨
- 비열비가 냉매 중에서 가장 큼
- 동 및 동합금을 부식하므로 동관을 사용하지 않으며, 특히 NH_3는 황동에 대하여 격심한 부식성이 있으나 청동에 대한 부식성은 비교적 적고, 항상 유막으로 덮여 있는 베어링 메탈 등에는 사용할 수 있음
- 전기적 성질 : 절대내력은 N_2를 1로 하였을 때 83%이며, 절연물질을 약화시키기 때문에 밀폐식 냉동기의 사용에 부적합함
- 윤활유에 잘 융해되지 않음(오일은 NH_3보다 무겁기 때문에 장치 중으로 넘어가면 응축기, 증발기 등의 하부에 고여 전열을 방해)
- 수분과 잘 용해하며, 냉동장치 내에 수분이 1% 혼합하게 되면 증발온도가 1/2℃씩 상승함(냉동장치에 수분이 혼입되면 증발압력은 저하하고 증발온도는 상승함)

■ 프레온 냉매의 특성

- 수분의 용해도가 매우 적기 때문에 장치에 수분이 함유되면 산을 생성하여 장치부식, 팽창밸브 동결현상, 동부착 현상 촉진 등을 일으킨다. 이를 방지하기 위해 팽창 밸브와 응축기 사이에 건조기(Dryer)를 설치한다.
- 산화·독성·취기
  - 불연성·비폭발성
  - 독성이 없음(다만, 통풍이 불량한 곳에는 다량 누설 시 질식 우려가 있음)
  - 취기는 염소가 많은 것은 약간 에테르 냄새가 남
- 마그네슘 및 마그네슘을 2% 이상 함유하는 알루미늄 합금을 부식시킨다.

■ 냉매의 장치에 대한 영향

- 에멀션(Emulsion : 유탁액 현상) 현상 : 암모니아 냉동장치에서 장치 내에 수분이 침투하면 암모니아와 반응하여 암모니아수(NH_4OH)를 생성하는데, 이 암모니아수가 오일의 입자를 미립자로 분리시키고 오일의 빛이 우윳빛으로 변하게 되는 현상. 이 현상이 일어나면 유분리기에서 오일이 분리되지 않고 장치 각 부로 넘어가 전열을 방해함
- 동부착 현상(Copper Plating) : 프레온 냉동장치에서 수분과 프레온이 작용하여 산이 생성되고 침입한 공기 중의 산소와 화합하여 동에 반응한 다음 압축기 각 부분의 금속 표면(메탈 부분)에 동이 도금되는 현상. 장치 내 수분이 많을 때 수소원자가 많은 냉매일수록, 왁스성분이 많은 오일을 사용할 때 온도가 높은 부분일수록 잘 일어남. 이 현상은 R-12보다 R-22에서 잘 일어나며, R-22보다 염화메틸이 더 잘 일어남

- 오일 포밍(Oil Foaming) 현상 : 프레온 냉동기에서 압축기 정지 시 크랭크케이스(Crank Case) 내의 오일 중에 용해되어 있던 프레온 냉매가 압축기 기동 시 크랭크케이스 내의 압력이 급격히 낮아지므로 오일과 냉매가 급격히 분리함. 이로 인해 유면이 약동하며 윤활유에 거품이 일어나는 현상. 오일 포밍이 급격히 일어나면 피스톤 상부로 다량의 오일이 올라가 오일을 압축하게 되고, 이때 이상음이 나는 것을 오일 해머링(Oil Hammering)이라고 함. 오일 해머링이 일어나면 압축기의 파손 우려가 있을 뿐만 아니라 압축기 오일이 장치 중으로 넘어가 압축기의 유량이 부족하게 되므로 운전이 불가능하게 될 우려가 많음
- 오일 포밍의 방지책 : 크랭크케이스 내에 오일 히터(Oil Heater)를 설치하여 기동 30분~2시간 전에 예열하여 오일과 냉매를 분리시킨 뒤에 압축기를 기동시키면 오일 포밍이 방지됨. 특히 터보 냉동기에서는 무정전 상태로 항상 크랭크케이스 내의 유온을 60~80℃ 정도로 유지시켜 줌으로써 오일 포밍으로 인한 악역향을 방지
- 오일 해머링 : 냉동장치에서 오일 포밍 현상이 일어나면 실린더 내부로 다량의 오일이 올라가 오일을 압축하여 실린더 헤드부에서 이상음이 발생하게 되는 현상

▍냉매 누설 검지법

- 암모니아의 누설 검지
  - 냄새로 알 수 있음
  - 적색 리트머스 시험지가 청색으로 변함
  - 유황초에 불을 붙여 누설 개소에 대면 백색 연기가 발생함
  - 페놀프탈렌 시험지를 물에 적셔 누설 개소에 대면 홍색으로 변함
  - 물 또는 브라인에 암모니아가 누설될 때는 물이나 브라인을 조금 떠서 네슬러시약 용액을 투입하면 소량 누설 시 황색, 다량 누설 시 자색으로 변함
- 프레온의 누설검지
  - 비눗물로 누설 부위의 기포 발생 유무 확인
  - 헤라이드 토치 사용(연료 : 아세틸렌, 알코올, 프로판, 부탄)
    ⓐ 누설이 없을 때 : 청색
    ⓑ 소량 누설 시 : 녹색
    ⓒ 다량 누설 시 : 자색
    ⓓ 과량 누설 시 : 꺼짐

▍브라인의 종류

- 무기질 브라인 : 탄소(C)를 포함하지 않고 금속의 부식력이 크며, 가격이 저렴함($NaCl$, $CaCl_2$, $MgCl_2$ 등)
- 유기질 브라인 : 탄소(C)를 포함한 브라인을 말하며, 부식력이 작고, 가격이 비쌈
  - 에틸렌글리콜 : 부식성이 무기질 브라인보다 작으며 소형 기계에 사용
  - 프로필렌글리콜 : 부식성이 작고 독성이 없으며 냉동식품 동결용에 사용
  - 메틸렌클로라이드, R-11 : 초저온에 사용

윤활유의 구비조건

- 응고점이 낮고 인화점이 높을 것
- 점도가 알맞고 변질되지 않을 것
- 수분이 포함되지 않고 불순물이 없으며 전기적인 절연내력이 클 것
- 저온에서 왁스(Wax) 분리가 되지 않으며 냉매가스 흡수가 적을 것
- 냉매가스가 흡수하여도 용적 증기가 적을 것
- 장기 휴지 중 방청능력이 있을 것이며, 오일 포밍에 소포성이 있을 것

유 압

유압계 지시압력 = 유압(기어펌프에서의 유압) + 저압으로서 일반적으로 다음과 같이 표시한다.

- 입형 저속 = 저압 + $0.5 \sim 1.5 \text{kg/cm}^2$
- 고속다기통 = 저압 + $1.5 \sim 3 \text{kg/cm}^2$
- 터보냉동기 = 저압 + $6 \sim 7 \text{kg/cm}^2$
- 소형 냉동기 = 저압 + 0.5kg/cm^2

냉동사이클(역카르노사이클)

카르노사이클이 역으로 순환하는 사이클을 역카르노사이클이라 한다. 이상적인 냉동사이클로서 단열과정 2개와 등온과정 2개로 구성되어 있다.

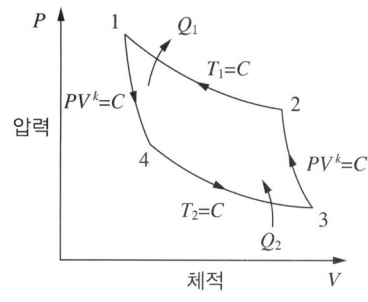
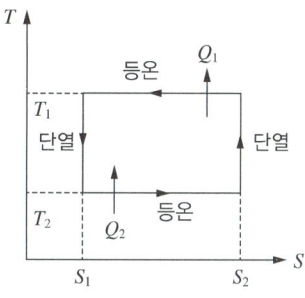

■ 역카르노 사이클의 성적계수

- 이론 성적계수

$$\varepsilon = \frac{Q_2}{A_w} = \frac{증발열량}{압축일의 열량} = \frac{Q_2}{Q_1 - Q_2} = \frac{T_2}{T_1 - T_2}$$

여기서, T_1 : 응축 절대온도, T_2 : 증발 절대온도

- 실제적 성적계수

$$E = \frac{냉동능력}{실제적 소요마력} = \varepsilon \times \eta_c \times \eta_m$$

여기서, η_c : 압축효율, η_m : 기계효율

- 열펌프의 성적계수

$$\varepsilon = \frac{q_1}{A_w} = \frac{고온체에 공급한 열량}{공급일} = \frac{T_1}{T_1 - T_2}$$

역카르노사이클, 즉 이상냉동 사이클의 성능계수는 동작 물질에 관계없이 양 열원의 절대온도에 관계되고, 냉동기의 성능계수는 열펌프의 성능계수보다 항상 1이 적음을 알 수 있다.

■ 몰리에르 선도의 6대 구성요소

등압선 (P, kg/cm² · abs)	한 선상의 압력은 과랭, 습증기, 과열증기 구역이 모두 동일	
등엔탈피선 (i, kcal/kg)	• 0℃ 포화액의 엔탈피는 100kcal/kg • 0℃ 건조공기의 엔탈피를 0으로 함 • 냉동효과(q_e), 응축방열량(q_c), 소요동력(A_w)의 계산이 가능	
등온선(t, ℃)	• 과냉액 구역에서는 등엔탈피선과 직교 • 습증기 구역에서는 등압선과 평행 • 과열증기 구역에서는 급경사로 내려옴 • 증발온도, 응축온도, 흡입가스온도, 토출가스온도를 알 수 있음	

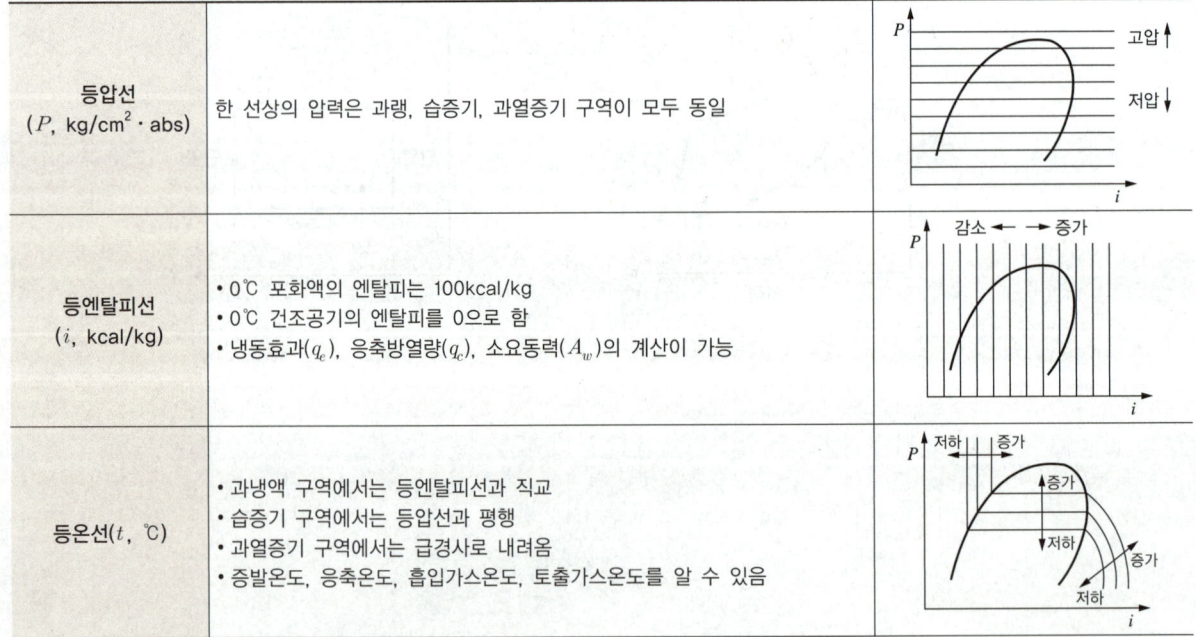

등엔트로피선 (S, kcal/kg·K)	• 습증기, 과열증기 구역만 존재 • 압축과정은 이론상 단열압축으로 간주하므로 등엔트로피선을 따라 진행 • 0℃ 포화액의 엔트로피를 1로 함	
등비체적선 (v, m³/kg)	• 습증기, 과열증기 구역에만 존재 • 흡입증기의 비체적을 알 수 있음	

등건조도선(x)	• 습증기 구역에만 존재
	• Flash Gas의 양을 알 수 있음
	  – $x=0$: 액 100%
	  – $x=1$: 가스 100%
	  – $x=0.14$: 액 86%, 가스 14%	

- 압축냉동사이클과 몰리에르 선도

  과냉각도가 크면 클수록 팽창밸브 통과 시 Flash Gas 발생량이 감소하므로 냉동능력이 증대된다.

  ※ 과냉각 과정 → 과냉각도 = 응축온도(t_f) − 팽창밸브 직전액온도(t_e)

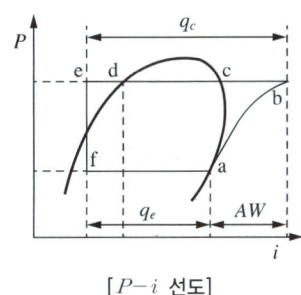

- a → b : 압축기
- b → e : 응축기
- e → f : 팽창밸브
- f → a : 증발기

[$P-i$ 선도]

냉동능력

냉동기의 냉동능력은 냉동톤으로 표시한다. 여기서 1냉동톤(1RT)이란 0℃의 물 1ton을 24시간 동안에 0℃의 얼음으로 만드는 능력이다.

$$1\text{RT} = \frac{79.68 \times 1{,}000}{24} = 3{,}320\text{kcal/hr}$$

■ 기준냉동 사이클

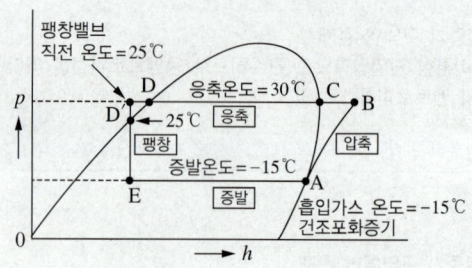

[$P-h$ 선도상의 기준 냉동사이클 표시]

- 증발온도 : -15℃
- 응축온도 : +30℃
- 압축기 흡입가스온도 : -15℃(건조포화증기 = 과열도 0)
- 팽창밸브 입구 냉매액 온도 : +25℃(과냉각도 : 5℃)

■ 냉동장치의 종류

원리	작용	개요	장치의 종류	
기계식 냉동	압축방식	저온에서 증발한 가스를 압축기로 압축하여 고온으로 이동시킴	용적식	왕복동식
				스크루식
				스크롤식
				로터리식
			원심식	터보식
화학식 냉동	흡수방식	저온측에서 증발한 가스를 흡수제에 흡수시켜 가열에 의하여 고온측으로 이동시킴(흡수제 고정, 냉매만 순환)	암모니아 - 물 물 - 리튬브로마이드	-
흡착식 냉동	흡착방식	저온측에서 증발한 가스를 흡착제에 흡착 및 탈착시켜 가열에 의하여 고온측으로 이동시킴(흡착제 고정, 냉매만 순환)	흡착식 냉동기	-
전자식 냉동	펠티에식	서로 다른 금속체에 전류를 흘리면 접합부에 저온이 발생함을 이용	전자식 냉동기	-

■ 강관의 종류

- 배관용 탄소강관(SPP) : 10kgf/cm^2 이하의 증기, 물, 가스
- 압력 배관용 탄소강관(SPPS) : 350℃ 이하, $10\sim100\text{kg/cm}^2$
- 고압 배관용 탄소강관(SPPH) : 350℃ 이하, 100kg/cm^2 이상
- 저온 배관용 탄소강관 : SPLT(냉매배관용)
- 배관용 아크용접 탄소강 강관 : SPW
- 배관용 스테인리스강 강관 : STSXT
- 보일러 및 열교환기용 탄소 강관 : STBH

신축이음의 종류

루프형(만곡형)	강관 또는 동관을 굽혀서 루프상의 곡관을 만들어 그 힘에 의해서 신축을 흡수하는 방식(곡률반경은 관 지름의 6배 이상으로 함)
벨로스형(파상형)	온도 변화에 의한 관의 신축을 벨로스(파형 주름관)의 신축변형에 의해서 흡수시키는 방식으로 팩리스(Packless) 신축이음이라고도 함
슬리브형(미끄럼형)	이음 본체와 슬리브 파이프로 구성되며 최고 압력 10kg/cm² 정도의 저압증기배관 또는 온도 변화가 심한 물, 기름, 증기 등의 배관에 사용하며 과열증기배관에는 부적합
스위블형(스윙형)	스윙조인트 또는 지블이음이라고도 하며, 온수 또는 저압 증기의 분기점을 2개 이상의 엘보로 연결하여 관의 신축 시에 비틀림을 일으켜 신축을 흡수하여 온수 급탕배관에 주로 사용

단열 보온재의 종류

무기질 보온재	안전사용온도 300~800℃의 범위 내에서 보온효과가 있는 것 예 탄산마그네슘(250℃), 글라스울(300℃), 석면(500℃), 규조토(500℃), 암면(600℃), 규산칼슘(650℃), 세라믹 파이버(1,000℃)
유기질 보온재	안전사용온도 100~200℃의 범위 내에서 보온효과가 있는 것 예 펠트류(100℃), 텍스류(120℃), 탄화코르크(130℃), 기포성 수지

패킹재 및 도료

패킹재	• 플랜지 패킹 : 고무 패킹, 네오프렌(합성고무), 석면조인트 패킹, 합성수지 패킹, 오일실 패킹, 금속 패킹 • 나사용 패킹 : 페인트, 일산화납, 액상 합성수지 • 그랜드 패킹 : 석면 각형 패킹, 석면 얀 패킹, 아마존 패킹, 몰드 패킹
페인트(도료)	광명단 도료, 합성수지 도료, 산화철 도료, 알루미늄 도료, 타르 및 아스팔트

배관지지

- 행거 : 배관의 하중을 위에서 잡아당겨 지지해 주는 장치
  - 리지드 행거 : I빔(Beam)에 턴버클을 연결하여 파이프를 달아 올리는 것이며, 수직 방향에 변위가 없는 곳에 사용
  - 스프링 행거 : 턴버클 대신에 스프링을 사용한 것
  - 콘스탄트 행거 : 배관 상하 이동을 허용하면서 관의 지지력을 일정하게 한 것
- 서포트 : 아래에서 위로 떠받치는 것
  - 파이프 슈 : 파이프로 직접 접속하는 지지대로서 배관의 수평 및 곡관부의 지지에 사용
  - 리지드 스포트 : 큰 빔 등으로 만든 배관 지지대
  - 스프링 스포트 : 스프링 작용으로 파이프의 하중 변화에 따라 상하 이동을 다소 허용한 것
  - 롤러 스포트 : 관의 축방향 이동을 자유롭게 하기 위해 배관을 롤러로 지지한 것

- 리스트레인 : 열팽창에 의한 배관의 측면 이동을 제한하는 것
  - 앵커 : 배관 지지점에서의 이동 및 회전을 방지하기 위해 지지점 위치에 완전히 고정하는 것
  - 스톱 : 배관의 일정한 방향으로 이동과 회전만 구속하고 다른 방향으로 자유롭게 이동하는 것
  - 가이드 : 배관의 회전을 제한하기 위해 사용해 왔으나 근래에는 배관계의 축방향의 이동을 허용하는 안내 역할을 하며, 축과 직각 방향으로의 이동을 구속하는 데 사용
- 브레이스 : 펌프, 압축기 등에서 발생하는 기계의 진동, 압축가스에 의한 서징, 밸브의 급격한 개폐에서 발생하는 수격 작용, 지진 등에서 발생하는 진동을 억제하는 데 사용하며, 진동을 완화하는 방진기와 충격을 완화하는 완충기

자동제어의 신호전달방법

공기압식	유압식	전기식
전송거리 100m 정도	전송거리 300m 정도	전송거리 수 km까지 가능

자동제어의 동작

- 연속동작 : 비례동작(P동작), 적분동작(I동작), 미분동작(D동작), 비례·적분동작(PI동작), 비례·미분동작(PD동작), 비례적분, 미분동작(PID동작)
- 불연속 동작 : On-Off 동작(2위치 동작), 다위치 동작

공기조화의 4대 요소

공기의 냉각 및 가열, 공기의 감습 및 가습, 기류 분포의 균일화, 공기의 청결도

공기조화 설비의 구성

- 열원 장치(냉원 장치) : 증기, 온수를 위한 보일러, 냉각을 얻기 위한 냉동기, 냉각탑 등
- 공기조화기(AHU ; Air Handling Unit) : 공기여과기, 공기냉각기, 공기가열기 등
- 열매체 운반장치 : 송풍기, 팬, 덕트, 배관, 펌프, 토출구, 흡입구 등
- 자동제어장치 : 공조장치 운전 시 경제적 운전을 위한 각종 자동으로 제어되는 장치

현열비(SHF ; Sensible Heat Factor)

감열비, 전열량에 대한 현열량의 비로서 실내로 송출되는 공기의 상태를 나타낸다.

$$\text{SHF} = \frac{q_s}{q_s + q_L}$$

(여기서, q_s : 현열량, q_L : 잠열량)

실내부하의 종류

구 분	종 류		내 용	열의 종류
실내 취득 열량	온도차에 의한 전도열		천장, 칸막이, 마루 등으로부터의 열량	현 열
			지붕, 벽체로부터의 열량	현 열
			유리창 등으로부터의 열량	현 열
	태양 복사열		유리창 등으로부터의 열량	현 열
			지붕, 벽으로부터의 열량	현 열
	내부 발생열량		벽체의 축열 부하량	현 열
			극간풍에 의한 열량	현 + 잠열
			인체의 발생열량	현 + 잠열
			조명, 복사기(기구)로부터의 열량	현 열
			증발기로부터의 발생열량	현 + 잠열
장치 내의 취득열량			덕트, 송풍기로부터 취득열량	현 열
외기부하			신선한 공기	현 + 잠열
재열부하			재열기로부터의 취득열량	현 열

※ 실내기구는 전체적으로 현열과 잠열이 모두 발생한다.

에어필터 효율 측정방법

- 중량법 : 필터에서 집진되는 먼지의 중량으로 효율 결정(큰 입자)
- 변색도법(비색법) : 작은 입자의 대상으로 필터에서 포집된 공기를 각각 여과기에 통과시켜서 그 오염도를 광전관을 사용하여 측정
- 계수법(DOP법) : 고성능 필터를 측정하는 방법으로 일정한 크기의 시험입자($0.3\mu m$)를 사용하여 먼지(진애)계측기로 측정

공기조화방식

분 류			명 칭	
중앙공조방식	전공기방식	단일 덕트방식	정풍량방식	말단에 재열기가 없는 방식
			변풍량방식	• 재열기가 없는 방식 • 재열기가 있는 방식
		2중 덕트방식	• 정풍량 2중 덕트방식 • 변풍량 2중 덕트방식 • 멀티존 유닛방식 • 덕트 병용의 패키지방식 • 각층 유닛방식	
	공기・수방식 (유닛병용방식)		• 덕트병용 팬코일유닛방식 • 유인유닛방식 • 복사냉난방방식	
	전수방식		팬코일유닛방식	
개별공조방식	냉매방식		• 패키지방식 : 냉수배관, 복잡한 덕트 등이 없음 • 룸쿨러방식 • 멀티유닛방식	

난방

- 난방방식
  - 개별난방방식 : 각 실에 열원설비(가스, 석탄, 석유, 전기, 난로, 온돌 등)를 설치하여 열의 대류 복사 등을 이용한 난방법(주택, 사무실 등)
  - 중앙난방방식(Central Heating System) : 특정장소(기관실, 기계실)에서 보일러 등 열원을 이용하여 증기·온수 등을 열매체로 하여 난방하며 유지관리 용이, 위생·방화 등이 양호하고, 열효율도 좋으며 경제적이고, 실내의 오염이 적고 쾌적하다.
- 분류

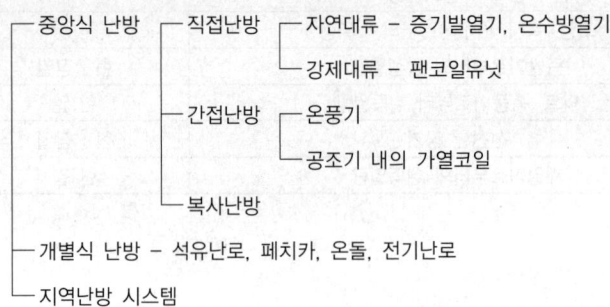

- 중앙식 난방

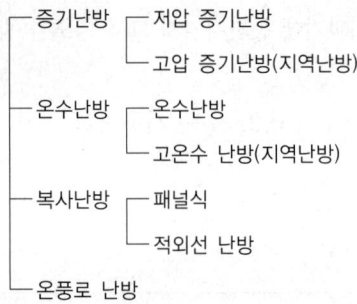

방열기의 표준 방열량

- 증기방열기 : 650kcal/m^2h
- 온수방열기 : 450kcal/m^2h

PART 01

핵심이론

CHAPTER 01 　공조냉동

CHAPTER 02 　자동제어 및 안전관리

CHAPTER 01 공조냉동

제1절 냉동기계

1-1. 냉동의 기초

핵심이론 01 온도(Temperature)

① 섭씨온도(Celsius Temperature) : 표준대기압(1atm) 하에서 물이 어는 온도(빙점)를 0℃로 정하고, 끓는 온도(비점)를 100℃로 정한 다음 그 사이를 100등분하여 한 눈금을 1℃로 규정

② 화씨온도(Fahrenheit Temperature) : 표준대기압(1atm)인 상태에서 물이 어는 온도(빙점)를 32°F, 끓는 온도(비점)를 212°F로 정한 다음 그 사이를 180등분하여 한 눈금을 1°F로 규정

> 온도 상호간의 공식
> - $K = 273 + ℃$
> - $°F = \dfrac{9}{5}℃ + 32$
> - $°R = °F + 460$

③ 절대온도(Absolute Temperature) : 온도의 시점(始點)을 -273.16℃로 한 온도, K로 표시

> - 섭씨 절대온도(Kelvin 온도)
> $K = 273 + ℃$, $0℃ = 273K$, $0K = -273℃$
> - 화씨 절대온도(Rankine 온도)
> $°R = 460 + °F$, $°F = °R - 460$

④ 건구온도 : 온도계로 측정할 수 있는 온도

⑤ 습구온도 : 봉상온도계(유리온도계)의 수은 부분에 명주를 물에 적셔 수분이 대기 중에 증발될 때 측정한 온도

⑥ 노점온도 : 대기 중에 존재하는 포화증기가 응축하여 이슬이 맺히기 시작할 때의 온도

10년간 자주 출제된 문제

공기가 노점온도보다 낮은 냉각코일을 통과하였을 때의 상태를 기술한 것 중 틀린 것은?

① 상대습도 저하
② 절대습도 저하
③ 비체적 저하
④ 건구온도 저하

[해설]

공기가 노점온도보다 낮은 냉각코일을 통과하였을 때 상대습도는 높아진다.

정답 ①

핵심이론 02 압력(Pressure)

① **압력** : 단위면적 $1cm^2$에 작용하는 힘(kg 또는 lb)의 크기로 단위는 kg/cm^2 또는 $1lb/in^2$(psi ; Pound Per Square Inch)

② **표준대기압(atm)** : 1기압은 위도 45°의 해면에서 0℃ 760mmHg가 매 cm^2에 주는 힘

$$1atm = 760mmHg$$
$$= 10,332mmH_2O(mmAq = kg/m^2)$$
$$= 1.0332kg/cm^2$$
$$= 14.7psi(= lb/inch^2) = 1,013.25mbar$$
$$= 101,325Pa(= N/m^2)$$

③ **공학기압(1at)**

$$1kg/cm^2 = 735.6mmHg = 10mH_2O = 0.9807bar$$
$$= 980.7mbar = 9,807Pa = 0.9679atm$$
$$= 14.2lb/in^2 = 98.07kPa$$

④ **게이지압력** : 표준대기압을 0으로 하여 측정한 압력, 즉 압력계가 표시하는 압력
   ※ 단위 : $kg/cm^2 \cdot g$, $kg/m^2 \cdot g$, $lb/in^2 \cdot g$

⑤ **절대압력** : 완전 진공을 0으로 하여 측정한 압력
   ※ 단위 : $kg/cm^2 \cdot a$, $kg/m^2 \cdot a$, $lb/in^2 \cdot a$
   ㉠ 절대압력($kg/cm^2 \cdot a$)
      = 대기압($1.033kg/cm^2$) + 게이지압력(kg/cm^2)
   ㉡ 절대압력 = 대기압 − 진공압
   ㉢ 게이지압력(kg/cm^2)
      = 절대압력(kg/cm^2) − 대기압($1.033kg/cm^2$)
      ※ $1kg/cm^2 = 0.1MPa$

⑥ **진공도(Vacuum)** : 대기압보다 낮은 압력을 진공도 또는 진공압력이라 한다. 단위는 cmHg(V), InHg(V)로 표시하며, 진공도를 절대압력으로 환산하면 다음과 같다.

㉠ cmHg(V) 시에 $kg/cm^2 \cdot a$로 구할 때

$$P = 1.033 \times \left(1 - \frac{h}{76}\right)$$

㉡ cmHg(V) 시에 lb/in^2로 구할 때

$$P = 14.7 \times \left(1 - \frac{h}{76}\right)$$

㉢ inHg(V) 시에 $kg/cm^2 \cdot a$로 구할 때

$$P = 1.033 \times \left(1 - \frac{h}{30}\right)$$

㉣ inHg(V) 시에 $lb/in^2 \cdot a$로 구할 때

$$P = 14.7 \times \left(1 - \frac{h}{30}\right)$$

⑦ **압력계**
   ㉠ 복합압력계 : 진공과 저압을 측정할 수 있는 압력계
   ㉡ 고압압력계 : 대기압 이상의 압력을 측정할 수 있는 압력계
   ㉢ 매니폴드게이지 : 복합압력계와 고압압력계가 같이 붙어 있는 게이지

10년간 자주 출제된 문제

2-1. 절대압력과 게이지압력의 관계식으로 옳은 것은?
① 절대압력 = 대기압력 + 게이지압력
② 절대압력 = 대기압력 − 게이지압력
③ 절대압력 = 대기압력 × 게이지압력
④ 절대압력 = 대기압력 ÷ 게이지압력

2-2. 절대압력이 0.5165kgf/cm²일 때 복합압력계로 표시되는 진공압력은 약 얼마인가?
① 28cmHg(V) ② 22.8cmHg(V)
③ 38cmHg(V) ④ 32.8cmHg(V)

|해설|

2-1
절대압력
완전 진공을 0으로 하여 측정한 압력이다. 단위는 kg/cm² · a, kg/m² · a, lb/in² · a를 사용한다.
- 절대압력(kg/cm² · a) = 대기압(1.033kg/cm²) + 게이지압력 (kg/cm²)
- 절대압력 = 대기압 − 진공압

2-2
절대압력 = 대기압 − 진공압
여기서, 진공압 : x

$$0.5165\text{kg/cm}^2 \times \frac{76\text{cmHg}}{1.0332\text{kg/cm}^2} = 76\text{cmHg} - x$$

∴ $x = 38\text{cmHg(V)}$

정답 2-1 ① 2-2 ③

핵심이론 03 열량

① 1kcal : 물 1kg을 1℃ 올리는 데 필요한 열량(한국·일본에서 사용되는 단위)
② 1BTU : 물 1lb을 1℉ 올리는 데 필요한 열량(미국·영국에서 사용되는 단위)
③ 1CHU(PCU) : 물 1lb를 1℃ 올리는 데 필요한 열량

> 열량 상호간의 관계식
> 1kcal = 3.968BTU = 2.205CHU

④ 비열(Specific Heat) : 어떤 물질 1kg(1lb)을 1℃(1℉) 올리는 데 필요한 열량(kcal/kg℃), (BTU/lb℉)
　㉠ 정압비열(C_p ; Constant Pressure) : 기체의 압력이 일정한 상태에서 1℃ 높이는 데 필요한 열량
　㉡ 정적비열(C_v ; Constant Volume) : 기체의 체적이 일정한 상태에서 1℃ 높이는 데 필요한 열량
　㉢ 비열비(k) : 기체의 정압비열과 정적비열과의 비, 즉 $\dfrac{C_p}{C_v}$ 이므로 비열비는 항상 1보다 크다.
　　$\left(C_p > C_v \text{이므로 항상 } \dfrac{C_p}{C_v} > 1\text{임}\right)$

⑤ 현열(감열)과 잠열(숨은열) 및 열용량
　㉠ 현열(감열) : 상태 변화 없이 온도를 변화시키는 데 필요한 열
　㉡ 잠열(숨은열) : 온도 변화 없이 상태를 변화시키는 데 필요한 열
　㉢ 증발잠열(기화잠열) : 액체가 일정한 온도에서 증발할 때 필요한 열

10년간 자주 출제된 문제

공기조화기의 가열코일에서 30℃ DB의 공기 3,000kg/h를 40℃ DB까지 가열하였을 때의 가열 열량은 얼마인가?(단, 공기의 비열은 0.24kcal/kg℃이다)

① 7,200kcal/h
② 8,700kcal/h
③ 6,200kcal/h
④ 5,040kcal/h

|해설|

열량(Q)
$Q = G \times C \times \Delta t$
$x = 3,000 \times 0.24 \times (40-30)$
$= 7,200$

정답 ①

핵심이론 04 열용량(Heat Capacity)

① 열용량 : 어떤 물질의 온도를 1℃만큼 올리는 데 필요한 열량으로, 단위는 kcal/℃이다.

$$\text{열용량}(Q) = \text{물질의 질량}(m) \times \text{비열}(C)$$

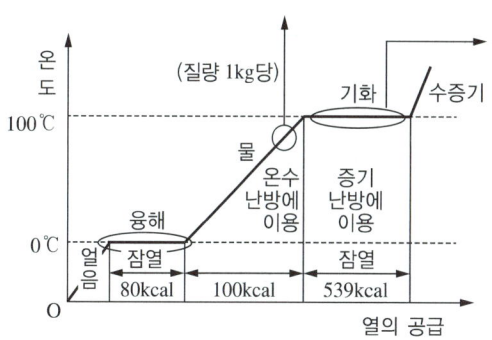

[물의 상태변화]

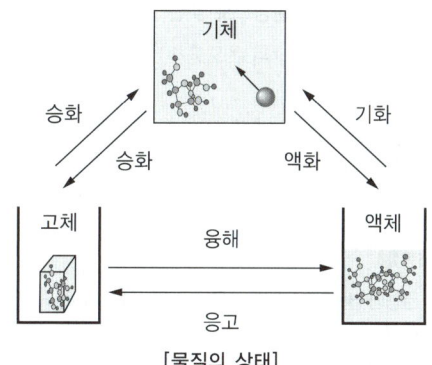

[물질의 상태]

㉠ 얼음의 비열 : 0.5kcal/kg℃
㉡ 얼음의 융해잠열 : 79.68kcal/kg
㉢ 0℃ 물의 증발잠열 : 597.79kcal/kg
㉣ 물의 비열 : 1kcal/kg℃
㉤ 100℃ 물의 증발잠열 : 539kcal/kg
㉥ 수증기의 비열 : 0.46kcal/kg℃

② 열량 계산 방식

㉠ 감열(현열) 구간일 때

$$Q = GC\Delta t$$

여기서, Q : 열량(kcal)
G : 중량(kg)
C : 비열(kcal/kg℃)
Δt : 온도차(℃)

㉡ 잠열(숨은열) 구간일 때

$$Q = G\gamma$$

여기서, Q : 열량(kcal)
G : 중량(kg)
γ : 잠열(kcal/kg)

10년간 자주 출제된 문제

열용량에 대한 설명으로 맞는 것은?
① 어떤 물질 1kg의 온도를 10℃ 올리는 데 필요한 열량을 뜻한다.
② 어떤 물질의 온도를 1℃ 올리는 데 필요한 열량을 뜻한다.
③ 물 1kg의 온도를 0.1℃ 올리는 데 필요한 열량을 뜻한다.
④ 물 1lb의 온도를 1°F 올리는 데 필요한 열량을 뜻한다.

|해설|

열용량(Heat Capacity, Q) : 어떤 물질의 온도를 1℃만큼 올리는 데 필요한 열량으로, 단위는 kcal/℃이다.
$Q = m \times C$
여기서, m : 물질의 질량
C : 비열

정답 ②

핵심이론 05 비중량, 밀도

① 동력 : 단위 시간당(sec) 일의 양

1PS = 75kg·m/s = 632kcal/hr = 0.736kW
1kW = 102kg·m/s = 860kcal/hr = 1.36PS = 1,000J/s
1HP = 76kg·m/s = 641kcal/hr

② 비중량(γ) : 단위 체적당 중량(무게 = 힘)

$$\gamma = \frac{m \cdot g}{V} = \rho \cdot g = \frac{F}{V} (\text{kg/m}^3,\ \text{N/m}^3)$$

예 물(H_2O)
$\gamma_{H_2O} = 1,000\text{kg/m}^3 = 9,800\text{N/m}^3$
수은(Hg)
$\gamma_{Hg} = 13,600\text{kg/m}^3 = 133,280\text{N/m}^3$

③ 밀도(비질량, ρ) : 단위 체적당 질량

$$\rho = \frac{m}{V} (\text{kg/m}^3)$$

예 물(H_2O)
$\rho_{H_2O} = 1,000\text{kg/m}^3 = 102\text{kg}\cdot\text{s}^2/\text{m}^4$
수은(Hg)
$\rho_{Hg} = 13,600\text{kg/m}^3$

※ 밀도(ρ)의 단위
- 절대단위 : kg_m/m^3
- 중력단위(공학단위)

$$\text{kg}\cdot\text{s}^2/\text{m}/\text{m}^3 = \text{kg}\cdot\text{s}^2/\text{m}^4$$

절대단위일 때 m의 단위는 kg이고, 중력단위일 때는 $\text{kgf}\cdot\text{s}^2/\text{m}$이다.

$$F = mg$$

$\therefore\ 1\text{kg}_m/\text{m}^3 = \dfrac{1}{9.8}\text{kg}\cdot\text{s}^2/\text{m}^4 = 1\text{N}\cdot\text{s}^2/\text{m}^4$

④ 비체적(v)과 비중

㉠ 단위 질량당 체적 : $v = \dfrac{V}{m} = \dfrac{1}{\rho}(\text{m}^3/\text{kg}) \rightarrow$ 절대단위

㉡ 단위 중량당 체적 : $v = \dfrac{V}{W} = \dfrac{1}{\gamma}$ (m³/kg) → 중력단위

⑤ 비중(S) : 무차원수

$$S = \dfrac{\gamma}{\gamma_{H_2O}} = \dfrac{\rho \cdot g}{\rho_{H_2O} \cdot g} = \dfrac{\rho}{\rho_{H_2O}}$$

여기서, γ : 어떤 물질의 비중량(kg/m³)
γ_{H_2O} : 물의 비중량(1,000kgf/m³)

※ 물 $S = 1$, 수은 $S = 13.6$

$$S = \dfrac{\gamma}{\gamma_{H_2O}} = \dfrac{\rho}{\rho_{H_2O}}$$

㉠ $\gamma = \gamma_{H_2O}$
  $\gamma = 1,000S(\mathrm{kgf/m^3}) = 9,800S(\mathrm{N/m^3})$

㉡ $\rho = \rho_{H_2O}$
  $\rho = 1,000S(\mathrm{kg_m/m^3}) = 102S(\mathrm{kgf \cdot s^2/m^4})$
  $ = 1,000S(\mathrm{N \cdot s^2/m^4})$

예 $S = 0.85$
  $\rho = 850\mathrm{N \cdot s^2/m^4}$
  $\gamma = 9,800 \times 0.85\,(\mathrm{N/m^3})$

10년간 자주 출제된 문제

SI단위에서 비체적의 설명으로 맞는 것은?
① 단위 엔트로피당 체적이다.
② 단위 체적당 중량이다.
③ 단위 체적당 엔탈피이다.
④ 단위 질량당 체적이다.

해설
비체적
• 단위 질량당 체적, 즉 밀도의 역수
• 비체적 = $\dfrac{\text{부피}}{\text{질량}}$

정답 ④

핵심이론 06 열역학 법칙

① **열역학 제0법칙(열평형의 법칙)** : 온도계의 원리를 제공해 주는 법칙

$$Q_2 = GC\Delta t = GC(t_2 - t_1)$$

② **열역학 제1법칙** : 에너지 보존의 법칙을 적용하여 열량은 일량으로, 일량은 열량으로 환산 가능함을 밝힌 법칙, 즉 $Q(\mathrm{kcal}) \leftrightarrow W(\mathrm{kg \cdot m})$: 가역법칙
열과 일에 대해 설명하는 법칙

※ Joule의 실험

$$1\mathrm{kcal} = 4,185.5\mathrm{J} = 4185.5\mathrm{N \cdot m} = 4.1855\mathrm{kJ}$$
$$= 4185.5\mathrm{N \cdot m} = 426.8\mathrm{kg \cdot m} = 427\mathrm{kg \cdot m}$$

환산계수 $A = 1/427\mathrm{kcal/kg \cdot m}$
일의 열당량, 즉 일을 열로 환산한 값이다.

예 $W = 8,000\mathrm{kg \cdot m}$
• $Q = 8,000\mathrm{kg \cdot m} \times 1/427\mathrm{kcal/kg \cdot m}$
  $= 18.74\mathrm{kcal}$

또한, $J = 1/A = 427(\mathrm{kg \cdot m/kcal})$
열의 일 상당량(즉, 열을 일로 환산)

• $Q = 80\mathrm{kcal}$
  $W = 80\mathrm{kcal} \times 427\mathrm{kg \cdot m/1kcal}$
  $= 34,160\mathrm{kg \cdot m}$

※ $Q = AW(A = 1/427\mathrm{kcal/kg \cdot m})$

즉, $W = \dfrac{Q}{A} \rightarrow W = JQ$

③ **열역학 제2법칙** : 일에너지는 열에너지로 쉽게 바뀔 수 있지만, 열에너지를 일에너지로 바꾸려면 열기관을 통해야 하는데 열기관을 통해도 열의 전부가 일로 바뀌지 않고 일부가 손실된다. 이렇게 열은 쉽게 일로 바뀔 수 없다. 즉, 열은 고온에서 저온으로 이동한다는 에너지 변환의 방향성을 표시하는 법칙이다. 가역인지 비가역인지 구분하는 법칙이다.

$$W \underset{\text{불가능}}{\overset{\text{가능}}{\rightleftarrows}} Q$$

- ⊙ Clausius의 표현 : 에너지의 방향성을 밝힌 표현으로, '~자연계에 아무런 변화도 남기지 않고 열은 저온체에서 고온체로 이동하지 않는다.' 즉, 성적계수가 무한대인 냉동기의 제작은 불가능하다.
- ⓒ Kelvin과 Plank의 표현 : '~어느 단일 열저장소로부터 열을 공급받아 자연계에 아무런 변화도 남기지 않고, 계속적으로 열을 일로 변환시키는 열기관은 있을 수 없다.' 즉, 열효율이 100%인 기관은 존재할 수 없다.
- ⓒ Ostwald의 표현 : '~제2종 영구기관은 존재할 수 없다.'
④ 열역학 제3법칙 : 어떠한 이상적인 방법으로도 어떤 계를 절대온도 0K(-273℃)에는 이르게 할 수 없다. 즉, 0K에 근접하면 엔트로피는 0에 근접한다.

10년간 자주 출제된 문제

6-1. 한 공학자가 가정용 냉장고를 이용하여 겨울에 난방을 할 수 있다고 주장하였다면, 이 주장은 이론적으로 열역학 법칙과 어떠한 관계를 갖는가?

① 열역학 제1법칙에 위배된다.
② 열역학 제2법칙에 위배된다.
③ 열역학 제1, 2법칙에 위배된다.
④ 열역학 제1, 2법칙에 위배되지 않는다.

6-2. 열역학 제1법칙에 대한 설명으로 중 옳은 것은?

① 열평형에 관한 법칙이다.
② 이론적으로 유도 가능하여 엔트로피의 뜻을 잘 설명한다.
③ 이상기체에만 적용되는 열량 법칙이다.
④ 에너지 보존의 법칙 중 열과 일의 관계를 설명한 것이다.

[해설]

6-1
열역학 제2법칙 : 열은 고온에서 저온으로 이동한다는 에너지 변환의 방향성을 표시하는 법칙이다. 가역인지 비가역인지 구분하는 법칙(엔트로피를 설명하는 법칙)이다.

6-2
열역학 제1법칙 : 에너지 보존의 법칙을 적용하여 열량은 일량으로, 일량은 열량으로 환산 가능함을 밝힌 법칙

정답 6-1 ② 6-2 ④

핵심이론 07 보일-샤를의 법칙

① 보일의 법칙(등온법칙 : T = C) : 기체의 온도가 일정할 때 기체의 체적은 압력에 반비례한다.

$$P_1 V_1 = P_2 V_2$$

② 샤를의 법칙(정압법칙 : P = C) : 기체의 압력이 일정할 때 기체의 체적은 절대온도에 비례한다.

$$\frac{V_1}{T_1} = \frac{V_2}{T_2}$$

③ 보일-샤를의 법칙 : 기체의 체적은 압력에 반비례하고, 절대온도에 비례한다.

$$\frac{P_1 V_1}{T_1} = \frac{P_2 V_2}{T_2}$$

10년간 자주 출제된 문제

다음 설명 중 내용이 맞는 것은?

① 1BTU는 물 1lb를 1℃ 높이는 데 필요한 열량이다.
② 절대압력은 대기압의 상태를 0으로 기준하여 측정한 압력이다.
③ 이상기체를 단열팽창시켰을 때 온도는 내려간다.
④ 보일-샤를의 법칙이란 기체의 부피는 압력에 반비례하고, 절대온도에 반비례한다.

[해설]

① 1BTU : 물 1lb을 1℉ 올리는 데 필요한 열량(미국·영국에서 사용되는 단위)
② 절대압력 : 완전 진공을 0으로 하여 측정한 압력
④ 보일-샤를의 법칙 : 기체의 부피는 압력에 반비례하고 절대온도에 비례한다는 법칙

정답 ③

핵심이론 08 완전가스의 상태방정식

① 완전가스의 상태방정식

$$Pv = RT, \quad PV = GRT, \quad P\frac{V}{G} = RT$$

여기서, v : 비체적
V : 체적

$$\frac{Pv}{T} = R$$

여기서, $P_1 V_1 = GRT_1$
$P_2 V_2 = GRT_2$
R : 기체상수(가스상수)

공기의 경우 : $R = 29.27 \text{kgf} \cdot \text{m/kg} \cdot \text{K}$
$= 287 \text{N} \cdot \text{m/kg} \cdot \text{K}(\text{J/kg} \cdot \text{K})$

$R = \frac{PV}{GT} (\text{kgf/m}^2/\text{m}^3/\text{kg} \cdot \text{K} = \text{kgf} \cdot \text{m/kg} \cdot \text{K}$
$= \text{N} \cdot \text{m/kg} \cdot \text{K} = \text{J/kg} \cdot \text{K})$

② 일반기체상수(공통기체상수) : $\overline{R}$

$pV = mRT$에서

일반기체상수 $\overline{R} = mR = \frac{pV}{T}$

$$= \frac{1.0332 \times 10^4 \frac{\text{kg}}{\text{m}^2} \times \frac{22.4 \text{m}^3}{1 \text{kmol}}}{(273+0)\text{K}}$$

$$= 848 \frac{\text{kg} \cdot \text{m}}{\text{kmol} \cdot \text{K}} \left(\frac{\text{J}}{\text{kmol} \cdot \text{K}}\right)$$

$$= 8,314 \frac{\text{N} \cdot \text{m}}{\text{kmol} \cdot \text{K}} \left(\frac{\text{J}}{\text{kmol} \cdot \text{K}}\right)$$

$$\therefore R = \frac{848}{M} \text{kg} \cdot \text{m/kg} \cdot \text{K}$$

$$= \frac{8,314}{M} (\text{N} \cdot \text{m/kg} \cdot \text{m}, \text{J/kg} \cdot \text{K})$$

여기서, M : 분자량

10년간 자주 출제된 문제

이상기체의 엔탈피가 변하지 않는 과정은?

① 가역 단열과정
② 등온과정
③ 비가역 압축과정
④ 교축과정

해설

팽창밸브(교축과정) : 냉동기 및 열펌프 사이클 중에서 고온 고압의 냉매를 교축시켜 갑자기 저압의 증발기(냉각코일) 속에 방출하는 밸브 일종의 감압밸브로 매우 작은 틈에서 냉매를 방출한다.

정답 ④

핵심이론 09 냉동의 방법

① **자연적 냉동방법** : 얼음의 융해잠열을 이용하는 방법, 승화열을 이용하는 방법, 증발열을 이용하는 방법, 기한제를 이용하는 방법
② **기계적 냉동방법** : 증기압축식 냉동기(압축기, 응축기, 팽창밸브, 증발기), 흡수식 냉동기(흡수기, 발생기, 응축기, 팽창밸브, 증발기)

※ 흡수식 냉동기에서 냉매와 흡수제

냉 매	흡수제
물(H_2O)	LiBr
물(H_2O)	LiCl
암모니아(NH_3)	물(H_2O)

10년간 자주 출제된 문제

자연적인 냉동방법 중 얼음을 이용하는 냉각법과 가장 관계가 많은 것은?

① 융해열
② 증발열
③ 승화열
④ 응고열

해설

자연적 냉동방법
- 얼음의 융해잠열을 이용하는 방법
- 승화열을 이용하는 방법
- 증발열을 이용하는 방법
- 기한제를 이용하는 방법

정답 ①

1-2. 냉 매

핵심이론 01 냉 매

① 냉매 : 냉동사이클 내를 순환하는 동작유체로서 냉동공간 또는 냉동 물질로부터 열을 흡수하여 다른 공간 또는 다른 물질로 열을 운반하는 작동유체이며, 화학적으로 다음과 같이 분류한다.
  ㉠ 무기 화합물 : NH_3, CO_2, H_2O
  ㉡ 탄화수소 : CH_4, C_2H_6, C_3H_8
  ㉢ 할로겐화 탄화수소 : Freon
  ㉣ 공비(共沸) 혼합물(Azetrope) : R500, R501, R502 등

② 냉매의 종류
  ㉠ 1차 냉매(직접 냉매) : 냉동사이클 내를 순환하는 동작유체로, 잠열에 의해 열을 운반하는 냉매(NH_3, Freon 등)
  ㉡ 2차 냉매(간접 냉매) : 통칭 Brine(NaCl, $CaCl_2$, $MgCl_2$ 등)을 말하며, 제빙장치의 브라인, 공조장치의 냉수 등이 속함(감열에 의해 열을 운반)

③ 냉매의 구비조건
  ㉠ 물리적인 조건
   • 저온에서도 높은 포화압력(대기압 이상)을 가지고 상온에서 응축액화가 용이할 것
   • 임계온도가 높을 것(상온 이상)
   • 응고온도가 낮을 것
   • 증발잠열이 크고 액체비열이 작을 것
   • 윤활유, 수분 등과 작용하여 냉동작용에 영향을 미치는 일이 없을 것
   • 전열작용이 양호할 것
   • 점도와 표면장력이 작을 것
   • 누설 발견이 쉬울 것
   • 비열비가 작을 것
   • 전기적 절연내력이 크고 전기절연물질을 침식시키지 않을 것
   • 터보 냉동기용 냉매는 가스 비중이 클 것

  ㉡ 화학적인 조건
   • 화학적인 결합이 안정될 것
   • 금속을 부식시키지 않을 것
   • 인화, 폭발성이 없을 것

  ㉢ 생물학적인 조건
   • 인체에 무해할 것
   • 냉장품에 닿아도 냉장품을 손상시키지 않을 것
   • 악취가 없을 것

  ㉣ 경제적인 조건
   • 가격이 저렴하고 구입이 용이할 것
   • 자동운전이 용이할 것
   • 동일 냉동능력에 대하여 소요동력이 적게 들 것 (피스톤 압출량이 적을 것)

10년간 자주 출제된 문제

1-1. 2차 냉매의 열전달 방법은?
① 상태 변화에 의한다.
② 온도 변화에 의하지 않는다.
③ 잠열로 전달한다.
④ 감열로 전달한다.

1-2. 브라인의 구비조건으로 틀린 것은?
① 비열이 클 것
② 점성이 클 것
③ 전열작용이 좋을 것
④ 응고점이 낮을 것

|해설|

1-1
2차 냉매(간접 냉매) : 통칭 Brine(NaCl, $CaCl_2$, $MgCl_2$ 등)을 말하며, 제빙장치의 브라인, 공조장치의 냉수 등이 이에 속한다. 감열에 의해 열을 운반한다.

1-2
브라인의 구비조건
• 부식성이 없을 것
• 열용량이 클 것
• 응고점이 낮을 것
• 가격이 저렴할 것
• 점성이 작을 것(순환펌프의 소요동력이 작다)
• 누설되어도 냉장품에 손상이 없을 것

정답 1-1 ④ 1-2 ②

핵심이론 02 암모니아(NH₃) 냉매의 특성

① 암모니아의 일반적인 성질
  ㉠ 가연성, 폭발성, 악취, 독성이 있음
  ㉡ 임계온도 : 133℃, 임계압력 : 116.5kg/cm²A
  ㉢ 대기압하의 증발온도 : -33.3℃, 응고점 : -77.7℃ (초저온에 부적합)
  ㉣ 기준 냉동사이클에서 증발압력 2.4kg/cm²A, 응축압력 11.895kg/cm²A로 압력이 높지 않아 배관에 난관이 없음
  ㉤ 냉동효과가 커서 다른 냉매보다 냉매 순환량이 적어도 되므로 배관이 가늘어도 됨
  ㉥ 열저항이 작고, 전열효과는 냉매 중에서 가장 큼 (NH₃는 전열이 양호하므로 튜브에 핀을 부착할 필요가 없음)
  ㉦ 비열비가 냉매 중에서 가장 큼
② 금속에 대한 부식성
  ㉠ 동 및 동합금을 부식시키므로 동관을 사용하지 않으며, 특히 NH₃는 황동에 대하여 격심한 부식성이 있으나 청동에 대한 부식성은 비교적 작고, 항상 유막으로 덮여 있는 베어링 메탈 등에는 사용할 수 있음
  ㉡ 수은과 폭발적으로 화합함
  ㉢ 에보나이트, 베이클라이트를 침식시킴
  ㉣ 패킹재료는 천연고무나 아스베스토스를 사용함
  ㉤ 수분이 있으면 아연도 침식시킴
③ 연소성 및 폭발성 : 공기 중에 15~28% 혼입되면 폭발의 위험이 있다.
④ 전기적 성질 : 절대내력은 N₂를 1로 하였을 때 83%이며, 절연물질을 약화시키기 때문에 밀폐식 냉동기의 사용에 부적합하다.
⑤ 독성 : 독성이 강하다.
⑥ 윤활유와의 관계
  ㉠ 윤활유에 잘 융해되지 않음(오일은 NH₃보다 무겁기 때문에 장치 중으로 넘어가면 응축기, 증발기 등의 하부에 고여 전열을 방해)
  ㉡ 윤활유는 정기적으로 보충
  ㉢ 수분이 존재하면 에멀션(Emulsion) 현상이 일어나 유분리기에서 오일이 분리되지 않고 장치 내로 넘어가 고이게 됨
⑦ 수분과의 관계
  ㉠ 수분과 잘 용해하며, 냉동장치 내에 수분이 1% 혼합하게 되면 증발온도가 1/2℃씩 상승(냉동장치에 수분이 혼입되면 증발압력은 저하하고 증발온도는 상승)
  ㉡ 수분이 침투되면 금속의 부식을 촉진시킴

10년간 자주 출제된 문제

2-1. 암모니아 냉매의 성질에서 압력이 상승할 때 성질 변화에 대한 설명으로 맞는 것은?
① 증발잠열은 커지고, 증기의 비체적은 작아진다.
② 증발잠열은 작아지고, 증기의 비체적은 커진다.
③ 증발잠열은 작아지고, 증기의 비체적은 작아진다.
④ 증발잠열은 커지고, 증기의 비체적은 커진다.

2-2. 암모니아 냉매에 대한 설명으로 틀린 것은?
① 가연성, 독성, 자극적인 냄새가 있다.
② 전기절연도가 떨어져 밀폐식 압축기에는 부적합하다.
③ 냉동효과와 증발잠열이 크다.
④ 철, 강을 부식시키므로 냉매배관은 동관을 사용해야 한다.

|해설|

2-1
암모니아 냉매는 압력이 상승하면 온도가 상승하여 증발잠열 및 비체적이 작아진다.

2-2
암모니아는 동 및 동합금을 사용하면 착이온을 형성하여 배관을 부식시킨다.

정답 2-1 ③ 2-2 ④

핵심이론 03 프레온 냉매의 특성

① 구성 : 탄화수소와 할로겐 원소의 화합물로 구성
  ㉠ R-OO : 메탄계 탄화수소(R-10~R-50)
   - R-12 : CCl_2F_2
   - R-22 : $CHClF_2$
  ㉡ R-OOO : 에탄계 탄화수소(R-110~R-170)
   - R-113 : $C_2Cl_3F_3$
   - R-123 : $C_2HCl_2F_3$

② 호칭법
  ㉠ 10자리 : 메탄계, 100자리 : 에탄계
  ㉡ 수소(H)의 수 -1 : 10자리수
  ㉢ 불소(F, 플루오린)의 수 : 1자리수
  ㉣ 염소(Cl)의 수 : 빈자리수

③ 프레온 냉매의 특성
  ㉠ 물리적 및 열역학적 성질
   - 비등점의 범위가 넓음
   - 오일과 용해
   - 전열이 불량하기 때문에 전열면적을 넓혀 주기 위하여 핀 튜브를 사용
   - 수분의 용해도는 극히 작음[장치에 수분이 함유되면 산을 생성하여 장치 부식, 팽창밸브 동결현상, 동부착 현상 촉진 등을 일으키며, 이를 방지하기 위해 팽창밸브와 응축기 사이에 건조기(Dryer)를 설치]
   - 절연내력이 크고 전기 절연물을 침식하지 않으므로 밀폐형 냉동기에 사용할 수 있음
  ㉡ 화학적 성질
   - 열에 대한 안정성이 있음
   - 산화·독성·취기
     - 불연성·비폭발성
     - 독성 없음(다만, 통풍이 불량한 곳에 다량 누설 시 질식 우려가 있음)
     - 취기는 염소가 많은 것은 약간 에테르 냄새가 남
   - 가수분해·금속·기타 재료에 대한 작용
     - 강이 촉매로 존재하면 가수분해가 일어나 산(HF·HCl)을 생성하여 금속을 부식시킴(보통의 상태에서는 부식이 없음)
     - 마그네슘 및 마그네슘을 2% 이상 함유하는 알루미늄 합금을 부식시킴
     - 강, 주물, 동, 아연, 주석, 알루미늄 및 이들 합금의 기계구성용 금속재료의 자유로운 선택
     - 천연고무·수지를 용해(인조고무 사용)
  ㉢ 현재 일반적으로 사용되는 프레온
   - R-11(CCl_3F), R-12(CCl_2F_2)
   - R-13($CClF_3$), R-21($CHCl_2F$)
   - R-22($CHClF_2$), R-113($C_2Cl_3F_3$)
   - R-114($C_2Cl_2F_4$)
  ㉣ 혼합냉매
   - 혼합냉매 : 2종의 냉매 혼합 시 그 혼합 비율이 특정 비율이 아니면 액상, 기상의 혼합 비율이 다르게 되고, 냉동장치 중에도 2종의 냉매 각각의 특성을 갖게 됨
   - 공불 혼합냉매 : 2종의 냉매를 어떤 특정 비율로 혼합하면 각각 냉매의 특성과는 다른 단일냉매의 특성을 나타내게 되며, 액상 또는 기상에서의 혼합 비율이 같은 것
   - R-500(혼합 비율은 중량단위로 표시)
     R-12 : 73.8%, R-152 : 26.2%
   - R-501
     R-12 : 25%, R-22 : 75%
   - R-502
     R-22 : 50%, R-115 : 50%

ⓜ 냉매의 장치에 대한 영향
- 에멀션(Emulsion, 유탁액) 현상 : 암모니아 냉동장치에서 장치 내에 수분이 침투하면 암모니아와 반응하여 암모니아수(NH_4OH)가 생성된다. 이 암모니아수는 오일의 입자를 미립자로 분리시키고, 오일이 우윳빛으로 변하는 현상이다. 이 현상이 일어나면 유분리기에서 오일이 분리되지 않고 장치 각부로 넘어가 전열을 방해한다.
- 동부착(Copper Plating) 현상 : 프레온 냉동장치에서 수분과 프레온이 작용하여 산이 생성되고, 침입한 공기 중의 산소와 화합하여 동에 반응한 다음 압축기 각 부분의 금속 표면(메탈 부분)에 동이 도금되는 현상이다. 장치 내 수분이 많을 때 수소원자가 많은 냉매일수록, 왁스성분이 많은 오일을 사용할 때 온도가 높은 부분일수록 잘 일어난다. 이 현상은 R-12보다 R-22에서 잘 일어나며, R-22보다 염화메틸이 더 잘 일어난다.
- 오일 포밍(Oil Foaming) 현상 : 프레온 냉동기에서 압축기 정지 시 크랭크 케이스(Crank Case) 내의 오일 중에 용해되어 있던 프레온 냉매가 압축기 기동 시 크랭크 케이스 내의 압력이 급격히 낮아져 오일과 냉매가 급격히 분리하는데, 이 때문에 유면이 약동하며 윤활유에 거품이 일어나는 현상이다. 오일 포밍이 급격히 일어나면 피스톤 상부로 다량의 오일이 올라가 오일을 압축하게 되는데, 이때 이상음이 나는 것을 오일 해머링(Oil Hammering)이라고 한다. 오일 해머링이 일어나면 압축기의 파손 우려가 있을 뿐만 아니라 압축기 오일이 장치 중으로 넘어가 압축기의 유량이 부족하게 되어 운전이 불가능하게 될 우려가 많다.

- 오일 포밍의 방지책 : 크랭크 케이스 내에 오일 히터(Oil Heater)를 설치하여 기동 30분~2시간 전에 예열하여 오일과 냉매를 분리시킨 뒤에 압축기를 기동시키면 오일 포밍이 방지된다. 특히 터보 냉동기에서는 무정전 상태로 항상 크랭크 케이스 내의 유온을 60~80℃ 정도로 유지시켜 줌으로써 오일 포밍으로 인한 악영향을 방지한다.
- 오일 해머링(Oil Hammering) : 냉동장치에서 오일 포밍 현상이 일어나면 실린더 내부로 다량의 오일이 올라가 오일을 압축하여 실린더 헤드부에서 이상음이 발생되는 현상이다.

10년간 자주 출제된 문제

3-1. 프레온 냉동장치에서 오일 포밍 현상이 일어나면 실린더 내로 다량의 오일이 올라가 오일을 압축하여 실린더 헤드부에서 이상음이 발생하는 현상은?

① 에멀션 현상　　② 동부착 현상
③ 오일 포밍 현상　④ 오일 해머 현상

3-2. 프레온계 냉매액이 피부에 묻었을 때에 대한 가장 적당한 조치는?

① 진한 염산으로 중화시킨다.
② 암모니아, 황산나트륨 포화용액으로 살포한다.
③ 물로 씻고 피크르산용액을 바른다.
④ 레몬주스 또는 20%의 식초를 바른다.

[해설]

3-1

오일 해머 현상 : 냉동장치에 오일 포밍 현상이 일어나면 실린더 내부로 다량의 오일이 올라가 오일을 압축하여 실린더 헤드부에서 이상음이 발생되는 현상

3-2

프레온 냉매가 피부에 묻었을 때에는 다량의 물로 씻어내고 피크르산용액을 바른다.

정답 3-1 ④　3-2 ③

핵심이론 04 냉매 누설검지법

① 암모니아의 누설 검지
  ㉠ 냄새로 알 수 있음
  ㉡ 적색 리트머스 시험지가 청색으로 변함
  ㉢ 유황초에 불을 붙여 누설 개소에 대면 백색 연기가 발생함
  ㉣ 페놀프탈렌 시험지를 물에 적셔 누설 개소에 대면 홍색으로 변함
  ㉤ 물 또는 브라인에 암모니아가 누설될 때는 물이나 브라인을 조금 떠서 네슬러시약 용액을 투입하면 소량 누설 시 황색, 다량 누설 시 자색으로 변함

② 프레온의 누설검지
  ㉠ 비눗물로 누설 부위의 기포 발생 유무 확인
  ㉡ 헬라이드 토치 사용(연료 : 아세틸렌, 알코올, 프로판, 부탄)
    • 누설이 없을 때 : 청색
    • 소량 누설 시 : 녹색
    • 다량 누설 시 : 자색
    • 과량 누설 시 : 꺼짐

③ 기타 냉매 : 공기, 물, 탄산가스, 아황산가스, 탄화수소군, 메틸클로라이드

10년간 자주 출제된 문제

프레온 누설 검사 중 헬라이드 토치 시험에서 냉매가 다량으로 누설될 때 변화된 불꽃의 색깔은?
① 청색　　　　　② 녹색
③ 노랑　　　　　④ 자색

정답 ④

핵심이론 05 브라인 터보 냉동기

① 브라인(Brine) 터보 냉동기 : 저압부의 안전장치로 이상 고압 시 작동하여 냉매 분출한다. 냉동시스템 외를 순환하면서 간접적으로 열을 운반하는 매개체 감열(현열)에 의하여 열을 운반시키므로 다량의 브라인이 필요하다. 배관의 부식 및 동결에 유의해야 한다. 대표적으로 $NaCl$, $CaCl_2$, $MgCl_2$가 있다.

② 브라인의 구비조건
  ㉠ 부식성이 없을 것
  ㉡ 열용량이 클 것
  ㉢ 응고점이 낮을 것
  ㉣ 가격이 저렴할 것
  ㉤ 점성이 작을 것(순환펌프의 소요동력이 작음)
  ㉥ 누설되어도 냉장품에 손상이 없을 것

③ 브라인의 종류
  ㉠ 무기질 브라인 : 탄소(C)를 포함하지 않고 금속의 부식력이 크며, 가격이 저렴함
    • 염화칼슘($CaCl_2$) 수용액
      - 공업용으로 많이 쓰임
      - 공정점 : $-55℃$
      - 비중 : 1.2~1.24
    ※ 공정점 : A, B 두 물질을 용해시키면 농도가 짙어질수록 응고온도가 낮아지는데, 어느 일정한 농도 이상이 되면 다시 응고온도가 높아진다. 이때 응고하는 최저온도를 공정점이라 한다($NaCl$: $-21℃$, $CaCl_2$: $-55℃$, $MgCl_2$: $-33.6℃$).
      - 대부분 제빙용으로 사용
      - 흡습성이 강하고 누설되어 식품에 닿으면 떫은맛이 나기 때문에 식품 저장용으로는 적합하지 않음

- 염화나트륨(NaCl) 수용액
  - 주로 식품 냉동에 사용함
  - 가격이 저렴함
  - 공정점 : -21℃
  - 비중 : 1.15~1.18
  - 금속의 부식력이 모든 브라인 중에서 가장 큼
- 염화마그네슘($MgCl_2$) 수용액
  - $CaCl_2$가 부족할 때 사용되었으나 현재 거의 사용되지 않음
  - 공정점 : -33.6℃
  - 강에 대한 부식성은 NaCl보다 작으나 $CaCl_2$보다 약간 높음
  - ※ 부식성 : NaCl > $MgCl_2$ > $CaCl_2$

ⓒ 유기질 브라인
- 탄소(C)를 포함한 브라인
- 가격이 비쌈
- 금속의 부식력이 작음
  - 에틸렌글리콜 : 부식성이 무기질 브라인보다 작으며 소형 기계에 사용
  - 프로필렌글리콜 : 부식성이 작고 독성이 없으며 냉동식품 동결용에 사용
  - 메틸렌클로라이드, R-11 : 초저온에 사용

④ 브라인의 금속 부식성
ⓐ 중성은 부식성이 작으나 산성·알칼리성으로 갈수록 부식성이 증가한다.
ⓑ 배관은 모두 금속이므로 약알칼리성이 약산성보다 좋다(금속은 산에 약하다).
ⓒ 브라인은 대개 pH 7.5~8.2로 유지한다.
ⓓ 암모니아가 브라인 중에 누설되면 알칼리성이 강해져 국부적으로 부식이 일어난다.
ⓔ 브라인이 공기와 접촉 시 부식력이 커진다.

ⓕ 브라인의 부식 방지 처리
- $CaCl_2$ 수용액 : 브라인 1L에 대하여 중크롬산소다($Na_2Cr_2O_7$)를 1.6g씩 첨가하고, 중크롬산소다 100g마다 가성소다(NaOH)를 27g씩 첨가
- NaCl 수용액 : 브라인 1L에 대하여 중크롬산소다를 3.2g씩 첨가하고, 중크롬산소다 100g마다 가성소다를 27g씩 첨가

⑤ 브라인의 동파 방지대책
ⓐ 부동액 첨가
ⓑ 단수릴레이 설치
ⓒ 동파방지용 온도조절기 설치
ⓓ 증발압력조정밸브 설치
ⓔ 순환펌프와 압축기 모터를 인터록시킴
※ 단수릴레이 : 냉동기의 냉각수 또는 냉수의 통수량이 감소했을 경우 냉동기의 운전을 중지하는 보안 릴레이

10년간 자주 출제된 문제

5-1. 유기질 브라인으로 부식성이 작고, 독성이 없어 주로 식품 냉동의 동결용에 사용되는 브라인은?
① 염화마그네슘
② 염화칼슘
③ 에틸렌글리콜
④ 프로필렌글리콜

5-2. 공정점이 -55℃이고, 저온용 브라인으로서 일반적으로 제빙, 냉장 및 공업용으로 많이 사용되는 것은?
① 염화칼슘
② 염화나트륨
③ 염화마그네슘
④ 프로필렌글리콜

【해설】

5-1

유기질 브라인
- 탄소(C)를 포함한 브라인이다.
- 가격이 비싸다.
- 금속의 부식력이 작다.
  - 에틸렌글리콜 : 부식성이 무기질 브라인보다 작으며 소형 기계에 사용한다.
  - 프로필렌글리콜 : 부식성이 작고 독성이 없으며 냉동식품 동결용에 사용한다.
  - 메틸렌클로라이드, R-11 : 초저온에 사용한다.

5-2

브라인
- 염화칼슘 : 공정점이 -55℃이고, 제빙용으로 사용
- 염화나트륨 : 공정점이 -21.2℃이고, 식품 저장용으로 사용
- 염화마그네슘 : 공정점이 -33.6℃이고, 염화칼슘 대용으로 사용
- 프로필렌글리콜 : 식품 동결용으로 사용

정답 5-1 ④ 5-2 ①

핵심이론 06 냉동기유

① 윤활유의 구비조건
  ㉠ 응고점이 낮고 인화점이 높을 것
  ㉡ 점도가 알맞고 변질되지 않을 것
  ㉢ 수분이 포함되지 않으며 불순물이 없고 전기적인 절연내력이 클 것
  ㉣ 저온에서 왁스(Wax) 분리가 되지 않으며 냉매가스 흡수가 적을 것
  ㉤ 윤활유 소비량이 적을 것
  ㉥ 장기 휴지 중 방청능력이 있을 것이며, 오일 포밍에 소포성이 있을 것
  ※ 윤활유의 사용목적
   - 마모 방지
   - 기계적 효율 향상과 소손 방지
   - 냉각작용으로 패킹재료를 보호
   - 유막 형성으로 냉매가스 누설 방지
② 유동점 : 유(油, Oil)가 유동하는 최저온도(응고온도보다 25℃ 높은 온도)
③ 절연파괴 전압이 높은 것일수록 수분 함량이 적다.
④ 윤활유 열화 : 오일을 장기간 운전하면 산화되어 색깔이 붉게 되는데, 이것은 유중에 유기산 중합물, 에스테르 및 금속이 부식되어 유중에 섞여 흐려지는 현상
⑤ 냉동기유의 인화점 : 180~200℃
⑥ 윤활 방식
  ㉠ 비말 급유식(소형) : 피스톤 행정이 짧은 소형에서 사용하는 방법이다. 크랭크샤프트의 밸런스웨이트 또는 오일스크레이퍼(Oil Scraper)를 설치하여 회전 시 오일을 튀겨 올려줌으로써 급유하는 방식으로, 오일 충전량을 정확하게 해야 하는 단점이 있다.

ⓒ 강제 급유식(대형) : 기어펌프(Gear Pump)에서 오일을 압축하여 얻은 압력으로 급유시키는 방법으로, 외기어와 내기어식이 있다(주로 입형저속 및 고속다기통에 사용).

⑦ 유압 : 유압계 지시압력 = 유압(기어펌프에서의 유압) + 저압으로서 일반적으로 다음과 같이 표시한다.
 ㉠ 입형 저속 = 저압 + 0.5~1.5kg/cm^2
 ㉡ 고속다기통 = 저압 + 1.5~3kg/cm^2
 ㉢ 터보냉동기 = 저압 + 6~7kg/cm^2
 ㉣ 소형 냉동기 = 저압 + 0.5kg/cm^2

⑧ 유압 상승의 원인
 ㉠ 유압계 불량
 ㉡ 유순환 회로가 막혔을 때
 ㉢ 유압조정밸브 불량(막혔을 경우)
 ㉣ 유온이 낮을 경우(점도 증가)
 ㉤ 오일의 과충전 시

⑨ 유압 저하의 원인
 ㉠ 유압계 불량
 ㉡ 유온이 높을 시(점도 저하)
 ㉢ 오일 중에 냉매 혼입 시
 ㉣ 유압조정밸브 불량(열려 있을 경우)
 ㉤ 유여과망이 막혔을 경우
 ㉥ 기어펌프(오일펌프)의 고장 시
 ㉦ 유배관에서의 누설 시

10년간 자주 출제된 문제

6-1. 냉동기에 사용하는 윤활유의 구비조건으로 틀린 것은?
① 불순물을 함유하지 않을 것
② 인화점이 높을 것
③ 냉매와 분리되지 않을 것
④ 응고점이 낮을 것

6-2. 고속다기통 압축기 유압계의 정상유압으로 옳은 것은?
① 정상 저압 + 4~6kg/cm^2
② 정상 고압 + 1.5~3kg/cm^2
③ 정상 고압 + 4~6kg/cm^2
④ 정상 저압 + 1.5~3kg/cm^2

해설

6-1
윤활유의 구비조건
- 응고점이 낮고 인화점이 높을 것
- 점도가 알맞고 변질되지 않을 것
- 수분이 포함되지 않으며 불순물이 없고 전기적인 절연내력이 클 것
- 저온에서 왁스(Wax) 분리가 되지 않으며 냉매가스 흡수가 적어야 함
- 윤활유 소비량이 적을 것
- 장기 휴지 중 방청능력이 있을 것이며, 오일 포밍에 소포성이 있을 것

6-2
유 압
유압계 지시압력 = 유압(기어펌프에서의 유압) + 저압으로서 일반적으로 다음과 같이 표시한다.
- 입형 저속 = 저압 + 0.5~1.5kg/cm^2
- 고속다기통 = 저압 + 1.5~3kg/cm^2
- 터보냉동기 = 저압 + 6~7kg/cm^2
- 소형 냉동기 = 저압 + 0.5kg/cm^2

정답 6-1 ③ 6-2 ④

1-3. 냉매사이클

핵심이론 01 사이클

① 사이클 : 열기관이나 냉동기 등에서 어느 물질이 한 일점에서 시작하여 몇 개의 변화를 연속적으로 이루면서 원점으로 다시 오는데, 이와 같이 동작이 같은 변화를 반복하는 것을 말한다.

② 카르노사이클
　㉠ 2개의 등온저장조 사이에 작동하는 사이클 중에서 모든 과정이 가역이라고 가정한 사이클이므로, 카르노사이클을 능가하는 효율을 가진 열기관은 존재할 수 없다.

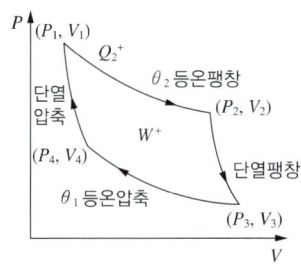

[정방향 사이클]

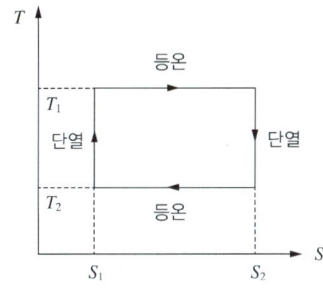

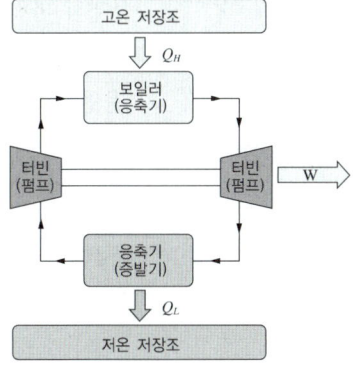

[카르노사이클 개략도]

　㉡ 기체를 등온팽창(1 → 2) → 단열팽창(2 → 3) → 등온압축(3 → 4) → 단열압축(4 → 1) 순서로 변화시켜 처음의 상태로 복귀시키는 열역학적 사이클

③ 냉동사이클(역카르노사이클)
　㉠ 카르노사이클이 역으로 순환하는 사이클을 역카르노사이클이라 하며, 이상적인 냉동사이클로서 단열과정 2개와 등온과정 2개로 구성되어 있다.

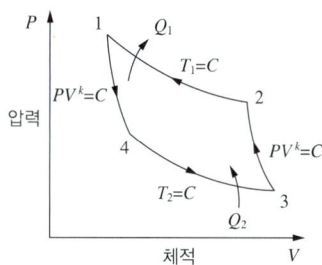

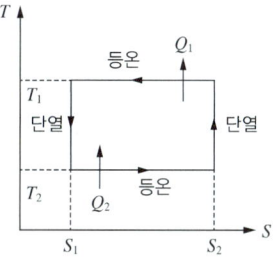

　㉡ 냉동작용을 위해 냉매의 상태변화를 유발하는 사이클(예를 들면, 압축변화된 냉매가 스로틀 작용의 영향으로 팽창하면 냉매의 압력이 강해져 증발하면서 주위에 있는 열을 흡수하게 되고, 이러한 냉동원리를 순환시키기 위하여 압축냉동기의 1회 사이클은 냉매가 압축기, 응축기, 팽창밸브, 증발기의 4가지 장치를 거치는 일련 과정으로 하여 형성되는 사이클)

10년간 자주 출제된 문제

다음 중 이상적인 냉동사이클에 해당되는 것은?
① 오토사이클
② 카르노사이클
③ 사바테사이클
④ 역카르노사이클

|해설|
카르노사이클이 역으로 순환하는 사이클을 역카르노사이클이라 하며, 이상적인 냉동사이클로서 단열과정 2개와 등온과정 2개로 구성되어 있다.

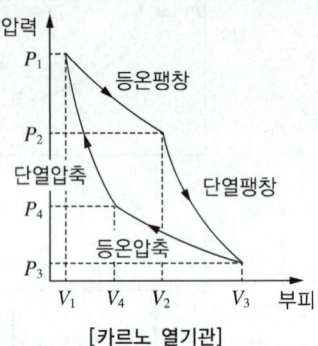
[카르노 열기관]

정답 ④

핵심이론 02 성적계수

① **역카르노사이클의 성적계수** : 냉동기가 저열원에서 열을 흡수하여 고열원으로 열을 버리는 데는 일이 필요한데, 이 일을 직접적으로 하는 것이 압축기이다. 그러므로 압축기가 적은 일을 하여 많은 열을 내었다면 그 냉동기의 성적계수는 좋다고 할 수 있다. 즉, 응축기 방열량 = 증발기 흡수열량 + 압축일의 열량이다.

$$Q_1 = Q_2 + A_w$$
$$\therefore Q_2 = Q_1 - A_w,\ A_w = Q_1 - Q_2$$
$$성적계수 = \frac{증발기\ 흡수열량}{압축일의\ 열량}$$

㉠ 이론 성적계수

$$\varepsilon = \frac{Q_2}{A_w} = \frac{증발열량}{압축일의\ 열량} = \frac{Q_2}{Q_1 - Q_2}$$
$$= \frac{T_2}{T_1 - T_2}$$

여기서, T_1 : 응축 절대온도
T_2 : 증발 절대온도

㉡ 실제적 성적계수

$$E = \frac{냉동능력}{실제적\ 소요마력} = \varepsilon \times \eta_c \times \eta_m$$

여기서, η_c : 압축효율
η_m : 기계효율

※ 압축효율$(\eta_c) = \dfrac{이론적\ 마력}{실제적\ 마력}$

※ 기계효율$(\eta_m) = \dfrac{실제적\ 마력}{운전\ 소요\ 마력}$

② **열펌프의 성적계수**

$$\varepsilon = \frac{q_1}{A_w} = \frac{고온체에\ 공급한\ 열량}{공급일} = \frac{T_1}{T_1 - T_2}$$

역카르노사이클, 즉 이상 냉동사이클의 성능계수는 동작 물질에 관계없이 양 열원의 절대온도에 관계되고, 냉동기의 성능계수는 열펌프의 성능계수보다 항상 1이 적음을 알 수 있다.

※ 열펌프
- 열이 자연적으로 흘러가는 방향의 반대 방향으로 열을 흐르게 하는 장치나 기계를 열펌프라고 하며 냉장고, 에어컨, 난방기, 냉동기 등이 있다.
- 열펌프는 열기관과는 다르게 외부에 일을 하는 것이 아니라 외부로부터 일을 받아서 저열원의 열을 고열원으로 내보내는 장치로, 에어컨이 열펌프의 대표적인 예이다. 이 열펌프 역시 에너지 보존 법칙이 성립한다(내보낸 열 = 들어온 열 + 들어온 일).

10년간 자주 출제된 문제

2-1. 다음 몰리에르 선도에서의 성적계수는 약 얼마인가?

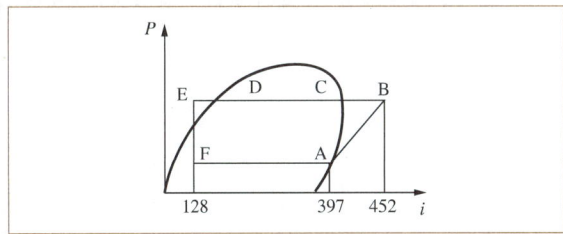

① 2.4 ② 4.9
③ 5.4 ④ 6.3

2-2. 단단 증기압축식 이론 냉동사이클에서 응축부하가 10kW이고, 냉동능력이 6kW일 때 이론 성적계수는 얼마인가?

① 0.6 ② 1.5
③ 1.67 ④ 2.5

|해설|

2-1
$$\text{성적계수(COP)} = \frac{q}{A_w} = \frac{397-128}{452-397} = 4.9$$

2-2
$$\text{성적계수(COP)} = \frac{Q_2}{Q_1 - Q_2} = \frac{6}{10-6} = 1.5$$

정답 2-1 ② 2-2 ②

핵심이론 03 몰리에르(Mollier) 선도와 상변화

냉동에서는 모든 이론적 계산에 $P-h$ 선도가 일반적으로 사용되며 세로축에 절대압력, 가로축에 엔탈피를 잡아서 이들의 관계를 선도로 나타낸 것이다. 이 $P-h$ 선도를 냉동 몰리에르 선도라고 한다. 몰리에르 선도의 전체적인 내용은 다음 그래프와 같이 표현할 수 있다.

① 몰리에르 선도의 6대 구성요소
　㉠ 등압선(P : kg/cm^2 · abs) : 한 선상의 압력은 과랭, 습증기, 과열증기 구역이 모두 동일

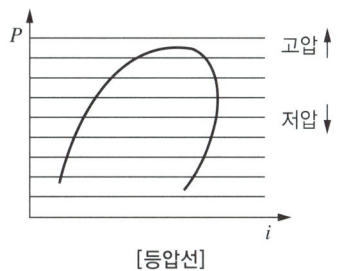

[등압선]

　㉡ 등엔탈피선(i : kcal/kg)
　　• 0℃ 포화액의 엔탈피는 100kcal/kg
　　• 0℃ 건조공기의 엔탈피를 0으로 함
　　• 냉동효과(q_e), 응축방열량(q_c), 소요동력(A_w)의 계산이 가능

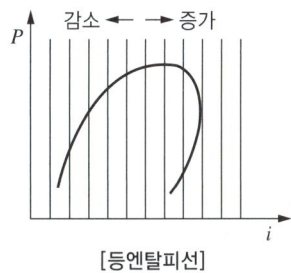

[등엔탈피선]

ⓒ 등온선(t : ℃)
- 과냉액 구역에서는 등엔탈피선과 직교
- 습증기 구역에서는 등압선과 평행
- 과열증기 구역에서는 급경사로 내려옴
- 증발온도, 응축온도, 흡입가스온도, 토출가스온도를 알 수 있음

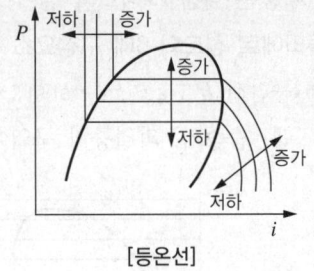
[등온선]

ⓔ 등건조도선(x)
- 습증기 구역에만 존재
- Flash Gas의 양을 알 수 있음
- $x = 0$: 100% 액
- $x = 1$: 100% 가스
- $x = 0.14$: 86% 액, 가스 14%

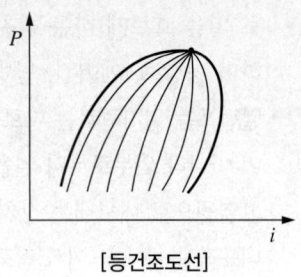
[등건조도선]

ⓓ 등엔트로피선(S : kcal/kg · K)
- 습증기, 과열증기 구역만 존재
- 압축과정은 이론상 단열압축으로 간주하므로 등엔트로피선을 따라 진행
- 0℃ 포화액의 엔트로피를 1로 함

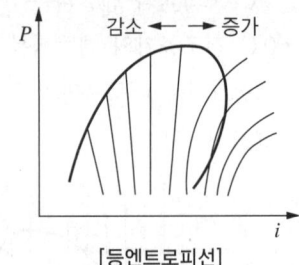
[등엔트로피선]

② 압축냉동사이클과 몰리에르 선도
ⓐ 과냉각도가 크면 클수록 팽창밸브 통과 시 Flash Gas 발생량이 감소하므로 냉동능력이 증대됨
ⓑ 과냉각과정 → 과냉각도 = 응축온도(t_f) − 팽창밸브 직전 액온도(t_e)

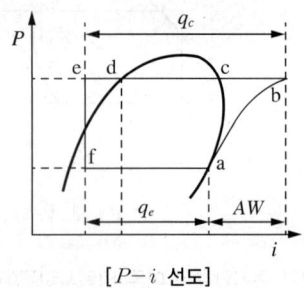
[$P-i$ 선도]

- a → b : 압축기
- b → e : 응축기
- e → f : 팽창밸브
- f → a : 증발기

ⓜ 등비체적선(v : m³/kg)
- 습증기, 과열증기 구역에만 존재
- 흡입증기의 비체적을 알 수 있음

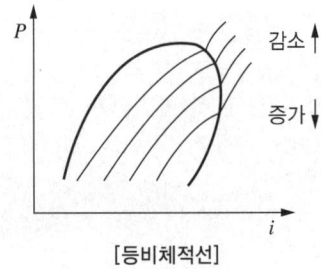
[등비체적선]

10년간 자주 출제된 문제

3-1. 몰리에르(Mollier) 선도에서 등온선과 등압선이 서로 평행한 구역은?

① 액체 구역
② 습증기 구역
③ 건증기 구역
④ 평행인 구역은 없다.

3-2. 다음 중 습공기 선도의 종류에 속하지 않는 것은?(단, h는 엔탈피, x는 절대습도, t는 건구온도, p는 압력을 각각 나타낸다)

① $h-x$ 선도
② $t-x$ 선도
③ $t-h$ 선도
④ $p-h$ 선도

[해설]

3-1
몰리에르 선도에서 등온선과 등압선이 서로 평행한 구역 : 습증기 구역

3-2
$p-h$ 선도는 냉매의 몰리에르 선도이다.

정답 3-1 ② **3-2** ④

핵심이론 04 냉동능력

냉동기의 냉동능력은 냉동톤으로 표시하며, 1냉동톤(1RT)이란 0℃의 물 1ton을 24시간 동안에 0℃의 얼음으로 만드는 능력이다.

$$1RT = \frac{79.68 \times 1,000}{24} = 3,320 \text{kcal/hr}$$

① 냉동효과(kcal/kg) : 냉매 1kg이 증발기에 들어가서 흡수하여 나오는 열량
② 체적냉동효과(kcal/m³) : 압축기 입구에서의 증기 1m³의 흡열량
③ 냉동능력(kcal/hr) : 증발기에서 시간당 제거할 수 있는 열량
④ 냉동톤(Refrigeration Ton)
  ㉠ 1RT와 1USRT로 구분
  ㉡ 1RT는 0℃의 물 1ton을 24시간 동안에 0℃의 얼음으로 만드는 능력으로, 3,320kcal/hr임
  ㉢ 1USRT는 미국 냉동톤 32°F의 순수한 물 1ton(2,000lb)을 24시간 동안에 32°F의 얼음으로 만드는 필요한 능력으로, 3,024kcal/hr임
⑤ 제빙톤 : 1일의 얼음 생산능력을 ton으로 나타낸 것으로, 1제빙톤 = 1.65RT

※ 결빙시간 = $\dfrac{0.56 \times t^2}{-t_b}$

여기서, t : 얼음의 두께
t_b : 브라인의 온도

10년간 자주 출제된 문제

1분간 25℃의 순수한 물 40L를 5℃로 냉각하기 위한 냉각기의 냉동능력은 약 몇 냉동톤인가?

① 0.24RT
② 14.45RT
③ 241RT
④ 14,458RT

[해설]

$\dfrac{Q}{3,320} = \dfrac{40 \times 1 \times (25-5)}{3,320} \times 60 ≒ 14.45\text{RT}$

정답 ②

핵심이론 05 기준냉동사이클

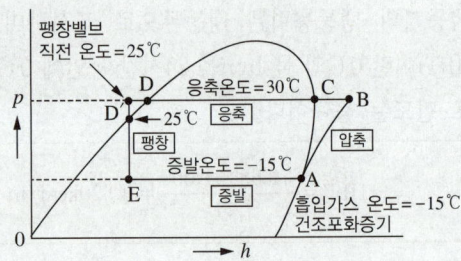

[$P-h$ 선도상의 기준냉동사이클 표시]

① 증발온도 : -15℃
② 응축온도 : +30℃
③ 압축기 흡입가스 온도 : -15℃(건조포화증기 = 과열도 0℃)
④ 팽창밸브 입구 냉매액 온도 : +25℃(과냉각도 : 5℃)

10년간 자주 출제된 문제

표준냉동사이클의 온도조건과 관계없는 것은?
① 증발온도 : -15℃
② 응축온도 : 30℃
③ 팽창밸브 입구에서의 냉매액 온도 : 25℃
④ 압축기 흡입가스 온도 : 0℃

[해설]
압축기 흡입가스의 온도 : -15℃
※ 과열도 : 0℃

정답 ④

핵심이론 06 2단 압축사이클

냉동기의 증발온도가 너무 낮으면 이에 따라 증발압력이 저하하므로 저압가스를 1단으로 압축할 경우 압축비가 커진다. 이렇게 압축비가 높아지면 압축기의 토출가스의 온도가 높아지고 체적효율이 감소하여 냉동능력이 감소하며, 소요동력이 현저히 증가함으로써 동력이 낭비된다. 이러한 현상을 방지하기 위하여 증발온도가 너무 낮을 경우 또는 압축비가 큰 경우에는 증발기를 나오는 저압 냉매를 2단으로 나누어 저단압축기는 저압을 중간압력까지만 상승시키고, 이 중간압력이 된 가스를 중간냉각기(인터쿨러)로 냉각한 후 고단압축기로 고압까지 올려 주는 2단 압축방식을 채택하는 것이다.

① 2단 압축 1단 팽창사이클

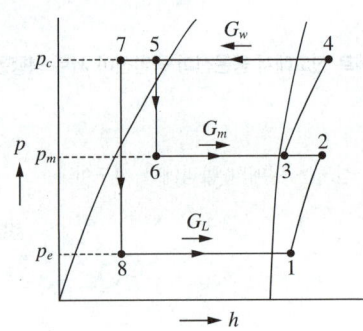

[$P-h$ 선도상의 표시]

② 2단 압축 2단 팽창사이클

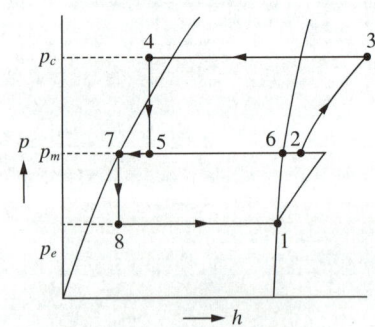

[$P-h$ 선도상의 표시]

※ 플래시형의 중간냉각기는 저단의 토출가스와 수액기의 액을 중간압력의 포화상태까지 냉각한다. 2단 압축 2단 팽창사이클에서 사용되는 중간냉각기의 형식이다.

10년간 자주 출제된 문제

2단 압축 냉동사이클에서 중간냉각기의 역할로 틀린 것은?

① 저단압축기의 토출가스온도를 낮춘다.
② 냉매가스를 과냉각시켜 압축비를 상승시킨다.
③ 고단압축기로의 냉매액 흡입을 방지한다.
④ 냉매액을 과냉각시켜 냉동효과를 증대시킨다.

[해설]
2단 압축 냉동사이클에서 중간냉각기는 냉매가스를 과냉각시켜 압축비를 낮춘다.

정답 ②

핵심이론 07 2원 냉동사이클

-70℃ 이하의 초저온장치가 되면 다단압축방식으로는 초저온의 실현이 곤란해진다. 따라서 냉동장치의 개량으로서 다원냉동(多元冷凍)방식이 채용되었다.

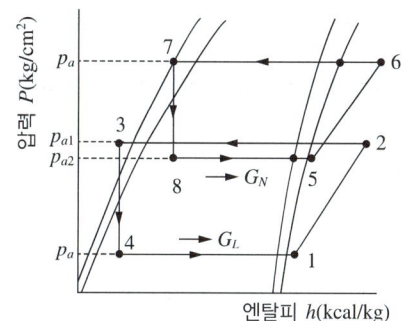

① 저온냉동기에 사용되는 냉매 : R-13, R-14, 메탄(R-50), 에틸렌, 프로판(R-290)
② 고온냉동기에 사용되는 냉매 : R-12, R-22 등
③ 캐스케이드 콘덴서 : 2원 냉동사이클 저온측 응축기와 고온측 증발기를 조합하여 저온측 응축기의 열을 효과적으로 제거하여 응축액화를 촉진시켜 주는 일종의 열교환기

10년간 자주 출제된 문제

7-1. 2원 냉동사이클에 대한 설명 중 틀린 것은?
① 다단압축방식보다 저온에서 좋은 효율을 얻을 수 있다.
② 저온측 냉매와 고온측 냉매를 구분하여 사용한다.
③ 저온측 응축기의 열은 냉각수를 이용하여 냉각시킨다.
④ 2원 냉동은 –100℃ 정도의 저온을 얻고자 할 때 사용한다.

7-2. 2원 냉동장치에 사용하는 저온측 냉매로서 옳은 것은?
① R-717
② R-718
③ R-14
④ R-22

[해설]

7-1
2원 냉동사이클의 경우 저온측 응축기의 열은 고온측 증발기의 증발열을 이용하여 냉각시킨다.
※ 캐스케이드 콘덴서 : 2원 냉동사이클 저온측 응축기와 고온측 증발기를 조합하여 저온측 응축기의 열을 효과적으로 제거하여 응축액화를 촉진시켜 주는 일종의 열교환기이다.

7-2
2원 냉동장치의 저온냉동기에 사용되는 냉매 : R-13, R-14, 메탄(R-50), 에틸렌, 프로판(R-290)

정답 7-1 ③ 7-2 ③

1-4. 냉동장치

핵심이론 01 냉동장치의 종류

① 냉동장치의 종류

원리	작용	개요	장치의 종류	
기계식 냉동	압축 방식	저온에서 증발한 가스를 압축기로 압축하여 고온으로 이동시킴	용적식	왕복동식
				스크루식
				스크롤식
				로터리식
			원심식	터보식
화학식 냉동	흡수 방식	저온측에서 증발한 가스를 흡수제에 흡수시켜 가열에 의하여 고온측으로 이동시킴(흡수제 고정, 냉매만 순환)	암모니아-물 물-리튬브로마이드	
흡착식 냉동	흡착 방식	저온측에서 증발한 가스를 흡착제에 흡착 및 탈착시켜 가열에 의하여 고온측으로 이동시킴(흡착제 고정, 냉매만 순환)	흡착식 냉동기	
전자식 냉동	펠티에식	서로 다른 금속체에 전류를 흘리면 접합부에 저온이 발생하는 것을 이용	전자식 냉동기	

※ 압축기 용량제어의 목적
- 부하변동에 대응한 용량제어로 경제적인 운전을 하기 위하여
- 경부하기동으로 기동을 용이하게 하기 위하여
- 일정한 증발온도를 유지하기 위하여

② 냉동장치의 정지 순서
응축기 액 출구밸브를 닫는다. → 압축기 흡입밸브를 닫는다. → 전동기 스위치를 끈다. → 압축기 토출밸브를 닫는다.

10년간 자주 출제된 문제

1-1. 다음 중 기계적 냉동방법은?
① 고체의 융해잠열을 이용하는 방법
② 고체의 승화열을 이용하는 방법
③ 기한제를 이용하는 방법
④ 증기압축식 냉동기를 이용하는 방법

1-2. 다음 중 암모니아 냉동장치 운전을 정지하는 순서를 올바르게 나열한 것은?

> ㉠ 응축기 액 출구밸브를 닫는다.
> ㉡ 전동기 스위치를 끈다.
> ㉢ 압축기 토출밸브를 닫는다.
> ㉣ 압축기 흡입밸브를 닫는다.

① ㉠ → ㉡ → ㉣ → ㉢
② ㉠ → ㉣ → ㉡ → ㉢
③ ㉢ → ㉣ → ㉠ → ㉡
④ ㉢ → ㉠ → ㉡ → ㉣

|해설|

1-1
기계적 냉동방법
- 증기압축식 냉동기 : 압축기, 응축기, 팽창밸브, 증발기
- 흡수식 냉동기 : 흡수기, 발생기, 응축기, 팽창밸브, 증발기

1-2
냉동장치의 정지 순서
응축기 액 출구밸브를 닫는다. → 압축기 흡입밸브를 닫는다. → 전동기 스위치를 끈다. → 압축기 토출밸브를 닫는다.

정답 1-1 ④ 1-2 ②

핵심이론 02 용적식 냉동기

① 여러 형태의 용적식 압축기에 따라 용량과 용도를 구분한다.
② 최근 들어 특수 용도를 제외하고는 왕복동식 냉동기의 경우 타 압축방식에 비해 효율성과 성능이 떨어지고 진동, 소음과 유지보수성이 열악한 이유로 사용이 점차 감소하는 상황이다.
③ 압축기의 운전 상태는 응축온도, 증발온도 및 흡입가스의 과열도에 의해 크게 좌우되며, 압축기의 성능은 체적효율, 압축효율 및 기계효율의 3가지 성능값에 따라 좌우된다.
④ 일반적으로 공조용에 사용되는 체적식 냉동기는 공기를 냉각시켜 이용하는 패키지형 공기조화기(Packaged Air Conditioner)와 물 또는 브라인을 냉각시켜 사용하는 워터칠링유닛(Water Chilling Unit)으로 구분된다. 사용하는 압축기의 종류에 따라 스크루식, 왕복동식, 회전식으로 구분이 되며 중·소용량에는 회전식 및 왕복동식이 사용되고, 중·대용량에는 주로 왕복동식 및 스크루식이 사용된다.
⑤ 최근에는 소용량으로는 스크롤식 냉동기가, 중·대용량으로는 스크루식 냉동기가 애용되는 추세이다.
  ㉠ 왕복동식 냉동기 : 피스톤의 왕복운동에 의하여 실린더 내 기체 상태의 냉매를 압축시켜 액냉매를 생성하며, 외형상 밀폐형과 반밀폐형으로 분류된다(최근 스크롤 냉동기와 스크루식 냉동기에 의해 그 사용이 점차 감소하는 추세).
  ㉡ 스크롤식 냉동기 : 대개 10HP 이하의 스크롤 방식의 압축기를 내장한 냉동기로 소형 냉장장치, 소형 칠러 등이 주를 이루며, 스크롤 압축기의 특성인 고효율, 고성능 특성이 있고 흡입, 토출밸브가 없기 때문에 약간의 액압축을 견딜 수 있는 장점을 갖고 있어 저온용 및 상온용으로 널리 쓰인다.

ⓒ 스크루식 냉동기 : 용량이 중대형인 20~1,000HP에 이르는 넓은 범위에서 공조, 냉장, 냉동, 공장 프로세스 냉각 등에 널리 쓰이며, 최근 고효율, 고성능화에 힘입어 그 사용용도가 다양해지고 있다. 기계적 특징으로는 스크루 로터의 회전에 따라 점차 압축 공간이 줄어들면서 압축을 하기 때문에 고속회전으로 진동이 작은 반면에 소음이 크고 흡입, 토출밸브가 없어 약간의 액압축을 견딜 수 있는 장점이 있어 저온용, 상온용으로 널리 쓰인다.

10년간 자주 출제된 문제

압축방식에 의한 분류 중 체적 압축식 압축기가 아닌 것은?
① 왕복동식 압축기
② 회전식 압축기
③ 스크루식 압축기
④ 흡수식 압축기

|해설|

체적 압축식 압축기 : 회전식 압축기, 왕복동식 압축기, 스크루식 압축기

정답 ④

핵심이론 03 원심식 냉동기

① 고속으로 회전하는 임펠러로, 유체에 속도를 주고 이 속도를 압력으로 바꾸어 압축하는 원심식 압축기(터보압축기)가 있다. 저압냉매를 사용하므로 취급이 용이하고 위험이 작다.

② 대용량에 적합한 냉동기로 주로 200~1,500HP의 범위에서 냉동용, 공조용, 공장 프로세스용 등으로 널리 쓰인다. 고속회전 형식으로 진동이 작고 설치 면적이 동급 용량에서 작은 편이며, 100%에서 약 10%까지 연속제어 특성을 갖고 있다. 또한, 부하에 따른 제어 특성이 우수하고 내부 구동부에서의 마찰손실 등이 작아 높은 성적계수를 발휘한다. 단, 서징에 의한 염려가 있으나 운전제어기술이 개선되어 큰 문제없이 사용하고 있다.

※ 서징(Surging)현상의 발생원인
- 불응축가스 혼입 시
- 흡입가이드베인을 너무 조인 경우
- 냉각수량이 감소하거나 수온이 높을 경우
- 냉각수 배관에 스케일이 있을 경우

10년간 자주 출제된 문제

3-1. 다음 중 주로 원심식 냉동기의 안전장치로 사용하며, 용기의 과열 등에 의한 이상 고압으로부터의 위해를 방지하기 위한 장치는?
① 가용전 ② 릴리프밸브
③ 차압 스위치 ④ 파열판

3-2. 터보냉동기의 운전 중에 서징(Surging)현상이 발생하였다. 그 원인으로 틀린 것은?
① 흡입가이드베인을 너무 조일 때
② 가스 유량이 감소될 때
③ 냉각수온이 너무 낮을 때
④ 어떤 한계치 이하의 가스유량으로 운전할 때

|해설|

3-1
파열판 : 터보냉동기 저압부의 안전장치로 이상 고압 시 작동하여 냉매를 분출한다.

3-2
서징현상의 발생원인
- 불응축가스 혼입 시
- 흡입가이드베인을 너무 조인 경우
- 냉각수량이 감소하거나 수온이 높을 경우
- 냉각수 배관에 스케일이 있을 경우

정답 3-1 ④ **3-2** ③

핵심이론 04 흡수식 냉동기

① 주로 증기, 유류, 가스 및 온수 등을 가열원으로 쓰고 있어 전기를 사용하는 냉동의 대체효과가 크며, 기계식 냉동기에 비해 운전비가 저렴한 편이다.
② 25~100% 정도 비례제어가 가능한 특성이 있고, 부하 변동에 따른 추종성이 기계식 냉동기에 비해 느린 편이다.
③ 출구의 수온을 7℃ 얻기 위해서는 냉매의 증발온도가 4~5℃가 되어야 하며, 이때 포화압력은 6~7mmHg(a) 정도이다.
  ※ 용량 제어방법
  - 증기 토출가스 제어
  - 구동열원 입구 제어
  - 발생기 공급 용량 제어

10년간 자주 출제된 문제

물-LiBr계 흡수식 냉동기의 순환과정으로 옳은 것은?
① 발생기 → 응축기 → 흡수기 → 증발기
② 발생기 → 응축기 → 증발기 → 흡수기
③ 흡수기 → 응축기 → 증발기 → 발생기
④ 흡수기 → 응축기 → 발생기 → 증발기

|해설|

흡수식 냉동기의 순환과정 : 발생기 → 응축기 → 증발기 → 흡수기

정답 ②

핵심이론 05 신재생에너지

① 기존의 화석연료를 변환시켜 이용하거나 햇빛, 물, 지열, 생물유기체 등을 포함하는 재생 가능한 에너지를 변환시켜 이용하는 에너지이다.
② 지속가능한 에너지 공급체계를 위한 미래 에너지원을 그 특성으로 한다.
③ 신재생에너지는 유가의 불안정과 기후변화협약의 규제 대응 등으로 그 중요성이 커졌다.
④ 한국에서는 8개 분야의 재생에너지(태양열, 태양광발전, 바이오매스, 풍력, 소수력, 지열, 해양에너지, 폐기물에너지)와 3개 분야의 신에너지(연료전지, 석탄액화가스화, 수소에너지)로 총 11개 분야를 신재생에너지로 지정하고 있다.

10년간 자주 출제된 문제

지열을 이용하는 열펌프(Heat Pump)의 종류가 아닌 것은?
① 엔진구동 열펌프
② 지하수 이용 열펌프
③ 지표수 이용 열펌프
④ 지중열 이용 열펌프

|해설|
지열을 이용한 열펌프의 종류 : 지하수, 지표수, 지중열 이용 열펌프
※ 지열 이용 열펌프(GSHP ; Ground Source Heat Pump)는 일반적으로 토양 이용 열펌프(GCHP ; Ground Coupled Heat Pump), 지하수 이용 열펌프(GWHP ; Ground Water Heat Pump) 및 지표수 이용 열펌프(SWHP ; Surface Water Heat Pump) 등으로 구분할 수 있다. GCHP는 토양(땅)과 열펌프 간의 열에너지 교환을 위한 수력루프로 구성되며 냉난방 또는 온수 생산에 사용된다. 수력루프는 지하에 있는 튜브에 의해 열전달 밀폐루프로 구성된다. GWHP 및 SWHP는 지하수 또는 지표수(호수, 해수 또는 우물물)를 열원 및 열흡수원으로 사용하며 개방형 루프로 구성되어 있다.

정답 ①

1-5. 냉동장치의 구조

핵심이론 01 압축기

증발기에서 흡수한 저온·저압의 냉매가스를 압축하여 압력을 올려 줌으로써 분자 간의 거리를 가깝게 하고, 온도를 상승시켜 상온하에서도 응축 액화할 수 있게 한다. 즉, 저열원에서 냉매가 증발하면서 얻은 열을 고열원 응축기로 보내는 역할을 한다.

① 구조상의 분류
  ㉠ 개방형(Open Type)
    • 직결구동
    • 벨트구동
  ㉡ 밀폐형(Hermetic Type) : 모터와 압축기가 한 하우징 내에 있어 외부와 밀폐된 형태
    • 반밀폐형
    • 전밀폐형
    • 완전밀폐형

② 압축방식에 따른 분류
  ㉠ 왕복동식(Reciprocating Type) : 피스톤의 왕복운동으로 가스를 압축하는 방식
    • 단동식 : 1회전에 1회 압축(상승 시 압축, 하강 시 흡입)
    • 복동식 : 1회전에 2회 압축(상승, 하강 시 흡입 압축)
    ※ 왕복동식 압축기의 용량 제어방법
      • 흡입밸브 조정에 의한 방법
      • 톱 클리어런스에 의한 방법
      • 회전수 가감법
      • 바이패스 방법
      • 언로드(무부하)법
  ㉡ 원심식(Centrifugal Type) : 터보압축기라고 하며, 임펠러의 고속회전에 의한 원심력으로 가스를 압축하는 방식이다. 대용량의 공기조화용으로 많이 사용하며, 보통 10,000~12,000rpm이 있다.

ⓒ 회전압축기(Rotary Type) : 회전자(Rotor)의 회전에 의해 가스를 압축한다(주로 소형 냉동기).

ⓓ 스크루식(Screw Type) : 2개의 맞물린 나사 형상의 로터 회전으로 가스를 압축하는 것으로, 구동할 때는 정해진 회전 방향이 있다.

10년간 자주 출제된 문제

1-1. 회전식 압축기의 특징에 해당되지 않는 것은?
① 조립이나 조정에 있어서 고도의 정밀도가 요구된다.
② 대형 압축기와 저온용 압축기에 많이 사용한다.
③ 왕복동식보다 부품수가 적으며, 흡입밸브가 없다.
④ 압축이 연속적으로 이루어져 진공펌프로도 사용된다.

1-2. 냉매가 냉동기유에 다량으로 융해되어 압축기 기동 시 크랭크 케이스 내의 압력이 급격히 낮아지면서 발생하는 현상은?
① 오일 흡착 현상
② 오일 에멀션 현상
③ 오일 포밍 현상
④ 오일 캐비테이션 현상

|해설|

1-1
회전식 압축기는 주로 소형 냉동기에 사용된다.

1-2
오일 포밍(Oil Foaming) 현상 : 프레온 냉동기에서 압축기 정지 시 크랭크 케이스 내의 오일 중에 용해되어 있던 프레온 냉매가 압축기 기동 시 크랭크 케이스 내의 압력이 급격히 낮아져 오일과 냉매가 급격히 분리된다. 이 때문에 유면이 약동하며 윤활유에 거품이 일어나는 현상이다. 오일 포밍이 급격히 일어나면 피스톤 상부로 다량의 오일이 올라가 오일을 압축하게 되는데, 이때 이상음이 나는 것을 오일 해머링(Oil Hammering)이라고 한다.

정답 1-1 ② 1-2 ③

핵심이론 02 응축기

압축기에서 토출된 냉매가스를 상온하에서 물이나 공기를 사용하여 열을 제거함으로써 응축, 액화시키는 역할을 한다.

① 종 류
　ⓐ 입형 셸 앤드 튜브식 응축기
　ⓑ 횡형 셸 앤드 튜브식 응축기
　ⓒ 셸 앤드 코일식 응축기
　ⓓ 7통로식 응축기
　ⓔ 2중관식 응축기
　ⓕ 대기식 응축기
　ⓖ 증발식 응축기 : 대기 중의 습도에 따라 냉매의 응축에 영향을 많이 받음
　※ 증발식 응축기의 특징
　　• 냉각수의 증발에 의해 냉매가스가 응축
　　• 상부의 살수 수온과 하부의 물탱크 수온이 같음
　　• 팬, 노즐, 냉각수펌프 등 부속설비가 많음
　　• 겨울에는 공랭식으로 사용할 수 있음
　　• 외기 습구온도에 의해 능력이 좌우
　　• 냉매압력 강하가 큼
　ⓗ 공랭식 응축기

② 냉각방식에 의한 분류
　ⓐ 수랭식 응축기 : 수량 및 수질이 좋은 곳에 사용
　　• 입형 셸 앤드 튜브식 응축기
　　• 횡형 셸 앤드 튜브식 응축기
　　• 7통로식 응축기
　　• 2중관식 응축기
　　• 대기식 응축기
　　• 증발식 응축기 : 물의 증발 잠열을 이용하여 냉매를 응축시키는 방식으로서, 외기 습구온도에 영향을 받는다.
　※ 일리미네이터(Eliminator)
　　• 관에 분무되는 냉각수의 일부가 공기와 같이 외부로 비산하는 것을 방지하기 위해 설치

- 소비수량은 1%의 증발로 충분하나 실제로 비산수량 및 탱크 내의 물이 증발로 인한 불순물의 농축으로 5~10%의 수량이 소비됨
ⓛ 공랭식 응축기 : 냉각수가 없는 곳에 사용
ⓒ 증발식 응축기 : 냉각수가 부족한 곳에 사용
ⓔ 냉각탑 : 응축기에서 냉매를 응축시키고 온도가 높은 냉각수를 다시 사용하고자 냉각시키는 역할
ⓜ 균압관 : 응축기 상부와 수액기 상부를 연결하여 냉매의 흐름을 원활하게 하기 위하여 설치

※ 수액기 취급 시 주의사항
- 직사광선을 받지 않도록 함
- 안전밸브를 설치해야 함
- 균압관의 지름은 충분히 크게 함
- 냉매량은 3/4 이상 만액시키지 말아야 함
- 수액기는 응축기보다 낮은 위치에 설치해야 함

10년간 자주 출제된 문제

2-1. 입형 셸 앤드 튜브식 응축기의 특징이 아닌 것은?
① 옥외 설치가 가능
② 액냉매의 과냉각도가 쉬움
③ 과부하에 잘 견딤
④ 운전 중 청소 가능

2-2. 지수식 응축기라고도 하며, 나선 모양의 관에 냉매를 통과시키고 이 나선관을 구형 또는 원형의 수조에 담고 순환시켜 냉매를 응축시키는 응축기는?
① 셸 앤드 코일식 응축기   ② 증발식 응축기
③ 공랭식 응축기   ④ 대기식 응축기

[해설]

2-1
입형 셸 앤드 튜브식 응축기는 냉매와 냉각수가 평형상태이므로 과냉각도 어렵다.

2-2
셸 앤드 코일식 응축기 : 나선 모양의 관에 냉매를 통과시키고, 이 나선관을 구형 또는 원형의 수조에 담가 순환시켜 냉매를 응축시키는 응축기

정답 2-1 ② 2-2 ①

핵심이론 03 증발기

저온·저압의 냉매가 피냉각 물체로부터 열을 흡수하여 저온·저압의 가스로 되는 부분이다. 즉, 실질적으로 냉동의 목적을 달성하는 곳이다.

① 액냉매 공급에 따른 분류
ⓛ 건식증발기 : 증발기 내 냉매액 25%, 가스 75% 존재
ⓒ 반만액식 증발기 : 습식증발기라고도 하며 액 50%, 가스 50%가 증발기 내에 존재한다. 냉매량이 건식에 비해 많고, 전열효과는 건식에 비해 양호하지만 만액식에는 미치지 못한다.
ⓔ 만액식 증발기 : 증발기 내 액 75%, 가스 25% 존재
ⓜ 액순환식 증발기 : 액펌프를 사용하여 증발기에서 증발하는 액체량 4~6배의 액을 강제 순환시킨다.

② 용도에 따른 분류
ⓛ 만액식 셸 앤드 튜브식 암모니아 냉각기
- 주로 공업용 브라인 냉각장치에 사용
- 셸 내에 냉매, 튜브 내에 브라인 존재
- 관경이 작으면 저항이 커져 압력 강하가 크므로 체적효율 감소, 흡입압력 저하, 토출가스온도 상승 등 여러 가지 악영향을 미치나 전열면만 생각하면 관경이 작은 것이 좋음

ⓒ 만액식 셸 앤드 튜브식 프레온 냉각기
- 공기조화장치 및 일반화학공업의 액체 냉각을 목적으로 이용
- 냉매측의 열전달률이 낮으므로 핀 튜브 사용

ⓔ 건식 셸 앤드 튜브식 냉각기
- 셸에 브라인(냉수), 튜브에 냉매 존재
- 프레온용

ⓜ 보데로 냉각기
- 물이나 우유의 냉각에 사용
- 냉각관 청소가 쉬워 위생적임

ⓒ 탱크형 냉각기(헤링본식 증발기)
- 주로 암모니아용이며, 제빙에 사용
- 만액식
- 전열률이 양호

ⓑ 관코일 증발기
- 프레온용일 때 대형에는 강관, 소형에는 동관을 사용
- 냉장고, 쇼케이스 등에 사용

ⓢ 캐스케이드 증발기
- 액 냉매를 공급하고 가스를 분리하는 형식
- 공기 동결식의 동결 선반에 사용

ⓞ 핀 튜브식 냉각기 : 주로 프레온용으로 건식을 채용하고 있으며 소형 냉장고, 냉장용 진열장, 공기조화 등에 광범위하게 사용

ⓩ 멀티피드 멀티섹션 증발기

ⓒ CA 냉장고 : 청과물을 냉장·저장하는 데 있어 보다 좋은 저장성을 확보하기 위하여 냉장고 내의 공기를 치환하는데, 산소를 3~5% 감소시키고 탄산가스를 3~5% 증가시켜 줌으로써 냉장고 내의 청과물의 호흡작용을 억제하면서 냉장하는 냉장고

ⓚ 공기냉각용 증발기
- 관코일식 증발기
- 캐스케이드 증발기
- 핀튜브식 증발기
- 플레이트식 증발기
- 멀티피드 멀티섹션 증발기

※ 증발기 출구측에 설치하는 감온통의 기준
- 흡입관 외경이 20mm 미만일 경우 : 흡입관 상부에 부착
- 흡입관 외경이 20mm 이상일 경우 : 흡입관 수평보다 45° 하부에 부착

10년간 자주 출제된 문제

3-1. 탱크형 증발기의 설명으로 잘못된 것은?
① 만액식에 속한다.
② 브라인의 유동속도가 늦어도 능력에는 변화가 없다.
③ 상부에는 가스헤드, 하부에는 액헤드가 존재한다.
④ 주로 암모니아용으로 제빙용에 사용된다.

3-2. 다음 중 공기냉각용 증발기는?
① 셸 앤드 코일형 증발기
② 캐스케이드 증발기
③ 보데로 증발기
④ 탱크형 증발기

해설

3-1
브라인의 유동속도가 느리면 브라인의 양이 감소하여 냉동능력이 저하된다.

3-2
공기냉각용 증발기
- 관코일식 증발기
- 캐스케이드 증발기
- 핀튜브식 증발기
- 플레이트식 증발기
- 멀티피드 멀티섹션 증발기

정답 3-1 ② 3-2 ②

핵심이론 04 팽창밸브

냉동기 및 열펌프 사이클 중에서 고온·고압의 냉매를 교축시켜 갑자기 저압의 증발기(냉각코일) 속에 방출하는 일종의 감압밸브로, 매우 작은 틈에서 냉매를 방출한다. 동작에 따라 수동밸브, 자동밸브가 있으며, 자동식에는 압력식(다이어프램식), 온도식, 플로트식, 전자식(電磁式) 등이 있다. 팽창밸브 개도가 너무 크면 냉매액이 증발기에서 모두 증발시키지 않고 압축기로 넘어올 수 있다.

① 정압식 자동팽창밸브 : 냉동 부하변동이 작은 NH_3 건식에 사용된다. 부하변동에 따른 유체제어가 불가능하며 냉수, 브라인 동결 방지에 사용된다. 증발기 내 압력이 벨로스에 작용하여 증발압력을 일정하게 유지시킨다.

② 온도자동식 팽창밸브 : 증발기 출구의 냉매온도에 의하여 자동으로 개도를 조정한다.

③ 제상(Defrost) : 증발기 코일에 서리가 부착되면 전열 불량이 되는데 이 서리를 제거하는 것을 제상이라 한다. 제상장치는 주로 공기냉각용에 많으며 제상시간은 빠를수록 좋다.

　㉠ 고압가스 제상 : 고온의 냉매가스를 증발기에 보내서 그 응축잠열을 이용하여 제상하는 방법
　　• 고압가스에 의한 제상
　　• 증발기 1대의 경우 고압가스 제상
　　• 증발기 2대인 경우 고압가스 제상
　㉡ 액냉매를 제상용 수액기에 받는 제상장치
　㉢ 소형 냉동장치의 제상
　㉣ 재증발기를 이용한 제상
　㉤ 서모뱅크를 이용한 제상
　㉥ 온수 브라인 제상
　㉦ 온수 살포 제상
　㉧ 전열 제상(Electric Defrost)
　㉨ 브라인 분무 제상(Brine Splay Defrost)

④ 팽창밸브를 선정할 때 관의 두께는 고려하지 않아도 상관없다.

※ 팽창밸브 선정 시 고려사항
　• 고저압의 압력차
　• 냉동기의 냉동능력
　• 사용 냉매의 종류
　• 증발기의 형식 및 크기

10년간 자주 출제된 문제

4-1. 팽창밸브 선정 시 고려할 사항 중 관계없는 것은?
① 관의 두께
② 냉동기의 냉동능력
③ 사용 냉매의 종류
④ 증발기의 형식 및 크기

4-2. 냉매가 팽창밸브(Expansion Valve)를 통과할 때 변하는 것은?(단, 이론상의 표준냉동사이클)
① 엔탈피와 압력
② 온도와 엔탈피
③ 압력과 온도
④ 엔탈피와 비체적

해설

4-2
냉매가 팽창밸브를 통과할 때 엔탈피는 일정하다.

정답 4-1 ①　4-2 ③

핵심이론 05 냉동능력

① 산정기준 : 원심식 압축기를 사용하는 냉동설비는 그 압축기의 원동기 정격출력 1.2kW를 1일의 냉동능력 1톤으로 보고, 흡수식 냉동설비는 발생기를 가열하는 1시간의 입열량 6,640kcal를 1일의 냉동능력 1톤으로 본다.

② 가용전(Fusible Plug) : 프레온용 수액기나 냉매용기에 설치하여 불의의 사고(화재 등) 시 수액기나 용기 등이 폭발되는 것을 방지한다.
  ㉠ 구성요소 : Cd(카드뮴), Bi(비스무트), Pb(납), Sn(주석), Sb(안티몬)
  ㉡ 용융온도 : 75℃ 이하(68~75℃)
  ㉢ 설치 위치 : 토출가스의 영향을 직접적으로 받지 않는 곳으로 응축기나 수액기 상부에 설치
  ㉣ 용전 구경은 최소 안전밸브 구경 1/2 이상일 것
  ㉤ 암모니아 냉매에는 용전이 침식당하므로 사용하지 않음

10년간 자주 출제된 문제

가용전(Fusible Plug)에 대한 설명으로 틀린 것은?
① 불의의 사고(화재 등) 시 일정온도에서 녹아 냉동장치의 파손을 방지하는 역할을 한다.
② 용융점은 냉동기에서 68~75℃ 이하로 한다.
③ 구성 성분은 주석, 구리, 납으로 되어 있다.
④ 토출가스의 영향을 직접 받지 않는 곳에 설치해야 한다.

해설
가용전의 성분 : 주석(Sn), 카드뮴(Cd), 비스무트(Bi), 납(Pb), 안티몬(Sb)

정답 ③

1-6. 냉동장치의 응용

핵심이론 01 제빙장치

① 제빙톤 : 원료수 (25℃) 1ton을 하루 동안에 -9℃ 얼음으로 만드는 데 제거해야 할 열량(단, 열손실률은 20%로 한다)

② $1\text{RT} = 3,320 \dfrac{\text{kcal}}{\text{hr}}$

> $Q = 1,000 \times (1 \times 25 + 79.68 + 0.5 \times 9)$
> $\quad = 109,180 \dfrac{\text{kcal}}{\text{day}} = 4,549 \dfrac{\text{kcal}}{\text{hr}}$
> 열손실 20%를 보정해 주면
> $4,549 \dfrac{\text{kcal}}{\text{hr}} \times 1.2 = 5,459 \dfrac{\text{kcal}}{\text{hr}}$
> 이것을 냉동톤으로 환산하면
> $5,459 \dfrac{\text{kcal}}{\text{hr}} \times \dfrac{1\text{RT}}{3,320 \dfrac{\text{kcal}}{\text{hr}}} = 1.65\text{RT}$
> 따라서 1제빙톤은 1.65RT

③ 결빙시간 = $\dfrac{0.56 \times t^2}{-(t_b)}$

여기서, t : 얼음의 두께(cm)
$\quad\quad\quad t_b$: 브라인 온도

10년간 자주 출제된 문제

1-1. 한 시간 동안 0℃의 물 20톤을 -9℃ 얼음으로 만드는 제빙공장의 냉동기 용량은 몇 RT가 필요한가?

① 397.2RT ② 497.8RT
③ 502.4RT ④ 507.1RT

1-2. 25℃ 원수 1톤을 하루 동안에 -9℃ 얼음으로 만드는데 제거해야 될 열량은?(단 열손실은 20%이다)

① 1.65RT ② 1.72RT
③ 1.81RT ④ 1.94RT

[해설]

1-1

0℃ 물을 0℃ 얼음으로 만드는 데 필요한 열량 :

$Q_1 = G \cdot \gamma = 20,000 \times 79.68 = 1,593,600 \dfrac{kcal}{hr}$

0℃ 얼음을 -9℃ 얼음으로 만드는 데 필요한 열량 :

$Q_2 = G \cdot C \cdot \Delta t = 20,000 \times 0.5 \times 9 = 90,000 \dfrac{kcal}{hr}$

$Q = Q_1 + Q_2 = 1,683,600 \dfrac{kcal}{hr} \times \dfrac{1RT}{3,320 \dfrac{kcal}{hr}} = 507.1$

1-2

$Q = 1,000 \times (1 \times 25 + 80 + 0.5 \times 9) = 109,500 \dfrac{kcal}{day}$

$= 4,549 \dfrac{kcal}{hr}$

열손실 20%를 보정해 주면

$4,549 \dfrac{kcal}{hr} \times 1.2 = 5,459 \dfrac{kcal}{hr}$

이것을 냉동톤으로 환산하면

$5,459 \dfrac{kcal}{hr} \times \dfrac{1RT}{3,320 \dfrac{kcal}{hr}} = 1.65 RT$

따라서 1제빙톤은 1.65RT이다.

정답 1-1 ④ 1-2 ①

핵심이론 02 동결장치

① 냉동력 : 냉매 1kg이 증발기에서 흡수하는 열량 $\left(\dfrac{kcal}{kg}\right)$

② 냉동능력 : 단위시간에 증발기에서 흡수하는 열량 $\left(\dfrac{kcal}{hr}\right)$

③ 1냉동톤(1RT) : 0℃ 물 1ton을 하루 동안에 0℃ 얼음으로 만드는 데 제거해야 할 열량

$Q = G \cdot \gamma = 1,000 \dfrac{kg}{day} \times 79.68 \dfrac{kcal}{kg}$

$= 79,680 \dfrac{kcal}{day} = 3,320 \dfrac{kcal}{hr}$

$1RT = 3,320 \dfrac{kcal}{hr}$

10년간 자주 출제된 문제

2-1. 1RT는 몇 kcal/hr인가?

① 500kcal/hr ② 1,320kcal/hr
③ 3,320kcal/hr ④ 2,320kcal/hr

2-2. 1분간에 25℃ 순수한 물 40L를 5℃로 냉각하기 위하여 최대 필요한 냉동톤의 냉동기는?

① 10.5 ② 12.0
③ 14.5 ④ 16

[해설]

2-1

1냉동톤(1RT) : 0℃ 물 1ton을 하루 동안에 0℃ 얼음으로 만드는 데 제거해야 할 열량

$Q = G \cdot \gamma = 1,000 \dfrac{kg}{day} \times 79.68 \dfrac{kcal}{kg} = 79,680 \dfrac{kcal}{day}$

$= 3,320 \dfrac{kcal}{hr}$

$1RT = 3,320 \dfrac{kcal}{hr}$

2-2

$Q_2 = G \cdot C \cdot \Delta t = 40 \times 1 \times 20 \times 60$

$= 48,000 \dfrac{kcal}{hr} \times \dfrac{1RT}{3,320 \dfrac{kcal}{hr}} = 14.5$

정답 2-1 ③ 2-2 ③

핵심이론 03 열펌프 및 축열장치

① **열펌프** : 압축식 냉방사이클을 반대로 돌려 응축기(실외)에서 흡열하고, 증발기(실내)에서 방열하는 기능을 하는 겨울철에 난방을 할 수 있는 냉난방기이다. 일반적으로 열은 고온에서 저온으로 흐르지만, 저온에서 고온으로 흐르게 하기 위해 저온열원응축기에서 흡열하고, 고온열원증발기에서 방열하기 위한 열펌프가 사용되므로 히트펌프(Heat Pump)라고 한다. 히트펌프는 여름철에는 냉동기로 냉방을 하고, 겨울철에는 냉동사이클을 이용한 응축기에서 버리는 열을 이용하여 난방을 하기 때문에 난방을 위한 별도의 보일러, 굴뚝과 같은 설비 등이 필요하지 않은 장점이 있다.

② **축열장치** : 물체의 온도 변화를 이용하여 열량을 저장하는 방식인 현열축열에 모래, 자갈, 쇄석, 콘크리트 블록, 벽돌 등 고체의 토양이 이용되기도 한다. 축열물주머니는 물을 이용한 것이고, 지중열교환온실은 토양을 이용한 것이다.
축열장치의 특징은 다음과 같다.
㉠ 저속 연속운전에 의한 고효율 정격운전이 가능하다.
㉡ 냉동기 및 열원설비의 용량이 감소할 수 있다.
㉢ 열회수시스템의 적용이 가능하다.
㉣ 수질관리 및 소음관리가 필요하다.

10년간 자주 출제된 문제

3-1. 외기온도 −5℃일 때 공급공기를 18℃로 유지하는 열펌프로 난방을 한다. 방의 총열손실이 50,000kcal/h일 때 외기로부터 얻은 열량은 약 얼마인가?

① 약 43,500kcal/h
② 약 46,048kcal/h
③ 약 50,000kcal/h
④ 약 53,255kcal/h

3-2. 열에너지를 효율적으로 이용할 수 있는 방법 중 하나인 축열장치의 특징에 관한 설명으로 틀린 것은?

① 저속 연속운전에 의한 고효율 정격운전이 가능하다.
② 냉동기 및 열원설비의 용량이 감소할 수 있다.
③ 열회수시스템의 적용이 가능하다.
④ 수질관리 및 소음관리가 필요 없다.

|해설|

3-1

$$열량 = 50,000 - \frac{50,000\{291-(-268)\}}{291} ≒ 46,048 \text{kcal/h}$$

3-2
축열장치는 수질관리 및 소음관리가 필요하다.

정답 3-1 ② 3-2 ④

1-7. 냉각탑 점검

핵심이론 01 냉각탑

① 응축기에서 냉매를 응축시키고 온도가 높은 냉각수를 다시 사용하고자 냉각시키는 역할을 한다.
② 냉각탑 일리미네이터(Eliminator) : 냉각탑 상부에 위치하며, 냉각수가 대기로 비산되는 것을 방지한다.
③ 냉각탑의 특징
　㉠ 수원이 풍부하지 못하거나 냉각수를 절약하고자 할 때 사용한다.
　㉡ 외기 습구온도에 영향을 많이 받는다.
　㉢ 물의 증발열을 이용하여 냉각한다.
　㉣ 물의 회수율은 95%이다.
　㉤ 증발식 응축기에는 냉각탑이 필요 없다.
　㉥ 쿨링 레인지(Cooling Range)
　　= 냉각탑 입구온도 – 냉각탑 출구온도
　㉦ 쿨링 어프로치(Cooling Approach)
　　= 냉각탑 출구수온 – 외기습구온도
④ 냉각탑의 종류
구분방법에 따라 다음과 같이 나눌 수 있으며 하나의 냉각탑에 적용되는 여러 종류의 명을 합하여 호칭할 수 있다.

구분방법	냉각탑 종류	비 고
통풍방법	대기압식, 자연통풍식, 강제통풍식(기계식), 팬보조자연통풍식	
송풍방식	흡입식, 압송식	
공기 흐름	대향류형, 직교류형, 조합형	
설치방법	공장조립형(팩케이지형), 현장설치형, 모듈러(Modular)	
모양, 형상	사각형, 원형, 연결형	
열 전달방법	개방형, 밀폐형, 드라이쿨러(공랭식) 습식(증발식), 건식, 습건식	
충진재 형태	필름형, 비말형, 무필(無Fill)형(Spray Filled)*	*속칭
소음 구분	일반형(표준형), 저소음형, 초저소음형	규격 제정
재료별	철재, 목재, 복합재료(FRP), 콘크리트	주자재, 골조
용도별	공조용, 산업용, 폐수용, 지하설치형, 백연방지형(습건식)	통상 호칭용

10년간 자주 출제된 문제

1-1. 냉각탑의 일리미네이터(Eliminator) 역할은?
① 물의 증발을 양호하게 한다.
② 공기를 흡수하는 장치이다.
③ 물이 과냉각되는 것을 방지한다.
④ 수분이 대기 중에 방출하는 것을 막아 주는 장치이다.

1-2. 개방식 냉각탑의 종류로 가장 거리가 먼 것은?
① 대기식 냉각탑
② 자연통풍식 냉각탑
③ 강제통풍식 냉각탑
④ 증발식 냉각탑

|해설|
1-1
일리미네이터 : 냉각탑 상부에 위치하며 냉각수가 대기로 비산되는 것을 방지한다.
1-2
개방식 냉각탑의 종류 : 대기식, 자연통풍식, 강제통풍식

정답 1-1 ④　1-2 ④

핵심이론 02 냉각탑 수질관리

① 냉각수계의 수처리 목적
  ㉠ 배관이나 기기의 수명을 연장
  ㉡ 에너지 절약, 자원 절약에 기여
  ㉢ 쾌적한 생활 공간 조성

② 냉각수계에서 발생하는 장애현상
  ㉠ 부식장애 : 냉각수에 용해되어 있는 용존산소 및 염소, 황산 등의 부식인자들에 의해 냉각수계의 열교환기 배관 등에 발생되는 부식장애
  ㉡ 스케일장애 : 냉각수에 용해되어 있는 칼슘 등의 염류가 냉각수계에 농축되어 열교환기 등의 열부하가 높은 부분에서 과포화상태를 이루고 침전물을 형성하여 침전 부착되는 장애

10년간 자주 출제된 문제

2-1. 냉각탑 수처리의 목적이 아닌 것은?
① 배관이나 기기의 수명을 연장하기 위하여
② 에너지 절약, 자원 절약에 기여하기 위하여
③ 쾌적한 생활 공간을 조성하기 위하여
④ 배관계에 부식환경을 조성하기 위하여

2-2. 다음 설명 중 옳은 것은?
① 냉각탑의 입구수온은 출구수온보다 낮다.
② 응축기 냉각수 출구온도는 입구온도보다 낮다.
③ 응축기에서의 방출열량은 증발기에서 흡수하는 열량과 같다.
④ 증발기의 흡수열량은 응축열량에서 압축일량을 뺀 값과 같다.

|해설|

2-1
배관계에 방식을 하기 위하여 냉각탑 수처리를 한다.

2-2
압축기의 일량 = 응축기 발열량 − 증발기의 흡수열량

정답 2-1 ④ 2-2 ④

제2절 공기조화

2-1. 공기조화

핵심이론 01 공기조화의 기초

① 공기조화의 개요
  ㉠ 공기조화의 정의 : 실내의 온도, 습도, 기류, 박테리아, 먼지, 냄새, 유독가스 등의 조건을 인체 및 물품에 가장 좋은 조건으로 유지하는 것
  ㉡ 공기조화의 4대 요소 : 공기의 냉각 및 가열, 공기의 감습 및 가습, 기류 분포의 균일화, 공기의 청결도

[보건용 공기조화의 기준]

구 분	기 준
공기 중에 섞여 있는 먼지량	공기 $1m^3$당 0.15mg 이하
일산화탄소(CO)의 함유율	10ppm 이하(1백만분의 10 이하 : 0.001% 이하)
탄산가스(CO_2)의 함유율	1,000ppm
상대습도	40% 이상, 70% 이하
기류의 이동속도	0.5m/s 이하
온 도	• 17℃ 이상 28℃ 이하 • 거실의 온도를 외기 온도보다 낮게 할 경우 그 차가 현저하지 않도록 할 것

  ㉢ 공기조화 설비로 인한 효용도 : 작업상의 사고 감소, 직무능률 향상, 제품의 품질 향상 개인비용 절감 및 근무 의욕 향상
  ㉣ 공기조화의 분류
    • 쾌감용 공조 : 재실자들이 생산활동을 능률적으로 할 수 있는 환경을 만들어 주기 위한 공조로서 인간의 쾌감이나 보건위생을 목적으로 함(백화점, 극장, 호텔, 사무실, 주택, 병원 등)
    • 산업용 공조 : 공장에서 생산되는 제품의 합리화, 유지관리, 보관 등의 만족에 필요한 공기조화로서 물품의 생산성 향상을 목적으로 함(제품창고, 섬유, 인쇄, 제빵, 전산실, 제약 등)

㉤ 공기조화 설비의 구성
- 열원장치(냉원장치) : 증기, 온수를 위한 보일러, 냉각을 얻기 위한 냉동기, 냉각탑 등
- 공기조화기(AHU ; Air Handling Unit) : 공기여과기, 공기냉각기, 공기가열기 등
- 열매체 운반장치 : 송풍기, 팬, 덕트, 배관, 펌프, 토출구, 흡입구 등
- 자동제어장치 : 공조장치 운전 시 경제적 운전을 위해 자동으로 제어되는 각종 장치

㉥ 실효온도[ET ; Effective Temperature(유효온도, 감각온도, 실감온도)] : 습구온도 이외에 기류의 영향을 더한 온도로서 그 기준은 상대습도 100%, 즉 포화상태이며, 정지공기($V = 0.08~0.13\text{m/s}$)의 실내 상태를 말한다. 즉, 온습도의 쾌감과 동일한 쾌감을 얻을 수 있는 기류를 포함한 온도이다.

㉦ 쾌적조건(풍속 $V = 0.08~0.13\text{m/s}$)
- 여름철 : ET = 21 ± 2℃, 상대습도 RH = 40~60%
- 겨울철 : ET = 18 ± 2℃, 상대습도 RH = 45~65%
- 기류
  - 난방 시 : 0.18~0.25m/s
  - 냉방 시 : 0.12~0.18m/s

㉧ 효과온도(OT, 수정유효온도) : 건구온도계에 의하여 측정한 주위 벽면의 평균 복사온도(t_R)와 건구온도(t)의 평균치이며 기온, 기동(氣動), 주위 벽으로부터의 복사열 등의 종합효과를 표시한 온도이다.

$$OT = \frac{t_R + t}{2}$$

㉨ 서한도 : 인체에 해가 되지 않는 오염물질의 농도
- CO_2 : 0.1%
- CO : 10ppm
- 먼지 : 0.15mg/m^3
- 외기 도입량 $Q(\text{m}^3/\text{h})$

$$Q \geq \frac{x}{C_a - C_0}$$

여기서, Q : 외기 도입량(m^3/h)
C_a : 오염물질의 서한도(m^3/m^3)
C_0 : 외기의 CO_2 함유량(m^3/m^3)
x : 실내 오염물질 발생량(m^3/h)

㉩ 실내부하의 종류

구 분	종 류	내 용	열의 종류
실내 취득 열량	온도차에 의한 전도열	천장, 칸막이, 마루 등으로부터의 열량	현 열
		지붕, 벽체로부터의 열량	현 열
		유리창 등으로부터의 열량	현 열
	태양 복사열	유리창 등으로부터의 열량	현 열
		지붕, 벽으로부터의 열량	현 열
	내부 발생열량	벽체의 축열부하량	현 열
		극간풍에 의한 열량	현열 + 잠열
		인체의 발생열량	현열 + 잠열
		조명, 복사기(기구)로부터의 열량	현 열
		증발기로부터의 발생열량	현열 + 잠열
장치 내의 취득열량		덕트, 송풍기로부터 취득열량	현 열
외기부하		신선한 공기	현열 + 잠열
재열부하		재열기로부터의 취득열량	현 열

※ 실내기구는 전체적으로 현열과 잠열이 모두 발생한다.

10년간 자주 출제된 문제

1-1. 공기조화기의 자동제어 시 제어요소가 바르게 나열된 것은?
① 온도제어-습도제어-환기제어
② 온도제어-습도제어-압력제어
③ 온도제어-차압제어-환기제어
④ 온도제어-수위제어-환기제어

1-2. 수정유효온도는 유효온도에 무엇의 영향을 고려한 것인가?
① 온 도
② 습 도
③ 기 류
④ 복사열

1-3. 인체가 느끼는 온열 감각에 대한 온도, 습도, 기류의 영향을 하나로 모아서 만든 쾌감지표는?
① 실내건구온도
② 실내습구온도
③ 상대습도
④ 유효온도

|해설|

1-1
공기조화기의 자동제어 시 제어요소
온도제어-습도제어-환기제어

1-2
효과온도(OT, 수정유효온도) : 건구온도계에 의하여 측정한 주위 벽면의 평균 복사온도(t_R)와 건구온도(t)의 평균치이며 기온, 기동(氣動), 주위 벽으로부터의 복사열 등의 종합효과를 표시한 온도이다.

정답 1-1 ① 1-2 ④ 1-3 ④

핵심이론 02 공기의 성질과 상태

① **건조공기(Dry Air)** : 수증기를 전혀 포함하지 않은 공기
  ㉠ 질소(N_2) : 78.1%
  ㉡ 산소(O_2) : 20.93%
  ㉢ 아르곤(Ar) : 0.93%

② **습공기(Moist Air)** : 건조공기와 수증기를 포함한 자연공기

③ **포화 습공기** : 공기온도에 따라 포함된 수증기량은 한계가 있는데, 최대한도의 수증기를 포함한 공기를 포화공기라고 한다. 공기온도 상승 시 포화압력(P_s)도 상승하여 공기보다 많은 수증기를 함유할 수 있게 되며, 온도가 내려가면 공기가 함유할 수 있는 수증기의 한도도 작아져 포화압력도 내려간다.

④ **노점온도(DT ; Dew point Temperature)** : 습공기 중에 포함되어 있는 수증기가 포화 수증기압 이상이 되면 수증기는 유리되어 이슬이 된다. 즉, 노점온도란 이슬이 맺는 온도를 말하며, 습공기의 수증기 분압과 동일한 분압을 갖는 포화 습공기의 온도이다. 이 현상을 이용하여 공기 중의 수분을 제거할 수도 있다.

⑤ **건구온도(DB ; Dry Bulb temperature, t℃), 습구온도(WB ; Wet Bulb, t℃)** : 보통 온도계에서 지시하는 온도는 DB이고, 물의 증발작용을 이용하여 물에 적신 거즈의 수막에서의 온도를 WB라고 한다.

⑥ **절대습도(SH ; Specific Humidity)** : 습공기 중에 포함되어 있는 건공기 1kg에 대한 수증기의 중량으로 나눈 값, 즉 건공기 1kg에 대한 수증기의 중량을 말한다. 절대습도는 가습·감습 없이 냉각 가열만 할 경우에는 변하지 않는다.

⑦ **상대습도(RH ; Relative Humidity)** : 수증기의 분압과 동일온도의 포화 습공기 수증기 분압의 비로서 $1m^3$의 습공기 중에 함유된 수분의 중량과 이와 동일한 $1m^3$ 포화 습공기 중에 함유된 수분의 중량과의 비이다.

⑧ 포화도(SD ; Saturation Degree) 비교습도 : 포화 습공기의 절대습도와 동일온도의 습증기 절대습도의 비이다.

⑨ 비체적(SV ; Specific Volume, m³/kg)과 비중량(kg/m³) : 건조공기 1kg당 습공기 중의 수증기를 포함한 체적을 비체적, 습공기 1m³에 포함되어 있는 수증기의 중량을 비중량이라 한다.

⑩ 현열, 잠열, 습공기의 엔탈피

　㉠ 현열(Sensible Heat) : 상태변화가 없고 온도의 변화에만 주는 열에너지

$$q_s = G \cdot C(t_2 - t_1)$$

　㉡ 잠열(Latent Heat) : 온도변화가 없고 상태변화에 사용되는 열에너지

$$q_L = G \cdot r$$

　　여기서, r : 증발잠열(kcal/kg)

　㉢ 엔탈피(Enthalpy, kcal/kg : I) :
　　전열량 = 현열 + 잠열

⑪ 현열비(SHF ; Sensible Heat Factor) : 감열비, 전열량에 대한 현열량의 비로서, 실내로 송출되는 공기의 상태를 나타낸다.

$$\text{SHF} = \frac{q_s}{q_s + q_L}$$

여기서, q_s : 현열량
　　　 q_L : 잠열량

10년간 자주 출제된 문제

어떤 실내의 취득 현열량을 구하였더니 30,000kcal/h, 잠열이 10,000kcal/h이었다. 실내를 25℃, 50% 유지하기 위해 취출온도차 10℃로 송풍하고자 한다. 이때 현열비는?

① 0.7　　　　② 0.75
③ 0.8　　　　④ 0.85

|해설|

현열비(SHF ; Sensible Heat Factor, 감열비)
전열량에 대한 현열량의 비로서 실내로 송출되는 공기의 상태를 나타낸다.

$$\text{SHF} = \frac{q_s}{q_s + q_L} = \frac{30,000}{30,000 + 10,000} = 0.75$$

여기서, q_s : 현열량
　　　 q_L : 잠열량

정답 ②

핵심이론 03 공기조화방식

분류			명 칭
중앙 공조 방식	전공기방식	단일 덕트 방식	정풍량방식: 말단에 재열기가 없는 방식
			변풍량방식: • 재열기가 없는 방식 • 재열기가 있는 방식
		2중 덕트 방식	• 정풍량 2중 덕트방식 • 변풍량 2중 덕트방식 • 멀티존 유닛방식 • 덕트 병용의 패키지방식 • 각층 유닛방식
	공기·수방식 (유닛병용방식)		• 덕트 병용 팬코일 유닛방식 • 유인유닛방식 • 복사냉난방방식
	전수방식		팬코일 유닛방식
개별 공조 방식	냉매방식		• 패키지방식(냉수배관, 복잡한 덕트 등이 없음) • 룸쿨러방식 • 멀티유닛방식

① 중앙공조방식
  ㉠ 송풍량이 많아 실내공기의 오염이 적음
  ㉡ 공조기가 기계실에 집중되어 있으므로 관리·보수가 용이함
  ㉢ 대형 건물에 적합하며, 리턴 팬을 설치하면 외기냉방이 가능함
  ㉣ 덕트가 대형이고, 개별식에 비해 덕트 스페이스가 큼
  ㉤ 송풍동력이 크며 유닛 병용의 경우를 제외하고는 각 실마다의 조정이 곤란함
② 유인유닛방식 : 1차 공조기로부터 보내 온 고속공기가 노즐 속을 통과할 때의 유인력에 의하여 2차 공기를 유인하여 냉각 또는 가열하는 방식이다.
③ 2중 덕트방식(Double Duct System) : 온풍과 냉풍 2개의 덕트를 설비하여 각 실의 부하조건에 따라서 혼합박스(Mixing Box)로 적당한 급기온도를 조정하여 토출시키는 방식으로, 에너지 소모량이 가장 크다.
④ 개별공조방식
  ㉠ 개별제어가 가능하고 대량 생산하므로 설비비와 운전비가 저렴함
  ㉡ 이동 및 보관, 자동조작이 가능하여 편리함
  ㉢ 여과기의 불완전으로 실내공기의 청정도가 나쁘고 소음이 큼
  ㉣ 설치가 간단하지만 대용량의 경우 공조기 수가 증가하므로 중앙식보다 설비비가 많이 들 수 있음
  ㉤ 외기냉방이 어려움
  ※ 외기냉방(ODAC ; Outdoor Air Cooling) : 외기냉방이란 외기의 온도 또는 엔탈피가 실내공기의 온도 또는 엔탈피보다 낮은 경우 냉동기를 가동하지 않고 공기조화기의 외기, 환기, 배기의 댐퍼의 적절한 조작과 송풍기팬 및 배기팬으로 외기를 도입하여 실내를 냉방하는 것이다.

10년간 자주 출제된 문제

3-1. 개별공조방식의 특징이 아닌 것은?
① 국소적인 운전이 자유롭다.
② 중앙방식에 의해 소음과 진동이 크다.
③ 외기냉방을 할 수 있다.
④ 취급이 간단하다.

3-2. 실내의 바닥, 천장 또는 벽면 등에 파이프코일(혹은 패널)을 설치하고 그 면을 복사면으로 하여 냉난방의 목적을 달성할 수 있는 방식은?
① 각층 유닛방식
② 유인 유닛방식
③ 복사냉난방방식
④ 팬코일 유닛방식

|해설|

3-1
개별공조방식

장점	• 개별 제어, 부분 운전 용이 • 부하 변동에 따른 증설이나 설치 위치 변경에 대응 용이 • 덕트 설치 면적, 공조실 불필요 • 고장 시 다른 시스템에 영향이 적고 운전 취급이 용이 • 설비비와 운전비가 저렴
단점	• 습도, 청정도, 기류 분포의 제어가 곤란 • 소음, 진동이 크며 수명이 짧음

3-2
복사난방 : 바닥패널, 벽패널, 천장패널을 설치하여 복사열을 이용하여 난방

정답 3-1 ③ 3-2 ③

핵심이론 04 공기조화기기

① 송풍기 및 에어필터
  ㉠ 송풍기(Fan)
    • 선풍기 : 대기압하에서 공기를 흡입하고 압력 상승은 0이며, 대류작용에 의한 공기유동
    • Fan : 대기압하에서 공기를 흡입하고 압력 상승은 1,000mmAq 미만
    • Blower : 대기압하에서 공기를 흡입하고 압력 상승은 1,000mmAq 이상
    • 송풍기 번호
      – 다익 송풍기의 번호 :
        $$No. = \frac{임펠러\ 지름(mm)}{150}$$
      – 축류형 송풍기의 번호 :
        $$No. = \frac{임펠러\ 지름(mm)}{100}$$
  ㉡ 소요동력(공기동력) : 송풍기의 소요동력은 다음과 같다.

  $$N = \frac{PQ}{102 \times \eta \times 60}$$
  여기서, N : 소요동력(kW)
  η : 효율
  P : 송풍압력(kg/m²)
  Q : 송풍량(m³/s)

  ㉢ 송풍기의 상사법칙 : 송풍기의 상사법칙은 2대의 송풍기 형식이 기하학적으로 비슷하고, 익근차 내의 유체 흐름도 유체역학적으로 서로 비슷하며, 2대의 송풍기 효율이 변함없다면 송풍기 크기나 회전수의 변화에 따라 펌프의 상사법칙과 같이 관계식이 성립된다(단, 공기의 온도나 비중량의 변화는 없어야 함).

  • 유량 : $Q_2 = Q_1 \times \frac{N_2}{N_1} \times \left(\frac{D_2}{D_1}\right)^3$
  • 전양정 : $H_2 = H_1 \times \left(\frac{N_2}{N_1}\right)^2 \times \left(\frac{D_2}{D_1}\right)^2$
  • 동력 : $P_2 = P_1 \times \left(\frac{N_2}{N_1}\right)^3 \times \left(\frac{D_2}{D_1}\right)^5$
  여기서, N : 회전수(rpm)
  D : 내경(mm)

② 에어필터
  ㉠ 필터의 여과효율(η_f)

  $$\eta_f = \frac{C_1 - C_2}{C_1} \times 100\%$$
  여기서, C_1 : 필터 입구 공기 중의 먼지량
  C_2 : 필터 출구 공기 중의 먼지량

  ㉡ 효율 측정방법
    • 중량법 : 필터에서 집진되는 먼지의 중량으로 효율 결정(큰 입자)
    • 변색도법(비색법) : 작은 입자의 대상으로 필터에서 포집된 공기를 각각 여과기에 통과시켜서 그 오염도를 광전관을 사용하여 측정
    • 계수법(DOP법) : 고성능 필터를 측정하는 방법으로 일정한 크기의 시험입자(0.3μm)를 사용하여 먼지(진애) 계측기로 측정
  ㉢ 고성능 필터(HEPA ; High Efficiency Particulate Air filter)
    • DOP법에 의한 여과효율이 99.79% 이상이며 여과재는 글라스파이버, 아스베스토스 파이버가 사용됨
    • 병원 수술실, 방사선물질 취급소, 클린룸 등에 사용

② 클린룸(Clean Room) 설비 : 공기 중의 부유먼지, 유해가스, 미생물 등의 오염물질까지도 극소로 만든 클린룸은 정밀 측정실이나 반도체산업, 필름공업 등에서 응용되며, 청정의 대상이 주로 부유먼지의 미립자인 경우를 공업용 클린룸(ICR ; Industrial Clean Room)이라 함
⑩ 냉동사이클에서 액관 여과기의 규격
- 액관일 경우 : 80~100mesh
- 가스관일 경우 : 40mesh

10년간 자주 출제된 문제

공기조화용 에어필터의 여과효율을 측정하는 방법으로 가장 거리가 먼 것은?

① 중량법 ② 비색법
③ 계수법 ④ 용적법

|해설|

효율 측정방법
- 중량법 : 필터에서 집진되는 먼지의 중량으로 효율을 결정(큰 입자)
- 변색도법(비색법) : 작은 입자의 대상으로 필터에서 포집된 공기를 각각 여과기에 통과시켜서 그 오염도를 광전관을 사용하여 측정
- 계수법(DOP법) : 고성능 필터를 측정하는 방법으로 일정한 크기의 시험입자(0.3μm)를 사용하여 먼지(진애) 계측기로 측정
※ 용적법이라는 용어는 없다.

정답 ④

핵심이론 05 공기냉각 및 가열코일

① 공기냉각코일 및 공기가열코일
  ㉠ 공기냉각코일
    - 냉수코일 : 관 내에 냉수(5~10℃)를 통하는 것
    - 직접 팽창코일(DX) : 관 내에 냉매를 직접 팽창시켜서 그 증발열로 공기를 냉각하는 것
  ㉡ 공기가열코일
    - 온수코일 : 관 내에 온수(40~60℃)를 통과시켜서 공기 가열(냉·온수코일)
    - 증기코일 : 증기의 응축잠열(100℃의 응축잠열 539kcal/kg)을 이용하여 공기 가열
    - 전열코일 : 코일 내에 니크롬선을 내장하여 공기 가열(마그네슘 사용)

② 냉수코일의 설계법
  ㉠ 기류와 수류의 방향은 역류되게 하고 대수평균온도차(LMTD)를 크게 함
    ※ 대수평균온도차

$$\therefore \text{LMTD} = \frac{\Delta_1 - \Delta_2}{2.3 \log \frac{\Delta_1}{\Delta_2}} = \frac{\Delta_1 - \Delta_2}{\ln \frac{\Delta_1}{\Delta_2}}$$

- 역류 시 $\Delta_1 = t_1 - t_{w2}$, $\Delta_2 = t_2 - t_{w1}$
- 평행류 시 $\Delta_1 = t_1 - t_{w1}$, $\Delta_2 = t_2 - t_{w2}$
  여기서, t_1 : 공기 입구온도
    t_{w1} : 냉수 입구온도
    t_2 : 공기 출구온도
    t_{w2} : 냉수 출구온도

  ㉡ $t_2 + t_{w1} = 5$℃ 이상으로 하고, 코일의 열수 4~8개를 많이 사용
  ㉢ 코일 통과 풍속은 2~3m/s가 경제적이며, 코일에 부착한 수막을 유지하고자 할 때에는 2.3m/s 이하의 풍속을 사용
  ㉣ 관 내의 수속은 1m/s 전후를 사용

ⓜ 코일의 동결 방지
- 운전 정지 시 외기 댐퍼를 송풍기와 인터록함(송풍기 정지 시 외기 댐퍼 전폐)
- 온수코일은 야간 운전 정지 시 순환펌프를 운전시켜 코일 내의 물을 유동시킴
- 외기와 환기를 충분히 혼합하여야 함
- 증기코일은 0.5atg 이상의 증기를 사용하여 구배에 따른 응축수가 고이지 않도록 함
- 운전 중에는 전열교환기를 사용하여 외기온도를 1℃ 이상으로 해서 도입

③ 가습 · 감습장치
  ㉠ 가습장치(Humidifier)
  - AW(Air Washer)에 의한 단열가습방법
  - AW 내의 온수를 분무하여 가습하는 방법
  - 소량의 물 또는 온수를 분무하는 방법
  - 수증기를 공기류 속에 분무하는 방법 : 가습효율이 100%에 가까우며 무균이면서 응답성이 좋아 정밀한 습도 제어가 가능한 가습기
  - 가습팬을 사용하여 증발하는 수증기를 이용하는 방법 : 응답성이 빠르고 제어성이 좋아 많이 사용하며 물의 정체성이 없어 미생물의 번식이 없는 가습기
  - 실내에 직접 분무하는 방법

  ㉡ 감습장치
  - 냉각감습장치 : 냉각코일, 공기세정기를 이용
  - 압축감습장치 : 공기를 압축하여 여분의 수분을 응축시키는 방법
  - 흡수식 감습장치 : 염화리튬, 트라이에틸렌글리콜 등의 액체 흡수제를 이용
  - 흡착식 감습장치 : 실리카겔, 활성알루미나 등의 반고체, 고체 흡수제를 사용하여 감습(극저습도용)

④ 열교환기
  ㉠ 설치목적
  - 플래시 가스 발생 억제(응축기 가까이)
  - 리퀴드 백 방지(증발기 가까이)
  - 만액식 증발기에서 유회수장치
  - 프레온에서 냉동효과 증대 성적계수 향상

  ㉡ 설치해야 할 경우
  - R-12나 R-500을 사용하는 증발온도 -15℃ 전후에서 효과가 크다.
  - 액관이 현저히 입상할 경우
  - 액관이 보온함 없이 따뜻한 곳을 통과하는 경우
  - 만액식 증발기의 유회수장치

  ㉢ 플래시가스 발생원인
  - 압력 강하에 의한 경우
    - 액관이 현저히 입상할 경우
    - 액관의 크기나 전자밸브, 체크밸브 등의 크기가 작을 때
    - 액관 중 스트레이너, 드라이어 등이 막혔을 경우
  - 가열에 의한 경우
    - 액관 보온 없이 따뜻한 곳을 통과할 때
    - 수액기가 직사광선을 받을 때
    - 응축온도가 지나치게 낮을 때
    - 수액기 냉매온도가 주위보다 높을 때

  ㉣ 플래시가스의 영향
  - 팽창밸브의 능력이 감퇴되어 증발기 내로 유입되는 실제적 냉매액 감소
  - 냉동능력 감소
  - 냉장실 온도 상승
  - 흡입가스 과열
  - 토출가스온도 상승
  - 실린더 과열
  - 윤활유 열화, 탄화
  - 증발압력 저하

ⓒ 열교환기의 종류
  - 용접식 열교환기 : 주로 소형에서 사용하며 증발기 출구의 가스관과 모세관(팽창밸브)을 용접하여 열교환시키는 것이다.
  - 2중관식 열교환기 : 가는 튜브와 굵은 튜브와의 2중관에서 액냉매를 내측관에 관 사이로 가스를 흘려서 열교환된다(주로 R-22에서 사용).
  - 셸 앤드 튜브식 열교환기 : 셸 내로 가스가 흐르고 튜브 내로 액이 흐른다. 주로 대형 프레온 냉동장치에서 사용한다.

10년간 자주 출제된 문제

5-1. 프레온 냉매 액관을 시공할 때 플래시 가스 발생 방지 조치로서 틀린 것은?
① 열교환기를 설치한다.
② 지나친 입상을 방지한다.
③ 액관을 방열한다.
④ 응축설계온도를 낮게 한다.

5-2. 공조용 전열교환기의 이용에 관한 설명으로 옳은 것은?
① 배열회수에 이용되는 배기는 탕비실, 주방 등을 포함한 모든 공간의 배기를 포함한다.
② 회전형 전열교환기의 로터 구동모터와 급배기팬은 반드시 연동운전할 필요가 없다.
③ 중간기 외기냉방을 행하는 공조시스템의 경우에도 별도의 덕트 없이 이용할 수 있다.
④ 외기량과 배기량의 밸런스를 조정할 때 배기량은 외기량의 40% 이상을 확보해야 한다.

[해설]

5-1
플래시 가스 발생 방지법
- 열교환기를 설치한다.
- 지나친 입상을 방지한다.
- 액관을 방열한다.
- 응축설계온도를 높게 한다.

5-2
공조용 전열교환기를 이용하여 외기량과 배기량의 밸런스를 조정할 때 배기량은 외기량의 40% 이상을 확보해야 한다.

정답 5-1 ④ 5-2 ④

핵심이론 06 덕트 및 급배기설비

① 덕트 및 덕트의 부속품 : 송풍기와 연결하여 공기를 흐르게 하는 풍도를 말한다(공기송수관). 공조설비의 덕트는 주로 아연철판이 사용되나 덕트 내의 결로로 인한 부식의 염려로 스테인리스, 알루미늄, 염화비닐, 글라스울이나 강판 등이 사용된다.

ⓐ 덕트의 종류
  - 공조용 덕트
    - 급기덕트
    - 환기덕트
  - 환기용 덕트
    - 외기 취입덕트
    - 외기 급기덕트
    - 배기덕트
  - 방화용 덕트
    - 배연덕트

ⓑ 덕트 내의 공기 흐름과 저항
  - 베르누이 방정식 : 비압축성, 정상류의 유체가 단면이 일정치 않은 관 내를 흐를 때 관 내의 어떤 점에서도 위치수두, 속도수두, 압력수두의 합은 일정하다.

$$Z_1 + \frac{V_1^2}{2g} + \frac{P_1}{\gamma} = Z_2 + \frac{V_2^2}{2g} + \frac{P_2}{\gamma} = \Delta P$$

여기서, P : 압력(kg/m^2)
V : 유속(m/s)
Z : 높이(m)
g : 중력가속도(m/s^2)
$\frac{P}{\gamma}$: 압력수두(mAq)
$\frac{V^2}{2g}$: 속도수두(mAq)

ⓒ 정압재취득법(SPR) ΔP_s : 상·하류가 공기 흐름 방향이 변할 때 동압은 감소하고 정압이 증가(즉, 덕트 내의 속도(동압)가 떨어지면 그 반대로 정압이 증가하는 현상)

> 아스펙트비 : $de = 1.3\left\{\dfrac{(ab)^5}{(a+b)^2}\right\}^{\frac{1}{8}}$
> 여기서, a : 긴변
> b : 단변

덕트의 아스펙트비는 4 이하가 좋으며, 8 이상은 좋지 않음(보통 3 : 2가 많이 사용됨)

※ 아스펙트비 : 각 덕트(장방형)의 배출구, 흡입구, 유니버설 레지스터 테두리의 장방형과 단방형의 비(A/B)이다.

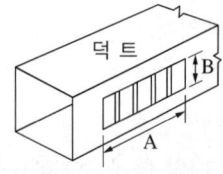

ⓔ 덕트의 치수결정
- 등속법 : 덕트 내의 공기속도를 가정하고 이것과 공기량에서 덕트의 결정선도에 의하여 마찰저항, 원형 덕트의 직경을 구해 다시 덕트 만곡부 저항의 해당 길이 환산표에 의해 장방형으로 환산한다. 정압손실의 계산 등이 복잡하여 일반공조에서는 사용하지 않는다.
- 등마찰손실법(정압법) : 주덕트의 풍속과 풍량에서 1m당 마찰저항(압력 강하)을 구하고, 이 값과 각 덕트의 마찰저항이 똑같이 되도록 각 덕트의 치수를 정하는 방법이다.
- 정압재취득법(SPR) : 덕트의 직경을 균일하게 한 등경덕트를 말하며 체적이 큰 실내에서 각 취출구 또는 분기부 직전의 정압을 일정하게, 즉 전체의 용량이 만족되는 곳에 사용되며, 주덕트 내의 풍속보다 토출속도가 큰 것일수록 등분포성이 좋아진다.

- 저속덕트법 : 0.1mmAq/m 가량으로 대유량의 경우에도 주덕트 풍속은 15m/s 이하, 마찰저항은 0.3mmAq/m 이하로 결정한다.
- 고속덕트법 : 주덕트 내의 풍속은 20~30m/s이고, 덕트속도를 2배로 하면 팬 동력은 8배 증가하여 소음이 커진다. 이 방법은 압력손실이 1mmAq/m이고, 송풍기 정압도 150~200mmAq 정도이다.

ⓜ 댐퍼(Damper) : 덕트 내에 흐르는 통과 풍량의 조정기구, 즉 통풍력을 조절, 주연도와 부연도의 가스 흐름 전환, 배기가스 흐름을 조절

```
─ 풍량 조절용 댐퍼(볼륨댐퍼) ─┬─ 버터플라이 댐퍼
                              ├─ 루버 댐퍼 ─┬─ 평형 날개형
                              │             └─ 대향 날개형
                              └─ 베인 댐퍼
─ 풍량 분배용 댐퍼(스플릿 댐퍼)
─ 정압 밸런스용 댐퍼(밸런싱 댐퍼) ─ 고속 덕트의 정압 조정용
─ 역류 방지용 댐퍼(릴리프 댐퍼) ─ 공기 역류 방지용
─ 방화 댐퍼 ┬─ 루버형
            └─ 피봇형
```

- 풍량 조절용 댐퍼(VD ; Volume Damper) : 통과 풍량 조절, 폐쇄용으로 사용
  - 버터플라이 댐퍼(Butterfly Damper) : 소형 덕트용
  - 루버 댐퍼 : 대형 덕트, 공조기의 풍량 조절용(평형 날개형, 대향 날개형)
  - 베인 댐퍼 : 송풍기의 흡입구 설치용
- 스플릿 댐퍼(풍향분배용 댐퍼) : 덕트의 분기부 설치형으로 싱글형과 더블형이 있음
- 방화 댐퍼 : 화재 발생 시 화염이 덕트 내에 침입하였을 때 화재의 확산을 방지하기 위한 댐퍼로서 퓨즈가 용해되어(70℃ 이상 시) 방화구역의 확대를 방지하며 댐퍼와 방화구역 사이는 두께 1.5mm의 강판 사용

ⓗ 단수릴레이(Water Pressure Switch)
- 역할 : 냉동장치에서 브라인 쿨러나 수냉각기에서 브라인이나 냉수의 유량이 감수되거나 단수되면 동파의 위험이 있고, 수랭 응축기에서 냉각수 유량이 단수 또는 감수되면 이상고압의 원인이 되므로 이를 방지하기 위해 설치
- 설치 위치 : 냉수 또는 브라인 배관 입구에 설치
- 종류
  - 수류식 릴레이
  - 차압식 릴레이
  - 단압식 릴레이
- 설치 시 주의
  - 스위치의 화살표 방향과 유체의 흐름 방향을 일치
  - 가동편이 흐름에 직각으로 설치되어야 함

10년간 자주 출제된 문제

6-1. 다음 중 풍량 조절용 댐퍼가 아닌 것은?
① 버터플라이 댐퍼
② 베인 댐퍼
③ 루버 댐퍼
④ 릴리프 댐퍼

6-2. 환기 공조용 저속 덕트 송풍기로서 저항 변화에 대해 풍량, 동력 변화가 크고 정속운전에 사용하기 적합한 것은?
① 시로코 팬
② 축류 송풍기
③ 에어 포일팬
④ 프로펠러형 송풍기

[해설]

6-2
시로코 팬 : 환기 공조용 저속 덕트 송풍기로서 저항 변화에 대해 풍량, 동력 변화가 크고 정속운전에 사용하기 적합하다.

정답 6-1 ④   6-2 ①

핵심이론 07 취출구

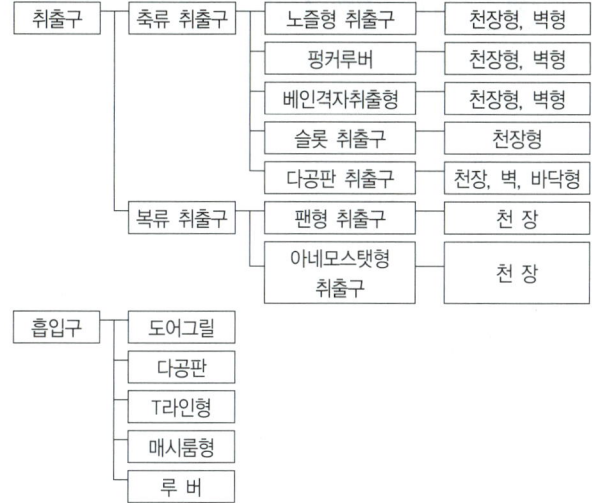

※ 아네모스탯형 취출구 : 다수의 원형 또는 각형의 콘(Cone)을 덕트 개구단에 붙여서 천장 부근의 실내공기를 유인하여 취출기류가 충분히 확산하게 됨(취출구 중 가장 큰 유인성능을 가지고 있으며, 취출기류 또는 유인된 실내공기 중의 먼지에 의한 취출구 주변의 오염(Smuding)을 방지하기 위한 링(Ring)이 부착되어 있으며 원형, 각형, 장방형 등이 있음)

10년간 자주 출제된 문제

공기조화용 취출구 종류 중 관에 일정한 크기의 구멍을 뚫어 토출구를 만들었으며 천장 설치용으로 적당하고, 확산효과가 크기 때문에 도달거리가 짧은 것은?
① 아네모스탯(Anemostat)형   ② 라인(Line)형
③ 팬(Pan)형   ④ 다공판(Multi Vent)형

[해설]

④ 다공판형 : 판에 일정한 크기의 구멍을 뚫어 토출구를 만든 것으로 천장 설치용으로 적당하다.
① 아네모스탯형 : 형태는 동심원상의 여러 장의 판을 겹쳐 빈틈을 만들고 그 틈으로부터 공기를 취출함과 동시에 실내공기를 유인하여 확산시킨다.
③ 팬형 : 천장 덕트의 아래쪽에 원형이나 방형판을 부착하고, 여기에 취출한 공기를 스치게 하여 천장면과 평행으로 불어내는 것이다.

정답 ④

2-2. 펌프

핵심이론 01 펌프의 종류

터보형 (비용적형)	원심식	벌류트펌프
		터빈펌프
	사류식	벌류트펌프
		디퓨저펌프
	축류식	축류펌프
용적형	회전식	베인펌프
		기어펌프
		나사펌프(스크루펌프)
	왕복식	피스톤펌프
		플런저펌프
		다이어프램펌프
특수형		제트펌프
		와류펌프
		진공펌프
		수격펌프

※ 디퓨저 : 유체(기체, 액체)가 가진 운동에너지를 압력에너지로 변환하기 위해 단면적을 차츰 넓게 한 유로(流路)

① **원심펌프**(Centrifugal Pump) : 날개의 회전자(Impeller)에 의한 원심력에 의하여 압력의 변화를 일으켜 유체를 수송하는 펌프이다.

㉠ 안내깃에 의한 분류
  • 벌류트펌프(Volute Pump)
    - 회전자 주위에 안내깃이 없고, 바깥둘레에 바로 접하여 와류실이 있는 펌프
    - 양정이 낮고 양수량이 많은 곳에 사용
  • 터빈펌프(Turbine Pump)
    - 회전자의 바깥둘레에 안내깃이 있는 펌프
    - 원심력에 의한 속도에너지를 안내날개(안내깃)에 의해 압력에너지로 바꾸어 주기 때문에 양정이 높은 곳, 즉 방출압력이 높은 곳에 적절함

㉡ 흡입에 의한 분류
  • 단흡입펌프 : 회전자의 한쪽에서만 유체를 흡입하는 펌프
  • 양흡입펌프 : 회전자의 양쪽에서 유체를 흡입하는 펌프

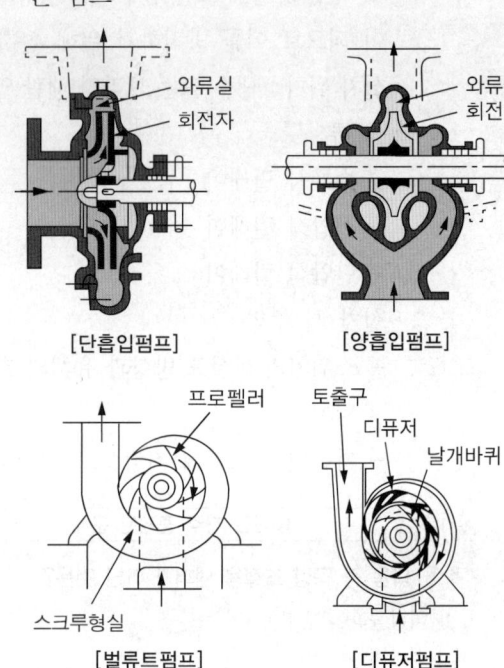

[단흡입펌프]   [양흡입펌프]

[벌류트펌프]   [디퓨저펌프]

② **왕복펌프** : 실린더에는 피스톤, 플랜지 등 왕복직선운동에 의해 실린더 내를 진공으로 하여 액체를 흡입하여 소요압력을 가함으로써 액체의 정압력 에너지를 공급하여 수송하는 펌프이다.

㉠ 피스톤의 형상에 의한 분류
  • 피스톤펌프(Piston Pump) : 저압의 경우에 사용
  • 플런저펌프(Plunger Pump) : 고압의 경우에 사용

㉡ 실린더 개수에 의한 분류
  • 단식펌프
  • 복식펌프

[원심펌프와 왕복펌프의 특징]

종류 항목	원심펌프	왕복펌프
구 분	벌류트펌프, 터빈펌프	피스톤펌프, 플런저펌프
구 조	간단하다.	복잡하다.
수송량	크다.	작다.
배출속도	연속적이다.	불연속적이다.
양정거리	작다.	크다.
운전속도	고속이다.	저속이다.

※ 원심펌프의 전효율

η_t = 체적효율(η_v) × 기계효율(η_m) × 압축효율(η_c)

③ **사류펌프** : 원심펌프와 축류펌프의 중간형으로 날개바퀴에서부터 물이 바퀴축에 대하여 비스듬히 나와 있는 것이다.

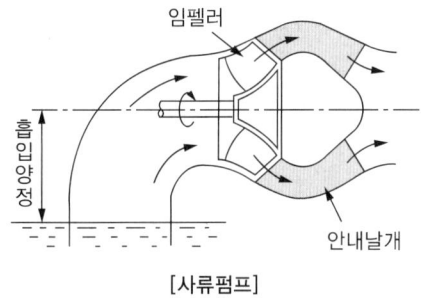

[사류펌프]

④ **축류펌프** : 회전자의 날개를 회전시킴으로써 발생하는 힘에 의하여 압력에너지를 속도에너지로 변화시켜 유체를 수송하는 펌프이다.
 ㉠ 비속도가 큼
 ㉡ 형태가 작기 때문에 값이 저렴함
 ㉢ 설치면적이 작고 기초공사가 용이함
 ㉣ 구조가 간단함

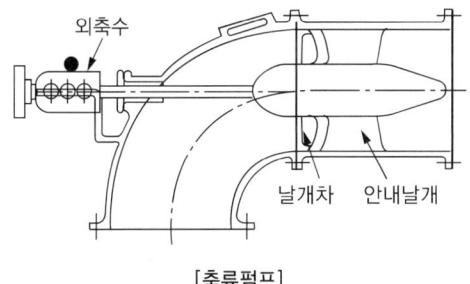

[축류펌프]

⑤ **회전펌프** : 회전자를 이용하여 흡입송출밸브 없이 유체를 수송하는 펌프로서 기어펌프, 베인펌프, 나사펌프(스크루펌프)가 있다.
 ㉠ 기어펌프(Gear Pump)
  • 구조가 간단하고 가격이 저렴함
  • 운전보수가 용이함
  • 왕복펌프에 비해 고속운전이 가능함
  • 입출구의 밸브를 설치할 필요 없음

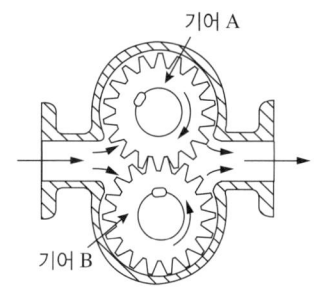

[기어펌프]

 ㉡ 베인펌프 : 베인(Vane)이 원심력 또는 스프링 장력에 의하여 벽에 밀착되면서 회전하여 유체를 수송하는 펌프로, 회전속도 범위가 가장 넓고 효율이 가장 높음

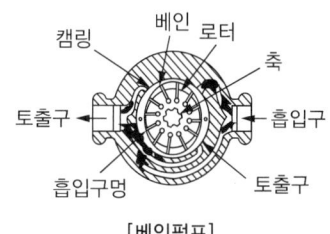

[베인펌프]

 ㉢ 나사펌프(Screw Pump) : 나사봉의 회전에 의하여 유체를 수송하는 펌프

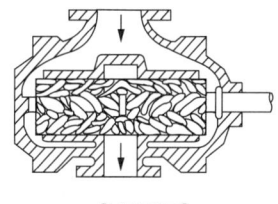

[나사펌프]

⑥ 펌프의 성능

펌프 2대 연결방법		직렬연결	병렬연결
성능	유량(Q)	Q	$2Q$
	양정(H)	$2H$	H

※ 단위 변환
- 1HP = 76kg · m/s
- 1PS = 75kg · m/s
- 1kW = 102kg · m/s

∴ 1kW = 102/76 = 1.34HP

1HP = 76/102 = 0.746kW

⑦ 펌프의 축동력 : 외부에 있는 전동기로부터 펌프의 회전차를 구동하는 데 필요한 동력이다.

$$L_s = \frac{\gamma QH}{76 \times \eta}(\text{HP}) = \frac{\gamma QH}{102 \times \eta}(\text{kW})$$

⑧ 비교회전도(Specific Speed)

$$N_s = \frac{N \cdot Q^{1/2}}{\left(\dfrac{H}{n}\right)^{3/4}}$$

여기서, N : 회전수(rpm)
Q : 유량(m³/min)
H : 양정(m)
n : 단수

※ 비속도(비교회전속도)

비속도의 개념은 단위 양정 1m, 단위 토출량 1m³/min을 내는 가상펌프의 회전수 N_s를 이와 닮은 꼴인 실제펌프의 회전수(N), 토출량(Q) 및 양정의 함수로 표시한 것이다.

- 펌프의 회전속도는 물리적인 속도
- 전동기가 연결되고 펌프가 회전해서 유량이 나올 때, 이때의 속도는 물리적인 속도(회전속도)
- 비교회전속도는 물리적인 속도와 양정, 유량, 단수를 가지고 산출해 낸 추상적인 속도 개념(펌프의 특성을 고려한 형식을 결정할 때 사용)

- 펌프의 특성 : H-Q(유량양정) 곡선에서 곡선이 가파르냐, 완만하냐, 대유량이냐, 저유량이냐 이런 것을 나타내는 것
- 비속도가 600 이상이면 유량양정곡선은 가파르고, 대유량·저양정 펌프가 되고 10m 이하 수도용이나 취수용으로 사용
- 비속도가 600 이하, 즉 작으면 유량양정곡선은 완만하고, 소유량·고양정 특성을 갖고 높이 20m 이상에 사용
- 소방에서는 유량곡선이 완만(유량 변화에 따른 압력 변화가 작은 곡선, 펌프)한 펌프를 사용해야 함

⑨ 펌프의 상사법칙

㉠ 유량 : $Q_2 = Q_1 \times \dfrac{N_2}{N_1} \times \left(\dfrac{D_2}{D_1}\right)^3$

㉡ 전양정 : $H_2 = H_1 \times \left(\dfrac{N_2}{N_1}\right)^2 \times \left(\dfrac{D_2}{D_1}\right)^2$

㉢ 동력 : $P_2 = P_1 \times \left(\dfrac{N_2}{N_1}\right)^3 \times \left(\dfrac{D_2}{D_1}\right)^5$

여기서, N : 회전수(rpm)
D : 내경(mm)

⑩ 펌프의 압축비와 단수 계산식

$$\text{압축비 } r = \varepsilon\sqrt{\dfrac{p_2}{p_1}}$$

여기서, ε : 단수
p_1 : 흡입 측 절대압력
p_2 : 토출 측 절대압력

10년간 자주 출제된 문제

1-1. 펌프에 관한 설명 중 적절하지 않은 것은?
① 양수량은 회전수에 비례한다.
② 양정은 회전수의 제곱에 비례한다.
③ 축동력은 회전수의 3승에 비례한다.
④ 토출속도는 회전수의 4승에 비례한다.

1-2. 터보형 펌프의 종류에 해당되지 않는 것은?
① 벌류트펌프　② 터빈펌프
③ 축류펌프　　④ 수격펌프

해설

1-2
수격펌프는 특수펌프에 해당된다.

정답 1-1 ④　1-2 ④

핵심이론 02 펌프에서 발생하는 현상

① **공동현상(Cavitation)** : 펌프의 흡입측 배관 내에서 발생하는 것으로 배관 내의 수온 상승으로 물이 수증기로 변화하여 물이 펌프로 흡입되지 않는 현상이다.
　㉠ 공동현상의 발생원인
　　• 펌프의 흡입측 수두가 클 때
　　• 펌프의 마찰손실이 클 때
　　• 펌프의 임펠러 속도가 빠를 때
　　• 펌프의 흡입관경이 작을 때
　　• 펌프 설치 위치가 수원보다 높을 때
　　• 관 내의 유체가 고온일 때
　　• 펌프의 흡입압력이 유체의 증기압보다 낮을 때
　㉡ 공동현상의 발생현상
　　• 소음과 진동 발생
　　• 관정 부식
　　• 임펠러의 손상
　　• 펌프의 성능 저하(토출량, 양정, 효율 감소)
　㉢ 공동현상의 방지대책
　　• 펌프의 흡입측 수두, 마찰손실을 작게 함
　　• 펌프 임펠러 속도를 느리게 함
　　• 펌프 흡입 관경을 크게 함
　　• 펌프 설치 위치를 수원보다 낮게 하여야 함
　　• 펌프 흡입압력을 유체의 증기압보다 높게 함
　　• 양흡입 펌프 사용
　　• 양흡입 펌프로 부족 시 펌프를 2대로 나눔

② **수격현상(Water Hammering)** : 유체가 유동하고 있을 때 정전 혹은 밸브를 차단할 경우 유체가 감속되어 운동에너지가 압력에너지로 변하여 유체 내의 고압이 발생하고 유속이 급변화하면서 압력 변화를 가져와 관로의 벽면을 타격하는 현상이다.
　㉠ 수격현상의 발생원인
　　• 펌프의 운전 중에 정전에 의해서
　　• 펌프의 정상 운전일 때의 액체의 압력 변동이 생길 때

ⓒ 수격현상의 방지대책
- 관로의 관경을 크게 하고 유속을 낮게 함
- 압력 강하의 경우 플라이휠(Fly Wheel) 설치
- 조압수조(Surge Tank) 또는 수격방지기 설치
- 펌프 송출구 가까이 송출밸브를 설치하여 압력 상승 시 압력 제어

③ 맥동현상(Surging) : 펌프의 입구와 출구에 부착된 진공계와 압력계의 침이 흔들리고 동시에 토출 유량이 변화를 가져오는 현상이다.
ⓐ 맥동현상의 발생원인
- 펌프의 양정곡선(Q-H) 산(山) 모양의 곡선으로 상승부에서 운전하는 경우
- 유량조절밸브가 배관 중 수조의 위치 후방에 있을 때
- 배관 중에 수조가 있을 때
- 배관 중에 기체 상태의 부분이 있을 때
- 운전 중인 펌프를 정지할 때
ⓒ 맥동현상의 방지대책
- 펌프 내의 양수량을 증가하거나 임펠러의 회전수를 변화시킴
- 관로 내의 잔류공기를 제거하고 관로의 단면적, 유속, 저항 등을 조절
- RPM을 조절
- 회전차나 안내날개의 형상 치수를 변화시킴

10년간 자주 출제된 문제

캐비테이션(공동현상)의 방지대책으로 틀린 것은?
① 펌프의 흡입양정을 짧게 한다.
② 펌프의 회전수를 적게 한다.
③ 양흡입 펌프를 단흡입 펌프로 바꾼다.
④ 흡입관경은 크게 하며 굽힘을 작게 한다.

정답 ③

제3절 보일러 설비 설치

핵심이론 01 급·배수 통기설비

① 급수설비
ⓐ 급수설비에 의한 분류 : 직결식 급수법, 옥상(고가)탱크식 급수법, 압력탱크식 급수법
ⓑ 물의 흐름에 의한 분류 : 상향식 급수법, 하향식 급수법, 상·하향 병용식 급수법

② 직결식 급수법 : 우물직결식, 수도직결식
ⓐ 특 징
- 설비비가 적게 든다.
- 대규모 건물에서는 급수가 곤란하다.
- 최고층 급수 콕의 압력은 $0.3 \sim 0.5 \text{kg/cm}^2$ 이상이어야 한다.

③ 옥상(고가)탱크식 급수법 : 옥상탱크, 지하저수조
ⓐ 특 징
- 공급 수압이 항상 일정하다.
- 단수 시 탱크 내에 보유 수량이 있어 급수에 지장이 작다.
- 고층 및 대규모 빌딩에 급수 가능하다.

④ 압력탱크식 급수법 : 옥상 등에 고가탱크의 설치가 불가능한 경우 밀폐된 탱크를 설치하여 물을 압입시킴으로써 탱크 내의 공기가 압축되어 이 압축공기에 의해 급수되는 방식
ⓐ 특 징
- 기밀성 및 고압에 견뎌야 하므로 제작비가 비싸다.
- 급수 압력이 불균일하다.
- 고양정의 펌프가 필요하다.
- 탱크 내 저수량이 적어 정전 시 단수의 우려가 크다.
- 취급이 곤란하고 고장이 많다.
- 압력탱크 필요기기 : 압력계, 수면계, 안전밸브, 배수밸브, 압력스위치 등

⑤ 배수설비 : 건물 내부에 사용되는 각종 위생기구에서 나오는 폐수를 배출하는 설비
⑥ 배수트랩
  ㉠ 배수관에서 발생한 유해가스가 배수관을 통해 실내로 침입하므로 이를 방지하기 위해 설치한다.
  ㉡ 트랩에는 물이 채워져 봉수가 되며, 봉수 깊이는 5~10cm 정도이다.
  ㉢ 사이펀작용이나 역압작용에 의해서 봉수가 파괴될 우려가 있으므로 봉수의 보호를 위해서 트랩 가까이에 통기관을 세운다.
  ㉣ 종 류
    • 관트랩 : P트랩, S트랩, U트랩
    • 상자트랩 : 그리스트랩, 드럼트랩, 가솔린트랩, 벨트랩
  ㉤ 구비조건
    • 구조가 간단할 것
    • 봉수가 유실되지 않는 구조일 것
    • 내식성이 클 것
    • 트랩 자신이 세정작용을 할 수 있을 것
⑦ 통기설비 : 배수트랩의 봉수를 보호하여 배수관에서 발생하는 유취・유해가스의 옥내 침입을 방지하기 위한 설비이다.
⑧ 통기배관방식
  ㉠ 단관식 : 2~3층 정도의 소규모 건물에 사용
  ㉡ 복관식 : 기구수가 많고 트랩의 봉수가 없어질 기회가 많은 고층 건물에 사용한다.
    • 각개(개별) 통기식 : 각 기구마다 통기관을 취출하는 방식이다.
    • 루프(회로) 통기식 : 몇 개의 기구를 모아 하나의 통기관을 통기, 기구수는 8개 이내로 한다.
    • 환상 통기식 : 회로 통기식 중 통기 수평지관을 통기 주관에 연결하지 않고 신정 통기관에 연결하는 방식으로, 최고층의 경우에 많이 사용한다.

※ 신정 통기관 : 최고층의 기구 배수관 접속점에서 입상관을 연장하여 건물 밖으로 뽑아내는 방식으로, 단관식에서 많이 사용한다.

10년간 자주 출제된 문제

1-1. 소형 연소기를 실내에 설치하는 경우, 급배기통을 전용 체임버 내에 접속하여 자연통기력에 의해 급배기하는 방식은?
① 강제배기식 ② 강제급배기식
③ 자연급배기식 ④ 옥외급배기식

1-2. 상자트랩의 종류가 아닌 것은?
① 가솔린트랩 ② 벨트랩
③ 메인트랩 ④ 드럼트랩

해설

1-1
자연급배기식 : 급・배기통을 전용 체임버 내에 접속하여 자연통기력에 의해 급배기하는 방식

1-2
상자트랩 : 그리스트랩, 드럼트랩, 가솔린트랩, 벨트랩

정답 1-1 ③ 1-2 ③

핵심이론 02 증기설비 설치

① 증기 : 물이 액상에서 기상으로 변해 만들어지는 기체
  ㉠ 증기의 종류
    - 포화증기(건증기) : 포화온도 상태에 있는 증기(건도는 100%일 때 증기)
    - 불포화증기(습증기) : 건포화 증기와 안개상의 포화수가 혼합되어 있는 상태의 포화증기(물과 증기가 공존할 때 증기)
    - 과열증기 : 보일러 안에서 발생한 증기를 압력의 변화 없이 가열한 열량이 높은 증기(건조포화증기를 가열한 상태의 증기)
    ※ 과열도 : 과열증기온도와 포화증기온도의 차

② 스팀트랩 : 드럼이나 관 속의 증기가 일부 응결(凝結)하여 물이 되었을 때 자동적으로 물만 외부로 배출하는 장치
  ㉠ 트랩의 종류
    - 기계식 트랩 : 상향 버킷형, 역버킷형, 레버 플로트형, 프리 플로트형
    - 온도조절식 트랩 : 벨로스형, 바이메탈형
    - 열역학식 트랩 : 오리피스형, 디스크형
  ㉡ 증기트랩이 갖추어야 할 조건
    - 마찰저항이 작을 것
    - 동작이 확실할 것
    - 내식성, 내마모성이 있을 것
    - 응축수를 연속으로 배출할 수 있을 것
    ※ 그룹트랩핑 : 증기사용압력이 같거나 다른 여러 개의 증기사용설비의 드레인관을 하나로 묶어 한 개의 트랩으로 설치한 것

③ 수격작용(워터해머) : 증기계통에 응축수가 고속의 증기에 밀려 관이나 장치를 타격하는 현상
  ㉠ 워터해머 발생원인
    - 배관 내의 빠른 유속에 따른 응축수 충돌로 인한 워터해머
    - 증기가 급격히 응축하여 체적이 작아지는 것으로 주위의 응축수를 끌어들여 서로 부딪힐 때 발생하는 워터해머
    - 밸브를 급개·급폐할 때 발생하는 워터해머
  ㉡ 워터해머 방지법
    - 유속을 낮게 한다.
    - 밸브를 서서히 열고 닫는다.
    - 배관 내 응축수를 제거한다.

10년간 자주 출제된 문제

2-1. 온도조절식 트랩으로 응축수와 함께 저온공기로 통과시키는 특성이 있으며, 진공환수식 증기배관의 방열기트랩이나 관말트랩으로 사용되는 것은?

① 버킷트랩 ② 열동식 트랩
③ 플로트트랩 ④ 매니폴드트랩

2-2. 증기보일러에서 송기를 개시할 때 증기밸브를 급히 열면 발생할 수 있는 현상은?

① 캐비테이션 현상 ② 수격작용
③ 역화 ④ 수면계의 파손

|해설|

2-1
열동식 트랩(벨로스트랩) : 벨로스의 팽창, 수축작용 등을 이용하여 밸브를 개폐시키는 트랩

2-2
수격작용(워터해머) : 증기계통에 응축수가 고속의 증기에 밀려 관이나 장치를 타격하는 현상

정답 2-1 ② 2-2 ②

핵심이론 03 난방방식 설비 설치

① **증기난방** : 증기를 열원으로 하는 난방방식으로 라디에이터, 컨벡터 등의 방열기가 사용된다.
  ㉠ 증기압력에 의한 분류
   - 저압식 : 0.1~0.35kg/cm²g, 일반 건물용, 주철제 방열기에 사용하고, 고압식에 비하여 난방 쾌감도와 안전도가 좋다(관경이 크게 된다).
   - 고압식 : 1~3kg/cm²g, 공장용, 대건축물, 관방열기에 사용하고, 누설과 고온이므로 난방이 좋지 않다.

   ※ 원거리 수송 시 3~5kg/cm²g, 지역냉방 시 8~10kg/cm²g 사용

  ㉡ 배관방식에 의한 분류
   - 단관식 : 증기와 응축수가 동일 배관 내로 서로 역류하는 방식(공용으로 사용, 소형 건물, 증기트랩 불필요, 공기밸브 설치)
   - 복관식 : 증기공급관과 환수관을 각각 설치하는 방식(별개의 계통으로 사용, 대부분의 방식, 트랩 설치)
  ㉢ 증기 공급방식에 따른 분류
   - 상향 공급식 : 공급주관(증기)이 가장 낮은 방열기보다 낮은 곳에 설치하여 수적 브랜치관을 통하여 증기를 공급한다(입상관 설치 공급, Up-feed System방식).
   - 하향 공급식 : 최상층의 주증기관에서 입하관에 의한 증기 공급방식
  ㉣ 응축수 환수방식에 따른 분류
   - 중력환수식 : 환수관은 약 1/100 정도의 선하향 구배로 되어 있어서 응축수의 무게에 의한 고저차로 환수하는 방식이다. 방열기는 보일러의 수면보다 높게 하여야 하고, 대규모 장치 시에는 중력으로 응축수를 탱크까지 환수시킨 후 응축수펌프를 사용하여 보일러에 환수시킨다.
   - 진공환수식 : 환수관의 말단에 진공펌프를 설치하여 장치 내의 공기를 제거하면서 환수는 펌프에 의해 보일러로 환수시키며, 환수관의 진공은 대략 100~250mmHg 정도이다(증기 순환이 빠르고, 환수관경이 작아도 되며 설치 위치에 제한이 없고 공기밸브는 불필요하다).
  ㉤ 환수관의 배치에 따른 분류
   - 건식환수방법 : 보일러의 수면보다 환수 주관이 위에 있는 경우로, 환수 주관의 증기 혼입에 의한 열손실을 방지하기 위하여 방열기와 관말에 트랩을 설치한다.
   - 습식환수방법 : 보일러의 수면보다 환수 주관이 아래에 있는 경우로, 건식보다 관경이 작아도 되며 관말트랩은 불필요하다.

② **온수난방** : 온수를 방열기, 대류방열기 등에 의해 순환시켜서 방열하여 난방을 하는 방식
  ㉠ 온수난방의 분류
   - 고온수식(밀폐식) : 밀폐식 팽창탱크(온수압력이 대기압 이상 유지)를 설치하며 방열기와 배관의 치수가 작아짐, 주철제 방열기 사용 불가, 100~150℃
   - 전온수식(개방식) : 개방형 팽창탱크 설치, 온수온도 100℃ 이하로 제한
  ㉡ 온수순환방법에 의한 분류
   - 중력순환식
   - 강제순환식
  ㉢ 팽창탱크
   온수 팽창량의 계산
   $= \left(\dfrac{1}{\text{가동 후 물의 비중}} - \dfrac{1}{\text{가동 전 물의 비중}} \right)$
   $\times \text{장치의 전수량}(l)$

③ **복사난방** : 바닥패널, 벽패널, 천장패널을 설치하여 복사열을 이용하여 난방
  ㉠ 복사난방의 특징
    • 복사난방은 배관이 매립되어 있어 고장 시 발견이 어렵고 시설비가 많이 든다.
    • 복사난방은 실내온도분포가 가장 균일한 난방방식이다.
    • 복사난방은 부하 변화에 따른 온도 조절이 늦다(외기의 온도 변화에 대한 온도 조절이 어렵다).
    • 복사난방은 실내의 평균온도가 낮다.
④ **지역난방** : 광범위한 지역을 한 개 또는 몇 개의 열원으로 나누어 난방하는 방식으로, 열병합 발전시설과 함께 고온수 난방(100~180℃)에 쓰인다. 설비의 열효율이 높고 도시 매연 발생은 적으며 개개 건물의 공간을 많이 차지하지 않는다.
  ㉠ 고온수난방의 문제점
    • 순환펌프의 용량이 커진다.
    • 높은 건물에 공급이 곤란하다.
    • 유황분이 많은 저질유 사용 시 저온 부식의 위험이 있다.
    • 예열시간이 길어 연료 소비량이 크다.
⑤ **전기난방** : 전열을 열원으로 하는 난방방법의 총칭으로, 난로 형식부터 전열선을 천장, 벽 등에 매입한 복사난방 형식이 있다.
⑥ 태양열 난방
⑦ 열매체 및 기타 난방

10년간 자주 출제된 문제

3-1. 증기난방방식을 응축수 환수법에 의해 분류하였을 때 해당되지 않는 것은?
① 중력환수식　　② 고압환수식
③ 기계환수식　　④ 진공환수식

3-2. 복사난방에 대한 특징으로 틀린 것은?
① 바닥면의 이용도가 높다.
② 실내의 온도분포가 균등하다.
③ 외기 온도 급변에 대한 온도 조절이 쉽다.
④ 실내 평균온도가 낮으므로 열손실이 비교적 작다.

|해설|

3-1
응축수 환수방법 : 중력환수식, 기계환수식, 진공환수식
3-2
복사난방의 단점 : 외기의 온도 변화에 대한 온도 조절이 어렵다.

정답 3-1 ②　3-2 ③

핵심이론 04 난방기기

① 방열기 : 증기, 온수 등의 열매를 이용하여 실내공기로 열을 방출하는 난방기기로서, 주로 대류난방에 사용되는 직접난방방법이다.

㉠ 방열기의 종류
- 주형 방열기(Column Radiator) : 2주형(Ⅱ), 3주형(Ⅲ), 3세주형(3), 5세주형(5)의 4종
- 벽걸이 방열기(Wall Radiator) : 주철제로 가로형(W-H)과 세로형(W-V)의 2종
- 길드 방열기(Gilled Radiator) : 1m 정도의 주철제 파이프에 방열면을 증대시키기 위하여 열전도율이 좋은 금속 핀을 부착한 방열기로, 1단, 2단, 3단형 등이 있음
- 강판제 방열기 : 2주, 3주, 4주의 3종류가 있고, 외형은 주철제와 비슷하나 강판을 프레스로 성형하여 용접하여 제작하고 Section수의 증감이 불편하여 많이 사용되지 않음
- 대류형 방열기 : 핀튜브형의 가열코일이 강판제의 케이스 속에서 대류작용으로 난방하는 방식으로, 벡터와 높이가 낮은 베이스보드 히터가 있음

㉡ 방열기의 호칭

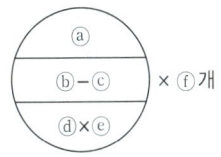

ⓐ 방열기 쪽수
ⓑ 방열기 종류별 약기호
ⓒ 방열기 형(치수, 높이)
ⓓ 입구관경(mm)
ⓔ 출구관경(mm)
ⓕ 대수

㉢ 방열기의 표준 방열량
- 증기 방열기 : 650kcal/m²h
- 온수 방열기 : 450kcal/m²h

② 팬코일 유닛 : 코일이나 송풍기, 공기 거르개 등을 하나의 케이싱에 넣어 소형의 유닛으로 만든 공기조화장치를 말한다. 실내에 설치하여 냉온수 배관과 전기 배선을 하면 실내 공기를 냉각 또는 가열할 수 있다. 설치하는 형식에 따라 바닥에 놓는 형, 천장에 매다는 형, 벽에 묻는 형 등이 있다.

10년간 자주 출제된 문제

난방부하가 3,600kcal/h인 실에 온수를 열매로 하는 방열기를 설치하는 경우 소요 방열면적은 몇 m²인가?(단, 방열기의 방열량은 표준방열량(kcal/m²·h)을 기준으로 한다)

① 2.0
② 4.0
③ 6.0
④ 8.0

|해설|

$$방열면적 = \frac{난방부하}{방열기 방열량} = \frac{3,600}{450} = 8$$

정답 ④

핵심이론 05 급탕설비 설치

① **급탕설비** : 온수를 욕실, 주방 등에 적당한 온도로 필요한 양을 지속적으로 공급하는 설비로, 설비구조 내를 순환하는 물은 고온의 유체이므로 물의 팽창에 따른 배관계통의 신축이나 압력 상승에 의한 위험 문제, 수질 변화의 문제 및 급탕온도의 균일성 유지 문제 등을 유의해야 한다.

※ 서모스탯(자동온도조절기) : 저탕식 급탕설비에서 급탕의 온도를 일정하게 유지시키기 위해서 가스나 전기를 공급 또는 정지하는 것

② **개별식 급탕법**
　㉠ 즉시탕비기(순간온수기)
　　• 수도꼭지를 틀면 가스, 전기 등에 의해 자동 점화된 후 가열코일이 가열되어 온수가 공급되는 방식이다.
　　• 가열온도는 60~70℃이다.
　　• 이·미용실, 부엌의 싱크대 등에 사용된다.
　㉡ 저탕형 탕비기
　　• 가스 또는 전기를 이용하여 단시간에 많은 양의 온수를 공급할 수 있는 방식이다.
　　• 비등점에 가까운 온수를 얻을 수 있다.
　　• 저탕조 내에 자동온도조절기(서모스탯)를 부착한다.
　　• 여관, 기숙사 등에 사용된다.
　㉢ 기수혼합기
　　• 보일러에서 가열된 증기를 배관을 통해 가열하는 방식이다.
　　• 열효율은 100%이지만, 소음이 심하다.
　　• 소음제거장치인 스팀 사일런서를 부착한다.
　　• 공장, 병원 등에 사용된다.

③ **중앙식 급탕법**
　㉠ 직접가열식
　　• 보일러에서 가열된 온수를 배관을 통해 직접 세대로 공급하는 방식이다.
　　• 보일러 내면에 스케일이 많이 생긴다.
　　• 건물 높이에 상당하는 수압이 보일러에 가해지므로 고압보일러가 필요하다.
　　• 보일러 신축이 불균일하다.
　　• 열효율면에서 경제적이다.
　　• 급탕용 보일러, 난방용 보일러를 각각 설치한다.
　　• 중·소규모 설비에 적합하다.
　㉡ 간접가열식
　　• 보일러 내의 고온수나 증기를 저탕조의 가열코일을 통과시켜 물을 간접적으로 가열하여 공급하는 방식이다.
　　• 난방용 보일러로 급탕까지 가능하다.
　　• 보일러 내면에 스케일이 거의 끼지 않는다.
　　• 저압용 보일러가 필요하다.
　　• 가열코일이 필요하다.
　　• 대규모 설비에 적합하다.

10년간 자주 출제된 문제

5-1. 저탕식 급탕설비에서 급탕의 온도를 일정하게 유지시키기 위해서 가스나 전기를 공급 또는 정지하는 것은?

① 사일런서　　② 순환펌프
③ 가열코일　　④ 서모스탯

5-2. 다음 중 개별식 급탕법이 아닌 것은?

① 즉시탕비기(순간온수기)　② 저탕형 탕비기
③ 기수혼합기　　　　　　　④ 직접가열식

|해설|

5-1
서모스탯 : 온도조절장치

5-2
직접가열식은 중앙식 급탕법이다.

정답 5-1 ④　5-2 ④

CHAPTER 02 자동제어 및 안전관리

제1절 유지보수공사 안전관리

1-1. 관련 법규

핵심이론 01 냉동기 검사

① 시설기준
  ㉠ 냉동기를 제조하려는 자는 기술기준에 따라 냉동기를 제조하기 위하여 필요한 제조설비를 갖출 것
  ㉡ 냉동기를 제조하려는 자는 검사기준에 따라 냉동기를 검사하기 위하여 필요한 검사설비를 갖출 것

② 기술기준
  ㉠ 냉동기의 설계는 그 냉동기의 안전성을 확보하기 위하여 사용하는 고압가스의 종류·압력 온도 및 사용환경에 따라 적합하도록 할 것
  ㉡ 냉동기의 재료는 그 냉동기의 안전성을 확보하기 위하여 사용하는 고압가스의 종류·압력·온도 및 사용환경에 적절한 것일 것
  ㉢ 냉동기의 두께는 그 냉동기의 안전성을 확보하기 위하여 그 냉동기에 사용한 재료, 그 냉동기 내 고압가스의 종류·압력·온도 및 사용환경에 적합한 것일 것
  ㉣ 냉동기의 구조는 그 냉동기의 안전성 및 편리성을 확보하기 위하여 그 냉동기 내 고압가스의 종류·압력·온도 및 사용환경에 적합한 것일 것
  ㉤ 냉동기의 가공은 그 냉동기의 기계적 강도 및 안전성을 확보하기 위하여 그 냉동기의 재료·두께 및 구조에 따라 적절한 방법으로 할 것
  ㉥ 냉동기의 용접은 그 냉동기 이음매의 기계적 강도를 확보하기 위하여 그 냉동기의 재료·구조 및 냉동기 내의 가스의 종류에 따라 적절한 방법으로 할 것
  ㉦ 냉동기의 열처리는 그 냉동기의 안전성을 확보하기 위하여 필요한 경우 그 냉동기의 재료·두께 및 가공방법에 따라 적절한 방법으로 할 것
  ㉧ 냉동기는 그 냉동기의 재료, 사용하는 가스의 종류 및 사용하는 환경에 따라 그 냉동기의 안전성을 확보하기 위하여 필요한 적절한 성능을 가진 것

> **10년간 자주 출제된 문제**

냉동기 검사의 기술기준에 대한 설명으로 옳지 않은 것은?

① 냉동기의 구조 : 그 냉동기의 안전성을 확보하기 위하여 사용하는 고압가스의 종류·압력 온도 및 사용환경에 따라 적합할 것
② 냉동기의 두께 : 그 냉동기의 안전성을 확보하기 위하여 그 냉동기에 사용한 재료, 그 냉동기 내 고압가스의 종류·압력·온도 및 사용환경에 적합할 것
③ 냉동기의 가공 : 그 냉동기의 기계적 강도 및 안전성을 확보하기 위하여 그 냉동기의 재료·두께 및 구조에 따라 적절한 방법으로 할 것
④ 냉동기의 열처리 : 그 냉동기의 안전성을 확보하기 위하여 필요한 경우 그 냉동기의 재료·두께 및 가공방법에 따라 적절한 방법으로 할 것

해설
①은 냉동기의 설계에 대한 설명이다.

정답 ①

핵심이론 02 고압가스안전관리법(냉동 관련)

① 시설기준
　㉠ 배치기준 : 압축기·유분리기·응축기 및 수액기와 이들 사이의 배관은 인화성 물질 또는 발화성 물질(작업에 필요한 것은 제외한다)을 두는 곳이나 화기를 취급하는 곳과 인접하여 설치하지 않을 것
　㉡ 가스설비기준
　　• 냉매설비(제조시설 중 냉매가스가 통하는 부분을 말한다. 이하 같다)에는 진동·충격 및 부식 등으로 냉매가스가 누출되지 않도록 필요한 조치를 할 것
　　• 냉매설비의 성능은 가스를 안전하게 취급할 수 있는 적절한 것일 것
　　• 세로 방향으로 설치한 동체의 길이가 5m 이상인 원통형 응축기와 내용적이 5,000L 이상인 수액기에는 지진 발생 시 그 응축기 및 수액기를 보호하기 위하여 내진성능 확보를 위한 조치를 할 것
　㉢ 사고예방설비기준
　　• 냉매설비에는 그 설비 안의 압력이 상용압력을 초과하는 경우 즉시 그 압력을 상용압력 이하로 되돌릴 수 있는 안전장치를 설치하는 등 필요한 조치를 마련할 것
　　• 독성가스 및 공기보다 무거운 가연성 가스를 취급하는 제조시설 및 저장설비에는 가스가 누출될 경우 이를 신속히 검지하여 효과적으로 대응할 수 있도록 하기 위하여 필요한 조치를 마련할 것
　　• 가연성 가스(암모니아, 브롬화메탄 및 공기 중에서 자기발화하는 가스는 제외한다)의 가스설비 중 전기설비는 그 설치 장소 및 그 가스의 종류에 따라 적절한 방폭성능을 가지는 것일 것
　　• 가연성 가스 또는 독성가스를 냉매로 사용하는 냉매설비의 압축기·유분리기·응축기 및 수액기와 이들 사이의 배관을 설치한 곳에는 냉매가스가 누출될 경우 그 냉매가스가 체류하지 않도록 필요한 조치를 마련할 것
　　• 냉매설비에는 긴급사태가 발생하는 것을 방지하기 위하여 자동제어장치를 설치할 것
　㉣ 피해저감설비기준
　　• 독성가스를 사용하는 내용적이 10,000L 이상인 수액기 주위에는 액상의 가스가 누출될 경우에 그 유출을 방지하기 위한 조치를 마련할 것
　　• 독성가스를 제조하는 시설에는 그 시설로부터 독성가스가 누출될 경우 그 독성가스로 인한 피해를 방지하기 위하여 필요한 조치를 마련할 것
　㉤ 부대설비기준 : 냉동제조시설에는 이상사태가 발생하는 것을 방지하고 이상사태 발생 시 그 확대를 방지하기 위하여 압력계·액면계 등 필요한 설비를 설치할 것
　㉥ 표시기준 : 냉동제조시설의 안전을 확보하기 위하여 필요한 곳에는 고압가스를 취급하는 시설 또는 일반인의 출입을 제한하는 시설이라는 것을 명확하게 알아볼 수 있도록 경계표지, 식별표지 및 위험표지 등 적절한 표지를 하고, 외부인의 출입을 통제할 수 있도록 경계책을 설치할 것

② 기술기준
　㉠ 안전유지기준
　　• 안전밸브 또는 방출밸브에 설치된 스톱밸브는 그 밸브의 수리 등을 위하여 특별히 필요한 때를 제외하고는 항상 완전히 열어 놓을 것
　　• 냉동설비의 설치공사 또는 변경공사가 완공되어 기밀시험이나 시운전을 할 때에는 산소 외의 가스를 사용하고, 공기를 사용하는 때에는 미리 냉매설비 중의 가연성 가스를 방출한 후에 실시해야 하며, 그 냉동설비의 상태가 정상인 것을 확인한 후에 사용할 것

• 가연성 가스의 냉동설비 부근에는 작업에 필요한 양 이상의 연소하기 쉬운 물질을 두지 않을 것
ⓒ 점검기준 : 안전장치(액체의 열팽창으로 인한 배관의 파열방지용 안전밸브는 제외한다) 중 압축기의 최종단에 설치한 안전장치는 1년에 1회 이상, 그 밖의 안전밸브는 2년에 1회 이상 조정하여 고압가스설비가 파손되지 않도록 적절한 압력 이하에서 작동되도록 할 것. 다만, 고압가스안전관리법 제4조(고압가스의 제조허가 등)에 따라 고압가스 특정제조허가를 받아 설치된 안전밸브의 조정주기는 4년(압력용기에 설치된 안전밸브는 그 압력용기의 내부에 대한 재검사 주기)의 범위에서 연장할 수 있다.
ⓒ 수리・청소 및 철거기준 : 가연성 가스 또는 독성가스의 냉매설비를 수리・청소 및 철거할 때에는 그 작업의 안전 확보를 위하여 필요한 안전수칙을 준수하고, 수리 및 청소 후에는 그 설비의 성능유지와 작동성 확인 등 안전 확보를 위하여 필요한 조치를 마련할 것

10년간 자주 출제된 문제

2-1. 압축기 최종단에 설치된 고압가스 냉동제조시설의 안전밸브는 얼마마다 작동압력을 조정하여야 하는가?
① 3개월에 1회 이상
② 6개월에 1회 이상
③ 1년에 1회 이상
④ 2년에 1회 이상

2-2. 독성가스를 사용하는 내용적이 몇 L 이상인 수액기 주위에 액상의 가스가 누출될 경우에 대비하여 방류둑을 설치하여야 하는가?
① 1,000
② 2,000
③ 5,000
④ 10,000

[해설]

2-2
독성가스를 사용하는 내용적이 10,000L 이상인 수액기 주위에 액상의 가스가 누출될 경우에 대비하여 방류둑을 설치하여야 한다.

정답 2-1 ③ 2-2 ④

1-2. 안전작업

핵심이론 01 안전관리

① 안전관리의 정의 : 인간생활의 복지 향상을 위하여 재해로부터 인간의 생명과 재산을 보호하기 위한 계획적이고 체계적인 제반 활동을 의미하며, 주목적은 근로자의 안전과 능률을 향상시키는 것이다.
② 안전대책의 수립 : 통계적 방법
③ 안전대책의 3원칙 : 교육적 대책, 기술적 대책, 관리적 대책

10년간 자주 출제된 문제

1-1. 일반적으로 안전대책은 무슨 방법으로 수립해야 좋은가?
① 사무적
② 계획적
③ 경험적
④ 통계적

1-2. 안전사고 예방을 위한 기술적 대책이 될 수 없는 것은?
① 안전기준의 설정
② 정신교육의 강화
③ 작업공정의 개선
④ 환경설비의 개선

[해설]

1-1
안전대책의 수립 : 통계적 방법

1-2
정신교육의 강화는 기술적 대책이 아니라 교육적 대책이다.

정답 1-1 ④ 1-2 ②

핵심이론 02 재해의 원인

① 직접원인
  ㉠ 불안전한 행동(인적 원인)
    • 위험 장소 접근 및 불안전한 조작, 상태 방치
    • 안전장치의 기능 제거 및 불안전한 자세, 동작
    • 기계·기구의 잘못된 사용 및 운전 중인 기계장치의 손실
    • 복장, 보호구의 잘못된 사용 및 감독, 연락 불충분
  ㉡ 불안전한 상태(물적 원인)
    • 기계 자체, 안전장치, 방호장치의 결함
    • 보호구 및 작업 장소의 결함
    • 작업환경의 결함
    • 생산공정 및 설비의 결함
② 간접원인(관리적 원인)
  ㉠ 기술적 원인
    • 건물, 기계장치의 설계, 구조, 재료의 불량
    • 생산방법의 부적합
    • 점검, 정비, 보존의 불량
  ㉡ 교육적인 원인
    • 안전지식, 경험, 훈련의 미숙
    • 안전수칙의 오해
    • 작업방법, 유해, 위험작업의 교육 불충분
  ㉢ 신체적 원인
    • 피로, 수면 부족
    • 시력 및 청각기능 이상
    • 근육운동의 부적합
  ㉣ 정신적인 원인
    • 안전지식, 주의력 부족
    • 방심 및 공상
    • 판단력 부족
    • 불안, 초조
  ㉤ 작업관리상 원인
    • 안전관리 조직의 결함
    • 작업 준비 불충분
    • 인원 배치 부적당
    • 작업 지시 부적당
    • 안전수칙 미숙지

10년간 자주 출제된 문제

2-1. 산업재해의 원인 분류 중 직접원인에 해당되지 않는 것은?
① 불안전한 행동
② 안전보호장치 결함
③ 작업자의 사기의욕 저하
④ 불안전한 환경

2-2. 재해의 직접적인 원인이 아닌 것은?
① 복장, 보호구의 잘못된 사용
② 불안전한 조작
③ 구조, 재료의 부적합
④ 안전장치의 기능 제거

정답 2-1 ③ 2-2 ③

핵심이론 03 재해예방대책

① 재해예방의 4원칙
  ㉠ 손실 우연의 원칙 : 손실은 사고 발생 시의 조건 및 상황에 따라 달라지므로 손실은 우연성에 의해 결정된다.
  ㉡ 예방 가능의 원칙 : 재해는 원칙적으로 원인만 제거되면 예방이 가능하다.
  ㉢ 원인 연계의 원칙 : 재해의 원인은 여러 요소들이 복합적으로 작용하여 재해를 유발시킨다.
  ㉣ 대책 선정의 원칙 : 재해의 원인이 각기 다르므로 원인을 정확히 규명해서 대책을 선정·실시해야 한다.

② 재해 발생형태
  ㉠ 추락 : 사람이 건축물, 비계, 기계, 사다리, 경사면, 나무 등에서 떨어지는 재해(추락을 방지하기 위해 작업발판을 설치해야 하는 높이 : 2m 이상)
  ㉡ 전도 : 사람이 평면상으로 넘어졌을 때 일어나는 재해
  ㉢ 충돌 : 사람이 정지물에 부딪쳐 일어나는 재해
  ㉣ 낙하, 비래 : 물건이 주체가 되어 사람이 맞는 재해
  ㉤ 붕괴, 도괴 : 적재물, 비계, 건축물 등이 무너진 경우의 재해
  ㉥ 협착 : 물건에 끼워진 상태, 말려든 상태
  ㉦ 감전 : 전기 접촉이나 방전에 의해 사람이 충격을 받은 경우의 재해
  ㉧ 폭발 : 압력의 급격한 발생 또는 개방으로 폭음을 수반한 팽창이 일어난 경우의 재해
  ㉨ 과열 : 용기 또는 장시간 물리적인 압력에 의해 과열된 경우의 재해
  ㉩ 화재 : 화재로 인한 재해
  ㉪ 유해물 접촉 : 유해물 접촉으로 중독이나 질식된 경우의 재해

10년간 자주 출제된 문제

재해예방의 4가지 기본원칙에 해당되지 않는 것은?
① 대책 선정의 원칙
② 손실 우연의 원칙
③ 예방 가능의 원칙
④ 재해 통계의 원칙

|해설|

재해예방의 4원칙
- 손실 우연의 원칙
- 예방 가능의 원칙
- 원인 연계의 원칙
- 대책 선정의 원칙

정답 ④

핵심이론 04 재해율 계산

① **연천인율** : 1년간 근로자 1,000명 중 몇 명이 재해를 당했느냐를 나타내는 재해율 통계

$$연천인율 = \frac{1,000 \times 재해자수}{연평균\ 근로자수} = 빈도율 \times 2.4$$

② **도수율(빈도율)** : 연근로 시간 100만 시간당 발생하는 재해건수

$$도수율 = \frac{1,000,000 \times 재해자수}{연근로시간수}$$

※ 연근로시간수 = 실근로자수 근로자 1인당 1년간 근로시간수

③ **강도율** : 연근로시간 1,000시간당 재해로 인해 발생한 근로손실 일수

$$강도율 = \frac{1,000 \times 근로손실\ 일수}{연근로시간수}$$

10년간 자주 출제된 문제

4-1. 도수율(빈도율)이 30인 사업장의 연천인율은 얼마인가?
① 24 ② 36
③ 72 ④ 96

4-2. 재해율 중 연천인율을 구하는 식으로 옳은 것은?
① 연천인율 = (연간 재해자수/연평균 근로자수)×1,000
② 연천인율 = (연평균 근로자수/재해 발생건수)×1,000
③ 연천인율 = (재해 발생건수/근로 총시간수)×1,000
④ 연천인율 = (근로 총시간수/재해 발생건수)×1,000

[해설]
4-1
연천인율 = 도수율×2.4 = 30×2.4 = 72

4-2
연천인율 : 1년간 근로자 1,000명 중 몇 명이 재해를 당했느냐를 나타내는 재해율 통계

정답 4-1 ③ 4-2 ①

핵심이론 05 안전점검

① **안전점검** : 작업상의 상황을 기계, 설비 등 물적인 면과 작업방법 등 인적 및 관리적인 면을 포함한 종합적인 면으로부터 불안전한 상태나 행위를 찾아내어 개선하는 안전활동을 말한다.
② **안전점검의 목적** : 생산활동에 있어 정상적인 상태를 유지하기 위하여 사고나 재해 발생요인을 발견하여 이것을 제거하거나 개선함으로써 안전성을 유지, 보전하여 건강하고 쾌적한 직장을 형성하도록 하는 것이다.
　㉠ 기계·기구 및 설비의 안전 확보
　㉡ 기계·기구 및 설비의 안전 상태 유지와 관리
　㉢ 안전한 작업방법 유지 및 관리
　㉣ 효율적인 생산관리로 생산성 향상
③ **안전점검의 종류**
　㉠ 수시점검(일상점검) : 현장에서 매일 안전성을 유지하기 위하여 작업 시작 전, 작업 중 또는 작업 종료 시에 실시하는 점검
　㉡ 정기점검 : 주기적으로 일정한 기간을 정하여 정기적으로 실시하는 점검
　㉢ 특별점검 : 기계·기구 및 설비를 신설·이전·변경하거나 고장 시에 실시하는 점검
　㉣ 임시점검 : 기계·기구 및 설비의 이상 발견 시 임시로 실시하는 점검
④ **안전관리의 목적**
　㉠ 인명의 존중
　㉡ 사회복지의 증진
　㉢ 생산성의 향상
　㉣ 경제성의 향상
⑤ **안전표지**
　㉠ 안전표지의 목적
　　• 불완전한 행동을 배제하고 재해를 예방함
　　• 위험성 표시로 경고하여 작업자의 예상되는 재해를 사전에 예방함

- 작업환경을 통제하여 예상되는 재해를 사전에 예방함
- 시각적인 자극으로 주의력을 키움

ⓒ 안전·보건표지의 색상

금지표지	적색 원형 모양에 흑색 부호
경고표지	황색 삼각형 모양에 흑색 부호
지시표지	청색 원형 바탕에 백색 부호
안내표지	녹색 사각형 바탕에 백색 부호

10년간 자주 출제된 문제

안전관리의 주된 목적을 바르게 설명한 것은?
① 사고 후 처리
② 사상자의 치료
③ 생산가의 절감
④ 사고의 미연 방지

정답 ④

핵심이론 06 안전보호구 및 안전장비

① 안전보호구의 개요
  ㉠ 개인보호구란 재해나 건강장해를 방지하기 위해 작업자가 착용하는 안전용품이다.
  ㉡ 개인보호구는 작업자가 착용하는 것으로 한정된다. 파편이나 비산물을 방지하기 위한 방호덮개나 유해물질을 제거하기 위한 국소배기장치는 개인보호구에 포함되지 않는다.
  ㉢ 개인보호구는 유해·위험요인으로부터 작업자를 보호하기 위한 최후의 수단이기 때문에 우리나라는 물론 유럽, 미국 등에서도 보호구에 각별히 관심을 기울이고 있다.

② 안전보호구의 종류
  ㉠ 안전모 : 사용자의 낙하나 추락, 감전 등을 방지하기 위해 머리에 착용하는 보호구
  - 쉽게 부식하지 않는 것
  - 피부에 해로운 영향을 주지 않는 것
  - 사용목적에 따라 내열성, 내한성 및 내수성을 가질 것
  - 충분한 강도를 가질 것
  - 모체의 표면색은 밝고 선명할 것(빛의 반사율이 가장 큰 백색이 좋음)
  - 안전모의 모체, 충격흡수라이너 및 착장제의 무게는 0.44kg을 초과하지 않아야 함(안전모의 내전압성 : 7,000V 이하)
  ㉡ 안전대(안전벨트) : 높이 또는 깊이 2m 이상의 장소에서 추락에 의한 위험을 방지하기 위해 로프, 고리, 급정지기구와 근로자의 몸에 묶는 띠 및 그 부속품
  - 부드럽고 되도록 매끄럽지 않을 것
  - 충격에 견디는 충분한 인장강도를 가질 것
  - 완충성이 높을 것
  - 내마모성이 클 것

- 습기나 약품류에 잘 손상되지 않을 것
- 내열성이 높을 것

ⓒ 안전화 : 물체의 낙하나 충격, 끼임, 감전 등을 예방하기 위해 발에 착용하는 보호구
- 내마모성
- 내열성
- 내유성
- 내약품성

ⓔ 각반 : 바지 밑단이 자재나 구조물에 걸리지 않게 바지 끝자락에 착용하는 보호구

ⓜ 안전장갑 : 물리적·화학적 충격으로부터 손을 보호하기 위해 착용하는 보호구
- 회전하는 기계작업, 목공작업 등을 할 때에는 장갑을 착용하지 않을 것
- 화학물질 등을 취급할 때에는 화학약품에 대한 내성이 강한 것을 사용할 것
- 손이나 손가락이 상하기 쉬운 작업을 할 때에는 작업에 적당한 토시, 벙어리장갑을 사용할 것

ⓗ 보안경 : 이물을 차단하고 유해광선에 의한 시력장해를 방지하기 위해 눈에 착용하는 보호구
- 보호안경
  - 연마작업의 불꽃과 미세한 분진, 절삭작업, 선반작업의 칩 또는 화학약품의 비래로부터 눈을 보호하는 것
  - 유리보호안경(강화유리렌즈 보호안경)과 플라스틱 재질의 플라스틱 보호안경이 있음
- 차광안경
  - 눈에 해로운 자외선 및 적외선 또는 강렬한 가시광선(유해광선)이 발생하는 장소에서 눈을 보호하기 위한 것
  - 아크용접, 가스용접, 열절단, 노(爐) 주위 작업 및 기타 유해광선이 발생하는 작업에 사용
  - 도수렌즈 보호안경 : 시력 교정과 눈 보호기능을 겸한 보호안경

ⓢ 보안면 : 안면이나 눈을 유해광선, 열, 화학약품 등으로부터 보호하기 위해 착용하는 보호구
- 용접용 보안면
  - 아크용접 및 가스용접, 절단작업 시에 발생하는 유해한 자외선, 가스광선 및 적외선으로부터 눈을 보호
  - 용접광 및 열에 의한 화상 또는 가열된 용재 등의 파편에 의한 화상 위험에서 용접자의 안면, 머리 및 목 부분을 보호
- 일반 보안면
  - 일반작업 및 점용접 작업 시 발생하는 각종 비산물과 유해한 액체로부터 얼굴을 보호
  - 눈부심을 방지하기 위해 적당한 보안경 위에 겹쳐 사용
  - 점용접, 비산물이 발생하는 기계작업, 연마, 광택, 철사의 손질, 그라인더 작업, 가루나 분진이 발생하는 목재 가공작업, 고열체 및 부식성 물질의 조작 및 취급·작업 시 사용

ⓞ 보호복 : 고열, 방사선, 중금속, 유해물질로부터 보호하기 위해 몸에 착용하는 보호구
- 끈이 있는 옷은 기계작업 시 착용하지 않을 것
- 주머니는 가급적 수가 적은 것이 좋음
- 정전기가 발생하기 쉬운 섬유질의 옷을 피할 것
- 자주 세탁하여 입을 것
- 상의가 옷자락 밖으로 나오지 않도록 할 것
- 화학적 성질에 대한 작업에는 화학약품에 내성이 강한 것을 착용할 것
- 직종에 따라 여러 색채로 나누는 것도 효과적임
- 연령, 성별 등을 고려할 것

ⓩ 마스크
- 방진마스크 : 분진이 호흡기를 통하여 인체에 유입되는 것을 방지하기 위한 것
  - 구조형식에 따라 직결식과 격리식이 있으며 사용 용도에 따라 고농도 및 저농도 분진용이 있음

- 광물성 먼지 등을 흡입함으로써 인체에 해로울 때 사용
- 장시간 사용하여도 고통과 압박이 없어야 함
- 분집포집효율에 따라 특급 99.5% 이상, 1급 95% 이상, 2급 85% 이상
- 방진마스크의 구비조건
  - 여과효율이 좋을 것
  - 흡배기 저항이 작을 것
  - 사용적(유효 공간)이 작을 것
  - 중량이 가벼울 것
  - 시야가 넓을 것(하방 시야 60° 이상)
  - 안면 밀착성이 좋을 것
  - 피부 접촉 부위의 고무질이 좋을 것
  - 사용 후 손질이 간단할 것
- 송기마스크 : 유해물의 농도가 높거나 산소가 결핍된 장소에서 사용하는 마스크

ⓒ 방음 보호구(귀마개, 귀덮개) : 소음으로부터 청력을 보호하기 위한 것이다.
- 휴대하기에 편리하고 귓구멍에 알맞은 것을 사용해야 함
- 손질이 쉽고 깨끗해야 함
- 내열성, 내습성, 내한성, 내유성이 있어야 함
- 오랜 시간 착용하여도 압박감이 없어야 함
- 피부를 자극하지 않고 쉽게 파손되지 말아야 함
- 반차음(半遮音)된 것을 사용

③ 일반적인 안전보호구 선택
㉠ 착용하여 작업하기 쉬울 것
㉡ 유해·위험물로부터 보호성능이 충분할 것
㉢ 사용되는 재료는 작업자에게 해로운 영향을 주지 않을 것
㉣ 마무리가 좋을 것
㉤ 외관이나 디자인이 양호할 것

10년간 자주 출제된 문제

6-1. 작업조건에 따라 착용하여야 하는 보호구의 연결로 틀린 것은?

① 고열에 의한 화상 등의 위험이 있는 작업 – 안전대
② 근로자가 추락할 위험이 있는 작업 – 안전모
③ 물체가 흩날릴 위험이 있는 작업 – 보안경
④ 감전의 위험이 있는 작업 – 절연용 보호구

6-2. 보호구의 적절한 선정 및 사용방법에 대한 설명 중 틀린 것은?

① 작업에 적절한 보호구를 선정한다.
② 작업장에는 필요한 수량의 보호구를 비치한다.
③ 보호구는 방호성능이 없어도 품질이 양호해야 한다.
④ 보호구는 착용이 간편해야 한다.

6-3. 물체가 떨어지거나 날아올 위험 또는 근로자가 추락할 위험이 있는 작업 시에 착용할 보호구로 적당한 것은?

① 안전모　　　② 안전벨트
③ 방열복　　　④ 보안면

6-4. 작업조건의 적합한 내용과 보호구의 연계가 올바르지 못한 것은?

① 높이 또는 깊이 1m 이상의 추락할 위험이 있는 장소에서의 작업 : 안전대
② 물체의 낙하·충격, 물체에의 끼임, 감전 또는 정전기의 대전에 의한 위험이 있는 작업 : 안전화
③ 물체가 떨어지거나 날아올 위험 또는 근로자가 감전되거나 추락할 위험이 있는 작업 : 안전모
④ 용접 시 불꽃 또는 물체가 날아 흩어질 위험이 있는 작업 : 보안면

|해설|

6-1
안전대(안전벨트) : 추락에 의한 위험을 방지하기 위해 로프, 고리, 급정지기구와 근로자의 몸에 묶는 띠 및 그 부속품

6-2
보호구는 방호성능이 우수하고 품질이 양호해야 한다.

6-4
높이 또는 깊이 2m 이상에서 작업할 때에는 안전대를 착용한다.

정답 6-1 ①　6-2 ③　6-3 ①　6-4 ①

1-3. 안전교육 실시

핵심이론 01 안전교육

① 근로자의 안전·보건교육
  ㉠ 근로자의 정기안전·보건교육
    • 산업안전 및 사고 예방에 관한 사항
    • 산업보건 및 직업병 예방에 관한 사항
    • 위험성 평가에 관한 사항
    • 건강 증진 및 질병 예방에 관한 사항
    • 유해·위험 작업환경관리에 관한 사항
    • 산업안전보건법령 및 산업재해보상보험 제도에 관한 사항
    • 직무스트레스 예방 및 관리에 관한 사항
    • 직장 내 괴롭힘, 고객의 폭언 등으로 인한 건강장해 예방에 관한 사항
  ㉡ 관리감독자의 정기안전·보건교육
    • 산업안전 및 사고 예방에 관한 사항
    • 산업보건 및 직업병 예방에 관한 사항
    • 유해·위험 작업환경 관리에 관한 사항
    • 산업안전보건법령 및 산업재해보상보험 제도에 관한 사항
    • 직무스트레스 예방 및 관리에 관한 사항
    • 직장 내 괴롭힘, 고객의 폭언 등으로 인한 건강장해 예방 및 관리에 관한 사항
    • 작업공정의 유해·위험과 재해 예방대책에 관한 사항
    • 표준안전 작업방법 및 지도 요령에 관한 사항
    • 관리감독자의 역할과 임무에 관한 사항
    • 안전보건교육 능력 배양에 관한 사항
  ㉢ 채용 시의 교육 및 작업내용 변경 시의 교육
    • 산업안전 및 사고 예방에 관한 사항
    • 산업보건 및 직업병 예방에 관한 사항
    • 위험성 평가에 관한 사항
    • 산업안전보건법령 및 산업재해보상보험제도에 관한 사항
    • 직무스트레스 예방 및 관리에 관한 사항
    • 직장 내 괴롭힘, 고객의 폭언 등으로 인한 건강장해 예방 및 관리에 관한 사항
    • 기계·기구의 위험성과 작업의 순서 및 동선에 관한 사항
    • 작업 개시 전 점검에 관한 사항
    • 정리정돈 및 청소에 관한 사항
    • 사고 발생 시 긴급조치에 관한 사항
    • 물질안전보건자료에 관한 사항

10년간 자주 출제된 문제

1-1. 채용 시의 교육내용이 아닌 것은?
① 기계·기구의 위험성과 작업의 순서 및 동선에 관한 사항
② 작업 개시 전 점검에 관한 사항
③ 정리정돈 및 청소에 관한 사항
④ 유해·위험 작업환경 관리에 관한 사항

1-2. 근로자의 정기안전·보건교육이 아닌 것은?
① 산업안전 및 사고 예방에 관한 사항
② 산업보건 및 직업병 예방에 관한 사항
③ 관리감독자의 역할과 임무에 관한 사항
④ 유해·위험 작업환경 관리에 관한 사항

|해설|

1-1
근로자의 정기안전·보건교육 : 유해·위험 작업환경 관리에 관한 사항

1-2
관리감독자의 정기안전·보건교육 : 관리감독자의 역할과 임무에 관한 사항

정답 1-1 ④ 1-2 ③

1-4. 안전관리

핵심이론 01 가스 및 위험물 안전

① 가스안전관리

㉠ 가스연료의 종류와 특성

구 분	액화석유가스(LPG)	액화천연가스(LNG)
주성분	프로판(C_3H_8), 부탄(C_4H_{10})	메탄(CH_4)
용 도	가정용, 공업용, 자동차 연료용	도시가스
비 중	1.5~2 (누출 시 낮은 곳에 체류)	0.6 (누출 시 천장쪽에 체류)
폭발 범위	• 프로판 : 2.2~9.5% • 부탄 : 1.8~8.4%	5~15%

㉡ 가스화재의 주요원인

공급자	사용자
• 용기밸브의 오조작 • 용기 교체작업 중 누설 화재 • 잔량 가스 처리 중 누설 폭발 • 가스충전작업 중 누설 폭발 • 고압가스 운반기준 미이행 • 배관 내의 공기치환작업 미숙 • 용기보관실 점화원(성냥 등) 사용 • 배달원 안전의식 결여	• 실내에 용기 보관 중 가스 누설 • 점화 미확인으로 인한 누설 폭발 • 환기 불량에 의한 질식사 • 가스 사용 중 장시간 자리 이탈 • 성냥불로 누설 확인 중 폭발 • 호스 접속 불량 방치 • 조정기 분해 오조작 • 콕 조작 미숙 • 인화성 물질(연탄 등) 동시 사용

㉢ 가스 사용 시 주의사항

과 정	주의사항
사용 전	• 가스가 새고 있는지 냄새로 확인하고, 환기를 시킨다. • 연소기 부근에는 가연성 물질을 두지 않는다. • 콕, 호스 등 연결부는 호스밴드로 확실하게 조이고, 호스가 낡거나 손상이 있을 때에는 즉시 새것으로 교체한다. • 연소기구는 자주 청소하여 불구멍 등이 막히지 않도록 한다.
사용 중	• 콕을 돌려 점화 시 불이 붙었는지 확인한다. • 파란 불꽃 상태가 되도록 조절한다(황색, 적색의 불꽃은 불완전연소로 일산화탄소가 발생한다). • 장시간 자리를 비우지 말고 주의하여 지켜본다.
사용 후	• 연소기에 부착된 콕은 물론 중간밸브도 확실하게 잠근다. • 장기간 외출 시 중간밸브와 함께 용기밸브도 잠그고, 도시가스 사용 시 메인밸브까지 잠근다.

㉣ 가스누설경보기
- 설치 위치
  - 공기보다 무거운 가스 : 연소기/관통부로부터 수평거리 4m 이내 위치에 설치, 탐지기는 바닥면에서 30cm 이내 위치에 설치
  - 공기보다 가벼운 가스 : 연소기로부터 수평거리 8m 이내 위치에 설치, 천장면에서 30cm 이내 위치에 설치

② 위험물 안전관리

㉠ 위험물의 규제 : 위험물안전관리법에서 규제하는 위험물은 인화성 및 발화성 등의 성질을 가지는 것으로 대통령령이 정하는 물품이다. 위험물로부터 안전성을 확보하기 위하여 위험 정도에 따라 일정 수량 이상 제조, 저장, 취급 시 허가를 받고 사용하도록 규제하고 있다.

㉡ 용 어
- 위험물 : 인화성 또는 발화성 등의 성질을 가지는 것으로 대통령령이 정하는 물품
- 지정 수량 : 위험물의 종류별로 위험성을 고려하여 대통령령이 정하는 수량으로서 제조소 등의 설치 허가 등에 있어서 최저 기준이 되는 수량

㉢ 위험물의 종류
- 제1류 위험물(산화성 고체) : 산화성 고체라 함은 고체[액체(1atm 및 20℃에서 액상인 것 또는 20℃ 초과 40℃ 이하에서 액상인 것을 말한다) 또는 기체(1atm 및 20℃에서 기상인 것을 말한다) 외의 것을 말한다]로서 산화력의 위험성 또는 충격에 대한 민감성을 판단하기 위하여 소방청장이 정하여 고시하는 시험에서 고시로 정하는 성질과 상태를 나타내는 것을 말한다. 즉, 산화성 물질이라 함은 물과 반응하여 산소가스를 발생하여 연소를 촉진시키는 물질로서 제1류 위험물(고체)과 제6류 위험물(액체)이 여기에 해당된다.

- 제2류 위험물(가연성 고체, 인화성 고체) : 유황, 철분, 금속분, 마그네슘분 등의 비교적 낮은 온도에서 발화하기 쉬운 가연성 고체 위험물과 고형 알코올 그 밖에 1atm에서 인화점이 40℃ 미만인 고체, 즉 인화성 고체 위험물을 말한다.
- 제3류 위험물(자연발화성 및 금수성 물질) : 공기 중에서 발화 위험성이 있는 것 또는 물과 접촉하여 발화하거나 가연성 가스의 발생 위험성이 있는 자연발화성 물질 및 물과의 접촉을 금해야 하는 유의 위험물들을 말한다. 즉, 물과 접촉하거나 대기 중의 수분과 접촉하면 발열, 발화하는 물질을 말한다.
- 제4류 위험물(인화성 액체) : 비교적 낮은 온도에서 불을 끌어당기듯이 연소를 일으키는 위험물로서, 인화의 위험성이 큰 액체위험물을 말한다. 즉, 인화점이 60℃ 미만의 가연성 액체를 말하며, 액체 표면에서 증발된 가연성 증기와의 혼합기체에 의하여 폭발 위험성을 가지는 물질을 말한다.
- 제5류 위험물(자기연소성 물질, 즉 폭발성 물질) : 자기연소성 물질이라 함은 고체 또는 액체로서 폭발의 위험성 또는 가열, 분해의 격렬함을 갖고 있는 위험물을 말한다. 즉, 나이트로기(NO_2)가 2개 이상인 물질은 강한 폭발성을 나타내는 물질을 말한다. 자기연소성 물질의 폭발성에 의한 위험도를 판단하기 위해 열분석 시험을 한다.
- 제6류 위험물(산화성 액체) : 산화성 액체라 함은 강산화성 액체로서 산화력의 잠재적인 위험성을 갖고 있는 위험물을 말한다.

㉠ 유류 취급 시 주의사항
- 기름 주입 시는 반드시 난롯불을 끈 후 연료를 주입하고 기름이 넘치지 않도록 한다.
- 이동식 석유난로는 넘어지기 쉽고 화재 위험이 많으므로 이용 시 고정하여 사용한다.
- 난로는 가연물로부터 충분히 거리를 띄우고 불씨가 있는 부근에 가연물질을 방치하지 않는다.
- 불이 붙은 상태에서 석유난로를 이동하지 않는다.
- 불을 켜두고 장시간 자리를 비우지 않는다.
- 음식물 조리 중에는 전화를 받는 등 자리를 떠나지 않는다.
- 유류가 들어있던 빈 드럼통을 사용하기 위해 절단할 때는 빈 드럼통 속에 남아 있는 유증기는 완전히 배출 후 작업한다.
- 유류 등의 연료량을 확인하기 위해 라이터나 성냥을 사용하지 말고 반드시 손전등을 사용 사용하며, 실내에서 페인트, 시너 등의 도색작업 시 충분히 환기시킨다.

10년간 자주 출제된 문제

1-1. 자연발화성 물질 및 금수성 물질은 몇 류 위험물에 해당하는가?

① 제1류 ② 제2류
③ 제3류 ④ 제4류

1-2. 다음 중 LPG의 주성분은?

① 메 탄 ② 에 탄
③ 프로판 ④ 아세틸렌

해설

1-1

제3류 위험물(자연발화성 및 금수성 물질) : 공기 중에서 발화 위험성이 있는 것 또는 물과 접촉하여 발화하거나 가연성 가스의 발생 위험성이 있는 자연발화성 물질 및 물과의 접촉을 금해야 하는 유의 위험물들을 말한다. 즉, 물과 접촉하거나 대기 중의 수분과 접촉하면 발열, 발화하는 물질을 말한다.

1-2

구 분	액화석유가스(LPG)	액화천연가스(LNG)
주성분	프로판(C_3H_8), 부탄(C_4H_{10})	메탄(CH_4)

정답 1-1 ③ 1-2 ③

핵심이론 02 보일러 안전

① 보일러 사고의 원인
  ㉠ 제작상의 원인 : 재료 불량, 강도 부족, 구조 및 설계 불량, 용접 불량, 부속기기의 설비 미비 등
  ㉡ 취급상의 원인 : 저수위, 압력 초과, 미연가스에 의한 노 내 폭발, 급수처리 불량, 부식, 과열 등

② 이상감수(저수위)의 발생원인
  ㉠ 분출장치로부터의 누수
  ㉡ 수면계의 연락관이 막혔을 경우
  ㉢ 수면계의 주시 태만
  ㉣ 급수장치의 고장

③ 압력 초과의 발생원인
  ㉠ 안전밸브의 밸브가 고착되었을 때
  ㉡ 안전밸브의 분출 용량 부족
  ㉢ 안전밸브의 분출압력 조정 불량
  ㉣ 압력계의 연락관이 막혔을 경우

④ 미연가스의 노 내 폭발 발생원인
  ㉠ 노 내에 미연가스가 충만되어 있을 때
  ㉡ 노 내에 연료가 누입될 때
  ㉢ 점화 전에 통풍이 부족한 경우
  ㉣ 착화가 늦어졌을 경우
  ㉤ 연소기술의 미숙
  ㉥ 매화(Banked Fire)하고 있는 경우(석탄연소의 경우)

⑤ 역화(백화이어)의 발생원인
  ㉠ 미연가스에 의한 노 내 폭발이 발생하였을 때
  ㉡ 착화가 늦어졌을 때
  ㉢ 연료의 인화점이 낮을 때
  ㉣ 공기보다 연료를 먼저 공급했을 경우
  ㉤ 압입통풍이 지나치게 강할 때

⑥ pH 및 알칼리 조정제 : 가성소다, 인산소다, 암모니아 등

⑦ 슬러지의 조정제 : 타닌, 리그린, 전분, 덱스트린 등

⑧ 보일러 부식
  ㉠ 외부 부식
    • 저온 부식 : 연료성분 중 S(황분)에 의한 부식
    • 고온 부식 : 연료성분 중 V(바나듐)에 의한 부식 (과열기, 재열기 등에서 발생)
    • 산화 부식 : 산화에 의한 부식
  ㉡ 내부 부식
    • 국부 부식(점식) : 용존산소에 의해 발생
    • 전면 부식 : 염화마그네슘($MgCl_2$)에 의해 발생
    • 알칼리 부식 : pH 12 이상일 때 농축 알칼리에 의해 발생

⑨ 과 열
  ㉠ 원 인
    • 보일러 수위가 저수위일 때
    • 관 내의 스케일 부착
    • 보일러수의 순환이 불량일 경우
    • 관수가 농축되었을 때
  ㉡ 사 고
    • 압 궤
      − 강재가 외압에 의해 안으로 눌려 찌그러지는 현상
      − 노통 등에 발생
    • 팽 출
      − 강재가 내압에 의해 밖으로 부풀어 나오는 현상
      − 수관, 횡연관 보일러의 동저부 등에 발생

⑩ 보일러의 보존
  ㉠ 만수 보존
    • 보일러수에 약제를 첨가하여 동 내부를 완전히 충만시켜 밀폐 보존하는 방법(3개월 이내의 단기 보존방법)
    • 첨가약제(알칼리도 상승제) : 가성소다, 탄산소다, 아황산소다, 하이드라진, 암모니아 등
    • pH 12 정도 유지

ⓒ 건조 보존 : 완전 건조시킨 보일러 내부에 흡습제 또는 질소가스를 넣고 밀폐 보존하는 방법(6개월 이상의 장기 보존방법)
  - 흡습제 : 생석회, 실리카겔, 활성알루미나, 염화칼슘, 기화방청제 등
  - 질소가스 봉입 : 압력 0.6kg/cm²으로 봉입, 밀폐 보존한다.

⑪ 보일러 점화 전 점검사항
  ㉠ 수면계의 수위를 확인한다(수면계의 기능 확인).
  ㉡ 압력계의 기능을 점검한다(압력계의 지침이 0에 있는지 확인한다).
  ㉢ 수저분출장치의 콕 및 밸브의 기능과 누수 유무를 확인한다.
  ㉣ 연료계통 및 급수계통을 점검한다.
  ㉤ 댐퍼를 만개하고, 노 내를 충분히 환기시킨다.
  ㉥ 각 밸브의 개폐 상태를 확인한다.
  ㉦ 기타 부속 및 제어장치를 확인한다.

⑫ 보온재의 구비조건
  ㉠ 열전도율이 작을 것
  ㉡ 비중이 작고 불연성일 것
  - 유기질 보온재 : 펠트, 코르크, 기포성 수지
  - 무기질 보온재 : 저온용(탄산마그네슘, 석면, 암면, 규조토, 유리섬유), 고온용 (펄라이트, 규산칼슘, 세라믹화이버)

10년간 자주 출제된 문제

2-1. 보일러에서 역화의 발생원인이 아닌 것은?
① 점화 시 착화가 지연되었을 경우
② 연료보다 공기를 먼저 공급한 경우
③ 연료밸브를 과대하게 급히 열었을 경우
④ 프리퍼지가 부족할 경우

2-2. 보일러 사고의 원인 중 취급상의 원인이 아닌 것은?
① 부속장치 미비
② 최고사용압력의 초과
③ 저수위로 인한 보일러의 과열
④ 습기나 연소가스 속의 부식성 가스로 인한 외부 부식

|해설|

2-1
역화(백화이어) 발생원인
- 미연가스에 의한 노 내 폭발이 발생하였을 때
- 착화가 늦어졌을 때
- 연료의 인화점이 낮을 때
- 공기보다 연료를 먼저 공급했을 경우
- 압입통풍이 지나치게 강할 때

2-2
부속장치 미비는 제작상의 원인이다.

정답 2-1 ② 2-2 ①

핵심이론 03 냉동기의 안전

① 점검방법
  ㉠ 고압가스 냉동제조시설의 점검은 1일 1회(동절기 등 가동 중지 시에는 주 1회) 이상 실시한다.
  ㉡ 점검은 안전관리책임자(원)가 실시하며, 그 결과는 안전관리총괄자에게 보고한다.
  ㉢ 점검 시 점검장비 등을 적극 활용한다.

② 수리·보수 및 철거방법 : 점검결과, 시설의 수리·보수 및 철거를 요하는 사항은 안전관리책임자(원)가 문서화하여 안전관리총괄자에게 보고하고 다음 사항을 확보한 후 즉시 시정한다. 또한 외부인에게 수리·보수 및 철거에 관한 도급공사를 준 경우에도 이와 같다.
  ㉠ 수리·보수 및 철거를 요하는 부분에 대한 인식표시 또는 보호조치한다.
  ㉡ 수리·보수 및 철거 공사계획서를 작성한다.
  ㉢ 수리·보수 및 철거 공사책임자를 지정한다.
  ㉣ 방폭설비 등 전문지식이 필요한 경우에는 해당 분야의 전문가에게 의뢰한다.
  ㉤ 수리·보수 및 철거공사에 필요한 안전조치를 한다.
  ㉥ 수리·보수 및 철거공사 후의 검사 실시와 기타 필요한 사항 등을 점검한다.

③ 점검, 수리·보수 및 철거 등에 관한 사항 기록·보존 : 제조시설의 점검, 수리·보수 및 철거 등에 관한 사항과 수리·보수 및 철거 후 이상 유무 확인에 필요한 검사와 시험의 결과에 관한 사항은 냉동제조시설 안전점검표 및 수리·보수 및 철거일지에 안전관리책임자(원)가 구체적으로 기록하고 안전관리총괄자는 이를 5년간 보존한다.

10년간 자주 출제된 문제

점검, 수리·보수 및 철거 등에 관한 사항 기록·보존 관한 사항은 냉동제조시설 안전점검표 및 수리·보수 및 철거일지에 안전관리책임자(원)가 구체적으로 기록하고 안전관리총괄자는 몇 년 동안 보존해야 하는가?

① 1년
② 3년
③ 4년
④ 5년

해설

점검, 수리·보수 및 철거 등에 관한 사항 기록·보존 : 제조시설의 점검, 수리·보수 및 철거 등에 관한 사항과 수리·보수 및 철거 후 이상 유무 확인에 필요한 검사와 시험의 결과에 관한 사항은 냉동제조시설 안전점검표 및 수리·보수 및 철거일지에 안전관리책임자(원)가 구체적으로 기록하고 안전관리총괄자는 이를 5년간 보존한다.

정답 ④

핵심이론 04 공구 취급 안전

① 공구 취급 안전관리 일반사항
  ㉠ 작업에 가장 알맞은 것인가, 불편한 점은 없는가를 충분히 검토한다.
  ㉡ 결함이 없는 완전한 공구를 사용한다.
  ㉢ 공구는 반드시 사용 전에 점검한다.
  ㉣ 손이나 공구에 기름이 묻어 있으면 미끄러져 놓치기 쉬우므로 잘 닦아낸다.
  ㉤ 올바른 사용법을 익힌 다음에 사용한다.
  ㉥ 본래의 용도 이외에는 절대로 사용하지 않는다.
  ㉦ 사용하는 공구를 기계, 재료, 제품 등 떨어지기 쉬운 곳에 놓지 않도록 한다.
  ㉧ 예리한 물건을 다룰 때에는 장갑을 낀다.
  ㉨ 미끄럽거나 안전하지 않은 신을 신고 작업하면 안 된다.
  ㉩ 공구는 손으로 넘겨주거나 절대로 던져서는 안 된다.
  ㉪ 공구함 등에 정리하면서 사용한다.
  ㉫ 불량 공구는 공구계에 반납하고 함부로 수리하지 않는다.
  ㉬ 항상 작업 주위환경에 주의를 기울이면서 작업한다.
  ㉭ 공구는 항상 일정한 장소에 비치한다.

② 전동공구는 전문가를 위한 필수적인 요소이다. 전동공구는 사용자가 시간을 절약하고 작업을 더욱 쉽게 할 수 있도록 도와주기 때문에 사용자들이 좋아한다. 그러나 안전하게 사용하지 않으면 부상을 당할 수 있기 때문에 조심스럽게 조작해야 한다. 사고는 대부분 과실, 나태 및 과신으로 인해 발생한다.
  ㉠ 눈 보호 : 보호안경은 먼지, 부스러기, 톱밥 및 다른 물질이 눈에 들어가는 것을 방지하며 가장 기본적인 안전장비이다.
  ㉡ 귀 보호 : 귀마개는 특히 폐쇄된 환경에서 귀가 손상되는 것을 최소화하기 위해 착용해야 한다.
  ㉢ 작업에 적합한 공구 알기 : 작업에 적합한 공구를 사용해야 부상을 방지하고 재료가 손상되지 않는다. 장비와 함께 제공된 설명서를 반드시 잘 읽어 보고 권장된 안전 예방수칙에 익숙해지도록 한다.
  ㉣ 전동공구의 정확한 사용 : 공구는 코드가 연결된 상태로 옮기면 안 되고, 사용하지 않을 때는 반드시 코드를 분리해야 한다. 조작하는 동안 공구가 전원에 연결되어 있을 때 손가락이 On/Off 스위치에 접촉하지 않도록 한다.
  ㉤ 정확한 작업복 착용 : 긴 머리카락을 묶고 느슨한 옷은 피한다. 작업복은 몸 전체를 덮어야 하고 날카로운 도구 또는 조각에 의해 부상을 입지 않도록 무거운 장갑을 착용한다. 작업 중에는 유해한 미세입자의 흡입을 방지하기 위해 마스크를 착용한다. 발가락 앞부분이 강철로 제작된 작업신발과 단단한 안전모는 발과 머리에 부상을 당하는 것을 방지한다.
  ㉥ 정기적인 공구검사 : 전동공구는 절대로 젖은 상태에서 사용하면 안 되고 노출된 와이어, 손상된 플러그 및 느슨한 플러그 핀이 있는지 정기적으로 점검해야 한다. 손상된 코드는 반드시 교환해야 하며 사용할 때 소리나 느낌이 다르거나 손상된 공구는 점검하여 수리해야 한다.
  ㉦ 작업장 청소 : 축적된 먼지입자는 스파크로 점화할 수 있으며 가연성 액체는 밀봉하여 작업장에서 떨어져서 보관해야 한다. 정리된 작업장에서는 전동공구를 더 쉽게 작동시킬 수 있어 사고를 방지할 수 있다.
  ㉧ 정확한 보관 : 전동공구는 사용 후 인증되지 않았거나 자격이 없는 사람이 이를 사용하는 것을 방지하기 위해 따로 보관해야 한다.

ⓩ 조명 : 전동공구로 작업하는 중 특히 빛이 충분하지 않을 수 있는 지하실 또는 차고에서 작업할 때에는 적절하게 조명을 사용하는 것이 중요하다.

③ 각종 공구의 취급

㉠ 망치(해머) 작업
- 손잡이에 금이 갔거나 망치의 머리가 손상된 것은 사용하지 않는다.
- 장갑을 낀 손이나 기름이 묻은 손으로 작업하지 않는다.
- 사용할 때 처음과 마지막에는 힘을 너무 가하지 않는다.
- 망치를 휘두르기 전에 반드시 주위를 살핀다.
- 사용 중에도 자주 망치의 상태를 살핀다.
- 불꽃이 생기거나 파편이 생길 수 있는 작업은 반드시 보호안경을 써야 한다.
- 좁은 곳이나 발판이 불안한 곳에서 망치 작업을 해서는 안 된다.
- 망치 자루는 전문적인 기술자가 교환해야 한다.
- 재료나 물체의 요철이나 경사진 면은 특별히 주의하여야 한다.
- 망치의 공동 작업 시에는 서로 호흡을 맞추어야 한다.
- 열처리된 것을 망치로 때리면 튀기 쉽고 부러진다.

㉡ 드라이버 작업
- 대가 구부러졌거나 끝이 무딘 것은 사용하지 않는다.
- 자루가 망가졌거나 안전하지 않은 것은 사용하지 않는다.
- 드라이버 날끝이 용도에 맞는 것을 사용한다(+, − 드라이버나 크기에 주의).
- 드라이버의 날끝은 편평한 것이어야 하고 이가 빠지거나 둥글게 된 것은 사용하지 않는다.
- 나사를 죌 때 날끝이 미끄러지지 않게 수직으로 대고 한 손으로 가볍게 잡고 작업한다.

㉢ 정 작업
- 정의 머리가 둥글게 된 것이나 찌그러진 것은 사용하지 않는다.
- 처음에는 가볍게 때리고 점차 타격을 가하여야 한다.
- 기름이 묻은 정은 사용하지 않으며, 보호안경을 써야 한다.
- 철재를 절단할 때에는 철편이 튀는 방향에 주의하며, 끝날 무렵에는 힘을 빼고 천천히 쳐서 끝내야 한다.
- 표면의 단단한 열처리 부분은 정으로 깎지 않는다.
- 칩이 끊어져 나갈 무렵에는 힘을 빼고 서서히 때린다.

㉣ 렌치 또는 스패너 작업
- 스패너에 너트를 깊이 물리고 조금씩 앞으로 당기는 방법으로 풀고 조인다.
- 무리하게 힘을 주지 말고 조심스럽게 사용한다.
- 스패너가 벗겨졌을 때를 대비하여 주위를 살핀다.
- 너트에 맞는 것을 사용한다.
- 스패너와 너트 두 개를 연결하여 사용하면 안 된다.
- 가급적 손잡이가 긴 것을 사용한다.

㉤ 줄 작업
- 줄 작업의 높이는 작업자의 팔꿈치 높이로 하는 것이 좋다.
- 작업 자세는 허리를 낮추고 몸의 안정을 유지하며 전신을 이용한다.
- 칩은 브러시로 제거한다.
- 줄의 균열(Crack) 유무를 확인한다.
- 줄은 손잡이가 정상인 것만 사용한다.
- 땜질한 줄은 사용하지 않는다.
- 줄로 다른 물체를 두들기지 않는다.

- 손잡이가 빠졌을 때에는 주의해서 잘 꽂아 사용한다.
- 줄은 다른 용도로 사용하지 않는다.
- 줄질에서 생긴 가루는 입으로 불지 않는다.

ⓑ 쇠톱 작업
- 톱날을 틀에 정치하고 2~3회 사용한 후 재조정하고 작업한다.
- 쇠톱의 손잡이와 틀의 선단을 견고하게 잡고 똑바로 작업한다.
- 톱날은 잘 부러지지 않는 탄력성 있는 톱날을 쓰는 것이 좋다.
- 톱에 힘을 가할 때에는 천천히 고르게 한다.
- 얇은 판(박판)을 절단할 때에는 목재 사이에 얇은 판을 끼워 틈을 30° 정도 경사시켜 절단하면 안전하다.

ⓢ 드릴 작업
- 옷소매가 늘어지거나 머리카락이 긴 채로 작업하지 않는다.
- 시동 전에 드릴이 올바르게 고정되어 있는지 확인한다.
- 장갑을 끼고 작업하지 않는다.
- 드릴을 끼운 후에는 척렌치를 뺀다.
- 드릴 회전 중에는 칩(Chip)을 입으로 불거나 손으로 털지 않는다.
- 전기드릴을 사용할 때에는 반드시 접지(Earth)시킨다.
- 가공 중 드릴 끝이 마모되어 이상음 발생 시에는 드릴을 연마하거나 교체해서 사용한다.
- 작은 구멍을 먼저 뚫은 다음 큰 구멍을 뚫는다.
- 얇은 판에 구멍을 뚫을 때에는 나무판을 밑에 받치고 구멍을 뚫는다.

ⓞ 연삭(Grinding) 작업
- 안전커버를 떼고 작업하면 안 된다.
- 숫돌바퀴에 균열이 있는지 확인한다.
- 숫돌차의 과속회전은 파괴의 원인이 되므로 유의한다.
- 숫돌차의 표면이 심하게 변형된 것은 반드시 수정해야 한다.
- 받침대(Rest)는 숫돌차의 중심선보다 낮게 하지 않는다(작업 중 일감이 딸려 들어갈 위험이 있기 때문).
- 숫돌차의 주면과 받침대와의 간격은 3mm 이내로 유지해야 한다.
- 숫돌바퀴가 안전하게 끼워졌는지 확인한다.
- 플랜지의 조임 너트를 정확히 조인다.
- 숫돌차의 측면에서 서서히 연삭해야 하고 숫돌바퀴의 구멍과 축과의 틈새는 0.05~0.15mm 정도로 한다.
- 작업 시작 전에 1분 이상 공회전시킨 후 정상 회전속도에서 연삭한다(숫돌 교체 시 3분 이상 시운전할 것).
- 회전하는 숫돌에 손을 대지 않는다.
- 작업 완료 시나 잠시 자리를 뜰 때에는 반드시 스위치를 끈다.
- 플랜지는 반드시 숫돌차 지름의 1/3 이상 되는 것을 사용하되 양쪽 모두 같은 크기로 한다.

10년간 자주 출제된 문제

4-1. 공구 취급 안전관리의 일반사항으로 옳지 않은 것은?
① 결함이 없는 완전한 공구를 사용한다.
② 공구는 반드시 사용 전에 점검한다.
③ 불량 공구는 일단 수리하여 사용하고 반납한다.
④ 공구는 항상 일정한 장소에 비치하여 놓는다.

4-2. 수공구인 망치(Hammer)의 안전작업 수칙으로 올바르지 못한 것은?
① 작업 중 해머 상태를 확인할 것
② 해머는 처음부터 힘을 주어 치지 말 것
③ 불꽃이 생기거나 파편이 발생할 수 있는 작업 시에는 반드시 차광안경을 착용할 것
④ 해머의 공동 작업 시에는 호흡을 맞출 것

4-3. 연삭숫돌을 고속 회전시켜 공작물의 표면을 깎아내는 연삭작업 시 안전수칙으로 옳지 않은 것은?
① 작업 시작 전에 1분 이상 시운전한다.
② 연삭숫돌을 교체한 후에는 2분 이상 시운전한다.
③ 측면을 사용하는 것을 목적으로 하는 연삭숫돌 이외의 연삭숫돌은 측면을 사용하도록 하여서는 안 된다.
④ 연삭숫돌의 최고 사용회전속도를 초과하여 사용하도록 하여서는 안 된다.

[해설]

4-1
불량 공구는 사용하면 안 된다.

4-2
보안경 : 날아오는 물체에 의한 위험 또는 위험물, 유해광선에 의한 시력장해를 방지하기 위한 것이다.

4-3
연삭숫돌 교체 시 3분 이상 시운전을 실시한다.

정답 4-1 ③ 4-2 ③ 4-3 ②

핵심이론 05 화재 안전

① 화재 안전관리
  ㉠ 영업장 내 피난 안내도를 확인할 것
  ㉡ 소화기가 잘 보이고 통행에 지장이 없는 장소에 비치할 것
  ㉢ 담배는 지정된 장소에서만 피우고, 담뱃불은 꼭 끄고 버릴 것
  ㉣ 전선이 벗겨지거나 가구 및 문틈에 눌리지는 않도록 할 것
  ㉤ 하나의 콘센트에 여러 개의 전열기구를 문어발식으로 꽂고 사용하지 말 것
  ㉥ 전열기나 이동식 난로는 탈 수 있는 물체로부터 1m 이상 거리를 유지할 것
  ㉦ 가스 사용 후에는 점화 스위치와 중간밸브를 반드시 잠글 것
  ㉧ 비상구 및 피난 계단에 물건을 두지 않는 등 대피로가 확보되도록 할 것
  ㉨ 계단의 방화문은 닫힌 채로 유지되도록 할 것
  ㉩ 정기적으로 화재예방교육 및 대피훈련을 실시할 것

② 연소(화재)의 3요소 : 연소란 가연물이 공기 중의 산소와 산화반응을 하여 빛과 열을 수반하는 현상으로, '가연물 + 산소공급원 + 점화원'의 3요소가 필요하다.
  ㉠ 가연물
    • 연소열(발열량)이 많을 것
    • 열전도율이 작을 것
    • 산화되기 쉬울 것
    • 산소와의 접촉면적이 클 것
    • 건조도가 양호할 것
    • 산소와 화학반응에 필요한 활성화에너지가 작을 것
  ㉡ 산소 : 공기 중에 산소는 체적비로 21% 존재
  ㉢ 점화원 : 점화원 또는 착화원으로는 화기, 전기불꽃, 정전기불꽃, 마찰열, 충격에 의한 불꽃, 고열물, 산화열 등이 있음

③ 인화점과 발화점
  ㉠ 인화점 : 외부의 점화원에 의하여 연소할 수 있는 최저의 온도
  ㉡ 발화점(착화점) : 외부의 직접적인 점화원 없이 스스로 연소할 수 있는 최저의 온도
  ㉢ 착화점 및 발화점이 낮을수록 위험
④ 연소(폭발)범위 : 가연성 가스가 연소하는 데 있어 가연성 가스와 공기(산소)의 경우 혼합기체에 점화원을 주었을 때 연소(폭발)가 일어날 수 있는 혼합가스의 농도 범위(부피 %)이다. 낮은 쪽의 한계를 하한, 높은 쪽의 한계를 상한이라 하며 연소범위가 넓을수록 위험하다.
⑤ 화재의 분류
  ㉠ A급화재(일반화재) : 물질이 연소된 후 재를 남기는 종류의 화재로 목재, 종이, 섬유 등의 화재가 이에 속하며, 구분 색은 백색(소화방법 : 물에 의한 냉각소화로 주수, 산 알칼리, 포 등)
  ㉡ B급화재(유류 및 가스화재) : 연소 후 아무것도 남지 않는 화재로 에테르, 알코올, 석유, 가연성 액체 가스 등 유류 및 가스화재가 이에 속하며, 구분 색은 황색(소화방법 : 공기 차단으로 인한 피복소화로 화학포, 증발성 액체(할로겐화물), 탄산가스, 소화분말(드라이케미컬) 등)
  ㉢ C급화재(전기화재) : 전기기구·기계 등에서 발생되는 화재가 이에 속하며, 구분 색은 청색(소화방법 : 탄산가스, 증발성 액체, 소화분말 등)
  ㉣ D급화재(금속분화재) : 마그네슘과 같은 금속화재가 이에 속하며, 구분 색은 없음(소화방법 : 팽창질석, 팽창진주암, 마른 모래 등)
⑥ 소화방법
  ㉠ 냉각소화(물 소화약제) : 물이나 그 밖의 액체의 증발잠열을 이용하여 냉각시키는 방법
  ㉡ 질식소화(CO_2, 할로겐 소화약제) : 공기 중의 산소농도를 감소시켜 산소 공급을 차단하여 소화하는 방법
  ㉢ 제거소화(가연물 제거) : 가스의 밸브를 차단하거나 산림화재의 경우 수목을 제거하는 방법 등으로 가연물을 제거하여 소화하는 방법
  ㉣ 화학소화(부촉매효과) : 연소의 연쇄반응을 억제하여 소화하는 방법으로, 불꽃연소에는 매우 효과적이지만 특별한 경우를 제외하고는 표면연소에는 효과 없음
  ㉤ 희석소화 : 제4류 위험물의 수용성 가연물질인 알코올, 에테르, 에스테르 등과 같이 화재 시 다량의 물을 방사하여 가연물의 연소농도를 낮추어 화재를 소화하는 방법

10년간 자주 출제된 문제

5-1. 화재 안전관리에 대한 설명으로 잘못된 것은?
① 영업장 내의 피난 안내도를 확인할 것
② 소화기가 잘 보이고 통행에 지장이 없는 장소에 비치할 것
③ 담배는 지정된 장소에서만 피우고, 담뱃불은 끄지 않고 버릴 것
④ 전선이 벗겨지거나 가구 및 문틈에 눌리지는 않도록 할 것

5-2. 목재화재 시에는 물을 소화제로 이용하는데, 주된 소화효과는?
① 제거효과   ② 질식효과
③ 냉각효과   ④ 억제효과

5-3. B급 및 C급화재에 공용으로 사용하는 소화기는?
① 포말소화기   ② 분말소화기
③ 수용액(물)   ④ 건조사(모래)

|해설|

5-1
담배는 지정된 장소에서만 피우고, 담뱃불은 꼭 끄고 버려야 한다.

5-2
물은 증발잠열(539kcal/kg)이 크기 때문에 냉각효과가 가장 크다.

5-3
B급(유류, 가스)화재 소화방법 : 공기 차단으로 인한 피복소화로 화학포, 증발성 액체(할로겐화물), 탄산가스, 소화분말 등을 사용한다.

정답 5-1 ③   5-2 ③   5-3 ②

1-5. 기타 설비기기 안전관리

핵심이론 01 전기용접장치

① 용접작업 시에는 보호장비를 착용한다(유해광선, 연기, 감전, 화상).
② 작업 전에 소화기 및 방화사를 준비한다(화재 위험).
③ 시설물을 접지로 이용할 경우에는 반드시 시설물의 크기를 고려한다.
④ 피용접물은 코드로 완전히 접지시킨다.
⑤ 우천 시에는 옥외작업을 하지 않는다(감전 예방).
⑥ 장시간 작업할 경우에는 수시로 용접기를 점검한다(과열로 인한 재해 방지).
⑦ 용접봉을 갈아 끼울 때는 홀더의 충전부가 몸에 닿지 않도록 한다.
⑧ 용접봉은 홀더의 클램프로부터 빠지지 않도록 정확히 끼운다.
⑨ 가스관 및 수도관 등의 배관은 이를 접지로 사용하지 않도록 한다.
⑩ 1차 및 2차 코드가 벗겨진 것은 사용을 금하도록 한다.
⑪ 홀더는 항상 파손되지 않은 안전한 것을 사용한다.
⑫ 헬멧 사용 시에는 차광유리가 깨지지 않도록 보호하여야 한다.
⑬ 작업장에서는 차광막을 세워 아크가 밖으로 새나가지 않도록 한다.
⑭ 정격사용률을 엄수하여 과열을 방지한다.
⑮ 용접이 끝나면 반드시 용접봉을 빼놓는다.
⑯ 작업자는 용접기 내부에 손을 대지 않는다.
⑰ 작업장 주위에는 인화물질이 없도록 사전에 조치하여야 한다.
⑱ 작업을 중단할 경우에는 전원을 끄거나 커넥터를 풀어두며, 전압이 걸려 있는 홀더를 버려두지 않는다.
⑲ 기계는 땅 표면보다 약간 높게 하여 습기 침입을 방지한다.
⑳ 2차측 단자의 한쪽과 기계의 외부상자는 반드시 접지를 확실히 한다.
㉑ 절대로 물기가 있거나 땀에 젖은 손으로 작업해서는 안 된다.
㉒ 감전의 우려가 있는 탱크 속이나 협소한 곳에서는 반드시 전격방지기를 설치한 용접기를 사용한다.
㉓ 작업장의 환기가 좋지 않으면 가스중독 또는 진폐증 등 질병의 원인이 되기 쉬우므로 통풍을 해야 한다.

10년간 자주 출제된 문제

전기 용접작업의 안전사항에 해당되지 않는 것은?
① 용접작업 시 보호장비를 착용한다.
② 홀더나 용접봉은 맨손으로 취급하지 않는다.
③ 작업 전에 소화기 및 방화사를 준비한다.
④ 용접이 끝나면 용접봉은 홀더에서 빼지 않는다.

|해설|
용접이 끝나면 용접봉은 홀더에서 빼놓는다.

정답 ④

핵심이론 02 가스용접장치

① 용접 착수 전에 소화기 및 방화사 등을 준비한다.
② 작업 전에 안전기와 산소조정기의 상태를 점검한다.
③ 기름이 묻은 옷은 인화의 우려가 있으므로 절대 입지 않는다.
④ 역화 시에는 산소밸브를 먼저 잠근다.
⑤ 역화의 위험을 방지하기 위하여 안전기(역화방지기)를 사용한다.
⑥ 밸브를 열 때에는 용기 앞을 피한다.
⑦ 아세틸렌 사용압력을 $1.3kg/cm^2$ 이하로 한다.
⑧ 호스는 아세틸렌에 대하여 $2kg/cm^2$, 산소는 절단용이 $15kg/cm^2$의 내압에 합격한 것을 사용하여야 한다.
⑨ 산소용기는 산소가 $120kg/cm^2$ 이상의 고압으로 충전되어 있는 것이므로 용기가 파열되거나 폭발하지 않도록 용기에 심한 충격이나 마찰을 주지 않는다.
⑩ 발생기에서 5m 이내 또는 발생기실에서 3m 이내의 장소에서 담배를 피우거나 불꽃이 일어날 행위는 엄금한다.
⑪ 토치 점화 시에는 조정기의 압력을 조정하고, 먼저 토치의 아세틸렌밸브를 연 다음 산소밸브를 열어 점화시키고, 작업 후에는 산소밸브를 먼저 닫은 후 아세틸렌밸브를 닫는다.
⑫ 가스의 누설검사는 비눗물을 사용한다.
⑬ 유해가스, 연기, 분진 등의 발생이 심할 경우 방진마스크를 착용한다.
⑭ 작업 후 화기나 가스의 누설 여부를 살핀다.
⑮ 이동작업이나 출장작업 시에는 용기에 충격을 주지 않는다.
⑯ 작업하기 전에 주위에 가연물 등 위험물이 없는지 살펴본다.
⑰ 압력조정기를 산소용기에 바꾸어 달 경우에는 반드시 조정 핸들을 푼다.
⑱ 작업장의 환기가 잘되게 한다.
⑲ 용접 이외의 목적, 즉 통풍이나 조연 등에 산소를 사용해서는 안 된다.
⑳ 충전된 산소통에 햇빛이 직사되면 압력이 상승하여 위험하므로 산소통은 직사광선을 피한다.
㉑ 산소통을 뉘어 놓지 않도록 하고, 부득이한 경우에는 감압밸브에 나무를 받쳐 놓는다.
㉒ 토치는 작업의 규모와 성질에 따라서 선택한다.
㉓ 가스용기의 밸브는 천천히 열고 닫는다.
㉔ 토치 내에서 소리가 나거나 과열되면 역화에 주의한다.
㉕ 충전용기는 빈 용기와 구별하여 안전한 장소에 저장한다.
㉖ 고무호스와 아세틸렌통의 조임쇠는 황동재료를 사용하고 구리는 절대로 사용하지 않는다.
㉗ 산소용 호스와 아세틸렌 호스는 색이 구별된 것을 사용하도록 하며, 고무호스를 사람이 밟거나 그 위를 지나가지 않도록 한다.
㉘ 산소용기의 누설검사 : 비눗물
㉙ 각 호스의 색깔 : 산소-녹색, 아세틸렌-적색
㉚ 아세틸렌가스 발생기 : 주수식, 투입식, 침지식

※ 역화의 원인
- 토치의 팁이 과열되었을 때
- 토치의 취급이 불량할 때
- 토치 팁의 끝이 이물질로 막혀 있을 때
- 토치의 성능이 불량할 때
- 아세틸렌 공급압력이 낮을 때

10년간 자주 출제된 문제

가스용접장치에 대한 안전수칙으로 틀린 것은?
① 가스의 누설검사는 비눗물로 한다.
② 가스용기의 밸브는 빨리 열고 닫는다.
③ 용접작업 전에 소화기 및 방화사 등을 준비한다.
④ 역화의 위험을 방지하기 위하여 역화방지기를 설치한다.

해설
가스용접기의 밸브는 천천히 열고 닫는다.

정답 ②

핵심이론 03 토치 및 압력조정기 취급 시 주의사항

① 토치 취급 시 주의사항
   ㉠ 분해를 자주 하면 나사산이 마모되어 가스가 새거나 고장이 나므로 특별한 경우를 제외하고는 분해하지 않는다.
   ㉡ 기름이나 그리스를 바르지 않는다(발화 위험).
   ㉢ 팁 점화에는 용접용 라이터를 사용한다.
   ㉣ 토치가 과열되었을 때는 아세틸렌가스를 멈추고 산소가스만 분출시킨 상태로 물속에서 식힌다.
   ㉤ 팁을 소제할 경우에는 반드시 팁클리너(Tip Cleaner)를 사용한다.
   ㉥ 가스가 분출되는 상태로 토치를 방치하지 않는다.
   ㉦ 팁을 바꿀 때는 반드시 가스밸브를 잠그고 한다.
   ㉧ 점화가 불량할 때는 고장 난 곳을 점검하고 수리한 다음 사용한다.
   ㉨ 토치나 팁은 작업대 등 지정된 장소에 놓으며, 땅 위에 직접 놓으면 안 된다.
   ㉩ 팁이 막히거나 과열되면 역화가 일어난다.

② 압력조정기(Regulator) 취급 시 주의사항
   ㉠ 가스조정기는 신중히 다룬다.
   ㉡ 산소용기에는 그리스나 기름 등을 접촉시키지 않는다(기름 묻은 장갑 사용 금지).
   ㉢ 밸브는 개폐를 신중하게 한다.
   ㉣ 조정기는 사용 후에 조정나사를 늦추어서 다시 사용할 때 가스가 한꺼번에 흘러나오는 것을 방지한다.
   ㉤ 산소용기에서 조정기를 떼어 놓을 때는 반드시 압력조정핸들을 풀어 놓는다. 압력조정핸들을 풀지 않고 밸브를 열면 조정기가 파손될 염려가 있다.
   ㉥ 다른 가스에 사용했던 조정기를 사용하면 위험하다.
   ㉦ 기름이 묻었을 경우 사염화탄소(CCl_4)로 세척한다.

10년간 자주 출제된 문제

가스용접토치가 과열되었을 때 가장 적절한 조치사항은?
① 아세틸렌가스를 멈추고 산소가스만 분출시킨 상태로 물속에서 냉각시킨다.
② 산소가스를 멈추고 아세틸렌가스만 분출시킨 상태로 물속에서 냉각시킨다.
③ 아세틸렌과 산소가스를 분출시킨 상태로 물속에서 냉각시킨다.
④ 아세틸렌가스만 분출시킨 상태로 팁클리너를 사용하여 팁을 소제하고 공기 중에서 냉각시킨다.

|해설|
토치가 과열되었을 때는 아세틸렌가스를 멈추고 산소가스만 분출시킨 상태로 물속에서 식힌다.

정답 ①

핵심이론 04 산소 및 아세틸렌용기 취급 시 주의사항

① 산소용기 취급 시 주의사항 : 용기는 본체, 밸브, 캡의 세 부분으로 되어 있는 이음매 없는 강철제 용기로서, 녹색이다.
  ㉠ 운반할 경우에는 반드시 캡을 씌운다.
  ㉡ 산소용기의 표면온도가 40℃ 이상 되지 않도록 하며 직사광선을 피한다.
  ㉢ 겨울철에 용기가 동결될 때는 직화로 녹이지 말고, 40℃ 이하의 더운물로 녹인다.
  ㉣ 조정기의 나사는 홈을 7개 이상 완전히 막아 넣는다.
  ㉤ 밸브 개폐 시 용기 앞에서 열지 말고 옆에서 열도록 한다(안전밸브 작동 시 위험).
  ㉥ 가스의 누설검사는 비눗물을 사용한다.
  ㉦ 기름 묻은 손으로 용기를 만져서는 안 된다(산소는 산화력이 커서 인화된다).
  ㉧ 사용이 끝났을 때는 밸브를 닫고 규정된 위치에 놓는다.
  ㉨ 운반 중 굴리거나 넘어뜨리거나 던지면 안 된다.
  ㉩ 높은 곳으로 운반하기 위하여 크레인 등을 사용할 경우에는 금망이나 철제함에 안전하게 격납하여 운반한다.
  ㉪ 적재할 경우 구르지 않도록 받침목 등을 사용한다.
  ㉫ 세워 놓고 사용할 때에는 쇠사슬로 묶는 등 전도방지대책을 세운다.
  ㉬ 충전용기(1/2 이상 충전된 것)와 빈 용기는 구분하여 보관한다.

② 아세틸렌용기 취급 시 주의사항 : 용해가스로서 15℃에서 15.5kg/cm² 이하의 압력으로 이음매 있는 강철제 용기로서, 황색이다.
  ㉠ 용기의 스핀들 부분에서 가스가 샐 때에는 용기의 밸브를 조심스럽게 꼭 잠가야 한다.
  ㉡ 용기는 주의 깊게 취급하며, 충돌이나 충격을 주지 않는다.
  ㉢ 밸브의 개폐는 조심스럽게 하고 밸브를 1/2회전 이상 돌리지 않는다.
  ㉣ 용기가 가열되어 새는 것을 방지하기 위해서는 화기 부근에는 절대로 두지 않는다.
  ㉤ 가스조정기나 용기의 밸브에 호스를 연결시킬 때는 바르게 한다.
  ㉥ 용기저장소는 화기가 없는 옥외로서 환기가 잘되는 구조여야 한다.
  ㉦ 용기저장소는 40℃ 이하의 온도로 유지한다.
  ㉧ 가스용접기나 가스절단기에 점화시킬 때에는 팁의 끝을 아세틸렌용기와 반대 방향으로 해야 한다.
  ㉨ 용기가 발화되면 긴급조치한 후 전문가의 의견을 듣는다.
  ㉩ 아세틸렌이 급격히 분출될 때에는 정전기가 발생되어 사람에게 해로우므로 급격히 분출시키지 않는다.
  ㉪ 아세틸렌용기를 눕혀 사용하면 아세틸렌이 흘러나와 위험하다.

※ 냉동기에 대한 각인
  • 냉동기 제조자의 명칭 또는 약호
  • 냉매가스의 종류
  • 냉동능력(단위 : RT)
  • 원동기 소요전력 및 전류(단위 : kW)
  • 제조번호
  • 검사에 합격한 연월
  • 내압시험압력(기호 : TP)
  • 최고사용압력(기호 : DP)

10년간 자주 출제된 문제

4-1. 산소-아세틸렌 가스용접 시 역화현상이 발생하였을 때 조치사항으로 적절하지 못한 것은?
① 산소의 공급압력을 최대로 높인다.
② 팁 구멍의 이물질 제거 등 토치의 기능을 점검한다.
③ 팁을 물로 냉각한다.
④ 아세틸렌을 차단한다.

4-2. 아세틸렌 용접기에서 가스가 새어 나올 경우 적당한 검사방법은?
① 촛불로 검사한다.
② 기름을 칠해 본다.
③ 성냥불로 검사한다.
④ 비눗물을 칠해 검사한다.

|해설|

4-1
산소의 공급압력이 높으면 역화가 발생한다.

4-2
아세틸렌가스가 새는 경우 비눗물로 누설을 확인한다.

정답 4-1 ① 4-2 ④

핵심이론 05 컨베이어 및 크레인의 안전장치

① 컨베이어의 안전장치
  ㉠ 비상정지장치(급정지장치)
  ㉡ 덮개 및 울 설치 : 화물의 낙하 위험 방지
  ㉢ 이탈방지장치 : 브레이크
  ㉣ 역전방지장치 : 역주행 방지

② 크레인 안전장치
  ㉠ 과부하방지장치 : 크레인에 정격하중 이상의 하중이 부하되었을 때 자동으로 상승이 정지되면서 경보음이 발생하는 장치
  ㉡ 권과방지장치 : 권과를 방지하기 위하여 자동으로 동력을 차단하고, 작동을 제동하는 장치
  ㉢ 훅해지장치 : 훅에서 와이어로프가 이탈하는 것을 방지하는 장치
  ㉣ 비상정지장치 : 이동 중 이상상태 발생 시 급정지시킬 수 있는 장치

10년간 자주 출제된 문제

5-1. 화물을 벨트, 롤러 등을 이용하여 연속적으로 운반하는 컨베이어의 방호장치에 해당되지 않는 것은?
① 이탈 및 역주행방지장치
② 비상정지장치
③ 덮개 또는 울
④ 권과방지장치

5-2. 크레인의 방호장치로서 와이어로프가 훅에서 이탈하는 것을 방지하는 장치는?
① 과부하장치   ② 권과방지장치
③ 비상정지장치   ④ 해지장치

|해설|

5-1
권과방지장치 : 권과를 방지하기 위하여 자동적으로 동력을 차단하고 작동을 제동하는 장치(크레인의 안전장치)

5-2
해지장치 : 와이어로프가 훅에서 이탈하는 것을 방지하는 장치

정답 5-1 ④ 5-2 ④

핵심이론 06 전기 안전관리

① **전기의 위험성** : 전기에 관한 재해 중 가장 빈도수가 높은 것은 감전재해, 즉 전격에 의한 재해이다. 감전이란 인체의 일부 또는 전체에 전류가 흐를 때 인체 내에서 일어나는 생리적인 현상으로 근육의 수축, 호흡곤란, 심실세동 등으로 인하여 사망하거나 추락, 전도 등 2가지 이상의 재해를 발생한다. 감전에 영향을 미치는 요인은 다음과 같다.
  ㉠ 통전전류의 크기
  ㉡ 통전시간
  ㉢ 통전경로
  ㉣ 전원의 종류(전압이 동일한 경우에 교류가 더 위험)

② **감전방지대책**
  ㉠ 전기설비의 점검을 철저히 할 것
  ㉡ 전기기기 및 장치의 점검
  ㉢ 전기기기에 위험 표시
  ㉣ 유자격자 이외는 전기기계 및 기구의 접촉 금지
  ㉤ 안전관리자는 작업에 대한 안전교육 시행
  ㉥ 사고 발생 시의 처리 순서를 미리 작성하여 둘 것
  ㉦ 설비의 필요한 부분에는 보호접지 실시
  ㉧ 충전부가 노출된 부분에는 절연방호구 사용
  ㉨ 고전압선로 및 충전부에 근접하여 작업하는 작업자에게 보호구 지급

③ **전기화재** : 전기에 의한 발열체가 발화원(점화원)으로 된 화재를 총칭하며 단락, 스파크, 누전, 지락, 접촉부의 과열, 절연열화에 의한 발열, 관전류 등의 순서로 원인이 된다.
  ㉠ 단락 : 2개 이상의 전선이 서로 접촉하는 현상으로, 많은 전류가 흐르게 되어 배선에 고열이 발생하며 단락 순간에 폭음과 함께 녹아버리는 것(단락된 순간의 전압은 1,000~15,000A 정도가 되며, 단락을 방지하기 위해 퓨즈, 누전차단기 등을 설치)
  ㉡ 혼촉 : 고압선과 저압가공선이 병가된 경우 접촉으로 인한 것과 변압기의 1, 2차 코일의 절연파괴로 인하여 발생
  ㉢ 누전 : 전류가 설계된 부분 이외로 흐르는 현상으로, 누전전류는 최대공급전류의 1/200을 넘지 않도록 규정
  ㉣ 지락 : 누전전류의 일부가 대지로 흐르게 되는 것으로, 보호접지를 의무화
  ㉤ 퓨즈(Fuse)의 재료 : 납, 주석, 아연, 알루미늄

④ **누전과 지락의 방지대책**
  ㉠ 절연열화의 방지
  ㉡ 과열, 습기, 부식의 방지
  ㉢ 충전부와 금속체인 건물의 구조재, 수도관, 가스관 등과의 충분한 이격
  ㉣ 퓨즈, 누전차단기 설치

⑤ **정전기**
  ㉠ 정전기의 위험성 및 유해작용
    • 전격(Electric Shock)의 위험
    • 생산장해
    • 정전기 방전불꽃에 의한 화재 및 폭발
  ㉡ 정전기 재해의 방지대책
    • 접지 및 본딩
    • 도전성 향상
    • 보호구 착용(정전화, 정전작업의)
    • 제전기 사용
    • 가습(상대습도 70% 이상 유지)
    • 유속 제한 및 정치시간 확보
    • 대전체의 정전 차폐

⑥ **접지공사의 목적** : 화재 방지, 감전 방지, 기기 손상 방지

⑦ **접지와 본딩**
  ㉠ 접지 : 물체에 발생한 정전기를 접지극(동판 등)을 통해 대지로 누설시켜 정전기의 대전을 방지

ⓒ 본딩 : 금속 물체 간(배관의 플랜지나 레일의 접속 부분)에서 절연 상태로 되어 있는 경우에 이 사이를 동선 등으로 접속하는 것

10년간 자주 출제된 문제

6-1. 접지공사의 목적으로 가장 올바른 것은?
① 전류 변동 방지, 전압 변동 방지, 절연 저하 방지
② 절연 저하 방지, 화재 방지, 전압 변동 방지
③ 화재 방지, 감전 방지, 기기 손상 방지
④ 감전 방지, 전압 변동 방지, 화재 방지

6-2. 전기의 접지목적에 해당되지 않는 것은?
① 화재 방지
② 설비 증설 방지
③ 감전 방지
④ 기기 손상 방지

|해설|
6-1, 6-2
접지공사의 목적 : 화재 방지, 감전 방지, 기기 손상 방지

정답 6-1 ③　6-2 ②

제2절　자재관리

2-1. 측정기관리

핵심이론 01 계측기

① 계측기의 관리목적

측정기는 보관환경에 따라 성능이 변할 수 있고, 길이 측정기의 경우 각 부분이 정밀하게 제작되어 있기 때문에 미세한 녹이나 먼지, 돌기 등이 생겨도 사용할 수 없다. 따라서 측정기의 정밀 정확도를 유지하기 위해서는 항상 청결한 상태를 유지하여야 하며, 측정기의 분실을 방지하고 재고관리를 위하여 지정된 장소에 보관하여야 한다.

② 측정기 관리담당자 임명

㉠ 측정기 보유 부서는 측정기의 체계적인 관리를 위하여 관리담당자를 선정하고, 측정기관리주관부서(교정관리부서)에 등록한다.

㉡ 측정기 관리담당자의 임무
- 부서(팀) 보유 측정기의 교정 의뢰 신청 접수 및 교정 완료 후 회수
- 측정기의 이상 발생 유무 확인 및 점검 현황관리
- 신규 구입 측정기의 사양 검토 및 입고 후 검수
- 측정기 관련 교육의 참가 및 전파

㉢ 측정기 관리담당자가 교체될 경우에는 신규 관리담당자에게 측정기 관리에 대한 모든 사항에 대하여 인수인계를 철저히 한다.

㉣ 측정기관리주관부서는 신규 등록된 측정기 관리담당자에 대하여 업무 수행능력 향상에 필요한 제반교육을 주관한다.

③ 측정기 보관 관리방법

㉠ 자주 사용하지 않는 측정기라도 1년에 2~3회 정도는 점검을 실시할 수 있도록 점검일자를 계획·관리하여야 하며, 점검된 내용은 기록관리를 실시하여 측정기 성능을 최상의 상태로 유지되도록 한다.

ⓒ 측정기 보관함에는 각 측정기의 관리번호, 품명, 규격, 사용자 등을 기록한 현황판을 비치하여 측정기의 사용 실태를 파악할 수 있도록 한다.

ⓒ 측정기는 취급에 충분한 주의를 하여야 하며 온도 변화가 작고 습도가 낮은 곳을 보관 장소로 선정하여야 한다. 철의 녹과 습도의 관계를 표시하는 것으로 습도가 70% RH 전후에서 녹이 발생하기 쉽다. 특히 공기 중의 가스입자 등 불순물은 측정기에 부착되어 녹 발생을 가속화시키므로 측정기를 사용한 이후에는 반드시 점검하고 먼지 및 지문을 없애고 방청유를 도포하여 표준환경(온도 20℃, 습도 55%)에서 보관하여야 한다.

ⓒ 측정기에 도포하는 방청유는 되도록 얇게 칠하고 불필요한 곳에는 바르지 않는다. 특히, 광학측정기에는 광학계에 기름이 스며들 수 있기 때문에 주의하여야 하며 플라스틱 제품에는 알코올을 사용하지 않는다.

ⓒ 측정기를 보관할 경우에는 측정기의 구조적인 특성을 고려하여 보관방법을 다르게 하는 경우도 있다. 예를 들어, 온도가 높은 장소에 마이크로미터를 보관할 경우에는 열팽창에 의해 마이크로미터의 프레임이 변형될 수 있기 때문에 스핀들과 앤빌면을 분리하여 보관해야 한다.

ⓒ 측정기 보관함에는 측정기와 공구 및 기타 소모자재 등의 혼용 보관을 가급적 피하고 측정기를 포개거나 겹쳐서 보관하는 경우에는 충격에 의한 고장이 발생할 수 있으므로 주의하여야 한다. 측정기 전용 보관함(진열장 등)을 갖추고, 보관 테이블 바닥면은 충격 방지를 위하여 완충재(융, 카펫, 고무, 스펀지 등)를 깔아 놓으면 도움이 된다.

ⓒ 예비(Spare) 측정기 및 유휴 측정기는 공구실의 보관대에서 측정기별로 식별이 용이하도록 분리하여 보관한다.

10년간 자주 출제된 문제

철의 녹이 가장 잘 발생되는 습도기준은?
① 30% RH 전후
② 50% RH 전후
③ 70% RH 전후
④ 90% RH 전후

[해설]
습도기준은 철의 녹과 습도의 관계를 표시하는 것으로, 습도 70% RH 전후에서 녹이 발생하기 쉽다.

정답 ③

2-2. 배관

핵심이론 01 배관

① 배 관
  ㉠ 강관의 종류
    - 배관용 탄소강관 : SPP, 10kg/cm² 이하의 증기, 물, 가스
    - 압력배관용 탄소강관 : SPPS, 350℃ 이하, 10~100kg/cm²
    - 고압배관용 탄소강관 : SPPH, 350℃ 이하, 100kg/cm² 이상
    - 고온배관용 탄소강관 : SPHT, 350~450℃
    - 배관용 합금강관 : SPA
    - 저온배관용 탄소강관 : SPLT(냉매 배관용)
    - 수도용 아연도금 강관 : SPPW
    - 배관용 아크용접 탄소강 강관 : SPW
    - 배관용 스테인리스강 강관 : STSXT
    - 보일러 열교환기용 탄소강 강관 : STBH
  ㉡ 주철관의 종류
    - 수도용 원심력 금형 주철관
    - 수도용 원심력 사향 주철관
    - 수도용 수직형 주철관
    - 배수용 주철관
    - 수도용 원심력 덕타일 주철관(구상 흑연 주철관)
  ㉢ 동관의 종류
    - 인탈산동관
    - 터프피치동관
    - 무산소동관
    - 황동관
  ㉣ 스테인리스강 종류 : 배관용, 보일러 열교환기용, 일반배관용
  ㉤ 연관의 종류 : 수도용, 배수용, 일반공업용
  ㉥ 비금속관의 종류 : 석면 시멘트관, 원심력 철근 콘크리트관
  ㉦ 합성수지관의 종류 : 경질 염화비닐관, 폴리에틸렌관

② 배관이음의 종류
  ㉠ 강관이음 : 나사이음, 용접이음, 플랜지이음
  ㉡ 주철관이음 : 소켓접합, 플랜지접합, 메커니컬 조인트, 빅토릭접합, 타이튼접합
    ※ 빅토릭접합 : 고무링과 금속제 칼라를 사용하여 접합하는 것으로, 관지름이 350mm 이하면 2분, 400mm 이상이면 4분 조여 준다. 압력 상승 시 기밀이 더욱 유지된다.
  ㉢ 동관이음 : 납땜접합, 압축접합, 용접접합, 플랜지이음
  ㉣ 연관이음 : 플라스턴접합, 살붙이납땜접합
  ㉤ 염화비닐관이음 : 냉간접합, 열간접합, 기계적 접합, 플랜지접합, 테이프코어접합, 테이퍼조인트접합
  ㉥ 폴리에틸렌관이음 : 용착슬리브접합, 인서트접합, 테이퍼접합
  ㉦ 석면시멘트관(이터닛관)이음 : 기볼트접합, 칼라접합, 심플렉스이음

③ 배관공구의 종류
  ㉠ 강관용 배관공구 : 파이프 커터, 쇠톱, 파이프 바이스, 파이프 리머, 파이프 렌치, 파이프 벤딩머신, 동력 나사절삭기
  ㉡ 동관용 배관용구 : 플레어 툴 세트, 익스펜더, 사이징 툴, 튜브커터, 리머, 튜브벤더
  ㉢ 연관용 배관공구
    - 봄볼 : 연관을 뽑아서 구멍을 뚫을 때
    - 드레서 : 연관표면의 산화물 제거
    - 맬릿 : 나무해머
    - 턴핀 : 연관 끝을 넓힐 때
    - 벤드밴 : 연관에 끼워 관을 굽히거나 펼 때

10년간 자주 출제된 문제

1-1. 350~450℃의 배관에 사용하는 탄소강관으로서 과열증기관 등의 배관에 가장 적합한 관은?

① SPPH   ② SPHT
③ SPW   ④ SPPW

1-2. 강관용 이음쇠를 이음방법에 따라 분류한 것이 아닌 것은?

① 용접식   ② 압축식
③ 플랜지식 ④ 나사식

[해설]

1-1
- 배관용 탄소강관 : SPP, 10kg/cm² 이하의 증기, 물, 가스
- 압력배관용 탄소강관 : SPPS, 350℃ 이하, 10~100kg/cm²
- 고압배관용 탄소강관 : SPPH, 350℃ 이하, 100kg/cm² 이상
- 고온배관용 탄소강관 : SPHT, 350~450℃
- 배관용 합금강관 : SPA

1-2
압축식 이음은 동관이음방법이다.

정답 1-1 ② **1-2** ②

핵심이론 02 신축이음의 종류 및 특징

① 설치목적 : 고온의 증기에 의한 관의 신축을 흡수·완화시켜 손상을 방지하기 위해 설치한다.

② 종 류
  ㉠ 루프형(만곡형) : 강관 또는 동관을 굽혀서 루프상의 곡관을 만들어 그 힘에 의해서 신축을 흡수하는 방식(곡률 반경은 관 지름의 6배 이상으로 함)
  ㉡ 슬리브형(미끄럼형) : 이음 본체와 슬리브 파이프로 구성되며, 최고 압력 10kg/cm² 정도의 저압증기배관 또는 온도 변화가 심한 물, 기름, 증기 등의 배관에 사용하며 과열증기배관에는 부적합
  ㉢ 벨로스형(파상형) : 온도 변화에 의한 관의 신축을 벨로스(파형 주름관)의 신축 변형에 의해서 흡수시키는 방식으로 팩리스(Packless) 신축이음이라고도 함
  ㉣ 스위블형(스윙형) : 스윙조인트 또는 지불이음이라고도 하며, 온수 또는 저압증기의 분기점을 2개 이상의 엘보로 연결하여 관의 신축 시에 비틀림을 일으켜 신축을 흡수하여 주로 온수급탕배관에 사용

③ 신축 흡수량 및 강도의 순서

   루프형 > 슬리브형 > 벨로스형 > 스위블형

10년간 자주 출제된 문제

신축곡관이라고도 하며 관의 구부림을 이용하여 신축을 흡수하는 신축이음장치는?

① 슬리브형 신축이음
② 벨로스형 신축이음
③ 루프형 신축이음
④ 스위블형 신축이음

[해설]

루프형(만곡형) : 강관 또는 동관을 굽혀서 루프상의 곡관을 만들어 그 힘에 의해서 신축을 흡수하는 방식(곡률 반경은 관 지름의 6배 이상으로 한다)

정답 ③

핵심이론 03 보온 및 단열재

① 단열 보온재의 종류

㉠ 무기질 보온재 : 안전사용온도 300~800℃의 범위 내에서 보온효과가 있는 것으로, 종류로는 탄산마그네슘(250℃), 글라스울(300℃), 석면(500℃), 규조토(500℃), 암면(600℃), 규산칼슘(650℃), 세라믹 파이버(1,000℃)가 있다.

㉡ 유기질 보온재 : 안전사용온도 100~200℃의 범위 내에서 보온효과가 있는 것으로, 종류로는 펠트류(100℃), 텍스류(120℃), 탄화코르크(130℃), 기포성수지가 있다.

㉢ 보온재의 구비조건 : 열전도율이 작을 것, 비중이 작고 불연성일 것, 흡수성이 작을 것

㉣ 보온효율

$$\eta = \frac{Q_1 - Q_2}{Q_1} \times 100$$

여기서, Q_1 : 보온 전의 방산열량
Q_2 : 보온 후의 방산열량

10년간 자주 출제된 문제

무기질 단열재에 해당되지 않는 것은?

① 코르크
② 유리섬유
③ 암 면
④ 규조토

[해설]

단열 보온재의 종류
• 무기질 보온재
 - 안전사용온도 300~800℃의 범위 내에서 보온효과가 있는 것
 - 종류 : 탄산마그네슘(250℃), 글라스울[유리섬유(300℃)], 석면(500℃), 규조토(500℃), 암면(600℃), 규산칼슘(650℃), 세라믹 파이버(1,000℃)
• 유기질 보온재
 - 안전사용온도 100~200℃의 범위 내에서 보온효과가 있는 것
 - 종류 : 펠트류(100℃), 텍스류(120℃), 탄화코르크(130℃), 기포성수지

정답 ①

핵심이론 04 밸브 및 트랩의 종류 및 특징

① 밸브의 종류별 특징

㉠ 글로브밸브(Globe Valve)
• 옥형 밸브 또는 구형 밸브라 하며, 밸브의 형상이 둥글게 되어 있다.
• 유체의 흐름이 S자 모형으로 되므로 유체의 흐름 저항은 크지만 밸브의 리프트(양정)는 작아 개폐가 용이하여 유량 조절에 적합하고 소형, 경량이며 가격이 저렴하다.

㉡ 슬루스밸브(Sluice Valve, Gate Valve)
• 슬루스밸브는 현재 많이 사용되는 밸브로, 밸브 본체가 밸브 시트 안을 상하함으로써 개폐하는 방식이다.
• 밸브를 완전히 열면 밸브 본체 속은 지름과 같은 단면적이 되므로 유체저항이 작아 마찰손실이 매우 작다.

㉢ 콕(Cock) : 구멍이 뚫린 원추를 1/4(90°) 회전함에 따라 유로가 개폐되어 유체의 흐름을 차단 또는 조절하는 밸브로, 플러그밸브라고도 한다.

㉣ 버터플라이밸브(Butterfly Valve) : 나비형 밸브로 원통형의 몸체 속에서 밸브 스템을 축으로 하여 원관이 회전함으로써 개폐를 행하는 밸브이다.

㉤ 체크밸브(Check Valve) : 유체의 흐름을 한쪽으로 흐르게 하고, 역류하면 자동적으로 배압의 의하여 밸브체가 닫히는 밸브이다.
• 스윙형 체크밸브 : 핀을 축으로 하여 회전됨으로써 개폐되므로 유체에 대한 마찰저항이 리프트형보다 작고 수평・수직 어느 배관에도 사용할 수 있다.
• 리프트형 체크밸브 : 유체의 압력으로 밸브가 수직으로 상하하면서 개폐되어 리프트는 밸브 지름의 1/4 정도이고, 유체의 흐름에 대한 마찰저항이 크고 수평 배관에만 사용한다.

ⓑ 감압밸브 : 저압측의 압력을 일정하게 유지시켜 주는 밸브이다.
② 트랩의 종류 및 특징
   ㉠ 증기트랩 : 증기 열교환기 등에서 나오는 응축수를 자동적으로 급속히 환수관측 등에 배출시키는 기구

기계식 트랩	상향 버킷형, 역버킷형, 레버플로트형, 프리플로트형
온도조절식 트랩	벨로스형, 바이메탈형
열역학식 트랩	오리피스형, 디스크형

   ㉡ 관트랩
   - P 및 S트랩 : 세면기나 대소변기의 위생도기용
   - U(메인)트랩 : 옥내 배수 수평주관에 설치하고 가스의 역류 방지
   ㉢ 상자트랩 : 그리스트랩, 가솔린트랩, 벨트랩, 드럼트랩 등이 있음
   ㉣ 구비조건
   - 구조가 간단할 것
   - 봉수가 유실되지 않는 구조일 것
   - 내식성이 클 것
   - 트랩 자신이 세정작용을 할 수 있을 것

10년간 자주 출제된 문제

4-1. 암모니아 냉매 배관을 설치할 때 시공방법으로 틀린 것은?
① 관이음 패킹재료는 천연고무를 사용한다.
② 흡입관에는 U트랩을 설치한다.
③ 토출관의 합류는 Y접속으로 한다.
④ 액관의 트랩부에는 오일드레인밸브를 설치한다.

4-2. 다음 중 유체의 역류방지용으로 사용되는 밸브는?
① 게이트밸브(Gate Valve)
② 글로브밸브(Globe Valve)
③ 앵글밸브(Angle Valve)
④ 체크밸브(Check Valve)

해설
4-1
암모니아 냉매 배관은 굴곡 부분, U트랩이 없도록 한다.

정답 4-1 ② 4-2 ④

핵심이론 05 패킹재 및 도료

① 패킹재
   ㉠ 플랜지 패킹 : 고무 패킹, 네오프렌(합성고무), 석면조인트 패킹, 합성수지 패킹, 오일실 패킹, 금속 패킹
   ㉡ 나사용 패킹 : 페인트, 일산화납, 액상 합성수지
   ㉢ 그랜드 패킹 : 석면 각형 패킹, 석면 얀 패킹, 아마존 패킹, 몰드 패킹
② 페인트(도료) : 광명단 도료, 합성수지 도료, 산화철 도료, 알루미늄 도료, 타르 및 아스팔트

10년간 자주 출제된 문제

금속패킹의 재료로 적당치 않은 것은?
① 납
② 구 리
③ 연 강
④ 탄산마그네슘

해설
탄산마그네슘은 무기질 보온재에 해당된다.
금속패킹의 재료 : 납, 구리, 연강, 스테인리스강 등

정답 ④

핵심이론 06 배관공작

① 관용 공구
  ㉠ 파이프 바이스 : 파이프 공작 시 파이프를 죄어 고정시킬 때 사용하는 바이스로, 혹을 벗기면 윗부분이 열리므로 긴 관을 가공할 때 편리하며 여러 종류가 있음(크기 : 고정 가능한 파이프 지름의 치수)
  ㉡ 수평 바이스 : 관의 조립, 열간 벤딩 시 관이 움직이지 않도록 고정하는 것[크기 : 조(Jaw)의 폭]
  ㉢ 파이프 커터 : 파이프를 절단하는 데 사용하는 공구
  ㉣ 파이프 렌치 : 배관의 이음에서 소켓ㆍ유니언 등을 끼울 때 그 외 배관의 접속작업 시에 배관을 고정 또는 돌려서 나사이음하는 데 사용
  ㉤ 파이프 리머 : 관 속의 내경(內經)을 경사지게 다듬질하는 리머
  ㉥ 수동나사 절삭기 : 수동으로 나사만을 전문적으로 가공하는 기계(오스타형, 리드형)
  ㉦ 동력나사 절삭기 : 동력을 이용하여 나사를 절삭하는 것(현재 많이 사용하고 있음)

② 관 절단용 공구
  ㉠ 쇠톱 : 다양한 두께의 금속을 자르는 데 사용하는 테가 있는 손 톱(손으로 자르는 톱)
  ㉡ 기계톱 : 금속의 얇은 판 가장자리에 작은 절삭날이 많이 붙은 톱날을 기계적으로 움직여서 금속이나 목재 등을 절단ㆍ절개하는 공작기계
  ㉢ 고속 숫돌절단기 : 얇은 숫돌차를 회전시켜 재료를 절단하는 기계
  ㉣ 띠톱기계 : 띠 모양의 톱을 회전시켜 재료를 절단하는 공작기계
  ㉤ 가스절단기 : 산ㆍ수소 불꽃, 산소 아세틸렌 불꽃 등을 써서 강재를 절단하는 장치
  ㉥ 강관절단기 : 강관의 절단만 할 수 있는 공구

③ 관 벤딩용 기계
  ㉠ 램식 : 유압을 이용하여 파이프를 굽히는 것
  ㉡ 로터리식 : 관에 심봉을 넣어 파이프를 굽히는 것으로 굽힘 반경은 관 지름의 2.5배 이상이어야 함

④ 배관 재질상 분류
  ㉠ 동관용 공구
    - 토치램프 : 고온으로 가열할 때 사용하는 장치
    - 사이징 툴 : 동관을 박아 넣는 이음으로 접합할 경우 정확하게 원형으로 끝을 정형하기 위해 사용하는 공구
    - 튜브벤더 : 동관을 굽힐 때 사용하는 공구
    - 익스팬더 : 동관을 확관할 때 사용하는 공구
    - 플레어링 툴 : 동관을 압축접합할 때 사용하는 공구
  ㉡ 연관용 공구
    - 연관톱 : 연관을 절단할 때 사용하는 공구
    - 봄볼 : 구관에 구멍을 뚫을 때 사용하는 공구
    - 드레서 : 연관 표면의 산화피막을 제거하는 데 사용하는 공구
    - 벤드벤 : 연관을 굽힐 때 사용하는 공구
    - 턴핀 : 관 끝을 접합하기 쉽게 관 끝부분에 끼우고 맬릿으로 정형할 때 사용하는 공구
    - 맬릿 : 나무망치
    - 토치램프 : 고온으로 가열할 때 사용하는 장치
  ㉢ 주철관용 공구
    - 납 용해용 공구 세트 : 파이어 포트, 납국용 국자, 산화납 제거기 등
    - 클립 : 소켓접합 시 용해된 납물의 비산을 방지
    - 코킹 정 : 소켓접합 시 다지기를 할 때 사용하는 공구
    - 링크형 커터 : 주철관 절단 전용 공구

ⓔ 관의 접합
- 강관접합 : 나사접합, 용접접합, 플랜지접합
- 동관접합 : 플레어접합, 납땜접합, 용접접합, 플랜지접합
- 주철관접합 : 소켓접합, 기계적 접합, 플랜지접합
- 연관의 접합 : 플라스턴 접합, 살붙임납땜접합
- 염화비닐관접합 : 냉간접합법, 열간접합법, 기계적 접합법(플랜지접합, 테이퍼코어접합, 테이프조인트, 나사접합)
- 폴리에틸렌접합 : 융착슬리브접합, 테이퍼조인트접합, 인서트조인트접합

10년간 자주 출제된 문제

6-1. 동관의 이음방식이 아닌 것은?
① 플레어이음
② 빅토릭이음
③ 납땜이음
④ 플랜지이음

6-2. 용접접합을 나사접합과 비교한 것 중 옳지 않은 것은?
① 누수의 우려가 작다.
② 유체의 마찰손실이 많다.
③ 배관상으로 공간효율이 좋다.
④ 접합부의 강도가 크다.

[해설]

6-1
동관접합 : 플레어접합, 납땜접합, 플랜지접합, 용접접합
6-2
용접접합은 나사접합에 비해 유체의 마찰손실이 작다.

정답 6-1 ② 6-2 ②

핵심이론 07 배관 지지

① **행거** : 배관의 하중을 위에서 잡아당겨 지지해 주는 장치
  ㉠ 리지드 행거 : I빔(Beam)에 턴버클을 연결하여 파이프를 달아 올리는 것이며, 수직 방향에 변위가 없는 곳에 사용
  ㉡ 스프링 행거 : 턴버클 대신 스프링을 사용한 것
  ㉢ 콘스탄트 행거 : 배관 상하 이동을 허용하면서 관의 지지력을 일정하게 한 것

② **서포트** : 아래에서 위로 떠받치는 것
  ㉠ 파이프 슈 : 파이프로 직접 접속하는 지지대로서 배관의 수평 및 곡관부의 지지에 사용
  ㉡ 리지드 스포트 : 큰 빔 등으로 만든 배관 지지대
  ㉢ 스프링 스포트 : 스프링작용으로 파이프의 하중 변화에 따라 상하 이동을 다소 허용한 것
  ㉣ 롤러 스포트 : 관의 축 방향 이동을 자유롭게 하기 위해 배관을 롤러로 지지한 것

③ **리스트레인트** : 열팽창에 의한 배관의 측면 이동을 제한하는 것
  ㉠ 앵커 : 배관 지지점에서의 이동 및 회전을 방지하기 위해 지지점 위치에 완전히 고정하는 것
  ㉡ 스토퍼 : 배관의 일정한 방향으로 이동과 회전만 구속하고 다른 방향으로 자유롭게 이동하는 것
  ㉢ 가이드 : 배관의 회전을 제한하기 위해 사용해 왔으나 근래에는 배관계의 축 방향의 이동을 허용하는 안내 역할을 하며, 축과 직각 방향으로의 이동을 구속하는 데 사용

④ **브레이스** : 펌프, 압축기 등에서 발생하는 기계의 진동, 압축가스에 의한 서징, 밸브의 급격한 개폐에서 발생하는 수격작용, 지진 등에서 발생하는 진동을 억제하는 데 사용하며, 진동을 완화하는 방진기와 충격을 완화하는 완충기

⑤ **배관의 설치**
  ㉠ 배관은 외부에 노출하여 시공하여야 함[다만, 동

관, 스테인리스강관 기타 내식성 재료로서 이음매(용접이음매를 제외) 없이 설치하는 경우에는 매몰하여 설치할 수 있음]
ⓛ 배관의 이음부와 전기계량기 및 전기개폐기와의 거리는 60cm 이상, 굴뚝, 전기점멸기 및 전기접속기와의 거리는 30cm 이상, 절연전선과의 거리는 10cm 이상, 절연조치를 하지 않은 전선과의 거리는 30cm 이상의 거리를 유지하여야 함
⑥ 배관의 고정 : 배관은 움직이지 않도록 고정 부착하는 조치를 하되 그 관경이 13mm 미만의 것에는 1m마다, 13mm 이상 33mm 미만의 것에는 2m마다, 33mm 이상의 것에는 3m마다 고정장치를 설치하여야 한다.

10년간 자주 출제된 문제

7-1. 배관 시공 시 진동 및 충격을 완화시키기 위하여 설치하는 기기는?
① 행 거
② 서포트
③ 브레이스
④ 리스트레인트

7-2. 배관의 중량을 천장이나 기타 위에서 매다는 방법으로 배관을 지지하는 장치는?
① 서포트(Support)
② 앵커(Anchor)
③ 행거(Hanger)
④ 브레이스(Brace)

해설

7-1, 7-2
③ 브레이스 : 펌프, 압축기 등에서 발생하는 기계의 진동, 압축가스에 의한 서징, 밸브의 급격한 개폐에서 발생하는 수격작용, 지진 등에서 발생하는 진동을 억제하는 데 사용하며 진동을 완화하는 방진기와 충격을 완화하는 완충기
① 행거 : 배관계의 중량을 지지하는 것으로, 위에서 달아매는 것
  • 리지드 행거 : I빔(Beam)에 턴버클을 연결하여 파이프를 달아올리는 것으로, 수직 방향에 변위가 없는 곳에 사용
  • 스프링 행거 : 턴버클 대신 스프링을 사용한 것
② 서포트 : 배관계의 중량을 지지하는 것으로, 밑에서 지지하는 것
④ 리스트레인트 : 열팽창에 의한 배관의 자유로운 움직임을 구속하거나 제한하기 위한 장치

정답 7-1 ③   7-2 ③

핵심이론 08 배관 도시기호

① 배관 높이 표시
  ㉠ EL(배관의 높이를 관의 중심을 기준으로 표시한 것)
    • BOP법 : 관 외경의 아랫면까지의 높이를 기준으로 표시
    • TOP법 : 관 외경의 윗면까지의 높이를 기준으로 표시
  ㉡ GL(지표면을 기준으로 하여 높이를 표시한 것)
  ㉢ FL(1층의 바닥면을 기준으로 하여 높이를 표시한 것)
② 관의 표시
  ㉠ 온수 및 증기의 송기관 : 실선으로 표시
  ㉡ 온수 및 증기의 복귀관 : 점선으로 표시
  ㉢ 급수관 : 일점쇄선으로 표시
③ 가스배관 시공
  ㉠ 지상배관 : 황색으로 표시
  ㉡ 매설배관 : 적색 또는 황색으로 표시
  ㉢ 배관을 도로에 매설할 경우 : 매설 깊이는 1.2m 이상
  ㉣ 시가지 외 도로에 매설할 경우 : 매설 깊이는 1.5m 이상
  ㉤ 가스미터 설치 시 유의사항
    • 직사광선을 피하고 진동이 없는 곳에 설치할 것
    • 검침 및 보수가 용이한 곳
    • 화기와 2m 이상, 저압전선과 15cm 이상, 전기개폐기와 60cm 이상의 우회 거리가 유지될 수 있을 것
    • 설치 높이는 1.6m 이상 2m 이내에 밴드 등으로 고정

④ 배관의 도시기호

명 칭	도시기호	명 칭	도시기호
나사형		유니언형	
용접형		슬루스밸브형	
플랜지형		글로브밸브형	
턱걸이형		체크밸브형	
납땜형		캡 형	

⑤ 유체의 종류에 따른 도시기호

공 기	A(백색)
수증기	S(암적색)
가 스	G(황색)
물	W(청색)
유 류	O(암황적색)

10년간 자주 출제된 문제

관 속을 흐르는 유체가 가스일 경우 도시기호는?

① 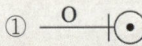　②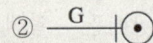

③ 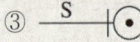　④ A

[해설]

유체의 종류에 따른 도시기호
- 공기 : A(백색)
- 수증기 : S(암적색)
- 가스 : G(황색)
- 물 : W(청색)
- 유류 : O(암황적색)

정답 ②

2-3. 냉동장치 유지 및 운전

핵심이론 01 냉동장치 유지 및 운전

냉동기의 특성에 따라 발생하는 고장의 종류에는 여러 가지가 있지만, 다음은 일반적인 유지관리 측면에서 발생하는 고장과 그에 따른 대책과 조치사항에 대한 내용이다.

① 반입·설치 시 유의사항
　㉠ 반입·설치
　　• 설치 장소까지 반입·설치 후 외장 캐비닛을 조립한다.
　　• 로프를 사용하여 운반할 때에는 수(브라인) 냉각기의 보랭재가 손상되지 않도록 유의한다.
　　• 제품을 15° 이상 기울이지 않도록 유의한다.
　　• 운반·반입 시 모세관, 각종 계기 등이 손상되지 않도록 유의한다.
　㉡ 설치 장소
　　• 태양 또는 기타 열원으로부터 직접 복사열을 받지 않는 곳
　　• 수배관이 편리한 곳
　　• 기계의 점검 및 보수가 편리한 곳
　　• 기초가 튼튼해 진동 및 소음이 발생하지 않는 곳
　　• 냉동기는 옥내 설치형이므로 바람이나 비를 맞지 않는 장소에 설치한다.
　㉢ 기 초
　　• 기초는 냉동기를 설치할 수 있도록 충분한 강도를 지녀야 한다.
　　• 기초면의 설치 장소 주위 상하 조건에 따라 방진고무, 기타 방진설비를 이용하여 시공 후 문제가 발생하지 않도록 주의한다.
　　• 냉동기는 응축수가 발생하므로 기초면은 방수처리한다.

② 운전 전 점검사항
　㉠ 전원 상태를 확인한다(전원정격전압의 ±10% 이내여야 한다).

㉡ 응축기 또는 수액기의 사이트 글라스(Sight Glass 또는 Level Gauge)를 통해 냉매량을 확인한다.
㉢ 유면계를 통해 냉동유의 레벨을 점검한다.
㉣ 각종 압력, 온도 및 스위치류의 설정치를 확인·점검한다.
㉤ 용량조절밸브는 최소 용량 위치로 되어 있는지 확인한다(용량제어장치가 부착된 경우).

③ 운전 시 점검사항
㉠ 냉수(브라인) 및 냉각수펌프 운전
㉡ 냉각탑 운전(공랭식일 경우 응축기 팬 운전)
㉢ 압축기 운전
㉣ 운전 시 주의사항
  • 냉동기 운전 1시간 전에는 반드시 전원을 투입하여 냉매와 오일이 혼합되어 발생하는 오일 포밍을 방지하여야 한다.
  • 큰 전류가 흐르는 기기이므로 전기에 주의한다.

④ 운전 후 점검사항
㉠ 냉동유 레벨을 점검한다.
㉡ 오일펌프가 설치(압축기 내장 또는 외장)되어 있는 경우에는 오일압력계를 통하여 수시로 압력을 확인한다.
㉢ 이상 소음이 있는지 청각으로 확인하고, 진동이 심한 배관이나 밸브가 있는지 점검한다.

⑤ 운전 정지
㉠ 비상 정지 : 일반적으로 이상상태에서 보호장치가 작동하면 냉동기는 자동으로 정지하지만, 진동이 심해지거나 운전 소음이 이상한 경우에는 수동으로 정지시켜야 한다.
㉡ 자동제어에 의한 정지 : 일반적으로 냉동기는 자동운전으로 피냉각체(냉수 또는 브라인) 온도가 설정치까지 냉각되면 부하 감소 운전을 하다 자동으로 정지하고 부하가 상승하면 자동으로 기동되어 운전을 계속한다.
㉢ 일반적인 운전 정지 : 일반적으로 냉동기는 정지 버튼을 눌러 정지시키며 순서는 운전의 역순으로 실시한다. 냉동기를 장시간 정지시키는 경우에는 응축기 냉매액 출구밸브를 닫고, 운전하여 증발기 측의 냉매를 회수한다. 압축기를 정지하고 열려 있는 각종 밸브를 닫은 후 모터의 전원과 제어 전원을 차단시킨다.

⑥ 냉매의 보충 : 냉동사이클 내에 냉매량이 부족하면 냉각능력을 충분히 발휘할 수 없다. 냉매량이 부족한 상태로 계속 운전하면 압축기 입구의 과열도가 커져 압축기 토출온도가 상승하며 압축기용 전동기 권선온도도 상승한다. 냉매량이 부족한 상태로 운전을 계속하면 저압 압력스위치가 작동하여 운전이 불가능하게 되므로 냉매를 보충해야 한다.

⑦ 냉매의 회수 : 보수·점검 시 냉동장치의 구성 부품을 분해할 경우에 응축기(내용적이 충분한 경우) 및 수액기(설치되어 있는 경우)로 냉매를 회수한다. 또한, 응축기(수액기) 본체 및 응축기(수액기)용 안전밸브 등의 교환·수리 시에는 냉매의 회수가 일반방법으로는 거의 불가능하므로 냉매를 외부로 방출시켜야 한다. 냉매를 방출할 경우에는 방출 부위의 온도가 매우 낮아지므로 동상에 주의하여야 한다.

⑧ 냉동기의 윤활유
㉠ 냉동기 윤활유의 종류와 물성 : 윤활유는 냉매와 혼합된 상태에서 넓은 범위의 온도에서 높은 점성을 유지해야 한다.
㉡ 윤활유의 충진량
  • 압축기의 윤활유는 압축기와 접속되어 사이클을 구성하고 있는 응축기, 증발기 등에 유입되어 순환하기 때문에 압축기 자체의 주입량만으로는 결정할 수 없다.
  • 여름철 주입량을 기준으로 운전 중 압축기 유면계의 1/4~3/4 정도의 윤활유 레벨이 형성되도록 하여야 한다.

⑨ 안전상의 유의사항
  ㉠ 각각의 냉동기는 사용한계 내에서 사용해야 한다.
  ㉡ 냉동기는 적절한 기종을 선정해야 한다.
  ㉢ 냉동기의 운전은 특별한 경우를 제외하고는 1시간에 6회 이내 재가동 후 정지 시까지는 5분 이상 되도록 운전하여야 한다.
    • 냉수순환계통의 보유 수량을 충분히 확보하여야 한다. 바이패스 배관에 의한 무부하운전은 가능한 한 피해야 한다.
    • 보유 수량이 적을 경우에는 보유 수량의 부족분 만큼의 열부하를 냉동기에 부여하여 최소 5분 이상 운전되도록 해야 한다.
  ㉣ 전원용량, 배선용량은 충분하게 한다.
  ㉤ 냉각탑 용량은 여유 있게 선정한다.
  ㉥ 겨울철에 수랭식 냉동기를 운전할 때에는 냉각수가 동결되지 않도록 주의한다.
  ㉦ 불응축가스를 제거한다. 불응축가스가 냉매사이클 내에 존재하면 냉동기 효율에 나쁜 영향을 미친다. 응축압력을 상승시키고 토출온도를 높이면 축마력이 증대하여 냉동능력이 감소한다. 불응축가스가 발생하는 원인은 다음과 같다.
    • 공기가 냉매사이클 내에 들어가는 경우
    • 냉매 및 윤활유가 분해하여 불응축가스가 발생하는 경우
  ㉧ 고압측 압력은 일정압력 이상(R22인 경우 일반적인 경우 $12kgf/cm^2$ 이상)으로 유지한다.

⑩ 냉동기의 동결 방지
  ㉠ 동결 방지의 필요성 : 겨울철 및 외기온도가 낮은 경우에는 냉동기 운전 정지 시 펌프, 냉수 또는 냉각수 배관 내의 물이 동결하여 기기와 배관을 파손한다. 동결을 방지하기 위하여 펌프 및 배관을 단열시켜야 한다.
  ㉡ 냉각수 배관의 동결 방지 : 배관을 단열하고 배관 및 냉각탑 수조 내에 액체 가열용 히터를 삽입하여 냉동기 정지 중에도 냉각수 순환펌프를 운전한다.
  ㉢ 동결장치의 종류
    • 공기냉각식 동결장치 : 공기동결장치, 송풍동결장치, 반송풍동결장치, 컨베이어식 동결장치, 스파이럴식 동결장치, 유동식 동결장치
    • 브라인 동결장치 : 염화나트륨 브라인 동결장치, 염화칼슘 브라인 동결장치, 프로필렌 글리콜(Propylene Glycol) 동결장치, 에탄올 브라인 침지 동결장치
    • 고체 냉각식 동결장치 : 배치식 콘택트 프리저, 연속식 싱글 스틸벨트 프리저, 연속식 더블 콘택트 프리저, 드럼 프리저
    • 액화가스 동결장치 : 액체질소 동결장치, 액화탄산가스 동결장치, LNG 냉열 이용 동결장치
    • 접촉식 동결장치 : 직접 식품에 브라인을 접촉시키는 것이 아니라 얇은 금속판 내에 브라인이나 냉매를 통하게 하여 금속판의 외면과 식품을 접촉시켜 동결하는 장치
  ㉣ 동결방지제의 선정 : 주로 냉동공조용 동결방지제로 에틸렌글리콜, 프로필렌글리콜을 사용한다. 에틸렌글리콜은 가격이 저렴하여 일반공업용으로, 프로필렌글리콜은 독성이 적어 식품 공업용으로 사용하고 있다.
    • 동결방지제(브라인)의 종류
      - 염화칼슘 : 공정점이 -55℃이고, 제빙용으로 사용한다.
      - 염화나트륨 : 공정점이 -21.2℃이고, 식품 저장용으로 사용한다.
      - 염화마그네슘 : 공정점이 -33.6℃이고, 염화칼슘 대용으로 사용한다.
      - 프로필렌글리콜 : 식품 동결용으로 사용한다.

- 동결방지제 선정 시 주의사항
  - 동결방지 효과가 우수한 것
  - 금속을 부식하지 않는 것
  - 구성 재료에 침투하지 않는 것
  - 스케일이 발생하지 않는 것
  - 펌프의 메커니컬 실을 손상하지 않는 것
  - 화재의 위험성이 없는 것
  - 동결방지효과가 장시간 지속되는 것
  - 열교환 성능이 우수한 것
  - 독성이 적은 것
- 동결방지제 사용법 및 주의사항
  - 수배관계통 내의 물을 배출한 후 깨끗한 물로 충분히 씻어낸다.
  - 동결방지제를 희석하지 않은 상태로 주입한 후 깨끗한 물을 규정 농도까지 주입한다.
  - 동결방지제의 농도를 크게 하면 점도 및 비중으로 인해 펌프능력이 저하되므로 주의한다.
  - 동결방지제의 농도는 비중에 의해 측정하여 관리한다.
  - 누설되지 않도록 주의하며, 누설될 경우 동결방지제를 보충한다.
  - 에틸렌글리콜계 동결방지제는 급탕용, 식품용으로 사용하지 않는다.
  - 동결을 방지하기 위해서는 반드시 겨울철 이전에 농도를 점검하여야 한다.

10년간 자주 출제된 문제

1-1. 공정점이 −55℃이고, 저온용 브라인으로서 일반적으로 제빙, 냉장 및 공업용으로 많이 사용되는 것은?

① 염화칼슘
② 염화나트륨
③ 염화마그네슘
④ 프로필렌글리콜

1-2. 식품에 브라인을 직접 접촉시키는 것이 아니라 얇은 금속판 내에 브라인이나 냉매를 통하게 하여 금속판의 외면과 식품을 접촉시켜 동결하는 장치는?

① 접촉식 동결장치
② 터널식 공기 동결장치
③ 브라인 동결장치
④ 송풍 동결장치

해설

1-1

브라인(동결방지제)
- 염화칼슘 : 공정점이 −55℃이고, 제빙용으로 사용한다.
- 염화나트륨 : 공정점이 −21.2℃이고, 식품 저장용으로 사용한다.
- 염화마그네슘 : 공정점이 −33.6℃이고, 염화칼슘 대용으로 사용한다.
- 프로필렌글리콜 : 식품 동결용으로 사용한다.

1-2

접촉식 동결장치 : 식품에 브라인을 직접 접촉시키는 것이 아니라 얇은 금속판 내에 브라인이나 냉매를 통하게 하여 금속판의 외면과 식품을 접촉시켜 동결하는 장치

정답 1-1 ① 1-2 ①

제3절 냉동설비 설치

3-1. 냉동·냉방설비 설치

핵심이론 01 냉동·냉방 배관

① 배관재료의 사용기준
  ㉠ 냉매, 윤활유 등에 따라서 패킹재를 포함해 부식하거나 열화하지 않을 것
  ㉡ 냉매에 의해 금속부식하므로 사용해서는 안 되는 대표적인 배관재료는 다음과 같다.
    • 암모니아 냉매의 경우 : 동관 및 동합금관
    • 플루오린화탄소(Fluorocarbon) 냉매의 경우 : 알루미늄관(2%를 넘는 마그네슘을 함유한 것)
  ㉢ 배관용 탄소강관 SGP는 독성가스(암모니아 냉매 등), 설계압력이 1MPa를 넘는 배관, 설계온도가 100℃를 넘는 배관(압축기의 토출배관 등)에는 모두 사용할 수 없다.
  ㉣ 배관용 아크용접 탄소강관 STPY는 설계압력이 1.6MPa를 넘는 배관에는 사용할 수 없다.
  ㉤ 강관, 동관, 동합금관, 알루미늄관은 배관이음이 없도록 사용해야 한다. 전기저항용 접관 등의 용접이음 부분이 부식하기 쉽기 때문이다.
  ㉥ 저온배관에는 저온취성이 생기지 않는 온도에 사용해야 한다.
  ㉦ 프레온냉매는 배관용 탄소강 강관에는 사용할 수 없다(프레온은 수분 존재 시 탄소강을 부식시킨다).

10년간 자주 출제된 문제

프레온 냉동장치의 배관에 사용되는 재료로 가장 거리가 먼 것은?

① 배관용 탄소강 강관 ② 배관용 스테인리스 강관
③ 이음매 없는 동관 ④ 탈산 동관

[해설]
프레온은 수분 존재 시 탄소강을 부식시킨다.

정답 ①

핵심이론 02 냉동·냉방장치 방음, 방진, 지지

건축설비를 지진, 기계 작동 등으로 인한 진동으로부터 안전하게 시공해야 재실자들이 안전하게 생활할 수 있다. 따라서 건축물 등에 설치된 기계·기구·배관 및 그밖에 성능을 유지하기 위한 설비의 소음·진동·전도·탈락 등을 방지하기 위해 설치된 설비를 방음·방진·내진설비라고 한다.

① **방음설비** : 방음설비 소음(騷音)은 '불규칙하게 뒤섞여 불쾌하고 시끄러운 소리'를 말한다. 따라서 방음설비는 건물 내의 소음 수준을 허용 기준 이하로 제어해 쾌적한 음향환경을 유지하는 중요한 역할을 한다. 공조설비에서 실내로 전파되는 소음은 덕트를 통해 기류로 전파된다. 소음에는 설비기기의 진동이 구조체를 통해 들려오는 고체 전달음, 기계실 벽을 투과해 실내로 유입되는 소음, 덕트 표면 또는 배관에서 방출되는 소음이 천장 등을 통해 전달되는 소음이 있다. 설비기기의 소음원은 냉동기, 냉온수 유닛, 보일러, 펌프, 공기압축기 등이 있다. 가장 효과적인 대책은 먼 곳에 설비를 배치하는 장비 이설, 속도와 주파수를 변경할 수 있는 인버터 제어방식을 적용하는 등의 운전조건 변경, 사용시간별로 제어하는 운전시간 조정 등이 있다.

② **방진설비**
  ㉠ 음원을 차폐하거나 소음원과 가깝게 방진지지(防振支持)를 설치하는 것이 실효성 있는 대안이다. 기계실의 소음 차단율을 높이려면 벽체에 투과손실이 큰 콘크리트 벽을 사용한다. 덕트·배관이 벽체를 관통하는 경우, 틈새를 충진재로 밀봉하지 않으면 차음효과는 현저히 낮아진다. 소음을 제어하는 자재에는 흡음재, 소음기, 차음재, 방진재, 차진재가 있다. 예를 들면 흡음재는 공기로 전파되는 소음을 흡수하고, 방진재는 진동으로 발생하는 소음을 저감한다. 방진 관련 자재에는 금속코일스프링, 공기스프링, 방진고무, 고무패드 등이 있다.

금속코일스프링과 공기스프링은 큰 기계에 사용하는 것이 효과적이다. 공기스프링은 공기압을 일정하게 유지 관리해야 하고, 기밀형의 경우 고유 주파수를 낮추는 데 한계가 있다. 방진고무는 온도에 영향을 많이 받는 단점이 있지만, 가격이 상대적으로 저렴한 장점도 있다. 고무패드는 보조수단으로 사용하기에 적합하다. 따라서 고유 진동수가 낮은 부위에 기계를 설치하면 기계에서 발생한 진동 주파수가 건물 고유 진동수와 근접해 방진효과가 낮아지고 극단적으로는 공진현상으로 심각한 진동문제를 유발할 수 있다. 방진기는 배관은 고무나 합성수지를 사용하고 넓은 면 사이에는 패킹을 설치하면 진동반사를 효과적으로 제어할 수 있다. 배관시스템은 장비에 의해 발생하는 기계적 진동과 임펠러에서 생성될 유체·유동 진동 등이 전달된다. 장비 진동은 기동·정지 시 공진 주파수의 대역을 통과한다. 따라서 배관 행거 및 지지대는 배관시스템에서 건물구조로서의 진동을 방지하고 배관의 유연성을 높여 준다. 바닥지지배관 방진설비로는 스프링마운트, 고무패드, 고무마운트가 있다. 입상배관의 경우 신축팽창 등이 제대로 작동할 수 있도록 방진앵커와 가이드를 사용해야 한다. 그리고 이중 바닥과 이중 천장을 설치하면 매우 높은 수준의 방음·방진이 가능하다.

ⓒ 브레이스 : 펌프, 압축기 등에서 발생하는 기계의 진동, 압축가스에 의한 서징, 밸브의 급격한 개폐에서 발생하는 수격작용, 지진 등에서 발생하는 진동을 억제하는 데 사용하며 진동을 완화하는 방진기와 충격을 완화하는 완충기이다.

③ **지지설비** : 보일러·냉각기·덕트·배관 등이 지진으로 파괴될 경우 연료 누출 등으로 인한 2차 피해가 우려된다. 특히, 지진에너지의 관성력에 따라 공조기, 펌프 등이 미끄러지거나 흔들려 손상될 가능성이 있다. 장비용 내진장치에는 내진 스토퍼, 내진 구속장치 등이 있다. 스토퍼는 지진 충격을 받게 되는 표면을 경화되지 않는 탄성고무 재질로 제작해야 한다.

㉠ 행거 : 배관계의 중량을 지지하는 것으로서 위에서 달아매는 것
㉡ 서포트 : 배관계의 중량을 지지하는 것으로서 밑에서 지지하는 것
㉢ 리스트레인트 : 열팽창에 의한 배관의 자유로운 움직임을 구속하거나 제한하기 위한 장치

10년간 자주 출제된 문제

2-1. 배관 시공 시 진동 및 충격을 완화시키기 위하여 설치하는 기기는?

① 행 거
② 서포트
③ 브레이스
④ 리스트레인트

2-2. 열팽창에 의한 배관의 자유로운 움직임을 구속하거나 제한하기 위한 장치?

① 행 거
② 서포트
③ 브레이스
④ 리스트레인트

해설

2-1
브레이스 : 펌프, 압축기 등에서 발생하는 기계의 진동, 압축가스에 의한 서징, 밸브의 급격한 개폐에서 발생하는 수격작용, 지진 등에서 발생하는 진동을 억제하는 데 사용하며 진동을 완화하는 방진기와 충격을 완화하는 완충기이다.

2-2
리스트레인트 : 열팽창에 의한 배관의 자유로운 움직임을 구속하거나 제한하기 위한 장치

정답 2-1 ③ 2-2 ④

제4절 공조배관 설치

4-1. 공조배관 설치계획 및 설치

핵심이론 01 공조배관설비

① 배관재료 : 상용압력 10kg/cm²까지는 주로 배관용 탄소강 강관(KS D 3507, SPP)이 사용되며 그 이상의 경우에는 압력배관용 탄소강 강관(KS D 3562)이 사용된다. 환수관은 증기관보다 관 내 부식이 크므로 내식성 배관재를 사용하는 경우도 있다. 강관용 이음쇠는 상용압력 10kg/cm² 이하의 관경이 50mm 이하일 경우에 나사식으로 사용하기도 하나 그 이외에는 주로 용접 시공한다.

② 배관 일반 : 증기관과 환수관의 수평주관에 있어서는 증기와 응축수가 원활히 흐르도록 적절한 구배로 배관한다.

종 류	기울기 방향	기울기
증기관	순구배	1/250 이상
	역구배	1/50 이상
환수관	순구배	1/250 이상

③ 증기주관 응축수 제거 : 증기수평주관의 경우에는 30~50m마다, 팽창루프 등과 같이 상승하는 배관에서는 하부에, 증기주관 관말에는 반드시 드레인 포켓과 증기트랩을 설치하여 응축수를 효과적으로 제거한다.

④ 역구배 증기주관의 응축수 제거 : 역구배의 경사로 상승되는 증기주관에서는 주관 내에서 역류하는 응축수에 의해 워터해머 발생 가능성이 많으므로 증기의 유속을 15m/s 이하로 낮추어 설계하며, 응축수 제거를 위해 간격을 좁혀(약 15~20m 간격) 설치한다.

⑤ 드레인 포켓의 적정 규격 : 드레인 포켓에서 응축수를 효율적으로 제거하기 위해서는 포켓의 구경을 배관 구경과 동일 구경의 티를 사용하며 포켓의 길이는 적어도 30~70cm 이상 되도록 한다.

⑥ 증기주관 관말의 처리 : 증기주관의 관말은 티를 사용하여 마감하며 하부에는 증기트랩, 상부에는 자동공기빼기밸브를 설치하여 예열 시 공기를 신속하게 제거한다.

⑦ 관의 확대 및 축소 : 증기관을 확대 또는 축소하는 경우에는 동심 리듀서 대신 편심 리듀서를 사용하여 증기관 부분에 흐르는 응축수가 자연스럽게 흘러갈 수 있도록 한다.

⑧ 방열기, 공기조화기의 주위배관 : 방열기나 공조기 히팅코일 주위 배관은 관의 신축이나 응력을 흡수할 수 있도록 하며, 방열기나 히팅코일에서 증기가 공급되는 반대쪽 상부에 자동공기빼기밸브를 설치하여 히팅코일의 전체 공간에 증기가 공급될 수 있도록 한다. 히팅코일이 여러 개인 경우에는 각 코일별로 증기트랩과 자동공기빼기밸브를 설치하여 최대의 열효율을 낼 수 있도록 한다. 증기트랩이 공동 환수관에 연결되는 경우에는 트랩 뒤에 체크밸브를 설치한다.

10년간 자주 출제된 문제

1-1. 증기관 순구배의 기울기는?

① 1/50　　② 1/250
③ 1/500　　④ 1/1,000

1-2. 다음의 (　) 안에 들어갈 용어는?

> 증기관을 확대 또는 축소하는 경우에는 동심 리듀서 대신 (　)를 사용하여 증기관 부분에 흐르는 응축수가 자연스럽게 흘러갈 수 있도록 한다.

① 편심 리듀서　　② 90° 엘보
③ 소 켓　　④ 캡

해설

1-1

종 류	기울기 방향	기울기
증기관	순구배	1/250 이상
	역구배	1/50 이상
환수관	순구배	1/250 이상

정답 1-1 ②　1-2 ①

제5절 공조제어설비 설치

5-1. 공조제어설비 설치계획 및 제작 설치

핵심이론 01 공조설비제어시스템

① 개요 : 모든 건물의 공조시스템은 꼭 필요한 기능 중의 하나로, 건물 내부의 신선한 공기 유입과 습도 조절을 위해 공기를 순환시켜 주기 때문에 사람들의 건강을 위해 꼭 필요한 시스템이다.

② 고효율시스템으로 에너지 절감 : 모바일 및 무선네트워크 기술을 활용하여 중소형 빌딩에서도 24시간 모니터링이 가능하며, 에너지 관리비용을 최소화할 수 있다. 필요한 지점에 설치된 센서가 자동으로 온도를 측정하고, 사람이 있는지를 판단하여 네트워크를 통해 공조기 및 냉난방시스템을 자동제어한다.

③ 중앙제어시스템 : 빌딩, 사무실의 스마트센서가 공실과 재실의 여부를 판단해 자동으로 냉난방시스템 전원을 차단하고, 강의실, 기숙사 등에서는 강의시간 및 출퇴근 시간을 판단해 자동으로 냉난방시스템을 작동한다. 또한 각 건물을 모두 네트워크로 연결해 모니터링 및 중앙제어가 가능하다.

10년간 자주 출제된 문제

공조설비제어시스템에 대한 설명으로 옳지 않은 것은?
① 모바일 및 무선네트워크 기술의 활용으로 중소형 빌딩에서도 24시간 모니터링이 가능하다.
② 에너지 관리비용이 많이 든다.
③ 필요한 지점에 설치된 센서가 자동으로 온도를 측정한다.
④ 네트워크를 통해 공조기 및 냉난방시스템을 자동제어한다.

[해설]
공조설비제어시스템은 에너지 관리비용을 최소화할 수 있다.

정답 ②

핵심이론 02 검출기

① 외기온도검출기
 ㉠ 실외온도 검출에 적용한다.
 ㉡ 반도체 분야, 병원시설, 연구소, 수영장, 은행 등 정밀도 요구시설에 적용한다.

② 실내온도검출기
 ㉠ 실내온도 검출에 적용한다.
 ㉡ 반도체 분야, 병원시설, 연구소, 수영장, 은행 등 정밀도 요구시설에 적용한다.

③ 덕트용 온도검출기
 ㉠ 급기 또는 환기온도 검출에 적용한다.
 ㉡ 반도체 분야, 병원시설, 연구소, 수영장, 은행 등 정밀도 요구시설에 적용한다.

④ 외기습도검출기
 ㉠ 제어용 검출기로 사용한다.
 ㉡ 빌딩 자동제어시스템 또는 지시 유닛 측정용 검출기로 사용한다.

⑤ 실내습도검출기
 ㉠ 급기 또는 실내 습도 검출 및 가습, 제습에 적용한다.
 ㉡ 반도체 분야, 병원시설, 연구소, 수영장, 은행 등 정밀도 요구시설에 적용한다.

⑥ 덕트습도검출기
 ㉠ 급기 또는 환기 습도 검출에 적용한다.
 ㉡ 반도체 분야, 병원시설, 연구소, 수영장, 은행 등 정밀도 요구시설 적용한다.

10년간 자주 출제된 문제

다음 보기에서 설명하는 검출기는?

- 급기 또는 환기온도 검출에 적용한다.
- 반도체 분야, 병원시설, 연구소, 수영장, 은행 등 정밀도 요구시설에 적용한다.

① 외기온도검출기　② 실내습도검출기
③ 덕트용 온도검출기　④ 덕트습도검출기

정답 ③

핵심이론 03 제어밸브

① 압력제어밸브의 기능
　㉠ 감압기능 : 공기압축기에서 발생한 고압의 압축공기를 적정압력으로 감압하여 안정된 압축공기를 공압기기에 공급하는 기능
　㉡ 안전기능 : 공기탱크와 공압회로 내의 공기압력이 규정 이상으로 될 때, 공기압력이 상승하지 않도록 대기 중 혹은 다른 공압회로 내로 빼내 주는 기능
　㉢ 작동 순서를 제어하는 기능 : 공압회로 내의 공기압력에 따라 다른 회로의 작동 순서를 제어하는 기능
　㉣ 신호처리기능 : 공기압력을 검출해서 설정값과 비교하여 전기 접점을 개폐함으로써 전기신호를 내는 기능

② 유량제어밸브의 종류
　㉠ 교축밸브 : 공압회로의 유량을 일정하게 유지하려 할 때 사용하는 밸브
　㉡ 속도제어밸브 : 공압실린더의 속도제어를 위하여 방향제어밸브와 실린더의 중간에 설치
　㉢ 배기교축밸브 : 방향제어밸브의 배기구에 설치하여 실린더의 속도제어
　㉣ 급속배기밸브 : 공압실린더의 배기 유량을 증가시켜 실린더의 속도 증가

③ 방향제어밸브 : 공기압회로에 있어서 실린더나 기타 액추에이터로 공급하는 공기의 흐름 방향을 변환시키는 밸브

10년간 자주 출제된 문제

다음 보기에서 설명하는 압력제어밸브의 기능은?

> 공기압축기에서 발생한 고압의 압축공기를 적정압력으로 감압하여 안정된 압축공기를 공압기기에 공급하는 기능

① 감압기능　　② 작동순서제어기능
③ 안전기능　　④ 신호처리기능

정답 ①

5-2. 전기 및 자동제어

핵심이론 01 직류회로

① 전류, 전압, 저항
　㉠ 전류 : 전하의 흐름으로, 정량적으로는 단면을 통하여 단위시간당 흐르는 전하의 양이다. 전류(I)를 식으로 나타내면,
　　• $I = \dfrac{\Delta Q}{\Delta t}$
　　여기서, ΔQ : 도선의 단면을 통과한 전하량
　　　　　Δt : 경과한 시간
　　• 전류의 단위$\left(\text{A} : \text{암페어} = 1\dfrac{\text{C}}{\text{sec}}\right)$
　　즉, 1 A의 전류는 1C의 전하량이 도선의 단면을 통하여 1초 동안에 흐르는 것을 표시한다.
　㉡ 전압 : 일정한 전기장에서 단위전하를 한 지점에서 다른 지점으로 이동하는 데 필요한 일(에너지) 전압(V)를 수식으로 표현하면
　　• $1\text{V} = \dfrac{1\text{J}}{1\text{C}}$
　　• 전압의 단위(V : 볼트)
　㉢ 저항 : 물체에 전류가 흐를 때 이 전류의 흐름을 방해하는 요소를 저항
　　• 저항의 단위(Ω)

② 옴의 법칙 : 전류의 세기(I)는 전압(V)에 비례하고, 저항(R)에 반비례한다.
　　$I = \dfrac{V}{R}, \quad V = IR, \quad R = \dfrac{V}{I}$

③ 전기저항의 연결

(서로 다른 두 저항 R_1, R_2)	직렬연결	병렬연결
전 류	각 저항에 흐르는 전류의 세기는 같다. $I = I_1 = I_2$	저항의 크기에 반비례하여 전류가 나누어 흐른다. $I_1 = \dfrac{V}{R_1}$, $I_2 = \dfrac{V}{R_2}$
전 압	각 저항의 크기에 비례하여 전압이 나누어 걸린다. $V_1 = IR_1$, $V_2 = IR_2$	각 저항에 걸리는 전압의 크기는 같다. $V = V_1 = V_2$
저 항	많이 연결할수록 저항이 증가한다. $R = R_1 + R_2$	많이 연결할수록 저항이 감소한다. $\dfrac{1}{R} = \dfrac{1}{R_1} + \dfrac{1}{R_2}$
전구의 밝기	전구를 여러 개 연결하면 어두워진다.	전구를 여러 개 연결해도 밝기가 같다.

④ 키르히호프의 법칙(Kirchhoff's Law)
  ㉠ 키르히호프의 제1법칙(전류의 법칙) : 전류가 흐르는 길에서 들어오는 전류와 나가는 전류의 합이 같다.

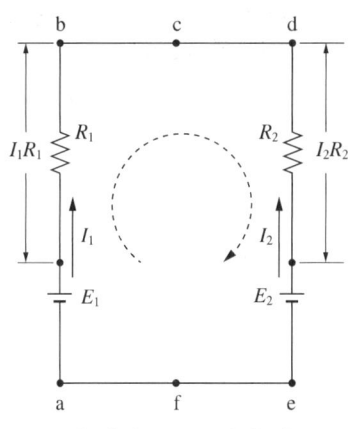

∑유입전류 = ∑유출전류

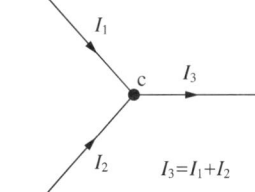

[키르히호프의 법칙-다중 전원의 회로 해석]

  ㉡ 키르히호프의 제2법칙(전압의 법칙) : 회로에 가해진 전원전압으로, 각 저항에는 전류가 흐르는데 저항에 반비례하여 흐를 것이다. 전원전압이 가해져 전체 회로에 흐르는 전류는 각 저항에 흐르는 전류를 합한 것과 같아진다. 7[A]가 회로에 흘러들어가 2[Ω]의 저항에 5[A] 흐르고, 5[Ω]의 저항에 2[A] 흘러 합은 7[A]의 전류가 되는 것이다.

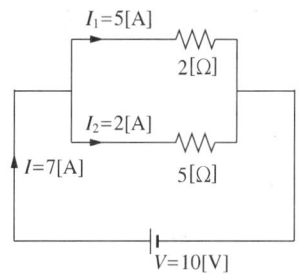

[병렬회로의 전류 분배]

⑤ 전력과 전력량
  ㉠ 전력 : 1초 동안에 전기가 하는 일의 양으로 기호는 P, 단위는 W(와트)를 사용한다.
  $$P = VI = \dfrac{V^2}{R} = I^2 R$$
  ㉡ 전력량 : 전력량은 일정한 시간 동안 전기가 하는 일의 양으로 기호는 W, 단위는 Wh(와트시)를 사용한다.
  $$W = Pt = VIt = \dfrac{V^2}{R}t = I^2 Rt$$

⑥ 제베크 효과 : 금속선 양쪽 끝을 접합하여 폐회로를 구성하고, 한 접점에 열을 가하면 두 접점에 온도차로 인해 기전력이 발생하는 현상

⑦ 펠티에 효과 : 열전대에 전류를 흐르게 했을 때 전류에 의해 발생하는 줄열 외에도 열전대의 각 접점에서 발열 혹은 흡열작용이 일어난 현상

⑧ 톰슨효과 : 동일한 금속에서 부분적인 온도차가 있을 때 전류를 흘리면 발열 또는 흡열이 일어나는 현상
  • 부(-) Thomson 효과 : 만약 저온에서 고온부로 전류 → 흡열의 예 : Pt, Ni, Fe

- 정(+) Thomson 효과 : 만약 고온에서 저온부로 전류 → 발열의 예 : Cu, Sb
⑨ 줄의 법칙 : 단위시간(1초)당 발생하는 열 $P(W)$를 도체의 저항 $R(\Omega)$과 그 도체에 흐르는 전류 $I(A)$에 대한 법칙

$$W = I^2 Rt$$

⑩ 도체의 저항 : 도체의 전기저항은 그 재료의 종류, 온도, 길이, 단면적 등에 의해 결정된다. 도체의 고유저항 및 길이에 비례하고, 단면적에 반비례한다.

$$R = \rho \frac{L}{A}$$

여기서, R : 저항(Ω)
L : 길이(m)
ρ : 고유저항($\Omega \cdot$ m)
A : 단면적(m^2)

⑪ 도전율(σ : 시그마) : 고유저항(ρ)의 역수

$$\sigma = \frac{1}{\rho} \left(\frac{1}{\Omega} \right)$$

⑫ 배율기 : 전압계의 측정범위를 넓히기 위해 전압계에 직렬로 접속하는 저항
⑬ 분류기 : 전류계의 측정범위를 넓히기 위해 전류계에 병렬로 접속하는 저항
⑭ 휘트스톤 브릿지 : 다음 그림에서 R_1, R_2의 저항값은 이미 알고 있으며, R_3는 가변저항으로 저항값을 변화시킬 수 있는 저항이다. R_x는 측정하고자 하는 미지의 저항이다.

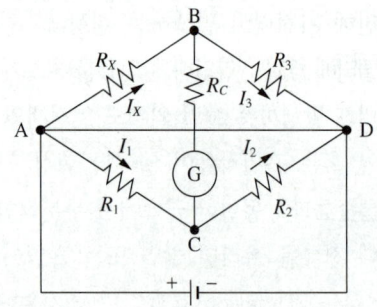

가변저항 R_3을 적당히 조절해서 검류계에 전류가 흐르지 않으면 B점과 C점의 전위는 같다. 그러므로 A와 B 사이의 전위차와 A와 C 사이의 전위차는 같고 ($V_{AB} = V_{AC}$), B와 D 사이의 전위차와 C와 D 사이의 전위차도 같다($V_{BD} = V_{CD}$).

그러므로 $V_{AB} = V_{AC}$에서 $I_1 R_1 = I_x R_x$가 되고, $V_{BD} = V_{CD}$에서 $I_2 R_2 = I_3 R_3$가 된다.

여기서 $I_1 = I_2$, $I_x = I_3$이므로 $R_1 R_3 = R_2 R_x$이다. R_1, R_2, R_3의 저항값은 이미 알고 있으므로 R_x의 값은 다음과 같다.

$$R_x = \frac{R_1 R_3}{R_2}$$

10년간 자주 출제된 문제

1-1. 전류계와 측정범위를 넓히는 데 사용되는 것은?
① 배율기 ② 분류기
③ 역률기 ④ 용량분압기

1-2. 출력이 5kW인 직류 전동기의 효율이 80%이다. 이 직류 전동기의 손실은 몇 W인가?
① 1,250 ② 1,350
③ 1,450 ④ 1,550

|해설|

1-1
분류기 : 전류의 측정범위를 넓히기 위하여 병렬로 설치한다.

1-2
- 전동기의 효율
$$\eta = \frac{출력}{입력}$$
$$0.8 = \frac{(5 \times 1,000)}{x}$$
$\therefore x = 6,250$
- 입력 = 출력 + 손실
손실 = 입력 − 출력
$6,250 - 5,000 = 1,250 W$

정답 1-1 ② 1-2 ①

핵심이론 02 교류회로

① **교류** : 시간에 따라 흐르는 방향과 크기가 주기적으로 변하는 전기의 흐름이다.
  ㉠ 교류의 정의와 기호

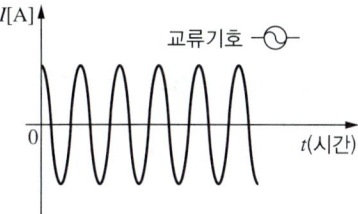

② **주기**(T) : 1사이클을 만드는 데 필요한 시간(단위 : sec)

$$T = \frac{1}{f}$$

여기서, f : 주파수

③ **주파수**(f) : 단위시간(1초)에 동일한 변화를 반복하는 횟수(단위 : Hz)

$$f = \frac{1}{T}(\text{Hz})$$

④ **각속도**(각주파수, ω)

$$\omega = \frac{2\pi}{T} = 2\pi f$$

⑤ **순시값**(V) : 시간의 변화 순위값
  ※ 위상차
  $V = V_m \cdot \sin(\omega t + \phi)$
  $V_1 = V_m \cdot \sin(\omega t + \phi_1)$: ϕ_1만큼 앞섬
  $V_2 = V_m \cdot \sin(\omega t + \phi_2)$: ϕ_2만큼 뒤짐

⑥ **최댓값**(V_m) : 순시값 중 가장 큰 값

⑦ **평균값**(V_a) : 순시값의 반주기에 대한 평균값
  평균 전류 $I_a = \frac{2}{\pi}I_m = 0.637 I_m$

⑧ **실횻값**(V_a) : 교류의 크기를 이것과 동일한 일을 행하는 직류의 크기로 환산한 값(교류 전압계의 측정값)

$$V_r = \frac{V_m}{\sqrt{2}}, \text{ 실효전류 } I = \frac{10}{\sqrt{2}}I_m = 0.707 I_m$$

⑨ 파고율 = $\frac{\text{최댓값}}{\text{실횻값}}$

⑩ 파형률 = $\frac{\text{실횻값}}{\text{평균값}}$

⑪ **컨덕턴스**(Conductance) : 저항의 역수로서 전류를 잘 흐르게 하는 정도를 표시한 것

⑫ **임피던스**(Impedance) : 교류회로에서 전류가 흐르기 어려운 정도를 나타낸 것

⑫ **접지공사의 목적** : 화재 방지, 감전 방지, 기기 손상 방지

⑬ **역률**(θ)

$$P = IV\cos\theta, \ \cos\theta = \frac{P}{IV}$$

⑭ 교류용접기 규격란에 AW200이라고 표시되어 있을 때 200이 나타내는 값 : 정격 2차 전룻값

10년간 자주 출제된 문제

2-1. 교류회로의 주기 T(sec)를 옳게 표현한 것은?(단, 주파수 f[Hz], 각도 θ[rad]로 한다)

① $T = \frac{1}{f}$
② $T = \frac{f}{1}$
③ $T = \frac{\theta}{f}$
④ $T = \frac{f}{\theta}$

2-2. 정현파 교류에서 최댓값은 실횻값의 몇 배인가?

① 2
② $\sqrt{3}$
③ $\sqrt{2}$
④ $\frac{1}{\sqrt{2}}$

|해설|

2-1
주기(T) = $\frac{1}{f}$
여기서, f : 주파수

2-2
- 최대전압 : $V_m = \sqrt{2} \cdot V$
- 최대전류 : $I_m = \sqrt{2} \cdot I$

정답 2-1 ① 2-2 ③

핵심이론 03 시퀀스회로

① 시퀀스회로 : 정해진 순서나 시간 지연 등을 통해서 각 단계별로 순차적인 제어동작으로 전체 시스템을 제어하는 방법
  (예 승강기 제어, 모터 ON-OFF 제어, 세탁기 제어)

② 시퀀스제어의 종류
  ㉠ 릴레이 시퀀스 : 주위 온도나 서지전압에 대한 내력 특성은 좋으나 소비전력이 크고 접점동작속도가 느리고, 진동 및 충격 등에 약하며 접점에 수명이 있어서 고장이 많다.
  ㉡ 무접점 시퀀스 : 제어회로에 사용되는 소자는 동작속도가 빠르고 정밀하며 수명이 길다. 진동, 충격에 강하고 장치가 소형화되지만 주위 온도에 민감하고 서지전압 발생 시 오작동의 우려가 있으며 동작 확인이 어렵다.
  ㉢ PLC 시퀀스 : PLC 시퀀스는 릴레이 시퀀스에서 사용하는 릴레이, 타이머, 카운터 등의 기능을 반도체를 사용하며 조립한 소형 컴퓨터라고 생각하면 된다. 손쉽게 프로그램을 바꿀 수 있으며 공정 단축 및 제어반의 소형화 등이 가능하나 내부회로에 접근하기 위해서는 전용 로더나 PC에 전용 소프트웨어를 설치해서 사용하기 때문에 보수・유지에는 기능적인 것을 많이 요구한다.

10년간 자주 출제된 문제

3-1. 시퀀스제어에 속하지 않는 것은?
① 자동 전기밥솥
② 전기세탁기
③ 가정용 전기냉장고
④ 네온사인

3-2. 시퀀스 제어장치의 구성으로 가장 거리가 먼 것은?
① 검출부
② 조절부
③ 피드백부
④ 조작부

[해설]

3-1
시퀀스제어란 정해진 차례에 따라 제어의 각 단계들을 순차적으로 진행하는 자동제어이다. 미리 정해져 있는 제어동작을 순서대로 실행하는 경우와 다음에 진행할 제어를 즉각적으로 선정하면서 실행하는 경우로 분류된다. 보일러・펌프・냉동기 등에서 사용한다.

3-2
피드백부는 피드백 제어에 해당된다.

정답 3-1 ③ 3-2 ③

핵심이론 04 피드백제어의 구성

① 피드백제어의 구성 : 제어량을 측정하여 목푯값과 비교하고, 그 차를 적절한 정정신호로 교환하여 제어장치로 되돌리며, 제어량이 목푯값과 일치할 때까지 수정 동작을 하는 자동제어를 말한다(제어장치는 검출부, 조절부, 조작부 등으로 구성됨).

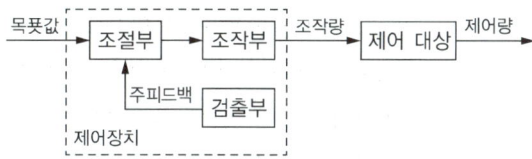

② 자동제어의 신호 전달방법
  ㉠ 공기압식 : 전송거리 100m 정도
  ㉡ 유압식 : 전송거리 300m 정도
  ㉢ 전기식 : 전송거리 수 km까지 가능

③ 자동제어의 동작
  ㉠ 연속동작
    • 비례동작(P동작)
    • 적분동작(I동작)
    • 미분동작(D동작)
    • 비례·적분동작(PI동작)
    • 비례·미분동작(PD동작)
    • 비례적분, 미분동작(PID동작)
  ㉡ 불연속동작
    • On-Off동작(2위치 동작), 다위치 동작

10년간 자주 출제된 문제

자동제어장치의 구성에서 동작신호를 만드는 부분은?
① 조절부   ② 조작부
③ 검출부   ④ 제어부

|해설|
조절부는 동작신호를 만들어 조작부에 보내는 장치이다.

정답 ①

제6절 냉동제어 및 보일러제어설비 설치

6-1. 냉동제어설비 설치계획

핵심이론 01 공동설비제어시스템 및 냉동제어설비 구성장치

① 냉동사이클 구성요소
  ㉠ 압축기
    • 압축기는 저온·저압의 냉매가스를 압축하여 고온·고압의 가스를 만드는 장치이다.
    • 압력이 낮은 증발기로부터 압력이 높은 응축기로 냉매가스를 보내기 위해 가압하고 에너지를 가하는 장치이다.
  ㉡ 응축기
    • 응축기는 압축기로 압축시켜 온도와 압력이 상승된 냉매가스를 물로 냉각하고 액화하는 장치이다.
    • 압축기에서 보내온 냉매가스는 냉각수로 냉각되어 액화 상태의 냉매액이 된다.
  ㉢ 팽창밸브 : 냉매액이 팽창밸브의 좁은 유로를 통과하면서 감압팽창하고 온도가 내려간다.
  ㉣ 증발기 : 증발기는 냉매액을 넓은 공간에 방출 기화하고 그 기화잠열로 물을 냉각한다.

② 냉동기 제어반 : 냉동기 제어반에서는 냉동기의 ON-OFF 기동 상태 및 응축기, 증발기 상태 등 각종 컨트롤을 할 수 있다.

③ 냉동기의 종류 및 특성 : 냉동기 종류 및 특성에 따라서 계통도의 형태가 달라진다. 대표적으로 압축식 냉동기와 흡수식 냉동기로 구분되는데 자동제어계통도는 차이가 없지만 흡수식의 경우는 압축기 대신에 흡수기와 발생기로 형태가 달라진다.

④ 냉각탑의 종류 및 특성 : 냉각탑은 일반적으로 쿨링타워라고 한다. 냉동기의 응축기에서 가스를 냉각액화시켜 온도가 상승한 냉각수를 대기에 접촉시킴과 동시

에 그 일부를 증발시켜 기화열로 냉각수의 온도를 떨어뜨려 수랭 응축기의 냉각수를 버리지 않고 몇 번이라도 반복하여 순환 사용할 수 있도록 하는 역할을 한다.

⑤ 제어항목 : 냉동기 제어항목으로 냉동기 장치 자체는 냉동기 제어반에서 모든 것을 처리하지만 냉수 및 냉각수 순환펌프의 기동정지제어와 냉동기 기동정지제어 및 냉각수 온도제어 등을 검토한다.

⑥ 감시항목
- 냉수, 냉각수 온도 감시
- 냉수, 냉각수펌프 상태 감시
- 냉동기 이상 경보, 상태 감시, 긴급 정지
- 냉수량 측정

⑦ 연동제어사항 : 냉동기와 냉·온수펌프의 순차기동은 냉동기제어반에서 시퀀스제어로 이루어지는지 확인한다.

10년간 자주 출제된 문제

1-1. 불응축가스가 주로 모이는 곳은?
① 증발기 ② 액분리기
③ 압축기 ④ 응축기

1-2. NH₃ 냉매를 사용하는 냉동장치에서 일반적으로 압축기를 수랭식으로 냉각하는 주된 이유는?
① 냉매의 응축압력이 낮기 때문에
② 냉매의 증발압력이 낮기 때문에
③ 냉매의 비열비값이 크기 때문에
④ 냉매의 임계점이 높기 때문에

[해설]
1-2
압축기를 수랭식으로 냉각하는 주된 이유 : 냉매의 비열비값이 크기 때문에

정답 1-1 ④ 1-2 ③

6-2. 보일러 제어설비 및 제작설비 설치계획

핵심이론 01 보일러 설비제어시스템 및 보일러 제어설비 구성장치

① 보일러 설비의 구성
- ㉠ 보일러 본체 : 물과 증기가 들어갈 내압용기이며, 연소가스와의 접촉 및 연소열의 복사에 의한 열을 흡수하는 전열면을 갖고 있다.
- ㉡ 연소장치 : 연료의 연소에 의해 열을 발생시키고, 화염방사에 의해 열을 흡수시키는 부분이다.
- ㉢ 급수장치 : 보일러에 물을 보내는 일련의 계통에 부속되는 장치로서, 구성요소로는 급수탱크 또는 수원, 급수펌프 또는 인젝터, 급수밸브와 급수관 등이 있다.
- ㉣ 자동제어장치 등의 부속장치 : 압력조절기, 온도조절기, 연료조절밸브 등으로 구성되어 있다.
- ㉤ 수면계, 압력계 등의 부속기구

② 보일러 제어설비 구성장치
- ㉠ 마이컴보드 : 급수, 연소제어 및 이상 부위의 모니터 표시 기능
- ㉡ 경보버저 : 관수 이상 또는 이상 발생 시 버저 울림
- ㉢ 퓨즈 : 규정 이상의 전류가 흐를 때 퓨즈가 끊어짐
- ㉣ 버너용 전자개폐기 : 버너모터의 동작을 제어함
- ㉤ 급수펌프용 전자개폐기 : 급수펌프의 동작을 제어함

10년간 자주 출제된 문제

1-1. 압력자동급수밸브의 주된 역할은?
① 냉각수온을 제어한다.
② 증발온도를 제어한다.
③ 과열도 유지를 위해 증발압력을 제어한다.
④ 부하변동에 대응하여 냉각수량을 제어한다.

1-2. 보일러의 3대 구성요소가 아닌 것은?
① 보일러 본체 ② 연소장치
③ 부속품과 부속장치 ④ 분출장치

정답 1-1 ④ 1-2 ④

PART 02

과년도+최근 기출복원문제

2013~2016년   과년도 기출문제
2017~2024년   과년도 기출복원문제
2025년   최근 기출복원문제

2013년 제1회 과년도 기출문제

01 고압가스 안전관리법에서 규정한 용어를 바르게 설명한 것은?

① "저장소"라 함은 산업통상자원부령이 정하는 일정량 이상의 고압가스를 용기나 저장탱크로 저장하는 일정한 장소를 말한다.
② "용기"라 함은 고압가스를 운반하기 위한 것(부속품을 포함하지 않음)으로서 이동할 수 있는 것을 말한다.
③ "냉동기"라 함은 고압가스를 사용하여 냉동을 하기 위한 모든 기기를 말한다.
④ "특정설비"라 함은 저장탱크와 모든 고압가스 관계 설비를 말한다.

해설
② 용기 : 고압가스를 운반하기 위한 것(부속품 포함)을 말한다.
③ 냉동기 : 고압가스를 사용하여 냉동을 하기 위한 기기로서, 산업통상자원부령으로 정하는 냉동능력 이상인 것을 말한다.
④ 특정설비 : 저장탱크와 산업통상자원부령으로 정하는 고압가스 관련 설비를 말한다.

03 재해의 직접적 원인이 아닌 것은?

① 보호구의 잘못 사용
② 불안전한 조작
③ 안전지식 부족
④ 안전장치의 기능 제거

해설
안전지식 부족은 재해의 간접원인에 속한다.
직접적인 원인
• 불안전한 행동(인적원인)
 - 위험장소 접근 및 불안전한 조작, 상태 방치
 - 안전장치의 기능 제거 및 불안전한 자세, 동작
 - 기계, 기구의 잘못 사용 및 운전 중인 기계장치의 손실
 - 복장, 보호구 잘못 사용 및 감독, 연락 불충분
• 불안전한 상태(물적원인)
 - 기계자체, 안전장치, 방호장치의 결함
 - 보호구 및 작업장소의 결함
 - 작업환경의 결함
 - 생산공정 및 설비의 결함

02 보안경을 사용하는 이유로 적합하지 않은 것은?

① 중량물의 낙하 시 얼굴을 보호하기 위해서
② 유해약물로부터 눈을 보호하기 위해서
③ 칩의 비산으로부터 눈을 보호하기 위해서
④ 유해 광선으로부터 눈을 보호하기 위해서

해설
중량물 낙하 시 얼굴을 보호하기 위한 안전장치는 안전모이다.

04 보일러에서 폭발구(방폭문)를 설치하는 이유는?

① 연소의 촉진을 도모하기 위하여
② 연료의 절약을 위하여
③ 연소실의 화염을 검출하기 위하여
④ 폭발가스의 외부배기를 위하여

해설
방폭문은 폭발가스의 외부배기를 위해서 설치하는 안전장치이다.

05 재해예방의 4가지 기본원칙에 해당되지 않는 것은?

① 대책선정의 원칙
② 손실우연의 원칙
③ 예방가능의 원칙
④ 재해통계의 원칙

해설
재해예방의 4원칙
- 손실우연의 원칙 : 손실은 사고 발생 시의 조건 및 상황에 따라 달라지므로 손실은 우연성에 의해 결정된다.
- 예방가능의 원칙 : 재해는 원칙적으로 원인만 제거되면 예방이 가능하다.
- 원인연계의 원칙 : 재해의 원인은 여러 요소들이 복합적으로 작용하여 재해를 유발시킨다.
- 대책선정의 원칙 : 재해의 원인이 각기 다르므로 원인을 정확히 규명해서 대책을 선정, 실시해야 한다.

06 일반 공구 사용 시 주의사항으로 적합하지 않은 것은?

① 공구는 사용 전보다 사용 후에 점검한다.
② 본래의 용도 이외에는 절대로 사용하지 않는다.
③ 항상 작업 주위 환경에 주의를 기울이면서 작업한다.
④ 공구는 항상 일정한 장소에 비치하여 놓는다.

해설
공구는 사용하기 전에 점검한다.

07 전기로 인한 화재 발생 시의 소화제로서 가장 알맞은 것은?

① 모 래
② 포 말
③ 물
④ 탄산가스

해설
전기 화재 시 소화제로는 분말이나 탄산가스, 할로겐가스가 적당하다.

08 가스보일러 점화 시 주의사항 중 맞지 않는 것은?

① 연소실 내의 용적 4배 이상의 공기로 충분히 환기를 행할 것
② 점화는 3~4회로 착화될 수 있도록 할 것
③ 착화 실패나 갑작스런 실화 시에는 연료 공급을 중단하고 환기 후 그 원인을 조사할 것
④ 점화버너의 스파크 상태가 정상인지 확인할 것

해설
점화 시 착화는 1회에 즉시 이루어져야 한다.

09 가연성 가스의 화재, 폭발을 방지하기 위한 대책으로 틀린 것은?

① 가연성 가스를 사용하는 장치를 청소하고자 할 때는 가연성 가스로 한다.
② 가스가 발생하거나 누출될 우려가 있는 실내에서는 환기를 충분히 시킨다.
③ 가연성 가스가 존재할 우려가 있는 장소에서는 화기를 엄금한다.
④ 가스를 연료로 하는 연소설비에서는 점화하기 전에 누출 유무를 반드시 확인한다.

해설
가연성 가스의 청소 시 불연성 가스를 이용한다.

10 공기조화용으로 사용되는 교류 3상 220V의 전동기가 있다. 전동기의 외함 및 철대에 제3종 접지공사를 하는 목적에 해당되지 않는 것은?

① 감전 사고의 방지
② 성능을 좋게 하기 위해서
③ 누전 화재의 방지
④ 기기, 배관 등의 파괴 방지

해설
접지공사의 목적 : 화재 방지, 감전 방지, 기기 손상 방지

11 전기용접기 사용상의 준수사항으로 적합하지 않은 것은?

① 용접기 설치장소는 습기나 먼지 등이 많은 곳은 피하고 환기가 잘되는 곳을 선택한다.
② 용접기의 1차측에는 용접기 근처에 규정값보다 1.5배 큰 퓨즈(Fuse)를 붙인 안전 스위치를 설치한다.
③ 2차측 단자의 한 쪽과 용접기 케이스는 접지(Earth)를 확실히 해 둔다.
④ 용접 케이블 등의 파손된 부분은 즉시 절연 테이프로 감아야 한다.

해설
용접기의 1차 측에는 용접기 근처에 규정값보다 큰 퓨즈를 붙인 안전스위치를 설치하면 안 된다.

12 압축기 토출압력이 정상보다 너무 높게 나타나는 경우 그 원인에 해당하지 않는 것은?

① 냉각수량이 부족한 경우
② 냉매 계통에 공기가 혼합되어 있는 경우
③ 냉각수 온도가 낮은 경우
④ 응축기 수 배관에 물때가 낀 경우

해설
냉각수 온도가 높을 경우 토출압력이 높아진다.
• 토출압력이 너무 높은 원인
 - 공기가 냉매계통에 혼입된 경우
 - 응축기 수 배관에 물때가 낀 경우
 - 수로 덮개의 칸막이 벽이 부식된 경우
 - 공랭식 응축기 핀이 오염되었을 경우
 - 냉매가 과잉 충전되어서 응축기의 냉각관이 액냉매에 잠겨 유효전열면적이 감소한 경우
 - 토출배관 중의 스톱 밸브가 완전히 열려 있지 않은 경우
• 토출압력이 너무 낮은 경우
 - 냉각수량이 너무 많거나 냉각수 온도가 낮은 경우
 - 공랭식의 경우 냉각공기량이 너무 많거나 냉각공기 온도가 너무 낮은 경우
 - 증발기에서 압축기로 액냉매가 혼입된 경우
 - 냉매 충전량이 부족한 경우
 - 토출밸브로부터 냉매 누설이 있는 경우

13 근로자가 보호구를 선택 및 사용하기 위해 알아 두어야 할 사항으로 거리가 먼 것은?

① 올바른 관리 및 보관방법
② 보호구의 가격과 구입방법
③ 보호구의 종류와 성능
④ 올바른 사용(착용)방법

해설
보호구의 선정 시 유의사항
• 사용목적에 적합한 것
• 검정에 합격하고 성능이 보장되는 것
• 작업에 방해되지 않는 것
• 착용이 쉽고, 크기 등 사용자에게 편리한 것

14 냉동장치에서 안전상 운전 중에 점검해야 할 중요 사항에 해당되지 않는 것은?

① 냉매의 각부 압력 및 온도
② 윤활유의 압력과 온도
③ 냉각수 온도
④ 전동기의 회전방향

해설
전동기의 회전방향은 운전 전에 점검해야 할 사항이다.

15 가스용접에서 토치의 취급상 주의사항으로서 적합하지 않는 것은?

① 토치나 팁은 작업장 바닥이나 흙 속에 방치하지 않는다.
② 팁을 바꿀 때에는 반드시 가스 밸브를 잠그고 한다.
③ 토치를 망치 등 다른 용도로 사용해서는 안 된다.
④ 토치에 기름이나 그리스를 주입하여 관리한다.

해설
토치에 기름이나 그리스를 주입하면 안 된다.

16 어느 제빙공장의 냉동능력은 6RT이다. 응축기 방열량은 얼마인가?(단, 방열계수는 1.3이다)

① 10,948kcal/h
② 11,248kcal/h
③ 15,952kcal/h
④ 25,896kcal/h

해설
응축기 방열량 = 6 × 3,320 × 1.3
= 25,896

17 증발식 응축기의 일리미네이트에 대한 설명으로 맞는 것은?

① 물의 증발을 양호하게 한다.
② 공기를 흡수하는 장치다.
③ 물이 과냉각되는 것을 방지한다.
④ 냉각관에 분사되는 냉각수가 대기 중에 비산되는 것을 막아주는 장치다.

해설
일리미네이트 : 냉각탑 상부에 위치하며 냉각수가 대기로 비산되는 것을 방지한다.

18 OR회로를 나타내는 논리기호로 맞는 것은?

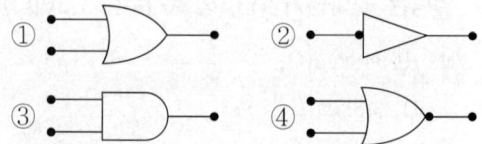

해설
① OR회로
② BUFFER회로
③ AND회로
④ NOR회로

19 분해조립이 필요한 부분에 사용하는 배관 연결 부속은?

① 부싱, 티
② 플러그, 캡
③ 소켓, 엘보
④ 플랜지, 유니언

해설
분해 조립이 가능한 배관 부품 : 플랜지, 유니언
관이음쇠의 종류

목 적	종 류
배관 방향을 바꿀 때	엘보, 밴드
관을 도중에서 분기할 때	티, 와이, 크로스
지름이 같은 관의 직선 연결 (수평배관)	소켓, 유니언, 플랜지, 니플
지름이 다른 관의 연결	부싱, 이경 소켓, 이경 엘보, 이경 티
관 끝을 막을 때	캡, 플러그, 블라인드 플랜지
관의 수리, 점검, 교체가 필요할 때	유니언(50A 이하의 관에 사용), 플랜지

20 다음 그림의 기호가 나타내는 밸브로 맞는 것은?

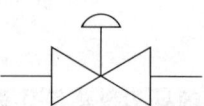

① 슬루스 밸브
② 글로브 밸브
③ 다이어프램 밸브
④ 감압 밸브

해설
문제의 기호는 다이어프램 밸브이다.

슬루스 밸브	글로브 밸브	감압 밸브
▷◁	▶◀	

21 2원 냉동장치 냉매로 많이 사용되는 R-290은 어느 것인가?

① 프로판 ② 에틸렌
③ 에 탄   ④ 부 탄

해설
2원 냉동장치의 저온냉동기에 사용되는 냉매
R-13, R-14, 메탄(R-50), 에틸렌, 프로판(R-290)

22 2단 압축 2단 팽창 냉동사이클을 몰리에르 선도에 표시한 것이다. 옳은 것은?

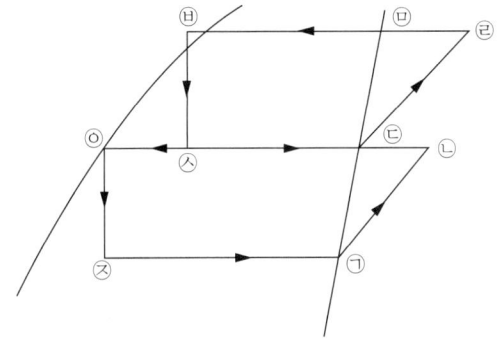

① 중간 냉각기의 냉동효과 : ㄷ - ㅅ
② 증발기의 냉동효과 : ㄴ - ㅈ
③ 팽창밸브 통과 직후의 냉매 위치 : ㄹ - ㅁ
④ 응축기의 방출열량 : ㅇ - ㄴ

해설
② 증발기의 냉동효과 : ㄱ - ㅈ
③ 팽창밸브 통과 직후의 냉매 위치 : ㅅ, ㅈ
④ 응축기 방출 열량 : ㄹ - ㅂ

23 어떤 냉동기에서 0℃의 물로 0℃의 얼음 2톤(ton)을 만드는 데 40kWh의 일이 소요된다면 이 냉동기의 성적계수는 약 얼마인가?(단, 얼음의 융해잠열은 80kcal/kg이다)

① 2.72 ② 3.04
③ 4.04 ④ 4.65

해설
• 냉동능력(Q_e)
$Q_e = G \times \gamma$
$= 2,000 \times 80$
$= 160,000 \text{kcal}$

• 압축기 소요동력 1kWh = 860kcal
$L = 40 \times 860 = 34,400 \text{kcal}$

• 성적계수(COP)
$\text{COP} = \dfrac{Q}{L} = \dfrac{160,000}{34,400} \fallingdotseq 4.65$

24 2차 냉매의 열전달 방법은?

① 상태 변화에 의한다.
② 온도 변화에 의하지 않는다.
③ 잠열로 전달한다.
④ 감열로 전달한다.

해설
2차 냉매(간접 냉매)
통칭 Brine(NaCl, CaCl₂, MgCl₂ 등)을 말하며, 제빙장치의 브라인, 공조장치의 냉수 등이 이에 속한다. 감열에 의해 열을 운반한다.

25 압력 표시에 1atm과 값이 다른 것은?

① 1.01325bar
② 1.10325MPa
③ 760mmHg
④ 1.03227kgf/cm²

해설
표준 대기압(atm)
1기압은 위도 45°의 해면에서 0℃ 760mmHg가 매 cm²에 주는 힘
$1atm = 760mmHg$
$= 10,332mmH_2O(mmAq = kg/m^2)$
$= 1.0332kg/cm^2$
$= 14.7psi(= lb/inch^2)$
$= 1013.25mbar$
$= 101,325Pa(= N/m^2)$

26 응축온도 및 증발온도가 냉동기의 성능에 미치는 영향에 관한 사항 중 옳은 것은?

① 응축온도가 일정하고 증발온도가 낮아지면 압축비가 증가한다.
② 증발온도가 일정하고 응축온도가 높아지면 압축비는 감소한다.
③ 응축온도가 일정하고 증발온도가 높아지면 토출가스온도는 상승한다.
④ 응축온도가 일정하고 증발온도가 낮아지면 냉동능력은 증가한다.

27 역률에 대한 설명 중 잘못된 것은?

① 유효전력과 피상전력과의 비이다.
② 저항만이 있는 교류회로에서는 1이다.
③ 유효전류와 전전류의 비이다.
④ 값이 0인 경우는 없다.

해설
역률($\cos\theta$)은 유효전력 ÷ 피상전력으로, 0~1로 표시한다.

28 동관 굽힘 가공에 대한 설명으로 옳지 않은 것은?

① 열간 굽힘 시 큰 직경으로 관 두께가 두꺼운 경우에는 관 내에 모래를 넣어 굽힘한다.
② 열간 굽힘 시 가열온도는 100℃ 정도로 한다.
③ 굽힘 가공성이 강관에 비해 좋다.
④ 연질관은 핸드벤더(Hand Bender)를 사용하여 쉽게 굽힐 수 있다.

해설
관 재질에 따른 열간 굽힘 시 가열온도
• 강관 : 800~900℃
• 동관 : 500~600℃
• 연관 : 100℃

29 사용압력이 비교적 낮은(10kgf/cm² 이하) 증기, 물, 기름, 가스 및 공기 등의 각종 유체를 수송하는 관으로, 일명 가스관이라고도 하는 관은?

① 배관용 탄소 강관
② 압력배관 탄소 강관
③ 고압배관용 탄소 강관
④ 고온배관용 탄소 강관

해설
① 배관용 탄소 강관 : SPP, 10kgf/cm² 이하의 증기, 물, 가스 등 수송
② 압력배관 탄소 강관 : 350℃ 이하, 사용 압력 10~100kg/cm²의 압력 배관용, 외경은 SPP와 같고 두께는 스케줄 치수 계열로 Sch 80까지 호칭경 6~500A
③ 고압배관용 탄소 강관 : 350℃ 이하, 사용압력 100kg/cm² 이상의 고압 배관, 암모니아 합성공업 등의 고압배관, 내연기관의 연료 분사관용, SPPS와 동일 Sch 80~160
④ 고온배관용 탄소 강관 : 350℃ 이상의 고온 배관용, 외경은 SPPS와 동일, Sch 10~160까지

31 탄성이 부족하여 석면, 고무, 금속 등과 조합하여 사용되며, 내열범위는 -260~260℃ 정도로 기름에 침식되지 않는 패킹은?

① 고무 패킹
② 석면조인트 시트
③ 합성수지 패킹
④ 오일시트 패킹

해설
③ 합성수지 패킹 : 탄성이 부족하여 석면, 고무, 금속 등과 조합하여 사용되며 내열범위는 -260~260℃ 정도로 기름에 침식되지 않는다.
① 고무패킹 : 탄성이 우수하고 흡수성이 없다.
② 석면조인트 시트 : 광물질의 미세한 섬유로 450℃까지의 고온 배관에도 사용된다.
④ 오일시트 패킹 : 한지를 일정한 두께로 겹쳐서 내유가공한 것으로 내герь도는 낮으나 펌프, 기어박스 등에 사용한다.

30 $P-h$ 선도상의 각 번호에 대한 명칭 중 맞는 것은?

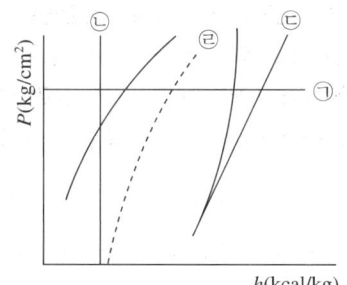

① ㉠ : 등비체적선
② ㉡ : 등엔트로피선
③ ㉢ : 등엔탈피선
④ ㉣ : 등건조도선

해설
㉠ 등압선
㉡ 등엔탈피선
㉢ 등엔트로피선
㉣ 등건조도선

32 정현파 교류전류에서 크기를 나타내는 실효치를 바르게 나타낸 것은?(단, I_m은 전류의 최대치이다)

① $I_m \sin\omega t$
② $0.636 I_m$
③ $\sqrt{2}$
④ $0.707 I_m$

해설
• 실효전류 $I = \dfrac{1}{\sqrt{2}} I_m = 0.707 I_m$
• 평균전류 $I_a = \dfrac{2}{\pi} I_m = 0.637 I_m$

33 다음 중 흡수식 냉동장치의 적용 대상이 아닌 것은?

① 백화점 공조용 ② 산업 공조용
③ 제빙공장용 ④ 냉난방장치용

해설
흡수식 냉동장치는 제빙용으로 사용하지 않는다.

34 프레온 냉매 중 냉동능력이 가장 좋은 것은?

① R-113 ② R-11
③ R-12 ④ R-22

해설
냉동능력이 좋은 순서
R-22 > R-11 > R-12 > R-113

35 왕복동 압축기의 용량제어 방법으로 적합하지 않은 것은?

① 흡입밸브 조정에 의한 방법
② 회전수 가감법
③ 안전스프링의 강도 조정법
④ 바이패스 방법

해설
왕복동식 압축기의 용량제어방법
• 흡입밸브 조정에 의한 방법
• 톱 클리어런스에 의한 방법
• 회전수 가감법
• 바이패스 방법
• 언로드(무부하)법

36 터보냉동기의 운전 중에 서징(Surging)현상이 발생하였다. 그 원인으로 맞지 않는 것은?

① 흡입가이드 베인을 너무 조일 때
② 가스 유량이 감소될 때
③ 냉각수온이 너무 낮을 때
④ 어떤 한계치 이하의 가스유량으로 운전할 때

해설
서징현상의 발생원인
• 불응축가스 혼입 시
• 흡입가이드 베인을 너무 조인 경우
• 냉각수량이 감소하거나 수온이 높을 경우
• 냉각수 배관에 스케일이 있을 경우

37 회전식 압축기의 피스톤 압출량(V)을 구하는 공식은 어느 것인가?(단, D = 실린더 내경(m), d = 회전 피스톤의 외경(m), t = 실린더의 두께(m), R = 회전수(rpm), n = 기통수, L = 실린더 길이)

① $v = 60 \times 0.785 \times (D^2 - d^2) t \times n \times R (\mathrm{m^3/h})$
② $v = 60 \times 0.785 \times D^2 t \times n \times R (\mathrm{m^3/h})$
③ $v = 60 \times \dfrac{\pi \times D^2}{4} L \times n \times R (\mathrm{m^3/h})$
④ $v = \dfrac{\pi \times D \times R}{4} (\mathrm{m^3/h})$

해설
회전식 압축기의 피스톤 압출량
$= \dfrac{\pi}{4} \times (D^2 - d^2) \times t \times n \times R \times 60 (\mathrm{m^3/h})$

38 냉동의 원리에 이용되는 열의 종류가 아닌 것은?

① 증발열　　② 승화열
③ 융해열　　④ 전기저항열

해설
자연적 냉동방법
- 얼음의 융해잠열을 이용하는 방법
- 승화열을 이용하는 방법
- 증발열을 이용하는 방법
- 기한제를 이용하는 방법

39 다음 설명 중 내용이 맞는 것은?

① 1BTU는 물 1lb를 1℃ 높이는 데 필요한 열량이다.
② 절대압력은 대기압의 상태를 0으로 기준하여 측정한 압력이다.
③ 이상기체를 단열팽창시켰을 때 온도는 내려간다.
④ 보일-샤를의 법칙이란 기체의 부피는 절대압력에 비례하고 절대온도에 반비례한다.

해설
① 1BTU : 물 1lb을 1°F 올리는 데 필요한 열량(미국과 영국에서 사용되는 단위)
② 절대압력 : 완전 진공을 0으로 하여 측정한 압력
④ 보일-샤를의 법칙 : 기체의 부피는 절대압력에 반비례하고, 절대온도에 비례한다는 법칙

40 냉동 사이클에서 액관 여과기의 규격은 보통 몇 메시(mesh) 정도인가?

① 40~60　　② 80~100
③ 15~220　　④ 250~350

해설
액관 여과기의 규격 : 80~100mesh

41 증발기에 대한 제상방식이 아닌 것은?

① 전열 제상　　② 핫가스 제상
③ 살수 제상　　④ 피냉제거 제상

해설
제상방법
- 고압가스 제상
- 액 냉매를 제상용 수액기에 받는 제상장치
- 소형 냉동장치의 제상
- 재증발기를 이용한 제상방법
- 서모 뱅크를 이용한 제상
- 온수 브라인 제상
- 온수 살포 제상
- 전열 제상(Electric Defrost)
- 브라인 분무 제상(Brine Spray Defrost)

42 다음 그림에서 습압축 냉동사이클은 어느 것인가?

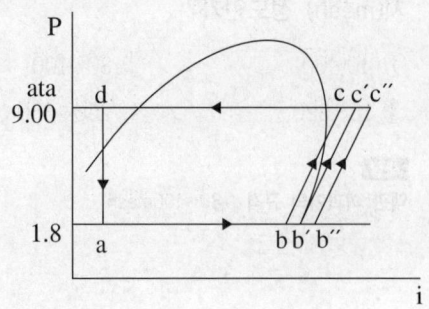

① ab′c′da
② bb″c″cb
③ ab″c″da
④ abcda

해설
습압축 냉동사이클 : abcda

43 압축기에 관한 설명으로 옳은 것은?

① 토출가스 온도는 압축기의 흡입가스 과열도가 클수록 높아진다.
② 프레온 12를 사용하는 압축기에는 토출온도가 낮아 워터재킷(Water Jacket)을 부착한다.
③ 톱 클리어런스(Top Clearance)가 클수록 체적효율이 커진다.
④ 토출가스 온도가 상승하여도 체적효율은 변하지 않는다.

해설
② 워터재킷은 비열비가 큰 암모니아 냉매에 사용한다.
③ 톱 클리언스가 클수록 체적효율은 감소한다.
④ 토출가스 온도가 상승하면 실린더 과열을 초래하여 체적효율이 저하된다.

44 인버터 구동 가변 용량형 공기조화장치나 증발 온도가 낮은 냉동장치에서는 냉매유량 조절의 특성 향상과 유량제어 범위의 확대 등이 중요하다. 이러한 목적으로 사용되는 팽창 밸브로 적당한 것은?

① 온도식 자동 팽창 밸브
② 정압식 자동 팽창 밸브
③ 열전식 팽창 밸브
④ 전자식 팽창 밸브

해설
자동 팽창 밸브의 종류
• 온도식 자동 팽창 밸브 : 증발기 출구의 과열도에 의한 작동되는 팽창 밸브로 냉매의 감압과 유량을 비례적으로 제어하는 기능을 가지고 있다.
• 정압식 자동 팽창 밸브 : 증발기 내의 압력으로 밸브를 작동시켜 증발기 내의 압력을 일정하게 유지시켜 간접적으로 증발 온도를 일정하게 할 목적으로 사용된다.
• 전자식 팽창 밸브 : 인버터 구동 가변 용량형 공기조화장치에 사용하는 팽창 밸브로, 증발기 입구 냉각관 벽과 증발기 출구 냉각관 벽에 온도센서를 설치하여, 이들 양쪽 센서의 검출 온도차에 의해 증발기 출구 냉매가스의 과열도를 측정하여, 이 신호에 따라 밸브를 개폐하며, 증발기에 유입하는 냉매유량을 피드백(Feedback)제어한다.
• 플로트식 팽창 밸브 : 액면의 위치에 따라 플로트(Float)가 상하로 움직이는 것을 이용하여 밸브를 개폐시키는 형식으로, 고압부인 수액기의 액면에 플로트를 설치한 것을 고압측 플로트 팽창 밸브, 저압부인 증발기 내 액면에 설치한 것을 저압측 플로트 팽창 밸브라 한다.
• 열전식 팽창 밸브 : 팽창 밸브 본체와 온도센서 및 전자제어부를 조립함으로써 과열도 제어를 비롯하여 각종 기능을 발휘할 수 있도록 한 것이다.

45 암모니아 냉동기에 사용되는 수랭 응축기의 전열계수(열통과율)가 800kcal/m²h℃이며, 응축온도와 냉각수 입출구의 평균 온도차가 8℃일 때 1냉동톤당의 응축기 전열면적은 약 얼마인가?(단, 방열계수는 1.3으로 한다)

① 0.52m²   ② 0.67m²
③ 0.97m²   ④ 1.7m²

해설

$$전열면적 = \frac{총열량}{전열계수 \times 온도차} = \frac{3,320 \times 1.3}{800 \times 8} ≒ 0.67$$

46 보일러에서의 상용출력이란?

① 난방부하
② 난방부하 + 급탕부하
③ 난방부하 + 급탕부하 + 배관부하
④ 난방부하 + 급탕부하 + 배관부하 + 예열부하

해설

보일러의 상용출력 = 난방부하 + 급탕부하 + 배관부하

47 공조방식 중 패키지 유닛방식의 특징으로 틀린 것은?

① 공조기로의 외기 도입이 용이하다.
② 각 층을 독립적으로 운전할 수 있으므로 에너지 절감효과가 크다.
③ 실내에 설치하는 경우 급기를 위한 덕트 샤프트가 필요 없다.
④ 송풍기 정압이 낮으므로 제진효율이 떨어진다.

해설

패키지 유닛방식은 공조기로의 외기 도입이 어렵다.
패키지 유닛방식의 장단점

장 점	단 점
• 설비비·경상비가 싸고, 시공이 용이하며 공기도 단축된다.	• 단계적인 설비용량이므로, 온습도 제어의 정도가 낮다.
• 취급이 간단해서 단독운전을 할 수 있고, 대규모 건물의 부분공조도 용이하다.	• 유닛이 분산·설치되므로 보수·관리가 번거롭다.
• 기설 건물에의 설치가 용이하며, 유닛의 증설·변경 계획에 대응하기 쉽다.	• 일반적으로 제진효율이 낮다. • 실내에 설치하는 경우 소음·진동대책이 필요하다.

48 공조용 급기 덕트에서 취출된 공기가 어느 일정 거리만큼 진행했을 때의 기류 중심선과 취출구 중심과의 거리를 무엇이라고 하는가?

① 도달거리   ② 1차 공기거리
③ 2차 공기거리   ④ 강하거리

해설

④ 강하거리 : 공조용 급기덕트에서 취출된 공기가 어느 일정 거리만큼 진행했을 때의 기류 중심선과 취출구 중심과의 거리
① 도달거리 : 분출구에서 분출된 공기가 도달한 어떤 점 및 일반적으로 0.25m/s의 일정 풍속이 되는 곳까지의 수평 이동거리

49 난방방식 중 방열체가 필요 없는 것은?

① 온수난방
② 증기난방
③ 복사난방
④ 온풍난방

해설
온풍난방은 열원장치에서 가열한 공기를 직접 실내에 공급하는 난방하는 방식으로서 방열체가 필요없다.

난방방식의 분류와 특징

구 분	증기 난방	보통온수 난방	고온수 난방	복사 난방	온풍 난방
열 매	증 기	온 수	온 수	온 수	공 기
열매온도(℃)	100~110	40~80	110~150	40~60	50~80
방열체	방열기	방열기	방열기	바닥, 천장	–
방열량 (kcal/m²h)	650	450	600	100	–
설비비 (방열체, 배관)	소	중	소	대	소
운전비	중	중	소	중	대
사용용도	학교, 사무소	병원, 기숙사	지역 난방	아파트, 유치원	개별식

50 다익형 송풍기의 임펠러 직경이 600mm일 때 송풍기 번호는 얼마인가?

① No. 2
② No. 3
③ No. 4
④ No. 6

해설
- 다익형(원심식) 송풍기 번호 = $\dfrac{\text{날개의 직경(mm)}}{150} = \dfrac{600}{150} = 4$
- 축류형 송풍기 번호 = $\dfrac{\text{날개의 직경}}{100}$

51 공연장의 건물에서 관람객이 500명이고, 1인당 CO_2 발생량이 0.05m³/h일 때 환기량(m²/h)은 얼마인가?(단, 실내 허용 CO_2 농도는 600ppm, 외기 CO_2 농도는 100ppm이다)

① 30,000
② 35,000
③ 40,000
④ 50,000

해설
환기량 = $\dfrac{CO_2 \text{ 발생량}}{\text{실내허용 } CO_2\text{농도} - \text{외기허용 } CO_2\text{농도}}$

$= \dfrac{0.05 \times 500}{(600-100) \times 10^{-6}}$

$= 50,000$

52 가변 풍량 단일 덕트방식의 특징이 아닌 것은?

① 송풍기의 동력을 절약할 수 있다.
② 실내공기의 청정도가 떨어진다.
③ 일사량 변화가 심한 존(Zone)에 적합하다.
④ 각실이나 존(Zone)의 온도를 개별 제어하기가 어렵다.

해설
가변 풍량 단일 덕트방식은 각실이나 존의 온도를 개별 제어하기 쉽다.

53 증기가열코일의 설계 시 증기코일의 열수가 적은 점을 고려하여 코일의 전면풍속은 어느 정도가 가장 적당한가?

① 0.1m/s
② 1~2m/s
③ 3~5m/s
④ 7~9m/s

해설
증기코일의 설계
• 증기코일은 열수가 적으므로 코일 전면풍속은 3~5m/s로 한다.
• 사용증기압은 0.1~2kg/cm² 정도이다.
• 증기트랩의 용량은 최대 응축수량의 3배 이상으로 한다.
• 응축수 배출을 위한 배관은 1/50~1/100의 순기울기로 한다.

54 송풍기 선정 시 고려해야 할 사항 중 옳은 것은?

① 소요 송풍량과 풍량 조절 댐퍼 유무
② 필요 유효정압과 전동기 모양
③ 송풍기 크기와 공기 분출 방향
④ 소요 송풍량과 필요 정압

해설
송풍기의 소요동력
$N = \dfrac{P \times Q}{102 \times \eta \times 60}$
여기서, N : 소요동력(kW)
η : 효율
P : 송풍압력(kg/m²)
Q : 송풍량(m³/sec)

55 공조부하 계산 시 잠열과 현열을 동시에 발생시키는 요소는?

① 벽체로부터의 취득열량
② 송풍기에 의한 취득열량
③ 극간풍에 의한 취득열량
④ 유리로부터의 취득열량

해설
현열부하와 잠열부하가 모두 발생하는 열량
• 극간풍에 의한 열량
• 인체에서 발생하는 열량
• 외기부하
• 실내기구에서 발생하는 열량

56 실내의 취득열량을 구했더니 현열이 28,000kcal/h, 잠열이 12,000kcal/h였다. 실내를 21℃, 60%(RH)로 유지하기 위해 취출온도차 10℃로 송풍할 때, 현열비는 얼마인가?

① 0.7
② 1.8
③ 1.4
④ 0.4

해설
현열비(SHF ; Sensible Heat Factor, 감열비)
전열량에 대한 현열량의 비로서 실내로 송출되는 공기의 상태를 나타낸다.
$SHF = \dfrac{q_s}{q_s + q_L}$
$= \dfrac{28,000}{28,000 + 12,000} = 0.7$
여기서, q_s : 현열량
q_L : 잠열량

57 감습장치에 대한 설명이다. 옳은 것은?

① 냉각식 감습장치는 감습만을 목적으로 사용하는 경우 경제적이다.
② 압축식 감습장치는 감습만을 목적으로 하면 소요 동력이 커서 비경제적이다.
③ 흡착식 감습법은 액체에 의한 감습법보다 효율이 좋으나 낮은 노점까지 감습이 어려워 주로 큰 용량의 것에 적합하다.
④ 흡수식 감습장치는 흡착식에 비해 감습효율이 떨어져 소규모 용량에만 적합하다.

해설
① 냉각 감습장치는 냉각과 감습을 동시에 필요로 할 때는 유리하지만 냉각을 필요로 하지 않을 때도 재열(再熱)이 필요하여 열량이 소모된다.
③ 흡착식 감습장치는 재생에 대량의 열량을 필요로 하므로 풍량이 적어도 되는 건조실 등에 사용되고 있다.
④ 흡수식 감습장치는 냉각식에 비해 공조되어 있는 실내의 현열비가 60% 이하일 때 유리하다.

58 중앙식 공조기에서 외기측에 설치되는 기기는?

① 공기예열기   ② 일리미네이터
③ 가습기   ④ 송풍기

해설
공기예열기 : 중앙식 공조기에서 외기측에 설치되는 기기

59 다음 공기의 성질에 대한 설명 중 틀린 것은?

① 최대한도의 수증기를 포함한 공기를 포화공기라 한다.
② 습공기의 온도를 낮추면 물방울이 맺히기 시작하는 온도를 그 공기의 노점온도라고 한다.
③ 건공기 1kg에 혼합된 수증기기의 질량비를 절대습도라 한다.
④ 우리 주변에 있는 공기는 대부분의 경우 건공기이다.

해설
우리 주변에 있는 공기는 대부분 습공기이다.

60 온수난방방식의 분류로 적당하지 않은 것은?

① 강제 순환식   ② 복관식
③ 상향 공급식   ④ 진공 환수식

해설
진공 환수방식은 증기난방에서 응축수 환수방법이다.
온수난방의 분류
• 온수온도 : 보통 온수식, 고온수식
• 온수순환방법 : 중력 환수식, 강제 순환식
• 배관방법 : 단관식, 복관식
• 온수의 공급방법 : 상향 공급식, 하향 공급식

정답 57 ② 58 ① 59 ④ 60 ④

2013년 제2회 과년도 기출문제

01 재해 조사 시 유의할 사항이 아닌 것은?

① 조사자는 주관적이고 공정한 입장을 취한다.
② 조사목적에 무관한 조사는 피한다.
③ 목격자나 현장 책임자의 진술을 듣는다.
④ 조사는 현장이 변경되기 전에 실시한다.

해설
조사자는 객관적이고 공정한 입장을 취한다.
재해 조사 시 유의사항
- 관리감독자는 객관적인 입장
- 재해조사는 되도록 빨리 실시
- 재해에 관계되는 사항은 모두 수집 보관
- 시설의 불안전한 상태나 작업자의 불안전한 행동에 대하여 특히 유의하여 조사
- 책임추궁보다는 재발방지를 우선
- 사고현장 상황은 가능한 사진이나 도면을 작성해 보관
- 되도록 목격자나 현장의 책임자로부터 당시의 상황에 대해 설명을 들음
- 목적에 맞지 않는 불필요한 항목의 조사는 배제
- 2차 재해의 예방과 위험성에 대비하여 보호구를 착용

02 다음 중 보일러의 부식원인과 가장 관계가 적은 것은?

① 온수에 불순물이 포함될 때
② 부적당한 급수처리 시
③ 더러운 물을 사용 시
④ 증기 발생량이 적을 때

해설
부식과 증기 발생량은 관계가 없다.
보일러의 부식원인
- 보일러수 중에 산류나 가스류(O_2, CO_2)가 포함된 경우
- 보일러 내부에 전위차가 생겼을 경우
- 보일러수의 pH가 7 이하가 될 때
- 보일러 내의 부분적인 온도차가 생겨 열전류가 발생된 경우

03 보일러 취급 부주의로 작업자가 화상을 입었을 때 응급처치 방법으로 적당하지 않은 것은?

① 냉수를 이용하여 화상부의 화기를 빼도록 한다.
② 물집이 생겼으면 터트리지 말고 그냥 둔다.
③ 기계유나 변압기유를 바른다.
④ 상처부위를 깨끗이 소독한 다음 상처를 보호한다.

해설
작업자가 화상을 입었을 때 기계유나 변압기유를 바르면 안 된다.
화상에 대한 응급처치
- 응급처치의 목표는 화상면에서 공기를 제거하고 동통(疼痛)을 없애며 전염을 예방하는 데 있다.
- 손상받은 부위의 옷은 다 벗기는데 만약 조금이라도 피부에 붙어 있을 때에는 반드시 그 주위만 잘라내고 붙은 곳은 그대로 둔다.
- 환자는 다친 곳만 남기고 잘 덮어서 춥지 않게 하여야 하며, 화상 부위에 전염 예방 붕대를 하고 그 위에 붕대를 느슨하게 감아 준다.
- 광범위하게 화상을 입었을 때는 호스나 그릇으로 물을 뿌리고 청결한 포로 덮은 후 병원에 간다.
- 글리세린이나 기름을 응급처치에 사용하면 나중에 의사가 치료를 시작할 때 녹이는 약으로 화상 입은 부위를 깨끗이 씻어내야 하므로 치료가 늦어지며 매우 아프다.
- 0.5~1.0%의 피크르산 거즈는 화상을 처치하는 붕대로 가장 많이 사용되며, 타닌산도 보편적으로 사용되고 있다.
- 환자가 물을 먹고 싶어하는 대로 먹이되 여러 번으로 나누어서 조금씩 주는 것이 좋다.

정답 1 ① 2 ④ 3 ③

04 전기용접 작업 시 주의사항 중 맞지 않는 것은?

① 눈 및 피부를 노출시키지 말 것
② 우천 시 옥외 작업을 하지 말 것
③ 용접이 끝나고 슬래그 제거작업 시 보안경과 장갑은 벗고 작업할 것
④ 홀더가 가열되면 자연적으로 열이 제거될 수 있도록 할 것

해설
용접이 끝나고 슬래그 제거작업 시 보안경과 보안면을 착용하여야 한다.

05 연삭작업 시의 주의사항이다. 옳지 않은 것은?

① 숫돌은 장착하기 전에 균열이 없는가를 확인한다.
② 작업 시에는 반드시 보호안경을 착용한다.
③ 숫돌은 작업 개시 전 1분 이상, 숫돌 교환 후 3분 이상 시운전한다.
④ 소형 숫돌은 측압에 강하므로 측면을 사용하여 연삭한다.

해설
연삭숫돌 작업 시 측면을 사용하지 않고 정면을 사용한다.

06 안전관리자가 수행하여야 할 업무에 해당되는 내용이 아닌 것은?

① 사업장 생산활동을 위한 노무 배치 및 관리
② 사업장 순회점검·지도 및 조치의 건의
③ 산업재해 발생의 원인 조사
④ 해당 사업장의 안전교육계획의 수립 및 안전교육 실시에 관한 보좌 및 조언·지도

해설
사업장 생산활동을 위한 노무 배치 및 관리는 사업주가 할 업무이다.
안전관리자의 업무 등(산업안전보건법 시행령 제18조)
• 산업안전보건위원회 또는 안전 및 보건에 관한 노사협의체에서 심의·의결한 업무와 해당 사업장의 안전보건관리규정 및 취업규칙에서 정한 업무
• 위험성평가에 관한 보좌 및 지도·조언
• 안전인증대상 기계 등과 자율안전확인대상 기계 등 구입 시 적격품의 선정에 관한 보좌 및 지도·조언
• 해당 사업장 안전교육계획의 수립 및 안전교육 실시에 관한 보좌 및 지도·조언
• 사업장 순회점검, 지도 및 조치 건의
• 산업재해 발생의 원인 조사·분석 및 재발 방지를 위한 기술적 보좌 및 지도·조언
• 산업재해에 관한 통계의 유지·관리·분석을 위한 보좌 및 지도·조언
• 법 또는 법에 따른 명령으로 정한 안전에 관한 사항의 이행에 관한 보좌 및 지도·조언
• 업무수행 내용의 기록·유지
• 그 밖에 안전에 관한 사항으로서 고용노동부장관이 정하는 사항

07 전동공구 작업 시 감전의 위험성을 방지하기 위해 해야하는 조치는?

① 단 전   ② 감 지
③ 단 락   ④ 접 지

해설
접지의 목적 : 보호계전기의 우수한 동작, 차단기의 오·부동작 방지, 인체 감전사고 예방, 이상전압으로부터 정밀기기 보호 등

08 줄 작업 시 안전수칙에 대한 내용으로 잘못된 것은?

① 줄 손잡이가 빠졌을 때에는 조심하여 끼운다.
② 줄의 칩은 브러시로 제거한다.
③ 줄 작업 시 공작물의 높이는 작업자의 어깨 높이 이상으로 하는 것이 좋다.
④ 줄은 경도가 높고 취성이 커서 잘 부러지므로 충격을 주지 않는다.

해설
줄 작업의 높이는 작업자의 팔꿈치 높이로 하는 것이 좋다.

09 산소 용접토치 취급법에 대한 설명 중 잘못된 것은?

① 용접 팁을 흙바닥에 놓아서는 안 된다.
② 작업목적에 따라서 팁을 선정한다.
③ 토치는 기름으로 닦아 보관해 두어야 한다.
④ 점화 전에 토치의 이상 유무를 검사한다.

해설
토치에 기름이나 그리스를 주입하면 안 된다.

10 신규 검사에 합격된 냉동용 특정설비의 각인사항과 그 기호의 연결이 올바르게 된 것은?

① 용기의 질량 : TM
② 내용적 : TV
③ 최고사용압력 : FT
④ 내압시험압력 : TP

해설
① 용기의 질량 : W
② 용기의 내용적 : V
③ 최고사용압력 : DP

11 방진마스크가 갖추어야 할 조건으로 적당한 것은?

① 안면에 밀착성이 좋아야 한다.
② 여과효율은 불량해야 한다.
③ 흡기, 배기 저항이 커야 한다.
④ 시야는 가능한 한 좁아야 한다.

해설
② 여과효율이 좋아야 한다.
③ 흡기, 배기 저항이 작아야 한다.
④ 시야는 가능한 한 넓어야 한다.

12 물을 소화제로 사용하는 가장 큰 이유는?

① 연소하지 않는다.
② 산소를 잘 흡수한다.
③ 기화잠열이 크다.
④ 취급하기가 편리하다.

해설
물을 소화제로 사용하는 가장 큰 이유는 증발잠열이 크기 때문이다.

13 진공시험의 목적을 설명한 것으로 옳지 않은 것은?

① 장치의 누설 여부를 확인
② 장치 내 이물질이나 수분 제거
③ 냉매를 충전하기 전에 불응축가스 배출
④ 장치 내 냉매의 온도 변화 측정

해설
진공시험의 목적 : 장치의 누설 여부 확인, 장치 내 이물질이나 수분 제거, 불응축 가스 배출

14 고온액체, 산, 알칼리 화학약품 등의 취급작업을 할 때 필요 없는 개인 보호구는?

① 모 자   ② 토 시
③ 장 갑   ④ 귀마개

해설
귀마개, 귀덮개는 소음이 심한 장소에서 사용하는 보호구이다.

15 보일러 사고원인 중 취급상의 원인이 아닌 것은?

① 저수위   ② 압력 초과
③ 구조 불량 ④ 역 화

해설
보일러 사고의 원인
- 제작상의 원인 : 재료 불량, 강도 부족, 구조 및 설계 불량, 용접 불량, 부속기기의 설비 미비 등
- 취급상의 원인 : 저수위, 압력 초과, 미연가스에 의한 노내 폭발, 급수처리 불량, 부식, 과열 등

16 100,000kcal의 열로 0℃의 얼음 약 몇 kg을 용해시킬 수 있는가?

① 1,000kg   ② 1,050kg
③ 1,150kg   ④ 1,250kg

해설
얼음의 양
$$G = \frac{q_L}{\gamma} = \frac{100,000}{80} = 1,250$$

17 다음 그림과 같은 회로의 합성저항은 얼마인가?

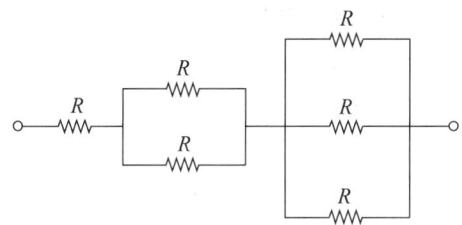

① $6R$
② $\frac{2}{3}R$
③ $\frac{8}{5}R$
④ $\frac{11}{6}R$

해설
합성저항(R)
$R = R + \frac{R}{2} + \frac{R}{3} = \frac{11}{6}R$

18 공비 혼합냉매가 아닌 것은?

① 프레온 500
② 프레온 501
③ 프레온 502
④ 프레온 152a

해설
① R-500(혼합비율은 중량 단위로 표시)
　R-12 : 73.8%, R-152 : 26.2%
② R-501
　R-12 : 25%, R-22 : 75%
③ R-502
　R-22 : 50%, R-115 : 50%
※ 공비 혼합냉매 : 2종의 냉매를 어떤 특정 비율로 혼합하면 각각 냉매의 특성과는 다른 단일냉매의 특성을 나타내게 되며 액상 또는 기상에서의 혼합비율이 같은 것을 말한다.

19 냉동사이클의 변화에서 증발온도가 일정할 때 응축온도가 상승할 경우의 영향으로 맞는 것은?

① 성적계수 증대
② 압축일량 감소
③ 토출가스 온도 저하
④ 플래시(Flash) 가스 발생량 증가

해설
증발온도가 일정할 때 응축온도가 상승하면 플래시 가스 발생량이 증가한다.

20 온도가 일정할 때 가스압력과 체적은 어떤 관계가 있는가?

① 체적은 압력에 반비례한다.
② 체적은 압력에 비례한다.
③ 체적은 압력과 무관하다.
④ 체적은 압력과 제곱 비례한다.

해설
온도가 일정할 때 가스압력과 체적은 서로 반비례한다.
※ 보일의 법칙 : 일정 온도에서 기체의 압력과 그 부피는 서로 반비례한다는 법칙

정답 17 ④ 18 ④ 19 ④ 20 ①

21 몰리에르(Mollier) 선도에서 등온선과 등압선이 서로 평행한 구역은?

① 액체 구역
② 습증기 구역
③ 건증기 구역
④ 평행인 구역은 없다.

22 냉동사이클에서 응축온도를 일정하게 하고, 압축기 흡입가스의 상태를 건포화 증기로 할 때 증발온도를 상승시키면 어떤 결과가 나타나는가?

① 압축비 증가
② 냉동효과 감소
③ 성적계수 상승
④ 압축일량 증가

해설
응축온도를 일정하게 하고, 증발온도를 상승시키면 성적계수는 상승한다.
증발 온도(압력)가 높아질 경우(증발온도가 낮아질 때와 반대 현상)
- 압축비 감소
- 토출가스 온도 강하
- 냉동효과 증대
- 성적계수 증가
- 비체적 감소로 인한 냉매 순환량 증가

23 자동제어장치의 구성에서 동작신호를 만드는 부분으로 맞는 것은?

① 조절부　　② 조작부
③ 검출부　　④ 제어부

해설
자동제어의 3대 구성요소
- 검출부 : 제어대상, 환경, 목표 등에서 제어에 필요한 신호를 만들어 내는 곳
- 조절부 : 동작신호를 만들어 조작부에 보내는 장치
- 조작부 : 조절부로부터의 신호를 조작량으로 바꾸어 제어대상에 작용하는 것

24 2단 압축방식을 채용하는 이유로서 맞지 않는 것은?

① 압축기의 체적효율과 압축효율 증가를 위해
② 압축비를 감소시켜서 냉동능력을 감소하기 위해
③ 압축비를 감소시켜서 압축기의 과열을 방지하기 위해
④ 냉동기유의 변질과 압축기 수명 단축 예방을 위해

해설
2단 압축 사이클
냉동기의 증발 온도가 너무 낮으면 이에 따라 증발압력이 저하하므로 저압가스를 1단으로 압축할 경우 압축비가 커지게 된다. 이렇게 압축비가 높아지면 압축기의 토출가스의 온도가 높아지고, 체적효율이 감소하여 냉동능력이 감소하며 소요 동력이 현저히 증가함으로써 동력이 낭비된다. 이러한 악현상을 방지하기 위하여 증발 온도가 너무 낮을 경우 또 압축비가 큰 경우에는 증발기를 나오는 저압 냉매를 2단으로 나누어 저단압축기는 저압을 중간압력까지만 상승시키고, 이 중간압력이 된 가스를 중간냉각기(인터쿨러)로 냉각한 후 고단압축기로 고압까지 올려주는 2단 압축방식을 채택하는 것이다.

21 ②　22 ③　23 ①　24 ②

25 다음 그림과 같은 강관 이음부(A)에 적합하게 사용될 이음쇠로 맞는 것은?

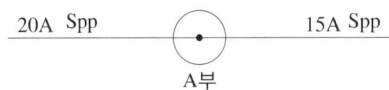

① 동경 소켓 ② 이경 소켓
③ 니 플 ④ 유니언

해설
이경 소켓 : 구경이 다른 배관을 서로 직선으로 연결할 때 사용하는 관부속품

관이음쇠 종류

목 적	종 류
배관 방향을 바꿀 때	엘보, 밴드
관을 도중에서 분기할 때	티, 와이, 크로스
지름이 같은 관의 직선 연결(수평배관)	소켓, 유니언, 플랜지, 니플
지름이 다른 관의 연결	부싱, 이경 소켓, 이경 엘보, 이경 티
관 끝을 막을 때	캡, 플러그, 블라인드 플랜지
관의 수리, 점검, 교체가 필요할 때	유니언(50A 이하의 관에 사용), 플랜지

26 드라이아이스(고체 CO_2)는 어떤 열을 이용하여 냉동효과를 얻는가?

① 승화잠열 ② 응축잠열
③ 증발잠열 ④ 융해잠열

해설
자연 냉동법
- 고체 융해잠열 이용 : 큰 얼음을 방에 두면 얼음이 녹으면서 주위의 열을 뺏어 시원해짐
- 고체 승화잠열 이용 : 드라이아이스가 승화하면서 주위의 열을 뺏어 시원해짐
- 액체 증발잠열 이용 : 한여름 끓어오르는 아스팔트에 물을 뿌리면 물이 증발하면서 주위의 열을 뺏어 시원해짐
- 기한제에 의한 방법 : 한겨울에 눈이 내린 도로에 염화칼슘을 뿌리면 어는점이 -55℃ 정도로 낮아져 도로 결빙을 예방할 수 있음

27 관의 결합방식 표시방법에서 결합방식의 종류와 그림기호가 틀린 것은?

① 일반 : ─┼─
② 플랜지식 : ─╢╟─
③ 용접식 : ─●─
④ 소켓식 : ─⫘─

해설
소켓식 : ─⊃─

28 냉매에 관한 설명 중 올바른 것은?

① 암모니아 냉매는 증발잠열이 크고 냉동효과가 좋으나 구리와 그 합금을 부식시킨다.
② 일반적으로 특정 냉매용으로 설계된 장치에도 다른 냉매를 그대로 사용할 수 있다.
③ 프레온 냉매의 누설 시 리트머스 시험지가 청색으로 변한다.
④ 암모니아 냉매의 누설검사는 헬라이드 토치를 이용하여 검사한다.

해설
② 일반적으로 특정 냉매용으로 설계된 장체에는 다른 냉매를 사용할 수 없다.
③ 프레온 냉매가 누설 시 전자 누설 탐지기, 헬라이드 토치 등을 이용하여 검지한다.
④ 암모니아는 자극성 냄새, 적색리트머스 시험지, 페놀프탈레인, 네슬러시약 등을 이용하여 검지한다.

정답 25 ② 26 ① 27 ④ 28 ①

29 동관의 분기이음 시 주관에는 지관보다 얼마 정도의 큰 구멍을 뚫고 이음하는가?

① 8~9mm   ② 6~7mm
③ 3~5mm   ④ 1~2mm

해설
동관의 분기관 접합 시 주관의 구멍 크기는 지관보다 1~2mm 정도 크게 뚫는다.

30 냉동기의 냉동능력이 24,000kcal/h, 압축일이 5 kcal/kg, 응축열량이 35kcal/kg일 경우 냉매 순환량은 얼마인가?

① 600kg/h   ② 800kg/h
③ 700kg/h   ④ 4,000kg/h

해설
냉매 순환량 = 냉동능력 / 냉동효과
= $\frac{24,000}{35-5}$
= 800kcal/h

31 다음은 몰리에르(Mollier) 선도를 참고로 했을 때 3냉동톤(RT)의 냉동기 냉매 순환량은 약 얼마인가?

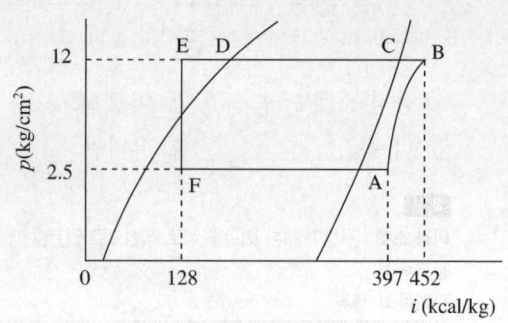

① 37.0kg/h   ② 51.3kg/h
③ 49.4kg/h   ④ 67.7kg/h

해설
냉매 순환량(G)
$G = \frac{3 \times 3,320}{397 - 128} ≒ 37.03\text{kg/h}$

32 교류전압계의 일반적인 지시값은?

① 실횻값   ② 최댓값
③ 평균값   ④ 순시값

해설
교류 전압계의 측정값은 실횻값으로 지시된다.

33 압축기 보호장치에 해당되는 것은?

① 냉각수 조절 밸브
② 유압보호 스위치
③ 증발압력 조절 밸브
④ 응축기용 팬 컨트롤

해설
유압보호 스위치 : 정상적인 운전 중에 유압이 일정압력 이하로 저하되거나 압축기 기동 시 일정시간(60~90초) 내에 유압이 정상으로 오르지 않을 경우, 압축기 구동용 모터로 들어가는 전원을 자동적으로 차단시켜 윤활 불량에 의한 압축기의 손상을 방지하는 자동제어장치

34 냉동장치에 관한 설명 중 올바른 것은?

① 응축기에서 방출하는 열량은 증발기에서 흡수하는 열량과 같다.
② 응축기의 냉각수 출구 온도는 응축온도보다 낮다.
③ 증발기에서 방출하는 열량은 응축기에서 흡수하는 열량보다 크다.
④ 증발기의 냉각수 출구온도는 응축온도보다 높다.

35 만액식 냉각기에 있어서 냉매측의 열전달률을 좋게 하기 위한 방법이 아닌 것은?

① 냉각관이 액 냉매에 접촉하거나 잠겨 있을 것
② 관 간격이 좁을 것
③ 유막이 존재하지 않을 것
④ 관 면이 매끄러울 것

해설
만액식 증발기에서 냉매측의 전열을 좋게 하는 방법
• 냉각관이 냉매액에 잠겨 있거나 접촉해 있을 것
• 관 지름이 작고, 관 간격이 좁을 것
• 관 면이 거칠거나 핀(Fin)을 부착할 것
• 평균 온도차가 크고, 유속이 적당히 클 것
• 유막이 없을 것

36 다음 그림은 8핀 타이머의 내부회로도이다. ㉤-㉧ 접점을 옳게 표시한 것은?

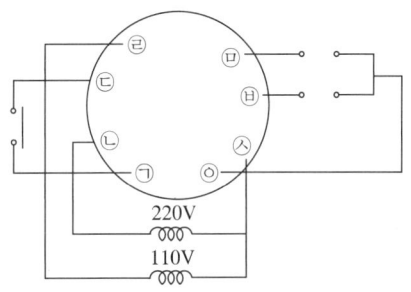

해설
① ㉤ - ㉧ : 한시 b 접점
② ㉥ - ㉧ : 한시 a 접점

37 압력계의 지침이 9.80cmHgV였다면 절대압력은 약 몇 kgf/cm² · a인가?

① 0.9   ② 1.3
③ 2.1   ④ 3.5

해설
절대압력 = 대기압 − 진공압
$= 1.0332 - 9.8 \text{cmHg} \times \dfrac{1.0332}{76}$
$≒ 0.9$

38 물-LiBr계 흡수식 냉동기의 순환과정이 옳은 것은?

① 발생기 → 응축기 → 흡수기 → 증발기
② 발생기 → 응축기 → 증발기 → 흡수기
③ 흡수기 → 응축기 → 증발기 → 발생기
④ 흡수기 → 응축기 → 발생기 → 증발기

39 다음 그림은 냉동용 그림기호(KS B 0063)에서 무엇을 표시하는가?

① 리듀서   ② 디스트리뷰터
③ 줄임 플랜지 ④ 플러그

40 그랜드 패킹의 종류가 아닌 것은?

① 바운드 패킹
② 석면 각형 패킹
③ 아마존 패킹
④ 몰드 패킹

해설
그랜드 패킹 : 밸브의 회전 부분에 사용하여 기밀을 유지하는 역할을 한다.
• 석면 각형 패킹 : 석면을 각형으로 짜서 흑연과 윤활유를 침투시킨 것으로 내열, 내산성이 좋아 대형 밸브에 사용한다.
• 아마존 패킹 : 면포와 내열고무 콤파운드를 가공하여 성형한 것으로 압축기에 사용한다.
• 몰드 패킹 : 석면, 흑연, 수지 등을 배합 성형하여 만든 것으로 밸브, 펌프 등에 사용한다.
• 석면 얀 패킹 : 석면실을 꼬아서 만든 것으로 소형 밸브에 사용한다.

41 프레온 냉동장치에서 오일이 압력과 온도에 상당하는 양의 냉매를 용해하고 있다가 압축기 기동 시 오일과 냉매가 급격히 분리되어 크랭크케이스 내의 유면이 약동하고 심하게 거품이 일어나는 현상은?

① 오일 해머   ② 동 부착
③ 에멀션   ④ 오일 포밍

해설
• 오일 포밍 : 프레온 냉동기에서 압축기 정지 시 크랭크케이스 내의 오일 중에 용해되어 있던 프레온 냉매가 압축기 기동 시 크랭크케이스 내의 압력이 급격히 낮아지므로 오일과 냉매가 급격히 분리되는데 이 때문에 유면이 약동하며 윤활유에 거품이 일어나는 현상을 말한다.
• 오일 해머 : 오일 포밍이 급격히 일어나면 피스톤 상부로 다량의 오일이 올라가 오일을 압축하게 되는데, 이때 이상음이 나는 것을 말한다. 오일 해머링(Oil Hammering)이 일어나면 압축기의 파손 우려가 있을 뿐만 아니라, 압축기 오일이 장치 중으로 넘어가 압축기의 유량이 부족하게 되므로 운전이 불가능하게 될 우려가 많다.

42 저압수액기와 액펌프의 설치 위치로 가장 적당한 것은?

① 저압수액기 위치를 액펌프보다 약 1.2m 정도 높게 한다.
② 응축기 높이와 일정하게 한다.
③ 액펌프와 저압수액기 위치를 같게 한다.
④ 저압수액기를 액펌프보다 최소한 5m 낮게 한다.

43 강관의 전기용접 접합 시의 특징(가스용접에 비해)으로 맞는 것은?

① 유해광선의 발생이 적다.
② 용접속도가 빠르고 변형이 작다.
③ 박판용접에 적당하다.
④ 열량 조절이 비교적 자유롭다.

44 압축기의 과열원인이 아닌 것은?

① 냉매 부족
② 밸브 누설
③ 윤활 불량
④ 냉각수 과랭

해설
냉각수과 과랭되면 응축압력이 낮아져 압축비가 저하되고 압축일량이 작아 토출가스 온도가 낮아진다.
압축기의 과열 원인
- 고압측 압력 이상 상승
- 저압측 압력의 비정상 저하
- 오일쿨러의 냉각 불량
- 압축기 부품의 파손 및 심한 마모
- 압축기의 냉각수 부족
- 압축기 냉각수의 수온 상승

45 브라인의 구비조건으로 틀린 것은?

① 비열이 클 것
② 점성이 클 것
③ 전열작용이 좋을 것
④ 응고점이 낮을 것

해설
브라인의 구비조건
- 부식성이 없을 것
- 열 용량이 클 것
- 응고점이 낮을 것
- 가격이 저렴할 것
- 점성이 작을 것(순환 펌프의 소요 동력이 작다)
- 누설하여도 냉장품에 손상이 없을 것

46 공조방식을 개별식과 중앙식으로 구분하였을 때 중앙식에 해당되는 것은?

① 패키지 유닛방식
② 멀티유닛형 룸쿨러방식
③ 팬코일 유닛방식(덕트 병용)
④ 룸쿨러방식

해설
개별방식 중 냉매방식
- 패키지 방식 : 냉수배관, 복잡한 덕트 등이 없음
- 룸쿨러 방식
- 멀티유닛 방식

정답 42 ① 43 ② 44 ④ 45 ② 46 ③

47 환기 횟수를 시간당 0.6회로 할 경우에 체적이 2,000m³인 실의 환기량은 얼마인가?

① 800m³/h ② 1,000m³/h
③ 1,200m³/h ④ 1,440m³/h

해설
환기 횟수법에 의한 환기량(Q)
$Q = nV = 0.6 \times 2,000 = 1,200 \text{m}^3/\text{h}$

48 송풍기의 축동력 산출 시 필요한 값이 아닌 것은?

① 송풍량 ② 덕트의 길이
③ 전압효율 ④ 전 압

해설
송풍기의 소요동력(N)
$N = \dfrac{P \times Q}{102 \times \eta \times 60}$
여기서, N : 소요동력(kW)
η : 효율
P : 송풍압력(kg/m²)
Q : 송풍량(m³/sec)

49 5℃인 350kg/h의 공기를 65℃가 될 때까지 가열하는 경우 필요한 열량은 몇 kcal/h인가?(단, 공기의 비열은 0.24kcal/kg℃이다)

① 4,464 ② 5,040
③ 6,564 ④ 6,590

해설
열량(Q)
$Q = G \times C \times \Delta t$
$x = 350 \times 0.24 \times (65 - 5)$
$\quad = 5,040$

50 펌프에서 흡입양정이 크거나 회전수가 고속일 경우 흡입관의 마찰저항 증가에 따른 압력 강하로 수중에 다수의 기포가 발생되고 소음 및 진동이 일어나는 현상은?

① 플라이밍 현상
② 캐비테이션 현상
③ 수격현상
④ 포밍현상

해설
공동현상(Cavitation) : 펌프의 흡입측 배관 내에서 발생하는 것으로, 배관 내의 수온 상승으로 물이 수증기로 변화하여 물이 펌프로 흡입되지 않는 현상

51 설치가 쉽고 설치 면적도 작으며 소규모 난방에 많이 사용되는 보일러는?

① 입형 보일러
② 노통 보일러
③ 연관 보일러
④ 수관 보일러

52 수조 내의 물이 진동자의 진동에 의해 수면에서 작은 물방울이 발생되어 가습되는 가습기의 종류는?

① 초음파식 ② 원심식
③ 전극식   ④ 증발식

해설
가습장치의 종류
- 수분무 : 원심식, 초음파식, 분무식
- 증기식
  - 증기발생 : 전열식, 전극식, 적외선식
  - 증기공급식 : 가열증기분무식
  - 증발식 : 회전식, 모세관식, 적하식, 에어워셔식

53 덕트 설계 시 고려사항으로 거리가 먼 것은?

① 송풍량
② 덕트방식과 경로
③ 덕트 내 공기의 엔탈피
④ 취출구 및 흡입구 수량

해설
공기의 엔탈피는 덕트 설계 시 고려할 사항이 아니다.

54 보건용 공기조화가 적용되는 장소가 아닌 것은?

① 병 원   ② 극 장
③ 전산실   ④ 호 텔

해설
공기조화의 분류
- 쾌감용 공조 : 재실자들이 생산활동을 능률적으로 할 수 있는 환경을 만들어 주기 위한 공조로서, 인간의 쾌감이나 보건위생을 목적으로 한다(백화점, 극장, 호텔, 사무실, 주택, 병원 등).
- 산업용 공조 : 공장에서 생산되는 제품의 합리화, 유지관리, 보관 등의 만족에 필요한 공기조화로서 물품의 생산저항을 목적으로 한다(제품창고, 섬유, 인쇄, 제빵, 전산실, 제약 등).

55 밀폐식 수열원 히트펌프 유닛방식의 설명으로 옳지 않은 것은?

① 유닛마다 제어기구가 있어 개별 운전이 가능하다.
② 냉·난방부하를 동시에 발생하는 건물에서 열회수가 용이하다.
③ 외기냉방이 가능하다.
④ 중앙기계실에 냉동기가 필요하지 않아 설치면적상 유리하다.

해설
수열원 히트펌프 유닛방식은 외기냉방이 불가능하다.

56 증기난방의 환수관 배관방식에서 환수주관을 보일러의 수면보다 높은 위치에 배관하는 것은?

① 진공 환수식   ② 강제 환수식
③ 습식 환수식   ④ 건식 환수식

해설
환수관의 배치에 따른 분류
- 건식 환수 방법 : 보일러의 수면보다 환수주관이 위에 있는 경우로서 환수주관의 증기 혼입에 의한 열손실을 방지하기 위하여 방열기와 관말에 트랩 설치
- 습식 환수 방법 : 보일러의 수면보다 환수주관이 아래에 있는 경우로서 건식보다 관경이 작아도 되며 관말트랩은 불필요

정답 52 ① 53 ③ 54 ③ 55 ③ 56 ④

57 공기를 냉각하였을 때 증가되는 것은?

① 습구온도 ② 상대습도
③ 건구온도 ④ 엔탈피

해설
공기를 냉각하면 상대습도는 증가된다.

58 회전식 전열교환기의 특징 설명으로 옳지 않은 것은?

① 로터의 상부에 외기공기를 통과하고 하부에 실내공기가 통과한다.
② 배기공기는 오염물질이 포함되지 않으므로 필터를 설치할 필요가 없다.
③ 일반적으로 효율은 로터 회전수가 5rpm 이상에서는 대체로 일정하고, 10rpm 전후 회전수가 사용된다.
④ 로터를 회전시키면서 실내공기의 배기공기와 외기공기를 열교환한다.

해설
회전식 전열교환기는 배기공기와 외기공기를 열교환시키는 공기 대 공기 열교환기로서 외기 도입 시 에어필터를 설치해야 한다.

59 온풍난방에 대한 설명으로 옳지 않은 것은?

① 예열시간이 짧고 간헐 운전이 가능하다.
② 실내 온도분포가 균일하여 쾌적성이 좋다.
③ 방열기나 배관 등의 시설이 필요 없어 설비비가 비교적 싸다.
④ 송풍기로 인한 소음이 발생할 수 있다.

해설
온풍난방의 장단점

장 점	• 예열시간이 짧으며 누수 및 동결의 우려가 적다. • 시공이 간편하며 장치의 조작이 쉽다. • 증기, 온수난방에 비해 설비비가 저렴하다. • 난방부하를 조달함과 동시에 습도의 제어가 가능하다.
단 점	• 실내의 상하 온도차가 커서 불쾌감을 줄 수 있다. • 버너의 연소음이 실내에 전달될 수 있다. • 덕트에 의한 공기의 감염이 우려된다. • 연도의 과열 및 화재 우려가 있다.

60 다음 용어 중 환기를 계획할 때 실내 허용 오염도의 한계를 의미하는 것은?

① 불쾌지수 ② 유효온도
③ 쾌감온도 ④ 서한도

해설
서한도 : 인체에 해가 되지 않는 오염물질의 농도로서 %, ppm으로 표시한다.

2013년 제4회 과년도 기출문제

01 근로자의 안전을 위해 지급되는 보호구를 설명한 것이다. 이 중 작업조건에 맞는 보호구로 올바른 것은?

① 용접 시 불꽃 또는 물체가 날아 흩어질 위험이 있는 작업 : 보안면
② 물체가 떨어지거나 날아올 위험 또는 근로자가 감전되거나 추락할 위험이 있는 작업 : 안전대
③ 감전의 위험이 있는 작업 : 보안경
④ 고열에 의한 화상 등의 위험이 있는 작업 : 방한복

해설
- 안전모 : 물체의 낙하, 비래 또는 추락에 의한 위험을 방지 또는 경감하거나 감전에 의한 위험을 방지하기 위한 것
- 안전대(안전벨트) : 추락에 의한 위험을 방지하기 위해 로프, 고리, 급정지기구와 근로자의 몸에 묶는 띠 및 그 부속품
- 보안경 : 날아오는 물체에 의한 위험 또는 위험물, 유해광선에 의한 시력장해를 방지하기 위한 것

02 산소가 충전되어 있는 용기의 취급상 주의사항으로 틀린 것은?

① 용기 밸브는 녹이 생겼을 때 잘 열리지 않으므로 그리스 등 기름을 발라둔다.
② 용기 밸브의 개폐는 천천히 하며, 산소 누출 여부 검사는 비눗물을 사용한다.
③ 용기 밸브가 얼어서 녹일 경우에는 약 40℃ 정도의 따뜻한 물로 녹여야 한다.
④ 산소용기는 눕혀두거나 굴리는 등 충격을 주지 말아야 한다.

해설
산소 용기의 밸브는 금유라고 쓰인 산소 전용을 이용한다.

03 산업안전보건기준에 관한 규칙에서 정한 가스장치실을 설치하는 경우 설치구조에 대한 내용에 해당되지 않는 것은?

① 벽에는 불연성재료를 사용할 것
② 지붕과 천장에는 가벼운 불연성재료를 사용할 것
③ 가스가 누출된 경우에는 그 가스가 정체되지 않도록 할 것
④ 방음장치를 설치할 것

해설
가스장치실은 소음이 발생하지 않으므로 방음장치를 설치할 필요는 없다.

04 보일러 압력계의 최고눈금은 보일러의 최고사용압력의 몇 배 이상 지시할 수 있는 것이어야 하는가?

① 0.5배 ② 0.75배
③ 1.0배 ④ 1.5배

해설
보일러 압력계
- 설치 개수 : 2개 이상
- 지시범위 : 최고사용압력×1.5~3배

정답 1① 2① 3④ 4④

05 연삭기 숫돌의 파괴 원인에 해당되지 않는 것은?

① 숫돌의 회전속도가 너무 느릴 때
② 숫돌의 측면을 사용하여 작업할 때
③ 숫돌의 치수가 부적당할 때
④ 숫돌 자체에 균열이 있을 때

해설
숫돌의 회전속도가 너무 빠르면 파괴원인이 된다.

06 정전기의 예방 대책으로 적합하지 않은 것은?

① 설비 주변에 적외선을 쪼인다.
② 적정 습도를 유지해 준다.
③ 설비의 금속 부분을 접지한다.
④ 대전 방지제를 사용한다.

해설
정전기 방지 대책
- 접지한다.
- 상대습도 70% 이상을 유지한다.
- 공기를 이온화시킨다.
- 대전 방지제를 이용한다.

07 재해 발생 중 사람이 건축물, 비계, 기계, 사다리, 계단 등에서 떨어지는 것을 무엇이라고 하는가?

① 도 괴   ② 낙 하
③ 비 래   ④ 추 락

해설
추락 : 사람이 건축물, 비계, 기계, 사다리, 경사면, 나무 등에서 떨어지는 재해

08 정 작업 시 안전수칙으로 옳지 않은 것은?

① 작업 시 보호구를 착용한다.
② 열처리한 것은 정 작업을 하지 않는다.
③ 공구의 사용 전 이상 유무를 반드시 확인한다.
④ 정의 머리 부분에는 기름을 칠해 사용한다.

해설
정의 머리 부분에 기름칠을 하면 타격 시 미끄러져 다칠 우려가 높다.

정답 5 ① 6 ① 7 ④ 8 ④

09 고압 전선이 단선된 것을 발견하였을 때 어떠한 조치가 가장 안전한 것인가?

① 위험표시를 하고 돌아온다.
② 사고사항을 기록하고 다음 장소의 순찰을 계속한다.
③ 발견 즉시 회사로 돌아와 보고한다.
④ 통행의 접근을 막는 조치를 한다.

해설
2차 사고를 방지하기 위하여 안전관리자는 일반인의 접근 및 통행을 막고 감시하여야 한다.

10 발화온도가 낮아지는 조건을 나열한 것으로 옳은 것은?

① 발열량이 높을수록
② 압력이 낮을수록
③ 산소농도가 낮을수록
④ 열전도도가 높을수록

해설
발화온도가 낮아지는 조건
• 발열량이 높을수록
• 산소농도가 높을수록
• 압력이 높을수록
• 분자구조가 복잡할수록

11 안전모를 착용하는 목적과 관계가 없는 것은?

① 감전의 위험 방지
② 추락에 의한 위험 경감
③ 물체의 낙하에 의한 위험 방지
④ 분진에 의한 재해 방지

해설
안전모 : 물체의 낙하, 비래 또는 추락에 의한 위험을 방지 또는 경감하거나 감전에 의한 위험을 방지하기 위한 것

12 방폭 전기설비를 선정할 경우 중요하지 않은 것은?

① 대상가스의 종류
② 방호벽의 종류
③ 폭발성 가스의 폭발 등급
④ 발화도

해설
방폭 전기설비를 선정할 경우 대상가스의 종류, 폭발 등급, 발화도 등을 고려해야 한다.

13 안전사고 예방을 위한 기술적 대책이 될 수 없는 것은?

① 안전기준의 설정
② 정신교육의 강화
③ 작업공정의 개선
④ 환경설비의 개선

해설
정신교육의 강화는 교육적 대책이다.

14 냉동기의 기동 전 유의사항으로 틀린 것은?

① 토출 밸브는 완전히 닫고 기동한다.
② 압축기의 유면을 확인한다.
③ 액관 중에 있는 전자 밸브의 작동을 확인한다.
④ 냉각수 펌프의 작동 유무를 확인한다.

해설
냉동기를 기동하기 전에 토출 밸브를 열어야 한다.

15 사고 발생의 원인 중 정신적 요인에 해당되는 항목으로 맞는 것은?

① 불안과 초조
② 수면 부족 및 피로
③ 이해 부족 및 훈련 미숙
④ 안전수칙의 미제정

해설
정신적인 원인
- 안전지식, 주의력 부족
- 방심 및 공상
- 판단력 부족
- 불안, 초조

16 할로겐화탄화수소 냉매가 아닌 것은?

① R-114
② R-115
③ R-134a
④ R-717

해설
R-717은 암모니아 냉매를 의미한다.

17 프레온 냉동장치에서 오일 포밍(Oil Foaming) 현상과 관계 없는 것은?

① 오일 해머(Oil Hammer)의 우려가 있다.
② 응축기, 증발기 등에 오일이 유입되어 전열효과를 증가시킨다.
③ 크랭크케이스 내에 오일부족현상을 초래한다.
④ 오일 포밍을 방지하기 위해 크랭크케이스 내에 히터를 설치한다.

해설
응축기나 증발기 등에 오일이 유입되면 전열효과가 떨어진다.

18 1대의 압축기를 이용해 저온의 증발 온도를 얻으려 할 경우 여러 문제점이 발생되어 2단 압축방식을 택한다. 1단 압축으로 발생되는 문제점으로 틀린 것은?

① 압축기의 과열
② 냉동능력 증가
③ 체적효율 감소
④ 성적계수 저하

해설
1단 압축방식은 냉동능력이 떨어진다.

19 압축기의 축봉장치에서 슬립 링형 축봉장치의 종류에 속하는 것은?

① 소프트 패킹식
② 메탈릭 패킹식
③ 스터핑 박스식
④ 금속 벨로스식

20 핀 튜브에 관한 설명 중 틀린 것은?

① 관 내에 냉각수, 관 외부에 프레온 냉매가 흐를 때 관 외측에 부착한다.
② 증발기에 핀 튜브를 사용하는 것은 전열효과를 크게 하기 위함이다.
③ 핀은 열전달이 나쁜 유체쪽에 부착한다.
④ 관 내에 냉각수, 관 외부에 프레온 냉매가 흐를 때 관 내측에 부착한다.

> **해설**
> 핀 튜브는 전열면적을 높이기 위해서 관 외부에 부착한다.

21 프레온 냉매의 일반적인 특성으로 틀린 것은?

① 누설되어 식품 등과 접촉하면 품질을 떨어뜨린다.
② 화학적으로 안정되고 연소되지 않는다.
③ 전기절연성이 양호하다.
④ 비열비가 작아 압축기를 공랭식으로 할 수 있다.

> **해설**
> 프레온 가스는 무색, 무취, 무독성이므로 누설되어도 식품의 품질을 떨어뜨리지 않는다.

22 냉동 사이클의 구성 순서가 바른 것은?

① 증발 → 응축 → 팽창 → 압축
② 압축 → 응축 → 증발 → 팽창
③ 압축 → 응축 → 팽창 → 증발
④ 팽창 → 압축 → 증발 → 응축

> **해설**
> **냉동 사이클**
> 압축 → 응축 → 팽창 → 증발

정답 19 ④ 20 ④ 21 ① 22 ③

23 냉동기의 정상적인 운전상태를 파악하기 위하여 운전관리상 검토해야 할 사항으로 틀린 것은?

① 윤활유의 압력, 온도 및 청정도
② 냉각수 온도 또는 냉각공기 온도
③ 정지 중의 소음 및 진동
④ 압축기용 전동기의 전압 및 전류

해설
냉동기 정지 중의 상태는 점검할 필요가 없다.

24 만액식 증발기의 전열을 좋게 하기 위한 것이 아닌 것은?

① 냉각관이 냉매액에 잠겨 있거나 접촉해 있을 것
② 증발기 관에 핀(Fin)을 부착할 것
③ 평균 온도차가 작고 유속이 빠를 것
④ 유막이 없을 것

해설
만액식 증발기의 전열을 좋게 하기 위해서는 평균 온도차를 크게 해야 된다.

25 냉동장치에 사용하는 냉동기유의 구비조건으로 잘못된 것은?

① 적당한 점도를 가지며, 유막 형성능력이 뛰어날 것
② 인화점이 충분히 높아 고온에서도 변하지 않을 것
③ 밀폐형에 사용하는 것은 전기절연도가 클 것
④ 냉매와 접촉하여도 화학반응을 하지 않고, 냉매와의 분리가 어려울 것

해설
윤활유(냉동기유)의 구비 조건
- 응고점이 낮고 인화점이 높을 것
- 점도가 알맞고 변질되지 않을 것
- 수분이 포함되지 않고 불순물이 없으며 전기적인 절연내력이 클 것
- 저온에서 왁스(Wax) 분리가 되지 않으며 냉매가스 흡수가 적을 것
- 냉매가스가 흡수하여도 용적 증기가 적을 것
- 장기 휴지 중 방청능력이 있을 것이며, 오일 포밍에 소포성이 있을 것

26 다음 그림기호 중 정압식 자동팽창 밸브를 나타내는 것은?

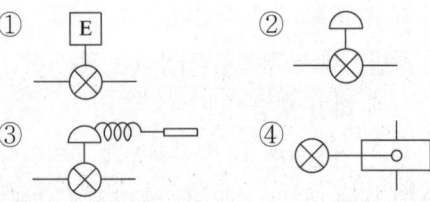

해설
① 전자식 팽창 밸브
③ 온도자동식 팽창 밸브
④ 저압측 플로트 밸브

27 무기질 단열재에 해당되지 않는 것은?

① 코르크 ② 유리섬유
③ 암 면 ④ 규조토

해설
단열 보온재의 종류
- 무기질 보온재 : 안전사용온도 300~800℃의 범위 내에서 보온효과가 있는 것
  - 종류 : 탄산마그네슘(250℃), 글라스울(300℃), 석면(500℃), 규조토(500℃), 암면(600℃), 규산칼슘(650℃), 세라믹 파이버(1,000℃)
- 유기질 보온재 : 안전사용온도 100~200℃의 범위 내에서 보온효과가 있는 것
  - 종류 : 펠트류(100℃), 텍스류(120℃), 탄화코르크(130℃), 기포성수지

28 다음 그림과 같은 회로는 무슨 회로인가?

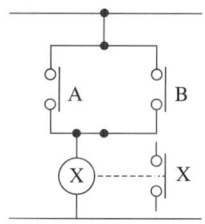

① AND 회로 ② OR 회로
③ NOT 회로 ④ NAND 회로

29 물이 얼음으로 변할 때의 동결잠열은 얼마인가?

① 79.68kJ/kg ② 632kJ/kg
③ 333.62kJ/kg ④ 0.5kJ/kg

해설
물의 응고 잠열 = 79.68kcal/kg × 4.18kJ/1kcal
≒ 333.06kJ/kg

30 냉동 관련 설명에 대한 내용 중에서 잘못된 것은?

① 1BTU란 물 1lb를 1°F 높이는 데 필요한 열량이다.
② 1kcal란 물 1kg을 1℃ 높이는 데 필요한 열량이다.
③ 1BTU는 3.968kcal에 해당된다.
④ 기체에서 정압비열은 정적비열보다 크다.

해설
열 량
- 1kcal : 물 1kg을 1℃ 올리는 데 필요한 열량(한국·일본에서 사용되는 단위)
- 1BTU : 물 1lb을 1°F 올리는 데 필요한 열량(미국·영국에서 사용되는 단위)
- 1CHU(PCU) : 물 1lb를 1℃ 올리는 데 필요한 열량
※ 열량 상호간의 관계식
  1kcal = 3.968BTU = 2.205CHU

31 브라인을 사용할 때 금속의 부식방지법으로 맞지 않는 것은?

① 브라인 pH를 7.5~8.2 정도로 유지한다.
② 방청제를 첨가한다.
③ 산성이 강하면 가성소다로 중화시킨다.
④ 공기와 접촉시키고, 산소를 용입시킨다.

해설
브라인은 공기와 접촉 시 부식이 촉진된다.

32 서로 친화력을 가진 두 물질의 용해 및 유리작용을 이용하여 압축효과를 얻는 냉동법은 어느 것인가?

① 증기압축식 냉동법
② 흡수식 냉동법
③ 증기분사식 냉동법
④ 전자냉동법

해설
흡수식 냉동기
흡수식 냉동기는 주로 증기, 유류, 가스 및 온수 등을 가열원으로 쓰고 있어 전기를 사용하는 냉동의 대체효과가 크며 기계식 냉동기에 비해 운전비가 저렴한 편이다. 25~100% 정도 비례제어가 가능한 특성이 있고 부하변동에 따른 추종성이 기계식 냉동기에 비해 느린 편이다. 출구수온을 7℃ 얻기 위해서는 냉매의 증발 온도가 4~5℃가 되어야 하며 이때 포화압력은 6~7mmHg(a) 정도이다.

33 냉동장치의 흡입관 시공 시 흡입관의 입상이 매우 길 때에는 약 몇 m마다 중간에 트랩을 설치하는가?

① 5m   ② 10m
③ 15m ④ 20m

해설
냉동장치의 흡입관 시공 시 흡입관의 입상이 매우 길 때는 10m마다 트랩을 설치한다.

34 고속다기통 압축기의 장점으로 틀린 것은?

① 동적(動的)평형이 양호하여 진동이 적고 운전이 정숙하다.
② 압축비가 증가하여도 체적효율이 감소하지 않는다.
③ 냉동능력에 비해 압축기가 작아져 설치면적이 작아진다.
④ 부품의 교환이 간단하고 수리가 용이하다.

해설
압축비가 증가하면 체적효율은 감소한다.

35 흡입관경이 20mm(7/8°) 이하일 때 감온통의 부착 위치로 적당한 것은?(단, ⊘표시가 감온통임)

① 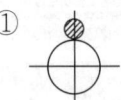   ②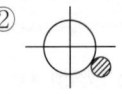

③ 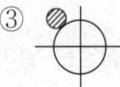   ④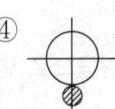

해설
증발기 출구측에 설치하는 감온통의 기준
- 흡입관 외경이 20mm 미만일 경우 : 흡입관 상부에 부착
- 흡입관 외경이 20mm 이상일 경우 : 흡입관 수평보다 45° 하부에 부착

36 다음 냉동 사이클에서 이론적 성적계수가 5.0일 때 압축기 토출가스의 엔탈피는 얼마인가?

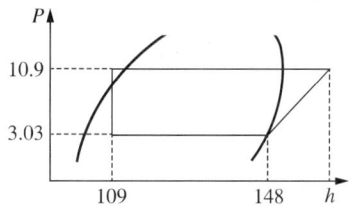

① 17.8kcal/kg
② 138.9kcal/kg
③ 19.5kcal/kg
④ 155.8kcal/kg

해설
성적계수(COP)
$$COP = \frac{q}{A_w}$$
$$5 = \frac{148-109}{x-148}$$
$$\therefore x = 155.8$$

37 증발기에 대한 설명 중 틀린 것은?
① 건식 증발기는 냉매액의 순환량이 많아 액분리가 필요하다.
② 프레온을 사용하는 만액식 증발기에서 증발기 내 오일이 체류할 수 있으므로 유회수 장치가 필요하다.
③ 반 만액식 증발기는 냉매액이 건식보다 많아 전열이 양호하다.
④ 건식 증발기는 주로 공기냉각용으로 많이 사용한다.

해설
건식 증발기는 냉매액의 순환량이 적기 때문에 액회수장치와 유회수장치가 필요 없다.

38 다음 중 냉동능력의 단위로 옳은 것은?
① kcal/kg·m²
② kJ/h
③ m³/h
④ kcal/kg℃

해설
냉동능력의 단위 : kcal/h, kJ/h

39 압축기 보호장치 중 고압차단 스위치(HPS)의 작동 압력은 정상적인 고압에 몇 kgf/cm² 정도 높게 설정하는가?
① 1
② 4
③ 10
④ 25

해설
압축기 보호장치 중 고압차단 스위치의 작동압력을 정상적이 고압에 4kg/cm² 정도 높게 설정한다.

40 다음 중 동관작업에 필요하지 않은 공구는?
① 튜브 벤더
② 사이징 툴
③ 플레어링 툴
④ 클 립

해설
동관용 배관용구
• 플레어링 툴 세트
• 익스펜더
• 사이징 툴
• 튜브 커터
• 리 머
• 튜브 벤더

41 열펌프에 대한 설명 중 옳은 것은?

① 저온부에서 열을 흡수하여 고온부에서 열을 방출한다.
② 성적계수는 냉동기 성적계수보다 압축소요동력만큼 낮다.
③ 제빙용으로 사용이 가능하다.
④ 성적계수는 증발 온도가 높고, 응축온도가 낮을수록 작다.

42 100V 교류 전원에 1kW 배연용 송풍기를 접속하였더니 15A의 전류가 흘렀다. 이 송풍기의 역률은 약 얼마인가?

① 0.57 ② 0.67
③ 0.77 ④ 0.87

해설
$P = IV\cos\theta$
$\cos\theta = \dfrac{P}{IV} = \dfrac{1,000}{15 \times 100} ≒ 0.67$

43 냉동능력이 40냉동톤인 냉동장치의 수직형 셸 앤드 튜브 응축기에 필요한 냉각수량은 약 얼마인가?(단, 응축기 입구 온도는 23℃이며, 응축기 출구 온도는 28℃이다)

① 21,870L/h ② 43,200L/h
③ 38,844L/h ④ 34,528L/h

해설
응축기 방열량
$Q_c = Q_e \times c = G \times C \times \Delta t$
$\therefore G = \dfrac{Q_e \times c}{C \times \Delta t} = \dfrac{40 \times 3,320 \times 1.3}{1 \times (28-23)} = 34,528\text{L/h}$

44 동결점이 최저로 되는 용액의 농도를 공융농도라 하고 이때의 온도를 공융온도라 하는데, 다음 브라인 중에서 공융온도가 가장 낮은 것은?

① 염화칼슘 ② 염화나트륨
③ 염화마그네슘 ④ 에틸렌글리콜

해설
브라인
• 염화칼슘 : 공정점이 -55℃이고, 제빙용으로 사용
• 염화나트륨 : 공정점이 -21.2℃이고, 식품 저장용으로 사용
• 염화마그네슘 : 공정점이 -33.6℃이고, 염화칼슘 대용으로 사용
• 프로필렌글리콜 : 식품 동결용으로 사용

45 회전식 압축기에서 회전식 베인형의 베인은 어떻게 회전하는가?

① 무게에 의하여 실린더에 밀착되어 회전한다.
② 고압에 의하여 실린더에 밀착되어 회전한다.
③ 스프링 힘에 의하여 실린더에 밀착되어 회전한다.
④ 원심력에 의하여 실린더에 밀착되어 회전한다.

해설
회전식 베인형의 베인은 원심력에 의하여 실린더에 밀착되어 회전한다.

46 송풍기의 법칙에 대한 내용 중 잘못된 것은?

① 동력은 회전속도비의 2제곱에 비례하여 변화한다.
② 풍량은 회전속도에 비례하여 변화한다.
③ 압력은 회전속도비의 2제곱에 비례하여 변화한다.
④ 풍량은 송풍기 크기비의 3제곱에 비례하여 변화한다.

해설
상사법칙
- 유량 : $Q_2 = Q_1 \times \dfrac{N_2}{N_1} \times \left(\dfrac{D_2}{D_1}\right)^3$
- 전양정 : $H_2 = H_1 \times \left(\dfrac{N_2}{N_1}\right)^2 \times \left(\dfrac{D_2}{D_1}\right)^2$
- 동력 : $P_2 = P_1 \times \left(\dfrac{N_2}{N_1}\right)^3 \times \left(\dfrac{D_2}{D_1}\right)^5$

여기서, N : 회전수(rpm)
D : 내경(mm)

47 냉방부하를 줄이기 위한 방법으로 적당하지 않은 것은?

① 외벽 부분의 단열화
② 유리창 면적의 증대
③ 틈새바람의 차단
④ 조명기구 설치 축소

해설
유리창 면적을 크게 하면 전도부하와 일사부하가 증대되어 냉동부하가 증가된다.

48 유체의 역류방지용으로 가장 적당한 밸브는?

① 게이트 밸브(Gate Valve)
② 글로브 밸브(Globe Valve)
③ 앵글 밸브(Angle Valve)
④ 체크 밸브(Check Valve)

49 공기가열코일의 종류에 해당되지 않는 것은?

① 전열코일   ② 습코일
③ 증기코일   ④ 온수코일

해설
공기가열코일 : 온수코일, 증기코일, 전열코일

정답 45 ④ 46 ① 47 ② 48 ④ 49 ②

50 실내에 있는 사람이 느끼는 더위, 추위의 체감에 영향을 미치는 수정유효온도의 주요 요소는?

① 기온, 습도, 기류, 복사열
② 기온, 기류, 불쾌지수, 복사열
③ 기온, 사람의 체온, 기류, 복사열
④ 기온, 주위의 벽면온도, 기류, 복사열

해설
효과온도(OT : 수정유효온도)
건구온도계에 의하여 측정한 주위 벽면의 평균 복사온도(t_R)와 건구온도(t)와의 평균치이며 기온, 기동(氣動), 주위 벽으로부터의 복사열 등의 종합효과를 표시한 온도

51 역환수(Reverse Return)방식을 채택하는 이유로 가장 적합한 것은?

① 환수량을 늘리기 위하여
② 배관으로 인한 마찰저항이 균등해지도록 하기 위하여
③ 온수 귀환관을 가장 짧은 거리로 배관하기 위하여
④ 열손실을 줄이기 위하여

52 팬형 가습기(증발식)에 대한 설명으로 틀린 것은?

① 팬 속의 물을 강제적으로 증발시켜 가습한다.
② 가습장치 중 효율이 가장 우수하며, 가습량을 자유로이 변화시킬 수 있다.
③ 가습의 응답속도가 느리다.
④ 패키지형의 소형 공조기에 많이 사용한다.

해설
가습효율이 100%에 가까우며 무균이면서 응답성이 좋아 정밀한 습도 제어가 가능하다.

53 덕트 시공에 대한 내용 중 잘못된 것은?

① 덕트의 단면적비가 75% 이하의 축소 부분은 압력 손실을 적게 하기 위해 30° 이하(고속덕트에서는 15° 이하)로 한다.
② 덕트의 단면 변화 시 정해진 각도를 넘을 경우에는 가이드 베인을 설치한다.
③ 덕트의 단면적비가 75% 이하의 확대 부분은 압력 손실을 적게 하기 위해 15° 이하(고속덕트에서는 8° 이하)로 한다.
④ 덕트의 경로는 될 수 있는 한 최장거리로 한다.

해설
덕트 길이는 길수록 압력손실이 크기 때문에 되도록 짧게 시공한다.

54 이중 덕트 공기조화 방식의 특징이라고 할 수 없는 것은?

① 열매체가 공기이므로 실온의 응답이 빠르다.
② 혼합으로 인한 에너지 손실이 없으므로 운전비가 적게 든다.
③ 실내습도의 제어가 어렵다.
④ 실내부하에 따라 개별제어가 가능하다.

해설
2중 덕트 방식(Double Duct System)
온풍과 냉풍 2개의 덕트를 설비하여 각 실의 부하조건에 따라서 혼합 박스(Mixing Box)로 적당한 급기온도를 조정하여 토출시키는 방식으로 에너지 소모량이 가장 큰 공조 방식이다.

55 공기조화기의 열원장치에 사용되는 온수보일러의 개방형 팽창탱크에 설치되지 않는 부속설비는?

① 통기관 ② 수위계
③ 팽창관 ④ 배수관

해설
개방형 팽창탱크에는 수위계를 설치할 필요가 없다.

56 개별공조방식의 특징으로 틀린 것은?

① 개별제어가 가능하다.
② 실내유닛이 분리되어 있지 않은 경우는 소음과 진동이 크다.
③ 취급이 용이하며, 국소운전이 가능하다.
④ 외기냉방이 용이하다.

해설
개별공조방식은 실내공기를 순환시켜 공조를 실시하므로 외기냉방이 불가능하다.

57 실내 냉방 시 현열부하가 8,000kcal/h인 실내를 26℃로 냉방하는 경우 20℃의 냉풍으로 송풍하면 필요한 송풍량은 약 몇 m³/h인가?(단, 공기의 비열은 0.24kcal/kg℃이며, 비중량은 1.2kg/m³ 이다)

① 2,893 ② 4,630
③ 5,787 ④ 9,260

해설
송풍량(Q)
$$Q = \frac{8,000}{1.2 \times 0.24 \times (26-20)} \approx 4,630 \, m^3/h$$

정답 54 ② 55 ② 56 ④ 57 ②

58 환기방식 중 환기의 효과가 가장 낮은 환기법은?

① 제1종 환기
② 제2종 환기
③ 제3종 환기
④ 제4종 환기

해설
제4종 환기는 자연환기방법이다.
기계환기
강제로 기계의 힘에 의하여 환기하는 방식
- 제1종 기계환기법 : 급기 → 송풍기, 배기 → 송풍기
- 제2종 기계환기법 : 급기 → 송풍기, 배기 → 자연
- 제3종 기계환기법 : 급기 → 자연, 배기 → 송풍기

59 보일러의 종류에 따른 전열면적당 증발량으로 틀린 것은?

① 노통보일러 : 45~65(kgf/m² · h) 정도
② 연관보일러 : 30~65(kgf/m² · h) 정도
③ 입형보일러 : 15~20(kgf/m² · h) 정도
④ 노통연관보일러 : 30~60(kgf/m² · h) 정도

해설
전열면적당 증발량(kg/m² · h)
수관식보일러 > 노통연관보일러 > 연관보일러 > 노통보일러 > 입형보일러

60 건구온도 20℃, 절대습도 0.008kg/kg(DA)인 공기의 비엔탈피는 약 얼마인가?(단, 공기의 정압비열(C_P)은 0.24kcal/kg℃, 수증기의 정압비열(C_p)은 0.441kcal/kg℃이다)

① 7kcal/kg(DA)
② 8.3kcal/kg(DA)
③ 9.6kcal/kg(DA)
④ 11kcal/kg(DA)

해설
습공기의 비엔탈피(h)
$h = 0.24t + x(597.5 + 0.441t)$
$= (0.24 \times 20) + [0.008 \times (597.5 + 0.441 \times 20)]$
$≒ 9.65 \text{kcal/kg}$

2013년 제5회 과년도 기출문제

01 산업재해 원인분류 중 직접원인에 해당되지 않는 것은?

① 불안전한 행동
② 안전보호장치 결함
③ 작업자의 사기의욕 저하
④ 불안전한 환경

해설
간접원인(관리적 원인)
• 기술적 원인
 - 건물, 기계장치의 설계, 구조, 재료의 불량
 - 생산방법의 부적합
 - 점검, 정비, 보존의 불량
• 교육적 원인
 - 안전지식, 경험, 훈련의 미숙
 - 안전 수칙의 오해
 - 작업방법, 유해, 위험작업의 교육 불충분
• 신체적 원인
 - 피로, 수면 부족
 - 시력 및 청각기능 이상
 - 근육운동의 부적합

02 전기화재의 소화에 사용하기에 부적당한 것은?

① 분말 소화기
② 포말 소화기
③ CO_2 소화기
④ 할로겐 소화기

해설
전기화재에 포말소화기를 사용하면 감전의 우려가 있다.

03 전기설비의 방폭성능 기준 중 용기 내부에 보호구조를 압입하여 내부압력을 유지함으로써 가연성 가스가 용기 내부로 유입되지 아니하도록 한 구조를 말하는 것은?

① 내압방폭구조
② 유입방폭구조
③ 압력방폭구조
④ 안전증방폭구조

해설
방폭구조의 종류

방폭구조	정 의	기 호
내압 방폭구조	용기 내 폭발 시 용기가 폭발압력을 견디며 접합면, 개구부를 통해 외부에 인화될 우려가 없는 구조	Ex d
압력 방폭구조	용기 내에 보호가스를 압입시켜 폭발성 가스나 증기가 용기 내부에 유입되지 않도록 된 구조	Ex p
안전증 방폭구조	정상운전 중에 점화원 발생 방지를 위해 기계적, 전기적 구조상 혹은 온도 상승에 대해 안전도를 증가한 구조	Ex e
유입 방폭구조	전기불꽃 아크, 고온 발생 부분을 기름으로 채워 폭발성 가스 또는 증기에 인화되지 않도록 한 구조	Ex o
본질안전 방폭구조	정상 시 및 사고 시(단선, 단락, 지락)에 폭발 점화원(전기불꽃, 아크, 고온)의 발생이 방지된 구조	Ex ia Ex ib

04 산업현장에서 위험이 잠재한 곳이나 현존하는 곳에 안전표지를 부착하는 목적으로 적당한 것은?

① 작업자의 생산능률을 저하시키기 위함
② 예상되는 재해를 방지하기 위함
③ 작업장의 환경미화를 위함
④ 작업자의 피로를 경감시키기 위함

정답 1 ③ 2 ② 3 ③ 4 ②

05 산업재해의 발생 원인별 순서로 맞는 것은?

① 불안전한 상태 > 불안전한 행동 > 불가항력
② 불안전한 행동 > 불가항력 > 불안전한 상태
③ 불안전한 상태 > 불가항력 > 불안전한 행동
④ 불안전한 행동 > 불안전한 상태 > 불가항력

해설
산업재해의 발생 원인별 순서
불안전한 행동 > 불안전한 상태 > 불가항력

06 전기의 접지 목적에 해당되지 않는 것은?

① 화재 방지
② 설비 증설 방지
③ 감전 방지
④ 기기손상 방지

해설
접지의 목적
화재 방지, 감전 방지, 기기손상 방지

07 냉동제조의 시설 및 기술수준으로 적당하지 못한 것은?

① 냉매설비에는 긴급상태가 발생하는 것을 방지하기 위하여 자동제어장치를 설치할 것
② 압축기 최종단에 설치한 안전장치는 3년에 1회 이상 압력시험을 할 것
③ 제조설비는 진동, 충격, 부식 등으로 냉매 가스가 누설되지 않을 것
④ 가연성 가스의 냉동설비 부근에는 작업에 필요한 양 이상의 연소하기 쉬운 물질을 두지 않을 것

해설
압축기 최종단에 설치한 안전장치는 1년에 1회 이상 압력시험을 해야 한다.

08 산업안전보건기준에 관한 규칙에 의거 사다리식 통로 등을 설치하는 경우에 대한 내용으로 잘못된 것은?

① 견고한 구조로 할 것
② 발판과 벽과의 사이는 15cm 이상의 간격을 유지할 것
③ 폭은 55cm 이상으로 할 것
④ 발판의 간격은 일정하게 할 것

해설
사다리식 통로의 폭은 30cm 이상으로 한다.

09 냉동장치의 운전관리에서 운전준비사항으로 잘못된 것은?

① 압축기의 유면을 점검한다.
② 응축기의 냉매량을 확인한다.
③ 응축기, 압축기의 흡입측 밸브를 닫는다.
④ 전기결선, 조작회로를 점검하고, 절연저항을 측정한다.

해설
응축기, 압축기의 흡입측 밸브를 열어 놓아야 한다.

10 드라이버 작업 시 유의사항으로 올바른 것은?

① 드라이버를 정이나 지렛대 대용으로 사용한다.
② 작은 공작물은 바이스에 물리지 말고 손으로 잡고 사용한다.
③ 드라이버의 날 끝이 홈의 폭과 길이가 같은 것을 사용한다.
④ 전기작업 시 금속 부분이 자루 밖으로 나와 있어 전기가 잘 통하는 드라이버를 사용한다.

해설
드라이버 작업
- 대가 구부러졌거나 끝이 무딘 것을 사용하지 않는다.
- 자루가 망가졌거나 불안전한 것을 사용하지 않는다.
- 드라이버 날끝이 용도에 맞는 것을 사용한다(+, - 드라이버나 크기에 주의).
- 드라이버의 날끝은 평평한 것이어야 하고 이가 빠지거나 둥글게 된 것은 사용하지 않는다.
- 나사를 죌 때 날끝이 미끄러지지 않게 수직으로 대고 한 손으로 가볍게 잡고 작업한다.

11 안전모가 내전압성을 가졌다는 말은 최대 몇 볼트의 전압에 견디는 것을 말하는가?

① 600V
② 720V
③ 1,000V
④ 7,000V

해설
안전모의 모체, 충격 흡수 라이너 및 착장제의 무게는 0.44kg을 초과하지 않아야 한다(안전모의 내전압성 : 7,000V 이하).

12 수공구에 의한 재해를 방지하기 위한 내용 중 적당하지 않은 것은?

① 결함이 없는 공구를 사용할 것
② 작업에 꼭 알맞은 공구가 없을 시에는 유사한 것을 대용할 것
③ 사용 전에 충분한 사용법을 숙지하고 익히도록 할 것
④ 공구는 사용 후 일정한 장소에 정비·보관할 것

해설
수공구는 작업에 적합한 것을 사용해야 하고, 유사한 것을 사용해서는 안 된다.

13 다음 내용의 ( )에 알맞은 것은?

> 사업주는 아세틸렌 용접장치를 사용하는 금속의 용접·용단 또는 가열작업을 하는 경우에는 게이지압력이 ( )kPa을 초과하는 압력의 아세틸렌을 발생시켜 사용해서는 아니 된다.

① 12.7 ② 20.5
③ 127 ④ 205

해설
사업주는 아세틸렌 용접장치를 사용하여 금속의 용접, 용단 또는 가열작업을 하는 경우에는 게이지압력이 127kPa을 초과하는 압력의 아세틸렌을 발생시켜 사용해서는 안 된다.

14 압축가스의 저장탱크에는 그 저장탱크 내용적의 몇 %를 초과하여 충전하면 안 되는가?

① 90% ② 80%
③ 75% ④ 60%

해설
※ 저자 의견
압축가스를 충전할 때는 안전 공간 10%의 여유를 두어야 하므로 90%를 초과하여 충전하면 안 된다.

15 보일러의 사고 원인을 열거하였다. 이 중 취급자의 부주의로 인한 것은?

① 구조의 불량
② 판 두께의 부족
③ 보일러수의 부족
④ 재료의 강도 부족

해설
보일러 사고의 원인
- 제작상의 원인 : 재료 불량, 강도 부족, 구조 및 설계 불량, 용접 불량, 부속기기의 설비 미비 등
- 취급상의 원인 : 저수위, 압력 초과, 미연가스에 의한 노내 폭발, 급수처리 불량, 부식, 과열 등

16 암모니아 냉동기에서 일반적으로 압축비가 얼마 이상일 때 2단 압축을 하는가?

① 2 ② 3
③ 4 ④ 6

해설
2단 압축의 채용 한계
압축비가 암모니아(NH_3)는 6 이상, 프레온은 9 이상일 때 채택

17 공정점이 −55℃이고, 저온용 브라인으로서 일반적으로 제빙, 냉장 및 공업용으로 많이 사용되고 있는 것은?

① 염화칼슘 ② 염화나트륨
③ 염화마그네슘 ④ 프로필렌글리콜

해설
브라인
- 염화칼슘 : 공정점이 −55℃이고, 제빙용으로 사용
- 염화나트륨 : 공정점이 −21.2℃이고, 식품 저장용으로 사용
- 염화마그네슘 : 공정점이 −33.6℃이고, 염화칼슘 대용으로 사용
- 프로필렌글리콜 : 식품 동결용으로 사용

18 다음 중 자연적인 냉동방법이 아닌 것은?

① 증기분사식을 이용하는 방법
② 융해열을 이용하는 방법
③ 증발잠열을 이용하는 방법
④ 승화열을 이용하는 방법

해설
자연적 냉동방법
- 얼음의 융해잠열을 이용하는 방법
- 승화열을 이용하는 방법
- 증발열을 이용하는 방법
- 기한제를 이용하는 방법

19 프레온 냉동장치에서 오일 포밍 현상이 일어나면 실린더 내로 다량의 오일이 올라가 오일을 압축하여 실린더 헤드부에서 이상음이 발생하게 되는 현상은?

① 에멀션 현상 ② 동부착 현상
③ 오일 포밍 현상 ④ 오일 해머 현상

해설
오일 해머 : 액이 실린더 내로 빨려 올라가 액을 압축하게 되는데, 액은 비압축성이므로 실린더 헤드부에 충격음이 발생되는 현상

20 정상적으로 운전되고 있는 증발기에서 냉매 상태의 변화에 관한 사항 중 옳은 것은?(단, 증발기는 건식증발기이다)

① 증기의 건조도가 감소한다.
② 증기의 건조도가 증대한다.
③ 포화액이 과냉각액으로 된다.
④ 과냉각액이 포화액으로 된다.

해설
증발기에서는 건조도가 점차 증가한다.

정답 17 ① 18 ① 19 ④ 20 ②

21 구조에 따라 증발기를 분류하여 그 명칭들과 동시에 그들의 주용도를 나타내었다. 틀린 것은?

① 핀 튜브형 : 주로 0℃ 이상의 물 냉각용
② 탱크식 : 제빙용 브라인 냉각용
③ 판냉각형 : 가정용 냉장고의 냉각용
④ 보데로(Baudelot)식 : 우유, 각종 기름류 등의 냉각용

해설
핀 튜브형은 공기 냉각용 증발기이다.

22 실린더 내경 20cm, 피스톤 행정 20cm, 기통수 2개, 회전수 300rpm인 압축기의 피스톤 배출량은 약 얼마인가?

① 182m³/h ② 201m³/h
③ 226m³/h ④ 263m³/h

해설
왕복동식 압축기 피스톤 압출량
$= \frac{1}{4}\pi D^2 LRN$
$= \frac{\pi}{4} \times 0.2^2 \times 0.2 \times 2 \times 300 \times 60$
$≒ 226$

23 저장품을 동결하기 위한 동결부하 계산에 속하지 않는 것은?

① 동결 전 부하
② 동결 후 부하
③ 동결 잠열
④ 환기 부하

해설
동결부하 : 동결 전 부하, 동결 후 부하, 동결 잠열 등

24 관을 절단하는 데 사용하는 공구는?

① 파이프 리머
② 파이프 커터
③ 오스터
④ 드레서

25 다음 중 입력신호가 모두 1일 때만 출력신호가 0인 논리 게이트는?

① AND 게이트
② OR 게이트
③ NOR 게이트
④ NAND 게이트

26 냉동기유의 구비 조건으로 맞지 않는 것은?

① 냉매와 접하여도 화학적 작용을 하지 않을 것
② 왁스 성분이 많을 것
③ 유성이 좋을 것
④ 인화점이 높을 것

해설
윤활유(냉동기유)의 구비 조건
- 응고점이 낮고 인화점이 높을 것
- 점도가 알맞고 변질되지 않을 것
- 수분이 포함되지 않고 불순물이 없으며 전기적인 절연내력이 클 것
- 저온에서 왁스(Wax) 분리가 되지 않으며 냉매가스 흡수가 적을 것
- 냉매가스가 흡수하여도 용적 증기가 적을 것
- 장기 휴지 중 방청능력이 있고, 오일 포밍에 소포성이 있을 것

27 압축기에서 보통 안전 밸브의 작동압력으로 옳은 것은?

① 저압 차단 스위치 작동 압력과 같게 한다.
② 고압 차단 스위치 작동 압력보다 다소 높게 한다.
③ 유압 보호 스위치 작동 압력과 같게 한다.
④ 고·저압 차단 스위치 작동 압력보다 낮게 한다.

28 다음 몰리에르 선도에서의 성적계수는 약 얼마인가?

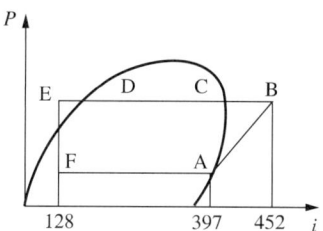

① 2.4 ② 4.9
③ 5.4 ④ 6.3

해설
성적계수(COP) $= \dfrac{q}{A_w}$
$= \dfrac{397-128}{452-397}$
$≒ 4.9$

29 다음 기호 중 콕의 도시기호는?

① 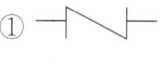   ②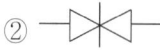

③ 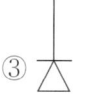   ④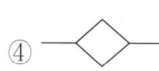

해설
① 체크 밸브
② 게이트 밸브
③ 플러그

정답 26 ② 27 ② 28 ② 29 ④

30 흡수식 냉동기에서 냉매순환과정을 바르게 나타낸 것은?

① 재생(발생)기 → 응축기 → 냉각(증발)기 → 흡수기
② 재생(발생)기 → 냉각(증발)기 → 흡수기 → 응축기
③ 응축기 → 재생(발생)기 → 냉각(증발)기 → 흡수기
④ 냉각(증발)기 → 응축기 → 흡수기 → 재생(발생)기

31 온도 자동팽창 밸브에서 감온통의 부착 위치는?

① 팽창 밸브 출구
② 증발기 입구
③ 증발기 출구
④ 수액기 출구

해설
증발기 출구측에 설치하는 감온통의 기준
• 흡입관 외경이 20mm 미만일 경우 : 흡입관 상부에 부착
• 흡입관 외경이 20mm 이상일 경우 : 흡입관 수평보다 45° 하부에 부착

32 응축기 중 외기습도가 응축기 능력을 좌우하는 것은?

① 횡형 셸 앤드 튜브식 응축기
② 이중관식 응축기
③ 7통로식 응축기
④ 증발식 응축기

해설
증발식 응축기
물의 증발 잠열을 이용하여 냉매를 응축시키는 방식으로서 외기 습구온도에 영향을 받는다.

33 관 또는 용기 안의 압력을 항상 일정한 수준으로 유지하여 주는 밸브는?

① 릴리프 밸브
② 체크 밸브
③ 온도조정 밸브
④ 감압 밸브

해설
릴리프 밸브는 관 또는 용기 안의 압력을 항상 일정한 압력으로 유지하기 위해 사용한다.

34 시트 모양에 따라 삽입형, 홈꼴형, 랩형 등으로 구분되는 배관의 이음방법은?

① 나사 이음 ② 플레어 이음
③ 플랜지 이음 ④ 납땜 이음

[해설]
플랜지 이음의 구분 : 삽입형, 홈꼴형, 유압형

35 불응축 가스의 침입을 방지하기 위해 액순환식 증발기와 액펌프 사이에 부착하는 것은?

① 감압 밸브 ② 여과기
③ 역지 밸브 ④ 건조기

36 어떤 물질의 산성, 알칼리성 여부를 측정하는 단위는?

① CHU ② RT
③ pH ④ BTU

[해설]
pH : 산, 염기의 세기를 나타내는 척도

37 0℃의 물 1kg을 0℃의 얼음으로 만드는 데 필요한 응고잠열은 대략 얼마 정도인가?

① 80kcal/kg ② 540kcal/kg
③ 100kcal/kg ④ 50kcal/kg

[해설]
물의 응고잠열 : 80kcal/kg

38 냉동장치의 온도 관계에 대한 사항 중 올바르게 표현한 것은?(단, 표준냉동 사이클을 기준으로 할 것)

① 응축온도는 냉각수 온도보다 낮다.
② 응축온도는 압축기 토출가스 온도와 같다.
③ 팽창 밸브 직후의 냉매온도는 증발 온도보다 낮다.
④ 압축기 흡입가스 온도는 증발 온도와 같다.

[해설]

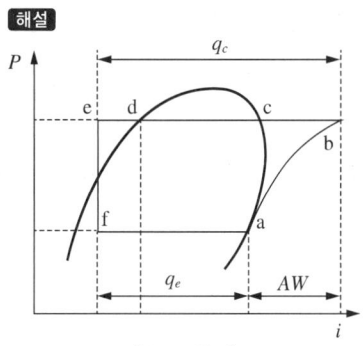

[$P-i$ 선도]

• a → b : 압축기
• b → e : 응축기
• e → f : 팽창 밸브
• f → a : 증발기

39 "회로 내의 임의의 점에서 들어오는 전류와 나가는 전류의 총합은 0이다."라는 법칙으로 맞는 것은?

① 키르히호프의 제1법칙
② 키르히호프의 제2법칙
③ 줄의 법칙
④ 앙페르의 오른나사법칙

해설
키르히호프 법칙
- 키르히호프 제1법칙(전류법칙)
  - 회로의 임의의 접합점으로 유출하는 전류의 대수적 총합은 0이다.
  - 즉, 접속점으로 유입하는 전류의 대수합은 0이다.
  - 유입하는 전류의 합 = 유출하는 전류의 합
  - $I_1 + I_2 + I_4 = I_3 + I_5$
- 키르히호프 제2법칙(전압법칙)
  - 임의의 폐회로를 따라서 1회전하며 취한 전압대수의 합은 그 폐회로의 저항에 생기는 전압 강하의 대수합과 같다.
  - 기전력 대수합 = 전압 강하의 대수합

40 옴의 법칙에 대한 설명으로 적절한 것은?

① 도체에 흐르는 전류(I)는 전압(V)에 비례한다.
② 도체에 흐르는 전류(I)는 저항(R)에 비례한다.
③ 도체에 흐르는 전압(V)은 저항(R)의 값과는 상관없다.
④ 도체에 흐르는 전류 $I = \dfrac{R}{V}$(A)이다.

해설
옴의 법칙
$V = IR$
여기서, V : 전압
　　　　I : 전류
　　　　R : 저항

41 용적형 압축기에 대한 설명으로 맞지 않는 것은?

① 압축실 내의 체적을 감소시켜 냉매의 압력을 증가시킨다.
② 압축기의 성능은 냉동능력, 소비동력, 소음, 진동값 및 수명 등 종합적인 평가가 요구된다.
③ 압축기의 성능을 측정하는 데 유용한 두 가지 방법은 성능계수와 단위 냉동능력당 소비동력을 측정하는 것이다.
④ 개방형 압축기의 성능계수는 전동기와 압축기의 운전 효율을 포함하는 반면, 밀폐형 압축기의 성능계수에는 전동기 효율이 포함되지 않는다.

해설
압축기의 성능계수에는 전동기 효율과 운전 효율을 모두 포함시켜야 한다.

42 터보냉동기의 구조에서 불응축가스 퍼지, 진공작업, 냉매 재생 등의 기능을 갖추고 있는 장치는?

① 플로트 체임버 장치
② 추기회수장치
③ 일리미네이터 장치
④ 전동장치

해설
터보압축기는 불응축가스가 발생할 경우 추기회수장치에서 자동으로 방출시켜 고압의 상승을 방지하도록 되어 있다.

43 고체에서 기체로 상태가 변화할 때 필요로 하는 열을 무엇이라 하는가?

① 증발열 ② 융해열
③ 기화열 ④ 승화열

해설
승화 : 물질의 상태변화에서 고체가 액체 상태를 거치지 않고 직접 기체로 변하거나 기체가 직접 고체로 변하는 현상

44 스윙(Swing)형 체크 밸브에 관한 설명으로 틀린 것은?

① 호칭 치수가 큰 관에 사용된다.
② 유체의 저항이 리프트(Lift)형보다 작다.
③ 수평 배관에만 사용할 수 있다.
④ 핀을 축으로 하여 회전시켜 개폐한다.

해설
체크 밸브(Check Valve)
유체의 흐름을 한쪽으로 흐르게 하고, 역류하면 자동적으로 배압에 의하여 밸브체(Body)가 닫히는 밸브
- 스윙형 체크 밸브 : 핀을 축으로 하여 회전됨으로써 개폐되므로 유체에 대한 마찰저항이 리프트형보다 작고 수평, 수직 어느 배관에도 사용할 수 있다.
- 리프트형 체크 밸브 : 유체의 압력으로 밸브가 수직으로 상하하면서 개폐되어 리프트는 밸브 지름의 1/4 정도이고, 유체의 흐름에 대한 마찰저항이 크고 수평 배관에만 사용된다.

45 냉동장치 내에 냉매가 부족할 때 일어나는 현상으로 옳은 것은?

① 흡입관에 서리가 보다 많이 붙는다.
② 토출압력이 높아진다.
③ 냉동능력이 증가한다.
④ 흡입압력이 낮아진다.

해설
냉매가 부족하면 흡입압력이 저하되어 흡입가스가 과열된다.

46 온풍난방의 특징을 바르게 설명한 것은?

① 예열시간이 짧다.
② 조작이 복잡하다.
③ 설비비가 많이 든다.
④ 소음이 생기지 않는다.

해설
온풍난방의 특성
- 열효율이 높고 연료비가 적게 든다.
- 설비비가 싸다.
- 설치면적이 작다.
- 설치가 쉽고 보수관리가 용이하다.
- 집진은 물론 가습도 가능하다.
- 열용량이 적고 예열기간이 짧다.
- 예열부하가 작고 소형이다.
- 자동운전이 가능하다.

정답 43 ④ 44 ③ 45 ④ 46 ①

47 겨울철 창면을 따라서 존재하는 냉기에 의해 외기와 접한 창면에 접해 있는 사람은 더욱 추위를 느끼게 되는 현상을 콜드 드래프트라 한다. 이 콜드 드래프트의 원인으로 볼 수 없는 것은?

① 인체 주위의 온도가 너무 낮을 때
② 주위 벽면의 온도가 너무 낮을 때
③ 창문의 틈새가 많을 때
④ 인체 주위 기류속도가 너무 느릴 때

해설
콜드 드래프트의 원인
- 인체 주위의 공기온도가 너무 낮을 때
- 인체 주위의 기류속도가 너무 빠를 때
- 주위 공기의 습도가 낮을 때
- 주위 벽면의 온도가 낮을 때
- 창문 틈새를 통한 극간풍이 많을 때

48 일반적으로 덕트의 종횡비(Aspect Ratio)는 얼마를 표준으로 하는가?

① 2 : 1
② 6 : 1
③ 8 : 1
④ 10 : 1

해설
종횡비(아스펙트비)는 장변과 단변의 비로서 2 : 1을 표준으로 하고, 가능한 한 4 : 1 이하로 하여 최대 8 : 1 이상이 되지 않도록 한다.

49 복사난방의 특징이 아닌 것은?

① 외기온도의 급변화에 따른 온도 조절이 곤란하다.
② 배관시공이나 수리가 비교적 곤란하고 설비비용이 비싸다.
③ 공기의 대류가 많아 쾌감도가 나쁘다.
④ 방열기가 불필요하다.

해설
복사난방의 특징
- 복사난방은 배관이 매립되어 있으므로 고장 시 발견이 어렵고 시설비가 많이 든다.
- 복사난방은 실내온도분포가 가장 균일한 난방방식이다.
- 복사난방은 부하 변화에 따른 온도 조절이 늦다(외기의 온도 변화에 대한 온도 조절이 어렵다).
- 복사난방은 실내의 평균온도가 낮다.

50 공기조화 방식의 중앙식 공조방식에서 수-공기방식에 해당되지 않는 것은?

① 이중 덕트 방식
② 팬코일 유닛방식(덕트 병용)
③ 유인유닛방식
④ 복사냉난방방식(덕트 병용)

해설
공조방식

중앙공조방식	전공기 방식	단일 덕트 방식	정풍량 방식	말단에 재열기가 없는 방식
			변풍량 방식	재열기가 없는 방식
				재열기가 있는 방식
		2중 덕트 방식	• 정풍량 2중 덕트 방식 • 변풍량 2중 덕트 방식 • 멀티존 유닛방식 • 덕트 병용의 패키지 방식 • 각층 유닛방식	
	공기·수방식 (유닛 병용 방식)	• 덕트 병용 팬코일 유닛방식 • 유인유닛방식 • 복사냉난방방식		
	전수방식	팬코일 유닛방식		

51 다음 난방방식에 대한 설명으로 틀린 것은?

① 온풍난방은 습도를 가습 또는 감습할 수 있는 장치를 설치할 수 있다.
② 증기난방의 응축수환수관 연결 방식은 습식과 건식이 있다.
③ 온수난방의 배관에는 팽창탱크를 설치하여야 하며 밀폐식과 개방식이 있다.
④ 복사난방은 천장이 높은 실(室)에는 부적합하다.

해설
복사난방 : 바닥패널, 벽패널, 천장패널을 설치하여 복사열을 이용한 난방

52 공기상태에 관한 내용 중 틀린 것은?

① 포화습공기의 상대습도는 100%이며 건조공기의 상대습도는 0%가 된다.
② 공기를 가습, 감습하지 않으면 노점온도 이하가 되어도 절대습도는 변함이 없다.
③ 습공기 중의 수분 중량과 포화습공기 중의 수분의 비를 상대습도라 한다.
④ 공기 중의 수증기가 분리되어 물방울이 되기 시작하는 온도를 노점온도라 한다.

해설
절대습도는 가습·감습 없이 냉각 가열만 할 경우에는 변하지 않는다.

53 수조 내의 물에 초음파를 가해 작은 물방울을 발생시켜 가습을 행하는 초음파 가습장치는 어떤 방식에 해당하는가?

① 수분무식
② 증기 발생식
③ 증발식
④ 에어와셔식

54 개별식 공기조화방식으로 볼 수 있는 것은?

① 사무실 내에 패키지형 공조기를 설치하고, 여기에서 조화된 공기는 패키지 상부에 있는 취출구로 실내에 송풍한다.
② 사무실 내에 유인유닛형 공조기를 설치하고, 외부의 공기조화기로부터 유인유닛에 공기를 공급한다.
③ 사무실 내에 팬코일 유닛형 공조기를 설치하고, 외부의 열원기기로부터 팬코일 유닛에 냉·온수를 공급한다.
④ 사무실 내에는 덕트만 설치하고, 외부의 공기조화기로부터 덕트 내에 공기를 공급한다.

해설
개별 방식 중 냉매방식
• 패키지 방식 : 냉수배관, 복잡한 덕트 등이 없음
• 룸 쿨러 방식
• 멀티유닛 방식

정답 51 ④ 52 ② 53 ① 54 ①

55 유체의 속도가 20m/s일 때 이 유체의 속도수두는 얼마인가?

① 5.1m ② 10.2m
③ 15.5m ④ 20.4m

해설
유속(V)
$V = \sqrt{2gH}$
$20 = \sqrt{2 \times 9.8 \times x}$
∴ $x ≒ 20.4m$

56 어떤 보일러에서 발생되는 실제증발량을 1,000 kg/h, 발생 증기의 엔탈피를 614kcal/kg, 급수의 온도를 20℃라 할 때, 상당증발량은 얼마인가?(단, 증발잠열은 540kcal/kg으로 한다)

① 847kg/h ② 1,100kg/h
③ 1,250kg/h ④ 1,450kg/h

해설
상당(환산)증발량 $= \dfrac{h'' - h'}{539}$ kg/h
여기서, $h'' - h'$: 매시 실제증발량
h'' : 증기엔탈피(kcal/kg)
h' : 급수엔탈피(kcal/kg)
∴ 상당(환산)증발량 $= \dfrac{1,000(614-20)}{540} = 1,100$kg/h

57 풍량 조절용으로 사용되지 않는 댐퍼는?

① 방화 댐퍼 ② 버터플라이 댐퍼
③ 루버 댐퍼 ④ 스플릿 댐퍼

해설
댐퍼(Damper)
덕트 내에 흐르는 통과 풍량의 조정기구
- 풍량 조절용 댐퍼(볼륨 댐퍼) — 버터플라이 댐퍼
  - 루버 댐퍼 — 평형 날개형
  　　　　　└ 대향 날개형
  - 베인 댐퍼
- 풍량 분배용 댐퍼(스플릿 댐퍼)
- 정압 밸런스용 댐퍼(밸런싱 댐퍼) - 고속 덕트의 정압 조정용
- 역류 방지용 댐퍼(릴리프 댐퍼) - 공기 역류 방지용
- 방화 댐퍼 ┌ 루버형
　　　　　 └ 피벗형

58 열이 이동되는 3가지 기본현상(형식)이 아닌 것은?

① 전 도 ② 관 류
③ 대 류 ④ 복 사

해설
열전달 방식 : 전도, 대류, 복사

55 ④ 56 ② 57 ① 58 ②

59 실내 필요 환기량을 결정하는 조건과 거리가 먼 것은?

① 실의 종류
② 실의 위치
③ 재실자의 수
④ 실내에서 발생하는 오염물질 정도

해설
실의 위치는 실내 환기량을 결정하는 조건과는 거리가 멀지만 부하 산출, 조닝제어할 경우에는 반드시 고려해야 한다.

60 송풍기의 특성곡선에 나타나 있지 않은 것은?

① 효율
② 축동력
③ 전압
④ 풍속

해설
송풍기는 고유의 특성이 있다. 이러한 특성을 하나의 선도로 나타낸 것을 송풍기의 특성곡선이라 한다. 즉, 어떠한 송풍기의 특성을 나타내기 위하여 일정한 회전수에서 가로축을 풍량 $Q(m^3/min)$, 세로축을 정압 P_s, 전압 P_t(mmAq), 효율(%), 소요동력 L(kW)로 놓고 풍량에 따라 이들의 압력 및 효율의 변화과정을 나타낸 것을 말한다.

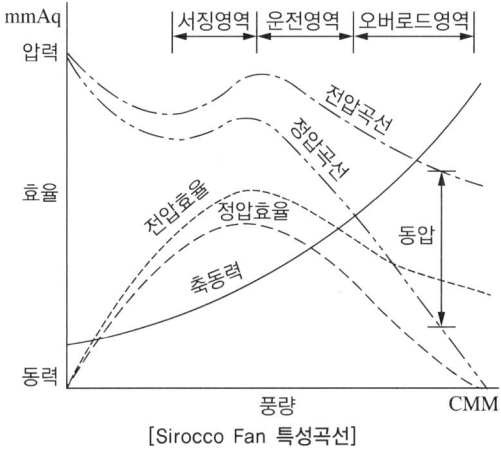

[Sirocco Fan 특성곡선]

2014년 제1회 과년도 기출문제

01 보일러 점화 직전 운전원이 반드시 제일 먼저 점검해야 할 사항은?

① 공기온도 측정
② 보일러 수위 확인
③ 연료의 발열량 측정
④ 연소실의 잔류가스 측정

해설
보일러 점화 전 점검사항
- 수면계의 수위를 확인한다(수면계의 기능 확인).
- 압력계의 기능을 점검한다(압력계의 지침이 0에 있는지 확인한다).
- 수저분출장치의 콕 및 밸브의 기능과 누수 유무를 확인한다.
- 연료계통 및 급수계통을 점검한다.
- 댐퍼를 만개하고, 노내를 충분히 환기시킨다.

02 소화효과의 원리가 아닌 것은?

① 질식효과
② 제거효과
③ 희석효과
④ 단열효과

해설
소화효과 : 냉각효과, 질식효과, 부촉매효과, 제거효과, 희석효과

03 드릴작업 시 주의사항으로 틀린 것은?

① 드릴 회전 중에는 칩을 입으로 불어서는 안 된다.
② 작업에 임할 때는 복장을 단정히 한다.
③ 가공 중 드릴 끝이 마모되어 이상한 소리가 나면 즉시 바꾸어 사용한다.
④ 이송레버에 파이프를 끼워 걸고 재빨리 돌린다.

해설
드릴작업
- 옷소매가 늘어지거나 머리카락이 긴 채로 작업하지 않는다.
- 시동 전에 드릴이 올바르게 고정되어 있는지 확인한다.
- 장갑을 끼고 작업하지 않는다.
- 드릴을 끼운 후에는 척렌치를 뺀다.
- 드릴 회전 중에는 칩(Chip)을 입으로 불거나 손으로 털지 않도록 한다.
- 전기드릴을 사용할 때에는 반드시 접지(Earth)시킨다.
- 가공 중 드릴 끝이 마모되어 이상음 발생 시에는 드릴을 연마하거나 교체 사용한다.
- 먼저 작은 구멍을 뚫은 다음 큰 구멍을 뚫도록 한다.
- 얇은 판에 구멍을 뚫을 때에는 나무판을 밑에 받치고 구멍을 뚫도록 한다.

04 안전관리 관리 감독자의 업무가 아닌 것은?

① 안전작업에 관한 교육훈련
② 작업 전후 안전점검 실시
③ 작업의 감독 및 지시
④ 재해 보고서 작성

해설
관리감독자의 업무 등(산업안전보건법 시행령 제15조)
- 기계·기구 또는 설비의 안전·보건점검 및 이상 유무의 확인
- 근로자의 작업복·보호구 및 방호장치의 점검과 그 착용·사용에 관한 교육·지도
- 해당 작업에서 발생한 산업재해에 관한 보고 및 이에 대한 응급 조치
- 해당 작업의 작업장 정리·정돈 및 통로 확보에 대한 확인·감독
- 해당 사업장의 산업보건의, 안전관리자, 보건관리자, 안전보건관리담당자의 지도·조건에 대한 협조
- 위험성평가를 위한 업무에 기인하는 유해·위험요인의 파악에 대한 참여 및 개선조치의 시행에 대한 참여
- 그 밖에 해당 작업의 안전·보건에 관한 사항으로서 고용노동부령으로 정하는 사항

05 물체가 떨어지거나 날아올 위험 또는 근로자가 추락할 위험이 있는 작업 시에 착용할 보호구로 적당한 것은?

① 안전모 ② 안전벨트
③ 방열복 ④ 보안면

해설
안전모 : 물체의 낙하, 비래 또는 추락에 의한 위험을 방지 또는 경감하거나 감전에 의한 위험을 방지하기 위한 것

06 전기 사고 중 감전의 위험 인자에 대한 설명으로 옳지 않은 것은?

① 전류량이 클수록 위험하다.
② 통전시간이 길수록 위험하다.
③ 심장에 가까운 곳에서 통전되면 위험하다.
④ 인체에 습기가 없으면 저항이 감소하여 위험하다.

해설
전기 감전에서 인체에 습기가 있으면 위험성이 증대된다.

07 산소 용기 취급 시 주의사항으로 옳지 않은 것은?

① 용기를 운반 시 밸브를 닫고 캡을 씌워서 이동할 것
② 용기는 전도, 충돌, 충격을 주지 말 것
③ 용기는 통풍이 안 되고 직사광선이 드는 곳에 보관할 것
④ 용기는 기름이 묻은 손으로 취급하지 말 것

해설
산소 용기는 통풍이 잘되고, 직사광선을 피해 저장한다.

08 용기의 파열사고 원인에 해당되지 않는 것은?

① 용기의 용접 불량
② 용기 내부압력의 상승
③ 용기 내에서 폭발성 혼합가스에 의한 발화
④ 안전 밸브의 작동

해설
안전 밸브가 작동함으로써 용기를 보호해 주는 역할을 한다.

정답 4 ② 5 ① 6 ④ 7 ③ 8 ④

09 냉동시스템에서 액 해머링의 원인이 아닌 것은?
① 부하가 감소했을 때
② 팽창 밸브의 열림이 너무 적을 때
③ 만액식 증발기의 경우 부하변동이 심할 때
④ 증발기 코일에 유막이나 서리(霜)가 끼었을 때

해설
팽창 밸브가 너무 과대하게 열렸을 때 액 해머링이 발생하기 쉽다.

10 냉동설비의 설치공사 후 기밀시험 시 사용되는 가스로 적합하지 않은 것은?
① 공 기
② 산 소
③ 질 소
④ 아르곤

해설
기밀시험용 가스 : 불연성 가스(헬륨, 질소, 이산화탄소 등 산소 외의 가스)

11 교류 용접기의 규격란에 AW 200이라고 표시되어 있을 때 200이 나타내는 값은?
① 정격 1차 전룻값
② 정격 2차 전룻값
③ 1차 전류 최댓값
④ 2차 전류 최댓값

12 가스용접 작업 중에 발생되는 재해가 아닌 것은?
① 전 격
② 화 재
③ 가스폭발
④ 가스중독

해설
전격은 전기용접 작업 시 일어날 수 있는 재해이다.

13 크레인(Crane)의 방호장치에 해당되지 않는 것은?
① 권과방지장치
② 과부하방지장치
③ 비상정지장치
④ 과속방지장치

해설
크레인 안전장치
• 과부하방지장치 : 크레인에 있어서 정격하중 이상의 하중이 부하되었을 때 자동으로 상승이 정지되면서 경보음이 발생하는 장치
• 권과방지장치 : 권과를 방지하기 위하여 자동적으로 동력을 차단하고 작동을 제동하는 장치
• 비상정지장치 : 이동 중 이상상태 발생 시 급정지시킬 수 있는 장치
• 훅해지장치 : 훅에서 와이어로프가 이탈하는 것을 방지하는 장치

14 해머작업 시 지켜야 할 사항 중 적절하지 못한 것은?

① 녹슨 것을 때릴 때 주의하도록 한다.
② 해머는 처음부터 힘을 주어 때리도록 한다.
③ 작업 시에는 타격하려는 곳에 눈을 집중시킨다.
④ 열처리된 것은 해머로 때리지 않도록 한다.

해설
해머작업 시 처음부터 힘을 주어 때리지 않도록 한다.

15 산소가 결핍되어 있는 장소에서 사용되는 마스크는?

① 송기마스크
② 방진마스크
③ 방독마스크
④ 전안면 방독마스크

해설
송기마스크 : 유해물의 농도가 높거나 산소가 결핍된 장소에서 사용하는 마스크

16 다음 그림이 나타내는 관의 결합방식으로 맞는 것은?

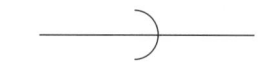

① 용접식   ② 플랜지식
③ 소켓식   ④ 유니언식

해설
그림은 소켓식(턱걸이 이음)이다.

17 냉매와 화학 분자식이 옳게 짝지어진 것은?

① R113 : CCl_3F_3
② R114 : CCl_2F_4
③ R500 : $CCl_2F_2 + CH_2CHF_2$
④ R502 : $CHClF_2 + C_2ClF_5$

해설
호칭법
• 10자리 : 메탄계
• 100자리 : 에탄계
• 수소(H)의 수 : 10자리수 − 1
• 불소(F ; 플루오린)의 수 : 1자리수
• 염소(Cl)의 수 : 빈자리수

18 탄산마그네슘 보온재에 대한 설명 중 옳지 않은 것은?

① 열전도율이 작고 300~320℃ 정도에서 열분해한다.
② 방습 가공한 것은 습기가 많은 옥외 배관에 적합하다.
③ 250℃ 이하의 파이프, 탱크의 보랭용으로 사용된다.
④ 유기질 보온재의 일종이다.

해설
무기질 보온재
• 안전사용온도 300~800℃의 범위 내에서 보온효과가 있는 것
• 종류 : 탄산마그네슘(250℃), 글라스울(300℃), 석면(500℃), 규조토(500℃), 암면(600℃), 규산칼슘(650℃), 세라믹 파이버(1,000℃)

19 냉매 R-22의 분자식으로 옳은 것은?

① CCl_4
② CCl_3F
③ $CHCl_2F$
④ $CHClF_2$

해설
탄화수소와 할로겐 원소의 화합물로 구성되어 있다.
- R-OO : 메탄계 탄화수소(R-10~R-50)
  - R-12 : CCl_2F_2
  - R-22 : $CHClF_2$
- R-OOO : 에탄계 탄화수소(R-110~R-170)
  - R-113 : $C_2Cl_3F_3$
  - R-123 : $C_2HCl_2F_3$

20 다음 중 브라인(Brine)의 구비조건으로 옳지 않은 것은?

① 응고점이 낮을 것
② 전열이 좋을 것
③ 열용량이 작을 것
④ 점성이 작을 것

해설
브라인의 구비조건
- 부식성이 없을 것
- 열용량이 클 것
- 응고점이 낮을 것
- 가격이 저렴할 것
- 점성이 작을 것(순환펌프의 소요 동력이 작다)
- 누설하여도 냉장품에 손상이 없을 것

21 암모니아 냉매의 성질에서 압력이 상승할 때 성질 변화에 대한 것으로 맞는 것은?

① 증발잠열은 커지고 증기의 비체적은 작아진다.
② 증발잠열은 작아지고 증기의 비체적은 커진다.
③ 증발잠열은 작아지고 증기의 비체적은 작아진다.
④ 증발잠열은 커지고 증기의 비체적은 커진다.

해설
압력이 상승하면 온도가 상승하여 증발잠열 및 비체적이 작아진다.

22 동력나사 절삭기의 종류가 아닌 것은?

① 오스터식
② 다이헤드식
③ 로터리식
④ 호브(Hob)식

해설
동력나사 절삭기의 종류 : 오스터식, 다이헤드식, 호브식 등

19 ④ 20 ③ 21 ③ 22 ③

23 저온을 얻기 위해 2단 압축을 했을 때의 장점은?

① 성적계수가 향상된다.
② 설비비가 적게 된다.
③ 체적효율이 저하한다.
④ 증발압력이 높아진다.

해설
2단 압축 사이클
냉동기의 증발 온도가 너무 낮으면 이에 따라 증발압력이 저하하므로 저압가스를 1단으로 압축할 경우 압축비가 커지게 된다. 압축비가 높아지면 압축기의 토출가스의 온도가 높아지고, 체적효율이 감소하여 냉동능력이 감소하며 소요 동력이 현저히 증가함으로써 동력이 낭비된다. 이러한 악현상을 방지하기 위하여 증발 온도가 너무 낮을 경우 또 압축비가 큰 경우에는 증발기를 나오는 저압 냉매를 2단으로 나누어 저단압축기는 저압을 중간압력까지만 상승시킨다. 이 중간압력이 된 가스를 중간냉각기(인터쿨러)로 냉각한 후 고단압축기로 고압까지 올려주는 2단 압축방식을 채택하는 것이다.

24 지수식 응축기라고도 하며 나선 모양의 관에 냉매를 통과시키고 이 나선관을 구형 또는 원형의 수조에 담고 순환시켜 냉매를 응축시키는 응축기는?

① 셸 앤드 코일식 응축기
② 증발식 응축기
③ 공랭식 응축기
④ 대기식 응축기

해설
셸 앤드 코일식 응축기 : 나선 모양의 관에 냉매를 통과시키고 이 나선 관을 구형 또는 원형의 수조에 담고 순환시켜 냉매를 응축시키는 응축기

25 유분리기의 종류에 해당되지 않는 것은?

① 배플형
② 어큐뮬레이터형
③ 원심분리형
④ 철망형

해설
유분리기의 종류
원심분리형, 배플형, 금속망형(철망형), 서미스터형

26 기체의 비열에 관한 설명 중 옳지 않은 것은?

① 비열은 보통 압력에 따라 다르다.
② 비열이 큰 물질일수록 가열이나 냉각하기가 어렵다.
③ 일반적으로 기체의 정적비열은 정압비열보다 크다.
④ 비열에 따라 물체를 가열, 냉각하는 데 필요한 열량을 계산할 수 있다.

해설
일반적인 기체의 비열은 정압비열이 정적비열보다 항상 크다.

정답 23 ① 24 ① 25 ② 26 ③

27 다음 냉매 중 대기압하에서 냉동력이 가장 큰 냉매는?

① R-11
② R-12
③ R-21
④ R-717

해설
R-717은 대기압하에서 냉동능력이 가장 크다.

28 냉동장치 배관 설치 시 주의사항으로 틀린 것은?

① 냉매의 종류, 온도 등에 따라 배관재료를 선택한다.
② 온도변화에 의한 배관의 신축을 고려한다.
③ 기기 조작, 보수, 점검에 지장이 없도록 한다.
④ 굴곡부는 가능한 한 작게 하고 곡률 반경을 작게 한다.

해설
배관 설치 시 굴곡부는 가능한 한 작게 하고, 곡률 반경은 크게 한다.

29 1초 동안에 76kgf·m의 일을 할 경우 시간당 발생하는 열량은 약 몇 kcal/h인가?

① 641kcal/h
② 658kcal/h
③ 673kcal/h
④ 685kcal/h

해설
열량(Q) = 76kgf·m/s×1kcal/427kgf·m × 3,600s/h
= 641kcal/h

30 증기를 단열 압축할 때 엔트로피의 변화는?

① 감소한다.
② 증가한다.
③ 일정하다.
④ 감소하다가 증가한다.

해설
증기를 단열 압축하면 엔트로피의 변화는 일정하다.

31 냉동장치의 계통도에서 팽창 밸브에 대한 설명으로 옳은 것은?

① 압축 증대장치로 압력을 높이고 냉각시킨다.
② 액봉이 쉽게 일어나고 있는 곳이다.
③ 냉동부하에 따른 냉매액의 유량을 조절한다.
④ 플래시 가스가 발생하지 않는 곳이며, 일명 냉각장치라 부른다.

27 ④ 28 ④ 29 ① 30 ③ 31 ③

32 브롬화리튬(LiBr) 수용액이 필요한 냉동장치는?

① 증기 압축식 냉동장치
② 흡수식 냉동장치
③ 증기 분사식 냉동장치
④ 전자 냉동장치

> **해설**
> 흡수식 냉동기에서 냉매와 흡수제

냉매	물(H_2O)	물(H_2O)	암모니아(NH_3)
흡수제	LiBr	LiCl	물(H_2O)

33 표준사이클을 유지하고 암모니아의 순환량을 186 kg/h로 운전했을 때의 소요동력(kW)은 약 얼마인가?(단, NH_3 1kg을 압축하는 데 필요한 열량은 몰리에르 선도상에서는 56kcal/kg이라 한다)

① 12.1   ② 24.2
③ 28.6   ④ 36.4

> **해설**
> 소요동력(kW) $= 186 \times 56 \times \dfrac{1}{860}$
> $\fallingdotseq 12.1$

34 강관의 이음에서 지름이 서로 다른 관을 연결하는 데 사용하는 이음쇠는?

① 캡(Cap)   ② 유니언(Union)
③ 리듀서(Reducer)   ④ 플러그(Plug)

> **해설**
> 리듀서 : 강관이음에서 지름이 서로 다른 관을 연결할 때 사용하는 이음쇠

35 압축기의 흡입 및 토출 밸브의 구비조건으로 적당하지 않은 것은?

① 밸브의 작동이 확실하고, 개폐하는 데 큰 압력이 필요하지 않을 것
② 밸브의 관성력이 크고, 냉매의 유동에 저항을 많이 주는 구조일 것
③ 밸브가 닫혔을 때 냉매의 누설이 없을 것
④ 밸브가 마모와 파손에 강할 것

> **해설**
> 압축기의 흡입 및 토출 밸브는 밸브의 관성력이 작고, 냉매의 유동에 저항이 작게 주는 구조이어야 한다.

36 전자 밸브에 대한 설명 중 틀린 것은?

① 전자코일에 전류가 흐르면 밸브는 닫힌다.
② 밸브의 전자코일을 상부로 하고 수직으로 설치한다.
③ 일반적으로 소용량에는 직동식, 대용량에는 파일럿 전자 밸브를 사용한다.
④ 전압과 용량에 맞게 설치한다.

> **해설**
> 전자코일에 전류가 흐르면 밸브는 열린다.

정답 32 ② 33 ① 34 ③ 35 ② 36 ①

37 온수난방의 배관 시공 시 적당한 구배로 맞는 것은?

① 1/100 이상 ② 1/150 이상
③ 1/200 이상 ④ 1/250 이상

38 냉동장치에 사용하는 브라인(Brine)의 산성도(pH)로 가장 적당한 것은?

① 9.2~9.5 ② 7.5~8.2
③ 6.5~7.0 ④ 5.5~6.0

39 가용전(Fusible Plug)에 대한 설명으로 틀린 것은?

① 불의의 사고(화재 등) 시 일정온도에서 녹아 냉동장치의 파손을 방지하는 역할을 한다.
② 용융점은 냉동기에서 68~75℃ 이하로 한다.
③ 구성 성분은 주석, 구리, 납으로 되어 있다.
④ 토출가스의 영향을 직접 받지 않는 곳에 설치해야 한다.

> **해설**
> 가용전의 성분 : 주석(Sn), 카드뮴(Cd), 비스무트(Bi), 납(Pb), 안티몬(Sb)

40 압축기 용량제어의 목적이 아닌 것은?

① 경제적 운전을 하기 위하여
② 일정한 증발 온도를 유지하기 위하여
③ 경부하 운전을 하기 위하여
④ 응축압력을 일정하게 유지하기 위하여

> **해설**
> 압축기의 용량제어의 목적
> • 부하변동에 대응한 용량제어로 경제적인 운전을 하기 위하여
> • 경부하 기동으로 기동이 용이하게 하기 위하여
> • 일정한 증발 온도를 유지하기 위하여

41 전력의 단위로 맞는 것은?

① C ② A
③ V ④ W

42 증발 온도가 낮을 때 미치는 영향 중 틀린 것은?

① 냉동능력 감소
② 소요동력 증대
③ 압축비 증대로 인한 실린더 과열
④ 성적계수 증가

해설
증발 온도가 낮아지면 성적계수는 감소한다.

43 1분간에 25℃의 순수한 물 100L를 3℃로 냉각하기 위하여 필요한 냉동기의 냉동톤은 약 얼마인가?

① 0.66RT
② 39.76RT
③ 37.67RT
④ 45.18RT

해설
열량(Q)
$Q = G \times C \times \Delta t$
$x = 100 \times 1 \times (25-3) \times 60 \times \dfrac{1}{3,320}$
≒ 39.76RT

44 다음 $P-h$ 선도는 NH_3를 냉매로 하는 냉동 장치의 운전 상태를 냉동 사이클로 표시한 것이다. 이 냉동 장치의 부하가 45,000kcal/h일 때 NH_3의 냉매 순환량은 약 얼마인가?

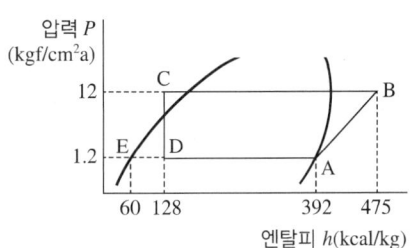

① 189.4kg/h
② 602.4kg/h
③ 170.5kg/h
④ 120.5kg/h

해설
냉매 순환량
$G = \dfrac{45,000}{392-128} ≒ 170.5$kg/h

45 냉동 부속 장치 중 응축기와 팽창 밸브 사이의 고압관에 설치하며 증발기의 부하 변동에 대응하여 냉매 공급을 원활하게 하는 것은?

① 유분리기
② 수액기
③ 액분리기
④ 중간 냉각기

해설
균압관은 응축기 상부와 수액기 상부를 연결하여 냉매의 흐름을 원활하게 하기 위하여 설치한다.

46 다음 중 개별제어방식이 아닌 것은?

① 유인유닛방식
② 패키지 유닛방식
③ 단일 덕트 정풍량 방식
④ 단일 덕트 변풍량 방식

해설
개별방식 중 냉매방식
• 패키지 유닛방식 : 냉수배관, 복잡한 덕트 등이 없음
• 룸 쿨러 방식
• 멀티 유닛방식

47 공조방식의 분류에서 2중 덕트 방식은 어느 방식에 속하는가?

① 물-공기 방식
② 전수 방식
③ 전공기 방식
④ 냉매 방식

해설
중앙식 전공기 방식

전공기 방식	단일덕트 방식	정풍량 방식	말단에 재열기가 없는 방식
		변풍량 방식	• 재열기가 없는 방식 • 재열기가 있는 방식
	2중 덕트 방식	• 정풍량 2중 덕트 방식 • 변풍량 2중 덕트 방식 • 멀티존 유닛방식 • 덕트 병용의 패키지 방식 • 각층 유닛방식	

48 공기가 노점온도보다 낮은 냉각코일을 통과하였을 때의 상태를 기술한 것 중 틀린 것은?

① 상대습도 감소
② 절대습도 감소
③ 비체적 감소
④ 건구온도 저하

해설
공기가 노점온도 이하보다 낮으면 상대습도는 높아진다.

49 덕트 설계 시 주의사항으로 올바르지 않은 것은?

① 고속 덕트를 이용하여 소음을 줄인다.
② 덕트 재료는 가능하면 압력손실이 적은 것을 사용한다.
③ 덕트 단면은 장방형이 좋으나 그것이 어려울 경우 공기 이동이 원활하고 덕트 재료도 적게 들도록 한다.
④ 각 덕트가 분기되는 지점에 댐퍼를 설치하여 압력이 평형을 유지할 수 있도록 한다.

해설
고속 덕트를 이용하면 소음이 증가된다.

50 난방부하에서 손실열량의 요인으로 볼 수 없는 것은?

① 조명기구의 발열
② 벽 및 천장의 전도열
③ 문틈의 틈새바람
④ 환기용 도입외기

해설
조명기구의 발열은 냉방부하에 해당된다.

51 공기조화설비의 구성요소 중에서 열원장치에 속하지 않는 것은?

① 보일러
② 냉동기
③ 공기여과기
④ 열펌프

해설
열원장치(냉원장치) : 증기·온수를 위한 보일러, 냉각을 얻기 위한 냉동기, 냉각탑 등

52 실내 냉방부하 중에서 현열부하가 2,500kcal/h, 잠열부하가 500kcal/h일 때 현열비는 약 얼마인가?

① 0.21
② 0.83
③ 1.2
④ 1.85

해설
현열비(SHF ; Sensible Heat Factor, 감열비)
전열량에 대한 현열량의 비로, 실내로 송출되는 공기의 상태를 나타낸다.

$$SHF = \frac{q_s}{q_s + q_L} = \frac{2,500}{2,500 + 500} = 0.83$$

여기서, q_s : 현열량
q_L : 잠열량

53 송풍기의 풍량을 증가시키기 위해 회전속도를 변화시킬 때 송풍기의 법칙에 대한 설명 중 옳은 것은?

① 축동력은 회전수의 제곱에 반비례하여 변화한다.
② 축동력은 회전수의 3제곱에 비례하여 변화한다.
③ 압력은 회전수의 3제곱에 비례하여 변화한다.
④ 압력은 회전수의 제곱에 반비례하여 변화한다.

해설
상사법칙

• 유량 : $Q_2 = Q_1 \times \frac{N_2}{N_1} \times \left(\frac{D_2}{D_1}\right)^3$

• 전양정 : $H_2 = H_1 \times \left(\frac{N_2}{N_1}\right)^2 \times \left(\frac{D_2}{D_1}\right)^2$

• 동력 : $P_2 = P_1 \times \left(\frac{N_2}{N_1}\right)^3 \times \left(\frac{D_2}{D_1}\right)^5$

여기서, N : 회전수(rpm)
D : 내경(mm)

정답 50 ① 51 ③ 52 ② 53 ②

54 1보일러 마력은 약 몇 kcal/h의 증발량에 상당하는가?

① 7,205kcal/h ② 8,435kcal/h
③ 9,600kcal/h ④ 10,800kcal/h

해설
1보일러 마력 – 상당 증발량 : 15.65kg/h(열량 : 8,435kcal/h)

55 겨울철 창문의 창면을 따라서 존재하는 냉기가 토출기류에 의하여 밀려 내려와서 바닥을 따라 거주구역으로 흘러 들어와 인체의 과도한 차가움을 느끼는 현상을 무엇이라 하는가?

① 쇼크현상 ② 콜드 드래프트
③ 도달거리 ④ 확산 반경

해설
콜드 드래프트
겨울철 창문의 창면을 따라서 존재하는 냉기가 토출기류에 의하여 밀려 내려와서 바닥을 따라 거주구역으로 흘러 들어와 인체의 과도한 차가움을 느끼는 현상

56 증기배관 설계 시 고려사항으로 잘못된 것은?

① 증기의 압력은 기기에서 요구되는 온도조건에 따라 결정하도록 한다.
② 배관관경, 부속기기는 부분부하나 예열부하 시의 과열부하도 고려해야 한다.
③ 배관에는 적당한 구배를 주어 응축수가 고이지 않도록 해야 한다.
④ 증기배관은 가동 시나 정지 시 온도 차이가 없으므로 온도 변화에 따른 열응력을 고려할 필요가 없다.

해설
증기배관은 가동 시나 정지 시 온도차가 있으므로 온도 변화에 따른 열응력을 고려해야 한다.

57 팬코일 유닛 방식의 특징으로 옳지 않은 것은?

① 외기 송풍량을 크게 할 수 없다.
② 수 배관으로 인한 누수의 염려가 있다.
③ 유닛별로 단독운전이 불가능하므로 개별 제어도 불가능하다.
④ 부분적인 팬코일 유닛만의 운전으로 에너지 소비가 적은 운전이 가능하다.

해설
• 덕트가 없으므로 덕트 스페이스는 필요하지 않으나 공기가 도입되지 않으므로 실내 공기 오염의 우려가 있다.
• 주위에 극간풍(틈새)이 있을 때는 외기도입도 가능하다.
• 각실 제어가 가능하고 중규모 이상의 건축물에는 부적당하다.
※ 수방식(배관식) : 팬코일 유닛

58 보일러의 부속장치에서 댐퍼의 설치목적으로 틀린 것은?

① 통풍력을 조절한다.
② 연료의 분무를 조절한다.
③ 주연도와 부연도가 있을 경우 가스 흐름을 전환한다.
④ 배기가스의 흐름을 조절한다.

해설
댐퍼(Damper)
덕트 내에 흐르는 통과 풍량의 조정기구, 즉 통풍력을 조절 및 주연도와 부연도의 가스 흐름 전환, 배기가스 흐름을 조절한다.

59 코일의 열수 계산 시 계산항목에 해당되지 않는 것은?

① 코일의 연관류율
② 코일의 정면면적
③ 대수평균온도차
④ 코일 내를 흐르는 유체의 유속

해설
코일의 열수 계산에서는 유체의 유속을 고려하지 않는다.

60 방열기의 EDR이란 무엇을 뜻하는가?

① 최대방열면적
② 표준방열면적
③ 상당방열면적
④ 최소방열면적

해설
EDR(Equivalent Direct Radiation) : 상당방열면적

2014년 제2회 과년도 기출문제

01 와이어로프를 양중기에 사용해서는 아니 되는 기준으로 잘못된 것은?

① 열과 전기충격에 의해 손상된 것
② 지름의 감소가 공칭지름의 7%를 초과하는 것
③ 심하게 변형 또는 부식된 것
④ 이음매가 없는 것

[해설]
이음매가 있는 와이어로프를 사용해서는 안 된다.

02 응축압력이 높을 때의 대책이라 볼 수 없는 것은?

① 가스 퍼저(Gas Purger)를 점검하고 불응축가스를 배출시킬 것
② 설계 수량을 검토하고 막힌 곳이 없는가를 조사 후 수리할 것
③ 냉매를 과충전하여 부하를 감소시킬 것
④ 냉각면적에 대한 설계 계산을 검토하여 냉각면적을 추가할 것

[해설]
응축압력이 높을 때 냉매를 과충전하면 부하가 증대된다.

03 아세틸렌 용접기에서 가스가 새어 나올 경우 적당한 검사방법은?

① 촛불로 검사한다.
② 기름을 칠해 본다.
③ 성냥불로 검사한다.
④ 비눗물을 칠해 검사한다.

[해설]
아세틸렌 가스가 새는 경우 비눗물로 누설을 확인한다.

04 전기기계·기구의 퓨즈 사용 목적으로 가장 적합한 것은?

① 기동 전류 차단
② 과전류 차단
③ 과전압 차단
④ 누설 전류 차단

05 안전표시를 하는 목적이 아닌 것은?

① 작업환경을 통제하여 예상되는 재해를 사전에 예방함
② 시각적 자극으로 주의력을 키움
③ 불안전한 행동을 배제하고 재해를 예방함
④ 사업장의 경계를 구분하기 위해 실시함

해설
안전표시의 목적
- 불안전한 행동을 배제하고 재해를 예방함
- 위험성 표시로 경고하여 작업자의 예상되는 재해를 사전에 예방함
- 작업환경을 통제하여 예상되는 재해를 사전에 예방함
- 시각적인 자극으로 주의력을 키움

06 수공구인 망치(Hammer)의 안전 작업수칙으로 올바르지 못한 것은?

① 작업 중 해머 상태를 확인할 것
② 담금질한 것은 처음부터 힘을 주어 두들길 것
③ 장갑이나 기름 묻은 손으로 자루를 잡지 않는다.
④ 해머의 공동 작업 시에는 서로 호흡을 맞출 것

해설
망치(해머) 작업
- 손잡이에 금이 갔거나 망치 머리가 손상된 것은 사용하지 않는다.
- 장갑을 낀 손이나 기름이 묻은 손으로 작업하지 않는다.
- 사용할 때 처음과 마지막에는 힘을 너무 가하지 않는다.
- 망치를 휘두르기 전에 반드시 주위를 살핀다.

07 안전사고 발생의 심리적 요인에 해당되는 것은?

① 감 정
② 극도의 피로감
③ 육체적 능력의 초과
④ 신경계통의 이상

해설
정신적인 원인
- 안전지식, 주의력 부족
- 방심 및 공상
- 판단력 부족
- 불안, 초조

08 다음 중 C급 화재에 적합한 소화기는?

① 건조사
② 포말 소화기
③ 물 소화기
④ 분말 소화기와 CO_2 소화기

해설
C급 화재란 전기에 의한 화재로서 분말·이산화탄소 소화기가 효과적이다.

09 상용주파수(60Hz)에서 전류의 흐름을 느낄 수 있는 최소전륫값으로 옳은 것은?

① 1mA ② 5mA
③ 10mA ④ 20mA

10 연삭기의 받침대와 숫돌차의 중심 높이에 대한 내용으로 적합한 것은?

① 서로 같게 한다.
② 받침대를 높게 한다.
③ 받침대를 낮게 한다.
④ 받침대가 높던 낮던 관계없다.

11 동력에 의해 운전되는 컨베이어 등에 근로자의 신체의 일부가 말려드는 등 근로자에게 위험을 미칠 우려가 있을 때는 설치해야 할 장치는 무엇인가?

① 권과방지장치
② 비상정지장치
③ 해지장치
④ 이탈 및 역주행 방지장치

[해설]
비상정지장치
위험 한계 내에 신체의 일부가 들어가 있는 경우나 이상 사태가 발견된 경우에 의식해서 기계의 작동을 정지하는 것을 목적으로 하는 장치

12 산소의 저장설비 주위 몇 m 이내에는 화기를 취급해서는 안 되는가?

① 5m ② 6m
③ 7m ④ 8m

[해설]
산소 저장실은 화기를 취급하는 장소와 8m 이상의 거리를 두어야 한다.

13 안전사고 예방을 위하여 신는 작업용 안전화의 설명으로 틀린 것은?

① 중량물을 취급하는 작업장에서는 앞 발가락 부분이 고무로 된 신발을 착용한다.
② 용접공은 구두창에 쇠붙이가 없는 부도체의 안전화를 신어야 한다.
③ 부식성 약품 사용 시에는 고무제품 장화를 착용한다.
④ 작거나 헐거운 안전화는 신지 말아야 한다.

[해설]
안전화 : 물체의 낙하, 충격, 날카로운 물체로 인한 위험으로부터 발 또는 발등을 보호하거나 감전이나 정전기의 대전을 방지하기 위한 것

14 보일러 휴지 시 보존방법에 관한 내용 중 틀린 것은?

① 휴지기간이 6개월 이상인 경우에는 건조보존법을 택한다.
② 휴지기간이 3개월 이내인 경우에는 만수보존법을 택한다.
③ 만수보존 시의 pH값은 4~5 정도로 유지하는 것이 좋다.
④ 건조보존 시에는 보일러를 청소하고 완전히 건조시킨다.

해설
만수보존
- 보일러수에 약제를 첨가하여 동 내부를 완전히 충만시켜 밀폐보존하는 방법(3개월 이내의 단기보존방법)
- 첨가약제(알칼리도 상승제) : 가성소다, 탄산소다, 아황산소다, 하이드라진, 암모니아 등
- pH 12 정도 유지

15 보일러에 사용하는 안전 밸브의 필요조건이 아닌 것은?

① 분출압력에 대한 작동이 정확할 것
② 안전 밸브의 크기는 보일러의 정격용량 이상을 분출할 것
③ 밸브의 개폐 동작이 완만할 것
④ 분출 전후에 증기가 새지 않을 것

해설
안전 밸브의 작동은 신속해야 한다.

16 절대압력과 게이지 압력과의 관계식으로 옳은 것은?

① 절대압력 = 대기압력 + 게이지 압력
② 절대압력 = 대기압력 - 게이지 압력
③ 절대압력 = 대기압력 × 게이지 압력
④ 절대압력 = 대기압력 ÷ 게이지 압력

해설
절대압력
완전 진공을 0으로 하여 측정한 압력
※ 단위 : kg/cm^2a, kg/m^2a, lb/in^2a
- 절대압력(kg/cm^2a) = 대기압력($1.033kg/cm^2$) + 게이지 압력(kg/cm^2)
- 절대압력 = 대기압력 - 진공압력

17 제빙 장치에서 브라인의 온도가 -10℃이고, 결빙 소요 시간이 48시간일 때 얼음의 두께는 약 몇 mm인가?(단, 결빙계수는 0.56이다)

① 253mm ② 273mm
③ 293mm ④ 313mm

해설
결빙시간 = $\dfrac{0.56 \times t^2}{-t_b}$

$48 = \dfrac{0.56 \times x^2}{-(-10)}$

∴ $x = 29.3cm = 293mm$

여기서, t : 얼음의 두께(cm)
t_b : 브라인의 온도

18 2단 압축장치의 구성 기기에 속하지 않는 것은?

① 증발기
② 팽창 밸브
③ 고단 압축기
④ 캐스케이드 응축기

해설
캐스케이드 콘덴서
2원 냉동사이클 저온측 응축기와 고온측 증발기를 조합하여 저온측 응축기의 열을 효과적으로 제거하여 응축액화를 촉진시켜 주는 일종의 열교환기

19 수평배관을 서로 직선 연결할 때 사용되는 이음쇠는?

① 캡   ② 티
③ 유니언   ④ 엘 보

해설
유니언 : 수평배관을 서로 직선 연결할 때 사용되는 이음쇠

20 냉동기의 보수계획을 세우기 전에 실행하여야 할 사항으로 옳지 않은 것은?

① 인사기록철의 완비
② 설비 운전기록의 완비
③ 보수용 부품 명세의 기록 완비
④ 설비 인·허가에 관한 서류 및 기록 등의 보존

해설
냉동기의 보수계획과 인사기록과는 관계가 없다.

21 온도식 자동팽창 밸브에 관한 설명으로 옳은 것은?

① 냉매의 유량은 증발기 입구의 냉매가스 과열도에 의해 제어된다.
② R-12에 사용하는 팽창 밸브를 R-22 냉동기에 그대로 사용해도 된다.
③ 팽창 밸브가 지나치게 적으면 압축기 흡입가스의 과열도는 크게 된다.
④ 증발기가 너무 길어 증발기의 출구에서 압력 강하가 커지는 경우에는 내부균압형을 사용한다.

해설
온도식 자동팽창 밸브
소형 냉동공조장치의 냉매유량제어에 가장 일반적으로 사용되는 방식으로 냉매의 온도와 압력을 검출하여 이들로부터 과열도를 산정, 과열도가 일정하도록 냉매유량을 제어한다(과열도 증가 시 → 밸브 열림, 과열도 감소 시 → 밸브 닫힘).

22 냉매에 관한 설명으로 옳은 것은?

① 비열비가 큰 것이 유리하다.
② 응고온도가 낮을수록 유리하다.
③ 임계온도가 낮을수록 유리하다.
④ 증발온도에서의 압력은 대기압보다 약간 낮은 것이 유리하다.

해설
냉매의 구비조건 중 물리적인 조건
- 저온에서도 높은 포화압력(대기압 이상)을 가지고 상온에서 응축액화가 용이할 것
- 임계온도가 높을 것(상온 이상)
- 응고온도가 낮을 것
- 증발잠열이 크고 액체비열이 작을 것
- 윤활유, 수분 등과 작용하여 냉동작용에 영향을 미치는 일이 없을 것
- 전열작용이 양호할 것
- 점도와 표면장력이 작을 것
- 누설 발견이 쉬울 것
- 비열비가 작을 것
- 전기적 절연내력이 크고 전기절연물질을 침식시키지 않을 것
- 터보냉동기용 냉매는 가스 비중이 클 것

23 2원 냉동장치에 사용하는 저온측 냉매로서 옳은 것은?

① R-717 ② R-718
③ R-14   ④ R-22

해설
2원 냉동장치의 저온냉동기에 사용되는 냉매
R-13, R-14, 메탄(R-50), 에틸렌, 프로판(R-290)

24 회로망 중의 한 점에서 전류의 흐름이 다음과 같을 때 전류 I는 얼마인가?

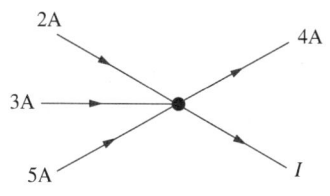

① 2A ② 4A
③ 6A ④ 8A

해설
키르히호프 제1법칙(전류법칙)
- 회로의 임의의 접합점으로 유출입하는 전류의 대수적 총합은 0이다.
- 즉, 접속점으로 유입하는 전류의 대수합은 0이다.
- 유입하는 전류의 합 = 유출하는 전류의 합
- $I_1 + I_2 + I_4 = I_3 + I_5$

25 냉동효과의 증대 및 플래시(Flash) 가스 방지에 적당한 사이클은?

① 건조 압축 사이클
② 과열 압축 사이클
③ 습압축 사이클
④ 과냉각 사이클

해설
과냉각 사이클에서는 플래시 가스 발생이 어렵고, 냉동효과도 증대된다.

26 수액기 취급 시 주의사항으로 옳은 것은?

① 직사광선을 받아도 무방하다.
② 안전 밸브를 설치할 필요가 없다.
③ 균압관은 지름이 작은 것을 사용한다.
④ 저장 냉매액을 3/4 이상 채우지 말아야 한다.

해설
수액기 취급 시 주의사항
• 직사광선이 받지 않도록 한다.
• 안전 밸브를 설치하여야 한다.
• 균압관의 지름은 충분히 크게 한다.
• 냉매량은 3/4 이상 만액시키지 말아야 한다.
• 수액기는 응축기보다 낮은 위치에 설치한다.

27 15℃의 1ton의 물을 0℃의 얼음으로 만드는 데 제거해야 할 열량은?(단, 물의 비열 4.2kJ/kg·K, 응고잠열 334kJ/kg이다)

① 63,000kJ
② 271,600kJ
③ 334,000kJ
④ 397,000kJ

해설
열량(Q)
$Q = q_1 + q_2$
$q_1 = G \times C \times \Delta t = 1,000 \times 4.2 \times (15-0) = 63,000$kJ
$q_2 = G \times \gamma = 1,000 \times 334 = 334,000$kJ
∴ $63,000 + 334,000 = 397,000$kJ

28 다음 중 브라인의 동파방지책으로 옳지 않은 것은?

① 부동액을 첨가한다.
② 단수 릴레이를 설치한다.
③ 흡입압력조절 밸브를 설치한다.
④ 브라인 순환펌프와 압축기 모터를 인터록한다.

해설
브라인의 동파 방지 대책
• 부동액을 첨가한다.
• 단수 릴레이를 설치한다.
• 동파방지용 온도조절기를 설치한다.
• 증발압력조정밸브를 설치한다.
• 순환펌프와 압축기 모터를 인터록시킨다.

29 다음 중 수소, 염소, 불소, 탄소로 구성된 냉매계열은?

① HFC계
② HCFC계
③ CFC계
④ 할론계

해설
HCFC계열 : 수소, 염소, 불소(플루오린), 탄소로 구성된 냉매계열

30 15A 강관을 45°로 구부릴 때 곡관부의 길이(mm)는?(단, 굽힘 반지름은 100mm이다)

① 78.5
② 90.5
③ 157
④ 209

해설
곡관의 길이$(l) = 2\pi R \times \dfrac{\theta}{360}$
$= 2 \times 3.14 \times 100 \times \dfrac{45}{360}$
$= 78.5 \text{mm}$

31 유니언 나사이음의 도시기호로 옳은 것은?

① ─┤├─
② ─┼─
③ ─┤├─
④ ─✕─

해설
① 플랜지 이음
② 나사이음
④ 용접이음

32 탱크형 증발기에 관한 설명으로 옳지 않은 것은?

① 만액식에 속한다.
② 주로 암모니아용으로 제빙용에 사용된다.
③ 상부에는 가스헤드, 하부에는 액헤드가 존재한다.
④ 브라인의 유동속도가 늦어도 능력에는 변화가 없다.

해설
탱크형 증발기는 유동속도에 영향을 받는다.

33 증발식 응축기 설계시 1RT당 전열면적은?(단, 응축온도는 43℃로 한다)

① $1.2 \text{m}^2/\text{RT}$
② $3.5 \text{m}^2/\text{RT}$
③ $6.5 \text{m}^2/\text{RT}$
④ $7.5 \text{m}^2/\text{RT}$

34 회전식과 비교한 왕복동식 압축기의 특징으로 옳지 않은 것은?

① 진동이 크다.
② 압축능력이 작다.
③ 압축이 단속적이다.
④ 크랭크케이스 내부압력이 저압이다.

해설
왕복동식 압축기는 압축능력이 크다.

35 증발열을 이용한 냉동법이 아닌 것은?

① 증기분사식 냉동법
② 압축 기체 팽창 냉동법
③ 흡수식 냉동법
④ 증기 압축식 냉동법

36 다음 그림(P-h 선도)에서 응축부하를 구하는 식으로 맞는 것은?

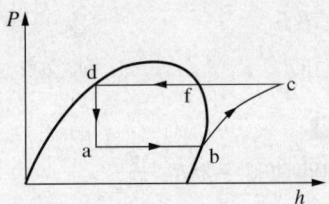

① $h_c - h_d$
② $h_c - h_b$
③ $h_b - h_a$
④ $h_d - h_a$

해설
응축기가 하는 역할 : c → d

37 동관을 용접 이음하려고 한다. 다음 중 가장 적당한 것은?

① 가스 용접
② 스폿 용접
③ 테르밋 용접
④ 플라스마 용접

해설
동관 용접은 가스 용접을 사용한다.

38 최댓값이 I_m인 사인파 교류전류가 있다. 이 전류의 파고율은?

① 1.11
② 1.414
③ 1.71
④ 3.14

해설
교류 파형의 최댓값을 실횻값으로 나눈 값(각종 파형의 날카로움의 정도를 나타내기 위한 것)으로, 정현파에서는 1.414이다.

39 4방 밸브를 이용하여 겨울에는 고온부 방출열로 난방을 행하고, 여름에는 저온부로 열을 흡수하여 냉방을 행하는 장치는?

① 열펌프
② 열전 냉동기
③ 증기분사 냉동기
④ 공기사이클 냉동기

해설
열펌프
열이 자연적으로 흘러가는 방향의 반대 방향으로 열을 흐르게 하는 장치나 기계를 열펌프라 하며 냉장고, 에어컨, 난방기, 냉동기 등이 있다. 열기관과는 다르게 외부에 일을 하는 것이 아니라 외부로부터 일을 받아서 저열원의 열을 고열원으로 내보내는 장치이다. 위에서 나온 에어컨은 열펌프의 대표적인 예이다. 에너지 보존 법칙이 성립하며, '내보낸 열 = 들어온 열 + 들어온 일'이다.

40 압축방식에 의한 분류 중 체적 압축식 압축기에 속하지 않는 것은?

① 왕복동식 압축기
② 회전식 압축기
③ 스크루식 압축기
④ 흡수식 압축기

해설
• 체적 압축식 : 왕복동식, 회전식, 스크루식
• 비체적 압축식 : 터보식, 흡수식

41 다음 중 입력신호가 0이면 출력이 1이 되고, 반대로 입력이 1이면 출력이 0이 되는 회로는?

① NAND회로
② OR회로
③ NOR회로
④ NOT회로

해설
NOT회로 : 입력신호가 0이면 출력은 1이고, 입력신호가 1이면 출력신호는 0이다.

42 다음의 역카르노 사이클에서 냉동장치의 각 기기에 해당되는 구간이 바르게 연결된 것은?

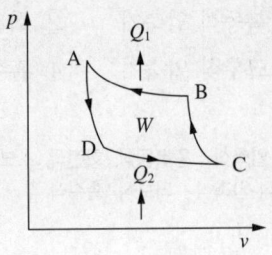

① B → A : 응축기, C → B : 팽창 밸브, D → C : 증발기, A → D : 압축기
② B → A : 증발기, C → B : 압축기, D → C : 응축기, A → D : 팽창 밸브
③ B → A : 응축기, C → B : 압축기, D → C : 증발기, A → D : 팽창 밸브
④ B → A : 압축기, C → B : 응축기, D → C : 증발기, A → D : 팽창 밸브

해설
카르노 사이클이 역으로 순환하는 사이클을 역카르노 사이클이라 한다. 이상적인 냉동사이클로서 단열과정 2개와 등온과정 2개로 구성되어 있다.

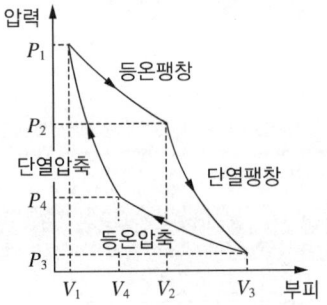

43 냉동기 오일에 관한 설명으로 옳지 않은 것은?

① 윤활 방식에는 비말식과 강제급유식이 있다.
② 사용 오일은 응고점이 높고 인화점이 낮아야 한다.
③ 수분의 함유량이 적고 장기간 사용하여도 변질이 적어야 한다.
④ 일반적으로 고속다기통 압축기의 경우 윤활유의 온도는 50~60℃ 정도이다.

해설
윤활유의 구비 조건
• 응고점이 낮고 인화점이 높을 것
• 점도가 알맞고 변질되지 않을 것
• 수분이 포함되지 않고 불순물이 없으며 전기적인 절연내력이 클 것
• 저온에서 왁스(Wax) 분리가 되지 않으며 냉매가스 흡수가 적을 것
• 냉매가스가 흡수하여도 용적 증기가 적을 것
• 장기 휴지 중 방청능력이 있을 것이며, 오일 포밍에 소포성이 있을 것

44 다음 중 냉동장치에서 전자 밸브의 사용 목적과 가장 거리가 먼 것은?

① 온도 제어
② 습도 제어
③ 냉매, 브라인의 흐름제어
④ 리퀴드 백(Liquid Back) 방지

해설
전자 밸브의 용도
• 냉동장치에서 전자 밸브는 냉매의 흐름을 제어하여 리퀴드 백을 방지하고 온도를 제어하는 데 사용한다.
• 공조기에서 습도를 조절하기 위하여 전자 밸브를 사용한다.

정답 42 ③ 43 ② 44 ②

45 수증기를 열원으로 하여 냉방에 적용시킬 수 있는 냉동기는?

① 원심식 냉동기
② 왕복식 냉동기
③ 흡수식 냉동기
④ 터보식 냉동기

46 터보형 펌프의 종류에 해당되지 않는 것은?

① 벌류트 펌프
② 터빈펌프
③ 축류펌프
④ 수격펌프

해설
수격펌프는 특수펌프에 해당된다.

47 벌집 모양의 로터를 회전시키면서 윗부분으로 외기를 아래쪽으로 실내배기를 통과하면서 외기와 배기의 온도 및 습도를 교환하는 열교환기는?

① 고정기 전열교환기
② 현열교환기
③ 히트 파이프
④ 회전식 전열교환기

해설
회전식 전열교환기
벌집 모양의 로더 회전으로 외기와 배기의 온도·습도를 열교환시킨다.

48 공기조화 설비의 구성은 열원장치, 공기조화기, 열운반장치 등으로 구분하는데, 이 중 공기조화기에 해당되지 않는 것은?

① 여과기
② 제습기
③ 가열기
④ 송풍기

해설
공기조화 설비의 구성
• 열원장치(냉원 장치) : 증기, 온수를 위한 보일러, 냉각을 얻기 위한 냉동기, 냉각탑 등
• 공기조화기(AHU ; Air Handling Unit) : 공기여과기, 공기냉각기, 공기가열기 등
• 열매체 운반장치 : 송풍기, 팬, 덕트, 배관, 펌프, 토출구, 흡입구 등
• 자동제어장치 : 공조장치 운전 시 경제적 운전을 위한 각종 자동으로 제어되는 장치

[정답] 45 ③ 46 ④ 47 ④ 48 ④

49 수-공기 방식인 팬코일 유닛(Fan Coil Unit) 방식의 장점으로 옳지 않은 것은?

① 개별제어가 가능하다.
② 부하 변경에 따른 증설이 비교적 간단하다.
③ 전공기 방식에 비해 이송동력이 적다.
④ 부분 부하 시 도입 외기량이 많아 실내공기의 오염이 적다.

해설
팬코일 유닛방식은 외기량이 적어 실내공기의 오염이 심하다.

50 습공기 선도에서 표시되어 있지 않은 값은?

① 건구온도
② 습구온도
③ 엔탈피
④ 엔트로피

해설
습공기 선도에 엔트로피는 표시되어 있지 않다.

51 송풍기의 정압에 대한 내용으로 옳은 것은?

① 정압 = 정압 × 전압
② 정압 = 동압 ÷ 전압
③ 정압 = 전압 − 동압
④ 정압 = 전압 + 동압

해설
전압 = 정압 + 동압

52 보일러의 증발량이 20ton/h이고 본체 전열면적이 400m²일 때, 이 보일러의 증발률은 얼마인가?

① 30kg/m²h
② 40kg/m²h
③ 50kg/m²h
④ 60kg/m²h

해설
전열면 증발률 = $\dfrac{실제증발량}{전열면적}$

$= \dfrac{20,000}{400}$

$= 50\text{kg/m}^2\text{h}$

53 적당한 위치에 배기구를 설치하고 송풍기에 의하여 외기를 강제적으로 도입하여 배기는 배기구에서 자연적으로 환기되도록 하는 환기법은?

① 제1종 환기 ② 제2종 환기
③ 제3종 환기 ④ 제4종 환기

해설
기계환기
강제로 기계의 힘에 의하여 환기를 하는 방식
• 제1종 기계환기법 : 급기 → 송풍기, 배기 → 송풍기
• 제2종 기계환기법 : 급기 → 송풍기, 배기 → 자연
• 제3종 기계환기법 : 급기 → 자연, 배기 → 송풍기

54 냉방부하 계산 시 현열부하에만 속하는 것은?

① 인체에서의 발생열
② 실내 기구에서의 발생열
③ 송풍기의 동력열
④ 틈새바람에 의한 열

해설
실내부하의 종류

구 분	종 류	내 용	열의 종류
실내 취득 열량	온도차에 의한 전도열	천장, 칸막이, 마루 등으로부터의 열량	현 열
		지붕, 벽체로부터의 열량	현 열
		유리창 등으로부터의 열량	현 열
	태양 복사열	유리창 등으로부터의 열량	현 열
		지붕, 벽으로부터의 열량	현 열
	내부 발생열량	벽체의 축열 부하량	현 열
		극간풍에 의한 열량	현 + 잠열
		인체의 발생열량	현 + 잠열
		조명, 복사기(기구)로부터의 열량	현 열
		증발기로부터의 발생열량	현 + 잠열
장치 내의 취득열량		덕트, 송풍기로부터 취득열량	현 열
외기부하		신선한 공기	현 + 잠열
재열부하		재열기로부터의 취득열량	현 열

※ 실내기구는 전체적으로 현열과 잠열이 모두 발생한다.

55 온풍난방의 특징에 대한 설명으로 옳은 것은?

① 예열시간이 짧아 간헐 운전이 가능하다.
② 온습도 조정을 할 수 없다.
③ 실내 상하온도차가 작아 쾌적성이 좋다.
④ 공기를 공급하므로 소음발생이 적다.

해설
온풍난방의 특성
• 열효율이 높고 연료비가 적게 든다.
• 설비비가 싸다.
• 설치면적이 작다.
• 설치가 쉽고 보수관리가 용이하다.
• 집진은 물론 가습도 가능하다.
• 열용량이 적고 예열기간이 짧다.
• 예열부하가 작고 소형이다.
• 자동운전이 가능하다.

56 콜드 드래프트(Cold Draft) 현상의 원인에 해당되지 않는 것은?

① 주위 벽면의 온도가 낮을 때
② 동절기 창문의 극간풍이 없을 때
③ 기류의 속도가 클 때
④ 주위 공기의 습도가 낮을 때

해설
콜드 드래프트의 원인
• 인체 주위의 공기온도가 너무 낮을 때
• 인체 주위의 기류속도가 너무 빠를 때
• 주위 공기의 습도가 낮을 때
• 주위 벽면의 온도가 낮을 때
• 창문 틈새를 통한 극간풍이 많을 때

57 공기조화기용 코일의 배열방식에 따른 분류에 해당되지 않는 것은?

① 풀 서킷 코일
② 더블 서킷 코일
③ 슬릿 핀 서킷 코일
④ 하프 서킷 코일

해설
코일의 배열방식에 따른 분류
- 풀 서킷 코일
- 더블 서킷 코일
- 하프 서킷 코일

58 온도, 습도, 기류를 1개의 지수로 나타낸 것으로 상대습도 100%, 풍속 0m/s인 경우의 온도는?

① 복사온도
② 유효온도
③ 불쾌온도
④ 효과온도

해설
실효온도(ET ; Effective Temperature)
유효온도, 감각온도, 실감온도라고도 한다. 습구온도 이외에 기류의 영향을 더한 온도로서 그 기준은 상대습도 100%, 즉 포화상태이며, 정지공기($V=0.08\sim0.13$m/s)의 실내 상태를 말한다. 즉, 온습도의 쾌감과 동일한 쾌감을 얻을 수 있는 기류를 포함한 온도이다.

59 독립계통으로 운전이 자유롭고, 냉수 배관이나 복잡한 덕트 등이 없기 때문에 소규모 상점이나 사무실 등에서 사용되는 경제적인 공조 방식은?

① 중앙식 공조 방식
② 복사냉난방 공조 방식
③ 유인유닛 공조 방식
④ 패키지 유닛 공조 방식

해설
패키지 유닛방식(Packaged Air Conditioner, 개별방식)
- 냉각코일에 냉매를 사용하며 환기와 급기를 덕트로 통하게 하는 방식이다.
- 패키지 유닛을 각 존마다 또는 각 층마다 설치·응용할 수 있다.
- 설치가 간단하고 자동 조작이 가능하다.
- 상점, 레스토랑 등의 소규모 구조물에 적합하다.

60 다익형 송풍기의 임펠러 지름이 450mm인 경우 이 송풍기의 번호는 몇 번인가?

① NO.2
② NO.3
③ NO.4
④ NO.5

해설
송풍기의 번호
송풍기의 번호 NO. $=\dfrac{450}{150}=3$

- 다익형 송풍기의 번호 : NO. $=\dfrac{\text{임펠러 지름(mm)}}{150}$
- 축류형 송풍기의 번호 : NO. $=\dfrac{\text{임펠러 지름(mm)}}{100}$

2014년 제4회 과년도 기출문제

01 고압가스 냉동제조 시설에서 압축기의 최종단에 설치한 안전장치의 작동 점검기준으로 옳은 것은?(단, 액체의 열팽창으로 인한 배관의 파열방지용 안전 밸브는 제외한다)

① 3개월에 1회 이상
② 6개월에 1회 이상
③ 1년에 1회 이상
④ 2년에 1회 이상

해설
압축기 최종단에 설치된 안전장치는 1년에 1회 이상 압력시험을 한다.

02 산업재해의 직접적인 원인에 해당되지 않는 것은?

① 안전장치의 기능 상실
② 불안전한 자세와 동작
③ 위험물의 취급 부주의
④ 기계장치 등의 설계 불량

해설
산업재해의 직접적인 원인
• 불안전한 행동(인적 원인)
 - 위험장소 접근 및 불안전한 조작, 상태 방치
 - 안전장치의 기능 제거 및 불안전한 자세, 동작
 - 기계, 기구의 잘못 사용 및 운전 중인 기계장치의 손실
 - 복장, 보호구 잘못 사용 및 감독, 연락 불충분
• 불안전한 상태(물적 원인)
 - 기계 자체, 안전장치, 방호장치의 결함
 - 보호구 및 작업장소의 결함
 - 작업환경의 결함
 - 생산공정 및 설비의 결함

03 작업조건에 따라 착용하여야 하는 보호구의 연결로 틀린 것은?

① 고열에 의한 화상 등의 위험이 있는 작업 – 안전대
② 근로자가 추락할 위험이 있는 작업 – 안전모
③ 물체가 흩날릴 위험이 있는 작업 – 보안경
④ 감전의 위험이 있는 작업 – 절연용 보호구

해설
안전대(안전벨트) : 추락에 의한 위험을 방지하기 위해 로프, 고리, 급정지기구와 근로자의 몸에 묶는 띠 및 그 부속품

04 피로의 원인 중 외부인자로 볼 수 있는 것은?

① 경 험
② 책임감
③ 생활조건
④ 신체적 특성

해설
피로의 원인 중 내부인자 : 경험, 책임감, 신체적 특성

정답 1 ③ 2 ④ 3 ① 4 ③

05 전기용접 작업할 때 안전관리 사항 중 적합하지 않은 것은?

① 피용접물은 완전히 접지시킨다.
② 우천 시에는 옥외작업을 하지 않는다.
③ 용접봉은 홀더로부터 빠지지 않도록 정확히 끼운다.
④ 옥외용접 시에는 헬멧이나 핸드실드를 사용하지 않는다.

해설
전기용접 시 안전관리사항
- 용접 작업 시에는 보호장비를 착용하도록 한다(유해광선, 연기, 감전, 화상).
- 작업 전에 소화기 및 방화사를 준비한다(화재 위험).
- 시설물을 접지로 이용할 경우에는 반드시 시설물의 크기를 고려하도록 한다.
- 피용접물은 코드로 완전히 접지시킨다.
- 우천 시에는 옥외작업을 하지 않는다(감전 예방).
- 장시간 작업할 경우에는 수시로 용접기를 점검하도록 한다(과열로 인한 재해방지).
- 용접봉을 갈아 끼울 때는 홀더의 충전부가 몸에 닿지 않도록 한다.
- 용접봉은 홀더의 클램프로부터 빠지지 않도록 정확히 끼운다.
- 가스관 및 수도관 등의 배관은 이를 접지로 사용하지 않도록 한다.
- 1차 및 2차 코드가 벗겨진 것은 사용을 금하도록 한다.
- 홀더는 항상 파손되지 않은 안전한 것을 사용하도록 한다.
- 헬멧 사용 시에는 차광 유리가 깨어지지 않도록 보호하여야 한다.
- 작업장에서는 차광막을 세워 아크가 밖으로 새어 나가지 않도록 한다.
- 정격 사용률을 엄수하여 과열을 방지한다.
- 반드시 용접이 끝나면 용접봉을 빼어 놓는다.
  - 작업자는 용접기 내부에 손을 대지 않도록 한다.
  - 작업장 주위에는 인화물질이 없도록 사전에 조치하여야 한다.
  - 작업을 중단할 경우에는 전원을 끄거나 커넥터를 풀어두며, 전압이 걸려 있는 홀더를 버려두지 않는다.
  - 기계는 땅 표면보다 약간 높게 하여 습기 침입을 방지한다.
  - 2차측 단자의 한쪽과 기계의 외부상자는 반드시 접지를 확실히 한다.
  - 절대로 물기가 있거나 땀에 젖은 손으로 작업해서는 안 된다.
  - 감전의 우려가 있는 탱크 속이나 협소한 곳에서는 반드시 전격방지기를 설치한 용접기를 사용한다.
  - 작업장의 환기가 좋지 않으면 가스 중독 또는 진폐증 등 질병의 원인이 되기 쉬우므로 통풍을 해야 한다.

06 압축기 운전 중 이상음이 발생하는 원인으로 가장 거리가 먼 것은?

① 기초 볼트의 이완
② 피스톤 하부에 오일이 고임
③ 토출 밸브, 흡입 밸브의 파손
④ 크랭크 샤프트 및 피스톤 핀의 마모

해설
피스톤 하부에는 오일통이 있으며 윤활유가 저장되어 있다.

07 보일러 파열사고의 원인으로 가장 거리가 먼 것은?

① 역화의 발생
② 강도 부족
③ 취급 불량
④ 계기류의 고장

해설
역화의 발생으로 보일러가 파열되지는 않는다.

08 작업장에서 계단을 설치할 때 계단의 폭은 최소 얼마 이상으로 하여야 하는가?(단, 급유용·보수용·비상용 계단 및 나선형 계단이 아닌 경우)

① 0.5m　　② 1m
③ 2m　　　④ 5m

해설
작업장에서 계단을 설치할 때는 폭은 1m 이상으로 한다. 또한 높이가 3m를 초과하는 계단에 높이 3m 이내마다 너비 1.2m 이상의 계단참을 설치하여야 한다.

09 다음의 안전·보건표지가 의미하는 것은?

① 사용금지　　② 보행금지
③ 탑승금지　　④ 출입금지

해설
그림의 안전·보건표지는 사용금지의 의미이다.

10 가스용접 작업의 안전사항으로 틀린 것은?

① 기름 묻은 옷은 인화의 위험이 있으므로 입지 않도록 한다.
② 역화하였을 때에는 산소 밸브를 조금 더 연다.
③ 역화의 위험을 방지하기 위하여 역화방지기를 사용하도록 한다.
④ 밸브를 열 때는 용기 앞에서 몸을 피하도록 한다.

해설
역화 시에는 산소 밸브를 먼저 잠그도록 한다.

11 드릴로 뚫어진 구멍의 내벽이나 절단한 관의 내벽을 다듬어서 구멍의 치수를 정확하게 하고, 구멍 내면을 다듬는 구멍 수정용 공구는?

① 평 줄　　② 리 머
③ 드 릴　　④ 렌 치

해설
드릴로 뚫어진 구멍을 다듬을 때 사용하는 공구는 리머이다.

정답　8 ② 9 ① 10 ② 11 ②

12 드릴링 머신의 작업 시 일감의 고정방법에 관한 설명으로 틀린 것은?

① 일감이 작을 때 – 바이스로 고정
② 일감이 클 때 – 볼트와 고정구(클램프) 사용
③ 일감이 복잡할 때 – 볼트와 고정구(클램프) 사용
④ 대량 생산과 정밀도를 요구할 때 – 이동식 바이스 사용

해설
드릴링 머신의 작업 시 대량 생산과 정밀도를 요구할 때는 고정식 바이스를 사용한다.

13 목재 화재 시에는 물을 소화제로 이용하는데, 주된 소화효과는?

① 제거효과   ② 질식효과
③ 냉각효과   ④ 억제효과

해설
물의 주된 소화효과는 냉각효과이다.

14 냉동장치 내에 공기가 유입되었을 경우 나타나는 현상으로 가장 거리가 먼 것은?

① 응축압력이 높아진다.
② 압축비가 높게 되어 체적효율이 증가된다.
③ 냉매와 증발관과의 열전달을 방해하여 냉동능력이 감소된다.
④ 공기 침입 시 수분도 혼입되어 프레온 냉동장치에서 부식이 일어난다.

해설
냉동장치 내에 공기가 유입되면 체적효율은 감소한다.

15 보호구 사용 시 유의사항으로 틀린 것은?

① 작업에 적절한 보호구를 선정한다.
② 작업장에는 필요한 수량의 보호구를 비치한다.
③ 보호구는 사용하는 데 불편이 없도록 관리를 철저히 한다.
④ 작업을 할 때 개인에 따라 보호구는 사용하지 않아도 된다.

해설
보호구는 안전을 위하여 작업할 때 반드시 착용하여야 한다.

16 강관의 보온재료로 가장 거리가 먼 것은?

① 규조토   ② 유리면
③ 기포성 수지 ④ 광명단

해설
광명단은 도료의 일종이다.

17 이론상의 표준 냉동사이클에서 냉매가 팽창 밸브를 통과할 때 변하는 것은?

① 엔탈피와 압력
② 온도와 엔탈피
③ 압력과 온도
④ 엔탈피와 비체적

해설
팽창 밸브에서 냉매가 통과할 때 교축(단열) 팽창과정으로서 엔탈피가 일정하고 압력은 강하, 온도는 저하, 비체적은 상승한다.

18 냉동장치에서 자동제어를 위해 사용되는 전자 밸브(Solenoid Valve)의 역할로 가장 거리가 먼 것은?

① 액 압축 방지
② 냉매 및 브라인 흐름 제어
③ 용량 및 액면 제어
④ 고수위 경보

해설
인터록 : 어떤 조건이 충족될 때까지 다음 동작을 멈추게 하는 동작으로, 보일러에서는 보일러 운전 중 어떤 조건이 충족되지 않으면 연료 공급을 차단시키는 전자 밸브(솔레노이드 밸브, Solenoid Valve)의 동작을 말한다. 종류는 다음과 같다.
• 압력 초과 인터록
• 저수위 인터록
• 불착화 인터록
• 저연소 인터록
• 프리퍼지 인터록

19 강관의 나사식 이음쇠 중 벤드의 종류에 해당하지 않는 것은?

① 암수 롱 벤드
② 45° 롱 벤드
③ 리턴 벤드
④ 크로스 벤드

해설
벤드의 종류 : 암수 롱 벤드, 45° 롱 벤드, 리턴 벤드

20 압축기 종류에 따른 정상적인 유압이 아닌 것은?

① 터보 = 정상저압 + 6kg/cm²
② 입형저속 = 정상저압 + 0.5~1.5kg/cm²
③ 소형 = 정상저압 + 0.5kg/cm²
④ 고속다기통 = 정상저압 + 6kg/cm²

해설
유압 : 유압계 지시압력 = 유압(기어펌프에서의 유압) + 저압으로, 일반적으로 다음과 같이 표시한다.
• 입형저속 = 저압 + 0.5~1.5kg/cm²
• 고속다기통 = 저압 + 1.5~3kg/cm²
• 터보냉동기 = 저압 + 6~7kg/cm²
• 소형냉동기 = 저압 + 0.5kg/cm²

21 암모니아 냉동장치에서 실린더 직경 150mm, 행정 90mm, 회전수 1,170rpm, 6기통일 때 냉동능력(RT)은?(단, 냉매상수는 8.4이다)

① 약 98.2
② 약 79.7
③ 약 59.2
④ 약 38.9

해설
$$냉동능력 = \frac{\frac{1}{4}\pi d^2 \times l \times R \times n \times 60}{c}$$
$$= \frac{\frac{1}{4} \times 3.14 \times 0.15^2 \times 0.09 \times 6 \times 1,170 \times 60}{8.4}$$
$$\fallingdotseq 79.7 \, RT$$

22 동결장치 상부에 냉각코일을 집중적으로 설치하고, 공기를 유동시켜 피냉각 물체를 동결시키는 장치는?

① 송풍 동결장치　② 공기 동결장치
③ 접촉 동결장치　④ 브라인 동결장치

해설
송풍 동결장치 : 동결장치 상부에 냉각코일을 집중적으로 설치하고 공기를 유동시켜 피냉각 물체를 동결시키는 장치

23 건포화증기를 압축기에서 압축시킬 경우 토출되는 증기의 상태는?

① 과열증기　② 포화증기
③ 포화액　④ 습증기

해설
건포화증기를 압축기에서 압축시킬 경우 토출되는 증기는 내부온도 상승으로 과열증기가 된다.

24 냉동기용 전동기의 시동 릴레이는 전동기 정격속도의 얼마에 달할 때까지 시동권선에 전류를 흐르게 하는가?

① 1/2　② 2/3
③ 1/4　④ 1/5

해설
냉동기용 전동기의 시동 릴레이는 전동기 정격속도의 2/3에 달할 때까지 시동권선에 전류를 흐르게 한다.

25 열전달률에 대한 설명 중 옳은 것은?

① 열이 관벽 또는 브라인(Brine) 등의 재질 내에서의 이동을 나타내며, 단위는 $kcal/m \cdot h \cdot ℃$이다.
② 액체면과 기체면 사이의 열의 이동을 나타내며, 단위는 $kcal/m \cdot h \cdot ℃$이다.
③ 유체와 고체 사이의 열의 이동을 나타내며, 단위는 $kcal/m^2 \cdot h \cdot ℃$이다.
④ 고체와 기체 사이의 한정된 열의 이동을 나타내며, 단위는 $kcal/m^3 \cdot h \cdot ℃$이다.

26 표준 냉동사이클의 증발 과정 동안 압력과 온도는 어떻게 변화하는가?

① 압력과 온도가 모두 상승한다.
② 압력과 온도가 모두 일정하다.
③ 압력은 상승하고 온도는 일정하다.
④ 압력은 일정하고 온도는 상승한다.

해설
표준 냉동사이클의 증발 과정은 압력과 온도가 모두 일정하다.
기준 냉동사이클

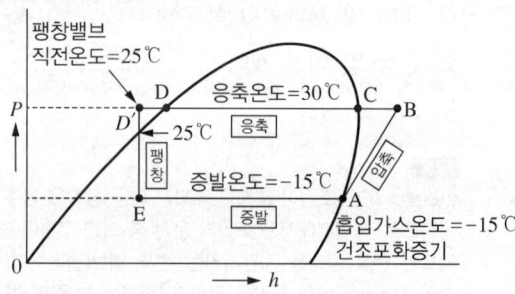

[$P-h$ 선도상의 기준 냉동사이클 표시]

• 증발 온도 : -15℃
• 응축온도 : +30℃
• 압축기 흡입가스온도 : -15℃(건조포화증기 = 과열도 0)
• 팽창 밸브 입구 냉매액 온도 : +25℃(과냉각도 : 5℃)

27 흡수식 냉동장치에서 냉매로 암모니아를 사용할 때, 흡수제로 가장 적당한 것은?

① LiBr   ② $CaCl_2$
③ LiCl   ④ H_2O

해설
흡수식 냉동기에서 냉매와 흡수제

냉 매	흡수제
물(H_2O)	LiBr
물(H_2O)	LiCl
암모니아(NH_3)	물(H_2O)

28 냉동장치에서 다단 압축을 하는 목적으로 옳은 것은?

① 압축비 증가와 체적효율 감소
② 압축비와 체적효율 증가
③ 압축비와 체적효율 감소
④ 압축비 감소와 체적효율 증가

해설
다단압축을 하는 목적
• 압축비 감소
• 체적효율 증가
• 압축 일량 감소
• 압축기 내부온도 상승 방지

29 동력의 단위 중 값이 큰 순서대로 바르게 나열된 것은?

① 1kW > 1PS > 1kgf·m/sec > 1kcal/h
② 1kW > 1kcal/h > 1kgf·m/sec > 1PS
③ 1PS > 1kgf·m/sec > 1kcal/h > 1kW
④ 1PS > 1kgf·m/sec > 1kW > 1kcal/h

해설
동력의 단위를 모두 같은 단위로 나타내면 다음과 같다.
• 1kW = 860kcal/h
• 1PS = 632kcal/h
• 1kgf·m/sec × 1kcal/427kgm × 3,600sec/1h = 8.43kcal/h
• 1kcal/h

30 암모니아 냉동장치에 대한 설명 중 틀린 것은?

① 윤활유에는 잘 용해되나, 수분과의 용해성이 극히 작다.
② 연소성, 폭발성, 독성 및 악취가 있다.
③ 전열 성능이 양호하다.
④ 프레온 냉동장치에 비해 비열비가 크다.

해설
암모니아는 수분에 잘 용해된다.

31 온도식 자동팽창 밸브에서 감온통의 부착 위치는?

① 응축기 출구
② 증발기 입구
③ 증발기 출구
④ 수액기 입구

해설
증발기 출구 측에 설치하는 감온통의 기준
• 흡입관 외경이 20mm 미만일 경우 : 흡입관 상부에 부착
• 흡입관 외경이 20mm 이상일 경우 : 흡입관 수평보다 45° 하부에 부착

32 냉동장치 운전에 관한 설명으로 옳은 것은?

① 흡입압력이 저하되면 토출가스 온도가 저하된다.
② 냉각수온이 높으면 응축압력이 저하된다.
③ 냉매가 부족하면 증발압력이 상승한다.
④ 응축압력이 상승되면 소요동력이 증가한다.

해설
냉동장치의 운전
• 흡입압력이 저하되면 토출가스 온도가 상승한다.
• 냉각수온이 높으면 응축압력이 상승한다.
• 냉매가 부족하면 증발압력이 저하한다.
• 응축압력이 상승하면 소요동력이 증가한다.

33 다음 보기 중 브라인의 구비 조건으로 적절한 것은?

┌ 보기 ┐
㉠ 비열과 열전도율이 클 것
㉡ 끓는점이 높고, 불연성일 것
㉢ 동결온도가 높을 것
㉣ 점성이 크고, 부식성이 클 것

① ㉠, ㉡   ② ㉠, ㉢
③ ㉡, ㉢   ④ ㉠, ㉣

해설
브라인의 구비 조건
• 부식성이 없을 것
• 열용량이 클 것
• 응고점이 낮을 것
• 가격이 저렴할 것
• 점성이 작을 것(순환펌프의 소요 동력이 작음)
• 누설하여도 냉장품에 손상이 없을 것

34 냉동능력이 5냉동톤(한국 냉동톤)이며, 압축기의 소요동력이 5마력(PS)일 때 응축기에서 제거하여야 할 열량(kcal/h)은?

① 약 18,790kcal/h
② 약 19,760kcal/h
③ 약 20,900kcal/h
④ 약 21,100kcal/h

해설
응축기에서 제거해야 할 열량
$$5RT \times \frac{3,320 kcal/h}{1RT} + 5PS \times \frac{632 kcal/h}{1PS} = 19,760 kcal/h$$

35 동일한 증발 온도일 경우 간접 팽창식과 비교하여 직접 팽창식 냉동장치에 대한 설명으로 틀린 것은?

① 소요동력이 적다.
② 냉동톤(RT)당 냉매 순환량이 적다.
③ 감열에 의해 냉각시키는 방법이다.
④ 냉매의 증발 온도가 높다.

해설
직접 팽창식과 간접 팽창식 비교

조건 \ 비교	직접 팽창식	간접 팽창식
증발 온도	높음	낮음
열축적능력	없음	있음
열운반	잠열	현열
소요동력	작음	큼
설비의 복잡성	간단	복잡
냉매 순환량	적음	많음
냉매 충전량	많음	적음

36 증발기에 대한 설명으로 옳은 것은?

① 증발기 입구 냉매 온도는 출구 냉매 온도보다 높다.
② 탱크형 냉각기는 주로 제빙용에 쓰인다.
③ 1차 냉매는 감열로 열을 운반한다.
④ 브라인은 무기질이 유기질보다 부식성이 작다.

해설
② 탱크형 냉각기는 주로 제빙용으로 사용된다.
① 증발기 입구의 냉매 온도는 출구의 냉매 온도보다 낮다.
③ 1차 냉매는 잠열로 열을 운반한다.
④ 브라인은 무기질이 유기질보다 부식성이 크다.

37 냉동기의 스크루 압축기(Screw Compressor)에 대한 특징으로 틀린 것은?

① 암·숫나사 2개의 로터나사의 맞물림에 의해 냉매가스를 압축한다.
② 왕복동식 압축기와 동일하게 흡입, 압축, 토출의 3행정으로 이루어진다.
③ 액격 및 유격이 비교적 크다.
④ 흡입·토출 밸브가 없다.

해설
스크루 압축기는 고속회전으로 진동이 적은 반면에 소음이 크고 흡입·토출 밸브가 없어 약간의 액 압축을 견딜 수 있는 장점이 있다. 저온용, 상온용으로 널리 쓰이고 있으며 액격과 유격이 비교적 작다.

38 증발식 응축기에 대한 설명 중 옳은 것은?

① 냉각수의 사용량이 많아 증발량도 커진다.
② 응축능력은 냉각관 표면의 온도와 외기 건구온도 차에 비례한다.
③ 냉각수량이 부족한 곳에 적합하다.
④ 냉매의 압력 강하가 작다.

해설
냉각방식에 의한 분류
• 수랭식 응축기 : 수량 및 수질이 좋은 곳에서 사용
• 공랭식 응축기 : 냉각수가 없는 곳에서 사용
• 증발식 응축기 : 냉각수가 부족한 곳에서 사용

39 시간적으로 변화하지 않는 일정한 입력신호를 단속신호로 변환하는 회로로서, 경보용 부저신호에 많이 사용하는 것은?

① 선택회로
② 플리커회로
③ 인터록회로
④ 자기유지회로

40 저압 차단 스위치의 작동에 의해 장치가 정지되었을 때, 행하는 점검사항 중 가장 거리가 먼 것은?

① 응축기의 냉각수 단수 여부 확인
② 압축기의 용량제어 장치의 고장 여부 확인
③ 저압측 적상 유무 확인
④ 팽창 밸브의 개도 점검

해설
응축기의 냉각수 단수로 인해 저압 차단 스위치의 작동에 의해 장치가 정지되지는 않는다.

41 왕복동 압축기와 비교하여 원심 압축기의 장점으로 틀린 것은?

① 흡입 밸브, 토출 밸브 등의 마찰 부분이 없으므로 고장이 적다.
② 마찰에 의한 손상이 적어서 성능 저하가 적다.
③ 저온장치에는 압축단수를 1단으로 가능하다.
④ 왕복동 압축기에 비해 구조가 간단하다.

해설
원심 압축기는 저온장치에서 압축단수를 1단으로 불가능하다.

42 냉동장치에서 응축기나 수액기 등 고압부에 이상이 생겨 점검 및 수리를 위해 고압측 냉매를 저압측으로 회수하는 작업은?

① 펌프아웃(Pump Out)
② 펌프다운(Pump Down)
③ 바이패스아웃(Bypass Out)
④ 바이패스다운(Bypass Down)

해설
• 펌프아웃 : 역운전이라 하며 냉동기 고압측에 이상이 생겨 수리할 필요가 있을 때는 고압측 냉매를 저압측으로 보내거나 장치 내에서 제거시켜야 한다. 즉, 고압측 냉매를 저압측으로 보내기 위해 역운전하는 것이다.
• 펌프다운 : 냉동장치의 점검, 수리 등을 위하여 냉동기 시스템을 개방하고자 할 때는 시스템 내의 냉매를 고압부인 응축기나 수액기에 회수한다. 개방작업의 안전 또는 냉매손실을 적게 하기 위해 작업하는 것이다.

43 응축 온도가 13℃이고, 증발 온도가 -13℃인 이론적 냉동 사이클에서 냉동기의 성적계수는?

① 0.5
② 2
③ 5
④ 10

해설

$$성적계수(COP) = \frac{Q_2}{Q_1 - Q_2}$$
$$= \frac{T_2}{T_1 - T_2}$$
$$= \frac{273 - 13}{(273 + 13) - (273 - 13)}$$
$$= 10$$

44 입형 셸 앤드 튜브식 응축기의 특징으로 가장 거리가 먼 것은?

① 옥외 설치가 가능하다.
② 액냉매의 과냉각이 쉽다.
③ 과부하에 잘 견딘다.
④ 운전 중 청소가 가능하다.

해설
입형은 냉매와 냉각수가 평형상태이므로 과냉각이 어렵다.

45 동관을 구부릴 때 사용되는 동관 전용 벤더의 최소 곡률 반지름은 관지름의 약 몇 배인가?

① 약 1~2배
② 약 4~5배
③ 약 7~8배
④ 약 10~11배

해설
동관을 구부릴 때 사용되는 동관 전용 벤더의 최소 곡률 반지름은 관지름의 약 4~5배이다.

46 사무실의 공기조화를 행할 경우, 다음 중 전체 열부하에서 가장 큰 비중을 차지하는 항목은?

① 바닥에서 침입하는 열과 재실자로부터의 발생열
② 문을 열 때 들어오는 열과 문 틈으로 들어오는 열
③ 재실자로부터의 발생열과 조명기구로부터의 발생열
④ 벽, 창, 천장 등에서 침입하는 열과 일사에 의해 유리창을 투과하여 침입하는 열

해설
벽, 창, 천장 등에서 침입하는 열과 일사에 의해 유리창을 투과하여 침입하는 열이 사무실의 공기조화를 행할 경우 열부하에서 가장 큰 비중을 차지한다.

정답 43 ④ 44 ② 45 ② 46 ④

47 실내의 오염된 공기를 신선한 공기로 희석 또는 교환하는 것을 무엇이라고 하는가?

① 환 기
② 배 기
③ 취 기
④ 송 기

해설
실내의 공기를 교환하여 청정하게 유지하는 것을 환기라고 한다. 환기에는 실·내외 온도차로 생기는 공기비중의 차, 풍력에 의한 자연환기, 환풍기를 사용해 실내에 신선한 공기를 받아들이는 기계환기의 3종류가 있다. 최근 자동제어장치의 발달에 따라서 온도, 습도를 임의로 가감하고 또는 일정속도에 따라서 환기를 하는 동시에 멸균, 집진할 수 있는 방법을 강구하게 되었다. 이것을 공기 조절이라 하고 커다란 빌딩 또는 병원 등에서는 필수적인 장치이다.

48 보일러 스케일 방지책으로 적절하지 않은 것은?

① 청정제를 사용한다.
② 보일러 판을 미끄럽게 한다.
③ 급수 중의 불순물을 제거한다.
④ 수질분석을 통한 급수의 한계값을 유지한다.

해설
스케일 생성원인
스케일은 급수 중에 함유되어 있는 용해고형물(경도성분 : Ca, Mg) 성분이 보일러수의 온도 상승에 따른 용해도가 감소되어 석출되는 것과 보일러수의 농축, 관수의 물리적·화학적 작용을 받아서 보일러 내면에 결정을 석출하여 존재하게 된다. 보일러 판을 매끄럽게 한다고 해서 스케일이 방지되지는 않는다.

49 냉방부하 계산 시 인체로부터의 취득열량에 대한 설명으로 틀린 것은?

① 인체 발열부하는 작업 상태와는 관계없다.
② 땀의 증발, 호흡 등은 잠열이라 할 수 있다.
③ 인체의 발열량은 재실 인원수와 현열량과 잠열량으로 구한다.
④ 인체 표면에서 대류 및 복사에 의해 방사되는 열은 현열이다.

해설
인체의 발열부하는 작업 상태와 밀접한 관계가 있다.

50 보일러 송기장치의 종류로 가장 거리가 먼 것은?

① 비수방지관
② 주증기밸브
③ 증기헤더
④ 화염검출기

해설
보일러에서 발생한 증기를 각 현장의 증기 소비 설비에까지 공급하는 장치이다. 송기장치는 증기관을 주체로 하여 증기관 헤더, 증기 밸브, 감압 밸브, 증기 트랩, 신축이음, 비수(沸水, 물이 끓음) 방지관, 기수 분리기, 드레인 빼기 장치 등으로 구성된다.

51 건물 내 장소에 따라 부하 변동의 상황이 달라질 경우, 구역 구분을 통해 구역마다 공조기를 설치하여 부하처리를 하는 방식은?

① 단일덕트 재열방식
② 단일덕트 변풍량방식
③ 단일덕트 정풍량방식
④ 단일덕트 각층 유닛방식

52 복사난방에 대한 설명으로 틀린 것은?

① 설비비가 적게 든다.
② 매립 코일이 고장 나면 수리가 어렵다.
③ 외기 침입이 있는 곳에도 난방감을 얻을 수 있다.
④ 실내의 벽, 바닥 등을 가열하여 평균복사온도를 상승시키는 방법이다.

해설
복사난방의 특징
• 복사난방은 배관이 매립되어 있으므로 고장 시 발견이 어렵고 시설비가 많이 든다.
• 복사난방은 실내온도분포가 가장 균일한 난방방식이다.
• 복사난방은 부하 변화에 따른 온도 조절이 늦다(외기의 온도 변화에 대한 온도 조절이 어렵다).
• 복사난방은 실내의 평균온도가 낮다.

53 다음 설명에 알맞은 취출구의 종류는?

- 취출 기류의 방향 조정이 가능하다.
- 댐퍼가 있어 풍량 조절이 가능하다.
- 공기저항이 크다.
- 공장, 주방 등의 국소냉방에 사용된다.

① 다공판형
② 베인격자형
③ 펑커루버형
④ 아네모스탯형

해설
펑커루버(Punkah Louver)형
원래 선반의 환기용으로 만들어진 것으로, 목을 움직일 수 있어 취출기류의 방향 조정이 가능하고, 댐퍼가 있어 풍량 조절도 가능하다. 풍량에 비해 공기저항이 크며 공장, 주방 등의 국소냉방(Spot Cooling) 용이다.

54 공기조화용 에어필터의 여과효율을 측정하는 방법으로 가장 거리가 먼 것은?

① 중량법
② 비색법
③ 계수법
④ 용적법

해설
효율 측정방법
• 중량법 : 필터에서 집진되는 먼지의 중량으로 효율 결정(큰 입자)
• 변색도법(비색법) : 작은 입자의 대상으로 필터에서 포집된 공기를 각각 여과기에 통과시켜서 그 오염도를 광전관을 사용하여 측정
• 계수법(DOP법) : 고성능 필터로 측정하는 방법으로 일정한 크기의 시험입자($0.3\mu m$)를 사용하여 먼지(진애) 계측기로 측정

55 열원이 분산된 개별공조방식에 대한 설명으로 틀린 것은?

① 서모스탯이 내장되어 개별제어가 가능하다.
② 외기냉방이 가능하여 중간기에는 에너지 절약형이다.
③ 유닛에 냉동기를 내장하고 있어 부분 운전이 가능하다.
④ 장래의 부하증가, 증축 등에 대해 쉽게 대응할 수 있다.

해설
개별공조방식은 외기냉방이 어렵다.

56 실내에서 폐기되는 공기 중의 열을 이용하여 외기공기를 예열하는 열 회수방식은?

① 열펌프 방식
② 팬코일 방식
③ 열파이프 방식
④ 런 어라운드 방식

해설
런 어라운드 방식
배기와 받아들인 외기의 양 계통에 코일을 삽입하고, 양 코일 사이에 열매체를 순환시키므로 열회수에 수반되어 공기의 혼합이 일어나지 않는다. 배기 중의 보유열을 받아들인 외기에서 회수 이용하는 방법의 하나이다.

57 유체의 속도가 15m/s일 때, 이 유체의 속도 수두는?

① 약 5.1m
② 약 11.5m
③ 약 15.5m
④ 약 20.4m

해설
$V = \sqrt{2gh}$
$15 = \sqrt{2 \times 9.8 \times x}$
∴ $x ≒ 11.5m$

58 흡수식 감습장치에서 주로 사용하는 흡수제는?

① 실리카겔
② 염화리튬
③ 아드 소울
④ 활성 알루미나

해설
감습장치
- 냉각 감습장치 : 냉각코일, 공기세정기를 이용한다.
- 압축 감습장치 : 공기를 압축하여 여분의 수분을 응축시키는 방법이다.
- 흡수식 감습장치 : 염화리튬, 트라이에틸렌글리콜 등의 액체 흡수제를 이용한다.
- 흡착식 감습장치 : 실리카겔, 아드 소울, 활성 알루미나 등의 반고체, 고체 흡수제를 사용하여 감습한다(극저습도용).

55 ② 56 ④ 57 ② 58 ②

59 습공기 엔탈피에 대한 설명으로 틀린 것은?

① 습공기가 가열되면 엔탈피가 증가된다.
② 습공기 중에 수증기가 많아지면 엔탈피는 증가한다.
③ 습공기의 엔탈피는 온도, 압력, 풍속의 함수로 결정된다.
④ 습공기 중의 건공기 엔탈피와 수증기 엔탈피의 합과 같다.

해설
습공기의 엔탈피(i)
$i = 0.24t + x(597.5 + 0.441t)$ kcal/kg
건조공기와 습공기가 갖고 있는 열량의 합으로, 건구온도와 절대습도의 함수이다.

60 공기조화기의 자동제어 시 제어요소가 바르게 나열된 것은?

① 온도제어 – 습도제어 – 환기제어
② 온도제어 – 습도제어 – 압력제어
③ 온도제어 – 차압제어 – 환기제어
④ 온도제어 – 수위제어 – 환기제어

해설
공기조화기의 자동제어 시 제어요소
온도제어 – 습도제어 – 환기제어

2014년 제5회 과년도 기출문제

01 전기용접 작업의 안전사항으로 옳은 것은?

① 홀더는 파손되어도 사용에는 관계없다.
② 물기가 있거나 땀에 젖은 손으로 작업해서는 안 된다.
③ 작업장은 환기를 시키지 않아도 무방하다.
④ 용접봉을 갈아 끼울 때는 홀더의 충전부가 몸에 닿도록 한다.

해설
전기용접장치
- 용접 작업 시에는 보호 장비를 착용하도록 한다(유해광선, 연기, 감전, 화상).
- 작업 전에 소화기 및 방화사를 준비한다(화재 위험).
- 시설물을 접지로 이용할 경우에는 반드시 시설물의 크기를 고려하도록 한다.
- 피용접물은 코드로 완전히 접지시킨다.
- 우천 시에는 옥외 작업을 하지 않는다(감전 예방).
- 장시간 작업할 경우에는 수시로 용접기를 점검하도록 한다(과열로 인한 재해방지).
- 용접봉을 갈아 끼울 때는 홀더의 충전부가 몸에 닿지 않도록 한다.
- 용접봉은 홀더의 클램프로부터 빠지지 않도록 정확히 끼운다.
- 가스관 및 수도관 등의 배관은 이를 접지로 사용하지 않도록 한다.
- 1차 및 2차 코드가 벗겨진 것은 사용을 금하도록 한다.
- 홀더는 항상 파손되지 않은 안전한 것을 사용하도록 한다.
- 헬멧 사용 시 차광 유리가 깨지지 않도록 보호하여야 한다.
- 작업장에서는 차광막을 세워 아크가 밖으로 새어 나가지 않도록 한다.
- 정격 사용률을 엄수하여 과열을 방지한다.
- 용접이 끝나면 반드시 용접봉을 빼어 놓는다.

02 고압 전선이 단선된 것을 발견하였을 때 조치로 가장 적절한 것은?

① 위험하다는 표시를 하고 돌아온다.
② 사고사항을 기록하고 다음 장소의 순찰을 계속한다.
③ 발견 즉시 회사로 돌아와 보고한다.
④ 일반인의 접근 및 통행을 막고 주변을 감시한다.

03 다음 중 감전사고 예방을 위한 방법으로 틀린 것은?

① 전기설비의 점검을 철저히 한다.
② 전기기기에 위험 표시를 해 둔다.
③ 설비의 필요 부분에는 보호 접지를 한다.
④ 전기 기계·기구의 조작은 필요시 아무나 할 수 있게 한다.

해설
전기 기계·기구의 조작은 필요시 아무나 할 수 없도록 한다.

정답 1② 2④ 3④

04 연삭숫돌을 교체한 후 시험운전 시 최소 몇 분 이상 공회전을 시켜야 하는가?

① 1분 이상
② 3분 이상
③ 5분 이상
④ 10분 이상

해설
연삭숫돌 교체 시 3분 이상 시운전을 실시한다.

05 아세틸렌-산소를 사용하는 가스용접장치를 사용할 때 조정기로 압력 조정 후 점화 순서로 옳은 것은?

① 아세틸렌과 산소 밸브를 동시에 열어 조연성 가스를 많이 혼합 후 점화시킨다.
② 아세틸렌 밸브를 열어 점화시킨 후 불꽃 상태를 보면서 산소 밸브를 열어 조정한다.
③ 먼저 산소 밸브를 연 다음 아세틸렌 밸브를 열어 점화시킨다.
④ 먼저 아세틸렌 밸브를 연 다음 산소 밸브를 열어 적정하게 혼합한 후 점화시킨다.

해설
토치 점화 시에는 조정기의 압력을 조정하고, 먼저 토치의 아세틸렌 밸브를 연 다음 산소 밸브를 열어 점화시키고, 작업 후에는 산소 밸브를 먼저 닫고 나서 아세틸렌 밸브를 닫는다.

06 압축기의 톱 클리어런스(Top Clearance)가 클 경우에 일어나는 현상으로 틀린 것은?

① 체적효율 감소
② 토출가스온도 감소
③ 냉동능력 감소
④ 윤활유의 열화

해설
압축기의 톱 클리어런스가 크면 압축되는 양이 적어지므로 토출가스온도는 상승하고, 냉동능력은 감소한다.

07 위험을 예방하기 위하여 사업주가 취해야 할 안전상의 조치로 틀린 것은?

① 시설에 대한 안전조치
② 기계에 대한 안전조치
③ 근로수당에 대한 안전조치
④ 작업방법에 대한 안전조치

해설
사업주가 취해야 할 안전상의 조치
- 사업주는 다음의 위험을 예방하기 위하여 필요한 조치를 하여야 한다.
  - 기계·기구, 그 밖의 설비에 의한 위험
  - 폭발성, 발화성 및 인화성 물질 등에 의한 위험
  - 전기, 열, 그 밖의 에너지에 의한 위험
- 굴착, 채석, 하역, 벌목, 운송, 조작, 운반, 해체, 중량물 취급, 그 밖의 작업을 할 때 불량한 작업방법 등으로 인하여 발생하는 위험을 방지하기 위하여 필요한 조치를 하여야 한다.
- 작업 중 근로자가 추락할 위험이 있는 장소, 토사·구축물 등이 붕괴할 우려가 있는 장소, 물체가 떨어지거나 날아올 위험이 있는 장소, 그 밖에 작업 시 천재지변으로 인한 위험이 발생할 우려가 있는 장소에는 그 위험을 방지하기 위하여 필요한 조치를 하여야 한다.

정답 4 ② 5 ②, ④ 6 ② 7 ③

08 유류 화재 시 사용하는 소화기로 가장 적합한 것은?

① 무상수 소화기 ② 봉상수 소화기
③ 분말 소화기 ④ 방화수

해설
B급화재(유류 및 가스화재)
연소 후 아무것도 남지 않은 화재로 에테르, 알코올, 석유, 가연성 액체가스 등 유류 및 가스화재가 이에 해당한다. 구분 색은 황색이다.
※ 소화방법 : 공기 차단으로 인한 피복소화로 화학포, 증발성 액체(할로겐화물), 탄산가스, 소화분말(드라이케미컬) 등이 있다.

09 냉동설비에 설치된 수액기의 방류둑 용량에 관한 설명으로 옳은 것은?

① 방류둑 용량은 설치된 수액기 내용적의 90% 이상으로 할 것
② 방류둑 용량은 설치된 수액기 내용적의 80% 이상으로 할 것
③ 방류둑 용량은 설치된 수액기 내용적의 70% 이상으로 할 것
④ 방류둑 용량은 설치된 수액기 내용적의 60% 이상으로 할 것

해설
수액기의 방류둑 용량은 설치된 수액기의 내용적의 90% 이상으로 해야 된다.

10 보일러 운전상의 장애로 인한 역화(Back Fire) 방지 대책으로 틀린 것은?

① 점화방법이 좋아야 하므로 착화를 느리게 한다.
② 공기를 노 내에 먼저 공급하고 다음에 연료를 공급한다.
③ 노 및 연도 내에 미연소 가스가 발생하지 않도록 취급에 유의한다.
④ 점화 시 댐퍼를 열고 미연소 가스를 배출시킨 뒤 점화한다.

해설
착화를 느리게 했을 경우 역화의 주된 원인이 된다.

11 다음 산업안전대책 중 기술적인 대책이 아닌 것은?

① 안전설계
② 근로의욕의 향상
③ 작업행정의 개선
④ 점검보전의 확립

해설
근로의욕의 향상은 교육적 대책이다.

12 공장 설비 계획에 관하여 기계 설비의 배치와 안전의 유의사항으로 틀린 것은?

① 기계 설비의 주위에는 충분한 공간을 둔다.
② 공장 내외에는 안전 통로를 설정한다.
③ 원료나 제품의 보관 장소는 충분히 설정한다.
④ 기계 배치는 안전과 운반에 관계없이 가능한 한 가깝게 설치한다.

해설
기계 배치는 안전과 운반을 위해 충분한 공간을 확보한다.

13 화물을 벨트, 롤러 등을 이용하여 연속적으로 운반하는 컨베이어의 방호장치에 해당되지 않는 것은?

① 이탈 및 역주행방지장치
② 비상정지장치
③ 덮개 또는 울
④ 권과방지장치

해설
권과방지장치 : 권과를 방지하기 위하여 자동적으로 동력을 차단하고 작동을 제동하는 장치로서, 크레인의 안전장치이다.

14 가스용접 또는 가스절단 시 토치 관리의 잘못으로 인한 가스 누출 부위로 타당하지 않는 것은?

① 산소 밸브, 아세틸렌 밸브의 접속 부분
② 팁과 본체의 접속 부분
③ 절단기의 산소관과 본체의 접속 부분
④ 용접기와 안전홀더 및 어스선 연결 부분

해설
용접기와 안전홀더 및 어스선의 연결 부위는 가스 누출과 관계가 없다.

15 보일러 사고원인 중 제작상의 원인이 아닌 것은?

① 재료 불량
② 설계 불량
③ 급수처리 불량
④ 구조 불량

해설
보일러 사고의 원인
• 제작상의 원인 : 재료 불량, 강도 부족, 구조 및 설계 불량, 용접 불량, 부속기기의 설비 미비 등
• 취급상의 원인 : 저수위, 압력 초과, 미연가스에 의한 노내 폭발, 급수처리 불량, 부식, 과열 등

16 동관의 이음방식이 아닌 것은?

① 플레어 이음
② 빅토릭 이음
③ 납땜 이음
④ 플랜지 이음

해설
동관접합 : 플레어접합, 납땜접합, 플랜지접합, 용접접합

17 다음과 같은 냉동장치의 $P-h$ 선도에서 이론 성적계수는?

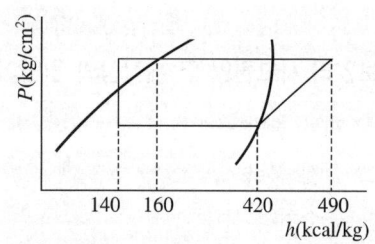

① 3.7
② 4
③ 4.7
④ 5

해설
성적계수(COP)
$$COP = \frac{q}{A_w} = \frac{420-140}{490-420} = 4$$

18 브라인에 대한 설명 중 옳은 것은?

① 브라인은 잠열 형태로 열을 운반한다.
② 에틸렌글리콜, 프로필렌글리콜, 염화칼슘 용액은 유기질 브라인이다.
③ 염화칼슘 브라인은 그중에 용해되고 있는 산소량이 많을수록 부식성이 적다.
④ 프로필렌글리콜은 부식성이 적고, 독성이 없어 냉동식품의 동결용으로 사용된다.

해설
브라인의 종류
• 무기질 브라인 : 탄소(C)를 포함하지 않고, 금속의 부식력이 크며, 가격이 싸다. 종류로는 NaCl, $CaCl_2$, $MgCl_2$ 등이 있다.
• 유기질 브라인
 - 탄소(C)를 포함한 브라인
 - 가격이 비싸다.
 - 금속의 부식력이 작다.
※ 공정점 : A, B 두 물질을 용해시키면 농도가 짙어질수록 응고온도가 낮아지는데, 어느 일정한 농도 이상이 되면 다시 응고온도가 높아진다. 이 응고하는 최저온도를 공정점이라 한다(NaCl : $-21℃$, $CaCl_2$: $-55℃$, $MgCl_2$: $-33.6℃$).

19 프레온 냉매 액관을 시공할 때 플래시 가스 발생 방지 조치로서 틀린 것은?

① 열교환기를 설치한다.
② 지나친 입상을 방지한다.
③ 액관을 방열한다.
④ 응축설계온도를 낮게 한다.

해설
플래시 가스 발생 방지법
• 열교환기를 설치한다.
• 지나친 입상을 방지한다.
• 액관을 방열한다.
• 응축설계온도를 높게 한다.

20 다음 냉매 중 물에 용해성이 좋아서 흡수식 냉동기의 냉매로 가장 적합한 것은?

① R-502 ② 황 산
③ 암모니아 ④ R-22

해설
흡수식 냉동기에서 냉매와 흡수제

냉 매	흡수제
물(H_2O)	LiBr
물(H_2O)	LiCl
암모니아(NH_3)	물(H_2O)

21 완전 기체에서 단열압축 과정 동안 나타나는 현상은?

① 비체적이 커진다.
② 전열량의 변화가 없다.
③ 엔탈피가 증가한다.
④ 온도가 낮아진다.

해설
증기를 단열압축하면 엔트로피의 변화는 일정하고 엔탈피는 증가한다.

22 팽창 밸브를 적게 열었을 때 일어나는 현상으로 옳은 것은?

① 증발 압력 상승 ② 토출 온도 상승
③ 증발 온도 상승 ④ 냉동 능력 상승

해설
팽창 밸브가 너무 적게 열리면 토출가스 온도가 상승한다.

23 프레온 누설 검사 중 헬라이드 토치 시험에서 냉매가 다량으로 누설될 때 변화된 불꽃의 색깔은?

① 청 색 ② 녹 색
③ 노란색 ④ 자 색

해설
헬라이드 토치 사용(연료 : 아세틸렌, 알코올, 프로판, 부탄)
• 누설이 없을 때 : 청색
• 소량 누설 시 : 녹색
• 다량 누설 시 : 자색
• 과량 누설 시 : 꺼짐

24 교류 주기가 0.004sec일 때 주파수는?

① 400Hz ② 450Hz
③ 200Hz ④ 250Hz

해설
$$T = \frac{1}{f}$$
$$0.004 = \frac{1}{f}$$
$$\therefore f = 250Hz$$

25 다음의 기호가 표시하는 밸브로 옳은 것은?

① 볼 밸브   ② 게이트 밸브
③ 수동 밸브 ④ 앵글 밸브

26 다음 그림은 2단 압축, 2단 팽창 이론 냉동사이클이다. 이론 성적계수를 구하는 공식으로 옳은 것은?(단, G_L 및 G_H는 각각 저단, 고단 냉매 순환량이다)

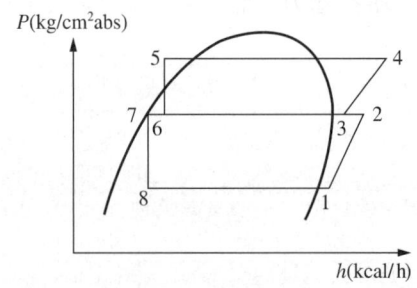

① $COP = \dfrac{G_L \times (h_1 - h_8)}{(G_L + G_H) \times (h_4 - h_1)}$

② $COP = \dfrac{G_L \times (h_1 - h_8)}{(G_L - G_H) \times (h_4 - h_1)}$

③ $COP = \dfrac{G_H \times (h_1 - h_8)}{G_L \times (h_2 - h_1) + G_H \times (h_4 - h_3)}$

④ $COP = \dfrac{G_L \times (h_1 - h_8)}{G_L \times (h_2 - h_1) + G_H \times (h_4 - h_3)}$

27 프레온 응축기(수랭식)에서 냉각수량이 시간당 18,000L, 응축기 냉각관의 전열면적이 20m², 냉각수 입구온도 30℃, 출구온도 34℃인 응축기의 열통과율 900kcal/m²·h·℃라고 할 때 응축온도는?(단, 냉매와 냉각수와의 평균온도차는 산술평균치로 하고 열손실은 없는 것으로 한다)

① 32℃   ② 34℃
③ 36℃   ④ 38℃

해설
$Q_1 = K \times F \times \Delta t_m$
$18,000 \times 1 \times 4 = 900 \times 20 \times \left(x - \dfrac{30 + 34}{2}\right)$
∴ $x = 36℃$
여기서, Q_1 : 응축부하(kcal/h)
K : 응축기의 열통과율(kcal/m²·h·℃)
F : 전열면적(m²)
Δt_m : 평균온도차(응축온도 − 냉각수평균온도)

28 열의 이동에 관한 설명으로 틀린 것은?

① 열에너지가 중간물질과 관계없이 열선의 형태를 갖고 전달되는 전열형식을 복사라 한다.
② 대류는 기체나 액체 운동에 의한 열의 이동현상을 말한다.
③ 온도가 다른 두 물체가 접촉할 때 고온에서 저온으로 열이 이동하는 것을 전도라 한다.
④ 물체 내부를 열이 이동할 때 전열량은 온도차에 반비례하고, 도달거리에 비례한다.

해설
물체 내부를 열이 이동할 때 전열량은 온도차에 비례한다.

29 광명단 도료에 대한 설명 중 틀린 것은?

① 밀착력이 강하고 도막도 단단하여 풍화에 강하다.
② 연단에 아마인유를 배합한 것이다.
③ 기계류의 도장 밑칠에 널리 사용된다.
④ 은분이라고도 하며, 방청효과가 매우 좋다.

해설
일종의 사삼산화연(四三酸化鉛)으로, 연단·적연이라고도 한다. 납 또는 산화납을 공기 속에서 400℃ 이상으로 가열하여 만든 붉은빛의 가루로 붉은 안료, 납유리의 제조, 녹슬지 않게 하는 도료 등으로 쓰인다.

30 압축기의 축봉장치에 대한 설명으로 옳은 것은?

① 냉매나 윤활유가 외부로 새는 것을 방지한다.
② 축의 회전을 원활하게 하는 베어링 역할을 한다.
③ 축이 빠지는 것을 막아주는 역할을 한다.
④ 윤활유를 냉각하는 장치이다.

31 강관이음법 중 용접이음에 대한 설명으로 틀린 것은?

① 유체의 마찰손실이 적다.
② 관의 해체와 교환이 쉽다.
③ 접합부 강도가 강하며, 누수의 염려가 적다.
④ 중량이 가볍고 시설의 보수 유지비가 절감된다.

해설
강관을 용접이음했을 경우 해체, 교환할 수 없다.

32 냉동장치의 장기간 정지 시 운전자의 조치사항으로 틀린 것은?

① 냉각수는 그 다음 사용 시 필요하므로 누설되지 않게 밸브 및 플러그의 잠김 상태를 확인하여 잘 잠가 둔다.
② 저압축 냉매를 전부 수액기에 회수하고, 수액기에 전부 회수할 수 없을 때에는 냉매통에 회수한다.
③ 냉매 계통 전체의 누설을 검사하여 누설 가스를 발견했을 때에는 수리해 둔다.
④ 압축기의 축봉장치에서 냉매가 누설될 수 있으므로 압력을 걸어 둔 상태로 방치해서는 안 된다.

해설
냉각수는 드레인 밸브를 열어 냉각수를 드레인시켜 얼지 않도록 한다.

정답 29 ④ 30 ① 31 ② 32 ①

33 암모니아 냉매에 대한 설명으로 틀린 것은?

① 가연성, 독성, 자극적인 냄새가 있다.
② 전기 절연도가 떨어져 밀폐식 압축기에는 부적합하다.
③ 냉동효과와 증발잠열이 크다.
④ 철, 강을 부식시키므로 냉매배관은 동관을 사용해야 한다.

해설
암모니아는 동 및 동합금을 사용하면 착이온을 형성하여 배관을 부식시킨다.

34 다음과 같은 $P-h$ 선도에서 온도가 가장 높은 곳은?

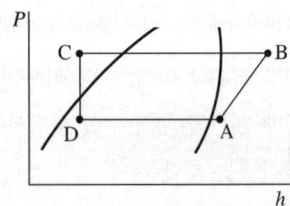

① A ② B
③ C ④ D

해설
$P-h$ 선도에서 온도가 가장 높은 곳은 압축기 출구 부분인 B이다.

35 냉동장치 내에 냉매가 부족할 때 일어나는 현상으로 가장 거리가 먼 것은?

① 냉동능력이 감소한다.
② 고압측 압력이 상승한다.
③ 흡입관에 상(霜)이 붙지 않는다.
④ 흡입가스가 과열된다.

해설
냉매가 부족하면 고압측의 압력이 감소한다.

36 고속 다기통 압축기의 흡입 및 토출 밸브에 주로 사용하는 것은?

① 포핏 밸브
② 플레이트 밸브
③ 리드 밸브
④ 와셔 밸브

37 표준 냉동사이클의 온도조건으로 틀린 것은?

① 증발온도 : -15℃
② 응축온도 : 30℃
③ 팽창 밸브 입구에서의 냉매액 온도 : 25℃
④ 압축기 흡입가스 온도 : 0℃

해설
기준 냉동사이클

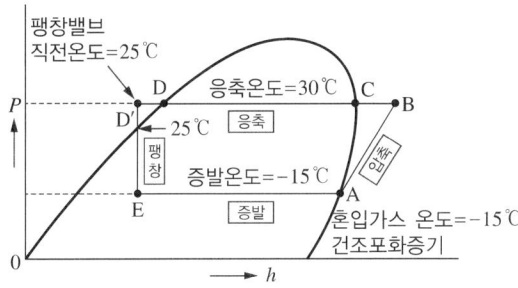

[P-h 선도상의 기준 냉동사이클 표시]

• 증발온도 : -15℃
• 응축온도 : +30℃
• 압축기 흡입가스 온도 : -15℃(건조포화증기 = 과열도 "0")
• 팽창 밸브 입구 냉매액 온도 : +25℃(과냉각도 : 5℃)

38 냉동장치의 냉각기에 적상이 심할 때 미치는 영향이 아닌 것은?

① 냉동능력 감소
② 냉장고 내 온도 저하
③ 냉동 능력당 소요동력 증대
④ 리퀴드 백(Liquid Back) 발생

해설
적상이 심하면 냉장고 내 온도는 상승한다.

39 냉매배관에 사용되는 저온용 단열재에 요구되는 성질로 틀린 것은?

① 열전도율이 작을 것
② 투습저항이 크고, 흡습성이 작을 것
③ 팽창계수가 클 것
④ 불연성 또는 난연성일 것

해설
단열재의 구비조건
• 열전도율이 작을 것
• 비중이 작고, 불연성
• 흡수성이 작을 것
• 팽창계수가 작을 것

40 다음 기호에 대한 설명으로 적절한 것은?

―○ | ○―

① 누르고 있는 동안만 접점이 열린다.
② 누르고 있는 동안만 접점이 닫힌다.
③ 누름/안 누름 상관없이 언제나 접점이 열린다.
④ 누름/안 누름 상관없이 언제나 접점이 닫힌다.

해설
문제의 기호는 평소에 닫혀 있는 b접점으로, 누르고 있으면 접점이 열린다.

41 건포화 증기를 흡입하는 압축기가 있다. 고압이 일정한 상태에서 저압이 내려가면 이 압축기의 냉동능력은 어떻게 되는가?

① 증대한다.
② 변하지 않는다.
③ 감소한다.
④ 감소하다가 점차 증대한다.

해설
건포화 증기를 흡입하는 압축기에서 고압이 일정한 상태에서 저압이 내려가면 이 압축기의 냉동능력은 감소한다.

42 압축기의 토출가스 압력의 상승 원인이 아닌 것은?

① 냉각수온의 상승
② 냉각수량의 감소
③ 불응축가스의 부족
④ 냉매의 과충전

해설
압축기의 토출가스 압력 상승 원인
• 냉각수온이 상승
• 냉각수량이 감소
• 불응축가스가 많을 때
• 냉매의 과충전

43 유기질 브라인으로 부식성이 적고, 독성이 없으므로 주로 식품 냉동의 동결용에 사용되는 브라인은?

① 염화마그네슘
② 염화칼슘
③ 에틸렌글리콜
④ 프로필렌글리콜

해설
유기질 브라인
• 탄소(C)를 포함한 브라인이다.
• 가격이 비싸다.
• 금속의 부식력이 작다.
– 에틸렌글리콜 : 부식성이 무기질 브라인보다 작으며 소형기계에 사용한다.
– 프로필렌글리콜 : 부식성이 작고 독성이 없으며 냉동식품 동결용에 사용한다.
– 메틸렌클로라이드, R-11 : 초저온에 사용한다.

44 2원 냉동사이클에 대한 설명으로 가장 거리가 먼 것은?

① 각각 독립적으로 작동하는 저온측 냉동사이클과 고온측 냉동사이클로 구성된다.
② 저온측의 응축기 발열량을 고온측의 증발기로 흡수하도록 만든 냉동사이클이다.
③ 보통 저온측 냉매는 임계점이 낮은 냉매, 고온측은 임계점이 높은 냉매를 사용한다.
④ 일반적으로 -180℃ 이하의 저온을 얻고자 할 때 이용하는 냉동사이클이다.

해설
2원 냉동방식의 냉동사이클 : -70℃ 이하의 초저온장치가 되면, 다단압축방식으로는 초저온의 실현이 곤란해진다. 그래서 냉동장치의 개량으로서 다원냉동(多元冷凍)방식이 채용되었다.
• 저온냉동기에 사용되는 냉매 : R-13, R-14, R-22, 메탄(R-50), 에틸렌, 프로판(R-290)
• 고온냉동기에 사용되는 냉매 : R-12, R-22 등
• 캐스케이드 콘덴서 : 2원 냉동사이클 저온측 응축기와 고온측 증발기를 조합하여 저온측 응축기의 열을 효과적으로 제거하여 응축액화를 촉진시켜 주는 일종의 열교환기이다.

45 개방식 냉각탑의 종류로 가장 거리가 먼 것은?

① 대기식 냉각탑
② 자연 통풍식 냉각탑
③ 강제 통풍식 냉각탑
④ 증발식 냉각탑

해설
개방식 냉각탑의 종류 : 대기식, 자연 통풍식, 강제 통풍식

46 건물의 바닥, 벽, 천장 등에 온수코일을 매설하고 열원에 의해 패널을 직접 가열하여 실내를 난방하는 방식은?

① 온수 난방
② 열펌프 난방
③ 온풍 난방
④ 복사 난방

해설
복사 난방 : 바닥패널, 벽패널, 천장패널을 설치하여 복사열을 이용한 난방

47 보일러에서 연도로 배출되는 배기열을 이용하여 보일러 급수를 예열하는 부속장치는?

① 과열기
② 연소실
③ 절탄기
④ 공기예열기

해설
절탄기 : 보일러 전열면(傳熱面)을 가열하고 난 연도(煙道) 가스에 의하여 보일러 급수를 가열하는 장치

48 환기에 대한 설명으로 틀린 것은?

① 환기는 배기에 의해서만 이루어진다.
② 환기는 급기, 배기의 양자를 모두 사용하기도 한다.
③ 공기를 교환해서 실내 공기 중의 오염물 농도를 희석하는 방식은 전체 환기라고 한다.
④ 오염물이 발생하는 곳과 주변의 국부적인 공간에 대해서 처리하는 방식을 국소환기라고 한다.

해설
환기는 배기에 의해서만 이루어지는 것이 아니라 자연, 강제, 급기, 배기, 급배기 등의 방법으로 이루어진다.

정답 45 ④ 46 ④ 47 ③ 48 ①

49 캐비테이션(공동현상)의 방지대책으로 틀린 것은?

① 펌프의 흡입양정을 짧게 한다.
② 펌프의 회전수를 적게 한다.
③ 양흡입 펌프를 단흡입 펌프로 바꾼다.
④ 흡입관경은 크게 하고 굽힘을 작게 한다.

해설
공동현상의 방지 대책
- 펌프의 흡입측 수두, 마찰손실을 작게 한다.
- 펌프 임펠러 속도를 느리게 한다.
- 펌프 흡입관경을 크게 한다.
- 펌프 설치 위치를 수원보다 낮게 하여야 한다.
- 펌프 흡입압력을 유체의 증기압보다 높게 한다.
- 양흡입 펌프를 사용하여야 한다.
- 양흡입 펌프로 부족 시 펌프를 2대로 나눈다.

50 공기조화기의 가열코일에서 건구온도 3℃의 공기 2,500kg/h를 25℃까지 가열하였을 때 가열 열량은?(단, 공기의 비열은 0.24kcal/kg·℃이다)

① 7,200kcal/h
② 8,700kcal/h
③ 9,200kcal/h
④ 13,200kcal/h

해설
$Q = G \times C \times \Delta t$
$= 2,500 \times 0.24 \times (25-3)$
$= 13,200 \text{kcal/h}$

51 공기 중의 미세먼지 제거 및 클린룸에 사용되는 필터는?

① 여과식 필터
② 활성탄 필터
③ 초고성능 필터
④ 자동감지용 필터

해설
고성능 필터(HEPA ; High Efficiency Particulate Air filter)
- DOP법에 의한 여과효율이 99.79% 이상이며, 여과재는 글라스 파이버와 아스베스토스 파이버가 사용된다.
- 병원수술실, 방사선물질 취급소, 클린룸 등에 사용된다.

52 덕트 보온 시공 시 주의사항으로 틀린 것은?

① 보온재를 붙이는 면은 깨끗하게 한 후 붙인다.
② 보온재의 두께가 50mm 이상인 경우는 두 층으로 나누어 시공한다.
③ 보의 관통부 등은 반드시 보온 공사를 실시한다.
④ 보온재를 다층으로 시공할 때는 종횡의 이음이 한곳에 합쳐지도록 한다.

해설
보온재를 다층으로 시공할 때는 종횡의 이음이 한곳에 합쳐지지 않도록 한다.

53. 다음 공조방식 중 개별공기조화 방식에 해당되는 것은?

① 팬코일 유닛방식
② 2중 덕트 방식
③ 복사·냉난방 방식
④ 패키지 유닛방식

해설

분류		명칭
중앙 공조 방식	전공기 방식	단일 덕트 방식 — 정풍량 방식: 말단에 재열기가 없는 방식 / 변풍량 방식: • 재열기가 없는 방식 • 재열기가 있는 방식
		2중 덕트 방식: • 정풍량 2중 덕트 방식 • 변풍량 2중 덕트 방식 • 멀티존 유닛방식 • 덕트 병용의 패키지 방식 • 각층 유닛방식
	공기·수방식 (유닛 병용 방식)	• 덕트 병용 팬코일 유닛방식 • 유인유닛방식 • 복사냉난방방식
	전수방식	팬코일 유닛방식
개별 공조 방식	냉매방식	• 패키지 유닛방식: 냉수배관, 복잡한 덕트 등이 없음 • 룸 쿨러 방식 • 멀티 유닛방식

54. 원심식 송풍기의 종류에 속하지 않는 것은?

① 터보형 송풍기
② 다익형 송풍기
③ 플레이트형 송풍기
④ 프로펠러형 송풍기

해설
프로펠러형은 축류형 송풍기에 해당된다.

55. 공기조화에서 시설 내 일산화탄소의 허용되는 오염 기준은 시간당 평균 얼마인가?

① 25ppm 이하
② 30ppm 이하
③ 35ppm 이하
④ 40ppm 이하

56. 복사난방에 대한 설명으로 틀린 것은?

① 실내의 쾌감도가 높다.
② 실내온도 분포가 균등하다.
③ 외기 온도의 급변에 대한 방열량 조절이 용이하다.
④ 시공, 수리, 개조가 불편하다.

해설
복사난방: 바닥패널, 벽패널, 천장패널을 설치하여 복사열을 이용한 난방
- 복사난방은 배관이 매립되어 있으므로 고장 시 발견이 어렵고 시설비가 많이 든다.
- 복사난방은 실내온도분포가 가장 균일한 난방방식이다.
- 복사난방은 부하 변화에 따른 온도 조절이 늦다(외기의 온도 변화에 대한 온도 조절이 어렵다).
- 복사난방은 실내의 평균온도가 낮다.

정답 53 ④ 54 ④ 55 ① 56 ③

57 온풍난방에 대한 설명으로 틀린 것은?

① 예열시간이 짧다.
② 송풍온도가 고온이므로 덕트가 대형이다.
③ 설치가 간단하며 설비비가 싸다.
④ 별도의 가습기를 부착하여 습도 조절이 가능하다.

해설
열풍로
- 열풍로 난방의 특성
  - 열효율이 높고 연료비가 적게 든다.
  - 설비비가 싸다.
  - 설치면적이 작다.
  - 설치가 쉽고 보수관리가 용이하다.
  - 집진은 물론 가습도 가능하다.
  - 열용량이 적고 예열기간이 짧다.
  - 예열부하가 적고 소형이다.
  - 자동운전이 가능하다.
- 설치 시 선정조건
  - 덕트 길이가 짧고 위치 선정이 쉽다.
  - 굴뚝 위치는 될 수 있는 한 가까워야 한다.
  - 열풍로의 전면(버너쪽)은 1.2~1.5m, 후면(방폭문쪽)은 0.6m 이상 비운다.
  - 통로를 충분히 할 수 있도록 배치한다.
  - 타기와 방폭 문의 거리는 멀리한다.
  - 습기 및 먼지가 적은 곳을 선택한다.

58 난방부하를 줄일 수 있는 요인으로 가장 거리가 먼 것은?

① 천장을 통한 전도열
② 태양열에 의한 복사열
③ 사람에서의 발생열
④ 기계의 발생열

해설
난방부하(Heating Load, kcal/h)
실내에서 실외로의 열손실이 많으므로 실내의 온습도를 적절히 유지하기 위하여 손실량만큼의 열량을 실내에 보충해야 하므로 가습 등이 필요하다. 이때 현열(감열)손실+수분이 방열되는 잠열손실을 난방부하라 하고, 현열량만을 보통 계산하며 잠열손실은 가습량으로 취급한다.

59 열의 운반을 위한 방법 중 공기방식이 아닌 것은?

① 단일 덕트 방식
② 이중 덕트 방식
③ 멀티존 유닛방식
④ 패키지 유닛방식

해설
53번 해설 참조

60 30℃인 습공기를 80℃ 온수로 가열 가습한 경우 상태변화로 틀린 것은?

① 절대습도가 증가한다.
② 건구온도가 감소한다.
③ 엔탈피가 증가한다.
④ 노점온도가 증가한다.

해설
30℃인 습공기를 80℃ 온수로 가열 가습할 경우 건구온도가 증가한다.

2015년 제1회 과년도 기출문제

01 보일러 운전 중 과열에 의한 사고를 방지하기 위한 사항으로 틀린 것은?

① 보일러의 수위가 안전 저수면 이하가 되지 않도록 한다.
② 보일러수의 순환을 교란시키지 말아야 한다.
③ 보일러 전열면을 국부적으로 과열하여 운전한다.
④ 보일러수가 농축되지 않게 운전한다.

해설
보일러 운전 중 과열에 의한 사고를 방지하기 위해서는 보일러 전열면을 국부적으로 과열하여 운전하지 않아야 한다.

02 응축압력이 지나치게 내려가는 것을 방지하기 위한 조치방법 중 틀린 것은?

① 송풍기의 풍량을 조절한다.
② 송풍기 출구에 댐퍼를 설치하여 풍향을 조절한다.
③ 수랭식일 경우 냉각수의 공급을 증가시킨다.
④ 수랭식일 경우 냉각수의 온도를 높게 유지한다.

해설
수랭식일 경우 냉각수의 공급을 감소시킨다.

03 전기기기의 방폭구조의 형태가 아닌 것은?

① 내압방폭구조 ② 안전증방폭구조
③ 유입방폭구조 ④ 차동방폭구조

해설

방폭구조	정의	기호
내압 방폭구조	용기 내 폭발 시 용기가 폭발압력을 견디며 접합면, 개구부를 통해 외부에 인화될 우려가 없는 구조	Ex d
압력 방폭구조	용기 내에 보호가스를 압입시켜 폭발성 가스나 증기가 용기 내부에 유입되지 않도록 된 구조	Ex p
안전증 방폭구조	정상운전 중에 점화원 발생 방지를 위해 기계적, 전기적 구조상 혹은 온도 상승에 대해 안전도를 증가한 구조	Ex e
유입 방폭구조	전기불꽃 아크, 고온 발생 부분을 기름으로 채워 폭발성 가스 또는 증기에 인화되지 않도록 한 구조	Ex o
본질안전 방폭구조	정상 시 및 사고 시(단선, 단락, 지락)에 폭발 점화원(전기불꽃, 아크, 고온)의 발생이 방지된 구조	Ex ia Ex ib

04 기계 작업 시 일반적인 안전에 대한 설명 중 틀린 것은?

① 취급자나 보조자 이외에는 사용하지 않도록 한다.
② 칩이나 절삭된 물품에 손을 대지 않는다.
③ 사용법을 확실히 모르면 손으로 움직여 본다.
④ 기계는 사용 전에 점검한다.

해설
사용법을 확실히 모르면 손으로 움직여 보지 말고 전문가에 의뢰해야 한다.

정답 1 ③ 2 ③ 3 ④ 4 ③

05 가스 용접 작업 시 주의사항이 아닌 것은?
① 용기밸브는 서서히 열고 닫는다.
② 용접 전에 소화기 및 방화사를 준비한다.
③ 용접 전에 전격방지기 설치 유무를 확인한다.
④ 역화방지를 위하여 안전기를 사용한다.

해설
용접 전에 전격방지기 설치 유무를 확인해야 하는 것은 전기 용접 작업 시 주의사항에 해당한다.

06 냉동기를 운전하기 전에 준비해야 할 사항으로 틀린 것은?
① 압축기 유면 및 냉매량을 확인한다.
② 응축기, 유냉각기의 냉각수 입·출구밸브를 연다.
③ 냉각수 펌프를 운전하여 응축기 및 실린더 재킷의 통수를 확인한다.
④ 암모니아 냉동기의 경우는 오일 히터를 기동 30~60분 전에 통전한다.

해설
오일 포밍을 방지하기 위하여 오일 히터를 기동 30~60분 전에 통전하는 것은 프레온 냉동기와 관련된 내용이다.

07 냉동기 검사에 합격한 냉동기 용기에 반드시 각인해야 할 사항은?
① 제조업체의 전화번호
② 용기의 번호
③ 제조업체의 등록번호
④ 제조업체의 주소

08 수공구 사용에 대한 안전사항 중 틀린 것은?
① 공구함에 정리를 하면서 사용한다.
② 결함이 없는 완전한 공구를 사용한다.
③ 작업 완료 시 공구의 수량과 훼손 유무를 확인한다.
④ 불량 공구는 사용자가 임시 조치하여 사용한다.

해설
불량 공구는 사용하지 말아야 한다.

09 전기화재의 원인으로 고압선과 저압선이 나란히 설치된 경우, 변압기의 1, 2차 코일의 절연파괴로 인하여 발생하는 것은?
① 단 락　　② 지 락
③ 혼 촉　　④ 누 전

해설
혼촉은 전기 회로에 있어서 심선(心線)이 다른 심선과 접촉하는 현상으로, 신호 설비 등에 혼촉이 발생하면 위험 측에 오동작할 가능성이 있으므로 충분한 주의가 필요하다.

10 보호구의 적절한 선정 및 사용방법에 대한 설명 중 틀린 것은?

① 작업에 적절한 보호구를 선정한다.
② 작업장에는 필요한 수량의 보호구를 비치한다.
③ 보호구는 방호 성능이 없어도 품질이 양호해야 한다.
④ 보호구는 착용이 간편해야 한다.

해설
보호구는 방호 성능이 우수하고 품질이 양호해야 한다.

11 보일러의 수압시험을 하는 목적으로 가장 거리가 먼 것은?

① 균열의 유무를 조사
② 각종 덮개를 장치한 후의 기밀도 확인
③ 이음부의 누설 정도 확인
④ 각종 스테이의 효력을 조사

해설
다른 부분과의 강도 균형을 위해 보강재(지지용 부품)를 사용하는데, 이 평판이 받는 하중을 지지하는 보강재를 스테이라 한다. 스테이의 효력을 조사하기 위하여 수압시험을 하는 것은 아니다.

12 보일러의 운전 중 파열사고의 원인으로 가장 거리가 먼 것은?

① 수위 상승
② 강도의 부족
③ 취급의 불량
④ 계기류의 고장

해설
보일러 수위가 이상 저수위일 때 파열사고의 원인이 된다.

13 팽창 밸브가 냉동 용량에 비하여 너무 작을 때 일어나는 현상은?

① 증발압력 상승
② 압축기 소요동력 감소
③ 소요전류 증대
④ 압축기 흡입가스 과열

해설
팽창밸브가 냉동 용량에 비하여 너무 작으면 압축기 흡입가스의 과열을 초래한다.

정답 10 ③ 11 ④ 12 ① 13 ④

14 작업 시 사용하는 해머의 조건으로 적절한 것은?

① 쐐기가 없는 것
② 타격면에 흠이 있는 것
③ 타격면이 평탄한 것
④ 머리가 깨어진 것

해설
작업 시 사용하는 해머는 타격면이 평탄해야 한다.

15 다음 중 정전기 방전의 종류가 아닌 것은?

① 불꽃 방전
② 연면 방전
③ 분기 방전
④ 코로나 방전

해설
정전기의 방전형태
- 코로나 방전 : 기체 방전의 한 형태로서 불꽃 방전이 일어나기 전에 대전체 표면의 전기장이 큰 곳이 부분적으로 절연이 파괴되어 발생하는 발광 방전으로 빛이 약하다.
- 연면 방전 : 코로나 방전이 절연체의 면 위를 따라서 발생하는 현상을 말한다.
- 불꽃 방전 : 기체 방전에서 전극 간의 절연이 완전히 파괴되어 강한 불꽃을 내면서 방전하는 것을 말한다.
- 스트리머 방전 : 기체 방전에서 방전로가 긴 줄을 형성하면서 방전하는 현상이다.
- 기체 방전 : 두 전극 간의 절연물이 기체인 상태에서 발생하는 방전 현상이다.
- 진공 방전 : 두 전극 간의 절연물이 진공인 상태에서 발생하는 방전 현상이다.

16 냉동장치의 냉매배관에서 흡입관의 시공상 주의점으로 틀린 것은?

① 두 개의 흐름이 합류하는 곳은 T이음으로 연결한다.
② 압축기가 증발기보다 밑에 있는 경우, 흡입관은 증발기 상부보다 높은 위치까지 올린 후 압축기로 가게 한다.
③ 흡입관의 입상이 매우 길 때는 약 10m마다 중간에 트랩을 설치한다.
④ 각각의 증발기에서 흡입 주관으로 들어가는 관은 주관 위에서 접속한다.

해설
흡입관의 시공상 주의점
- 수평배관 중에서도 특히 압축기 흡입측 부근에서는 절대로 트랩(Trap)을 만들지 않는다(액백의 원인이 되므로).
- 압축기가 증발기보다 밑에 있는 경우에는 정지 중에 액이 압축기로 유입되는 것을 방지하기 위해 흡입관을 증발기 상부까지 입상시킨 후 압축기로 향하도록 한다.
- 흡입관의 입상길이가 매우 길 때는 10m마다 중간에 트랩을 설치한다(유·회수 위해).
- 2대 이상의 증발기가 서로 다른 높이에 있고 압축기가 이들보다 밑에 있는 경우 흡입관은 증발기 상부 이상 입상시키고 압축기로 향하도록 한다(정지 중 액이 압축기로로 유입하는 것을 방지).
- 2개 이상의 증발기가 있어도 부하 변동이 심하지 않을 경우에는 1개의 입상관으로 하여도 좋다.

17 유체의 입구와 출구의 각이 직각이며, 주로 방열기의 입구 연결밸브나 보일러 주증기 밸브로 사용되는 밸브는?

① 슬루스 밸브(Sluice Valve)
② 체크 밸브(Check Valve)
③ 앵글 밸브(Angle Valve)
④ 게이트 밸브(Gate Valve)

해설
앵글 밸브(Angle Valve) : 스톱 밸브의 일종으로 유체의 흐름을 직각으로 바꾸는 밸브

18 암모니아 냉매의 특성으로 틀린 것은?

① 물에 잘 용해된다.
② 밀폐형 압축기에 적합한 냉매이다.
③ 다른 냉매보다 냉동효과가 크다.
④ 가연성으로 폭발의 위험이 있다.

해설
암모니아 냉매는 전기 절연물을 침식시키기 때문에 밀폐형 압축기에는 사용할 수 없다.

19 냉동사이클에서 응축온도는 일정하게 하고 증발온도를 저하시키면 일어나는 현상으로 틀린 것은?

① 냉동능력이 감소한다.
② 성능계수가 저하한다.
③ 압축기의 토출온도가 감소한다.
④ 압축비가 증가한다.

해설
냉동사이클에서 응축온도는 일정하게 하고 증발온도를 저하시키면 압축기의 토출온도가 상승한다.

20 흡수식 냉동기에 사용되는 흡수제의 구비조건으로 틀린 것은?

① 용액의 증기압이 낮을 것
② 농도 변화에 의한 증기압의 변화가 클 것
③ 재생에 많은 열량을 필요로 하지 않을 것
④ 점도가 높지 않을 것

해설
흡수제는 농도 변화에 의한 증기압의 변화가 작아야 한다.

21 단단 증기압축식 냉동사이클에서 건조압축과 비교하여 과열압축이 일어날 경우 나타나는 현상으로 틀린 것은?

① 압축기 소비동력이 커진다.
② 비체적이 커진다.
③ 냉매 순환량이 증가한다.
④ 토출가스의 온도가 높아진다.

해설
과열압축이 일어날 경우 냉매 순환량은 감소한다.

정답 17 ③ 18 ② 19 ③ 20 ② 21 ③

22 기준 냉동사이클에 의해 작동되는 냉동장치의 운전상태에 대한 설명 중 옳은 것은?

① 증발기 내의 액냉매는 피냉각 물체로부터 열을 흡수함으로써 증발기 내를 흘러감에 따라 온도가 상승한다.
② 응축온도는 냉각수 입구온도보다 높다.
③ 팽창과정 동안 냉매는 단열팽창하므로 엔탈피가 증가한다.
④ 압축기 토출 직후의 증기온도는 응축과정 중의 냉매 온도보다 낮다.

해설
① 증발기 내 액냉매의 피냉각 물체로부터 열을 흡수함으로써 증발기 내를 흘러감에 따라 온도가 떨어진다.
③ 팽창과정 동안 냉매는 단열팽창하므로 엔탈피는 변화가 없다.
④ 압축기 토출 직후의 증기온도는 응축과정 중의 냉매 온도보다 높다.

23 표준 냉동사이클의 $P-h$(압력-엔탈피) 선도에 대한 설명으로 틀린 것은?

① 응축과정에서는 압력이 일정하다.
② 압축과정에서는 엔트로피가 일정하다.
③ 증발과정에서는 온도와 압력이 일정하다.
④ 팽창과정에서는 엔탈피와 압력이 일정하다.

해설
팽창과정에서는 엔탈피는 일정하지만 압력은 내려간다.

24 액체가 기체로 변할 때의 열은?

① 승화열
② 응축열
③ 증발열
④ 융해열

해설
증발열은 어떤 물질이 기화할 때 외부로부터 흡수하는 열량이다. 이 열이 클수록 주변에서 더 많은 열을 빼앗으므로 주위의 온도를 낮춘다.

25 냉동기의 2차 냉매인 브라인의 구비조건으로 틀린 것은?

① 낮은 응고점으로 낮은 온도에서도 동결되지 않을 것
② 비중이 적당하고 점도가 낮을 것
③ 비열이 크고 열전달 특성이 좋을 것
④ 증발이 쉽게 되고 잠열이 클 것

해설
브라인의 구비조건
- 부식성이 없을 것
- 열용량이 클 것
- 응고점이 낮을 것
- 가격이 저렴할 것
- 점성이 작을 것(순환펌프의 소요 동력이 작다)
- 누설하여도 냉장품에 손상이 없을 것

26 두 전하 사이에 작용하는 힘의 크기는 두 전하 세기의 곱에 비례하고, 두 전하 사이의 거리의 제곱에 반비례하는 법칙은?

① 옴의 법칙 ② 쿨롱의 법칙
③ 패러데이의 법칙 ④ 키르히호프의 법칙

해설
쿨롱의 법칙 : 전하를 가진 두 물체 사이에 작용하는 힘의 크기는 두 전하의 곱에 비례하고 거리의 제곱에 반비례한다는 법칙

27 다음 중 동관작업용 공구가 아닌 것은?

① 익스팬더 ② 티뽑기
③ 플레어링 툴 ④ 클 립

해설
동관작업용 공구
- 토치램프 : 고온으로 가열할 때 사용하는 장치
- 사이징 툴 : 동관을 박아 넣는 이음으로 접합할 경우 정확하게 원형으로 끝을 정형하기 위해 사용하는 공구
- 튜브벤더 : 동관을 굽힐 때 사용하는 공구
- 익스팬더 : 동관을 확관할 때 사용하는 공구
- 플레어링 툴 : 동관을 압축 접합할 때 사용하는 공구

28 점토 또는 탄산마그네슘을 가하여 형틀에 압축 성형한 것으로, 다른 보온재에 비해 단열효과가 떨어져 두껍게 시공하며 500℃ 이하의 파이프, 탱크 노벽 등의 보온에 사용하는 것은?

① 규조토 ② 합성수지 패킹
③ 석 면 ④ 오일실 패킹

29 동관에 관한 설명 중 틀린 것은?

① 전기 및 열전도율이 좋다.
② 가볍고 가공이 용이하며 일반적으로 동파에 강하다.
③ 산성에는 내식성이 강하고 알칼리성에는 심하게 침식된다.
④ 전연성이 풍부하고 마찰저항이 작다.

해설
동관의 특징
- 내식성이 좋다(상온의 공기에서는 녹슬지 않으나 수분 및 CO_2에 의해 청록색의 녹이 생긴다).
- 알칼리(가성소다, 가성칼리)에는 내식성이 크나 산성(초산, 황산 등)에는 심하게 부식되며 암모니아류에도 부식된다.
- 굴곡성, 전기 · 열전도성이 매우 양호하다.

30 다음 $P-h$ 선도(Mollier Diagram)에서 등온선을 나타낸 것은?

①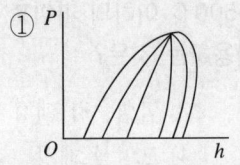
②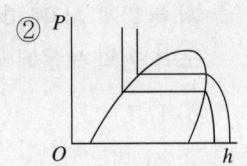
③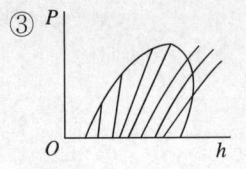
④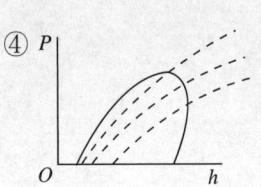

해설
① 등건조도선
③ 등엔트로피선
④ 등비체적선

31 흡수식 냉동장치의 주요 구성요소가 아닌 것은?

① 재생기
② 흡수기
③ 이젝터
④ 용액펌프

해설
흡수식 냉동기 : 흡수기, 발생기, 응축기, 팽창 밸브, 증발기

32 다음은 NH₃ 표준 냉동사이클의 $P-h$ 선도이다. 플래시 가스 열량(kcal/kg)은 얼마인가?

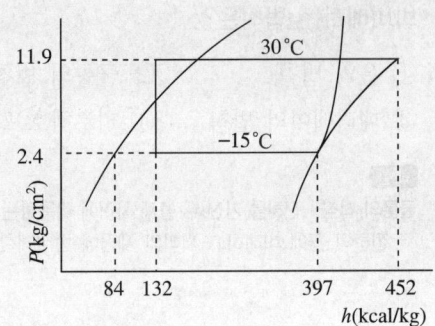

① 48
② 55
③ 313
④ 368

해설
플래시 가스 열량(kcal/kg) = 132 − 84 = 48

33 횡형 셸 앤드 튜브(Horizontal Shell and Tube)식 응축기에 부착되지 않는 것은?

① 역지 밸브
② 공기배출구
③ 물 드레인 밸브
④ 냉각수 배관 출입구

해설
횡형 셸 앤드 튜브(Horizontal Shell and Tube)식 응축기에 역지 밸브는 부착되지 않는다.

34 회전 날개형 압축기에서 회전 날개의 부착은?

① 스프링 힘에 의하여 실린더에 부착한다.
② 원심력에 의하여 실린더에 부착한다.
③ 고압에 의하여 실린더에 부착한다.
④ 무게에 의하여 실린더에 부착한다.

35 2단 압축 1단 팽창 사이클에서 중간냉각기 주위에 연결되는 장치로 적당하지 않은 것은?

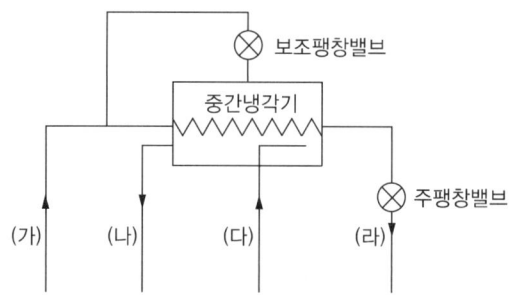

① (가) : 수액기
② (나) : 고단측 압축기
③ (다) : 응축기
④ (라) : 증발기

해설
(다) : 저단측 압축기

36 다음 그림과 같이 15A 강관을 45° 엘보에 동일 부속 나사 연결할 때 관의 실제 소요길이는?(단, 엘보 중심 길이 21mm, 나사물림 길이 11mm이다)

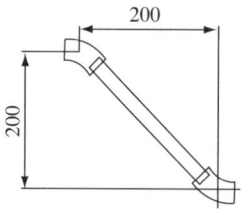

① 약 255.8mm   ② 약 258.8mm
③ 약 274.8mm   ④ 약 262.8mm

해설
$l = L - 2(A - a)$
$= 282.8 - 2(21 - 11)$
$= 262.8 mm$
여기서, $L = \sqrt{200^2 + 200^2} = 282.8 mm$

37 압축기의 상부 간격(Top Clearance)이 크면 냉동장치에 어떤 영향을 주는가?

① 토출가스 온도가 낮아진다.
② 체적효율이 상승한다.
③ 윤활유가 열화되기 쉽다.
④ 냉동능력이 증가한다.

해설
압축기의 상부 간격(Top Clearance)이 크면 윤활유가 열화되기 쉽다.

38 회전식 압축기의 특징에 관한 설명으로 틀린 것은?

① 조립이나 조정에 있어서 고도의 정밀도가 요구된다.
② 대형 압축기와 저온용 압축기에 많이 사용된다.
③ 왕복동식보다 부품수가 적으며 흡입 밸브가 없다.
④ 압축이 연속적으로 이루어져 진공펌프로도 사용된다.

해설
압축기의 종류에 따라 스크루식, 왕복동식, 회전식으로 구분한다. 중·소용량에는 회전식 및 왕복동식이, 중·대용량에는 왕복동식 및 스크루식이 주로 사용된다.

39 200V, 300W의 전열기를 100V 전압에서 사용할 경우 소비전력은?

① 약 50kW   ② 약 75kW
③ 약 100kW ④ 약 150kW

해설
$P = VI$, $I = \dfrac{V}{R}$, $P = \dfrac{V^2}{R}$
전력은 전압의 제곱에 비례하므로,
$300 : 200^2 = x : 100^2$
$x = \dfrac{300 \times 100^2}{200^2} = 75\text{kW}$

40 지열을 이용하는 열펌프(Heat Pump)의 종류로 가장 거리가 먼 것은?

① 엔진 구동 열펌프
② 지하수 이용 열펌프
③ 지표수 이용 열펌프
④ 토양 이용 열펌프

해설
지열을 이용한 열펌프의 종류 : 지하수·지표수·지중열 이용 열펌프

41 고체 냉각식 동결장치가 아닌 것은?

① 스파이럴식 동결장치
② 배치식 콘택트 프리저 동결장치
③ 연속식 싱글 스틸 벨트 프리저 동결장치
④ 드럼 프리저 동결장치

해설
스파이럴식 동결장치는 현열교환기에 해당한다.

42 표준 냉동사이클로 운전될 경우, 다음 왕복동 압축기용 냉매 중 토출가스 온도가 제일 높은 것은?

① 암모니아
② R-22
③ R-12
④ R-500

43 증기압축식 냉동사이클의 압축 과정 동안 냉매의 상태변화로 틀린 것은?

① 압력 상승
② 온도 상승
③ 엔탈피 증가
④ 비체적 증가

해설
증기압축식 냉동사이클의 압축 과정에서 냉매의 비체적은 감소한다.

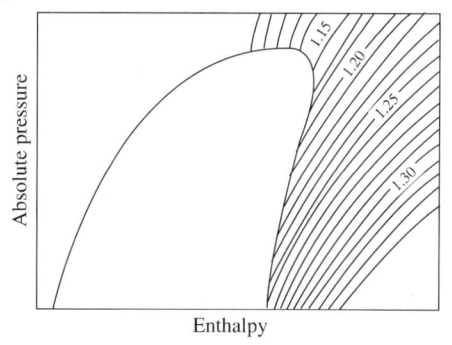

44 냉동장치의 압축기에서 가장 이상적인 압축과정은?

① 등온 압축
② 등엔트로피 압축
③ 등압 압축
④ 등엔탈피 압축

45 냉동장치의 능력을 나타내는 단위로서 냉동톤(RT)이 있다. 1냉동톤에 대한 설명으로 옳은 것은?

① 0℃의 물 1kg을 24시간에 0℃의 얼음으로 만드는 데 필요한 열량
② 0℃의 물 1ton을 24시간에 0℃의 얼음으로 만드는 데 필요한 열량
③ 0℃의 물 1kg을 1시간에 0℃의 얼음으로 만드는 데 필요한 열량
④ 0℃의 물 1ton을 1시간에 0℃의 얼음으로 만드는 데 필요한 열량

해설
1냉동톤이란 0℃의 물 1ton을 24시간에 0℃의 얼음으로 만드는 데 필요한 열량을 말한다.

46 동절기의 가열코일의 동결방지 방법으로 틀린 것은?

① 온수코일은 야간 운전 정지 중 순환펌프를 운전한다.
② 운전 중에는 전열교환기를 사용하여 외기를 예열하여 도입한다.
③ 외기와 환기가 혼합되지 않도록 별도의 통로를 만든다.
④ 증기코일의 경우 0.5kg/cm² 이상의 증기를 사용하고, 코일 내에 응축수가 고이지 않도록 한다.

해설
코일의 동결방지
• 운전 정지 시 외기 댐퍼를 송풍기와 인터록한다(송풍기 정지 시 외기댐퍼 전폐).
• 온수코일은 야간 운전 정지 시 순환펌프를 운전시켜 코일 내의 물을 유동시킨다.
• 외기와 환기를 충분히 혼합하여야 한다.
• 증기코일은 0.5atg 이상의 증기를 사용하여 구배에 따른 응축수가 고이지 않도록 한다.
• 운전 중에는 전열교환기를 사용하여 외기온도를 1℃ 이상으로 해서 도입한다.

47 송풍기의 효율을 표시하는 데 사용되는 정압효율에 대한 정의로 옳은 것은?

① 팬의 축 동력에 대한 공기의 저항력
② 팬의 축 동력에 대한 공기의 정압 동력
③ 공기의 저항력에 대한 팬의 축 동력
④ 공기의 정압 동력에 대한 팬의 축 동력

48 다음 그림에서 설명하고 있는 냉방 부하의 변화 요인은?

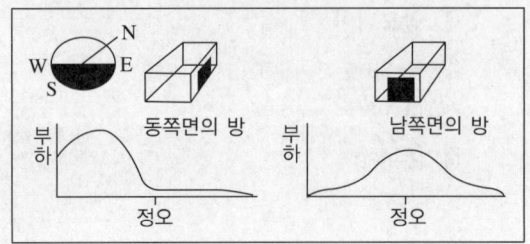
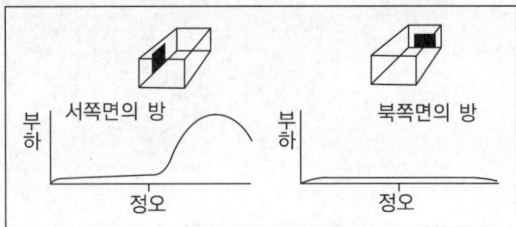

① 방의 크기
② 방의 방위
③ 단열재의 두께
④ 단열재의 종류

49 공기조화방식 중에서 외기도입을 하지 않아 덕트 설비가 필요 없는 방식은?

① 팬코일 유닛 방식
② 유인 유닛 방식
③ 각층 유닛 방식
④ 멀티존 방식

해설
팬코일 유닛 방식
• 기존 건물에 설치하기 용이하고, 각 유닛마다 조절할 수 있으므로 개별제어에 적합하다.
• 덕트 스페이스가 없다.
• 부하 증가 시 팬코일 유닛의 증설만으로 용이하게 계획될 수 있다.
• 일반적으로 외기공급을 위한 별도의 설비를 병용할 필요가 있다.
• 각 실에 수배관이 필요하며 유닛이 실내에 설치되므로 실내 유효면적이 감소한다.
• 다수 유닛이 분산 설치되므로 보수관리가 곤란하다.
• 전공기식에 비해 다량의 외기 송풍량을 공급하기 곤란하므로 중간기나 동기의 외기냉방이 곤란하다.
• 소량의 송풍으로 능력이 적으므로 고성능 필터를 사용하기가 어렵다.
• 실내용 소형 공조기이므로 고도의 공기처리를 할 수 없다(실내 청정도 불량).

50 난방 방식의 분류에서 간접 난방에 해당하는 것은?

① 온수난방　　② 증기난방
③ 복사난방　　④ 히트펌프난방

해설
분류
- 중앙식 난방
  - 직접난방
    - 자연대류—증기발열기, 온수방열기
    - 강제대류—팬코일 유닛
  - 간접난방
    - 온풍기
    - 공조기 내의 가열코일
  - 복사난방
- 개별식 난방—석유난로, 페치카, 온돌, 전기난로
- 지역난방 시스템

52 15℃의 공기 15kg과 30℃의 공기 5g을 혼합할 때 혼합 후의 공기온도는?

① 약 22.5℃　　② 약 20℃
③ 약 19.2℃　　④ 약 18.7℃

해설
혼합 후의 공기온도 $= \dfrac{(15 \times 15) + (30 \times 5)}{15 + 5} = 18.75$

51 다음의 공기선도에서 ⓒ에서 ⓐ으로 냉각, 감습을 할 때 현열비(SHF)의 값을 식으로 나타낸 것 중 옳은 것은?

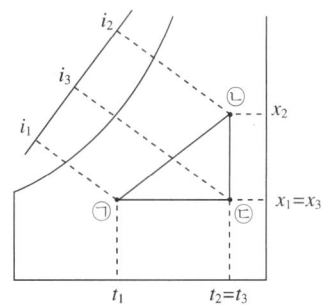

① $\dfrac{i_2 - i_3}{i_2 - i_1}$　　② $\dfrac{i_3 - i_1}{i_2 - i_1}$

③ $\dfrac{i_2 - i_1}{i_3 - i_1}$　　④ $\dfrac{i_3 + i_2}{i_2 + i_1}$

해설
현열비(SHF ; Sensible Heat Factor) : 감열비, 전열량에 대한 현열량의 비로, 실내로 송출되는 공기의 상태를 나타낸다.

$SHF = \dfrac{q_s}{q_s + q_L}$

여기서, q_s : 현열량
　　　　q_L : 잠열량

53 판형 열교환기에 관한 설명 중 틀린 것은?

① 열전달 효율이 높아 온도차가 작은 유체 간의 열교환에 매우 효과적이다.
② 전열판에 요철 형태를 성형시켜 사용하므로 유체의 압력손실이 크다.
③ 셸 앤드 튜브형에 비해 열관류율이 매우 높으므로 전열면적을 줄일 수 있다.
④ 다수의 전열판을 겹쳐 놓고 볼트로 고정시키므로 전열면의 점검 및 청소가 불편하다.

해설
판형 열교환기는 여러 장의 다층 평판으로 이루어지는 열교환기로, 열효율이 좋아 과일주스의 살균에 알맞고 설치면적이 작아도 되며, 청소를 간편히 할 수 있는 장점이 있다.

정답　50 ④　51 ②　52 ④　53 ④

54 건축물에서 외기와 접하지 않는 내벽, 내창, 천장 등에서의 손실열량을 계산할 때 관계없는 것은?

① 열관류율
② 면 적
③ 인접실과 온도차
④ 방위계수

해설
내벽, 내창, 천장 등에서의 손실열량을 계산할 때 방위계수는 관계없다.

55 개별공조방식이 아닌 것은?

① 패키지 방식
② 룸 쿨러 방식
③ 멀티 유닛 방식
④ 팬코일 유닛 방식

해설
공조방식의 분류

분 류			명 칭
중앙 공조 방식	전공기 방식	단일 덕트 방식	정풍량 방식 : 말단에 재열기가 없는 방식
			변풍량 방식 : • 재열기가 없는 방식 • 재열기가 있는 방식
		2중 덕트 방식	• 정풍량 2중 덕트 방식 • 변풍량 2중 덕트 방식 • 멀티존 유닛방식 • 덕트 병용의 패키지 방식 • 각층 유닛방식
	공기·수방식 (유닛 병용 방식)		• 덕트 병용 팬코일 유닛방식 • 유인유닛방식 • 복사냉난방방식
	전수방식		팬코일 유닛방식
개별 공조 방식	냉매방식		• 패키지 유닛방식 : 냉수배관, 복잡한 덕트 등이 없음 • 룸 쿨러 방식 • 멀티 유닛방식

56 핀(Fin)이 붙은 튜브형 코일을 강판형 박스에 넣은 것으로 대류를 이용한 방열기는?

① 콘벡터(Convector)
② 팬코일 유닛(Fan Coil Unit)
③ 유닛 히터(Unit Heater)
④ 라디에이터(Radiator)

57 덕트 속에 흐르는 공기의 평균 유속 10m/s, 공기의 비중량 1.2kgf/m³, 중력 가속도가 9.8m/s²일 때 동압은?

① 약 3mmAq   ② 약 4mmAq
③ 약 5mmAq   ④ 약 6mmAq

해설
$$V = \sqrt{\frac{2gh}{\gamma}}$$
$$10 = \sqrt{\frac{2 \times 9.8 \times x}{1.2}}$$
$$\therefore x \fallingdotseq 6$$

58 단일 덕트 방식의 특징으로 틀린 것은?

① 단일 덕트 스페이스가 비교적 크게 된다.
② 외기 냉방운전이 가능하다.
③ 고성능 공기정화장치의 설치가 불가능하다.
④ 공조기가 집중되어 있으므로 보수관리가 용이하다.

해설
단일 덕트 방식은 고성능 공기정화장치의 설치가 가능하다.

60 노통 연관보일러에 대한 설명으로 틀린 것은?

① 노통 보일러와 연관 보일러의 장점을 혼합한 보일러이다.
② 보유수량에 비해 보일러 열효율이 80~85% 정도로 좋다.
③ 형체에 비해 전열면적이 크다.
④ 구조상 고압, 대용량에 적합하다.

해설
노통 연관보일러는 구조상 고압, 대용량에 부적합하다.

59 공기조화에 사용되는 온도 중 사람이 느끼는 감각에 대한 온도, 습도, 기류의 영향을 하나로 모아 만든 쾌감의 지표는?

① 유효온도(ET ; Effective Temperature)
② 흑구온도(GT ; Globe Temperature)
③ 평균복사온도(MRT ; Mean Radiant Temperature)
④ 작용온도(OT ; Operation Temperature)

해설
실효온도[ET ; Effective Temperature(유효온도, 감각온도, 실감온도)] : 습구온도 이외에 기류의 영향을 더한 온도로서 그 기준은 상대습도 100%, 즉 포화상태이며, 정지공기(V = 0.08~0.13 m/s)의 실내 상태를 말한다. 즉, 온습도의 쾌감과 동일한 쾌감을 얻을 수 있는 기류를 포함한 온도를 의미하는 것이다.

2015년 제2회 과년도 기출문제

01 전기스위치의 조작 시 오른손으로 하기를 권장하는 이유로 가장 적당한 것은?

① 심장에 전류가 직접 흐르지 않도록 하기 위하여
② 작업을 손쉽게 하기 위하여
③ 스위치 개폐를 신속히 하기 위하여
④ 스위치 조작 시 많은 힘이 필요하므로

해설
통전의 위험도에서 전기 기구는 심장에 전류가 직접 흐르지 않도록 하기 위하여 오른손으로 사용하는 것이 약간 안전하다.

02 작업복 선정 시 유의사항으로 틀린 것은?

① 작업복의 스타일은 착용자의 연령, 성별 등은 고려할 필요가 없다.
② 화기 사용 작업자는 방염성, 불연성의 작업복을 착용한다.
③ 작업복은 항상 깨끗이 하여야 한다.
④ 작업복은 몸에 맞고 동작이 편하며, 상의 끝이나 바지자락 등이 기계에 말려 들어갈 위험이 없도록 한다.

해설
작업복
• 옷에 끈이 있는 것은 기계 작업 시 착용하지 않는다.
• 주머니는 가급적 수가 적은 것이 좋다.
• 정전기가 발생하기 쉬운 섬유질의 옷을 피한다.
• 자주 세탁하여 입는다.
• 상의가 옷자락 밖으로 나오지 않도록 한다.
• 화학적 성질에 대한 작업에는 화학약품에 내성이 강한 것을 착용한다.
• 직종에 따라 여러 색채로 나누는 것도 효과적이다.
• 착용자의 연령, 성별을 고려하여 적절한 스타일을 선정한다.

03 다음 중 저속 왕복동 냉동장치의 운전 순서로 옳은 것은?

1. 압축기를 시동한다.
2. 흡입측 스톱밸브를 천천히 연다.
3. 냉각수 펌프를 운전한다.
4. 응축기의 액면계 등으로 냉매량을 확인한다.
5. 압축기의 유면을 확인한다.

① 1-2-3-4-5 ② 5-4-3-2-1
③ 5-4-3-1-2 ④ 1-2-5-3-4

해설
저속 왕복동 냉동장치의 운전 순서
• 압축기의 유면을 확인한다.
• 응축기의 액면계 등으로 냉매량을 확인한다.
• 냉각수 펌프를 운전한다.
• 압축기를 시동한다.
• 흡입측 스톱밸브를 천천히 연다.

04 소화기 보관상의 주의사항으로 틀린 것은?

① 겨울철에는 얼지 않도록 보온에 유의한다.
② 소화기 뚜껑은 조금 열어 놓고 봉인하지 않고 보관한다.
③ 습기가 적고 서늘한 곳에 둔다.
④ 가스를 채워 넣는 소화기는 가스를 채울 때 반드시 제조업자에게 의뢰하도록 한다.

해설
소화기는 뚜껑을 열어 놓으면 변질 또는 손상될 수 있다.

정답 1 ① 2 ① 3 ③ 4 ②

05 왕복펌프의 보수 관리 시 점검사항으로 틀린 것은?

① 윤활유 작동 확인
② 축수 온도 확인
③ 스터핑 박스의 누설 확인
④ 다단펌프에 있어서 프라이밍 누설 확인

해설
프라이밍은 원심펌프 가동 전에 해 주어야 한다.

06 가스접합용접장치의 배관을 하는 경우 주관, 분기관에 안전기를 설치하는데, 이는 하나의 취관에 몇 개 이상의 안전기를 설치해야 하는가?

① 1   ② 2
③ 3   ④ 4

해설
가스접합용접장치의 배관을 하는 경우 주관, 분기관에 안전기를 설치하는데, 이는 하나의 취관에 2개 이상의 안전기를 설치해야 한다.

07 안전보건관리책임자의 직무와 가장 거리가 먼 것은?

① 산업재해의 원인 조사 및 재발 방지대책 수립에 관한 사항
② 안전에 관한 조직 편성 및 예산 책정에 관한 사항
③ 안전보건과 관련된 안전장치 및 보호구 구입 시의 적격품 여부 확인에 관한 사항
④ 근로자의 안전보건교육에 관한 사항

해설
안전에 관한 조직 편성 및 예산 책정에 관한 사항은 안전보건관리책임자의 업무가 아니다.

08 전기 용접 시 전격을 방지하는 방법으로 틀린 것은?

① 용접기의 절연 및 접지상태를 확실히 점검할 것
② 가급적 개로 전압이 높은 교류용접기를 사용할 것
③ 장시간 작업 중지 때는 반드시 스위치를 차단시킬 것
④ 반드시 주어진 보호구와 복장을 착용할 것

해설
전기 용접 시 전격을 방지하기 위하여 되도록 개로 전압을 낮게 해야 된다.

09 다음 중 점화원으로 볼 수 없는 것은?

① 전기 불꽃
② 기화열
③ 정전기
④ 못을 박을 때 튀는 불꽃

해설
기화열, 융해열은 열을 흡수하기 때문에 점화원으로 볼 수 없다.

10 스패너 사용 시 주의사항으로 틀린 것은?

① 스패너가 벗겨지거나 미끄러짐에 주의한다.
② 스패너의 입이 너트 폭과 잘 맞는 것을 사용한다.
③ 스패너의 길이가 짧은 경우에는 파이프를 끼워서 사용한다.
④ 무리하게 힘을 주지 말고 조심스럽게 사용한다.

해설
스패너 자루에 파이프를 끼워 사용하면 안 된다.

11 보일러의 과열 원인으로 적절하지 못한 것은?

① 보일러수의 수위가 높을 때
② 보일러 내 스케일이 생성되었을 때
③ 보일러수의 순환이 불량할 때
④ 전열면에 국부적인 열을 받을 때

해설
보일러 과열의 원인 : 보일러수의 수위가 낮을 때

12 다음 중 위생보호구에 해당되는 것은?

① 안전모   ② 귀마개
③ 안전화   ④ 안전대

해설
위생보호구의 종류에는 눈보호구, 귀보호구, 피부보호구, 호흡보호구 등이 있다.

13 근로자가 안전하게 통행할 수 있도록 통로에는 몇 럭스 이상의 조명시설을 해야 하는가?

① 10   ② 30
③ 45   ④ 75

해설
근로자가 안전하게 통행할 수 있도록 통로에는 75lx 이상의 조명시설을 하여야 한다.

14 교류 아크 용접기 사용 시 안전 유의사항으로 틀린 것은?

① 용접변압기의 1차 측 전로는 하나의 용접기에 대하여 2개의 개폐기로 할 것
② 2차 측 전로는 용접봉 케이블 또는 캡타이어 케이블을 사용할 것
③ 용접기의 외함은 접지하고 누전차단기를 설치할 것
④ 일정 조건하에 용접기를 사용할 때는 자동전격방지장치를 사용할 것

해설
용접변압기의 1차 측 전로는 하나의 용접기에 대하여 1개의 개폐기로 할 것

15 전동공구 사용상의 안전수칙이 아닌 것은?

① 전기드릴로 아주 작은 물건이나 긴 물건에 작업할 때에는 지그를 사용한다.
② 전기 그라인더나 샌더가 회전하고 있을 때 작업대 위에 공구를 놓아서는 안 된다.
③ 수직 휴대용 연삭기의 숫돌의 노출각도는 90°까지 허용된다.
④ 이동식 전기드릴 작업 시는 장갑을 끼지 말아야 한다.

해설
휴대용 기기 숫돌 덮개 각도
• 강화된 움푹 들어간 센터(Depressed Center), 절단 숫돌(Cutting-off Wheel) 및 강화된 직선 측면 숫돌(Straight-sided Wheel) : 이들 숫돌에 대한 가드는 최소한 175°의 덮개를 갖추어야 한다. 그리고 기기쪽 측면은 가드로 커버되어야 한다. 기기가 사용 중일 때에는 가드는 작업자와 숫돌 사이에 항상 위치해야 한다. 숫돌의 지름이 130mm보다 클 경우에 가드는 최소한 5mm의 발가락 높이 또는 높이가 최소한 숫돌 지름의 1/4인 커튼 세그먼트(Curtain Segment)를 갖추어야 한다.
• 강화되지 않은 직선 측면 숫돌 : 연삭숫돌 둘레의 최소한 175° 및 양쪽 측면이 가드에 의해 커버되어야 한다. 전방 커튼(Front Curtain)은 숫돌을 쉽게 교체할 수 있도록 설계되어야 한다.

16 그랜드 패킹의 종류가 아닌 것은?

① 오일실 패킹
② 석면 얀 패킹
③ 아마존 패킹
④ 몰드 패킹

해설
• 플랜지 패킹 : 고무 패킹, 네오프렌(합성고무), 석면조인트 패킹, 합성수지 패킹, 오일실 패킹, 금속 패킹
• 나사용 패킹 : 페인트, 일산화납, 액상 합성수지
• 그랜드 패킹 : 석면 각형 패킹, 석면 얀 패킹, 아마존 패킹, 몰드 패킹

17 냉동사이클에서 증발온도가 −15℃이고, 과열도가 5℃일 경우 압축기의 흡입가스온도는?

① 5℃
② −10℃
③ −15℃
④ −20℃

해설
압축기의 흡입가스온도 = 증발온도 + 과열도

18 열에 관한 설명 중 틀린 것은?

① 승화열은 고체가 기체로 되면서 주위에서 빼앗는 열량이다.
② 잠열은 물체의 상태를 바꾸는 작용을 하는 열이다.
③ 현열은 상태 변화 없이 온도 변화에 필요한 열이다.
④ 융해열은 현열의 일종이며 고체를 액체로 바꾸는 데 필요한 열이다.

해설
융해열은 잠열의 일종이며 고체를 액체로 바꾸는 데 필요한 열이다.

정답 15 ③ 16 ① 17 ② 18 ④

19 2,000W의 전기가 1시간 일한 양을 열량으로 표현하면 얼마인가?

① 172kcal/h
② 860,172kcal/h
③ 17,200kcal/h
④ 1,720kcal/h

해설
1kW = 860kcal/h
2kW = x
x = 1,720kcal/h

20 왕복동식 압축기와 비교하여 스크루 압축기의 특징이 아닌 것은?

① 흡입·토출 밸브가 없으므로 마모 부분이 없어 고장이 적다.
② 냉매의 압력 손실이 크다.
③ 무단계 용량제어가 가능하며 연속적으로 행할 수 있다.
④ 체적효율이 좋다.

해설
스크루 압축기의 특징
- 체적효율과 단열효율이 높고, 냉매의 압력손실이 적다.
- 흡입 밸브와 토출 밸브가 없다.
- 고성능 치형의 개발과 정밀가공에 의하여 로터의 잇수와 회전수를 곱한 높은 주파수대의 소음 특성이 있고 차음에 의한 설계에 힘입어 소음과 진동이 적다.
- 회전에 의한 체적 감소형 압축방식으로 약간의 액압축에도 지장이 없다.
- 원심식 압축기에서의 서징의 염려가 없어 중대형에서 산업용 냉동으로 널리 사용되고 있어 고효율, 고성능, 고신뢰성을 갖고 있다.

21 2원 냉동장치에 대한 설명 중 틀린 것은?

① 냉매는 주로 저온용과 고온용을 1 : 1로 섞어서 사용한다.
② 고온측 냉매로는 비등점이 높은 냉매를 주로 사용한다.
③ 저온측 냉매로는 비등점이 낮은 냉매를 주로 사용한다.
④ -80~-70℃ 정도 이하의 초저온 냉동장치에 주로 사용한다.

해설
2원 냉동방식의 냉동사이클 : -70℃ 이하의 초저온장치가 되면, 다단압축방식으로는 초저온의 실현이 곤란해진다. 그래서 냉동장치의 개량으로서 다원냉동(多元冷凍)방식이 채용되었다.
- 저온냉동기에 사용되는 냉매 : R-13, R-14, 메탄(R-50), 에틸렌, 프로판(R-290)
- 고온냉동기에 사용되는 냉매 : R-12, R-22 등
- 캐스케이드 콘덴서 : 2원 냉동사이클 저온측 응축기와 고온측 증발기를 조합하여 저온측 응축기의 열을 효과적으로 제거하여 응축액화를 촉진시켜 주는 일종의 열교환기이다.

22 흡수식 냉동장치의 적용대상으로 가장 거리가 먼 것은?

① 백화점 공조용
② 산업 공조용
③ 제빙공장용
④ 냉난방장치용

해설
냉동 온도가 낮은 제빙용은 흡수식 냉동장치의 적용대상이 아니다.

23 냉매의 특징에 관한 설명으로 맞는 것은?

① NH_3는 물과 기름에 잘 녹는다.
② R-12는 기름과 잘 용해하나 물에는 잘 녹지 않는다.
③ R-12는 NH_3보다 전열이 양호하다.
④ NH_3의 포화증기의 비중은 R-12보다 작지만 R-22보다 크다.

해설
암모니아는 기름에 잘 녹지 않고, R-12는 전열이 불량하기 때문에 전열면적을 넓혀 주기 위하여 휜 튜브를 사용한다.

24 컨덕턴스는 무엇을 뜻하는가?

① 전류의 흐름을 방해하는 정도를 나타낸 것이다.
② 전류가 잘 흐르는 정도를 나타낸 것이다.
③ 전위차를 얼마나 작게 나타내느냐의 정도를 나타낸 것이다.
④ 전위차를 얼마나 크게 나타내느냐의 정도를 나타낸 것이다.

해설
컨덕턴스(Conductance)
전기가 얼마나 잘 통하느냐 하는 정도를 나타내는 계수가 컨덕턴스이다. 따라서 저항은 컨덕턴스와 반대로 전기를 얼마나 못 흐르게 하느냐 하는 계수이므로 컨덕턴스는 저항의 역수가 된다. 컨덕턴스는 G로 표시하며, 그 단위는 S이다. S는 '지멘스'라고 읽는다. 컨덕턴스로 전류를 구하는 공식은 다음과 같다.
G = 1/R(S), I = EG

25 다음 중 2단 압축, 2단 팽창 냉동사이클에서 주로 사용되는 중간냉각기 형식은?

① 플래시형
② 액냉각형
③ 직접팽창형
④ 저압수액기식

해설
2단 압축, 2단 팽창 냉동사이클에서 주로 사용되는 중간냉각기 형식은 플래시형이다.

26 암모니아 냉매 배관을 설치할 때 시공방법으로 틀린 것은?

① 관이음 패킹재료는 천연고무를 사용한다.
② 흡입관에는 U트랩을 설치한다.
③ 토출관의 합류는 Y접속으로 한다.
④ 액관의 트랩부에는 오일 드레인 밸브를 설치한다.

해설
암모니아 냉매 배관에는 흡입관에 액압축을 방지하기 위하여 U트랩이나 굴곡부를 설치하지 않는다.

27 엔탈피의 단위로 옳은 것은?

① kcal/kg
② kcal/h·℃
③ kcal/kg·℃
④ kcal/m³·h·℃

해설
엔탈피는 단위중량당 가지고 있는 에너지 함량을 말한다.

28 냉방능력 1냉동톤인 응축기에 10L/min의 냉각수가 사용되었다. 냉각수 입구의 온도 32℃이면, 출구 온도는?(단, 방열계수는 1.2로 한다)

① 12.5℃ ② 22.6℃
③ 38.6℃ ④ 49.5℃

해설
응축기 방열량
$Q_c = Q_e \times c = G \times C \times \Delta t$

$\therefore G = \dfrac{Q_e \times c}{C \times \Delta t}$

$10 \times 60 = \dfrac{1 \times 3,320 \times 1.2}{1 \times (x-32)}$

$\therefore x = 38.6℃$

29 다음 중 등온변화에 대한 설명으로 틀린 것은?

① 압력과 부피의 곱은 항상 일정하다.
② 내부에너지는 증가한다.
③ 가해진 열량과 한 일이 같다.
④ 변화 전과 후의 내부에너지의 값이 같아진다.

해설
온도가 일정하므로 내부에너지의 변화는 없다. 따라서 흡수한 열량은 모두 외부에서 일을 하는 데 사용된다. 등온변화라고 해도 팽창할 경우에는 외부로부터 매우 적지만 열을 받는다(수축할 때는 그 반대로 서서히 식혀 주어야 한다).

30 열역학 제1법칙을 설명한 것으로 옳은 것은?

① 밀폐계가 변화할 때 엔트로피 증가가 나타낸다.
② 밀폐계에 가해 준 열량과 내부에너지 변화량의 합은 일정하다.
③ 밀폐계에 전달되는 열량은 내부에너지 증가와 계가 한 일의 합과 같다.
④ 밀폐계의 운동에너지와 위치에너지의 합은 일정하다.

해설
열역학 제1법칙 : 에너지 보존의 법칙을 적용한다. 열량은 일량으로, 일량은 열량으로 환산 가능함을 밝힌 법칙으로, 밀폐계에 전달되는 열량은 내부에너지 증가와 계가 한 일의 합과 같다.

27 ① 28 ③ 29 ② 30 ③

31 팽창밸브 직후의 냉매 건조도를 0.23, 증발잠열이 52kcal/kg이라 할 때, 이 냉매의 냉동효과는?

① 226kcal/kg
② 40kcal/kg
③ 38kcal/kg
④ 12kcal/kg

해설
냉동효과(q_e)
$q_e = (1-x)q$
  $= (1-0.23) \times 52$
  $= 40 \, kcal/kg$

32 터보냉동기의 운전 중 서징(Surging)현상이 발생하였다. 그 원인으로 틀린 것은?

① 흡입 가이드 베인을 너무 조일 때
② 가스 유량이 감소될 때
③ 냉각수온이 너무 낮을 때
④ 너무 낮은 가스유량으로 운전할 때

해설
서징현상의 발생원인
• 불응축가스 혼입 시
• 흡입 가이드 베인을 너무 조인 경우
• 냉각수량이 감소하거나 수온이 높을 경우
• 냉각수 배관에 스케일이 있을 경우

33 2단 압축 냉동장치에서 각각 다른 2대의 압축기를 사용하지 않고 1대의 압축기가 2대의 압축기 역할을 할 수 있는 압축기는?

① 부스터 압축기
② 캐스케이드 압축기
③ 콤파운드 압축기
④ 보조압축기

해설
2단 압축 냉동장치에서 각각 다른 2대의 압축기를 사용하지 않고 1대의 압축기가 2대의 압축기 역할을 할 수 있는 압축기는 콤파운드 압축기이다.

34 역카르노 사이클은 어떤 상태 변화 과정으로 이루어져 있는가?

① 1개의 등온과정, 1개의 등압과정
② 2개의 등압과정, 2개의 교축작용
③ 1개의 단열과정, 2개의 교축작용
④ 2개의 단열과정, 2개의 등온과정

해설
냉동 사이클(역카르노 사이클) : 카르노 사이클이 역으로 순환하는 사이클을 역카르노 사이클이라 하며 이상적인 냉동 사이클로서 단열과정 2개와 등온과정 2개로 구성되어 있다.

35 팽창 밸브 본체와 온도센서 및 전자제어부를 조립함으로써 과열도 제어를 하는 특징을 가지며, 바이메탈과 전열기가 조립된 부분과 니들 밸브 부분으로 구성된 팽창 밸브는?

① 온도식 자동 팽창 밸브
② 정압식 자동 팽창 밸브
③ 열전식 팽창 밸브
④ 플로트식 팽창 밸브

해설
열전식 팽창 밸브는 바이메탈의 변형을 이용한 것이다.

36 회전식 압축기의 특징에 관한 설명으로 틀린 것은?

① 용량제어가 없고 분해 조립 및 정비에 특수한 기술이 필요하다.
② 대형 압축기와 저온용 압축기로 사용하기 적당하다.
③ 왕복동식처럼 격간이 없어 체적효율, 성능계수가 양호하다.
④ 소형이고 설치면적이 적다.

해설
소용량에는 회전식 및 왕복동식이 사용되고, 중·대용량에는 왕복동식 및 스크루식이 주로 사용된다.

37 다음 중 흡수식 냉동기의 용량제어방법이 아닌 것은?

① 구동열원 입구제어
② 증기토출제어
③ 발생기 공급용액량 조절
④ 증발기 압력제어

해설
흡수식 냉동기 용량제어방법
• 증기 토출가스제어
• 구동열원 입구제어
• 발생기 공급용량제어

38 동관 공작용 작업공구가 아닌 것은?

① 익스펜더   ② 사이징 툴
③ 튜브 벤더   ④ 봄 볼

해설
연관용 배관공구
• 봄볼 : 연관을 뽑아서 구멍을 뚫을 때
• 드레서 : 연관 표면의 산화물 제거
• 맬릿 : 나무해머
• 턴핀 : 연관 끝을 넓힐 때
• 벤드밴 : 연관에 끼워 관을 굽히거나 펼 때

39 유량이 적거나 고압일 때에 유량 조절을 한 층 더 엄밀하게 행할 목적으로 사용되는 것은?

① 콕
② 안전 밸브
③ 글로브 밸브
④ 앵글 밸브

해설
글로브 밸브(Globe Valve)
옥형 밸브 또는 구형 밸브라고 한다. 밸브의 형상이 둥글게 되어 있으며, 유체의 흐름이 S자 모형으로 되므로 유체의 흐름저항은 크나 밸브의 리프트(양정)는 작아 개폐가 용이하므로 유량 조절에 적합하고, 소형 경량이며 가격이 싸다.

40 다음 중 압축기 효율과 가장 거리가 먼 것은?

① 체적효율
② 기계효율
③ 압축효율
④ 팽창효율

해설
압축기 효율 : 체적효율(용적효율), 기계효율, 압축효율

41 −15℃에서 건조도가 0인 암모니아 가스를 교축, 팽창시켰을 때 변화가 없는 것은?

① 비체적
② 압력
③ 엔탈피
④ 온도

해설
팽창 밸브에서 냉매가 통과할 때 교축(단열) 팽창과정으로서 엔탈피가 일정하고, 압력이 강하, 온도가 저하, 비체적이 상승한다.

42 다음 수랭식 응축기에 관한 설명으로 옳은 것은?

① 수온이 일정한 경우 유막 물때가 두껍게 부착하여도 수량을 증가하면 응축압력에는 영향이 없다.
② 응축부하가 크게 증가하면 응축압력 상승에 영향을 준다.
③ 냉온수량이 풍부한 경우에는 불응축가스의 혼입 영향이 없다.
④ 냉각수량이 일정한 경우에는 수온에 의한 영향이 없다.

해설
불응축가스가 발생하면 응축압력이 상승한다.
수랭식 응축기의 응축압력이 정상보다 높을 때의 원인
• 냉각수량 부족 및 수온 상승 시(공랭식인 경우 송풍량 부족 및 외기온도 상승 시)
• 응축기 냉각관에 스케일(물 때 및 유막)이 과대하게 끼어 있을 때
• 불응축가스가 장치 내에 혼입되었을 때
• 냉매의 과충전이나 응축부하 증대 시

정답 39 ③ 40 ④ 41 ③ 42 ②

43 증발압력조절밸브를 부착하는 주요 목적은?

① 흡입압력을 저하시켜 전동기의 기동 전류를 적게 한다.
② 증발기 내의 압력이 일정 압력 이하가 되는 것을 방지한다.
③ 냉매의 증발온도를 일정치 이하로 내리게 한다.
④ 응축압력을 항상 일정하게 유지한다.

해설
증발압력조절밸브는 증발기 내의 압력이 일정 압력 이하가 되는 것을 방지한다.

44 주로 저압증기나 온수배관에서 호칭지름이 작은 분기관에 이용되며, 굴곡부에서 압력 강하가 생기는 이음쇠는?

① 슬리브형 ② 스위블형
③ 루프형   ④ 벨로스형

해설
스위블형(스윙형) : 스윙 조인트 또는 지블이음이라고도 하며, 온수 또는 저압증기의 분기점을 2개 이상의 엘보로 연결하여 관의 신축 시에 비틀림을 일으켜 신축을 흡수하여 주로 온수 급탕배관에 사용한다.

45 시퀀스제어에 속하지 않는 것은?

① 자동 전기밥솥
② 전기세탁기
③ 가정용 전기냉장고
④ 네온사인

해설
시퀀스제어란 정해진 차례에 따라 제어의 각 단계들을 순차적으로 진행하는 자동제어이다. 미리 정해져 있는 제어동작을 순서대로 실행하는 경우와 다음에 진행할 제어를 즉각적으로 선정하면서 실행하는 경우로 분류된다. 보일러·펌프·냉동기 등에서 사용되고 있다.

46 개별공조방식에서 성적계수에 관한 설명으로 옳은 것은?

① 히트펌프의 경우 축열조를 사용하면 성적계수가 낮다.
② 히트펌프 시스템의 경우 성적계수는 1보다 작다.
③ 냉방시스템은 냉동효과가 동일한 경우에는 압축일이 클수록 성적계수가 낮아진다.
④ 히트펌프의 난방운전 시 성적계수는 냉방운전 시 성적계수보다 낮다.

47 복사난방에 관한 설명 중 틀린 것은?

① 바닥면의 이용도가 높고 열손실이 적다.
② 단열층 공사비가 많이 들고 배관의 고장 발견이 어렵다.
③ 대류난방에 비하여 설비비가 많이 든다.
④ 방열체의 열용량이 적으므로 외기온도에 따라 방열량의 조절이 쉽다.

해설
복사난방의 특징
- 복사난방은 배관이 매립되어 있으므로 고장 시 발견이 어렵고 시설비가 많이 든다.
- 복사난방은 실내온도분포가 가장 균일한 난방방식이다.
- 복사난방은 부하 변화에 따른 온도 조절이 늦다(외기의 온도 변화에 대한 온도 조절이 어렵다).
- 복사난방은 실내의 평균온도가 낮다.

48 환기에 대한 설명으로 틀린 것은?

① 기계환기법에는 풍압과 온도차를 이용하는 방식이 있다.
② 제품이나 기기 등의 성능을 보전하는 것도 환기의 목적이다.
③ 자연환기는 공기의 온도에 따른 비중차를 이용한 환기이다.
④ 실내에서 발생하는 열이나 수증기도 제거한다.

해설
풍압과 온도차를 이용하는 방식은 자연환기 방식이다.

49 다음의 습공기선도에 대하여 바르게 설명한 것은?

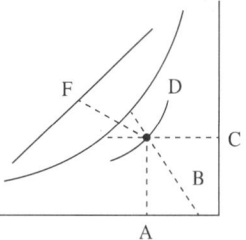

① F점은 습공기의 습구온도를 나타낸다.
② C점은 습공기의 노점온도를 나타낸다.
③ A점은 습공기의 절대습도를 나타낸다.
④ B점은 습공기의 비체적을 나타낸다.

해설
습공기선도

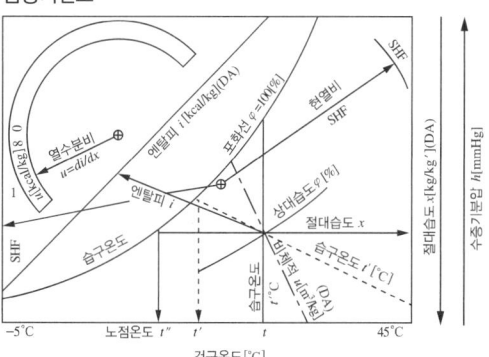

50 공기의 감습방법에 해당되지 않는 것은?

① 흡수식   ② 흡착식
③ 냉각식   ④ 가열식

해설
감습장치
- 냉각 감습장치 : 냉각코일, 공기세정기를 이용
- 압축 감습장치 : 공기를 압축하여 여분의 수분을 응축시키는 방법
- 흡수식 감습장치 : 염화리튬, 트라이에틸렌글리콜 등의 액체 흡수제를 이용
- 흡착식 감습장치 : 실리카겔, 아드 소울, 활성알루미나 등의 반고체, 고체 흡수제를 사용하여 감습한다(극저습도용).

51 난방부하에서 틈새바람으로 손실되는 열량을 보호하기 위하여 극간풍을 방지하는 방법으로 틀린 것은?

① 회전문을 설치한다.
② 충분한 간격을 두고 이중문을 낮게 유지한다.
③ 실내의 압력을 외부압력보다 낮게 유지한다.
④ 에어커튼을 사용한다.

해설
실내의 압력을 외부압력보다 높게 유지해야 극간풍을 방지할 수 있다.

52 체감을 나타내는 척도로 사용되는 유효온도와 관계 있는 것은?

① 습도와 복사열
② 온도와 습도
③ 온도와 기압
④ 온도와 복사열

해설
실효온도(ET ; Effective Temperature, 유효온도, 감각온도, 실감온도)
습구온도 이외에 기류의 영향을 더한 온도로서 그 기준은 상대습도 100%, 즉 포화상태이며, 정지공기(V = 0.08~0.13m/s)의 실내상태를 말한다. 즉, 온습도의 쾌감과 동일한 쾌감을 얻을 수 있는 기류를 포함한 온도이다.

53 기계배기와 적당한 자연급기에 의한 환기방식으로서 화장실, 탕비실, 소규모 조리장의 환기 설비에 적당한 환기법은?

① 제1종 환기법　② 제2종 환기법
③ 제3종 환기법　④ 제4종 환기법

해설
환기방식
- 제1종 기계제연방식 : 송풍기와 배연기를 설치하여 급기와 배기를 하는 방식으로 장치가 복잡하다.
- 제2종 기계제연방식 : 송풍기만 설치하여 급기와 배기를 하는 방식으로 역류의 우려가 있다.
- 제3종 기계제연방식 : 배연기만 설치하여 급기와 배기를 하는 방식으로 가장 많이 사용된다.

54 난방부하에 대한 설명으로 틀린 것은?

① 건물의 난방 시에 재실자 또는 기구의 발생 열량은 난방 개시 시간을 고려하여 일반적으로 무시해도 좋다.
② 외기부하 계산은 냉방부하 계산과 마찬가지로 현열부하와 잠열부하로 나누어 계산해야 한다.
③ 덕트면의 열통과에 의한 손실 열량은 적으므로 일반적으로 무시해도 좋다.
④ 건물의 벽체는 바람을 통하지 못하게 하므로 건물 벽체에 의한 손실 열량은 무시해도 좋다.

해설
건물 벽체에 의한 손실 열량은 계산해야 한다.

55 온수난방에 대한 설명 중 틀린 것은?

① 일반적으로 고온수식과 저온수식의 기준온도는 100℃이다.
② 개방형은 방열기보다 1m 이상 높게 설치하고, 밀폐형은 가능한 한 보일러로부터 멀리 설치한다.
③ 중력 순환식 온수난방 방법은 소규모 주택에 사용된다.
④ 온수난방 배관의 재료는 내열성을 고려해서 선택해야 한다.

> [해설]
> 개방형은 방열기보다 1m 이상 높게 설치하고, 밀폐형은 가능한 한 보일러로부터 가까이 설치한다.

56 2중 덕트 방식의 특징이 아닌 것은?

① 설비비가 저렴하다.
② 각실 각존의 개별 온습도의 제어가 가능하다.
③ 용도가 다른 존수가 많은 대규모 건물에 적합하다.
④ 다른 방식에 비해 덕트 공간이 크다.

> [해설]
> 2중 덕트 방식은 설비비가 고가이다.

57 실내의 현열부하가 3,200kcal/h, 잠열부하가 600 kcal/h일 때 현열비는?

① 0.16　　② 6.25
③ 1.20　　④ 0.84

> [해설]
> **현열비**(SHF ; Sensible Heat Factor, 감열비)
> 전열량에 대한 현열량의 비로서, 실내로 송출되는 공기의 상태를 나타낸다.
> $$SHF = \frac{q_s}{q_s + q_L}$$
> $$= \frac{3,200}{3,200 + 600}$$
> $$= 0.84$$
> 여기서, q_s : 현열량
> 　　　　q_L : 잠열량

58 흡수식 냉동기의 특징으로 틀린 것은?

① 전력 사용량이 적다.
② 압축식 냉동기보다 소음, 진동이 크다.
③ 용량제어 범위가 넓다.
④ 부분부하에 대한 대응성이 좋다.

> [해설]
> **흡수식 냉동기의 특징**
> • 운전 시의 소음 및 진동이 거의 없다.
> • 증기, 온수 등 배열을 이용할 수 있다.
> • 압축식에 비해서 설치면적 및 중량이 크다.
> • 압축식에 비해서 예랭시간이 길다.

59 다음은 덕트 내의 공기압력을 측정하는 방법이다. 그림 중 정압을 측정하는 방법은?

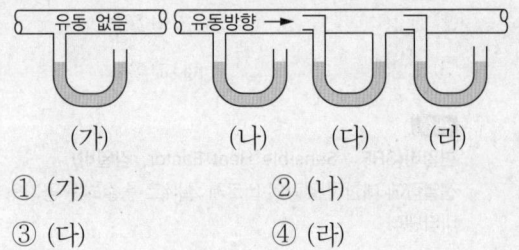

① (가)
② (나)
③ (다)
④ (라)

해설
공기압력을 측정하는 방법
- (나) : 정압을 측정하는 방법이다.
- (다) : 동압을 측정하는 방법이다.
- (라) : 전압을 측정하는 방법이다.

60 건구온도 33℃, 상대습도 50%인 습공기 500m³/h를 냉각코일에 의하여 냉각한다. 코일의 장치노점 온도는 9℃이고, 바이패스 팩터가 0.1이라면 냉각된 공기의 온도는?

① 9.5℃
② 10.2℃
③ 11.4℃
④ 12.6℃

해설
냉각된 공기의 온도 $= DT + (f \times \Delta t)$
$= 9 + 0.1 \times (33 - 9)$
$= 11.4℃$

2015년 제4회 과년도 기출문제

01 수공구 사용방법 중 옳은 것은?

① 스패너에 너트를 깊이 물리고 바깥쪽으로 밀면서 풀고 죈다.
② 정 작업 시 끝날 무렵에는 힘을 빼고 천천히 타격한다.
③ 쇠톱 작업 시 톱날을 고정한 후에는 재조정을 하지 않는다.
④ 장갑을 낀 손이나 기름 묻은 손으로 해머를 잡고 작업해도 된다.

해설
수공구 사용방법
- 정 작업 시 끝날 무렵에는 힘을 빼고 천천히 타격한다.
- 스패너에 너트를 깊이 물리고 안쪽으로 당기면서 풀고 죈다.
- 쇠톱 작업 시 톱날을 고정한 후에는 재조정한다.
- 장갑을 낀 손이나 기름 묻은 손으로 해머를 잡고 작업해서는 안 된다.

02 공기압축기를 가동할 때 시작 전 점검사항에 해당되지 않는 것은?

① 공기저장 압력용기의 외관 상태
② 드레인 밸브의 조작 및 배수
③ 압력방출장치의 기능
④ 비상정지장치 및 비상하강장치 기능의 이상 유무

해설
비상정지장치 및 비상하강장치 기능의 이상 유무는 상시 점검사항이다.

03 화재 시 소화제로 물을 사용하는 이유로 가장 적당한 것은?

① 산소를 잘 흡수하기 때문에
② 증발잠열이 크기 때문에
③ 연소하지 않기 때문에
④ 산소 공급을 차단하기 때문에

해설
화재 시 소화제로 물을 사용하는 이유는 증발잠열이 크기 때문이다.

04 각 작업조건에 맞는 보호구의 연결로 틀린 것은?

① 물체가 떨어지거나 날아올 위험이 있는 작업 : 안전모
② 고열에 의한 화상 등의 위험이 있는 작업 : 방열복
③ 선창 등에서 분진이 심하게 발생하는 하역작업 : 방한복
④ 높이 또는 깊이 2미터 이상의 추락할 위험이 있는 장소에서 하는 작업 : 안전대

해설
유해가스, 연기, 분진 등의 발생이 심할 경우 방진마스크를 착용하도록 한다.

정답 1② 2④ 3② 4③

05 연삭작업의 안전수칙으로 틀린 것은?

① 작업 도중 진동이나 마찰면에서의 파열이 심하면 곧 작업을 중지한다.
② 숫돌차에 편심이 생기거나 원주면의 메짐이 심하면 드레싱을 한다.
③ 작업 시 반드시 숫돌의 정면에 서서 작업한다.
④ 축과 구멍에는 틈새가 없어야 한다.

해설
연삭(Grinding) 작업
• 안전커버를 떼고서 작업해서는 안 된다.
• 숫돌바퀴에 균열이 있는지 확인한다.
• 숫돌차의 과속회전은 파괴의 원인이 되므로 유의한다.
• 숫돌차의 표면이 심하게 변형된 것은 반드시 수정해야 한다.
• 받침대(Rest)는 숫돌차의 중심선보다 낮게 하지 않는다(작업 중 일감이 딸려 들어갈 위험이 있기 때문이다).
• 숫돌차의 주면과 받침대와의 간격은 3mm 이내로 유지해야 한다.
• 숫돌바퀴가 안전하게 끼워졌는지 확인한다.
• 플랜지의 조임 너트를 정확히 조이도록 한다.
• 숫돌차의 측면에서 서서히 연삭해야 하고 숫돌바퀴의 구멍과 축과의 틈새는 0.05~0.15mm 정도로 한다.
• 작업 시작 전에 1분 이상 공회전시킨 후 정상 회전속도에서 연삭한다(숫돌 교체 시는 3분 이상 시운전할 것).

06 크레인을 사용하여 작업을 하고자 한다. 작업 시작 전의 점검사항으로 틀린 것은?

① 권과방지장치·브레이크·클러치 및 운전장치의 기능
② 주행로의 상측 및 트롤리가 횡행(橫行)하는 레일의 상태
③ 와이어로프가 통하고 있는 곳의 상태
④ 압력방출장치의 기능

해설
크레인 작업 시작 전의 점검사항
• 권과방지장치·브레이크·클러치 및 운전장치의 기능
• 주행로의 상측 및 트롤리가 횡행(橫行)하는 레일의 상태
• 와이어로프가 통하고 있는 곳의 상태

07 보일러의 휴지보존법 중 장기보전법에 해당되지 않는 것은?

① 석회밀폐건조법
② 질소가스봉입법
③ 소다만수보존법
④ 가열건조법

해설
단기보존법에는 건조법과 만수법이 있다.

08 보일러의 역화(Back Fire)의 원인이 아닌 것은?

① 점화 시 착화를 빨리한 경우
② 점화 시 공기보다 연료를 먼저 노 내에 공급하였을 경우
③ 노 내의 미연소가스가 충만해 있을 때 점화하였을 경우
④ 연료 밸브를 급개하여 과다한 양을 노 내에 공급하였을 경우

해설
착화를 느리게 했을 경우 역화의 주된 원인이 된다.

09 산업안전보건기준에 따른 작업장의 출입구 설치기준으로 틀린 것은?

① 출입구의 위치·수 및 크기가 작업장의 용도와 특성에 맞도록 할 것
② 출입구에 문을 설치하는 경우에는 근로자가 쉽게 열고 닫을 수 있도록 할 것
③ 주된 목적이 하역운반기계용인 출입구에는 보행자용 출입구를 따로 설치하지 말 것
④ 계단이 출입구와 바로 연결된 경우에는 작업자의 안전한 통행을 위하여 그 사이에 충분한 거리를 둘 것

해설
주된 목적이 하역운반기계용인 출입구에는 보행자용 출입구를 따로 설치할 것

10 아크용접의 안전 사항으로 틀린 것은?

① 홀더가 신체에 접촉되지 않도록 한다.
② 절연 부분이 균열이나 파손되었으면 교체한다.
③ 장시간 용접기를 사용하지 않을 때는 반드시 스위치를 차단시킨다.
④ 1차 코드는 벗겨진 것을 사용해도 좋다.

해설
1차 코드는 벗겨진 것을 사용하면 안 된다.

11 차량계 하역운반기계의 종류로 가장 거리가 먼 것은?

① 지게차   ② 화물 자동차
③ 구내운반차   ④ 크레인

해설
양중기의 종류
• 크레인 : 동력을 사용하여 중량물을 매달아 상하 및 좌우(수평 또는 선회)로 운반하는 것을 목적으로 하는 기계 또는 기계장치
• 리프트 : 동력을 사용하여 사람이나 화물을 운반하는 것을 목적으로 하는 기계설비
• 곤돌라 : 와이어로프 또는 달기강선에 의하여 달기발판 또는 운반구가 전용 승강장치에 의하여 오르내리는 설비
• 승강기 : 건축물이나 고정된 시설물에 설치되어 일정한 경로에 따라 사람이나 화물을 승강장으로 옮기는 데에 사용되는 설비

12 보일러의 폭발사고 예방을 위하여 그 기능이 정상적으로 운전할 수 있도록 유지 관리해야 하는 장치로 가장 거리가 먼 것은?

① 압력방출장치   ② 감압밸브
③ 화염검출기   ④ 압력제한 스위치

해설
보일러의 폭발사고 예방장치
• 압력방출장치
• 화염검출기
• 압력제한 스위치

13 냉동장치 안전운전을 위한 주의사항 중 틀린 것은?

① 압축기와 응축기 간에 스톱밸브가 닫혀 있는 것을 확인 후 압축기를 가동할 것
② 주기적으로 유압을 체크할 것
③ 동절기(휴지기)에는 응축기 및 수배관의 물을 완전히 뺄 것
④ 압축기를 처음 가동 시에는 정상으로 가동되는가를 확인할 것

해설
냉동장치 안전운전을 위해 압축기와 응축기 간에 스톱밸브가 열려 있는 것을 확인한 후 압축기를 가동해야 한다.

14 전체 산업재해의 원인 중 가장 큰 비중을 차지하는 것은?

① 설비의 미비
② 정돈 상태의 불량
③ 계측공구의 미비
④ 작업자의 실수

해설
전체 산업재해의 원인 중 가장 큰 비중을 차지하는 것은 작업자의 실수이다.

15 가스용접 시 역화를 방지하기 위하여 사용하는 수봉식 안전기에 대한 내용 중 틀린 것은?

① 하루에 1회 이상 수봉식 안전기의 수위를 점검할 것
② 안전기는 확실한 점검을 위하여 수직으로 부착할 것
③ 1개의 안전기에는 3개 이하의 토치만 사용할 것
④ 동결 시 화기를 사용하지 말고 온수를 사용할 것

해설
1개의 안전기에는 1개의 토치만 사용해야 한다.

16 다음에 해당하는 법칙은?

> 회로망 중 임의의 한 점에서 흘러 들어오는 전류와 나가는 전류의 대수합은 0이다.

① 쿨롱의 법칙
② 옴의 법칙
③ 키르히호프의 제1법칙
④ 키르히호프의 제2법칙

해설
키르히호프의 제1법칙
회로 내의 어느 점을 취해도 그곳에 흘러 들어오거나(+) 흘러 나가는(-) 전류를 음양의 부호를 붙여 구별하면, 들어오고 나가는 전류의 총계는 0이 된다는 법칙이다. 즉, 전류가 흐르는 길에서 들어오는 전류와 나가는 전류의 합이 같다.

17 2개 이상의 엘보를 사용하여 배관의 신축을 흡수하는 신축이음은?

① 루프형 이음
② 벨로스형 이음
③ 슬리브형 이음
④ 스위블 이음

해설
스위블형(스윙형) : 스윙 조인트 또는 지블이음이라고도 한다. 온수 또는 저압 증기의 분기점을 2개 이상의 엘보로 연결하여 관의 신축 시에 비틀림을 일으켜 신축을 흡수하여 주로 온수 급탕배관에 사용한다.

18 냉동장치에서 압축기의 이상적인 압축과정은?

① 등엔트로피 변화
② 정압 변화
③ 등온 변화
④ 정적 변화

해설
냉동장치에서 압축기의 이상적인 압축과정은 등엔트로피 변화이다.

19 원심식 압축기에 대한 설명으로 옳은 것은?

① 임펠러의 원심력을 이용하여 속도에너지를 압력에너지로 바꾼다.
② 임펠러 속도가 빠르면 유량 흐름이 감소한다.
③ 1단으로 압축비를 크게 할 수 있어 단단압축 방식을 주로 채택한다.
④ 압축비는 원주속도의 3제곱에 비례한다.

해설
원심식 냉동기 : 고속으로 회전하는 임펠러로, 유체에 속도를 주고 이 속도를 압력으로 바꾸어 압축하는 원심식 압축기(터보 압축기)가 있다. 그리고 저압냉매를 사용하므로 취급이 용이하고 위험이 적다.

20 온도 작동식 자동 팽창 밸브에 대한 설명으로 옳은 것은?

① 실온을 서모스탯에 의하여 감지하고, 밸브의 개도를 조정한다.
② 팽창 밸브 직전의 냉매온도에 의하여 자동적으로 개도를 조정한다.
③ 증발기 출구의 냉매온도에 의하여 자동적으로 개도를 조정한다.
④ 압축기의 토출 냉매온도에 의하여 자동적으로 개도를 조정한다.

해설
온도 작동식 팽창 밸브 : 증발기 출구의 냉매온도에 의하여 자동적으로 개도를 조정한다.

21 냉동기에서 압축기의 기능으로 가장 거리가 먼 것은?

① 냉매를 순환시킨다.
② 응축기에 냉각수를 순환시킨다.
③ 냉매의 응축을 돕는다.
④ 저압을 고압으로 상승시킨다.

해설
압축기는 냉각수를 순환시키는 것이 아니라 냉매를 순환시킨다.

23 표준 냉동사이클에서 과냉각도는 얼마인가?

① 45℃
② 30℃
③ 15℃
④ 5℃

해설
기준 냉동사이클

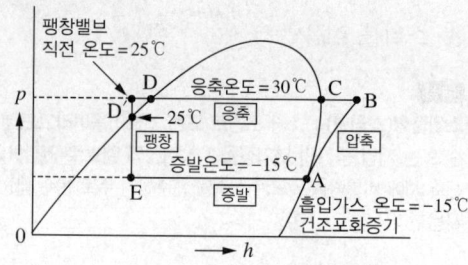

[$P-h$ 선도상의 기준 냉동사이클 표시]

- 증발온도 : −15℃
- 응축온도 : +30℃
- 압축기 흡입가스온도 : −15℃(건조포화증기 = 과열도 "0")
- 팽창밸브 입구 냉매액 온도 : +25℃(과냉각도 : 5℃)

22 파이프 내의 압력이 높아지면 고무링은 더욱 파이프 벽에 밀착되어 누설을 방지하는 접합방법은?

① 기계적 접합
② 플랜지 접합
③ 빅토리 접합
④ 소켓 접합

해설
빅토리 접합
고무링과 금속제 칼라를 사용하여 접합하는 것으로 관지름이 350mm 이하면 2분, 400mm 이상이면 4분하여 조여 준다. 압력의 상승 시 기밀이 더욱 유지된다.

24 NH_3, R−12, R−22 냉매의 기름과 물에 대한 용해도를 설명한 것으로 옳은 것은?

㉠ 물에 대한 용해도는 R−12가 가장 크다.
㉡ 기름에 대한 용해도는 R−12가 가장 크다.
㉢ R−22는 물에 대한 용해도와 기름에 대한 용해도가 모두 암모니아보다 크다.

① ㉠, ㉡, ㉢
② ㉡, ㉢
③ ㉡
④ ㉢

25 냉동장치 운전 중 유압이 너무 높을 때 원인으로 가장 거리가 먼 것은?

① 유압계가 불량일 때
② 유배관이 막혔을 때
③ 유온이 낮을 때
④ 유압조정밸브 개도가 과다하게 열렸을 때

해설
유압조정밸브 개도가 과다하게 열리면 유압이 낮아진다.

26 냉동에 대한 설명으로 가장 적합한 것은?

① 물질의 온도를 인위적으로 주위의 온도보다 낮게 하는 것을 말한다.
② 열이 높은 데서 낮은 곳으로 흐르는 것을 말한다.
③ 물체 자체의 열을 이용하여 일정한 온도를 유지하는 것을 말한다.
④ 기체가 액체로 변화할 때의 기화열에 의한 것을 말한다.

해설
냉동이란 물질의 온도를 인위적으로 주위의 온도보다 낮게 하는 것을 말한다.

27 양측의 표면 열전달률이 3,000kcal/m²·h·℃인 수랭식 응축기의 열관류율은?(단, 냉각관의 두께는 3mm이고, 냉각관 재질의 열전도율은 40kcal/m·h·℃이며, 부착 물때의 두께는 0.2mm, 물때의 열전도율은 0.8kcal/m·h·℃이다)

① 978kcal/m²·h·℃
② 988kcal/m²·h·℃
③ 998kcal/m²·h·℃
④ 1,008kcal/m²·h·℃

해설
$$K = \cfrac{1}{\cfrac{1}{\alpha_1} + \left(\cfrac{l_1}{\lambda_1} + \cfrac{l_2}{\lambda_2} + \cdots\right) + \cfrac{1}{\alpha_2}}$$
$$= \cfrac{1}{\cfrac{1}{3,000} + \left(\cfrac{0.003}{40} + \cfrac{0.0002}{0.8}\right) + \cfrac{1}{3,000}}$$
$$= 1.008$$

28 2단 압축 1단 팽창 냉동장치에 대한 설명 중 옳은 것은?

① 단단 압축시스템에서 압축비가 작을 때 사용된다.
② 냉동부하가 감소하면 중간냉각기는 필요 없다.
③ 단단 압축시스템보다 응축능력을 크게 하기 위해 사용된다.
④ −30℃ 이하의 비교적 낮은 증발온도를 요하는 곳에 주로 사용된다.

해설
2단 압축 1단 팽창 냉동장치는 −30℃ 이하의 비교적 낮은 증발온도를 요하는 곳에 주로 사용된다.

정답 25 ④ 26 ① 27 ④ 28 ④

29 강관용 공구가 아닌 것은?

① 파이프바이스 ② 파이프커터
③ 드레서   ④ 동력나사절삭기

해설
연관용 배관공구
- 봄볼 : 연관을 뽑아서 구멍을 뚫을 때
- 드레서 : 연관 표면의 산화물 제거
- 맬릿 : 나무해머
- 턴핀 : 연관 끝을 넓힐 때
- 벤드밴 : 연관에 끼워 관을 굽히거나 펼 때

30 소요 냉각수량 120L/min, 냉각수 입출구 온도차 6℃인 수랭 응축기의 응축부하는?

① 6,400kcal/h   ② 12,000kcal/h
③ 14,400kcal/h   ④ 43,200kcal/h

해설
응축부하(Q)
$Q = G \times C \times \Delta t$
$= 120\dfrac{l}{min} \times 1\dfrac{kcal}{kg\,℃} \times 6℃ \times \dfrac{60min}{1h}$
$= 43,200$

31 서로 다른 지름의 관을 이을 때 사용되는 것은?

① 소 켓   ② 유니언
③ 플러그   ④ 부 싱

해설
관 이음쇠 종류

목 적	종 류
배관 방향을 바꿀 때	엘보, 밴드, 이경 엘보, 암수엘보
관을 도중에서 분기할 때	티, 이경 티, 암수티, 와이, 크로스
지름이 같은 관의 직선 연결	소켓, 유니언, 플랜지, 니플
지름이 다른 관의 연결	부싱, 이경 소켓(리듀서), 이경 엘보, 이경 티
관 끝을 막을 때	캡, 플러그, 블라인드 플랜지
관의 수리, 점검, 교체가 필요할 때	유니언(50A 이하의 관에 사용), 플랜지

32 운전 중에 있는 냉동기의 압축기 압력계가 고압은 8kg/cm², 저압은 진공도 100mmHg를 나타낼 때 압축기의 압축비는?

① 약 6   ② 약 8
③ 약 10   ④ 약 12

해설
- 절대압력 = 대기압 − 진공압
$= (760 - 100)\text{mmHg} \times \dfrac{1.0332\dfrac{kg}{cm^2}}{760\text{mmHg}}$
$= 0.897\dfrac{kg}{cm^2}$

- 절대압력 = 대기압 + 게이지압력 = $(1.0332 + 8)\dfrac{kg}{cm^2}$
$= 9.0332\dfrac{kg}{cm^2}$

∴ 압축비 = $\dfrac{\text{토출 측 절대압력}}{\text{흡입 측 절대압력}} = \dfrac{9.0332}{0.897} = 10$

33 어떤 물질의 산성, 알칼리성 여부를 측정하는 단위는?

① CHU
② USRT
③ pH
④ Therm

해설
pH : 산, 염기의 세기를 나타내는 척도

34 시퀀스 제어장치의 구성으로 가장 거리가 먼 것은?

① 검출부
② 조절부
③ 피드백부
④ 조작부

해설
피드백부는 피드백 제어에 해당된다.

35 고열원온도 T_1, 저열원 온도 T_2인 카르노사이클의 열효율은?

① $\dfrac{T_2 - T_1}{T_1}$　　② $\dfrac{T_1 - T_2}{T_2}$

③ $\dfrac{T_2}{T_1 - T_2}$　　④ $\dfrac{T_1 - T_2}{T_1}$

해설
카르노 사이클의 열효율 $= \dfrac{T_1 - T_2}{T_1}$

36 빙점 이하의 온도에 사용하며 냉동기 배관, LPG 탱크용 배관 등에 많이 사용하는 강관은?

① 고압 배관용 탄소강관
② 저온 배관용 강관
③ 라이닝강관
④ 압력 배관용 탄소강관

해설
빙점 이하의 온도에 사용하며 냉동기 배관, LPG 탱크용 배관 등에 많이 사용하는 강관은 저온 배관용 강관이다.

정답　33 ③　34 ③　35 ④　36 ②

37 식품을 냉각된 부동액에 넣어 직접 접촉시켜서 동결시키는 것으로, 살포식과 침지식으로 구분하는 동결장치는?

① 접촉식 동결장치　② 공기 동결장치
③ 브라인 동결장치　④ 송풍식 동결장치

해설
동결장치의 종류
- 공기냉각식 동결장치 : 공기동결장치, 송풍동결장치, 반송풍동결장치, 컨베이어식 동결장치, 스파이럴식 동결장치, 유동식 동결장치
- 브라인 동결장치 : 염화나트륨 브라인 동결장치, 염화칼슘 브라인 동결장치, 프로필렌글리콜(Propylene Glycol) 동결장치, 에탄올 브라인 침지동결장치
- 고체 냉각식 동결장치 : 배치식 콘택트 프리저, 연속식 싱글 스틸 벨트 프리저, 연속식 더블 콘택트 프리저, 드럼 프리저
- 액화가스 동결장치 : 액체질소 동결장치, 액화탄산가스 동결장치, LNG 냉열이용 동결

38 도선에 전류가 흐를 때 발생하는 열량으로 옳은 것은?

① 전류의 세기에 반비례한다.
② 전류의 세기의 제곱에 비례한다.
③ 전류의 세기의 제곱에 반비례한다.
④ 열량은 전류의 세기와 무관하다.

해설
$H = I^2RT$(여기서, H : 저항 중에 발생되는 열량)
열량은 전류의 세기의 제곱에 비례한다.

39 다음 중 불응축가스가 주로 모이는 곳은?

① 증발기　② 액분리기
③ 압축기　④ 응축기

해설
응축기에 불응축가스가 모인다.

40 회전식(Rotary) 압축기에 대한 설명으로 틀린 것은?

① 흡입 밸브가 없다.
② 압축이 연속적이다.
③ 회전 압축으로 인한 진동이 심하다.
④ 왕복동에 비해 구조가 간단하다.

해설
회전식(Rotary) 압축기의 특징
- 왕복동식에 비해 구조가 간단하다.
- 기동식 무부하로 기동될 수 있으며 전력 소비가 적다.
- 압축비에 비하여 체적효율이 높다.
- 진동 및 소음이 적다.

41 1PS는 1시간당 몇 kcal에 해당되는가?

① 860　　② 550
③ 632　　④ 427

해설

$1PS = 75\dfrac{kg \cdot m}{sec}$ 에서 단위를 정리하면

$75\dfrac{kg \cdot m}{sec} \times \dfrac{1\,kcal}{427\,kg \cdot m} \times \dfrac{3,600\,sec}{1\,hr} = 632$

42 −10℃ 얼음 5kg을 20℃ 물로 만드는 데 필요한 열량은?(단, 물의 융해잠열은 80kcal/kg으로 한다)

① 25kcal　　② 125kcal
③ 325kcal　　④ 525kcal

해설

$Q = q_1 + q_2 + q_3$
$q_1 = G \times C \times \Delta t = 5 \times 0.5 \times 10 = 25$
$q_2 = G \times \gamma = 5 \times 80 = 400$
$q_3 = G \times C \times \Delta t = 5 \times 1 \times 20 = 100$
$Q = q_1 + q_2 + q_3 = 525$

43 다음 온도-엔트로피 선도에서 a → b 과정은 어떤 과정인가?

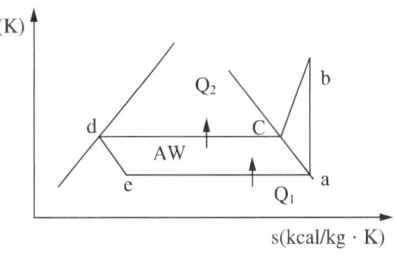

① 압축과정
② 응축과정
③ 팽창과정
④ 증발과정

해설
온도-엔트로피 선도에서 a → b 과정은 압축과정이다.

44 제빙장치 중 결빙한 얼음을 제빙관에서 떼어낼 때 관 내의 얼음 표면을 녹이기 위해 사용하는 기기는?

① 주수조　　② 양빙기
③ 저빙고　　④ 용빙조

[정답] 41 ③　42 ④　43 ①　44 ④

45 단수 릴레이의 종류로 가장 거리가 먼 것은?

① 단압식 릴레이 ② 차압식 릴레이
③ 수류식 릴레이 ④ 비례식 릴레이

해설
단수 릴레이(Water Pressure Switch)
• 역 할
 냉동장치에서 브라인 쿨러나 수냉각기에서 브라인이나 냉수의 유량이 감수되거나 단수되었을 때 동파의 위험이 있고, 수랭응축기에서 냉각수 유량이 단수 또는 감수되면 이상고압 원인이 되므로 이를 방지하기 위해 설치한다.
• 설치 위치
 냉수 또는 브라인 배관 입구
• 종 류
 – 수류식 릴레이
 – 차압식 릴레이
 – 단압식 릴레이
• 설치 시 주의
 – 스위치의 화살표 방향과 유체 흐름 방향이 일치하여야 한다.
 – 가동편이 흐름에 직각으로 설치되어야 한다.

46 난방방식 중 방열체가 필요 없는 것은?

① 온수난방 ② 증기난방
③ 복사난방 ④ 온풍난방

해설
온풍난방은 열원장치에서 가열한 공기를 직접 실내에 공급하여 난방하는 방식으로서 방열체가 필요 없다.

난방방식의 분류와 특징

구 분	증기난방	보통온수난방	고온수난방	복사난방	온풍난방
열 매	증 기	온 수	온 수	온 수	공 기
열매온도(℃)	100~110	40~80	110~150	40~60	50~80
방열체	방열기	방열기	방열기	바닥, 천장	–
방열량 (kcal/m²h)	650	450	600	100	–
설비비 (방열체, 배관)	소	중	소	대	소
운전비	중	중	소	중	대
사용용도	학교, 사무소	병원, 기숙사	지역난방	아파트, 유치원	개별식

47 물과 공기의 접촉면적을 크게 하기 위해 증발포를 사용하여 수분을 자연스럽게 증발시키는 가습방식은?

① 초음파식 ② 가열식
③ 원심분리식 ④ 기화식

해설
가습방식
• 기화식 : 물과 공기의 접촉면적을 크게 하기 위해 증발포를 사용하여 수분을 자연스럽게 증발시키는 가습방식
• 초음파식 : 초음파에 의해 물을 무화시키는 방식
• 가열식 : 물을 끓여 수증기를 방출하는 방식
• 원심분리식 : 원심력에 의해 물의 표면장력 이상으로 물을 회전시킴으로써 작은 입자로 만들며 소음이 큰 방식

48 송풍기의 상사법칙으로 틀린 것은?

① 송풍기의 날개 직경이 일정할 때 송풍압력은 회전수 변화의 2승에 비례한다.
② 송풍기의 날개 직경이 일정할 때 송풍동력은 회전수 변화의 3승에 비례한다.
③ 송풍기의 회전수가 일정할 때 송풍압력은 날개직경 변화의 2승에 비례한다.
④ 송풍기의 회전수가 일정할 때 송풍동력은 날개직경 변화의 3승에 비례한다.

해설
송풍기의 상사법칙

• 유량 : $Q_2 = Q_1 \times \dfrac{N_2}{N_1} \times \left(\dfrac{D_2}{D_1}\right)^3$

• 전양정 : $H_2 = H_1 \times \left(\dfrac{N_2}{N_1}\right)^2 \times \left(\dfrac{D_2}{D_1}\right)^2$

• 동력 : $P_2 = P_1 \times \left(\dfrac{N_2}{N_1}\right)^3 \times \left(\dfrac{D_2}{D_1}\right)^5$

여기서, N : 회전수(rpm)
 D : 내경(mm)

49 온풍난방에 대한 설명 중 옳은 것은?

① 설비비는 다른 난방에 비하여 고가이다.
② 예열부가 크므로 예열시간이 길다.
③ 습도 조절이 불가능하다.
④ 신선한 외기도입이 가능하여 환기가 가능하다.

해설
온풍난방의 장단점

장점	• 예열시간이 짧으며 누수 및 동결의 우려가 적다. • 시공이 간편하며 장치의 조작이 쉽다. • 증기, 온수난방에 비해 설비비가 저렴하다. • 난방부하를 조달함과 동시에 습도의 제어가 가능하다.
단점	• 실내의 상하 온도차가 커서 불쾌감을 줄 수 있다. • 버너의 연소음이 실내에 전달될 수 있다. • 덕트에 의한 공기의 감염이 우려된다. • 연도의 과열 및 화재의 우려가 있다.

50 100℃ 물의 증발잠열은 약 몇 kcal/kg인가?

① 539　　　② 600
③ 627　　　④ 700

해설
100℃ 물의 증발잠열은 539kcal/kg이다.

51 어떤 사무실 동쪽 유리면이 50m²이고 안쪽은 베니션 블라인드가 설치되어 있을 때, 동쪽 유리면에서 실내에 침입하는 냉방부하는?(단, 유리 통과율은 6.2kcal/m²·h·℃, 복사량은 512kcal/m²·h, 차폐계수는 0.56, 실내외 온도차는 10℃이다)

① 3,100kcal/h　　② 14,336kcal/h
③ 17,436kcal/h　　④ 15,886kcal/h

해설
$$냉방부하 = (K \times F \times \Delta t_m) + (q \times F \times 차폐계수)$$
$$= (6.2 \times 50 \times 10) + (512 \times 50 \times 0.56)$$
$$= 17,436 \text{kcal/h}$$

52 다음 중 제2종 환기법으로 송풍기만 설치하여 강제 급기하는 방식은?

① 병용식　　　② 압입식
③ 흡출식　　　④ 자연식

해설
기계환기 : 강제로 기계의 힘에 의하여 환기를 하는 방식
• 제1종 기계환기법(병용식) : 급기 → 송풍기, 배기 → 송풍기
• 제2종 기계환기법(압입식) : 급기 → 송풍기, 배기 → 자연
• 제3종 기계환기법(흡출식) : 급기 → 자연, 배기 → 송풍기

53 수분무식 가습장치의 종류가 아닌 것은?

① 모세관식　　② 초음파식
③ 분무식　　　④ 원심식

[해설]
가습기의 종류
- 수분무식 : 초음파식, 분무식, 원심식
- 증기식 : 전극식, 간접증기식, 전열식, 적외선식, 증기분무식
- 기화식 : 적하침투기화식
- 증발식 : 회전식, 모세관식, 적식, 에어워셔식

54 다음 장치 중 신축이음 장치의 종류로 가장 거리가 먼 것은?

① 스위블 조인트　　② 볼 조인트
③ 루프형　　　　　④ 버킷형

[해설]
신축이음의 종류
- 루프형(만곡형) : 강관 또는 동관을 굽혀서 루프상의 곡관을 만들어 그 힘에 의해서 신축을 흡수하는 방식(곡률반경은 관 지름의 6배 이상으로 함)
- 벨로스형(파상형) : 온도 변화에 의한 관의 신축을 벨로스(파형주름관)의 신축변형에 의해서 흡수시키는 방식으로 팩리스(Packless) 신축이음이라고도 함
- 슬리브형(미끄럼형) : 이음 본체와 슬리브 파이프로 구성되며 최고 압력 $10kg/cm^2$ 정도의 저압증기배관 또는 온도 변화가 심한 물, 기름, 증기 등의 배관에 사용하며 과열증기배관에는 부적합
- 스위블형(스윙형) : 스윙조인트 또는 지블이음이라고도 하며, 온수 또는 저압 증기의 분기점을 2개 이상의 엘보로 연결하여 관의 신축 시에 비틀림을 일으켜 신축을 흡수하여 주로 온수 급탕배관에 사용

55 단일 덕트 정풍량 방식에 대한 설명으로 틀린 것은?

① 실내부하가 감소될 경우에 송풍량을 줄여도 실내공기가 오염되지 않는다.
② 고성능 필터의 사용이 가능하다.
③ 기계실에 기기류가 집중 설치되므로 운전 보수관리가 용이하다.
④ 각 실이나 존의 부하변동이 서로 다른 건물에서는 온습도에 불균형이 생기기 쉽다.

[해설]
실내부하가 감소될 경우에 송풍량을 줄이면 실내공기가 오염되기 쉽다.

56 온수난방에 이용되는 밀폐형 팽창탱크에 관한 설명으로 틀린 것은?

① 공기층의 용적을 작게 할수록 압력의 변동은 감소한다.
② 개방형에 비해 용적이 크다.
③ 통상 보일러 근처에 설치되므로 동결의 염려가 없다.
④ 개방형에 비해 보수점검이 유리하고 가압실이 필요하다.

[해설]
밀폐형 팽창탱크의 작동원리
- 팽창탱크의 공기실을 미리 최저 운전압력(Pi)으로 봉입하여 처음에는 배관수가 팽창탱크 내로 유입되지 않는다.
- 배관시스템의 운전을 시작하여 온도가 상승하면, 팽창수는 팽창탱크 내로 유입되고 공기실의 체적이 감소하면서 팽창탱크의 압력은 최고운전압력까지 상승한다.
- 배관시스템의 온도가 내려가면 팽창수는 다시 수축하고, 공기실의 압력에 의해 물은 배관으로 밀려 나간다.
- 이와 함께 공기실의 체적이 늘어나면서 압력이 감소하고, 처음의 최저운전압력 상태로 돌아가게 된다.

57 온수난방의 장점이 아닌 것은?

① 관 부식은 증기난방보다 적고 수명이 길다.
② 증기난방에 비해 배관지름이 작으므로 설비비가 적게 든다.
③ 보일러 취급이 용이하고 안전하며 배관 열손실이 적다.
④ 온수 때문에 보일러의 연소를 정지해도 여열이 있어 실온이 급변하지 않는다.

해설
온수난방의 장단점

장점	• 난방부하에 따라 온도 조절이 용이하다. • 상하 온도차가 많지 않아 난방 쾌감도가 좋은 편이다. • 소음이 적고 보일러 취급이 용이하다. • 증기난방에 비해 관부식이 적다.
단점	• 예열시간이 길고, 예열부하가 크다. • 증기난방에 비해 열 수송 능력이 적다. • 혹한 시에 동파의 우려가 있다. • 방열면적과 배관경이 커지고 설비비가 많이 든다.

58 이중 덕트 변풍량 방식의 특징으로 틀린 것은?

① 각 실내의 온도제어가 용이하다.
② 설비비가 높고 에너지 손실이 크다.
③ 냉풍과 온풍을 혼합하여 공급한다.
④ 단일 덕트 방식에 비해 덕트 스페이스가 작다.

해설
이중 덕트 변풍량 방식은 단일 덕트 방식에 비해 덕트 스페이스가 크다.

59 공기에서 수분을 제거하여 습도를 낮추기 위해서는 어떻게 하여야 하는가?

① 공기의 유로 중에 가열코일을 설치한다.
② 공기의 유로 중에 공기의 노점온도보다 높은 온도의 코일을 설치한다.
③ 공기의 유로 중에 공기의 노점온도와 같은 온도의 코일을 설치한다.
④ 공기의 유로 중에 공기의 노점온도보다 낮은 온도의 코일을 설치한다.

60 공기의 냉각, 가열코일의 선정 시 유의사항에 대한 내용 중 가장 거리가 먼 것은?

① 냉각코일 내에 흐르는 물의 속도는 통상 약 1m/s 정도로 하는 것이 좋다.
② 증기코일을 통과하는 풍속은 통상 약 3~5m/s 정도로 하는 것이 좋다.
③ 냉각코일의 입출구 온도차는 통상 약 5℃ 정도로 하는 것이 좋다.
④ 공기 흐름과 물의 흐름은 평행류로 하여 전열을 증대시킨다.

2015년 제5회 과년도 기출문제

01 가스용접 작업 중 일어나기 쉬운 재해로 가장 거리가 먼 것은?

① 화 재
② 누 전
③ 가스중독
④ 가스폭발

해설
누전은 전기용접작업 중 일어나기 쉬운 재해이다.

02 냉동제조의 시설 중 안전 유지를 위한 기술기준에 관한 설명으로 틀린 것은?

① 안전밸브에 설치된 스톱밸브는 특별한 수리 등 특별한 경우 외에는 항상 열어둔다.
② 냉동설비의 설치공사가 완공되면 시운전할 때 산소가스를 사용한다.
③ 가연성 가스의 냉동설비 부근에는 작업에 필요한 양 이상의 연소물질을 두지 않는다.
④ 냉동설비의 변경공사가 완공되어 기밀시험 시공기를 사용할 때에는 미리 냉매설비 중의 가연성 가스를 방출한 후 실시한다.

해설
냉동설비의 설치공사가 완공되면 시운전할 때 질소가스를 사용한다.

03 크레인의 방호장치로서 와이어로프가 훅에서 이탈하는 것을 방지하는 장치는?

① 과부하방지장치
② 권과방지장치
③ 비상정지장치
④ 해지장치

해설
해지장치 : 와이어로프가 훅에서 이탈하는 것을 방지하는 장치

04 일반적인 컨베이어의 안전장치로 가장 거리가 먼 것은?

① 역회전방지장치
② 비상정지장치
③ 과속방지장치
④ 이탈방지장치

해설
컨베이어의 안전장치
- 비상정지장치(급정지 장치)
- 덮개 및 울 설치 : 화물의 낙하 위험방지
- 이탈방지장치 : 브레이크
- 역전방지장치 : 역주행방지

05 위험물 취급 및 저장 시의 안전조치 사항 중 틀린 것은?

① 위험물은 작업장과 별도의 장소에 보관하여야 한다.
② 위험물을 취급하는 작업장에는 너비 0.3m 이상, 높이 2m 이상의 비상구를 설치하여야 한다.
③ 작업장 내부에는 위험물을 작업에 필요한 양만큼만 두어야 한다.
④ 위험물을 취급하는 작업장의 비상구 문은 피난 방향으로 열리도록 한다.

해설
비상구의 너비는 0.75m 이상, 높이는 1.5m 이상으로 설치하여야 한다.

06 드릴 작업 중 유의할 사항으로 틀린 것은?

① 작은 공작물이라도 바이스나 크랩을 사용하여 장착한다.
② 드릴이나 소켓을 척에서 해체시킬 때에는 해머를 사용한다.
③ 가공 중 드릴 절삭 부분에 이상음이 들리면 작업을 중지하고 드릴 날을 바꾼다.
④ 드릴의 탈착은 회전이 완전히 멈춘 후에 한다.

해설
드릴 작업 시 주의사항
- 이송레버를 파이프에 걸고 무리하게 돌리지 않는다.
- 가공 중 드릴 절삭 부분에 이상음이 들리면 작업을 중지하고 드릴을 바꾼다.
- 드릴의 탈착은 회전이 멈춘 후에 한다.
- 드릴이나 소켓을 척에서 해체시킬 때에는 드릴뽑개를 사용하며 해머 등으로 두들겨 뽑지 않도록 한다.
- 드릴 작업 중 칩의 제거는 회전을 중지시킨 후 솔로 실시한다.

07 다음 중 용융온도가 비교적 높아 전기 기구에 사용하는 퓨즈(Fuse)의 재료로 가장 부적당한 것은?

① 납
② 주 석
③ 아 연
④ 구 리

해설
구리는 용융온도가 높기 때문에 퓨즈의 재료로 사용할 수 없다.

08 암모니아의 누설 검지 방법이 아닌 것은?

① 심한 자극성 냄새를 가지고 있으므로, 냄새로 확인이 가능하다.
② 적색 리트머스 시험지에 물을 적셔 누설 부위에 가까이 하면 누설 시 청색으로 변한다.
③ 백색 페놀프탈레인 용지에 물을 적셔 누설 부위에 가까이 하면 누설 시 적색으로 변한다.
④ 황을 묻힌 심지에 불을 붙여 누설 부위에 가져가면 누설 시 홍색으로 변한다.

해설
암모니아의 누설검지
- 냄새로 알 수 있다.
- 적색 리트머스 시험지가 청색으로 변한다.
- 유황초에 불을 붙여 누설 개소에 대면 백색 연기가 발생한다.
- 페놀프탈레인 시험지를 물에 적셔 누설 개소에 대면 홍색으로 변한다.
- 물 또는 브라인에 암모니아가 누설될 때는 물이나 브라인을 조금 떠서 네슬러시약 용액을 투입하면 소량 누설 시 황색, 다량 누설 시 자색으로 변한다.

09 산업안전보건법의 제정목적과 가장 거리가 먼 것은?

① 산업재해 예방
② 쾌적한 작업환경 조성
③ 산업안전에 관한 정책 수립
④ 노무를 제공하는 자의 안전과 보건을 유지·증진

해설
산업안전보건법의 목적
산업안전 및 보건에 관한 기준을 확립하고 그 책임의 소재를 명확하게 하여 산업재해를 예방하고 쾌적한 작업환경을 조성함으로써 노무를 제공하는 자의 안전 및 보건을 유지·증진함을 목적으로 한다.

10 다음 중 압축기가 시동되지 않는 이유로 가장 거리가 먼 것은?

① 전압이 너무 낮다.
② 오버로드가 작동하였다.
③ 유압보호 스위치가 리셋되어 있지 않다.
④ 온도조절기 감온통의 가스가 빠져 있다.

11 가스용접법의 특징으로 틀린 것은?

① 응용 범위가 넓다.
② 아크용접에 비해 불꽃의 온도가 높다.
③ 아크용접에 비해 유해 광선의 발생이 적다.
④ 열량 조절이 비교적 자유로워 박판용접에 적당하다.

해설
가스용접법은 아크용접에 비해 불꽃의 온도가 낮다.

12 전기용접 작업 시 전격에 의한 사고를 예방할 수 있는 사항으로 틀린 것은?

① 절연 홀더의 절열 부분이 파손되었으면 바로 보수하거나 교체한다.
② 용접봉의 심선은 손에 접촉되지 않게 한다.
③ 용접용 케이블은 2차 접속단자에 접촉한다.
④ 용접기는 무부하 전압이 필요 이상 높지 않은 것을 사용한다.

해설
용접용 케이블은 용접기와 전원, 용접기와 피용접물을 접속하는 전선을 말한다.

13 산소용접 중 역화현상이 일어났을 때 조치방법으로 가장 적합한 것은?

① 아세틸렌 밸브를 즉시 닫는다.
② 토치 속의 공기를 배출한다.
③ 아세틸렌 압력을 높인다.
④ 산소압력을 용접조건에 맞춘다.

해설
산소용접 중 역화 시 산소 및 아세틸렌 밸브를 모두 닫는다.

14 안전장치의 취급에 관한 사항으로 틀린 것은?

① 안전장치는 반드시 작업 전에 점검한다.
② 안전장치는 구조상의 결함 유무를 항상 점검한다.
③ 안전장치가 불량할 때에는 즉시 수정한 다음 작업한다.
④ 안전장치는 작업 형편상 부득이한 경우에는 일시 제거해도 좋다.

해설
안전장치는 작업 형편상 부득이한 경우에도 절대로 제거해서는 안 된다.

15 줄 작업 시 안전관리 사항으로 틀린 것은?

① 칩은 브러시로 제거한다.
② 줄의 균열 유무를 확인한다.
③ 손잡이가 줄에 튼튼하게 고정되어 있는가 확인한 다음에 사용한다.
④ 줄 작업의 높이는 작업자의 어깨 높이로 하는 것이 좋다.

해설
줄 작업의 높이는 작업자의 팔꿈치 높이로 하거나 조금 낮춘다.

16 2단 압축 2단 팽창 냉동사이클을 몰리에르 선도에 표시한 것이다. 각 상태에 대해 옳게 연결한 것은?

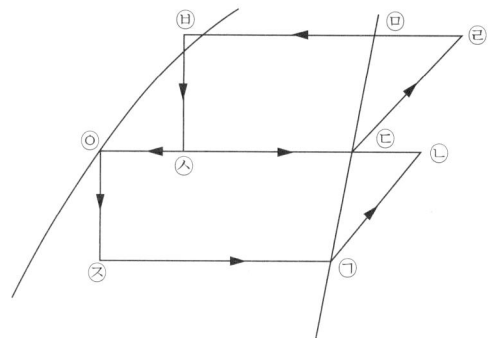

① 중간냉각기의 냉동효과 : ㉢-㉦
② 증발기의 냉동효과 : ㉡-㉨
③ 팽창 밸브 통과 직후의 냉매위치 : ㉤, ㉥
④ 응축기의 방출열량 : ㉧-㉡

해설
• 증발기에서 증발한 냉매증기 ㉠은 저단압축기에 흡입된 후 중간압력까지 압축되어 ㉡의 상태가 된다.
• ㉡ 상태의 과열 냉매증기는 중간냉각기(Inter-cooler)로 들어간다.
• 중간냉각기에는 응축기 출구 고압액 ㉤의 전부(2단 압축 1단 팽창에서는 → 일부)를 제1팽창밸브에서 중간압력까지 감압하여 공급한다.
• 중간냉각기의 역할
 - 저단측 압축기 토출가스 ㉡를 중간압력에 상응하는 포화온도 ㉢까지 냉각시킨다.
 - 증발기에 공급되는 고압액을 과냉각시켜 냉동효과를 증대시킨다.
• ㉢까지 냉각된 저단측 토출가스 + 제1팽창밸브에서 발생한 플래시 가스 + 중간냉각기에서 증발한 냉매증기를 고단측 압축기에 흡입, 압축되어 ㉣ 상태가 된다.
• ㉣ 상태의 고온고압의 냉매증기는 응축기에서 응축되어 다시 고압액이 된다.

17 다음 중 플랜지 패킹류가 아닌 것은?

① 석면 조인트 시트
② 고무 패킹
③ 그랜드 패킹
④ 합성수지 패킹

해설
패킹재 종류
- 플랜지 패킹 : 고무 패킹, 네오프렌(합성고무), 석면 조인트 패킹, 합성수지 패킹, 오일실 패킹, 금속 패킹
- 나사용 패킹 : 페인트, 일산화납, 액상 합성수지
- 그랜드 패킹 : 석면 각형 패킹, 석면 얀 패킹, 아마존 패킹, 몰드 패킹

18 브라인 부식방지처리에 관한 설명으로 틀린 것은?

① 공기와 접촉하면 부식성이 증대하므로 가능한 한 공기와 접촉하지 않도록 한다.
② $CaCl_2$ 브라인 1L에는 중크롬산소다 1.6g을 첨가하고, 중크롬산소다 100g마다 가성소다 27g의 비율로 혼합한다.
③ 브라인은 산성을 띠게 되면 부식성이 커지므로 pH 7.5~8.2 정도로 유지되도록 한다.
④ NaCl 브라인 1L에 대하여 중크롬산소다 0.9g을 첨가하고, 중크롬산소다 100g마다 가성소다 1.3g씩 첨가한다.

해설
부식을 방지하기 위해 NaCl 브라인 1L당 중크롬산소다 3.2g을 첨가하고, 중크롬산소다 100g당 가성소다 27g씩 첨가한다.

19 냉동기유에 대한 설명으로 옳은 것은?

① 암모니아는 냉동기유에 쉽게 용해되어 윤활 불량의 원인이 된다.
② 냉동기유는 저온에서 쉽게 응고되지 않고 고온에서 쉽게 탄화되지 않아야 한다.
③ 냉동기유의 탄화현상은 일반적으로 암모니아보다 프레온 냉동장치에서 자주 발생한다.
④ 냉동기유는 증발하기 쉽고, 열전도율 및 점도가 커야 한다.

해설
윤활유의 구비 조건
- 응고점이 낮고 인화점이 높을 것
- 점도가 알맞고 변질되지 않을 것
- 수분이 포함되지 않고 불순물이 없으며 전기적인 절연내력이 클 것
- 저온에서 왁스(Wax) 분리가 되지 않으며 냉매가스 흡수가 적을 것
- 냉매가스가 흡수하여도 용적 증기가 적을 것
- 장기 휴지 중 방청능력이 있을 것이며, 오일 포밍에 소포성이 있을 것

20 NH_3 냉매를 사용하는 냉동장치에서 일반적으로 압축기를 수랭식으로 냉각하는 주된 이유는?

① 냉매의 응축압력이 낮기 때문에
② 냉매의 증발압력이 낮기 때문에
③ 냉매의 비열비값이 크기 때문에
④ 냉매의 임계점이 높기 때문에

해설
압축기를 수랭식으로 냉각하는 주된 이유 : 냉매의 비열비값이 크기 때문에

21 다음 냉동장치에 대한 설명 중 옳은 것은?

① 고압차단스위치는 조정 설정 압력보다 벨로스에 가해진 압력이 낮을 때 접점이 떨어지는 장치이다.
② 온도식 자동 팽창 밸브의 감온통은 증발기의 입구 측에 붙인다.
③ 가용전은 프레온 냉동장치의 응축기나 수액기 등을 보호하기 위하여 사용된다.
④ 과열판은 암모니아 왕복동 냉동장치에만 사용된다.

해설
가용전
- 프레온 장치의 수액기, 응축기 등에 사용한다.
- 용융점은 냉동기에서 68~75℃ 이하로 한다.
- 구성 성분은 주석(Sn), 카드뮴(Cd), 비스무트(Bi), 납(Pb), 안티몬(Sb)으로 되어 있다.
- 토출가스의 영향을 직접 받지 않는 곳에 설치해야 한다.

22 액백(Liquid Back)의 원인으로 가장 거리가 먼 것은?

① 팽창 밸브의 개도가 너무 클 때
② 냉매가 과충전되었을 때
③ 액분리기가 불량일 때
④ 증발기 용량이 너무 클 때

해설
액백(Liquid Back)
- 액백이란 압축기 흡입가스 중에 액이 남아 있는 것을 말하며, 흡입가스 중에 액이 남아 있으면 냉동사이클의 효율이 저하되고, 액백이 심해지면 액압축의 위험이 있다.
- 액백이 일어나면 흡입관에서 실린더까지 적상이 일어난다.
- 액백의 원인
  - 증발기에서의 냉동부하의 급격한 감소
  - 팽창 밸브의 고장에 의한 밸브 개도의 증대 등으로 냉매유량 증가
  - 겨울철 외기온도가 낮고, 냉동장치 정지 중 압축기의 흡입관 내에 냉매가스가 응축하여 액상으로 고였다가 압축기 기동 시 액이 흡입
- 액백 방지법
  - 냉동부하에 비해 과다한 능력의 압축기를 사용하지 않는다.
  - 냉매액을 과잉 공급하지 않는다.
  - 증발기의 냉동부하를 급격하게 변화시키지 않는다.
  - 압축기에 가까이 있는 흡입관의 액고임을 없앤다.
  - 액분리기(Accumulator)를 설치한다.

23 압축비에 대한 설명으로 옳은 것은?

① 압축비는 고압 압력계가 나타내는 압력을 저압 압력계가 나타내는 압력으로 나눈 값에 1을 더한 값이다.
② 흡입압력이 동일할 때 압축비가 클수록 토출가스 온도는 저하된다.
③ 압축비가 작아지면 소요 동력이 증가한다.
④ 응축압력이 동일할 때 압축비가 커지면 냉동능력이 감소한다.

24 다음 표의 괄호 안에 들어갈 말로 옳은 것은?

> 압축기의 체적효율은 격간(Clearance)의 증대에 의하여 (가)하며, 압축비가 클수록 (나)하게 된다.

① 가 : 감소, 나 : 감소
② 가 : 증가, 나 : 감소
③ 가 : 감소, 나 : 증가
④ 가 : 증가, 나 : 증가

해설
압축기의 체적효율은 격간(Clearance)의 증대에 의하여 감소하며, 압축비가 클수록 감소한다.

25 프레온 냉매(할로겐화 탄화수소)의 호칭기호 결정과 관계 없는 성분은?

① 수소
② 탄소
③ 산소
④ 불소

해설
프레온 냉매의 호칭기호 : 탄소, 수소, 불소(플루오린), 염소

26 수랭식 응축기의 능력은 냉각수 온도와 냉각수량에 의해 결정이 되는데, 응축기의 응축능력을 증대시키는 방법으로 가장 거리가 먼 것은?

① 냉각수량을 줄인다.
② 냉각수의 온도를 낮춘다.
③ 응축기의 냉각관을 세척한다.
④ 냉각수 유속을 적절히 조절한다.

해설
냉각수량을 줄이면 오히려 응축기의 능력이 떨어진다.

27 탄성이 부족하여 석면, 고무, 금속 등과 조합하여 사용되며, 내열범위는 −260~260℃ 정도로 기름에 침식되지 않는 패킹은?

① 고무 패킹
② 석면조인트 시트
③ 합성수지 패킹
④ 오일실 패킹

해설
패킹의 특징
- 합성수지 패킹 : 탄성이 부족하여 석면, 고무, 금속 등과 조합하여 사용되며 내열범위는 −260~260℃ 정도로 기름에 침식되지 않는다.
- 고무패킹 : 탄성이 우수하고 흡수성이 없다.
- 석면조인트 시트 : 광물질의 미세한 섬유로 450℃까지의 고온배관에도 사용된다.
- 오일실 패킹 : 한지를 일정한 두께로 겹쳐서 내유가공한 것으로 내열도는 낮으나 펌프, 기어박스 등에 사용한다.

28 다음 설명 중 옳은 것은?

① 1kW는 760kcal/h이다.
② 증발열, 응축열, 승화열은 잠열이다.
③ 1kg의 얼음의 용해열은 860kcal이다.
④ 상대습도란 포화증기를 증기압으로 나눈 것이다.

해설
① 1kW는 860kcal/h이다.
③ 1kg의 얼음의 용해열은 80kcal이다.
④ 상대습도란 기체의 수증기압을 기체의 온도에 따른 포화수증기압으로 나눈 것이다.

29 왕복동식 냉동기와 비교하여 터보식 냉동기의 특징으로 옳은 것은?

① 회전수가 매우 빠르므로 동작 밸런스를 잡기 어렵고 진동이 크다.
② 일반적으로 고압 냉매를 사용하므로 취급이 어렵다.
③ 소용량의 냉동기에 적용하기에는 경제적이지 못하다.
④ 저온장치에서도 압축단수가 적어지므로 사용도가 넓다.

해설
터보식 냉동기의 특징
• 소용량의 냉동기에는 한계가 있고 생산가가 비싸다.
• 고장이 적고 보수가 용이하며 수명이 길다.

30 왕복 압축기에서 이론적 피스톤 압출량(m³/h)의 산출식으로 옳은 것은?(단, 기통수 N, 실린더 내경 D(m), 회전수 R(rpm), 피스톤행정 L(m)이다)

① $V = D \cdot L \cdot R \cdot N \cdot 60$
② $V = \frac{\pi}{4} D \cdot L \cdot R \cdot N$
③ $V = \frac{\pi}{4} D \cdot L \cdot R \cdot N \cdot 60$
④ $V = \frac{\pi}{4} D^2 \cdot L \cdot N \cdot R \cdot 60$

31 10A의 전류를 5분간 도체에 흘렸을 때 도선 단면을 지나는 전기량은?

① 3C
② 50C
③ 3,000C
④ 5,000C

해설
전기량(Q)
$Q = I \times t = 10A \times 5\min \times \frac{60\sec}{1\min} = 3,000C$

여기서, I : 전류
  t : 시간

32 다음 중 압력 자동 급수밸브의 주된 역할은?

① 냉각수온을 제어한다.
② 증발온도를 제어한다.
③ 과열도 유지를 위해 증발압력을 제어한다.
④ 부하변동에 대응하여 냉각수량을 제어한다.

해설
압력 자동 급수밸브의 주된 역할은 부하변동에 대응하여 냉각수량을 제어한다.

정답 29 ③ 30 ④ 31 ③ 32 ④

33 실제 증기압축 냉동사이클에 관한 설명으로 틀린 것은?

① 실제 냉동사이클은 이론 냉동사이클보다 열손실이 크다.
② 압축기를 제외한 시스템의 모든 부분에서 냉매배관의 마찰저항 때문에 냉매유동의 압력 강하가 존재한다.
③ 실제 냉동사이클의 압축과정에서 소요되는 일량은 이론 냉동사이클보다 감소하게 된다.
④ 사이클의 작동유체는 순수물질이 아니라 냉매와 오일의 혼합물로 구성되어 있다.

해설
실제 냉동사이클의 압축과정에서 소요되는 일량은 이론 냉동사이클보다 증가한다.

34 혼합원료를 일정량씩 동결시키도록 하는 장치인 배치(Batch)식 동결장치의 종류로 가장 거리가 먼 것은?

① 수평형
② 수직형
③ 연속형
④ 브라인식

해설
배치(Batch)식 동결장치의 종류 : 수평형, 수직형, 브라인식

35 유기질 보온재인 코르크에 대한 설명으로 틀린 것은?

① 액체, 기체의 침투를 방지하는 작용을 한다.
② 입상(粒狀), 판상(版狀) 및 원통 등으로 가공되어 있다.
③ 굽힘성이 좋아 곡면시공에 사용해도 균열이 생기지 않는다.
④ 냉수·냉매배관, 냉각기, 펌프 등의 보랭용에 사용된다.

해설
코르크는 곡면시공 시 균열이 생기기 쉽다.

36 가열원이 필요하며 압축기가 필요 없는 냉동기는?

① 터보냉동기
② 흡수식 냉동기
③ 회전식 냉동기
④ 왕복동식 냉동기

해설
흡수식에서는 화학적 에너지를 이용하는 것이 아니라 물리적인 원리, 즉 흡습·분리에 의해 냉매를 순환시키는 과정이다.

37 1냉동톤(한국 RT)이란?

① 65kcal/min
② 1.92kcal/sec
③ 3,320kcal/hr
④ 55,680kcal/day

해설
1냉동톤
- 한국 : 3,320kcal/hr
- 미국 : 3,024kcal/hr

38 다음 그림에서 고압 액관은 어느 부분인가?

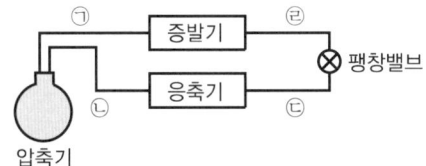

① ㉠
② ㉡
③ ㉢
④ ㉣

해설
- ㉠ : 저압증기
- ㉡ : 고압증기
- ㉢ : 고압액
- ㉣ : 저압액

39 열펌프(Heat Pump)의 구성요소가 아닌 것은?

① 압축기
② 열교환기
③ 4방 밸브
④ 보조 냉방기

해설
열펌프
열이 자연적으로 흘러가는 방향의 반대 방향으로 열을 흐르게 하는 장치나 기계를 열펌프라고 하고 냉장고, 에어컨, 난방기, 냉동기 등이 있다. 열펌프는 열기관과는 다르게 외부에 일을 하는 것이 아니라 외부로부터 일을 받아서 저열원의 열을 고열원으로 내보내는 장치이며, 위에서 나온 에어컨은 열펌프의 대표적인 예이다. 이 열펌프 역시 에너지 보존법칙이 성립하는데, '내보낸 열 = 들어온 열 + 들어온 일'이다.

40 피스톤링이 과대 마모되었을 때 일어나는 현상으로 옳은 것은?

① 실린더 냉각
② 냉동능력 상승
③ 체적효율 감소
④ 크랭크케이스 내 압력 감소

해설
피스톤링이 과대 마모되면 체적효율이 감소한다.

41 저항이 50Ω인 도체에 100V의 전압을 가할 때 그 도체에 흐르는 전류는?

① 0.5A ② 2A
③ 5A   ④ 5,000A

해설
$I = \dfrac{V}{R} = \dfrac{100V}{50Ω} = 2A$

42 다음 그림과 같은 건조 증기 압축 냉동사이클의 성적계수는?(단, 엔탈피 A = 133.8kcal/kg, B = 397.1kcal/kg, C = 452.2kcal/kg이다)

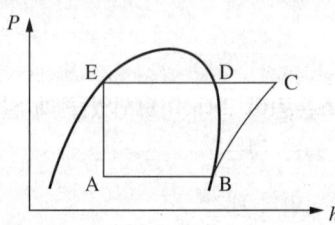

① 5.37 ② 5.11
③ 4.78 ④ 3.83

해설
성적계수(COP) $= \dfrac{q}{A_w} = \dfrac{397.1 - 133.8}{452.2 - 397.1} = 4.78$

43 다음 설명 중 옳은 것은?

① 냉각탑의 입구수온은 출구수온보다 낮다.
② 응축기 냉각수 출구온도는 입구온도보다 낮다.
③ 응축기에서의 방출열량은 증발기에서 흡수하는 열량과 같다.
④ 증발기의 흡수열량은 응축열량에서 압축일량을 뺀 값과 같다.

해설
압축기의 일량 = 응축기 발열량 – 증발기의 흡수열량

44 동관접합 중 동관의 끝을 넓혀 압축이음쇠로 접합하는 접합방법을 무엇이라고 표현하는가?

① 플랜지 접합
② 플레어 접합
③ 플라스턴 접합
④ 빅토리 접합

정답 41 ② 42 ③ 43 ④ 44 ②

45 다음 중 모세관의 압력 강하가 가장 큰 것은?

① 직경이 작고 길이가 길수록
② 직경이 크고 길이가 짧을수록
③ 직경이 작고 길이가 짧을수록
④ 직경이 크고 길이가 길수록

해설
모세관의 압력 강하는 직경이 작고 길이가 길수록 크다.

46 난방 설비에 대한 설명으로 옳은 것은?

① 상향 공급식이란 송수주관보다 방열기가 낮을 때 상향 분기한 배관이다.
② 배관방법 중 복관식은 증기관과 응축수관이 동일관으로 사용되는 것이다.
③ 리프트 이음은 진공펌프에 의해 응축수를 원활히 끌어올리기 위해 펌프 입구쪽에 설치한다.
④ 하트포트 접속은 고압증기 난방의 증기관과 환수관 사이에 저수위 사고를 방지하기 위한 균형관을 포함한 배관방법이다.

해설
① 상향 공급식이란 송수주관보다 방열기가 높을 때 상향 분기한 배관이다.
② 배관방법 중 단관식은 증기관과 응축수관이 동일관으로 사용되는 것이다.
④ 하트포트 접속법은 증기관과 환수관 사이에 균형관을 접속하여 환수관 누설로 인하여 보일러 수위가 파괴되는 것을 방지한다.

47 온풍난방기 설치 시 유의사항으로 틀린 것은?

① 기기 점검, 수리에 필요한 공간을 확보한다.
② 인화성 물질을 취급하는 실내에는 설치하지 않는다.
③ 실내의 공기온도 분포를 좋게 하기 위하여 창의 위치 등을 고려하여 설치한다.
④ 배기통식 온풍난방기를 설치하는 실내에는 바닥 가까이에 환기구, 천장 가까이에는 연소공기 흡입구를 설치한다.

해설
배기통식 온풍난방기를 설치하는 실내에는 바닥 가까이에 흡입구, 천장 가까이에는 연소공기 환기구를 설치한다.

48 드럼 없이 수관만으로 되어 있으며, 가동시간이 짧고 과열되어 파손되어도 비교적 안전한 보일러는?

① 주철제 보일러
② 관류 보일러
③ 원통형 보일러
④ 노통연관식 보일러

정답 45 ① 46 ③ 47 ④ 48 ②

49 공조용 전열교환기에 관한 설명으로 옳은 것은?

① 배열회수에 이용하는 배기는 탕비실, 주방 등을 포함한 모든 공간의 배기를 포함한다.
② 회전형 전열교환기의 로터 구동 모터와 급배기 팬은 반드시 연동 운전할 필요가 없다.
③ 중간기 외기냉방을 행하는 공조시스템의 경우에도 별도의 덕트 없이 이용할 수 있다.
④ 외기량과 배기량의 밸런스를 조정할 때 배기량은 외기량의 40% 이상을 확보해야 한다.

[해설]
공조용 전열교환기에서 외기량과 배기량의 밸런스를 조정할 때 배기량은 외기량의 40% 이상을 확보해야 한다.

50 표준 대기압 상태에서 100℃의 포화수 2kg을 100℃의 건포화증기로 만드는 데 필요한 열량은?

① 3,320kcal ② 2,435kcal
③ 1,078kcal ④ 539kcal

[해설]
$Q = G \times \gamma = 2\text{kg} \times 539 \dfrac{\text{kcal}}{\text{kg}} = 1,078\text{kcal}$

51 공기조화용 덕트 부속기기의 댐퍼 중 주로 소형 덕트의 개폐용으로 사용되며, 구조가 간단하고 완전히 닫았을 때 공기의 누설이 적으나 운전 중 개폐 조작에 큰 힘을 필요로 하며 날개가 중간 정도 열렸을 때 와류가 생겨 유량 조절용으로 부적당한 댐퍼는?

① 버터플라이 댐퍼   ② 평행익형 댐퍼
③ 대향익형 댐퍼   ④ 스플릿 댐퍼

[해설]
• 풍량 조절용 댐퍼(V.D ; Volume Damper) : 통과 풍량 조절, 폐쇄용으로 사용
• 버터플라이 댐퍼(Butterfly Damper) : 소형 덕트용
• 루버 댐퍼 : 대형 덕트, 공조기의 풍량 조절용(평형날개형, 대향날개형)
• 베인 댐퍼 : 송풍기의 흡입구 설치용

52 일정 풍량을 이용한 전공기 방식으로 부하변동의 대응이 어려워 정밀한 온습도를 요구하지 않는 극장, 공장 등의 대규모 공간에 적합한 공기 조화 방식은?

① 정풍량 단일 덕트 방식
② 정풍량 2중 덕트 방식
③ 변풍량 단일 덕트 방식
④ 변풍량 2중 덕트 방식

[해설]
정풍량 단일 덕트 방식
건물 내 장소에 따라 부하변동의 상황이 달라질 경우 구역 구분을 통해 구역마다 공조기를 설치하여 부하처리를 하는 방식

53 1차 공조기로부터 보내 온 고속공기가 노즐 속을 통과할 때의 유인력에 의하여 2차 공기를 유인하여 냉각 또는 가열하는 방식은?

① 패키지 유닛방식   ② 유인유닛방식
③ 팬코일 유닛방식   ④ 바이패스방식

해설
유인유닛(IDU ; Induction Unit)방식은 저온공조시스템에서 주로 사용되는데, 중앙공조기로부터 공급되는 저온·고압의 1차 공기를 노즐을 통해 불어냄으로써, 실내공기를 유인·혼합시켜서 실내로 송풍하는 방식(전공기 방식)이다.

54 건축물의 벽이나 지붕을 통하여 실내로 침입하는 열량을 계산할 때 필요한 요소로 가장 거리가 먼 것은?

① 구조체의 면적
② 구조체의 열관류율
③ 상당외기 온도차
④ 차폐계수

해설
차폐계수 : 햇빛이 유리면에 침입하는 열량을 계산할 때 사용하는 계수로서, 햇빛 가리기의 형식이나 유리의 색에 따라 달라진다.

55 송풍기의 종류 중 전곡형과 후곡형 날개 형태가 있으며 다익 송풍기, 터보 송풍기 등으로 분류되는 송풍기는?

① 원심 송풍기
② 축류 송풍기
③ 사류 송풍기
④ 관류 송풍기

해설
원심 송풍기는 공기가 임펠러의 반경반향으로 이송되면서 공기량과 압력을 발생시키는 송풍기로써 임펠러깃의 형상과 설치각도에 따라 특성이 변한다.

56 실내의 현열부하가 52,000kcal/h이고, 잠열부하가 25,000kcal/h일 때 현열비(SHF)는?

① 0.72   ② 0.68
③ 0.38   ④ 0.25

해설
현열비(SHF ; Sensible Heat Factor, 감열비)
전열량에 대한 현열량의 비로서 실내로 송출되는 공기의 상태를 나타낸다.
$$SHF = \frac{q_s}{q_s + q_L} = \frac{52,000}{52,000 + 25,000} = 0.68$$
여기서, q_s : 현열량
q_L : 잠열량

57 개별공조방식의 특징에 관한 설명으로 틀린 것은?

① 설치 및 철거가 간편하다.
② 개별제어가 어렵다.
③ 히트 펌프식은 냉난방을 겸할 수 있다.
④ 실내 유닛이 분리되어 있지 않는 경우는 소음과 진동이 있다.

해설
개별공조방식은 개별제어가 쉽다.

58 다음 설명 중 틀린 것은?

① 지구상에 존재하는 모든 공기는 건조공기로 취급된다.
② 공기 중에 수증기가 많이 함유될수록 상대습도는 높아진다.
③ 지구상의 공기는 질소, 산소, 아르곤, 이산화탄소 등으로 이루어졌다.
④ 공기 중에 함유될 수 있는 수증기의 한계는 온도에 따라 달라진다.

해설
지구상에 존재하는 모든 공기는 습공기로 취급된다.

59 공조용 취출구 종류 중 원형 또는 원추형 팬을 매달아 여기에 토출기류를 부딪치게 하여 천장면을 따라서 수평방향으로 공기를 취출하는 것으로 유인비 및 소음 발생이 적은 것은?

① 팬형 취출구
② 웨이형 취출구
③ 라인형 취출구
④ 아네모스탯형 취출구

해설
취출구 종류별 특징
- 팬형 : 유인 성능은 아네모스탯(Anemostat)형에 비해 떨어지나 도달거리는 길다.
- 라인형 : 취출구 폭이 큰 것은 슬롯형과 같이 도달거리를 크게 잡을 수 있어 천장이 높은 곳의 취출구로 적합하다. 페리미터 존, 엘리베이터 홀, 입구 홀 등에 많이 사용된다.
- 아네모스탯형 : 다수의 원형 또는 각형의 콘(Cone)을 덕트 개구단에 붙여서 천장 부근의 실내공기를 유인하여 취출기류가 충분하게 확산된다. 취출구 중 가장 큰 유인 성능을 가지고 있으며 취출기류 또는 유인된 실내공기 중의 먼지에 의한 취출구 주변의 오염(Smudging)을 방지하기 위한 링(Ring)이 부착되어 있으며 원형, 각형, 장방형 등이 있다.
- 그릴형 : 그릴형은 풍량 조절이 불가능하여 저속의 환기용 취출구나 흡입구에 사용한다.
- 웨이(Way)형 : 날개의 모양 변경으로 1방향 기류분포에서부터 4방향으로 다양한 기류를 얻을 수 있으므로 시스템 천장용에 사용된다.

60 다음 내용의 ( ) 안에 들어갈 용어로서 모두 옳은 것은?

송풍기 송풍량은 (㉮)이나 기기취득부하에 의해 구해지며, (㉯)는(은) 이들 열부하 외에 외기부하나 재열부하를 합해서 얻어진다.

① ㉮ 실내취득열량   ㉯ 냉동기용량
② ㉮ 냉각탑방출열량 ㉯ 배관부하
③ ㉮ 실내취득열량   ㉯ 냉각코일용량
④ ㉮ 냉각탑방출열량 ㉯ 송풍기부하

해설
송풍기 송풍량은 실내취득열량이나 기기취득부하에 의해 구해지며, 냉각코일용량은 이들 열부하 외에 외기부하나 재열부하를 합해서 얻어진다.

2016년 제1회 과년도 기출문제

01 최신 자동화 설비는 능률적인 만큼 재해를 일으키는 위험성도 그만큼 높아지는 게 사실이다. 자동화 설비를 구입, 사용하고자 할 때 검토해야 할 사항으로 가장 거리가 먼 것은?

① 단락 또는 스위치나 릴레이 고장 시 오동작
② 밸브 계통의 고장에 따른 오동작
③ 전압 강하 및 정전에 따른 오동작
④ 운전 미숙으로 인한 기계설비의 오동작

해설
운전 미숙으로 인한 기계설비의 오동작은 수동화 설비에서 검토해야 할 사항이다.

02 안전관리의 목적으로 가장 적합한 것은?

① 사회적 안정을 기하기 위하여
② 우수한 물건을 생산하기 위하여
③ 최고 경영자의 경영관리를 위하여
④ 생산성 향상과 생산원가를 낮추기 위하여

해설
안전관리란 인간생활의 복지 향상을 위하여 재해로부터 인간의 생명과 재산을 보호하기 위한 계획적이고 체계적인 제반활동을 의미하며, 주목적은 근로자의 안전과 능률을 향상시키는 것이다.

03 다음 기계작업 중 반드시 운전을 정지하고 해야 할 작업의 종류가 아닌 것은?

① 공작기계 정비작업
② 냉동기 누설검사작업
③ 기계의 날 부분 청소작업
④ 원심기에서 내용물을 꺼내는 작업

해설
냉동기 누설검사작업은 운전 중에 실시한다.

04 산업재해 예방을 위한 필요한 사항을 지켜야 하며, 사업주나 그 밖의 관련 단체에서 실시하는 산업재해 방지에 관한 조치를 따라야 하는 의무자는?

① 근로자
② 관리감독자
③ 안전관리자
④ 안전보건관리책임자

정답 1 ④ 2 ④ 3 ② 4 ①

05 가스용접 장치에서 산소와 아세틸렌가스를 혼합·분출시켜 연소시키는 장치는?

① 토 치
② 안전기
③ 안전 밸브
④ 압력 조정기

07 신규 검사에 합격된 냉동용 특정 설비의 각인 사항과 그 기호의 연결이 올바르게 된 것은?

① 내용적 : TV
② 용기의 질량 : TM
③ 최고 사용압력 : FT
④ 내압 시험압력 : TP

해설
① 내용적 : V
② 용기의 질량 : W
③ 최고 사용압력 : DP

06 다음 중 보일러에서 점화 전에 운전원이 점검·확인하여야 할 사항은?

① 증기압력관리
② 집진장치의 매진처리
③ 노 내 여열로 인한 압력 상승
④ 연소실 내 잔류가스 측정

해설
보일러 점화 전 점검사항
- 수면계의 수위를 확인한다(수면계의 기능을 확인한다).
- 압력계의 기능을 점검한다(압력계의 지침이 0에 있는지 확인한다).
- 수저분출장치의 콕 및 밸브의 기능과 누수 유무를 확인한다.
- 연료계통 및 급수계통을 점검한다.
- 댐퍼를 만개하고, 노 내를 충분히 환기시킨다.

08 휘발유 등 화기의 취급을 주의해야 하는 물질이 있는 장소에 설치하는 인화성 물질 경고표지의 바탕은 무슨 색으로 표시하는가?

① 흰 색
② 노란색
③ 적 색
④ 흑 색

09 프레온 누설 검지에는 헬라이드(Halide) 토치를 이용한다. 이때, 프레온 냉매의 누설량에 따른 불꽃의 색깔 변화로 옳은 것은?(단, '정상' – '소량 누설' – '다량 누설' 순으로 한다)

① 청색 – 녹색 – 자색
② 자색 – 녹색 – 청색
③ 청색 – 자색 – 녹색
④ 자색 – 청색 – 녹색

해설
헬라이드 토치 사용(연료 : 아세틸렌, 알코올, 프로판, 부탄)
- 누설이 없을 때 : 청색
- 소량 누설 시 : 녹색
- 다량 누설 시 : 자색
- 과량 누설 시 : 꺼짐

10 기계 운전 시 기본적인 안전수칙에 대한 설명으로 틀린 것은?

① 작업 중에는 작업 범위 외의 어떤 기계도 사용할 수 있다.
② 방호장치는 허가 없이 무단으로 떼어놓지 않는다.
③ 기계 운전 중에는 기계에서 함부로 이탈할 수 없다.
④ 기계 고장 시는 정지, 고장 표시를 반드시 기계에 부착해야 한다.

해설
작업 중에는 작업 범위에 적당한 기계를 사용해야 한다.

11 양중기의 종류 중 동력을 사용하여 중량물을 매달아 상하 및 좌우로 운반하는 기계장치는?

① 크레인 ② 리프트
③ 곤돌라 ④ 승강기

해설
양중기의 종류
- 크레인 : 동력을 사용하여 중량물을 매달아 상하 및 좌우(수평 또는 선회)로 운반하는 것을 목적으로 하는 기계 또는 기계장치
- 리프트 : 동력을 사용하여 사람이나 화물을 운반하는 것을 목적으로 하는 기계설비
- 곤돌라 : 와이어로프 또는 달기강선에 의하여 달기발판 또는 운반구가 전용 승강장치에 의하여 오르내리는 설비
- 승강기 : 건축물이나 고정된 시설물에 설치되어 일정한 경로에 따라 사람이나 화물을 승강장으로 옮기는 데에 사용되는 설비

12 가연성 가스가 있는 고압가스 저장실은 그 외면으로부터 화기를 취급하는 장소까지 몇 m 이상의 우회거리를 유지해야 하는가?

① 1m ② 2m
③ 7m ④ 8m

해설
가연성 가스의 가스설비 또는 저장설비는 그 외면으로부터 화기(그 설비 안의 것은 제외한다)를 취급하는 장소까지 8m의 우회거리를 두어야 하며, 그 가스설비로부터 누출된 가스가 유동하는 것을 방지하기 위한 적절한 조치를 마련해야 한다.

13 일반 공구의 안전한 취급방법이 아닌 것은?

① 공구는 작업에 적합한 것을 사용한다.
② 공구는 사용 전 점검하여 불안전한 공구는 사용하지 않는다.
③ 공구는 옆 사람에게 넘겨 줄 때에는 일의 능률 향상을 위하여 던져 신속하게 전달한다.
④ 손이나 공구에 기름이 묻었을 때에는 완전히 닦은 후 사용한다.

해설
공구를 넘겨 줄 때는 던져서 넘겨 주지 말아야 한다.

14 가연성 냉매가스 중 냉매설비의 전기설비를 방폭구조로 하지 않아도 되는 것은?

① 에 탄　　　　② 노말부탄
③ 암모니아　　　④ 염화메탄

해설
암모니아는 가연성 가스이지만 폭발 하한값이 높기 때문에 방폭구조를 하지 않아도 된다.

15 사고 발생의 원인 중 정신적 요인에 해당되는 항목으로 맞는 것은?

① 불안과 초조
② 수면 부족 및 피로
③ 이해 부족 및 훈련 미숙
④ 안전수칙의 미제정

해설
정신적인 원인
• 안전지식, 주의력 부족
• 방심 및 공상
• 판단력 부족
• 불안, 초조

16 펌프의 캐비테이션 방지대책으로 틀린 것은?

① 양흡입 펌프를 사용한다.
② 흡입관경을 크게 하고 길이를 짧게 한다.
③ 펌프의 설치 위치를 낮춘다.
④ 펌프 회전수를 빠르게 한다.

해설
공동현상의 방지 대책
• 펌프의 흡입 측 수두, 마찰손실을 작게 한다.
• 펌프 임펠러 속도를 느리게 한다.
• 펌프 흡입관경을 크게 한다.
• 펌프 설치 위치를 수원보다 낮게 하여야 한다.
• 펌프 흡입압력을 유체의 증기압보다 높게 한다.
• 양흡입 펌프를 사용하여야 한다.
• 양흡입 펌프로 부족 시 펌프를 2대로 나눈다.

13 ③　14 ③　15 ①　16 ④

17 2단 압축 냉동사이클에서 중간 냉각을 행하는 목적이 아닌 것은?

① 고단 압축기가 과열되는 것을 방지한다.
② 고압 냉매액을 과랭시켜 냉동효과를 증대시킨다.
③ 고압측 압축기의 흡입가스 중 액을 분리시킨다.
④ 저단측 압축기의 토출가스를 과열시켜 체적효율을 증대시킨다.

해설
중간냉각기(Inter-cooler)의 역할
- 저단측 압축기의 토출가스의 과열을 제거하여 고단측 압축기가 과열되는 것을 막는다.
- 증발기에 공급되는 고압 응축액을 냉각시키는 열교환기의 역할도 겸하여 냉동효과를 높인다.
- 고단 압축기의 흡입가스 중의 액을 분리시켜 액백(Liquid Back) 현상을 방지시킨다.

18 강관의 전기용접 접합 시의 특징(가스용접에 비해)으로 옳은 것은?

① 유해 광선의 발생이 적다.
② 용접속도가 빠르고 변형이 적다.
③ 박판용접에 적당하다.
④ 열량 조절이 비교적 자유롭다.

해설
전기용접을 많이 사용하는 이유는 용접속도가 빠르고 변형이 적기 때문이다.

19 전류계의 측정범위를 넓히는 데 사용되는 것은?

① 배율기
② 분류기
③ 역률기
④ 용량분압기

해설
- 분류기 : 전류의 측정범위를 넓히기 위하여 병렬로 설치
- 직류기 : 전압의 측정범위를 넓히기 위하여 직렬로 설치

20 흡수식 냉동장치에 설치되는 안전장치의 설치 목적으로 가장 거리가 먼 것은?

① 냉수 동결방지
② 흡수액 결정방지
③ 압력 상승방지
④ 압축기 보호

해설
흡수식 냉동장치에는 압축기가 없다.

정답 17 ④ 18 ② 19 ② 20 ④

21 왕복동식과 비교하여 회전식 압축기에 관한 설명으로 틀린 것은?

① 잔류가스의 재팽창에 의한 체적효율의 감소가 적다.
② 직결구동에 용이하며 왕복동에 비해 부품수가 적고 구조가 간단하다.
③ 회전식 압축기는 조립이나 조정에 있어 정밀도가 요구되지 않는다.
④ 왕복동식에 비해 진동과 소음이 적다.

해설
회전식 압축기는 조립이나 조정에 있어서 고도의 정밀도가 요구된다.

22 수동나사 절삭방법으로 틀린 것은?

① 관 끝은 절삭날이 쉽게 들어갈 수 있도록 약간의 모따기를 한다.
② 관을 파이프 바이스에서 약 150mm 정도 나오게 하고, 관이 찌그러지지 않게 주의하면서 단단히 물린다.
③ 나사가 완성되면 편심 핸들을 급히 풀고 절삭기를 뺀다.
④ 나사 절삭기를 관에 끼우고 래칫을 조정한 다음 약 30°씩 회전시킨다.

해설
나사가 완성되면 편심 핸들을 천천히 풀어야 한다.

23 다음 설명 중 틀린 것은?

① 냉동능력 2kW는 약 0.52 냉동톤(RT)이다.
② 냉동능력 10kW, 압축기 동력 4kW인 냉동장치의 응축부하는 14kW이다.
③ 냉매증기를 단열 압축하면 온도는 높아지지 않는다.
④ 진공계의 지시값이 10cmHg인 경우, 절대압력은 약 $0.9 kgf/cm^2$이다.

해설
냉매증기를 단열 압축하면 온도는 높아진다.

24 다음 냉동장치의 제어장치 중 온도제어장치에 해당되는 것은?

① TC   ② LPS
③ EPR   ④ OPS

해설
TC : 냉동장치의 제어장치 중 온도제어장치

25 냉동장치에서 압력과 온도를 낮추고 동시에 증발기로 유입되는 냉매량을 조절해 주는 장치는?

① 수액기
② 압축기
③ 응축기
④ 팽창 밸브

해설
팽창 밸브
냉동기 및 열펌프 사이클 중에서 고온·고압의 냉매를 교축시켜 갑자기 저압의 증발기(냉각 코일) 속에 방출하는 밸브이며, 일종의 감압밸브로 매우 작은 틈에서 냉매를 방출한다. 동작에 따라 수동밸브, 자동밸브가 있으며, 자동식에는 압력식(다이어프램식), 온도식, 플로트식, 전자식(電磁式) 등이 있다. 팽창 밸브의 개도가 너무 크면 냉매액이 증발기에서 모두 증발시키지 않고 압축기로 넘어올 수 있다.

26 다음 중 응축기와 관계가 없는 것은?

① 스월(Swirl)
② 셸 앤드 튜브(Shell and Tube)
③ 로 핀 튜브(Low Finned Tube)
④ 감온통(Thermo Sensing Bulb)

해설
감온통의 설치
• 증발기 출구 압축기 흡입관에 설치
• 강관일 때는 알루미늄칠을 하여 녹을 방지
• 흡입관 외경이 (7/8)″ 이하일 경우 : 흡입관 상부
• 흡입관 외경이 (7/8)″ 이상일 경우 : 수평보다 45° 하부에 부착

27 단열압축, 등온압축, 폴리트로픽압축에 관한 사항 중 틀린 것은?

① 압축일량은 등온압축이 제일 작다.
② 압축일량은 단열압축이 제일 크다.
③ 압축가스 온도는 폴리트로픽압축이 제일 높다.
④ 실제 냉동기의 압축 방식은 폴리트로픽압축이다.

해설
압축 후의 토출가스 온도는 단열압축이 가장 높다.
가스압축 시 소요되는 열량과 가스의 온도 상승에 따른 순서
단열압축 > 폴리트로픽압축 > 등온압축

28 기체의 용해도에 대한 설명으로 옳은 것은?

① 고온·고압일수록 용해도가 커진다.
② 저온·저압일수록 용해도가 커진다.
③ 저온·고압일수록 용해도가 커진다.
④ 고온·저압일수록 용해도가 커진다.

29 논리곱 회로라고 하며 입력신호 A, B가 있을 때 A, B 모두가 "1" 신호로 됐을 때만 출력 C가 "1" 신호로 되는 회로는?(단, 논리식은 A·B = C이다)

① OR 회로
② NOT 회로
③ AND 회로
④ NOR 회로

해설
③ AND 회로 : 입력신호 A, B가 모두 있을 때 출력신호가 생기는 회로이며 스위치 직렬의 논리곱 회로이다.
① OR 회로 : 입력 A, B 중 하나만 있어도 출력이 생기는 판단기능을 갖는 논리이며 스위치 병렬의 논리합 회로이다.
② NOT 회로(부정 회로) : 입력과 출력의 상태가 반대로 되는 상태 반전, 즉 부정의 판단기능을 갖는 회로로 인버터(Inverter)라고도 한다. 입력신호가 0이면 출력은 1이고, 입력신호가 1이면 출력신호는 0이다.
④ NOR 회로 : OR 회로를 부정하는 판단기능을 갖는 회로이다.

30 다음 중 공비 혼합물 냉매는?

① R-11
② R-123
③ R-717
④ R-500

해설
R-500 : $CCl_2F_2 + CH_2CHF_2$

31 CA 냉장고의 주된 용도는?

① 제빙용
② 청과물 보관용
③ 공조용
④ 해산물 보관용

해설
CA 냉장고
청과물을 냉장·저장하는 데 있어 보다 좋은 저장성을 확보하기 위하여 냉장고 내의 공기를 치환하는 데 산소를 3~5% 감소시키고, 탄산가스를 3~5% 증가시켜 줌으로써 냉장고 내의 청과물의 호흡작용을 억제하면서 냉장하는 냉장고이다.

32 원심식 냉동기의 서징현상에 대한 설명 중 옳지 않은 것은?

① 흡입가스 유량이 증가되어 냉매가 어느 한계치 이상으로 운전될 때 주로 발생한다.
② 서징현상 발생 시 전류계의 지침이 심하게 움직인다.
③ 운전 중 고·저압의 차가 증가하여 냉매가 임펠러를 통과할 때 역류하는 현상이다.
④ 소음과 진동을 수반하고 베어링 등 운동 부분에서 급격한 마모현상이 발생한다.

해설
서징(Surging)현상
펌프를 운전할 때 송출압력과 송출유량이 주기적으로 변동하여 펌프 입구 및 출구에 설치된 진공계, 압력계의 지침이 흔들리는 현상을 말한다. 밸브의 급작스런 개폐에 의한 수격작용을 완화하기 위해 압력수로와 압력관 사이에 자유수면(대기압을 접하는 수면)을 가진 조절수조를 설치하여 수로(수압관)를 일시적으로 폐쇄하면 흐르던 물이 서지 탱크 내로 유입하여 수원과 탱크 사이의 수면이 상승하는 현상이다.

33 냉동능력이 29,980kcal/h인 냉동장치에서 응축기의 냉각수 온도가 입구온도 32℃, 출구온도 37℃일 때, 냉각수 수량이 120L/min이라고 하면 이 냉동기의 축동력은?(단, 열손실은 없는 것으로 가정한다)

① 5kW ② 6kW
③ 7kW ④ 8kW

해설
$Q_c = Q_e + L_{kW}$ (kcal/h)
$120\text{kg/min} \times 60\text{min/1h} \times 1\text{kcal/kg℃} \times (37-32)℃$
$= 29,980\text{kcal/h} + x\text{kW} \times \dfrac{860\text{kcal/h}}{1\text{kW}}$
∴ $x = 7\text{kW}$

34 KS규격에서 SPPW는 무엇을 나타내는가?

① 배관용 탄소강 강관
② 압력배관용 탄소강 강관
③ 수도용 아연도금 강관
④ 일반구조용 탄소강 강관

해설
③ 수도용 아연도금 강관 : SPPW
① 배관용 탄소강 강관 : SPP
② 압력배관용 탄소강 강관 : SPPS
④ 일반구조용 탄소강 강관 : SPS

35 고속다기통 압축기에 관한 설명으로 틀린 것은?

① 고속이므로 냉동능력에 비하여 소형·경량이다.
② 다른 압축기에 비하여 체적효율이 양호하며, 각 부품 교환이 간단하다.
③ 동적 밸런스가 양호하여 진동이 적어 운전 중 소음이 적다.
④ 용량제어가 타 기기에 비하여 용이하고, 자동운전 및 무부하 기동이 가능하다.

해설
다른 압축기에 비하여 체적효율이 양호하지 않다.

36 2원 냉동장치에 대한 설명으로 틀린 것은?

① 주로 약 -80℃ 정도의 극저온을 얻는 데 사용된다.
② 비등점이 높은 냉매는 고온측 냉동기에 사용된다.
③ 저온부 응축기는 고온부 증발기와 열교환을 한다.
④ 중간냉각기를 설치하여 고온측과 저온측을 열교환시킨다.

해설
2원 냉동방식의 냉동사이클
-70℃ 이하의 초저온장치가 되면 다단압축방식으로는 초저온의 실현이 곤란해진다. 그래서 냉동장치의 개량으로서 다원냉동(多元冷凍)방식이 채용되었다.
• 저온냉동기에 사용되는 냉매 : R-13, R-14, R-22, 에틸렌
• 고온냉동기에 사용되는 냉매 : R-12, R-22 등
• 캐스케이드 콘덴서 : 저온측 응축기와 고온측 증발기를 조합하여 저온측 응축기의 열을 효과적으로 제거하여 응축액화를 촉진시켜 주는 일종의 열교환기

정답 33 ③ 34 ③ 35 ② 36 ④

37 전기장의 세기를 나타내는 것은?

① 유전속 밀도 ② 전하 밀도
③ 정전력 ④ 전기력선 밀도

해설
전기장의 세기는 전기력선의 밀도와 비례한다.

38 공기 냉각용 증발기로서 주로 벽 코일 동결실의 선반으로 사용되는 증발기의 형식은?

① 만액식 셸 앤드 튜브식 증발기
② 보데로 증발기
③ 탱크식 증발기
④ 캐스케이드식 증발기

해설
캐스케이드식 증발기 : 공기 냉각용 증발기로서 주로 벽 코일 동결실의 선반으로 사용되는 증발기의 형식

39 관의 지름이 다를 때 사용하는 이음쇠가 아닌 것은?

① 부 싱 ② 리듀서
③ 리턴 벤드 ④ 편심 이경 소켓

해설
관 이음쇠 종류

목 적	종 류
배관 방향을 바꿀 때	엘보, 밴드, 이경 엘보, 암수엘보
관을 도중에서 분기할 때	티, 이경 티, 암수티, 와이, 크로스
지름이 같은 관의 직선 연결	소켓, 유니언, 플랜지, 니플
지름이 다른 관의 연결	부싱, 이경 소켓(리듀서), 이경 엘보, 이경 티
관 끝을 막을 때	캡, 플러그, 블라인드 플랜지
관의 수리, 점검, 교체가 필요할 때	유니언(50A 이하의 관에 사용), 플랜지

40 브라인에 관한 설명으로 틀린 것은?

① 무기질 브라인 중 염화나트륨이 염화칼슘보다 금속에 대한 부식성이 더 크다.
② 염화칼슘 브라인은 공정점이 낮아 제빙, 냉장 등으로 사용된다.
③ 브라인 냉매의 pH값은 7.5~8.2(약알칼리)로 유지하는 것이 좋다.
④ 브라인은 유기질과 무기질로 구분되며 유기질 브라인의 금속에 대한 부식성이 더 크다.

해설
일반적으로 무기질 브라인은 유기질 브라인에 비해 부식성이 크다.

41 유분리기의 설치 위치로서 적당한 곳은?

① 압축기와 응축기 사이
② 응축기와 수액기 사이
③ 수액기와 증발기 사이
④ 증발기와 압축기 사이

해설
유분리기의 설치 위치 : 압축기와 응축기 사이

42 강관에서 나타내는 스케줄 번호(Schedule Number)에 대한 설명으로 틀린 것은?

① 관의 두께를 나타내는 호칭이다.
② 유체의 사용 압력에 비례하고, 배관의 허용응력에 반비례한다.
③ 번호가 클수록 관 두께가 두꺼워진다.
④ 호칭지름이 같은 관은 스케줄 번호가 같다.

해설
스케줄 번호(Schedule Number)
관의 두께를 나타내는 호칭으로 다음 공식에서처럼 유체의 사용 압력에 비례하고, 배관의 허용응력에 반비례한다. 번호가 클수록 관 두께가 두꺼워진다.

스케줄 번호 = $\dfrac{\text{사용압력(kgf/cm}^2\text{)}}{\text{허용응력(kg/mm}^2\text{)}} \times 10$

43 어떤 회로에 220V의 교류전압으로 10A의 전류를 통과시켜 1.8kW의 전력을 소비하였다면, 이 회로의 역률은?

① 0.72
② 0.81
③ 0.96
④ 1.35

해설
$P = IV\cos\theta$
$\cos\theta = \dfrac{P}{IV} = \dfrac{1,800}{10 \times 220} \fallingdotseq 0.81$

44 $P-h$ 선도의 등건조도선에 대한 설명으로 틀린 것은?

① 습증기 구역 내에서만 존재하는 선이다.
② 건도가 0.2는 습증기 중 20%는 액체, 80%는 건조포화증기를 의미한다.
③ 포화액의 건도는 0이고 건조포화증기의 건도는 1이다.
④ 등건조도선을 이용하여 팽창밸브 통과 후 발생한 플래시 가스량을 알 수 있다.

해설
건도가 0.2는 습증기 중 20%는 건조포화증기, 80%는 액체를 의미한다.

45 30℃에서 2Ω의 동선이 온도 70℃로 상승하였을 때, 저항은 얼마가 되는가?(단, 동선의 저항온도계수는 0.0042이다)

① 2.3Ω ② 3.3Ω
③ 5.3Ω ④ 6.3Ω

해설
저항온도계수가 주어졌을 때 저항을 묻는 문제이다.
$R_2 = R_1[1+\alpha(t_2-t_1)]$
$= 2[1+0.0042(70-30)]$
$≒ 2.3$

46 다음 중 효율은 그다지 높지 않고 풍량과 동력의 변화가 비교적 많으며 환기·공조 저속 덕트용으로 주로 사용되는 송풍기는?

① 시로코 팬
② 축류 송풍기
③ 에어 포일팬
④ 프로펠러형 송풍기

해설
시로코 팬 : 환기 공조용 저속 덕트 송풍기로서 저항변화에 대해 풍량, 동력변화가 크고 정속운전에 사용하기 적합하다.

47 다음 중 대기압 이하의 열매증기를 방출하는 구조로 되어 있는 보일러는?

① 무압 온수보일러
② 콘덴싱 보일러
③ 유동층 연소보일러
④ 진공식 온수보일러

해설
진공식 온수보일러 : 대기압 이하의 열매증기를 방출하는 구조로 되어 있는 보일러

48 배관 및 덕트에 사용되는 보온 단열재가 갖추어야 할 조건이 아닌 것은?

① 열전도율이 클 것
② 안전사용온도 범위에 적합할 것
③ 불연성 재료로서 흡습성이 작을 것
④ 물리·화학적 강도가 크고, 시공이 용이할 것

해설
단열재의 구비조건
• 열전도율이 작을 것
• 비중이 작고 불연성일 것
• 흡수성이 작을 것
• 팽창계수가 작을 것

49 팬형 가습기에 대한 설명으로 틀린 것은?

① 가습의 응답속도가 느리다.
② 팬 속의 물을 강제적으로 증발시켜 가습한다.
③ 패키지형의 소형 공조기에 많이 사용한다.
④ 가습장치 중 효율이 가장 우수하며, 가습량을 자유로이 변화시킬 수 있다.

해설
가습효율이 100%에 가까우며 무균이면서 응답성이 좋아 정밀한 습도 제어가 가능한 가습기이다. 또한 패키지 에어컨에 조립하여 물이 들어 있는 용기를 전열히터로 가열·증발시켜 가습하는 것으로 가습량을 자유로이 변화시킬 수 없다.

50 다음 중 상대습도를 맞게 표시한 것은?

① $\varphi = \dfrac{습공기수증기분압}{포화수증기압} \times 100$

② $\varphi = \dfrac{포화수증기압}{습공기수증기분압} \times 100$

③ $\varphi = \dfrac{습공기수증기중량}{포화수증기압} \times 100$

④ $\varphi = \dfrac{포화수증기중량}{습공기수증기중량} \times 100$

해설
상대습도(RH ; Relative Humidity)
수증기의 분압과 동일 온도의 포화습공기 수증기분압의 비로서 $1m^3$의 습공기 중에 함유된 수분의 중량과 이와 동일한 $1m^3$ 포화습공기 중에 함유된 수분의 중량과의 비이다.

51 온풍난방에 사용되는 온풍로의 배치에 대한 설명으로 틀린 것은?

① 덕트 배관은 짧게 한다.
② 굴뚝의 위치가 되도록이면 가까워야 한다.
③ 온풍로의 후면(방문쪽)은 벽에 붙여 고정한다.
④ 습기와 먼지가 적은 장소를 선택한다.

해설
온풍로의 후면(방문쪽)은 벽에 붙여 고정하지 않는다.

52 냉열원기기에서 열교환기를 설치하는 목적으로 틀린 것은?

① 압축기 흡입가스를 과열시켜 액 압축을 방지시킨다.
② 프레온 냉동장치에서 액을 과냉각시켜 냉동효과를 증대시킨다.
③ 플래시 가스 발생을 최소화한다.
④ 증발기에서의 냉매 순환량을 증가시킨다.

해설
두 개의 유체 간에 열을 주고받도록 하게 하는 장치를 말한다. 넓은 의미로는 가열기, 냉각기, 응축기 등도 포함되나 보통은 열의 회수를 목적으로 하는 것을 열교환기라고 한다.

53 히트펌프방식에서 냉난방 절환을 위해 필요한 밸브는?

① 감압밸브 ② 2방밸브
③ 4방밸브 ④ 전동밸브

해설
4방밸브 : 히트펌프방식에서 냉방과 난방 시 절환하여 사용하는 밸브로서, 압축기에서 냉매가스를 실외로부터 실내 또는 복귀되는 냉매가스를 실내로부터 실외로 전환시킬 때 사용하기 위해 설치하는 밸브이다.

54 건물의 바닥, 천장, 벽 등에 온수를 통하는 관을 구조체에 매설하고 아파트, 주택 등에 주로 사용되는 난방방법은?

① 복사난방
② 증기난방
③ 온풍난방
④ 전기히터난방

해설
복사난방의 특징
- 복사난방은 배관이 매립되어 있으므로 고장 시 발견이 어렵고 시설비가 많이 든다.
- 복사난방은 실내온도분포가 가장 균일한 난방방식이다.
- 복사난방은 부하 변화에 따른 온도 조절이 늦다(외기의 온도 변화에 대한 온도 조절이 어렵다).
- 복사난방은 실내의 평균온도가 낮다.

55 실내오염공기의 유입을 방지해야 하는 곳에 적합한 환기법은?

① 자연환기법 ② 제1종 환기법
③ 제2종 환기법 ④ 제3종 환기법

해설
강제로 기계의 힘에 의하여 환기를 하는 방식
- 제1종 기계환기법 : 급기 → 송풍기, 배기 → 송풍기
- 제2종 기계환기법 : 급기 → 송풍기, 배기 → 자연
- 제3종 기계환기법 : 급기 → 자연, 배기 → 송풍기

56 공기조화방식의 중앙식 공조방식에서 수·공기방식에 해당되지 않는 것은?

① 이중 덕트방식
② 유인유닛방식
③ 팬코일 유닛방식(덕트병용)
④ 복사냉난방방식(덕트병용)

해설
공조방식의 분류
- 중앙식 : 전공기 방식, 수·공기방식, 수방식(동력 소비량 : 전공기 방식 > 수·공기방식 > 수방식)
- 전공기 방식(덕트만 이용) : 단일 덕트방식(대용량), 이중 덕트방식, 멀티존 유닛방식, 말단 재열방식
- 수·공기방식(배관+덕트) : 덕트 병용 팬코일 유닛방식(FCU), 유인유닛방식(IDU), 각층 유닛방식, 덕트 병용 복사냉난방방식, 덕트 병용 패키지방식
- 수방식(배관만 이용) : 팬코일 유닛방식(FCU)

57 실내 취득 감열량이 35,000kcal/h이고, 실내로 유입되는 송풍량이 9,000m³/h일 때 실내의 온도를 25℃로 유지하려면 실내로 유입되는 공기의 온도를 약 몇 ℃로 해야 되는가?(단, 공기의 비중량은 1.29kg/m³, 공기의 비열은 0.24kcal/kg·℃로 한다)

① 9.5℃ ② 10.6℃
③ 12.6℃ ④ 148℃

해설
실내 취득 열량 = $0.24 \gamma Q(t_2 - t_1)$
$35,000 = 0.24 \times 1.29 \times 9,000 \times (25 - x)$
∴ $x ≒ 12.4$

58 어떤 방의 체적이 2×3×2.5m이고, 실내 온도를 21℃로 유지하기 위하여 실외 온도 5℃의 공기를 3회/h로 도입할 때 환기에 의한 손실열량은?(단, 공기의 비열은 0.24kcal/kg·℃, 비중량은 1.2kg/m³이다)

① 207.4kcal/h
② 381.2kcal/h
③ 465.7kcal/h
④ 727.2kcal/h

해설
$Q = G \times C \times \Delta t$
$G = (2 \times 3 \times 2.5) m^3 \times 1.2 kg/m^3 = 18 kg$
$C = 0.24 kcal/kg℃$
$\Delta t = (21 - 5)℃$
$Q = 18kg \times 0.24 kcal/kg℃ \times 16℃ \times 3회/h$
$= 207.36 kcal/h$

59 환수주관을 보일러 수면보다 높은 위치에 배관하는 것은?

① 강제순환식
② 건식환수관식
③ 습식환수관식
④ 진공환수관식

해설
환수관의 배치에 따른 분류
- 건식환수방법 : 보일러의 수면보다 환수주관이 위에 있는 경우로, 환수주관의 증기 혼입에 의한 열손실을 방지하기 위하여 방열기와 관말에 트랩 설치
- 습식환수방법 : 보일러의 수면보다 환수주관이 아래에 있는 경우로, 건식보다 관경이 작아도 되며 관말트랩은 불필요

60 냉각코일의 종류 중 증발관 내에 냉매를 팽창시켜 그 냉매의 증발잠열을 이용하여 공기를 냉각시키는 것은?

① 건코일 ② 냉수코일
③ 간접팽창코일 ④ 직접팽창코일

해설
냉·열매에 따른 공기조화기 코일
- 냉수코일 : 관 내에 냉수를 흐르게 하여 공기를 냉각시킨 후 냉방
- 온수코일 : 관 내에 온수를 흐르게 하여 공기를 가열시킨 후 난방
- 냉·온수코일 : 관 내에 냉방 시에는 냉수 공급, 난방 시에는 온수 공급
- 증기코일 : 관 내에 증기를 공급하여 공기를 가열시킨 후 난방
- 직접팽창코일 : 관 내에 냉매를 통하게 하여 냉방 또는 냉동에 사용되며 냉동사이클의 증발기에 해당

2016년 제2회 과년도 기출문제

01 용접기 취급상 주의사항으로 틀린 것은?

① 용접기는 환기가 잘되는 곳에 두어야 한다.
② 2차측 단자의 한쪽 및 용접기의 외통은 접지를 확실히 해 둔다.
③ 용접기는 지표보다 약간 낮게 두어 습기의 침입을 막아 주어야 한다.
④ 감전의 우려가 있는 곳에서는 반드시 전격방지기를 설치한 용접기를 사용한다.

해설
용접기는 지표보다 약간 높게 두어 습기의 침입을 막아 주어야 한다.

02 냉동기 검사에 합격한 냉동기에는 다음 사항을 명확히 각인한 금속박판을 부착하여야 한다. 각인할 내용에 해당되지 않는 것은?

① 냉매가스의 종류
② 냉동능력(RT)
③ 냉동기 제조자의 명칭 또는 약호
④ 냉동기 운전조건(주위온도)

해설
냉동기에 대한 각인
• 냉동기 제조자의 명칭 또는 약호
• 냉매가스의 종류
• 냉동능력(단위 : RT)
• 원동기소요전력 및 전류(단위 : kW, A)
• 제조번호
• 검사에 합격한 연월
• 내압시험압력(기호 : TP, 단위 : MPa)
• 최고사용압력(기호 : DP, 단위 : MPa)

03 냉동장치를 정상적으로 운전하기 위한 유의사항이 아닌 것은?

① 이상고압이 되지 않도록 주의한다.
② 냉매 부족이 없도록 한다.
③ 습 압축이 되도록 한다.
④ 각부의 가스 누설이 없도록 유의한다.

해설
습 압축
증발기의 출구가스 중에 액냉매가 혼입 상태에서 흡입·압축하는 것이다. 증발부하가 감소하거나 냉매량이 과충전되었을 때 발생할 수 있다. 암모니아 냉동장치에서 이 사이클을 이용하면 냉매가스의 과열을 방지할 수 있고 체적효율을 증대시킬 수 있으나 액압축의 위험이 있다.

04 전동공구작업 시 감전의 위험성을 방지하기 위해 해야 하는 조치는?

① 단 전   ② 감 지
③ 단 락   ④ 접 지

해설
접지공사의 목적
화재방지, 감전방지, 기기손상방지

1 ③ 2 ④ 3 ③ 4 ④ 정답

05
냉동장치를 설비 후 운전할 때 보기의 작업 순서로 올바르게 나열된 것은?

―보기―
ⓐ 냉각 운전   ⓑ 냉매 충전
ⓒ 누설시험   ⓓ 진공시험
ⓔ 배관의 방열공사

① ⓒ → ⓓ → ⓑ → ⓔ → ⓐ
② ⓓ → ⓔ → ⓒ → ⓑ → ⓐ
③ ⓒ → ⓔ → ⓓ → ⓑ → ⓐ
④ ⓓ → ⓑ → ⓒ → ⓔ → ⓐ

해설
냉동장치를 설비 후 운전할 때의 작업 순서
누설시험 → 진공시험 → 냉매 충전 → 배관의 방열공사 → 냉각 운전

06
배관작업 시 공구 사용에 대한 주의사항으로 틀린 것은?

① 파이프 리머를 사용하여 관 안쪽에 생기는 거스러미 제거 시 손가락에 상처를 입을 수 있으므로 주의해야 한다.
② 스패너 사용 시 볼트에 적합한 것을 사용해야 한다.
③ 쇠톱 절단 시 당기면서 절단한다.
④ 리드형 나사절삭기 사용 시 조(Jaw) 부분을 고정시킨 다음 작업에 임한다.

해설
쇠톱 절단 시 밀면서 절단한다.

07
다음 중 소화방법으로 건조사를 이용하는 화재는?

① A급   ② B급
③ C급   ④ D급

해설
화재의 분류
• A급 : 일반화재
• B급 : 유류 및 가스화재
• C급 : 전기에 의한 화재
• D급 : 금속분화재

08
해머작업 시 안전수칙으로 틀린 것은?

① 사용 전에 반드시 주위를 살핀다.
② 장갑을 끼고 작업하지 않는다.
③ 담금질된 재료는 강하게 친다.
④ 공동 해머 사용 시 호흡을 잘 맞춘다.

해설
망치(해머)작업
• 손잡이에 금이 갔거나 망치 머리가 손상된 것은 사용하지 않는다.
• 장갑을 낀 손이나 기름이 묻은 손으로 작업하지 않는다.
• 사용할 때 처음과 마지막에는 힘을 너무 가하지 않는다.
• 망치를 휘두르기 전에 반드시 주위를 살핀다.

정답 5 ① 6 ③ 7 ④ 8 ③

09 기계설비의 본질적 안전화를 위해 추구해야 할 사항으로 가장 거리가 먼 것은?

① 풀 프루프(Fool Proof)의 기능을 가져야 한다.
② 안전 기능이 기계설비에 내장되어 있지 않도록 한다.
③ 조작상 위험이 가능한 한 없도록 한다.
④ 페일 세이프(Fail Safe)의 기능을 가져야 한다.

해설
안전 기능이 기계설비에 내장되어 있어야 한다.

10 산업안전보건기준에 관한 규칙에 의하면 작업장의 계단의 폭은 얼마 이상으로 하여야 하는가?

① 50cm   ② 100cm
③ 150cm ④ 200cm

해설
작업장에서 계단을 설치할 때는 폭은 1m 이상으로 하고, 높이가 3m를 초과하는 계단에 높이 3m 이내마다 너비 1.2m 이상의 계단참을 설치하여야 한다.

11 안전모와 안전대의 용도로 적당한 것은?

① 물체 비산 방지용이다.
② 추락 재해 방지용이다.
③ 전도 방지용이다.
④ 용접작업 보호용이다.

해설
안전모와 안전대는 추락 재해 방지용이다.

12 공구의 취급에 관한 설명으로 틀린 것은?

① 드라이버에 망치질을 하여 충격을 가할 때에는 관통 드라이버를 사용하여야 한다.
② 손 망치는 타격의 세기에 따라 적당한 무게의 것을 골라서 사용하여야 한다.
③ 나사 다이스는 구멍에 암나사를 내는 데 쓰고, 핸드 탭은 수나사를 내는 데 사용한다.
④ 파이프 렌치의 입에는 이가 있어 상처를 주기 쉬우므로 연질 배관에는 사용하지 않는다.

해설
• 바이스 : 파이프나 공작물을 물리는 장치
• 리머 : 절단한 파이프 내면을 매끄럽게 다듬는 공구
• 핸드 탭 : 암나사를 내는 공구

13 가스보일러의 점화 시 착화가 실패하여 연소실의 환기가 필요한 경우, 연소실 용적의 약 몇 배 이상 공기량을 보내어 환기를 행해야 하는가?

① 2　　② 4
③ 8　　④ 10

해설
가스보일러의 점화 시 주의사항
- 연소실 내의 용적 4배 이상의 공기로 충분히 환기를 행할 것
- 점화는 1회로 착화될 수 있도록 할 것
- 착화 실패나 갑작스런 실화 시에는 연료 공급을 중단하고 환기 후 그 원인을 조사할 것
- 점화버너의 스파크 상태가 정상인지 확인할 것

14 컨베이어 등을 사용하여 작업할 때 작업 시작 전 점검사항으로 해당되지 않는 것은?

① 원동기 및 풀리 기능의 이상 유무
② 이탈 등의 방지장치 기능의 이상 유무
③ 비상정지장치 기능의 이상 유무
④ 작업면의 기울기 또는 요철 유무

해설
작업면의 기울기 또는 요철 유무는 컨베이어 설치 시 점검사항에 해당된다.

15 산소압력조정기의 취급에 대한 설명으로 틀린 것은?

① 조정기를 견고하게 설치한 다음 가스 누설 여부를 비눗물로 점검한다.
② 조정기는 정밀하므로 충격이 가해지지 않도록 한다.
③ 조정기는 사용 후에 조정나사를 늦추어서 다시 사용할 때 가스가 한꺼번에 흘러나오는 것을 방지한다.
④ 조정기의 각부에 작동이 원활하도록 기름을 친다.

해설
조정기의 각부에 작동이 원활하도록 기름을 치면 폭발의 우려가 있다.

16 1kg 기체가 압력 200kPa, 체적 0.5m³의 상태로부터 압력 600kPa, 체적 1.5m³로 상태변화하였다. 이 변화에서 기체 내부의 에너지변화가 없다고 하면 엔탈피의 변화는?

① 500kJ만큼 증가
② 600kJ만큼 증가
③ 700kJ만큼 증가
④ 800kJ만큼 증가

해설
전열량(i) = 내부에너지(u) + 유동일에너지(APv)

$600\text{kPa} \times \dfrac{1\text{kN/m}^2}{1\text{kPa}} \times 1.5\text{m}^3 - 200\text{kPa} \times \dfrac{1\text{kN/m}^2}{1\text{kPa}} \times 0.5\text{m}^3$

$= 800\text{kJ}(1\text{kJ} = 1\text{kN} \cdot \text{m})$

17 냉동장치의 냉매배관의 시공상 주의점으로 틀린 것은?

① 흡입관에서 두 개의 흐름이 합류하는 곳은 T이음으로 연결한다.
② 압축기와 응축기가 같은 위치에 있는 경우 토출관은 일단 세워 올려 하향구배로 한다.
③ 흡입관의 입상이 매우 길 때는 약 10m마다 중간에 트랩을 설치한다.
④ 2대 이상의 압축기가 각각 독립된 응축기에 연결된 경우 토출관 내부에 가능한 응축기 입구 가까이에 균압관을 설치한다.

해설
흡입관에서 두 개의 흐름이 합류하는 곳은 T이음으로 연결하지 않는다.

18 냉동장치의 냉매계통 중에 수분이 침입하였을 때 일어나는 현상을 열거한 것으로 틀린 것은?

① 프레온 냉매는 수분에 용해되지 않으므로 팽창밸브를 동결 폐쇄시킨다.
② 침입한 수분이 냉매나 금속과 화학반응을 일으켜 냉매계통의 부식, 윤활유의 열화 등을 일으킨다.
③ 암모니아는 물에 잘 녹으므로 침입한 수분이 동결하는 장애가 적은 편이다.
④ R-12는 R-22보다 많은 수분을 용해하므로, 팽창밸브 등에서의 수분동결의 현상이 적게 일어난다.

해설
수분의 용해도 및 영향
• R-22는 용해도가 높고 R-12는 용해도가 낮다.
• 용해도가 낮아 한도를 넘으면 악영향을 미친다.
• 팽창밸브에서 동결을 일으켜 동작 불능 상태를 초래한다.
• 가수분해하여 산을 생성하므로 장치의 부식을 초래(전기절연물 파괴)한다.
• 동부착현상을 발생시킨다.

19 프레온계 냉매의 특성에 관한 설명으로 틀린 것은?

① 열에 대한 안정성이 좋다.
② 수분과의 용해성이 극히 크다.
③ 무색, 무취로 누설 시 발견이 어렵다.
④ 전기 절연성이 우수하므로 밀폐형 압축기에 적합하다.

해설
수분과의 용해성이 매우 작다.

20 만액식 증발기에서 냉매측 전열을 좋게 하는 조건으로 틀린 것은?

① 냉각관이 냉매에 잠겨 있거나 접촉해 있을 것
② 열전달 증가를 위해 관 간격이 넓을 것
③ 유막이 존재하지 않을 것
④ 평균 온도차가 클 것

해설
열전달 증가를 위해 관 간격이 좁아야 한다.

21 냉동장치의 배관 설치 시 주의사항으로 틀린 것은?

① 냉매의 종류, 온도 등에 따라 배관재료를 선택한다.
② 온도 변화에 의한 배관의 신축을 고려한다.
③ 기기 조작, 보수, 점검에 지장이 없도록 한다.
④ 굴곡부는 가능한 한 적게 하고, 곡률 반경을 작게 한다.

해설
굴곡부는 가능한 한 적게 하고, 곡률 반경은 크게 한다.

22 흡입배관에서 압력손실이 발생하면 나타나는 현상이 아닌 것은?

① 흡입압력의 저하
② 토출가스 온도의 상승
③ 비체적 감소
④ 체적효율 저하

해설
흡입배관에서 압력손실이 발생하면 흡입압력의 저하로 인하여 비체적이 증가하고, 압축비와 토출가스 온도가 상승하며 체적효율은 저하한다.

23 흡수식 냉동사이클에서 흡수기와 재생기는 증기 압축식 냉동사이클의 무엇과 같은 역할을 하는가?

① 증발기　　　② 응축기
③ 압축기　　　④ 팽창밸브

해설
흡수식 냉동사이클에서 흡수기와 재생기는 증기 압축식 냉동사이클에서 압축기와 같은 역할을 한다. 즉, 흡수식 냉동사이클에는 압축기가 없다.

24 어떤 저항 R에 100V의 전압이 인가하여 10A의 전류가 1분간 흘렀다면 저항 R에 발생한 에너지는?

① 70,000J　　　② 60,000J
③ 50,000J　　　④ 40,000J

해설
$R = \dfrac{V}{I} = \dfrac{100}{10} = 10\Omega$
$P = I^2 Rt = 10^2 \times 10 \times 60 = 60,000\text{J}$

25 임계점에 대한 설명으로 옳은 것은?

① 어느 압력 이상에서 포화액의 증발이 시작됨과 동시에 건포화증기로 변하게 되는데, 포화액선과 건포화증기선이 만나는 점
② 포화온도하에서 증발이 시작되어 모두 증발하기까지의 온도
③ 물이 어느 온도에 도달하면 온도는 더 이상 상승하지 않고 증발이 시작하는 온도
④ 일정한 압력하에서 물체의 온도가 변화하지 않고 상(相)이 변화하는 점

해설
임계점이란 어느 압력 이상에서 포화액의 증발이 시작됨과 동시에 건포화증기로 변하게 되는데 포화액선과 건포화증기선이 만나는 점을 말한다.

정답　21 ④　22 ③　23 ③　24 ②　25 ①

26 관의 직경이 크거나 기계적 강도가 문제될 때 유니언 대용으로 결합하여 쓸 수 있는 것은?

① 이경 소켓　② 플랜지
③ 니 플　　　④ 부 싱

해설
분해 조립이 가능한 배관 부품 : 플랜지, 유니언
관이음쇠 종류

목 적	종 류
배관 방향을 바꿀 때	엘보, 밴드
관을 도중에서 분기할 때	티, 와이, 크로스
지름이 같은 관의 직선 연결 (수평배관)	소켓, 유니언, 플랜지, 니플
지름이 다른 관의 연결	부싱, 이경 소켓, 이경 엘보, 이경 티
관 끝을 막을 때	캡, 플러그, 블라인드 플랜지
관의 수리, 점검, 교체가 필요할 때	유니언(50A 이하의 관에 사용), 플랜지

27 동관 작업 시 사용되는 공구와 용도에 관한 설명으로 틀린 것은?

① 플레어링 툴 세트 – 관을 압축 접합할 때 사용
② 튜브벤더 – 관을 구부릴 때 사용
③ 익스팬더 – 관 끝을 오므릴 때 사용
④ 사이징 툴 – 관을 원형으로 정형할 때 사용

해설
익스팬더 : 관을 확관할 때 사용하는 공구

28 액 순환식 증발기에 대한 설명으로 옳은 것은?

① 오일이 체류할 우려가 크고 제상 자동화가 어렵다.
② 냉매량이 적게 소요되며 액펌프, 저압수액기 등 설비가 간단하다.
③ 증발기 출구에서 액은 80% 정도이고, 기체는 20% 정도 차지한다.
④ 증발기가 하나라도 여러 개의 팽창밸브가 필요하다.

해설
액 순환식 증발기의 특징
- 액 압축을 방지할 수 있고 제상의 자동화가 용이하다.
- 냉매량이 많이 들며 액펌프, 저압수액기 등 설비가 복잡한 단점이 있다.
- 증발기가 여러 대라도 팽창밸브는 한 개로 충분한 장점이 있다.

29 팽창밸브에 대한 설명으로 옳은 것은?

① 압축 증대장치로 압력을 높이고 냉각시킨다.
② 액봉이 쉽게 일어나고 있는 곳이다.
③ 냉동부하에 따른 냉매액의 유량을 조절한다.
④ 플래시 가스가 발생하지 않는 곳이며, 일명 냉각장치라 부른다.

해설
팽창밸브
냉동기 및 열펌프 사이클 중에서 고온·고압의 냉매를 교축시켜 갑자기 저압의 증발기(냉각 코일) 속에 방출하는 밸브이며, 일종의 감압밸브로 매우 작은 틈에서 냉매를 방출한다.

30 증기 압축식 냉동장치의 냉동원리에 관한 설명으로 가장 적합한 것은?

① 냉매의 팽창열을 이용한다.
② 냉매의 증발잠열을 이용한다.
③ 고체의 승화열을 이용한다.
④ 기체의 온도차에 의한 현열 변화를 이용한다.

해설
증기 압축식 냉동장치의 냉동원리 : 냉매의 증발잠열을 이용한다.

31 정현파 교류에서 전압의 실횻값(V)을 나타내는 식으로 옳은 것은?(단, 전압의 최댓값을 V_m, 평균값을 V_a라고 한다)

① $V = \dfrac{V_a}{\sqrt{2}}$ ② $V = \dfrac{V_m}{\sqrt{2}}$
③ $V = \dfrac{\sqrt{2}}{V_m}$ ④ $V = \dfrac{\sqrt{2}}{V_a}$

해설
정현파 교류에서 전압의 실횻값(V)을 나타내는 식 : $V = \dfrac{V_m}{\sqrt{2}}$

32 용적형 압축기에 대한 설명으로 틀린 것은?

① 압축실 내의 체적을 감소시켜 냉매의 압력을 증가시킨다.
② 압축기의 성능은 냉동능력, 소비동력, 소음, 진동값 및 수명 등 종합적인 평가가 요구된다.
③ 압축기의 성능을 측정하는 데 유용한 두 가지 방법은 성능계수와 단위 냉동능력당 소비동력을 측정하는 것이다.
④ 개방형 압축기의 성능계수는 전동기와 압축기의 운전효율을 포함하는 반면, 밀폐형 압축기의 성능계수에는 전동기 효율이 포함되지 않는다.

해설
압축기의 성능계수에는 전동기 효율과 운전효율을 모두 포함시켜야 한다.

33 냉매 건조기(Dryer)에 관한 설명으로 옳은 것은?

① 암모니아 가스관에 설치하여 수분을 제거한다.
② 압축기와 응축기 사이에 설치한다.
③ 프레온은 수분에 잘 용해되지 않으므로 팽창밸브에서의 동결을 방지하기 위하여 설치한다.
④ 건조제로는 황산, 염화칼슘 등의 물질을 사용한다.

해설
프레온 냉동장치에서 수분 침입 시 미치는 악영향을 제거해 주기 위해 팽창밸브 직전의 액 관에 설치한다.

34 스윙(Swing)형 체크 밸브에 관한 설명으로 틀린 것은?

① 호칭치수가 큰 관에 사용된다.
② 유체의 저항이 리프트(Lift)형보다 작다.
③ 수평 배관에만 사용할 수 있다.
④ 핀을 축으로 하여 회전시켜 개폐한다.

해설
체크 밸브(Check Valve)
유체의 흐름이 한쪽으로 흐르게 하고, 역류하면 자동적으로 배압에 의하여 밸브가 닫히는 밸브
- 스윙형 체크 밸브 : 핀을 축으로 하여 회전됨으로써 개폐되므로 유체에 대한 마찰저항이 리프트형보다 작고 수평, 수직 어느 배관에도 사용할 수 있다.
- 리프트형 체크 밸브 : 유체의 압력으로 밸브가 수직으로 상하하면서 개폐되어 리프트는 밸브 지름의 1/4 정도이고, 유체의 흐름에 대한 마찰저항이 크고 수평 배관에만 사용된다.

35 냉동사이클 내를 순환하는 동작유체로서 잠열에 의해 열을 운반하는 냉매로 가장 거리가 먼 것은?

① 1차 냉매
② 암모니아(NH₃)
③ 프레온(Freon)
④ 브라인(Brine)

해설
브라인 : 브라인이란 냉동장치 외면을 반복 순환하면서 상태변화 없이 감열, 즉 현열상태로 열을 운반하는 작동유체이다.
브라인의 구비조건
- 비열이 클 것
- 열전도율이 클 것
- 점도가 작을 것
- 응고점이 낮을 것
- 불연성이며 독성이 없을 것

36 직접 식품에 브라인을 접촉시키는 것이 아니고 얇은 금속판 내에 브라인이나 냉매를 통하게 하여 금속판의 외면과 식품을 접촉시켜 동결하는 장치는?

① 접촉식 동결장치
② 터널식 공기 동결장치
③ 브라인 동결장치
④ 송풍 동결장치

해설
동결장치의 종류
- 공기냉각식 동결장치 : 공기 동결장치, 송풍 동결장치, 반송풍 동결장치, 컨베이어식 동결장치, 스파이럴식 동결장치, 유동식 동결장치
- 브라인 동결장치 : 염화나트륨 브라인 동결장치, 염화칼슘 브라인 동결장치, 프로필렌글리콜(Propylene Glycol) 동결장치, 에탄올 브라인 침지동결장치
- 고체 냉각식 동결장치 : 배치식 콘택트 프리저, 연속식 싱글 스틸 벨트 프리저, 연속식 더블 콘택트 프리저, 드럼 프리저
- 액화가스 동결장치 : 액체질소 동결장치, 액화탄산가스 동결장치, LNG 냉열이용 동결장치
- 접촉식 동결장치 : 직접 식품에 브라인을 접촉시키는 것이 아니라 얇은 금속판 내에 브라인이나 냉매를 통하게 하여 금속판의 외면과 식품을 접촉시켜 동결하는 장치

37 냉동부속장치 중 응축기와 팽창 밸브 사이의 고압관에 설치하며, 증발기의 부하 변동에 대응하여 냉매 공급을 원활하게 하는 것은?

① 유분리기
② 수액기
③ 액분리기
④ 중간 냉각기

해설
수액기 : 냉동부속장치 중 응축기와 팽창 밸브 사이의 고압관에 설치하며, 증발기의 부하 변동에 대응하여 냉매 공급을 원활하게 한다.

38 냉매의 구비조건으로 틀린 것은?

① 증발잠열이 클 것
② 표면장력이 작을 것
③ 임계온도가 상온보다 높을 것
④ 증발압력이 대기압보다 낮을 것

해설
냉매의 구비조건
- 저온에서도 높은 포화압력
- 임계온도가 높을 것(상온 이상)
- 응고온도가 낮을 것
- 증발잠열이 크고 액체비열이 작을 것
- 윤활유, 수분 등과 작용하여 냉동작용에 영향을 미치는 일이 없을 것
- 전열이 양호할 것
- 점도와 표면장력이 작을 것
- 비열비가 작을 것
- 전기적 절연내력이 작을 것
- 터보냉동기용 냉매는 가스 비중이 클 것

39 비열비를 나타내는 공식으로 옳은 것은?

① $\dfrac{정적비열}{비중}$ ② $\dfrac{정압비열}{비중}$

③ $\dfrac{정압비열}{정적비열}$ ④ $\dfrac{정적비열}{정압비열}$

해설
비열비(k)
기체의 정압비열과 정적비열과의 비, 즉 $\dfrac{C_p}{C_v}$ 이므로 비열비는 항상 1보다 크다. $C_p > C_v$ 이므로, 항상 $\dfrac{C_p}{C_v} > 1$ 이다.

40 LNG 냉열이용 동결장치의 특징으로 틀린 것은?

① 식품과 직접 접촉하여 급속 동결이 가능하다.
② 외기가 흡입되는 것을 방지한다.
③ 공기에 분산되어 있는 먼지를 철저히 제거하여 장치 내부에 눈이 생기는 것을 방지한다.
④ 저온 공기의 풍속을 일정하게 확보함으로써 식품과의 열전달계수를 저하시킨다.

해설
LNG 냉열이용 동결장치에서 저온 공기의 풍속을 일정하게 확보함으로써 식품과의 열전달계수를 향상시킨다.

41 열에너지를 효율적으로 이용할 수 있는 방법 중 하나인 축열장치의 특징에 관한 설명으로 틀린 것은?

① 저속 연속운전에 의한 고효율 정격운전이 가능하다.
② 냉동기 및 열원설비의 용량을 감소할 수 있다.
③ 열회수 시스템의 적용이 가능하다.
④ 수질관리 및 소음관리가 필요 없다.

해설
축열장치는 수질관리 및 소음관리가 필요하다.

42 암모니아 냉동장치에서 팽창 밸브 직전의 온도가 25℃, 흡입가스의 온도가 -10℃인 건조포화증기인 경우 냉매 1kg당 냉동효과가 350kcal이고, 냉동능력 15RT가 요구될 때의 냉매순환량은?

① 139kg/h　　② 142kg/h
③ 188kg/h　　④ 176kg/h

해설
냉매순환량이란 증발기에서 단위 시간에 냉동 사이클을 순환하는 냉매량, 즉 단위 시간에 냉매가 증발기에서 증발하는 양이다.

$$냉매순환량(kg/h) = \frac{냉동능력(kcal/h)}{냉동효과(kcal/kg)}$$

$$= \frac{15 \times 3,320}{350}$$

$$= 142.28 kg/h$$

$$냉매순환량(kg/h) = \frac{이론적인\ 피스톤\ 압축량(m^3/h)}{압축기\ 흡입증기\ 냉매의\ 비체적(m^3/kg)} \times 체적효율$$

43 흡수식 냉동기에서 냉매 순환과정을 바르게 나타낸 것은?

① 재생(발생)기 → 응축기 → 냉각(증발)기 → 흡수기
② 재생(발생)기 → 냉각(증발)기 → 흡수기 → 응축기
③ 응축기 → 재생(발생)기 → 냉각(증발)기 → 흡수기
④ 냉각(증발)기 → 응축기 → 흡수기 → 재생(발생)기

해설
흡수식 냉동기에서 냉매 순환과정
재생(발생)기 → 응축기 → 냉각(증발)기 → 흡수기

44 증발기 내의 압력에 의해서 작동하는 팽창 밸브는?

① 저압측 플로트 밸브
② 정압식 자동팽창 밸브
③ 온도식 자동팽창 밸브
④ 수동 팽창 밸브

해설
자동팽창 밸브의 종류
- 온도식 자동팽창 밸브 : 증발기 출구의 과열도에 의해 작동되는 팽창 밸브로, 냉매의 감압과 유량을 비례적으로 제어하는 기능을 가지고 있다.
- 정압식 자동팽창 밸브 : 증발기 내의 압력으로 밸브를 작동시켜 증발기 내의 압력을 일정하게 유지시켜 간접적으로 증발온도를 일정하게 할 목적으로 사용된다.
- 전자식 팽창 밸브 : 증발기 입구 냉각관 벽과 증발기 출구 냉각관 벽에 온도센서를 설치하여, 이들 양쪽 센서의 검출 온도차에 의해 증발기 출구 냉매가스의 과열도를 측정하여, 이 신호에 따라 밸브를 개폐하며, 증발기에 유입하는 냉매유량을 피드백(Feedback) 제어한다.
- 플로트식 팽창 밸브 : 액면의 위치에 따라 플로트(Float)가 상하로 움직이는 것을 이용하여 밸브를 개폐시키는 형식으로, 고압부인 수액기의 액면에 플로트를 설치한 것을 고압측 플로트 팽창 밸브, 저압부인 증발기 내 액면에 설치한 것을 저압측 플로트 팽창 밸브라 한다.
- 열전식 팽창 밸브 : 한쪽에는 구동원으로 바이메탈과 전열기가 조립된 바이메탈 부분과 다른 한쪽은 니들 밸브가 조립되어 있는 밸브이다.

45 2단 압축 냉동사이클에서 중간냉각기가 하는 역할로 틀린 것은?

① 저단 압축기의 토출가스 온도를 낮춘다.
② 냉매가스를 과냉각시켜 압축비를 상승시킨다.
③ 고단 압축기로의 냉매액 흡입을 방지한다.
④ 냉매액을 과냉각시켜 냉동효과를 증대시킨다.

해설
중간냉각기의 역할
- 저단측 압축기 토출가스를 중간압력에 상응하는 포화온도까지 냉각시킨다.
- 증발기에 공급되는 고압액을 과냉각시켜 냉동효과를 증대시킨다.

46 어떤 상태의 공기가 노점온도보다 낮은 냉각코일을 통과하였을 때 상태변화를 설명한 것으로 틀린 것은?

① 절대습도 저하
② 상대습도 저하
③ 비체적 저하
④ 건구온도 저하

해설
공기가 노점온도보다 낮은 냉각코일을 통과하였을 때 상대습도는 높아진다.

47 팬의 효율을 표시하는 데 있어서 사용되는 전압효율에 대한 올바른 정의는?

① $\dfrac{축동력}{공기동력}$ ② $\dfrac{공기동력}{축동력}$

③ $\dfrac{회전속도}{송풍기 크기}$ ④ $\dfrac{송풍기 크기}{회전속도}$

해설
전압효율 = $\dfrac{공기동력}{축동력}$

48 다음 중 일반적으로 실내공기의 오염 정도를 알아보는 지표로 사용하는 것은?

① CO_2 농도
② CO 농도
③ PM 농도
④ H 농도

해설
실내공기의 오염 정도를 알아보는 지표 : CO_2 농도

49 덕트에서 사용되는 댐퍼의 사용목적에 관한 설명으로 틀린 것은?

① 풍량 조절 댐퍼 – 공기량을 조절하는 댐퍼
② 배연 댐퍼 – 배연덕트에서 사용되는 댐퍼
③ 방화 댐퍼 – 화재 시에 연기를 배출하기 위한 댐퍼
④ 모터 댐퍼 – 자동제어장치에 의해 풍량 조절을 위해 모터로 구동되는 댐퍼

해설
방화 댐퍼 : 화재 시에 화염을 차단하기 위한 댐퍼이다.

정답 46 ② 47 ② 48 ① 49 ③

50 실내 현열 손실량이 5,000kcal/h일 때, 실내 온도를 20℃로 유지하기 위해 36℃ 공기 몇 m³/h를 실내로 송풍해야 하는가?(단, 공기의 비중량은 1.2kgf/m³, 정압비열은 0.24kcal/kg·℃이다)

① 985m³/h
② 1,085m³/h
③ 1,250m³/h
④ 1,350m³/h

해설
실내 취득 열량 $= 0.24\gamma Q(t_2 - t_1)$
$5,000 = 0.24 \times 1.2 \times x \times (36-20)$
∴ $x ≒ 1,085$m³/h

51 공기세정기에서 유입되는 공기를 정화시키기 위해 설치하는 것은?

① 루 버
② 댐 퍼
③ 분무노즐
④ 일리미네이터

해설
루버 : 공기세정기에서 유입되는 공기를 정화시키기 위해 설치한다.

52 단일 덕트 정풍량 방식의 특징으로 옳은 것은?

① 각 실마다 부하변동에 대응하기가 곤란하다.
② 외기도입을 충분히 할 수 없다.
③ 냉풍과 온풍을 동시에 공급할 수가 있다.
④ 변풍량에 비하여 에너지 소비가 적다.

해설
단일 덕트 정풍량 방식 : 건물 내 장소에 따라 부하변동의 상황이 달라질 경우 구역 구분을 통해 구역마다 공조기를 설치하여 부하처리를 하는 방식

53 보일러에서 배기가스의 현열을 이용하여 급수를 예열하는 장치는?

① 절탄기
② 재열기
③ 증기과열기
④ 공기가열기

해설
절탄기 : 보일러 전열면(傳熱面)을 가열하고 난 연도(煙道) 가스에 의하여 보일러 급수를 가열하는 장치

정답 50 ② 51 ① 52 ① 53 ①

54 감습장치에 대한 설명으로 옳은 것은?

① 냉각식 감습장치는 감습만을 목적으로 사용하는 경우 경제적이다.
② 압축식 감습장치는 감습만을 목적으로 하면 소요동력이 커서 비경제적이다.
③ 흡착식 감습장치는 액체에 의한 감습법보다 효율이 좋으나 낮은 노점까지 감습이 어려워 주로 큰 용량의 것에 적합하다.
④ 흡수식 감습장치는 흡착식에 비해 감습효율이 떨어져 소규모 용량에만 적합하다.

해설
감습장치
- 냉각 감습장치 : 냉각코일, 공기세정기를 이용한다.
- 압축 감습장치 : 공기를 압축하여 여분의 수분을 응축시키는 방법으로 소요동력이 커서 비경제적이다.
- 흡착식 감습장치 : 실리카겔, 아드 소울, 활성알루미나 등의 반고체, 고체 흡수제를 사용하여 감습한다(극저습도용).
- 흡수식 감습장치 : 염화리튬, 트라이에틸렌글리콜 등의 액체 흡수제를 이용한다.

55 실내 상태점을 통과하는 현열비선과 포화곡선과의 교점을 나타내는 온도로서, 취출 공기가 실내 잠열부하에 상당하는 수분을 제거하는 데 필요한 코일 표면온도를 무엇이라 하는가?

① 혼합온도
② 바이패스 온도
③ 실내 장치노점온도
④ 설계온도

해설
실내 장치노점온도 : 실내 상태점을 통과하는 현열비선과 포화곡선과의 교점을 나타내는 온도

56 다음 중 개별식 공조방식에 해당되는 것은?

① 팬코일 유닛방식(덕트 병용)
② 유인유닛방식
③ 패키지 유닛방식
④ 단일 덕트방식

해설
개별식 공조방식
- 패키지방식 : 냉수배관, 복잡한 덕트 등이 없다.
- 룸 쿨러방식
- 멀티유닛방식

57 증기난방에 사용되는 부속기기인 감압밸브를 설치하는 데 있어서 주의사항으로 틀린 것은?

① 감압밸브는 가능한 한 사용 개소에 가까운 곳에 설치한다.
② 감압밸브로 응축수를 제거한 증기가 들어오지 않도록 한다.
③ 감압밸브 앞에는 반드시 스트레이너를 설치하도록 한다.
④ 바이패스는 수평 또는 위로 설치하고, 감압밸브의 구경과 동일 구경으로 하거나 1차측 배관지름보다 한 치수 작은 것으로 한다.

해설
감압밸브 설치 시 주의사항
- 감압밸브는 가능한 한 사용 개소에 가까운 곳에 설치한다.
- 감압밸브 앞에서 기수분리기 또는 스팀트랩에 의해 응축수가 제거되어야 한다.
- 감압밸브에는 반드시 스트레이너를 설치해야 한다.
- 바이패스는 감압밸브와 수평 또는 위로 설치하는 것이 좋으며 바이패스 밸브의 구경은 감압밸브의 구경과 동일한 구경 혹은 1차측 배관지름보다 한 치수 작은 것으로 한다.

정답 54 ② 55 ③ 56 ③ 57 ②

58 회전식 전열교환기의 특징에 관한 설명으로 틀린 것은?

① 로터의 상부에 외기공기를 통과하고 하부에 실내공기가 통과한다.
② 열교환은 현열뿐만 아니라 잠열도 동시에 이루어진다.
③ 로터를 회전시키면서 실내공기의 배기공기와 외기공기를 열교환한다.
④ 배기공기는 오염물질이 포함되지 않으므로 필터를 설치할 필요가 없다.

해설
회전식 전열교환기는 배기공기와 외기공기를 열교환시키는 공기 대 공기 열교환기로서 외기 도입 시 에어필터를 설치해야 한다.

59 온풍난방에 대한 장점이 아닌 것은?

① 예열시간이 짧다.
② 실내 온습도 조절이 비교적 용이하다.
③ 기기 설치 장소의 선정이 자유롭다.
④ 단열 및 기밀성이 좋지 않은 건물에 적합하다.

해설
온풍난방의 특성
- 열효율이 높고 연료비가 적게 든다.
- 설비비가 싸다.
- 설치면적이 작다.
- 설치가 쉽고 보수관리가 용이하다.
- 집진은 물론 가습도 가능하다.
- 열용량이 적고 예열기간이 짧다.
- 예열부하가 적고 소형이다.
- 자동운전이 가능하다.

60 다음 설명 중 틀린 것은?

① 대기압에서 0℃ 물의 증발잠열은 약 597.3kcal/kg이다.
② 대기압에서 0℃ 공기의 정압비열은 약 0.44kcal/kg·℃이다.
③ 대기압에서 20℃의 공기 비중량은 약 1.2kgf/m^3이다.
④ 공기의 평균 분자량은 약 28.96kg/kmol이다.

해설
대기압에서 0℃ 공기의 정압비열은 약 0.24kcal/kg·℃이다.

2016년 제4회 과년도 기출문제

01 보일러 운전 중 수위가 저하되었을 때 위해를 방지하기 위한 장치는?

① 화염검출기
② 압력차단기
③ 방폭문
④ 저수위 경보장치

해설
저수위 경보장치 : 보일러 운전 중 수위가 저하되었을 때 위해를 방지하기 위한 장치

02 보호구를 선택 시 유의사항으로 적절하지 않은 것은?

① 용도에 알맞아야 한다.
② 품질이 보증된 것이어야 한다.
③ 쓰기 쉽고 취급이 쉬워야 한다.
④ 겉모양이 호화스러워야 한다.

해설
보호구의 구비조건
• 착용이 간편할 것
• 작업에 방해를 주지 않을 것
• 유해, 위험요소에 대한 방호가 완전할 것
• 재료의 품질이 우수할 것
• 구조 및 표면가공이 우수할 것
• 외관상 보기 좋을 것

03 보일러 취급 시 주의사항으로 틀린 것은?

① 보일러의 수면계 수위는 중간 위치를 기준 수위로 한다.
② 점화 전에 미연소가스를 방출시킨다.
③ 연료계통의 누설 여부를 수시로 확인한다.
④ 보일러 저부의 침전물 배출은 부하가 가장 클 때 하는 것이 좋다.

해설
분출의 시기
• 다음날 아침 보일러를 가동하기 전
• 보일러 부하가 가장 가벼울 때
• 프라이밍 · 포밍 발생 시
• 고수위일 때

정답 1 ④ 2 ④ 3 ④

04 보일러 취급 부주의로 작업자가 화상을 입었을 때 응급처치방법으로 적당하지 않은 것은?

① 냉수를 이용하여 화상부의 화기를 빼도록 한다.
② 물집이 생겼으면 터뜨리지 않고 상처 부위를 보호한다.
③ 기계유나 변압기유를 바른다.
④ 상처 부위를 깨끗이 소독한 다음 상처를 보호한다.

해설
화상에 대한 응급처치
- 응급처치의 목표는 화상면에서 공기를 제거하고 동통(疼痛)을 없애며 전염을 예방하는 데 있다.
- 손상받은 부위의 옷은 다 벗기는데 만약 조금이라도 피부에 붙어있을 때에는 반드시 그 주위만 잘라내고 붙은 곳은 그대로 둔다.
- 환자는 다친 곳만 남기고 잘 덮어서 춥지 않게 하여야 하며, 화상 부위에 전염 예방 붕대를 하고 그 위에 붕대를 느슨하게 감아 준다.
- 광범위하게 화상을 입었을 때는 호스나 그릇으로 물을 뿌리고 청결한 포로 덮은 후 병원에 간다.
- 글리세린이나 기름을 응급처치에 사용하면 나중에 의사가 치료를 시작할 때 녹이는 약으로 화상 입은 부위를 깨끗이 씻어내야 하므로 치료가 늦어지며 매우 아프다.
- 0.5~1.0%의 피크르산 거즈는 화상을 처치하는 붕대로 가장 많이 사용되며, 타닌산도 보편적으로 사용되고 있다.
- 환자가 물을 먹고 싶어 하는 대로 먹이되 여러 번으로 나누어서 조금씩 주는 것이 좋다.

05 가스용접 작업 시 유의사항으로 적절하지 못한 것은?

① 산소병은 60℃ 이하 온도에서 보관하고 직사광선을 피해야 한다.
② 작업자의 눈을 보호하기 위해 차광안경을 착용해야 한다.
③ 가스 누설의 점검을 수시로 해야 하며 점검은 비눗물로 한다.
④ 가스용접장치는 화기로부터 일정거리 이상 떨어진 곳에 설치해야 한다.

해설
산소병은 40℃ 이하 온도에서 보관하고 직사광선을 피해야 한다.

06 다음 중 발화온도가 낮아지는 조건으로 옳은 것은?

① 발열량이 높을수록
② 압력이 낮을수록
③ 산소농도가 낮을수록
④ 열전도도가 높을수록

해설
발화온도가 낮아지는 조건
- 발열량이 높을수록
- 산소농도가 높을수록
- 압력이 높을수록
- 분자구조가 복잡할수록

07 산소-아세틸렌 용접 시 역화의 원인으로 가장 거리가 먼 것은?

① 토치 팁이 과열되었을 때
② 토치에 절연장치가 없을 때
③ 사용가스의 압력이 부적당할 때
④ 토치 팁 끝이 이물질로 막혔을 때

해설
역화의 원인
- 토치의 팁이 과열되었을 때
- 토치의 취급이 불량할 때
- 토치 팁의 끝이 이물질로 막혀 있을 때
- 토치의 성능이 불량할 때
- 아세틸렌 공급압력이 낮을 때

08 안전사고의 원인으로 불안전한 행동(인적 원인)에 해당하는 것은?

① 불안전한 상태 방치
② 구조재료의 부적합
③ 작업환경의 결함
④ 복장 보호구의 결함

해설
직접적인 원인
- 불안전한 행동(인적 원인)
  - 위험장소 접근 및 불안전한 조작, 상태 방치
  - 안전장치의 기능 제거 및 불안전한 자세, 동작
  - 기계, 기구의 잘못된 사용 및 운전 중인 기계장치의 손실
  - 복장, 보호구의 잘못된 사용 및 감독, 연락 불충분
- 불안전한 상태(물적 원인)
  - 기계 자체, 안전장치, 방호장치의 결함
  - 보호구 및 작업장소의 결함
  - 작업환경의 결함
  - 생산공정 및 설비의 결함

09 기계설비에서 일어나는 사고의 위험요소로 가장 거리가 먼 것은?

① 협착점   ② 끼임점
③ 고정점   ④ 절단점

해설
사고의 위험점 : 협착점, 끼임점, 절단점, 물림점, 회전말림점

10 줄 작업 시 안전사항으로 틀린 것은?

① 줄의 균열 유무를 확인한다.
② 부러진 줄은 용접하여 사용한다.
③ 줄은 손잡이가 정상인 것만을 사용한다.
④ 줄 작업에서 생긴 가루는 입으로 불지 않는다.

해설
부러진 줄은 용접하여 사용하면 위험성이 증대된다.

11 해머(Hammer)의 사용에 관한 유의사항으로 가장 거리가 먼 것은?

① 쐐기를 박아서 손잡이가 튼튼하게 박힌 것을 사용한다.
② 열간 작업 시에는 식히는 작업을 하지 않아도 계속해서 작업할 수 있다.
③ 타격면이 닳아 경사진 것은 사용하지 않는다.
④ 장갑을 끼지 않고 작업을 진행한다.

해설
망치(해머) 작업
- 열처리된 것을 망치로 때리면 튀기 쉽고 부러진다.
- 손잡이에 금이 갔거나 망치 머리가 손상된 것은 사용하지 않는다.
- 장갑을 낀 손이나 기름이 묻은 손으로 작업하지 않는다.
- 재료나 물체의 요철이나 경사진 면은 특별히 주의하여야 한다.

12 재해예방의 4가지 기본원칙에 해당되지 않는 것은?

① 대책선정의 원칙
② 손실우연의 원칙
③ 예방가능의 원칙
④ 재해통계의 원칙

해설
재해예방의 4원칙
- 대책선정의 원칙 : 재해의 원인이 각기 다르므로 원인을 정확히 규명해서 대책을 선정·실시해야 한다.
- 손실우연의 원칙 : 손실은 사고 발생 시의 조건 및 상황에 따라 달라지므로 손실은 우연성에 의해 결정된다.
- 예방가능의 원칙 : 재해는 원칙적으로 원인만 제거되면 예방이 가능하다.
- 원인연계의 원칙 : 여러 요소들이 복합적으로 작용하여 재해를 유발한다.

13 아크용접작업 기구 중 보호구와 관계없는 것은?

① 용접용 보안면
② 용접용 앞치마
③ 용접용 홀더
④ 용접용 장갑

해설
용접용 홀더는 아크용접작업 기구의 도구이다.

14 안전관리 관리감독자의 업무로 가장 거리가 먼 것은?

① 작업 전후 안전점검 실시
② 안전작업에 관한 교육훈련
③ 작업의 감독 및 지시
④ 재해 보고서 작성

해설
관리감독자의 업무 등(산업안전보건법 시행령 제15조)
- 기계·기구 또는 설비의 안전·보건점검 및 이상 유무의 확인
- 근로자의 작업복·보호구 및 방호장치의 점검과 그 착용·사용에 관한 교육·지도
- 해당 작업에서 발생한 산업재해에 관한 보고 및 이에 대한 응급조치
- 해당 작업의 작업장 정리·정돈 및 통로 확보에 대한 확인·감독
- 해당 사업장의 산업보건의, 안전관리자, 보건관리자, 안전보건관리담당자의 지도·조건에 대한 협조
- 위험성평가를 위한 업무에 기인하는 유해·위험요인의 파악에 대한 참여 및 개선조치의 시행에 대한 참여
- 그 밖에 해당 작업의 안전·보건에 관한 사항으로서 고용노동부령으로 정하는 사항

15 정(Chisel)의 사용 시 안전관리에 적합하지 않은 것은?

① 비산 방지판을 세운다.
② 올바른 치수와 형태의 것을 사용한다.
③ 칩이 끊어져 나갈 무렵에는 힘을 주어 때린다.
④ 담금질한 재료는 정으로 작업하지 않는다.

해설
정 사용 시 칩이 끊어져 나갈 무렵에는 힘을 약하게 때린다.

16 저항이 250Ω이고, 40W인 전구가 있다. 점등 시 전구에 흐르는 전류는?

① 0.1A ② 0.4A
③ 2.5A ④ 6.2A

해설
$P = VI$ 에서 $V = IR$ 이므로
$P = I^2 R$
$I = \sqrt{\dfrac{P}{R}} = \sqrt{\dfrac{40}{250}} = 0.4\text{A}$

17 바깥지름 54mm, 길이 2.66m, 냉각관수 28개로 된 응축기가 있다. 입구 냉각수온 22℃, 출구 냉각수온 28℃이며 응축온도는 30℃이다. 이때 응축부하는?(단, 냉각관의 열통과율은 900kcal/m²·h·℃이고, 온도차는 산술 평균 온도차를 이용한다)

① 25,300kcal/h
② 43,700kcal/h
③ 56,859kcal/h
④ 79,682kcal/h

해설
응축기 방열량
$Q_L = K \times A \times \Delta t_m$
$= 900 \times (\pi \times 0.054 \times 2.66 \times 28) \times \left(30 - \dfrac{22+28}{2}\right)$
$\fallingdotseq 56{,}858.6\text{kcal/h}$

18 관 절단 후 절단부에 생기는 거스러미를 제거하는 공구로 가장 적절한 것은?

① 클 립 ② 사이징 툴
③ 파이프 리머 ④ 쇠 톱

해설
- 파이프 리머 : 절단한 파이프 내면을 매끄럽게 다듬는 공구
- 바이스 : 파이프나 공작물을 물리는 장치
- 핸드 탭 : 암나사를 내는 공구

19 암모니아(NH_3) 냉매에 대한 설명으로 틀린 것은?

① 수분에 잘 용해된다.
② 윤활유에 잘 용해된다.
③ 독성, 가연성, 폭발성이 있다.
④ 전열 성능이 양호하다.

해설
암모니아 냉매는 윤활유에 잘 용해되지 않는다.

정답 16 ② 17 ③ 18 ③ 19 ②

20 자기유지(Self Holding)에 관한 설명으로 옳은 것은?

① 계전기 코일에 전류를 흘려서 여자시키는 것
② 계전기 코일에 전류를 차단하여 자화 성질을 잃게 되는 것
③ 기기의 미소 시간 동작을 위해 동작되는 것
④ 계전기가 여자된 후에도 동작 기능이 계속해서 유지되는 것

해설
자기유지(Self Holding) : 계전기가 여자된 후에도 동작 기능이 계속 유지되는 것

21 냉동기에서 열교환기는 고온유체와 저온유체를 직접 혼합 또는 원형 동관으로 유체를 분리하여 열교환하는데, 다음 설명 중 옳은 것은?

① 동관 내부를 흐르는 유체는 전도에 의한 열전달이 된다.
② 동관 내벽에서 외벽으로 통과할 때는 복사에 의한 열전달이 된다.
③ 동관 외벽에서는 대류에 의한 열전달이 된다.
④ 동관 내부에서 동관 외벽까지 복사, 전도, 대류의 열전달이 된다.

해설
동관 내부를 흐르는 유체, 동관 외벽에서는 대류에 의한 열전달이 된다.

22 증발열을 이용한 냉동법이 아닌 것은?

① 압축기체 팽창 냉동법
② 증기분사식 냉동법
③ 증기압축식 냉동법
④ 흡수식 냉동법

해설
압축기체 팽창식은 증발열을 이용한 냉동법이 아니라 물리적인 기계의 힘을 이용해서 냉동시키는 방법이다.

23 열전 냉동법의 특징에 관한 설명으로 틀린 것은?

① 운전 부분으로 인해 소음과 진동이 생긴다.
② 냉매가 필요 없으므로 냉매 누설로 인한 환경오염이 없다.
③ 성적계수가 증기압축식에 비하여 월등히 떨어진다.
④ 열전소자의 크기가 작고 가벼워 냉동기를 소형, 경량으로 만들 수 있다.

해설
펠티에 효과, 즉 열전기쌍에 열기전력에 저항하는 전류를 통하게 하면 고온접점 쪽에서 발열하고, 저온접점 쪽에서 흡열(따라서 냉각)이 이루어지는 효과를 이용하여 냉각공간을 얻는 방법으로 소음과 진동이 없다.

24 왕복식 압축기 크랭크축이 관통하는 부분에 냉매나 오일이 누설되는 것을 방지하는 것은?

① 오일링
② 압축링
③ 축봉장치
④ 실린더재킷

해설
축봉장치 : 왕복식 압축기 크랭크축이 관통하는 부분에 냉매나 오일이 누설되는 것을 방지하는 것

25 냉동장치에 사용하는 윤활유인 냉동기유의 구비조건으로 틀린 것은?

① 응고점이 낮아 저온에서도 유동성이 좋을 것
② 인화점이 높을 것
③ 냉매와 분리성이 좋을 것
④ 왁스(Wax) 성분이 많을 것

해설
윤활유의 구비조건
• 응고점이 낮고 인화점이 높을 것
• 점도가 알맞고 변질되지 않을 것
• 수분이 포함되지 않을 것
• 불순물이 없고 전기적인 절연내력이 클 것
• 저온에서 왁스(Wax) 분리가 되지 않으며 냉매가스 흡수가 적을 것
• 냉매가스가 흡수하여도 용적 증기가 적을 것
• 장기 휴지 중 방청능력이 있을 것이며, 오일 포밍에 소포성이 있을 것

26 불연속 제어에 속하는 것은?

① On-off 제어
② 비례제어
③ 미분제어
④ 적분제어

해설
불연속 동작 : On-off 동작(2위치 동작), 다위치 동작

27 다음의 $P-h$(몰리에르) 선도는 현재 어떤 상태를 나타내는 사이클인가?

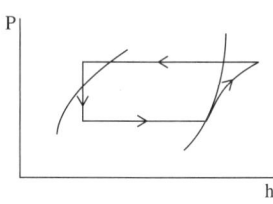

① 습냉각
② 과열압축
③ 습압축
④ 과냉각

해설
과냉각을 나타내는 몰리에르 선도이다.

28 냉동기에 냉매를 충전하는 방법으로 틀린 것은?

① 액관으로 충전한다.
② 수액기로 충전한다.
③ 유분리기로 충전한다.
④ 압축기 흡입측에 냉매를 기화시켜 충전한다.

해설
냉동기에 냉매를 충전하는 방법
• 액관으로 충전한다.
• 수액기로 충전한다.
• 압축기 흡입측에 냉매를 기화시켜 충전한다.

29 브라인을 사용할 때 금속의 부식방지법으로 틀린 것은?

① 브라인 pH를 7.5~8.2 정도로 유지한다.
② 공기와 접촉시키고, 산소를 용입시킨다.
③ 산성이 강하면 가성소다로 중화시킨다.
④ 방청제를 첨가한다.

해설
브라인은 공기와 접촉 시 부식이 촉진된다.

30 흡수식 냉동기에 관한 설명으로 틀린 것은?

① 압축식에 비해 소음과 진동이 적다.
② 증기, 온수 등 배열을 이용할 수 있다.
③ 압축식에 비해 설치면적 및 중량이 크다.
④ 흡수식은 냉매를 기계적으로 압축하는 방식이며, 열적(熱的)으로 압축하는 방식은 증기압축식이다.

해설
흡수식은 냉매를 열적으로 압축하는 방식이며 기계적으로 압축하는 방식은 증기압축식이다.

31 주파수가 60Hz인 상용 교류에서 각속도는?

① 141rad/s ② 171rad/s
③ 377rad/s ④ 623rad/s

해설
ω(각속도) = $2\pi f$(주파수) = $2 \times 3.14 \times 60 ≒ 377$rad/s

28 ③ 29 ② 30 ④ 31 ③

32 흡입압력 조정밸브(SPR)에 대한 설명으로 틀린 것은?

① 흡입압력이 일정 압력 이하가 되는 것을 방지한다.
② 저전압에서 높은 압력으로 운전될 때 사용한다.
③ 종류에는 직동식, 내부 파일럿 작동식, 외부 파일럿 작동식 등이 있다.
④ 흡입압력의 변동이 많은 경우에 사용한다.

해설
흡입압력 조정밸브는 흡입압력이 일정 압력 이상이 되는 것을 방지한다.

33 다음 중 제빙장치의 주요 기기에 해당되지 않는 것은?

① 교반기
② 양빙기
③ 송풍기
④ 탈빙기

해설
제빙장치의 주요 기기 : 교반기, 양빙기, 탈빙기

34 다음 중 프로세스 제어에 속하는 것은?

① 전 압
② 전 류
③ 유 량
④ 속 도

해설
프로세스 제어 : 온도, 유량, 농도 등 공업 프로세스의 상태를 표시하는 양의 제어를 말한다.

35 배관의 신축이음쇠의 종류로 가장 거리가 먼 것은?

① 스위블형
② 루프형
③ 트랩형
④ 벨로스형

해설
신축이음의 종류
- 루프형(만곡형) : 강관 또는 동관을 굽혀서 루프상의 곡관을 만들어 그 힘에 의해서 신축을 흡수하는 방식이다(곡률반경은 관 지름의 6배 이상으로 한다).
- 벨로스형(파상형) : 온도 변화에 의한 관의 신축을 벨로스(파형 주름관)의 신축 변형에 의해서 흡수시키는 방식으로, 팩리스(Pack Less) 신축이음이라고도 한다.
- 슬리브형(미끄럼형) : 이음 본체와 슬리브 파이프로 구성되며 최고압력 10kg/cm² 정도의 저압증기배관 또는 온도 변화가 심한 물, 기름, 증기 등의 배관에 사용하며 과열증기배관에는 부적합하다.
- 스위블형(스윙형) : 스윙조인트 또는 지블이음이라고도 한다. 온수 또는 저압 증기의 분기점을 2개 이상의 엘보로 연결하여 관의 신축 시에 비틀림을 일으켜 신축을 흡수하여 주로 온수 급탕배관에 사용한다.

36 증기분사 냉동법에 관한 설명으로 옳은 것은?

① 융해열을 이용하는 방법
② 승화열을 이용하는 방법
③ 증발열을 이용하는 방법
④ 펠티에 효과를 이용하는 방법

해설
증기분사 냉동법 : 냉매는 물이며, 스팀 이젝터(Steam Ejector)의 분사력을 이용한다. 증발기 내부의 압력을 저하시켜 수분을 증발시키고, 나머지 물은 증발열을 빼앗겨 냉각된다. 즉, 다량의 증기를 분사할 때의 부압작용을 이용하여 냉동을 행하는 방법이다.

37 냉동장치에 수분이 침입되었을 때 에멀션 현상이 일어나는 냉매는?

① 황 산　② R-12
③ R-22　④ NH₃

38 역카르노 사이클에 대한 설명으로 옳은 것은?

① 2개의 압축과정과 2개의 증발과정으로 이루어져 있다.
② 2개의 압축과정과 2개의 응축과정으로 이루어져 있다.
③ 2개의 단열과정과 2개의 등온과정으로 이루어져 있다.
④ 2개의 증발과정과 2개의 응축과정으로 이루어져 있다.

[해설]
카르노 사이클이 역으로 순환하는 사이클을 역카르노 사이클이라 하며 이상적인 냉동사이클로서 단열과정 2개와 등온과정 2개로 구성되어 있다.

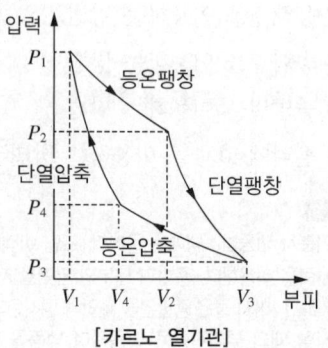

[카르노 열기관]

39 프레온 냉동장치의 배관에 사용되는 재료로 가장 거리가 먼 것은?

① 배관용 탄소강 강관
② 배관용 스테인리스 강관
③ 이음매 없는 동관
④ 탈산 동관

[해설]
프레온은 수분 존재 시 탄소강을 부식시킨다.

40 표준 냉동사이클의 몰리에르($P-h$) 선도에서 압력이 일정하고, 온도가 저하되는 과정은?

① 압축과정　② 응축과정
③ 팽창과정　④ 증발과정

[해설]
응축과정 : 표준 냉동사이클의 몰리에르($P-h$) 선도에서 압력이 일정하고, 온도가 저하되는 과정

41 냉동장치에서 가스 퍼저(Purger)를 설치할 경우 가스의 인입선은 어디에 설치해야 하는가?

① 응축기와 증발기 사이에 한다.
② 수액기와 팽창밸브 사이에 한다.
③ 응축기와 수액기의 균압관에 한다.
④ 압축기의 토출관으로부터 응축기의 3/4 되는 곳에 한다.

해설
냉동장치에서 가스 퍼저(Purger)를 설치할 경우 가스의 인입선은 응축기와 수액기의 균압관에 설치한다.

42 배관의 중간이나 밸브, 각종 기기의 접속 및 보수점검을 위하여 관의 해체 또는 교환 시 필요한 부속품은?

① 플랜지   ② 소 켓
③ 밴 드   ④ 바이패스관

해설
분해 조립이 가능한 배관 부품 : 플랜지, 유니언
관 이음쇠 종류

목 적	종 류
배관 방향을 바꿀 때	엘보, 밴드, 이경 엘보, 암수엘보
관을 도중에서 분기할 때	티, 이경 티, 암수티, 와이, 크로스
지름이 같은 관의 직선 연결	소켓, 유니언, 플랜지, 니플
지름이 다른 관의 연결	부싱, 이경 소켓(리듀서), 이경 엘보, 이경 티
관 끝을 막을 때	캡, 플러그, 블라인드 플랜지
관의 수리, 점검, 교체가 필요할 때	유니언(50A 이하의 관에 사용), 플랜지

43 저단측 토출가스의 온도를 냉각시켜 고단측 압축기가 과열되는 것을 방지하는 것은?

① 부스터   ② 인터쿨러
③ 팽창탱크   ④ 콤파운드 압축기

해설
중간 냉각기(인터쿨러)
저단측 토출가스의 온도를 냉각시켜 고단측 압축기가 과열되는 것을 방지하는 것이다.

44 축봉장치(Shaft Seal)의 역할로 가장 거리가 먼 것은?

① 냉매 누설 방지
② 오일 누설 방지
③ 외기 침입 방지
④ 전동기의 슬립(Slip) 방지

해설
축봉장치(Shaft Seal)의 역할
• 냉매 누설 방지
• 오일 누설 방지
• 외기 침입 방지

[정답] 41 ③ 42 ① 43 ② 44 ④

45 냉동사이클에서 증발온도를 일정하게 하고 응축온도를 상승시켰을 경우의 상태변화로 옳은 것은?

① 소요동력 감소
② 냉동능력 증대
③ 성적계수 증대
④ 토출가스 온도 상승

해설
냉동사이클에서 증발온도를 일정하게 하고 응축온도를 상승시켰을 경우의 상태변화
- 소요동력 증대
- 냉동능력 감소
- 성적계수 감소
- 토출가스 온도 상승

46 개별공조방식의 특징이 아닌 것은?

① 취급이 간단하다.
② 외기 냉방을 할 수 있다.
③ 국소적인 운전이 자유롭다.
④ 중앙방식에 비해 소음과 진동이 크다.

해설
개별공조방식
- 개별제어가 가능하고 대량 생산하므로 운전비가 싸다.
- 이동 및 보관, 자동 조작이 가능하여 편리하다.
- 여과기의 불완전으로 실내공기의 청정도가 나쁘고 소음이 크다.
- 설치가 간단하나 대용량의 경우 공조기 수가 증가하므로 중앙식보다 설비비가 많이 들 수 있다.
- 외기 냉방을 할 수 없다.

47 공조방식 중 각층 유닛방식의 특징으로 틀린 것은?

① 각 층의 공조기 설치로 소음과 진동의 발생이 없다.
② 각 층별로 부분 부하운전이 가능하다.
③ 중앙기계실의 면적을 작게 차지하고 송풍기 동력도 작게 든다.
④ 각층 슬래브의 관통 덕트가 없게 되므로 방재상 유리하다.

해설
유닛방식은 각 층의 공조기 설치로 소음과 진동이 발생한다.

48 환기방법 중 제1종 환기법으로 옳은 것은?

① 자연급기와 강제배기
② 강제급기와 자연배기
③ 강제급기와 강제배기
④ 자연급기와 자연배기

해설
- 제1종 기계환기법: 급기 → 송풍기, 배기 → 송풍기
- 제2종 기계환기법: 급기 → 송풍기, 배기 → 자연
- 제3종 기계환기법: 급기 → 자연, 배기 → 송풍기
※ 기계환기: 강제로 기계의 힘에 의하여 환기하는 방식

49 외기온도 −5℃일 때 공급공기를 18℃로 유지하는 열펌프로 난방을 한다. 방의 총열손실이 50,000 kcal/h일 때 외기로부터 얻은 열량은?

① 43,500kcal/h ② 46,047kcal/h
③ 50,000kcal/h ④ 53,255kcal/h

해설

Q = 방의 총열손실 × $\dfrac{외기절대온도}{난방절대온도}$

$= 50,000 × \dfrac{(273-5)}{(273+18)} = 46,047 \dfrac{kcal}{h}$

50 외기온도가 32.3℃, 실내온도가 26℃이고, 일사를 받은 벽의 상당온도차가 22.5℃, 벽체의 열관류율이 3kcal/m²·h·℃일 때, 벽체의 단위 면적당 이동하는 열량은?

① 18.9kcal/m²·h
② 67.5kcal/m²·h
③ 96.9kcal/m²·h
④ 101.8kcal/m²·h

해설

벽체의 단위 면적당 이동하는 열량 = 열관류율 × 상당온도차
$= 3 × 22.5$
$= 67.5 kcal/m²·h$

51 프로펠러의 회전에 의하여 축 방향으로 공기를 흐르게 하는 송풍기는?

① 관류 송풍기
② 축류 송풍기
③ 터보 송풍기
④ 크로스 플로 송풍기

해설

축류 송풍기 : 프로펠러의 회전에 의하여 축 방향으로 공기를 흐르게 하는 송풍기

52 (가), (나), (다)와 같은 관로의 국부저항계수(전압기준)가 큰 것부터 작은 순서로 나열한 것은?

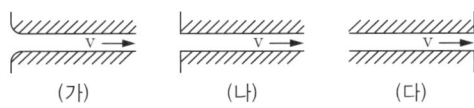

① (가) > (나) > (다)
② (가) > (다) > (나)
③ (나) > (다) > (가)
④ (다) > (나) > (가)

53 다음 중 건조 공기의 구성요소가 아닌 것은?

① 산 소   ② 질 소
③ 수증기   ④ 이산화탄소

해설

수증기가 포함된 공기는 습공기이다.

54 셀 앤드 튜브(Shell & Tube)형 열교환기에 관한 설명으로 옳은 것은?

① 전열관 내 유속은 내식성이나 내마모성을 고려하여 약 1.8m/s 이하가 되도록 하는 것이 바람직하다.
② 동관을 전열관으로 사용할 경우 유체 온도는 200℃ 이상이 좋다.
③ 증기와 온수의 흐름은 열교환 측면에서 병행류가 바람직하다.
④ 열관류율은 재료와 유체의 종류에 상관없이 거의 일정하다.

해설
셀 앤드 튜브(Shell & Tube)형 열교환기
• 전열관 내 유속은 내식성이나 내마모성을 고려하여 약 1.8m/s 이하가 되도록 하는 것이 바람직하다.
• 동관을 전열관으로 사용할 경우 유체 온도는 150℃ 이하가 좋다.
• 증기과 온수의 흐름은 수평 흐름이 바람직하다.
• 열관류율은 재료와 유체의 종류에 따라 다르다.

55 보일러에서 공기예열기 사용에 따라 나타나는 현상으로 틀린 것은?

① 열효율 증가
② 연소효율 증대
③ 저질탄 연소 가능
④ 노 내 연소속도 감소

해설
공기예열기 사용에 따라 나타나는 현상
• 열효율 증가
• 연소효율 증대
• 저질탄 연소 가능
• 노 내 연소속도 증가

56 공기조화시스템의 열원장치 중 보일러에 부착되는 안전장치로 가장 거리가 먼 것은?

① 감압밸브   ② 안전밸브
③ 화염검출기   ④ 저수위 경보장치

해설
감압밸브는 송기장치이다.

57 가습방식에 따른 분류로 수분무식 가습기가 아닌 것은?

① 원심식   ② 초음파식
③ 모세관식   ④ 분무식

해설
가습기의 종류
• 수분무식 : 초음파식, 분무식, 원심식
• 증기식 가습기 : 전극식, 간접증기식, 전열식, 적외선식, 증기분무식
• 기화식 : 적하침투기화식

58 물질의 상태는 변화하지 않고, 온도만 변화시키는 열을 무엇이라고 하는가?

① 현 열 ② 잠 열
③ 비 열 ④ 융해열

해설
잠열(숨은열)과 현열(감열) 및 열용량
- 잠열(숨은열) : 온도 변화 없이 상태를 변화시키는 데 필요한 열
- 현열(감열) : 상태 변화 없이 온도를 변화시키는 데 필요한 열
- 증발잠열(기화잠열) : 액체가 일정한 온도에서 증발할 때 필요한 열
- 열용량(Heat Capacity) : 어떤 물질의 온도를 1℃만큼 올리는 데 필요한 열량이며 그 단위는 kcal/℃이다.
열용량(Q) = 물질의 질량(m) × 비열(C)

59 축류형 송풍기의 크기는 송풍기의 번호로 나타내는데, 회전날개의 지름(mm)을 얼마로 나눈 것을 번호(NO)로 나타내는가?

① 100 ② 150
③ 175 ④ 200

해설
- 다익형(원심식) 송풍기 번호 = $\dfrac{날개의\ 직경(mm)}{150}$
- 축류형 송풍기 번호 = $\dfrac{날개의\ 직경(mm)}{100}$

60 송풍기의 풍량제어방식에 대한 설명으로 옳은 것은?

① 토출 댐퍼 제어방식에서 토출 댐퍼를 조이면 송풍량은 감소하나 출구 압력이 증가한다.
② 흡입 베인 제어방식에서 흡입측 베인을 조금씩 닫으면 송풍량 및 출구 압력이 모두 증가한다.
③ 흡입 댐퍼 제어방식에서 흡입 댐퍼를 조이면 송풍량 및 송풍 압력이 모두 증가한다.
④ 가변 피치 제어방식에서 피치각도를 증가시키면 송풍량은 증가하지만 압력은 감소한다.

해설
② 흡입 베인 제어방식에서 흡입측 베인을 조금씩 닫으면 송풍량은 감소하고 출구 압력이 증가한다.
③ 흡입 댐퍼 제어방식에서 흡입 댐퍼를 조이면 송풍량은 감소하고 송풍 압력이 증가한다.
④ 가변 피치 제어방식에서 피치각도를 증가시키면 송풍량은 감소하지만 압력은 증가한다.

2017년 제1회 과년도 기출복원문제

※ 2017년부터는 CBT(컴퓨터 기반 시험)로 진행되어 수험자의 기억에 의해 문제를 복원하였습니다. 실제 시행문제와 일부 상이할 수 있음을 알려드립니다.

01 기계설비에서 일어나는 사고의 위험점이 아닌 것은?

① 협착점 ② 끼임점
③ 고정점 ④ 절단점

해설
기계설비 위험점의 종류
- 협착점 : 왕복운동을 하는 동작 부분과 움직임이 없는 고정 부분 사이에 형성되는 위험점
- 끼임점 : 고정 부분과 회전하는 동작 부분이 함께 만드는 위험점
- 절단점 : 회전하는 운동 부분 자체의 위험이나 운동하는 기계 부분 자체의 위험에서 초래되는 위험점
- 물림점 : 회전하는 두 개의 회전체에 물려 들어가는 위험점
- 접선 물림점 : 회전하는 부분의 접선방향으로 물려 들어갈 위험점
- 회전 말림점 : 회전하는 물체에 작업복 등이 말려드는 위험이 존재하는 점

02 가스용접작업 시 아세틸렌가스와 접촉하는 부분에 사용해서는 안 되는 것은?

① 알루미늄 ② 납
③ 구 리   ④ 탄소강

해설
아세틸렌가스와 구리가 접촉하면 폭발성 물질인 구리 아세틸라이드를 생성하므로 위험하다.

03 가연성가스가 있는 고압가스 저장실은 그 외면으로부터 화기를 취급하는 장소까지 몇 m 이상의 우회거리를 유지해야 하는가?

① 1m ② 2m
③ 7m ④ 8m

해설
가연성가스의 가스설비 또는 저장설비는 그 외면으로부터 화기(그 설비 안의 것은 제외한다)를 취급하는 장소까지 8m의 우회거리를 두어야 하며, 그 가스설비로부터 누출된 가스가 유동하는 것을 방지하기 위한 적절한 조치를 마련해야 한다.

04 안전에 관한 정보를 제공하기 위한 안내표지의 구성 색으로 맞는 것은?

① 녹색과 흰색   ② 적색과 흑색
③ 노란색과 흑색 ④ 청색과 흰색

해설
바탕은 흰색, 기본모형 및 관련 부호는 녹색, 바탕은 녹색, 관련 부호 및 그림은 흰색

05 다음 전기에 대한 설명 중 틀린 것은?

① 전기가 흐르기 어려운 정도를 컨덕턴스라 한다.
② 일정시간 동안 전기에너지가 한 일의 양을 전력량이라 한다.
③ 일정한 도체에 가한 전압을 증가시키면 전류도 커진다.
④ 기전력은 전위차를 유지시켜 전류를 흘리는 원동력이 된다.

해설
- 컨덕턴스(Conductance) : 저항의 역수로서 전류를 잘 흐르게 하는 정도를 표시한 것
- 임피던스(Impedance) : 교류회로에서 전류가 흐르기 어려운 정도를 나타낸 것

06 용접기 취급상 주의사항으로 틀린 것은?

① 용접기는 환기가 잘되는 곳에 두어야 한다.
② 2차측 단자의 한쪽 및 용접기의 외통은 접지를 확실히 해 둔다.
③ 용접기는 지표보다 약간 낮게 두어 습기의 침입을 막아 주어야 한다.
④ 감전의 우려가 있는 곳에서는 반드시 전격방지기를 설치한 용접기를 사용한다.

해설
용접기는 지표보다 약간 높게 두어 습기의 침입을 막아 주어야 한다.

07 냉동장치를 설비 후 운전할 때 보기의 작업 순서로 올바르게 나열된 것은?

┌보기─────────────────┐
㉠ 냉각 운전   ㉡ 냉매 충전
㉢ 누설시험   ㉣ 진공시험
㉤ 배관의 방열공사
└─────────────────┘

① ㉢ → ㉣ → ㉡ → ㉤ → ㉠
② ㉣ → ㉤ → ㉢ → ㉡ → ㉠
③ ㉢ → ㉤ → ㉣ → ㉡ → ㉠
④ ㉣ → ㉡ → ㉢ → ㉤ → ㉠

해설
냉동장치를 설비 후 운전할 때의 작업 순서
누설시험 → 진공시험 → 냉매 충전 → 배관의 방열공사 → 냉각 운전

정답 5 ① 6 ③ 7 ①

08 보일러 취급 부주의로 작업자가 화상을 입었을 때 응급처치 방법으로 적당하지 않은 것은?

① 냉수를 이용하여 화상부의 화기를 빼도록 한다.
② 물집이 생겼으면 터뜨리지 않고 상처 부위를 보호한다.
③ 기계유나 변압기유를 바른다.
④ 상처 부위를 깨끗이 소독한 다음 상처를 보호한다.

해설
화상에 대한 응급처치
- 응급처치의 목표는 화상면에서 공기를 제거하고 동통(疼痛)을 없애며 전염을 예방하는 데 있다.
- 손상받은 부위의 옷은 다 벗기는데 만약 조금이라도 피부에 붙어 있을 때에는 반드시 그 주위만 잘라내고 붙은 곳은 그대로 둔다.
- 환자는 다친 곳만 남기고 잘 덮어서 춥지 않게 하여야 하며, 화상 부위에 전염 예방 붕대를 하고 그 위에 붕대를 느슨하게 감아 준다.
- 광범위하게 화상을 입었을 때는 호스나 그릇으로 물을 뿌리고 청결한 포로 덮은 후 병원에 간다.
- 글리세린이나 기름을 응급처치에 사용하면 나중에 의사가 치료를 시작할 때 녹이는 약으로 화상 입은 부위를 깨끗이 씻어내야 하므로 치료가 늦어지고 매우 아프다.
- 0.5~1.0%의 피크르산 거즈는 화상을 처치하는 붕대로 가장 많이 사용되며, 타닌산도 보편적으로 사용되고 있다.
- 환자가 물을 먹고 싶어 하는 대로 먹이되 여러 번으로 나누어서 조금씩 주는 것이 좋다.

09 안전사고의 원인으로 불안전한 행동(인적 원인)에 해당하는 것은?

① 불안전한 상태 방치
② 구조재료의 부적합
③ 작업환경의 결함
④ 복장 보호구의 결함

해설
직접적인 원인
- 불안전한 행동(인적 원인)
  - 위험장소 접근 및 불안전한 조작, 상태 방치
  - 안전장치의 기능 제거 및 불안전한 자세, 동작
  - 기계, 기구의 잘못된 사용 및 운전 중인 기계장치의 손실
  - 복장, 보호구 잘못된 사용 및 감독, 연락 불충분
- 불안전한 상태(물적 원인)
  - 기계 자체, 안전장치, 방호장치의 결함
  - 보호구 및 작업장소의 결함
  - 작업환경의 결함
  - 생산공정 및 설비의 결함

10 해머(Hammer)의 사용에 관한 유의사항으로 가장 거리가 먼 것은?

① 쐐기를 박아서 손잡이가 튼튼하게 박힌 것을 사용한다.
② 열간 작업 시에는 식히는 작업을 하지 않아도 계속해서 작업할 수 있다.
③ 타격면이 닳아 경사진 것은 사용하지 않는다.
④ 장갑을 끼지 않고 작업을 진행한다.

해설
망치(해머) 작업
- 손잡이에 금이 갔거나 망치 머리가 손상된 것은 사용하지 않는다.
- 장갑을 낀 손이나 기름이 묻은 손으로 작업하지 않는다.
- 사용할 때 처음과 마지막에는 힘을 너무 가하지 않는다.
- 망치를 휘두르기 전에 반드시 주위를 살핀다.

11 연소에 관한 설명이 잘못된 것은?

① 온도가 높을수록 연소속도가 빨라진다.
② 입자가 작을수록 연소속도가 빨라진다.
③ 촉매가 작용하면 연소속도가 빨라진다.
④ 산화되기 어려운 물질일수록 연소속도가 빨라진다.

해설
산화되기 쉬운 물질일수록 연소속도가 빨라진다.

12 근로자가 안전하게 통행할 수 있도록 통로에는 몇 럭스 이상의 조명시설을 해야 하는가?

① 10　　② 30
③ 45　　④ 75

해설
통로의 조명(산업안전보건기준에 관한 규칙 제21조)
근로자가 안전하게 통행할 수 있도록 통로에는 75lx 이상의 조명시설을 하여야 한다.

13 시퀀스제어장치의 구성으로 가장 거리가 먼 것은?

① 검출부　　② 조절부
③ 피드백부　④ 조작부

해설
피드백부는 피드백 제어에 해당된다.

14 압축기 운전 중 이상 음이 발생하는 원인이 아닌 것은?

① 기초 볼트의 이완
② 토출 밸브, 흡입 밸브의 파손
③ 피스톤 하부에 오일이 고임
④ 크랭크 샤프트 및 피스톤 핀 등의 마모

해설
피스톤 하부에는 오일통이 있으며 윤활유가 저장되어 있다.

15 수공구 중 정 작업 시 안전작업수칙으로 옳지 않은 것은?

① 정의 머리가 둥글게 된 것은 사용하지 말 것
② 처음에는 가볍게 때리고 점차 타격을 가할 것
③ 철재를 절단할 때에는 철편이 날아 튀는 것에 주의할 것
④ 표면이 단단한 열처리 부분은 정으로 가공할 것

해설
열처리된 경우에는 정으로 가공하면 취성이 커서 부러지기 쉽다.

정답　11 ④　12 ④　13 ③　14 ③　15 ④

16 팽창 밸브에 관한 설명 중 틀린 것은?

① 팽창 밸브의 조절이 양호하면 증발기를 나올 때 가스 상태를 건조포화증기로 할 수 있다.
② 팽창 밸브에 될 수 있는 대로 낮은 온도의 냉매액을 보내면 냉동능력이 증대한다.
③ 팽창 밸브를 과도하게 조이면 증발기 출구의 가스가 과열되므로 압축기는 과열압축이 된다.
④ 팽창 밸브를 조절할 때는 서서히 개폐하는 것보다 급히 개폐하는 것이 빨리 안정된 운전상태로 들어갈 수 있으므로 좋다.

해설
팽창 밸브(Expansion Valve)
팽창 밸브는 냉동 사이클에 있어서 가장 기본적인 제어기기이다. 그 목적은 고온·고압의 냉매를 교축작용(Throttling)에 의하여 저온·저압의 상태로 단열팽창시키는 것이며 천천히 조작해야 한다.

17 팽창 밸브 직후의 냉매건조도를 0.23, 증발잠열을 52kcal/kg이라 할 때 이 냉매의 냉동효과는 약 몇 kcal/kg인가?

① 226　　② 40
③ 38　　　④ 12

해설
냉동효과(q_e) = $(1-x) \times q$
　　　　　　= $(1-0.23) \times 52$
　　　　　　≒ 40

18 다음 중 2단 압축 2단 팽창 냉동사이클에서 사용되는 중간냉각기의 형식은?

① 플래시형
② 액냉각형
③ 직접팽창식
④ 저압수액기식

해설
플래시형의 중간냉각기는 저단의 토출가스와 수액기의 액을 중간압력의 포화 상태까지 냉각한다. 2단 압축 2단 팽창 사이클에서 사용되는 중간냉각기의 형식이다.

19 다음 중 조명부하를 쉽게 처리할 수 있는 취출구는?

① 아네모스탯
② 축류형 취출구
③ 웨이형 취출구
④ 라이트 트로퍼

해설
라이트 트로퍼 : 조명부하를 쉽게 처리할 수 있는 취출구

20 만액식 증발기에서 냉매측 전열을 좋게 하는 조건으로 틀린 것은?

① 냉각관이 냉매에 잠겨 있거나 접촉해 있을 것
② 열전달 증가를 위해 관 간격이 넓을 것
③ 유막이 존재하지 않을 것
④ 평균 온도차가 클 것

해설
열전달 증가를 위해 관 간격이 좁아야 한다.

21 용적형 압축기에 대한 설명으로 틀린 것은?

① 압축실 내의 체적을 감소시켜 냉매의 압력을 증가시킨다.
② 압축기의 성능은 냉동능력, 소비동력, 소음, 진동값 및 수명 등 종합적인 평가가 요구된다.
③ 압축기의 성능을 측정하는 데 유용한 두 가지 방법은 성능계수와 단위 냉동능력당 소비동력을 측정하는 것이다.
④ 개방형 압축기의 성능계수는 전동기와 압축기의 운전효율을 포함하는 반면, 밀폐형 압축기의 성능계수에는 전동기효율이 포함되지 않는다.

해설
압축기의 성능계수에 전동기효율과 운전효율을 모두 포함시켜야 한다.

22 비열비를 나타내는 공식으로 옳은 것은?

① $\dfrac{정적비열}{비중}$ ② $\dfrac{정압비열}{비중}$

③ $\dfrac{정압비열}{정적비열}$ ④ $\dfrac{정적비열}{정압비열}$

해설
비열비(k)
기체의 정압비열과 정적비열과의 비로, $k = \dfrac{C_p}{C_v}$ 이고 $C_p > C_v$ 이므로 비열비는 항상 1보다 크다.

23 팬의 효율을 표시하는 데 있어서 사용되는 전압효율에 대한 올바른 정의는?

① $\dfrac{축동력}{공기동력}$ ② $\dfrac{공기동력}{축동력}$

③ $\dfrac{회전속도}{송풍기의 크기}$ ④ $\dfrac{송풍기의 크기}{회전속도}$

해설
전압효율 = $\dfrac{공기동력}{축동력}$

24 단일 덕트 정풍량 방식의 특징으로 옳은 것은?

① 각 실마다 부하변동에 대응하기 곤란하다.
② 외기도입을 충분히 할 수 없다.
③ 냉풍과 온풍을 동시에 공급할 수 있다.
④ 변풍량에 비하여 에너지 소비가 적다.

해설
단일 덕트 정풍량 방식 : 건물 내 장소에 따라 부하변동의 상황이 달라질 경우 구역 구분을 통해 구역마다 공조기를 설치하여 부하처리를 하는 방식

25 관 절단 후 절단부에 생기는 거스러미를 제거하는 공구로 가장 적절한 것은?

① 클 립   ② 사이징 툴
③ 파이프 리머   ④ 쇠 톱

해설
• 파이프 리머 : 절단한 파이프 내면을 매끄럽게 다듬는 공구
• 바이스 : 파이프나 공작물을 물리는 장치
• 핸드 탭 : 암나사를 내는 공구

정답 21 ④ 22 ③ 23 ② 24 ① 25 ③

26 불연속 제어에 속하는 것은?

① On-off 제어 ② 비례제어
③ 미분제어 ④ 적분제어

해설
불연속 동작 : On-off 동작(2위치 동작), 다위치 동작

27 다음 중 제빙장치의 주요 기기에 해당되지 않는 것은?

① 교반기 ② 양빙기
③ 송풍기 ④ 탈빙기

해설
제빙장치의 주요 기기 : 교반기, 양빙기, 탈빙기

28 다음 중 열펌프(Heat Pump)의 열원이 아닌 것은?

① 대 기 ② 지 열
③ 태양열 ④ 빙축열

해설
열펌프의 열원 : 대기, 지열, 태양열(복사열)

29 고속 다기통 압축기의 정상유압으로 옳은 것은?

① 정상저압 + $0.5 \sim 1.5 \text{kg/cm}^2$
② 정상저압 + $1.5 \sim 3 \text{kg/cm}^2$
③ 정상저압 + $4.5 \sim 5.5 \text{kg/cm}^2$
④ 정상저압 + $6.5 \sim 8.5 \text{kg/cm}^2$

해설
정상유압
• 입형, 저속 압축기 : 정상저압 + $0.5 \sim 1.5 \text{kg/cm}^2$
• 고속 다기통 압축기 : 정상저압 + $1.5 \sim 3 \text{kg/cm}^2$
• 터보 압축기 : 정상저압 + $6 \sim 7 \text{kg/cm}^2$

30 가용전(Fusible Plug)에 대한 설명으로 틀린 것은?

① 프레온 장치의 수액기, 응축기 등에 사용한다.
② 용융점은 냉동기에서 $68 \sim 75$℃ 이하로 한다.
③ 구성성분은 주석, 구리, 납으로 되어 있다.
④ 토출가스의 영향을 직접 받지 않는 곳에 설치해야 한다.

해설
가용전의 성분 : 주석(Sn), 카드뮴(Cd), 비스무트(Bi), 납(Pb), 안티몬(Sb)

26 ① 27 ③ 28 ④ 29 ② 30 ③

31 공기조화설비 중에서 열원장치의 구성 요소가 아닌 것은?

① 냉각탑
② 냉동기
③ 보일러
④ 덕트

해설
열원장치(냉원장치) : 증기, 온수를 위한 보일러, 냉각을 얻기 위한 냉동기, 냉각탑 등
공기조화설비의 구성
• 열원장치 : 냉동기, 보일러, 냉각탑 등
• 공기조화기 : 공기여과기(필터), 공기냉각기(제습기), 공기가열기, 공기세정기(가습기), 공기조절기(댐퍼) 등
• 열운반장치 : 송풍기, 덕트, 펌프, 배관 등
• 자동제어장치 : 온도, 습도제어장치

32 표준 냉동사이클에서 과냉각도는 얼마인가?

① 45℃
② 30℃
③ 15℃
④ 5℃

해설
표준 냉동사이클의 과냉각도 : 5℃

33 지열을 이용하는 열펌프(Heat Pump)의 종류가 아닌 것은?

① 엔진구동 열펌프(GHP)
② 지하수 이용 열펌프(GWHP)
③ 지표수 이용 열펌프(SWHP)
④ 지중열 이용 열펌프(GCHP)

해설
지열을 이용한 열펌프의 종류 : 지하수·지표수·지중열 이용 열펌프

34 건구온도 30℃, 상대습도 50%인 습공기 500m³/h를 냉각코일에 의하여 냉각한다. 코일의 장치노점온도는 10℃이고, 바이패스 팩터가 0.1이라면 냉각된 공기의 온도(℃)는 얼마인가?

① 10
② 12
③ 24
④ 28

해설
냉각된 공기의 온도 = $DT + (f \times \Delta t)$
= $10 + 0.1 \times (30-10)$
= $12℃$

35 셸 앤드 튜브(Shell & Tube)형 열교환기에 관한 설명으로 옳은 것은?

① 전열관 내 유속은 내식성이나 내마모성을 고려하여 1.8m/s 이하가 되도록 하는 것이 바람직하다.
② 동관을 전열관으로 사용할 경우 유체 온도는 200℃ 이상이 좋다.
③ 증기와 온수의 흐름은 열 교환 측면에서 병행류가 바람직하다.
④ 열 관류율은 재료와 유체의 종류에 상관없이 거의 일정하다.

해설
전열관 내 유속은 내식성이나 내마모성을 고려하여 1.8m/s 이하가 되도록 하는 것이 바람직하다.

36 휘발유, 벤젠 등 액상 또는 기체상의 연료성 화재는 무슨 화재로 분류되는가?

① A급
② B급
③ C급
④ D급

해설
B급화재(유류 및 가스화재) : 연소 후 아무것도 남지 않은 화재로 에테르, 알코올, 석유, 가연성 액체가스 등 유류 및 가스화재가 이에 속하며, 구분 색은 황색이다.
※ 소화방법 : 공기 차단으로 인한 피복소화로 화학포, 증발성 액체(할로겐화물), 탄산가스, 소화분말(드라이케미컬) 등이 있다.

37 동결장치 상부에 냉각코일을 집중적으로 설치하고, 공기를 유동시켜 피냉각물체를 동결시키는 장치는?

① 송풍 동결장치
② 공기 동결장치
③ 접촉 동결장치
④ 브라인 동결장치

해설
송풍 동결장치 : 동결장치 상부에 냉각코일을 집중적으로 설치하고 공기를 유동시켜 피냉각물체를 동결시키는 장치

38 암모니아 기준 냉동사이클에서 1RT를 얻기 위한 시간당 냉매 순환량은?

① 11.32kg/hr
② 12.34kg/hr
③ 13.32kg/hr
④ 14.34kg/hr

해설
- 암모니아 냉동사이클에서 증발기 출구의 엔탈피 : 397kcal/kg
- 증발기 입구의 엔탈피 : 128kcal/kg

$$\therefore \text{냉매 순환량 } G = \frac{3,320}{397-128} = 12.34 \text{kg/h}$$

39 다음 중 불응축가스가 주로 모이는 곳은?

① 증발기
② 액분리기
③ 압축기
④ 응축기

해설
불응축가스는 응축이 되지 않은 가스로, 응축기 상부와 수액기 상부에 모인다.

40 kcal/m·h·℃의 단위는?

① 열전도율
② 비열
③ 열관류율
④ 오염계수

41 원심식 송풍기의 종류에 속하지 않는 것은?

① 터보형 송풍기
② 다익형 송풍기
③ 플레이트형 송풍기
④ 프로펠러형 송풍기

해설
프로펠러형은 축류형 송풍기에 해당된다.

42 다이 헤드형 동력나사 절삭기로 할 수 없는 작업은?

① 파이프 벤딩
② 파이프 절단
③ 나사 절삭
④ 리머 작업

해설
다이 헤드형 동력나사 절삭기는 파이프 벤딩 작업을 할 수 없다.

43 흡수식 냉동장치에는 안전 확보와 기기의 보호를 위하여 여러 가지 안전장치가 설치되어 있다. 그 목적에 해당되지 않는 것은?

① 냉수 동결방지
② 흡수액 결정방지
③ 압력 상승방지
④ 압축기 보호

해설
흡수식 냉동장치에는 압축기가 없다.

44 다음 중 용어의 설명이 틀린 것은?

① 대기 중에는 습공기가 존재하지 않으므로 공기조화에서 취급되는 공기는 모두 건공기이다.
② 절대습도는 습공기의 중량을 건조공기의 중량으로 나눈 값이다.
③ 습구온도는 온도계의 감열부를 물에 젖은 헝겊으로 싼 상태에서 가리키는 온도를 말한다.
④ 노점온도는 공기 중의 수증기가 응축하기 시작할 때의 온도, 즉 공기가 수증기 포화상태로 될 때의 온도를 말한다.

해설
공기조화에 취급되는 공기는 대부분은 습공기이다.

45 동관의 납땜이음 시 이음쇠와 동관의 틈새는 몇 mm 정도가 가장 적당한가?

① 0.04~0.2
② 0.5~1.0
③ 1.2~1.8
④ 2.0~3.5

해설
동관의 납땜이음 시 이음쇠와 동관의 틈새는 0.04~0.2mm 정도가 가장 적당하다.

정답 41 ④ 42 ① 43 ④ 44 ① 45 ①

46 열용량을 나타내는 식으로 맞는 것은?

① 물질의 부피×밀도
② 물질의 무게×비열
③ 물질의 부피×비열
④ 물질의 무게×밀도

해설
열용량(Heat Capacity, Q) : 어떤 물질의 온도를 1℃만큼 올리는데 필요한 열량이며 그 단위는 kcal/℃이다.
$Q = m \times C$
여기서, m : 물질의 질량
C : 비열

47 전자밸브를 작동시켜 주는 원리는?

① 냉매 압력
② 영구자석 철심의 힘
③ 전류에 의한 자기작용
④ 전자밸브 내의 소형 전동기

해설
전자밸브의 작동원리는 전류에 의한 자기작용이다.

48 증기배관의 말단이나 방열기 환수구에 설치하여 증기관이나 방열기에서 발생한 응축수 및 공기를 배출하여 수격작용 및 배관의 부식을 방지하는 장치는?

① 공기빼기밸브(AAV)   ② 신축이음(EXP)
③ 증기트랩(ST)   ④ 팽창탱크(ET)

해설
증기트랩 : 증기 열교환기 등에서 나오는 응축수를 자동적으로 급속히 환수관측 등에 배출시키는 기구이다.

49 회전식 압축기의 특징에 해당되지 않는 것은?

① 조립이나 조정에 있어서 고도의 정밀도가 요구된다.
② 대형 압축기와 저온용 압축기에 많이 사용한다.
③ 왕복동식보다 부품수가 적고, 흡입 밸브가 없다.
④ 압축이 연속적으로 이루어져 진공펌프로도 사용된다.

해설
소용량에는 회전식 및 왕복동식이 사용되고, 중·대용량에는 왕복동식 및 스크루식이 주로 사용된다.

50 공정점이 −55℃이고, 저온용 브라인으로서 일반적으로 제빙, 냉장 및 공업용으로 많이 사용되는 것은?

① 염화칼슘   ② 염화나트륨
③ 염화마그네슘 ④ 프로필렌글리콜

해설
염화칼슘($CaCl_2$) 수용액
• 공업용으로 많이 쓰인다.
• 공정점 : −55℃, 비중 : 1.2~1.24

51 단단 증기압축식 이론 냉동사이클에서 응축부하가 10kW이고, 냉동능력이 6kW일 때 이론 성적계수는 얼마인가?

① 0.6
② 1.5
③ 1.67
④ 2.5

해설

성적계수(COP) = $\dfrac{Q_2}{Q_1 - Q_2} = \dfrac{6}{10-6} = 1.5$

52 다음의 냉방부하 중에서 현열부하만 발생하는 것은?

① 극간풍에 의한 열량
② 인체의 발생열량
③ 벽체로부터의 열량
④ 실내기구의 발생열량

해설

실내부하의 종류

구분	종류	내용	열의 종류
실내 취득 열량	온도차에 의한 전도열	천장, 칸막이, 마루 등으로부터의 열량	현 열
		지붕, 벽체로부터의 열량	현 열
		유리창 등으로부터의 열량	현 열
	태양 복사열	유리창 등으로부터의 열량	현 열
		지붕, 벽으로부터의 열량	현 열
	내부 발생열량	벽체의 축열 부하량	현 열
		극간풍에 의한 열량	현 + 잠열
		인체의 발생열량	현 + 잠열
		조명, 복사기(기구)로부터의 열량	현 열
		증발기로부터의 발생열량	현 + 잠열
장치 내 취득열량		덕트, 송풍기로부터 취득열량	현 열
외기부하		신선한 공기	현 + 잠열
재열부하		재열기로부터의 취득열량	현 열

※ 실내기구는 전체적으로 현열과 잠열이 모두 발생한다.

53 고압가스안전관리법에 의거 원심식 압축기의 냉동설비 중 그 압축기의 원동기 냉동능력 산정기준으로 맞는 것은?

① 정격출력 1.0kW를 1일의 냉동능력 1ton으로 본다.
② 정격출력 1.2kW를 1일의 냉동능력 1ton으로 본다.
③ 정격출력 1.5kW를 1일의 냉동능력 1ton으로 본다.
④ 정격출력 2.0kW를 1일의 냉동능력 1ton으로 본다.

해설

냉동능력 산정기준(고압가스안전관리법 시행규칙 별표 3)
원심식 압축기를 사용하는 냉동설비는 그 압축기의 원동기 정격출력 1.2kW를 1일의 냉동능력 1ton으로 보고, 흡수식 냉동설비는 발생기를 가열하는 1시간의 입열량 6,640kcal를 1일의 냉동능력 1ton으로 본다.

54 실내오염공기의 유입을 방지해야 하는 곳에 적합한 환기법은?

① 자연환기법
② 제1종 환기법
③ 제2종 환기법
④ 제3종 환기법

55 EDR = $\dfrac{\text{방열기의 전방열량}}{\text{표준방열량}}$ 에서 EDR은?

① 증발량
② 상당방열면적
③ 응축수량
④ 실제방열량

해설

EDR(Equivalent Direct Radiation) : 상당방열면적

정답 51 ② 52 ③ 53 ② 54 ③ 55 ②

56 인체가 느끼는 온열 감각에 대한 온도, 습도, 기류의 영향을 하나로 모아서 만든 쾌감지표는?

① 실내건구온도 ② 실내습구온도
③ 상대습도   ④ 유효온도

해설
실효온도[ET : Effective Temperature(유효온도, 감각온도, 실감온도)]
습구온도 이외에 기류의 영향을 더한 온도로서 그 기준은 상대습도 100%, 즉 포화상태이다. 정지공기($V = 0.08 \sim 0.13$m/s)의 실내상태를 말하며, 온습도의 쾌감과 동일한 쾌감을 얻을 수 있는 기류를 포함한 온도이다.

57 공기냉각코일의 설치에 대한 내용으로 틀린 것은?

① 공기의 풍속은 2~3m/s가 되도록 한다.
② 물의 속도는 일반적으로 1m/s 전후가 되도록 한다.
③ 코일의 설치는 관이 수직으로 놓이게 한다.
④ 공기류와 수류의 방향은 역류가 되도록 한다.

해설
코일의 설치는 관이 수평으로 놓이게 한다.

58 파이프 코일을 바닥이나 천장 등에 설치하고, 냉수 또는 온수를 보내어 냉난방을 하는 방식은?

① 전공기방식   ② 패키지 유닛방식
③ 유인유닛방식 ④ 복사냉난방방식

해설
복사난방 : 바닥패널, 벽패널, 천장패널을 설치하여 복사열을 이용하여 난방을 한다.

59 공기를 가습하는 방법으로 적당하지 않은 것은?

① 직접 팽창코일의 이용
② 공기세정기의 이용
③ 증기의 직접 분무
④ 온수의 직접 분무

해설
가습장치(Humidifier)
• AW에 의한 단열가습방법
• AW 내의 온수를 분무하여 가습하는 방법
• 소량의 물 또는 온수를 분무하는 방법
• 수증기를 공기류 속에 분무하는 방법 : 가습효율이 100%에 가까우며 무균이면서 응답성이 좋아 정밀한 습도 제어가 가능한 가습기이다.
• 가습팬을 사용하여 증발하는 수증기를 이용하는 방법 : 응답성이 빠르고 제어성이 좋아 많이 사용하며 물의 정체성이 없이 미생물의 번식이 없는 가습기
• 실내에 직접 분무하는 방법

60 공기조화용 베인격자형 취출구에서 냉방 및 난방의 경우에 편리하며 세로방향과 가로방향의 베인을 모두 갖추고 있는 것은?

① V형   ② H형
③ S형   ④ VH형

해설
베인격자형 취출구(Universal Type)
가장 널리 사용되고 있는 취출구이다. 셔터가 없는 것을 그릴(Grille)이라 하며, 셔터가 부착된 것을 레지스터(Register)라고 한다. 가로날개는 H, 세로날개는 V, 셔터는 S로 표시한다(허용풍속 : 5m/s).

2017년 제2회 과년도 기출복원문제

01 안전관리자가 수행하여야 할 업무에 해당되는 내용이 아닌 것은?

① 사업장 생산활동을 위한 노무 배치 및 관리
② 사업장 순회점검·지도 및 조치의 건의
③ 산업재해 발생의 원인 조사
④ 해당 사업장의 안전교육계획의 수립 및 안전교육 실시에 관한 보좌 및 지도·조언

해설
사업장 생산활동을 위한 노무 배치 및 관리는 사업주가 할 업무이다.
안전관리자의 업무 등(산업안전보건법 시행령 제18조)
- 산업안전보건위원회 또는 안전 및 보건에 관한 노사협의체에서 심의·의결한 업무와 해당 사업장의 안전보건관리규정 및 취업규칙에서 정한 업무
- 위험성평가에 관한 보좌 및 지도·조언
- 안전인증대상 기계 등과 자율안전확인대상 기계 등 구입 시 적격품의 선정에 관한 보좌 및 지도·조언
- 해당 사업장 안전교육계획의 수립 및 안전교육 실시에 관한 보좌 및 지도·조언
- 사업장 순회점검, 지도 및 조치 건의
- 산업재해 발생의 원인 조사·분석 및 재발 방지를 위한 기술적 보좌 및 지도·조언
- 산업재해에 관한 통계의 유지·관리·분석을 위한 보좌 및 지도·조언
- 법 또는 법에 따른 명령으로 정한 안전에 관한 사항의 이행에 관한 보좌 및 지도·조언
- 업무수행 내용의 기록·유지
- 그 밖에 안전에 관한 사항으로서 고용노동부장관이 정하는 사항

02 수랭식 응축기의 응축압력에 관한 설명 중 옳은 것은?

① 수온이 일정한 경우 유막 물때가 두껍게 부착하여도 수량을 증가하면 응축압력에는 영향이 없다.
② 냉각관 내의 냉각수 속도는 열통과율에 영향을 준다.
③ 냉각수량이 풍부한 경우에는 불응축 가스의 혼입 영향이 없다.
④ 냉각수량이 일정한 경우에는 수온에 의한 영향은 없다.

해설
수랭식 응축기
압축기에서 토출된 고온, 고압의 기체냉매를 상온의 물이나 공기로 열교환시켜 응축 액화시키는 과정으로서 잠열상태에서의 열변화이므로, 온도와 압력은 변화가 없다(공기에 의해 열교환시켜 응축되는 것을 공랭식 응축기, 물에 의해 응축되는 것이 수랭식 응축기).

03 회전식 압축기(Rotary Compressor)의 특징에 대한 설명으로 옳지 않은 것은?

① 왕복동식에 비해 구조가 간단하다.
② 기동 시 무부하로 기동될 수 있으며 전력 소비가 크다.
③ 압축비에 비하여 체적효율이 높다.
④ 진동 및 소음이 적다.

해설
회전식 압축기는 비교적 전력 소모가 작다.

정답 1 ① 2 ② 3 ②

04 개별공조방식의 특징이 아닌 것은?

① 취급이 간단하다.
② 외기 냉방을 할 수 있다.
③ 국소적인 운전이 자유롭다.
④ 중앙방식에 비해 소음과 진동이 크다.

해설
개별공조방식
- 개별제어가 가능하고 대량 생산하므로 운전비가 싸다.
- 이동 및 보관, 자동 조작이 가능하여 편리하다.
- 여과기의 불완전으로 실내공기의 청정도가 나쁘고 소음이 크다.
- 설치가 간단하나 대용량의 경우 공조기 수가 증가하므로 중앙식보다 설비비가 많이 들 수 있다.
- 외기 냉방을 할 수 없다.

05 흡수식 냉동기에 관한 설명으로 틀린 것은?

① 압축식에 비해 소음과 진동이 적다.
② 증기, 온수 등 배열을 이용할 수 있다.
③ 압축식에 비해 설치면적 및 중량이 크다.
④ 흡수식은 냉매를 기계적으로 압축하는 방식이며, 열적(熱的)으로 압축하는 방식은 증기압축식이다.

해설
흡수식은 냉매를 열적으로 압축하는 방식이며, 기계적으로 압축하는 방식은 증기압축식이다.

06 정(Chisel)의 사용 시 안전관리에 적합하지 않은 것은?

① 비산 방지판을 세운다.
② 올바른 치수와 형태의 것을 사용한다.
③ 칩이 끊어져 나갈 무렵에는 힘을 주어 때린다.
④ 담금질한 재료는 정으로 작업하지 않는다.

해설
정 사용 시 칩이 끊어져 나갈 무렵에는 힘을 약하게 때린다.

07 암모니아(NH_3) 냉매에 대한 설명으로 틀린 것은?

① 수분에 잘 용해된다.
② 윤활유에 잘 용해된다.
③ 독성, 가연성, 폭발성이 있다.
④ 전열 성능이 양호하다.

해설
암모니아 냉매는 윤활유에 잘 용해되지 않는다.

08 아크 용접작업 시 사망재해의 주원인은?

① 아크광선에 의한 재해
② 전격에 의한 재해
③ 가스중독에 의한 재해
④ 가스폭발에 의한 재해

해설
아크 용접 시 주사망원인은 전격에 의한 재해이다.

09 건구온도 33℃, 상대습도 50%인 습공기 500m³/h를 냉각코일에 의하여 냉각한다. 코일의 장치노점 온도는 9℃이고 바이패스 팩터가 0.1이라면, 냉각된 공기의 온도는?

① 9.5℃
② 10.2℃
③ 11.4℃
④ 12.6℃

해설
냉각된 공기의 온도 = $DT + (f \times \Delta t)$
$= 9 + 0.1 \times (33 - 9)$
$= 11.4℃$

10 다음 표의 ( ) 안에 들어갈 용어로 옳은 것은?

| 압축기의 체적효율은 격간(Clearance)의 증대에 의하여 (가)하며, 압축비가 클수록 (나)하게 된다. |

① 가 : 감소, 나 : 감소
② 가 : 증가, 나 : 감소
③ 가 : 감소, 나 : 증가
④ 가 : 증가, 나 : 증가

해설
압축기의 체적효율은 격간(Clearance)의 증대에 의하여 감소하며, 압축비가 클수록 감소한다.

11 연삭숫돌을 교체한 후 시험운전 시 최소 몇 분 이상 공회전을 시켜야 하는가?

① 1분 이상
② 3분 이상
③ 5분 이상
④ 10분 이상

해설
연삭숫돌 교체 시 3분 이상 시운전을 실시한다.

12 압축기의 톱 클리어런스(Top Clearance)가 클 경우에 일어나는 현상으로 틀린 것은?

① 체적효율 감소
② 토출가스온도 감소
③ 냉동능력 감소
④ 윤활유의 열화

해설
압축기의 톱 클리어런스가 크면 압축되는 양이 적어지므로 토출가스온도가 상승하고, 냉동능력이 감소한다.

13 열전달률에 대한 설명 중 옳은 것은?

① 열이 관벽 또는 브라인(Brine) 등의 재질 내에서의 이동을 나타내며 단위는 kcal/m·h·℃이다.
② 액체면과 기체면 사이의 열의 이동을 나타내며 단위는 kcal/m·h·℃이다.
③ 유체와 고체 사이의 열의 이동을 나타내며 단위는 $kcal/m^2 \cdot h \cdot ℃$이다.
④ 고체와 기체 사이의 한정된 열의 이동을 나타내며 단위는 $kcal/m^3 \cdot h \cdot ℃$이다.

해설
열전달률이란 유체와 고체 사이의 열의 이동을 나타내며 단위는 $kcal/m^2 \cdot h \cdot ℃$이다.

14 전력의 단위로 옳은 것은?

① C ② A
③ V ④ W

해설
전력의 단위 : W

15 다음 중 암모니아 냉동장치 운전을 정지하는 순서로 올바르게 나열한 것은?

㉠ 응축기 액출구 밸브를 닫는다.
㉡ 전동기 스위치를 끈다.
㉢ 압축기 토출 밸브를 닫는다.
㉣ 압축기 흡입 밸브를 닫는다.

① ㉠ → ㉡ → ㉣ → ㉢
② ㉠ → ㉣ → ㉡ → ㉢
③ ㉢ → ㉣ → ㉠ → ㉡
④ ㉢ → ㉠ → ㉡ → ㉣

해설
냉동장치의 정지 순서
응축기 액출구 밸브를 닫는다. → 압축기 흡입 밸브를 닫는다. → 전동기 스위치를 끈다. → 압축기 토출 밸브를 닫는다.

16 일정 풍량을 이용한 전공기 방식으로 부하변동의 대응이 어려워 정밀한 온습도를 요구하지 않는 극장, 공장 등의 대규모 공간에 적합한 공기조화방식은?

① 정풍량 단일덕트 방식
② 정풍량 2중 덕트 방식
③ 변풍량 단일덕트 방식
④ 변풍량 2중 덕트 방식

해설
정풍량 단일덕트 방식
건물 내 장소에 따라 부하변동의 상황이 달라질 경우 구역 구분을 통해 구역마다 공조기를 설치하여 부하처리를 하는 방식

17 한쪽에는 구동원으로 바이메탈과 전열기가 조립된 바이메탈 부분과 다른 한쪽은 니들 밸브가 조립되어 있는 밸브 본체 부분으로 구성되어 있는 팽창 밸브는?

① 온도식 자동 팽창 밸브
② 정압식 자동 팽창 밸브
③ 열전식 팽창 밸브
④ 플로트식 팽창 밸브

해설
자동팽창 밸브의 종류
- 온도식 자동 팽창 밸브 : 증발기 출구의 과열도에 의해 작동되는 팽창 밸브로, 냉매의 감압과 유량을 비례적으로 제어하는 기능을 가지고 있다.
- 정압식 자동 팽창 밸브 : 증발기 내의 압력으로 밸브를 작동시켜 증발기 내의 압력을 일정하게 유지해 간접적으로 증발온도를 일정하게 할 목적으로 사용된다.
- 전자식 팽창 밸브 : 증발기 입구 냉각관 벽과 증발기 출구 냉각관 벽에 온도센서를 설치하여, 이들 양쪽 센서의 검출 온도차에 의해 증발기 출구 냉매가스의 과열도를 측정하여, 이 신호에 따라 밸브를 개폐하며, 증발기에 유입하는 냉매유량을 피드백(Feedback) 제어한다.
- 플로트식 팽창 밸브 : 액면의 위치에 따라 플로트(Float)가 상하로 움직이는 것을 이용하여 밸브를 개폐시키는 형식으로, 고압부인 수액기의 액면에 플로트를 설치한 것을 고압측 플로트 팽창 밸브, 저압부인 증발기 내 액면에 설치한 것을 저압측 플로트 팽창 밸브라 한다.
- 열전식 팽창 밸브 : 한쪽에는 구동원으로 바이메탈과 전열기가 조립된 바이메탈 부분과 다른 한쪽은 니들 밸브가 조립되어 있는 밸브이다.

18 보일러 1마력은 약 몇 kcal/h의 증발량에 상당하는가?

① 7,205kcal/h
② 8,435kcal/h
③ 9,600kcal/h
④ 10,800kcal/h

해설
보일러 1마력
상당증발량 : 15.65kg/h(열량 : 8,435kcal/h)
※ 보일러 마력 : 100℃의 물 15.65kg을 1시간에 100℃의 증기로 변화시킬 수 있는 능력

19 신규 검사에 합격된 냉동용 특정 설비의 각인사항과 그 기호의 연결이 올바르게 된 것은?

① 내용적 : TV
② 용기의 질량 : TM
③ 최고사용압력 : FT
④ 내압시험압력 : TP

해설
① 내용적 : V
② 용기의 질량 : W
③ 최고사용압력 : DP

20 난방방식 중 방열체가 필요 없는 것은?

① 온수난방
② 증기난방
③ 복사난방
④ 온풍난방

해설
온풍난방은 열원장치에서 가열한 공기를 직접 실내에 공급하여 난방하는 방식으로, 방열체가 필요 없다.

난방방식의 분류와 특징

구 분	증기 난방	보통온수 난방	고온수 난방	복사 난방	온풍 난방
열 매	증 기	온 수	온 수	온 수	공 기
열매온도(℃)	100~110	40~80	110~150	40~60	50~80
방열체	방열기	방열기	방열기	바닥, 천장	-
방열량 (kcal/m²h)	650	450	600	100	-
설비비 (방열체, 배관)	소	중	소	대	소
운전비	중	중	소	중	대
사용용도	학교, 사무소	병원, 기숙사	지역 난방	아파트, 유치원	개별식

정답 17 ③ 18 ② 19 ④ 20 ④

21 원심식 냉동기의 서징현상에 대한 설명 중 옳지 않은 것은?

① 흡입가스 유량이 증가되어 냉매가 어느 한계치 이상으로 운전될 때 주로 발생한다.
② 서징현상 발생 시 전류계의 지침이 심하게 움직인다.
③ 운전 중 고·저압의 차가 증가하여 냉매가 임펠러를 통과할 때 역류하는 현상이다.
④ 소음과 진동을 수반하고 베어링 등 운동 부분에 급격한 마모현상이 발생한다.

해설
서징(Surging)현상
펌프를 운전할 때 송출압력과 송출유량이 주기적으로 변동하여 펌프 입구 및 출구에 설치된 진공계, 압력계의 지침이 흔들리는 현상을 말한다. 밸브의 급작스런 개폐에 의한 수격작용을 완화하기 위해 압력수로와 압력관 사이에 자유수면(대기압을 접하는 수면)을 가진 조절수조를 설치하여 수로(수압관)를 일시적으로 폐쇄하면 흐르던 물이 서지 탱크 내로 유입하여 수원과 탱크 사이의 수면이 상승하는 현상이다.

22 히트펌프방식에서 냉난방 절환을 위해 필요한 밸브는?

① 감압밸브
② 2방밸브
③ 4방밸브
④ 전동밸브

해설
4방밸브 : 히트펌프방식에서 냉방과 난방 시 절환하여 사용하는 밸브로서, 압축기에서 냉매가스를 실외로부터 실내 또는 복귀되는 냉매가스를 실내로부터 실외로 전환시킬 때 설치한다.

23 고온부에서 방출하는 열량을 이용하는 난방을 행하는 열펌프의 고온부 온도가 30℃이고, 저온부 온도가 -10℃일 때 이 열펌프의 성적계수는?

① 약 4.5
② 약 5.5
③ 약 6.5
④ 약 7.5

해설
$$\varepsilon = \frac{q}{A_w} = \frac{고온체에 공급한 열량}{공급일} = \frac{T_1}{T_1 - T_2}$$
$$= \frac{(273 + 30)}{(273 + 30) - (273 - 10)} ≒ 7.5$$

24 다음 몰리에르 선도에서의 성적계수는 약 얼마인가?

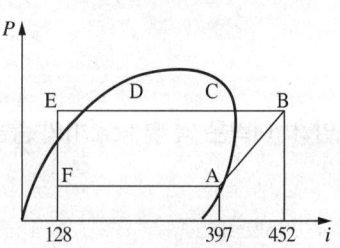

① 2.4
② 4.9
③ 5.4
④ 6.3

해설
성적계수(COP) $= \frac{q}{A_w} = \frac{397 - 128}{452 - 397} ≒ 4.9$

25 냉동사이클에서 응축온도를 일정하게 하고, 압축기 흡입가스의 상태를 건포화 증기로 할 때 증발온도를 상승시키면 어떤 결과가 나타나는가?

① 압축비 증가
② 냉동효과 감소
③ 성적계수 상승
④ 압축일량 증가

해설
응축온도를 일정하게 하고 증발온도를 상승시키면 성적계수는 상승한다.
증발온도(압력)가 높아질 경우(증발온도가 낮아질 때와 반대 현상)
• 압축비 감소
• 토출가스 온도 강하
• 냉동효과 증대
• 성적계수 증가
• 비체적 감소로 인한 냉매 순환량 증가

26 냉매 R-22의 분자식으로 옳은 것은?

① CCl_4
② CCl_3F
③ $CHCl_2F$
④ $CHClF_2$

해설
탄화수소와 할로겐 원소의 화합물로 구성되어 있다.
• R-OO : 메탄계 탄화수소(R-10~R-50)
 - R-12 : CCl_2F_2
 - R-22 : $CHClF_2$
• R-OOO : 에탄계 탄화수소(R-110~R-170)
 - R-113 : $C_2Cl_3F_3$
 - R-123 : $C_2HCl_2F_3$

27 다음은 R-22 표준 냉동사이클의 P-h 선도이다. 건조도는 약 얼마인가?

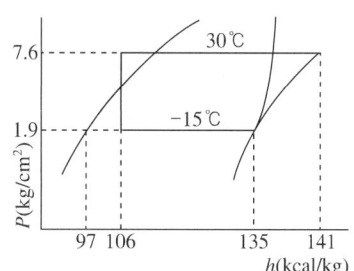

① 0.8
② 0.21
③ 0.24
④ 0.36

해설
건조도 $= \dfrac{증발가스}{증발잠열} = \dfrac{106-97}{135-97} \fallingdotseq 0.24$

28 산소가 결핍되어 있는 장소에서 사용되는 마스크는?

① 송기마스크
② 방진마스크
③ 방독마스크
④ 전안면 방독마스크

해설
송기마스크 : 유해물의 농도가 높거나 산소가 결핍된 장소에서 사용하는 마스크

29 2단 압축 냉동사이클에서 중간냉각을 행하는 목적이 아닌 것은?

① 고단 압축기가 과열되는 것을 방지한다.
② 고압 냉매액을 과랭시켜 냉동효과를 증대시킨다.
③ 고압측 압축기의 흡입가스 중 액을 분리시킨다.
④ 저단측 압축기의 토출가스를 과열시켜 체적효율을 증대시킨다.

해설
중간냉각기(Inter-cooler)의 역할
- 저단측 압축기의 토출가스의 과열을 제거하여 고단측 압축기가 과열되는 것을 막는다.
- 증발기에 공급되는 고압 응축액을 냉각시키는 열교환기의 역할도 겸하여 냉동효과를 높인다.
- 고단 압축기의 흡입가스 중의 액을 분리시켜 액백(Liquid Back) 현상을 방지시킨다.

30 브롬화리튬(LiBr) 수용액이 필요한 냉동장치는?

① 증기압축식 냉동장치
② 흡수식 냉동장치
③ 증기분사식 냉동장치
④ 전자 냉동장치

해설
흡수식 냉동기에서 냉매와 흡수제

냉 매	물(H_2O)	물(H_2O)	암모니아(NH_3)
흡수제	LiBr	LiCl	물(H_2O)

31 15℃의 1ton의 물을 0℃의 얼음으로 만드는데 제거해야 할 열량은?(단, 물의 비열 4.2kJ/kg·K, 응고잠열 334kJ/kg이다)

① 63,000kJ
② 271,600kJ
③ 334,000kJ
④ 397,000kJ

해설
열량(Q)
$Q = q_1 + q_2$
$q_1 = G \times C \times \Delta t = 1,000 \times 4.2 \times (15-0) = 63,000$kJ
$q_2 = G \times \gamma = 1,000 \times 334 = 334,000$kJ
∴ $63,000 + 334,000 = 397,000$kJ

32 수동나사 절삭방법으로 틀린 것은?

① 관 끝은 절삭날이 쉽게 들어갈 수 있도록 약간의 모따기를 한다.
② 관을 파이프 바이스에서 약 150mm 정도 나오게 하고 관이 찌그러지지 않게 주의하면서 단단히 물린다.
③ 나사가 완성되면 편심 핸들을 급히 풀고 절삭기를 뺀다.
④ 나사 절삭기를 관에 끼우고 래칫을 조정한 다음 약 30°씩 회전시킨다.

해설
나사가 완성되면 편심 핸들을 천천히 풀어야 한다.

33 혼합원료를 일정량씩 동결시키도록 하는 장치인 배치(Batch)식 동결장치의 종류로 가장 거리가 먼 것은?

① 수평형
② 수직형
③ 연속형
④ 브라인식

[해설]
배치(Batch)식 동결장치의 종류 : 수평형, 수직형, 브라인식

34 산소-아세틸렌 용접 시 역화의 원인으로 틀린 것은?

① 토치 팁이 과열되었을 때
② 토치에 절연장치가 없을 때
③ 사용가스의 압력이 부적당할 때
④ 토치 팁 끝이 이물질로 막혔을 때

[해설]
역화의 원인
• 토치의 팁이 과열되었을 때
• 토치의 취급이 불량할 때
• 토치 팁의 끝이 이물질로 막혀 있을 때
• 토치의 성능이 불량할 때
• 아세틸렌 공급압력이 낮을 때

35 시퀀스도의 설명으로 가장 적합한 것은?

① 부품의 배치 배선 상태를 구성에 맞게 그린 것이다.
② 동작 순서대로 알기 쉽게 그린 접속도를 말한다.
③ 기기 상호간 및 외부와의 전기적인 접속관계를 나타낸 접속도를 말한다.
④ 전기 전반에 관한 계통과 전기적인 접속관계를 단선으로 나타낸 접속도이다.

[해설]
시퀀스제어 : 미리 정해진 순서에 따라 제어의 각 단계를 진행하는 제어

36 다음 중 프로세스 제어에 속하는 것은?

① 전 압
② 전 류
③ 유 량
④ 속 도

[해설]
프로세스 제어 : 온도, 유량, 농도 등 공업 프로세스의 상태를 표시하는 양의 제어를 말한다.

37 다음 내용의 (   )에 알맞은 것은?

> 사업주는 아세틸렌 용접장치를 사용하는 금속의 용접·용단 또는 가열작업을 하는 경우에는 게이지압력이 (   )kPa을 초과하는 압력의 아세틸렌을 발생시켜 사용해서는 아니 된다.

① 12.7
② 20.5
③ 127
④ 205

[해설]
사업주는 아세틸렌 용접장치를 사용하여 금속의 용접, 용단 또는 가열 작업을 하는 경우에는 게이지압력이 127kPa을 초과하는 압력의 아세틸렌을 발생시켜 사용해서는 안 된다.

[정답] 33 ③ 34 ② 35 ② 36 ③ 37 ③

38 냉동에 대한 설명으로 가장 적합한 것은?

① 물질의 온도를 인위적으로 주위의 온도보다 낮게 하는 것을 말한다.
② 열이 높은 데서 낮은 곳으로 흐르는 것을 말한다.
③ 물체 자체의 열을 이용하여 일정한 온도를 유지하는 것을 말한다.
④ 기체가 액체로 변화할 때의 기화열에 의한 것을 말한다.

해설
냉동이란 물질의 온도를 인위적으로 주위의 온도보다 낮게 하는 것을 말한다.

39 다음 중 상대습도를 맞게 표시한 것은?

① $\varphi = \dfrac{습공기수증기분압}{포화수증기압} \times 100$

② $\varphi = \dfrac{포화수증기압}{습공기수증기분압} \times 100$

③ $\varphi = \dfrac{습공기수증기중량}{포화수증기압} \times 100$

④ $\varphi = \dfrac{포화수증기중량}{습공기수증기중량} \times 100$

해설
상대습도(RH ; Relative Humidity)
수증기의 분압과 동일온도의 포화습공기 수증기분압의 비로서, $1m^3$의 습공기 중에 함유된 수분의 중량과 이와 동일한 $1m^3$ 포화습공기 중에 함유된 수분의 중량과의 비이다.

40 배관 및 덕트에 사용되는 보온 단열재가 갖추어야 할 조건이 아닌 것은?

① 열전도율이 클 것
② 안전사용온도 범위에 적합할 것
③ 불연성 재료로서 흡습성이 작을 것
④ 물리·화학적 강도가 크고 시공이 용이할 것

해설
단열재의 구비조건
• 열전도율이 작을 것
• 비중이 작고 불연성일 것
• 흡수성이 작을 것
• 팽창계수가 작을 것

41 공기조화기에 속하지 않는 것은?

① 공기가열기
② 공기냉각기
③ 덕 트
④ 공기여과기(에어필터)

해설
공기조화설비의 구성
• 열(냉)원장치 : 증기, 온수를 위한 보일러, 냉각을 얻기 위한 냉동기, 냉각탑 등
• 공기조화기(AHU ; Air Handling Unit) : 공기여과기, 공기냉각기, 공기가열기 등
• 열매체 운반장치 : 송풍기, 팬, 덕트, 배관, 펌프, 토출구, 흡입구 등
• 자동제어장치 : 공조장치 운전 시 경제적 운전을 위한 각종 자동으로 제어되는 장치

42 공조용 취출구 종류 중 원형 또는 원추형 팬을 매달아 여기에 토출기류를 부딪치게 하여 천장면을 따라서 수평방향으로 공기를 취출하는 것으로 유인비 및 소음 발생이 적은 것은?

① 팬형 취출구
② 웨이형 취출구
③ 라인형 취출구
④ 아네모스탯형 취출구

해설
취출구 종류별 특징
• 팬형 : 유인성능은 아네모스탯(Anemostat)형에 비해 떨어지나 도달거리는 길다.
• 라인형 : 취출구 폭이 큰 것은 슬롯형과 같이 도달거리를 크게 잡을 수 있어 천장이 높은 곳의 취출구로 적합하며, 페리미터 존, 엘리베이터 홀, 입구 홀 등에 많이 사용된다.
• 아네모스탯형 : 다수의 원형 또는 각형의 콘(Cone)을 덕트 개구단에 붙여서 천장 부근의 실내공기를 유인하여 취출기류가 충분히 확산되게 한다. 취출구 중 가장 큰 유인성능을 가지고 있으며 취출기류 또는 유인된 실내공기 중의 먼지에 의한 취출구 주변의 오염(Smudging)을 방지하기 위한 링(Ring)이 부착되어 있으며 원형, 각형, 장방형 등이 있다.
• 그릴형 : 그릴형은 풍량 조절이 불가능하여 저속의 환기용 취출구나 흡입구에 사용한다.
• 웨이(Way)형 : 날개의 모양 변경으로 1방향 기류분포에서부터 4방향으로 다양한 기류를 얻을 수 있으므로 시스템 천장용에 사용된다.

43 다음 그림에서 고압액관은 어느 부분인가?

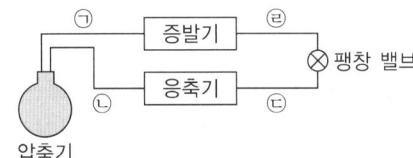

① ㉠
② ㉡
③ ㉢
④ ㉣

해설
• ㉠ : 저압증기
• ㉡ : 고압증기
• ㉢ : 고압액
• ㉣ : 저압액

44 유기질 브라인으로서 마취성과 인화성이 있고, -100℃ 정도의 식품 초저온 동결에 사용되는 것은?

① 에틸알코올
② 염화칼슘
③ 에틸렌글리콜
④ 염화나트륨

해설
-100℃의 초저온 동결에 사용되는 유기질 브라인은 에틸알코올이다.

45 관의 지름이 다를 때 사용하는 이음쇠가 아닌 것은?

① 부싱
② 리듀서
③ 리턴 벤드
④ 편심 이경 소켓

해설
관 이음쇠 종류

목 적	종 류
배관 방향을 바꿀 때	엘보, 밴드, 이경 엘보, 암수엘보
관을 도중에서 분기할 때	티, 이경 티, 암수티, 와이, 크로스
지름이 같은 관의 직선 연결	소켓, 유니언, 플랜지, 니플
지름이 다른 관의 연결	부싱, 이경 소켓(리듀서), 이경 엘보, 이경 티
관 끝을 막을 때	캡, 플러그, 블라인드 플랜지
관의 수리, 점검, 교체가 필요할 때	유니언(50A 이하의 관에 사용), 플랜지

정답 42 ① 43 ③ 44 ① 45 ③

46 냉동장치의 압축기에서 가장 이상적인 압축과정은?

① 등온 압축
② 등엔트로피 압축
③ 등압 압축
④ 등엔탈피 압축

해설
등엔트로피 압축과정이 냉동장치의 압축기에서 가장 이상적인 압축과정이다.

47 두 전하 사이에 작용하는 힘의 크기는 두 전하 세기의 곱에 비례하고, 두 전하 사이의 거리의 제곱에 반비례하는 법칙은?

① 옴의 법칙
② 쿨롱의 법칙
③ 패러데이의 법칙
④ 키르히호프의 법칙

해설
쿨롱의 법칙 : 전하를 가진 두 물체 사이에 작용하는 힘의 크기는 두 전하의 곱에 비례하고, 거리의 제곱에 반비례한다는 법칙

48 냉방부하의 종류 중 실내부하에 해당하는 것은?

① 문틈에서의 틈새바람
② 환기덕트, 배관에서의 손실
③ 펌프의 동력열
④ 외기부하

해설
실내부하 : 벽체, 유리, 극간풍, 인체, 가구 등의 취득열량

49 냉동제조 시설이 적합하게 설치 또는 유지·관리되고 있는지 확인하기 위한 검사가 아닌 것은?

① 중간검사 ② 완성검사
③ 불시검사 ④ 정기검사

해설
고압가스 냉동제조의 시설·기술·검사 및 정밀안전검진 기준(고압가스안전관리법 시행규칙 별표 7)
냉동제조 시설이 적합하게 설치 또는 유지·관리되고 있는지 확인하기 위한 검사로 중간검사, 완성검사, 정기검사, 수시검사가 있다.

50 냉동장치에서 자동제어를 위해 사용되는 전자 밸브(Solenoid Valve)의 역할로 가장 거리가 먼 것은?

① 액 압축 방지
② 냉매 및 브라인 흐름 제어
③ 용량 및 액면 제어
④ 고수위 경보

해설
인터록 : 어떤 조건이 충족될 때까지 다음 동작을 멈추게 하는 동작으로 보일러에서는 보일러 운전 중 어떤 조건이 충족되지 않으면 연료 공급을 차단시키는 전자밸브(솔레노이드 밸브, Solenoid Valve)의 동작을 말한다. 종류는 다음과 같다.
• 압력초과 인터록
• 저수위 인터록
• 불착화 인터록
• 저연소 인터록
• 프리퍼지 인터록

51 접지공사의 목적으로 가장 올바른 것은?

① 전류변동방지, 전압변동방지, 절연저하방지
② 절연저하방지, 화재방지, 전압변동방지
③ 화재방지, 감전방지, 기기손상방지
④ 감전방지, 전압변동방지, 화재방지

해설
접지공사의 목적 : 화재방지, 감전방지, 기기손상방지

52 감습장치에 대한 설명으로 옳은 것은?

① 냉각식 감습장치는 감습만을 목적으로 사용하는 경우 경제적이다.
② 압축식 감습장치는 감습만을 목적으로 하면 소요 동력이 커서 비경제적이다.
③ 흡착식 감습법은 액체에 의한 감습법보다 효율이 좋으나 낮은 노점까지 감습이 어려워 주로 큰 용량에 적합하다.
④ 흡수식 감습장치는 흡착식에 비해 감습효율이 떨어져 소규모 용량에만 적합하다.

해설
① 냉각식 감습장치는 냉각과 감습이 동시에 필요할 때는 유리하지만, 냉각이 필요하지 않을 때도 재열(再熱)이 필요하여 열량이 소모된다.
③ 흡착식 감습장치는 재생에 대량의 열량을 필요로 하므로 풍량이 적어도 되는 건조실 등에 사용된다.
④ 흡수식 감습장치는 냉각식에 비해 공조되어 있는 실내의 현열비가 60% 이하일 때 유리하다.

53 유류 화재 시 사용하는 소화기로 가장 적합한 것은?

① 무상수 소화기
② 봉상수 소화기
③ 분말 소화기
④ 방화수

해설
B급 화재(유류 및 가스화재)
연소 후 아무것도 남지 않은 화재로 에테르, 알코올, 석유, 가연성 액체가스 등 유류 및 가스화재가 이에 해당하며, 구분 색은 황색이다.
※ 소화방법 : 공기 차단으로 인한 피복소화로 화학포, 증발성 액체(할로겐화물), 탄산가스, 소화분말(드라이케미컬) 등이 있다.

54 가스보일러 점화 시 주의사항으로 옳지 않은 것은?

① 연소실 내의 용적 4배 이상의 공기로 충분히 환기를 행할 것
② 점화는 3~4회로 착화될 수 있도록 할 것
③ 착화 실패나 갑작스런 실화 시에는 연료 공급을 중단하고 환기 후 그 원인을 조사할 것
④ 점화버너의 스파크 상태가 정상인지 확인할 것

> [해설]
> 가스보일러 점화 시 착화는 1회에 즉시 이루어져야 한다.

55 송풍기의 효율을 표시하는 데 사용되는 정압효율에 대한 정의로 옳은 것은?

① 팬의 축 동력에 대한 공기의 저항력
② 팬의 축 동력에 대한 공기의 정압 동력
③ 공기의 저항력에 대한 팬의 축 동력
④ 공기의 정압 동력에 대한 팬의 축 동력

> [해설]
> **정압효율** : 팬의 축 동력에 대한 공기의 정압 동력

56 벌집모양의 로터를 회전시키면서 윗부분으로 외기를 아래쪽으로 실내배기를 통과하면서 외기와 배기의 온도 및 습도를 교환하는 열교환기는?

① 고정식 전열교환기
② 현열교환기
③ 히트 파이프
④ 회전식 전열교환기

> [해설]
> 회전식 전열교환기는 벌집모양의 로터를 회전시키면서 외기와 배기의 온·습도를 교환하는 열교환기이다.

57 덕트에서 사용되는 댐퍼의 사용목적에 관한 설명으로 틀린 것은?

① 풍량 조절 댐퍼 - 공기량을 조절하는 댐퍼
② 배연 댐퍼 - 배연덕트에서 사용되는 댐퍼
③ 방화 댐퍼 - 화재 시에 연기를 배출하기 위한 댐퍼
④ 모터 댐퍼 - 자동제어장치에 의해 풍량 조절을 위해 모터로 구동되는 댐퍼

> [해설]
> **방화 댐퍼** : 화재 시에 화염을 차단하기 위한 댐퍼

58 냉동제조 시설의 안전관리규정 작성 요령에 대한 설명 중 잘못된 것은?

① 안전관리자의 직무, 조직에 관한 사항을 규정할 것
② 종업원의 훈련에 관한 사항을 규정할 것
③ 종업원의 후생복지에 관한 사항을 규정할 것
④ 사업소 시설의 공사·유지에 관한 사항을 규정할 것

해설
안전관리규정의 작성요령(고압가스안전관리법 시행규칙 별표 15)
안전관리규정에는 다음 사항이 포함되어야 한다.
- 목 적
- 안전관리자의 직무·조직 및 책임에 관한 사항
- 사업소시설의 공사·유지에 관한 사항
- 공급자의 의무 이행에 관한 사항
- 충전용기 및 차량에 고정된 탱크의 운반에 관한 사항
- 종업원의 훈련에 관한 사항
- 위해 발생 시의 소집방법·조치·훈련에 관한 사항
- 자율검사를 위한 검사장비의 보유 및 자율검사요원의 관리에 관한 사항

59 컨베이어 등을 사용하여 작업할 때 작업 시작 전 점검사항이다. 해당되지 않는 것은?

① 원동기 및 풀리기능의 이상 유무
② 이탈 등의 방지장치기능의 이상 유무
③ 비상정지장치 기능의 이상 유무
④ 작업면의 기울기 또는 요철 유무

해설
작업면의 기울기 또는 요철 유무는 컨베이어 설치 시 점검사항에 해당된다.

60 공조용 급기덕트에서 취출된 공기가 어느 일정거리만큼 진행했을 때의 기류 중심선과 취출구 중심과의 거리를 무엇이라고 하는가?

① 도달거리
② 1차 공기거리
③ 2차 공기거리
④ 강하거리

해설
④ 강하거리 : 공조용 급기덕트에서 취출된 공기가 어느 일정거리만큼 진행했을 때의 기류 중심선과 취출구 중심과의 거리
① 도달거리 : 분출구에서 분출된 공기가 도달한 어떤 점 및 일반적으로 0.25m/s의 일정 풍속이 되는 곳까지의 수평 이동거리

2017년 제3회 과년도 기출복원문제

01 다음 보기의 내용에 해당하는 법칙은?

> 보기
> 회로망 중 임의의 한 점에서 흘러 들어오는 전류와 나가는 전류의 대수합은 0이다.

① 쿨롱의 법칙
② 옴의 법칙
③ 키르히호프의 제1법칙
④ 키르히호프의 제2법칙

해설
키르히호프의 제1법칙
회로 내의 어느 점을 취해도 그곳에 흘러 들어오거나(+) 흘러 나가는(-) 전류를 음양의 부호를 붙여 구별하면, 들어오고 나가는 전류의 총계는 0이 된다는 법칙이다. 즉, 전류가 흐르는 길에서 들어오는 전류와 나가는 전류의 합이 같다.

02 유기질 브라인으로 부식성이 작고, 독성이 없으므로 주로 식품냉동의 동결용에 사용되는 브라인은?

① 염화마그네슘
② 염화칼슘
③ 에틸렌글리콜
④ 프로필렌글리콜

해설
유기질 브라인
- 탄소(C)를 포함한 브라인이다.
- 가격이 비싸다.
- 금속의 부식력이 작다.
  - 에틸렌글리콜 : 부식성이 무기질 브라인보다 작으며 소형 기계에 사용한다.
  - 프로필렌글리콜 : 부식성이 작고 독성이 없으며 냉동식품 동결용에 사용한다.
  - 메틸렌클로라이드, R-11 : 초저온에 사용한다.

03 다음 중 브라인의 동파방지책으로 옳지 않은 것은?

① 부동액을 첨가한다.
② 단수 릴레이를 설치한다.
③ 흡입압력조절밸브를 설치한다.
④ 브라인 순환펌프와 압축기 모터를 인터록한다.

해설
브라인의 동파 방지 대책
- 부동액을 첨가한다.
- 단수 릴레이를 설치한다.
- 동파방지용 온도조절기를 설치한다.
- 증발압력조정밸브를 설치한다.
- 순환펌프와 압축기 모터를 인터록시킨다.

04 냉동 윤활장치에서 유압이 낮아지는 원인이 아닌 것은?

① 오일이 부족할 때
② 유온이 낮을 때
③ 유 여과망이 막혔을 때
④ 유압조정밸브가 많이 열렸을 때

해설
유압 상승의 원인
- 유압계 불량
- 유압조정밸브가 너무 많이 잠겼을 때
- 유온이 낮을 때
- 유배관이 막힘

정답 1③ 2④ 3③ 4②

05 냉동설비의 설치공사 완료 후 시운전 또는 기밀시험을 실시할 때 사용할 수 없는 것은?

① 헬 륨 ② 산 소
③ 질 소 ④ 탄산가스

해설
기밀시험 시 조연성 가스인 산소를 사용해서는 안 된다.

06 다음 중 감전사고 예방을 위한 방법으로 틀린 것은?

① 전기설비의 점검을 철저히 한다.
② 전기기기에 위험 표시를 해 둔다.
③ 설비의 필요 부분에는 보호접지를 한다.
④ 전기기계기구의 조작은 필요시 아무나 할 수 있게 한다.

해설
감전사고 예방을 해 전기기계기구의 조작은 필요시 아무나 할 수 없도록 한다.

07 스크루 압축기의 장점이 아닌 것은?

① 흡입 및 토출 밸브가 없다.
② 크랭크샤프트, 피스톤링 등의 마모 부분이 없어 고장이 적다.
③ 냉매의 압력손실이 없어 체적효율이 향상된다.
④ 고속회전으로 인하여 소음이 적다.

해설
스크루 압축기는 고속회전으로 진동이 적은 반면에 소음이 크고 흡입·토출 밸브가 없어 약간의 액 압축을 견딜 수 있는 장점이 있기 때문에 저온용, 상온용으로 널리 쓰이고 있다.

08 냉동장치의 팽창 밸브 용량을 결정하는 것은?

① 밸브시트의 오리피스 직경
② 팽창 밸브 입구의 직경
③ 니들 밸브의 크기
④ 팽창 밸브 출구의 직경

해설
팽창 밸브의 용량은 오리피스의 직경으로 결정된다.

09 재해예방의 4가지 기본원칙에 해당되지 않는 것은?

① 대책선정의 원칙
② 손실우연의 원칙
③ 예방가능의 원칙
④ 재해통계의 원칙

해설
재해예방의 4원칙
• 손실우연의 원칙 : 손실은 사고 발생 시의 조건 및 상황에 따라 달라지므로 손실은 우연성에 의해 결정된다.
• 예방가능의 원칙 : 재해는 원칙적으로 원인만 제거되면 예방이 가능하다.
• 원인연계의 원칙 : 재해의 원인은 여러 요소들이 복합적으로 작용하여 재해를 유발시킨다.
• 대책선정의 원칙 : 재해의 원인이 각기 다르므로 원인을 정확히 규명해서 대책을 선정·실시해야 한다.

정답 5 ② 6 ④ 7 ④ 8 ① 9 ④

10 보일러에 부착된 안전밸브의 구비조건 중 틀린 것은?

① 밸브의 개폐 동작이 서서히 이루어질 것
② 안전밸브의 지름과 압력분출장치 크기가 적정할 것
③ 정상 압력으로 될 때 분출을 정지할 것
④ 보일러 정격용량 이상 분출할 수 있어야 할 것

해설
안전밸브는 신속히 작동되어야 한다.

11 작업조건에 따라 착용하여야 하는 보호구의 연결로 틀린 것은?

① 고열에 의한 화상 등의 위험이 있는 작업 - 안전대
② 근로자가 추락할 위험이 있는 작업 - 안전모
③ 물체가 흩날릴 위험이 있는 작업 - 보안경
④ 감전의 위험이 있는 작업 - 절연용 보호구

해설
• 방열복 : 고열에 의한 화상 등의 위험이 있는 작업을 할 경우
• 안전대 : 높이 또는 깊이 2m 이상의 추락할 위험이 있는 장소에서 하는 작업

12 다음 설명 중 틀린 것은?

① 유압 보호 스위치의 종류는 바이메탈식과 가스통식이 있다.
② 단수 릴레이는 수랭식 응축기에서 브라인이나 냉각수가 단수 또는 감수 시 압축기를 정지시키는 스위치다.
③ 가용전은 토출가스의 영향을 직접 받지 않는 곳에 설치한다.
④ 파열판은 일단 동작된 후 내부 압력이 낮아지면 가스의 방출이 정지되며, 다시 사용할 수 있다.

해설
파열판은 일회용으로 한 번 작동하면 새것으로 교환해야 된다.

13 전기화재의 소화에 사용하기 부적당한 것은?

① 분말 소화기   ② 포말 소화기
③ CO_2 소화기   ④ 할로겐 소화기

해설
전기화재에 포말 소화기를 사용하면 감전의 우려가 있다.

14 흡수식 냉동사이클에서 흡수기와 재생기는 증기 압축식 냉동사이클의 무엇과 같은 역할을 하는가?

① 증발기   ② 응축기
③ 압축기   ④ 팽창 밸브

해설
흡수식 냉동사이클에서 흡수기와 재생기는 증기 압축식 냉동사이클의 압축기와 같은 역할을 한다. 즉, 흡수식 냉동사이클에는 압축기가 없다.

정답 10 ① 11 ① 12 ④ 13 ② 14 ③

15 다음 그림 기호의 밸브 종류는?

① 볼 밸브
② 게이트 밸브
③ 풋 밸브
④ 안전 밸브

해설
문제의 기호는 게이트 밸브이다.

볼 밸브	안전 밸브

16 어느 제빙공장의 냉동능력은 6RT이다. 응축기 방열량은 얼마인가?(단, 방열계수는 1.3이다)

① 10,948kcal/h
② 11,248kcal/h
③ 15,952kcal/h
④ 25,896kcal/h

해설
응축기 방열량 = 6 × 3,320 × 1.3
= 25,896kcal/h

17 증기난방의 환수관 배관방식에서 환수주관을 보일러의 수면보다 높은 위치에 배관하는 것은?

① 진공환수식
② 강제환수식
③ 습식환수식
④ 건식환수식

해설
환수관의 배치에 따른 분류
• 건식환수방법 : 보일러의 수면보다 환수주관이 위에 있는 경우로서 환수주관의 증기 혼입에 의한 열손실을 방지하기 위하여 방열기와 관말에 트랩 설치
• 습식환수방법 : 보일러의 수면보다 환수주관이 아래에 있는 경우로서 건식보다 관경이 작아도 되며 관말트랩은 불필요

18 서로 친화력을 가진 두 물질의 용해 및 유리작용을 이용하여 압축효과를 얻는 냉동법은?

① 증기압축식 냉동법
② 흡수식 냉동법
③ 증기분사식 냉동법
④ 전자냉동법

해설
흡수식 냉동기
흡수식 냉동기는 주로 증기, 유류, 가스 및 온수 등을 가열원으로 쓰고 있어 전기를 사용하는 냉동의 대체효과가 크며, 기계식 냉동기에 비해 운전비가 저렴한 편이다. 25~100% 정도 비례제어가 가능한 특성이 있고, 부하변동에 따른 추종성이 기계식 냉동기에 비해 느린 편이다. 출구수온을 7℃ 얻기 위해서는 냉매의 증발온도가 4~5℃가 되어야 하며 이때 포화압력은 6~7mmHg(a) 정도이다.

정답 15 ② 16 ④ 17 ④ 18 ②

19 흡입관경이 20mm(7/8°) 이하일 때 감온통의 부착 위치로 적당한 것은?(단, ◎ 표시가 감온통이다)

① 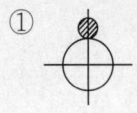 ②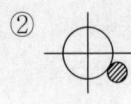
③ 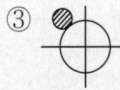 ④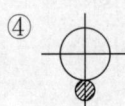

해설
증발기 출구측에 설치하는 감온통의 기준
• 흡입관 외경이 20mm 이하일 경우 : 흡입관 상부에 부착
• 흡입관 외경이 20mm 이상일 경우 : 흡입관 수평보다 45° 하부에 부착

20 열이 이동되는 3가지 기본현상(형식)이 아닌 것은?

① 전도 ② 관류
③ 대류 ④ 복사

해설
열전달 방식 : 전도, 대류, 복사

21 이중 덕트방식에 대한 설명으로 틀린 것은?

① 실의 냉난방 부하가 감소되어도 취출공기의 부족 현상은 없다.
② 실내부하에 따라 각실 제어나 존(Zone)별 제어가 가능하다.
③ 방의 설계 변경이나 완성 후 용도 변경에도 쉽게 대처할 수 있다.
④ 단일 덕트방식에 비해 에너지 소비량이 적다.

해설
이중 덕트방식(Double Duct System)
온풍과 냉풍 2개의 덕트를 설비하여 각 실의 부하조건에 따라서 혼합박스(Mixing Box)로 적당한 급기온도를 조정하여 토출시키는 방식으로 에너지 소비량이 많다.

22 냉방부하 계산 시 인체로부터의 취득열량에 대한 설명으로 틀린 것은?

① 인체 발열부하는 작업 상태와는 관계없다.
② 땀의 증발, 호흡 등은 잠열이라 할 수 있다.
③ 인체의 발열량은 재실 인원수와 현열량과 잠열량으로 구한다.
④ 인체 표면에서 대류 및 복사에 의해 방사되는 열은 현열이다.

해설
인체의 발열부하는 작업 상태와 밀접한 관계가 있다.

23 스패너 사용 시 주의사항으로 틀린 것은?

① 스패너가 벗겨지거나 미끄러짐에 주의한다.
② 스패너의 입이 너트 폭과 잘 맞는 것을 사용한다.
③ 스패너의 길이가 짧은 경우에는 파이프를 끼워서 사용한다.
④ 무리하게 힘을 주지 말고 조심스럽게 사용한다.

해설
스패너 자루에 파이프를 끼워 사용하면 안 된다.

24 냉동장치에 사용하는 냉동기유의 구비조건으로 잘못된 것은?

① 적당한 점도를 가지며, 유막형성능력이 뛰어날 것
② 인화점이 충분히 높아 고온에서도 변하지 않을 것
③ 밀폐형에 사용하는 것은 전기절연도가 클 것
④ 냉매와 접촉하여도 화학반응을 하지 않고, 냉매와의 분리가 어려울 것

해설
윤활유(냉동기유)의 구비 조건
- 응고점이 낮고 인화점이 높을 것
- 점도가 알맞고 변질되지 않을 것
- 수분이 포함되지 않고 불순물이 없으며 전기적인 절연내력이 클 것
- 저온에서 왁스(Wax) 분리가 되지 않으며 냉매가스 흡수가 적을 것
- 냉매가스가 흡수하여도 용적 증기가 적을 것
- 장기 휴지 중 방청능력이 있을 것이며, 오일 포밍에 소포성이 있을 것

25 광명단 도료에 대한 설명 중 틀린 것은?

① 밀착력이 강하고 도막도 단단하여 풍화에 강하다.
② 연단에 아마인유를 배합한 것이다.
③ 기계류의 도장 밑칠에 널리 사용된다.
④ 은분이라고도 하며, 방청효과가 매우 좋다.

해설
일종의 사삼산화연(四三酸化鉛)으로 연단·적연이라고도 한다. 납 또는 산화납을 공기 속에서 400℃ 이상으로 가열하여 만든 붉은빛의 가루로 붉은 안료, 납유리의 제조, 녹슬지 않게 하는 도료 등으로 쓰인다.

26 압축기의 축봉장치에 대한 설명으로 옳은 것은?

① 냉매나 윤활유가 외부로 새는 것을 방지한다.
② 축의 회전을 원활하게 하는 베어링 역할을 한다.
③ 축이 빠지는 것을 막아주는 역할을 한다.
④ 윤활유를 냉각하는 장치이다.

해설
압축기의 축봉장치는 냉매나 윤활유가 외부로 새는 것을 방지하기 위한 장치이다.

정답 23 ③ 24 ④ 25 ④ 26 ①

27 유체의 입구와 출구의 각이 직각이며, 주로 방열기의 입구 연결밸브나 보일러 주증기밸브로 사용되는 밸브는?

① 슬루스 밸브(Sluice Valve)
② 체크 밸브(Check Valve)
③ 앵글 밸브(Angle Valve)
④ 게이트 밸브(Gate Valve)

해설
앵글 밸브(Angle Valve) : 스톱 밸브의 일종으로 유체의 흐름을 직각으로 바꾸는 밸브

28 다음 $P-h$ 선도(Mollier Diagram)에서 등온선을 나타낸 것은?

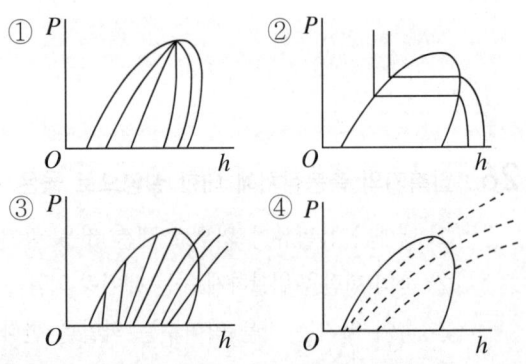

해설
① 등건조도선
③ 등엔트로피선
④ 등비체적선

29 다음 설명 중 틀린 것은?

① 지구상에 존재하는 모든 공기는 건조공기로 취급된다.
② 공기 중에 수증기가 많이 함유될수록 상대습도는 높아진다.
③ 지구상의 공기는 질소, 산소, 아르곤, 이산화탄소 등으로 이루어졌다.
④ 공기 중에 함유될 수 있는 수증기의 한계는 온도에 따라 달라진다.

해설
지구상에 존재하는 모든 공기는 습공기로 취급된다.

30 안전보건관리책임자의 직무에 가장 거리가 먼 것은?

① 산업재해의 원인 조사 및 재발 방지대책 수립에 관한 사항
② 안전에 관한 조직편성 및 예산책정에 관한 사항
③ 안전·보건과 관련된 안전장치 및 보호구 구입 시의 적격품 여부 확인에 관한 사항
④ 근로자의 안전보건교육에 관한 사항

해설
안전보건관리책임자(산업안전보건법 제15조)
사업주는 사업장을 실질적으로 총괄하여 관리하는 사람에게 해당 사업장의 다음의 업무를 총괄하여 관리하도록 하여야 한다.
• 사업장의 산업재해 예방계획의 수립에 관한 사항
• 안전보건관리규정의 작성 및 변경에 관한 사항
• 근로자의 안전보건교육에 관한 사항
• 작업환경 측정 등 작업환경의 점검 및 개선에 관한 사항
• 근로자의 건강진단 등 건강관리에 관한 사항
• 산업재해의 원인 조사 및 재발 방지대책 수립에 관한 사항
• 산업재해에 관한 통계의 기록 및 유지에 관한 사항
• 안전장치 및 보호구 구입 시의 적격품 여부 확인에 관한 사항
• 그 밖에 근로자의 유해·위험 방지조치에 관한 사항으로서 고용노동부령으로 정하는 사항

31 시퀀스제어장치의 구성으로 가장 거리가 먼 것은?

① 검출부　　② 조절부
③ 피드백부　　④ 조작부

해설
피드백부는 피드백 제어에 해당된다.

32 액백(Liquid Back)의 원인으로 가장 거리가 먼 것은?

① 팽창 밸브의 개도가 너무 클 때
② 냉매가 과충전되었을 때
③ 액분리기가 불량일 때
④ 증발기 용량이 너무 클 때

해설
액백(Liquid Back)
- 액백이란 압축기 흡입가스 중에 액이 남아 있는 것을 말하며, 흡입가스 중에 액이 남아 있으면 냉동사이클의 효율이 저하되고, 액백이 심해지면 액압축의 위험이 있다.
- 액백이 일어나면 흡입관에서 실린더까지 적상이 일어난다.
- 액백의 원인
  - 증발기에서의 냉동부하의 급격한 감소
  - 팽창 밸브의 고장에 의한 밸브 개도의 증대 등으로 냉매유량 증가
  - 겨울철 외기온도가 낮고, 냉동장치 정지 중 압축기의 흡입관 내에 냉매가스가 응축하여 액상으로 고였다가 압축기 기동 시 액이 흡입
- 액백 방지법
  - 냉동부하에 비해 과다한 능력의 압축기를 사용하지 않는다.
  - 냉매액을 과잉 공급하지 않는다.
- 증발기의 냉동부하를 급격하게 변화시키지 않는다.
- 압축기에 가까이 있는 흡입관의 액 고임을 없앤다.
- 액분리기(Accumulator)를 설치한다.

33 냉매의 구비조건으로 틀린 것은?

① 증발잠열이 클 것
② 표면장력이 작을 것
③ 임계온도가 상온보다 높을 것
④ 증발압력이 대기압보다 낮을 것

해설
냉매의 구비조건
- 저온에서도 높은 포화압력
- 임계온도가 높을 것(상온 이상)
- 응고온도가 낮을 것
- 증발잠열이 크고 액체비열이 작을 것
- 윤활유, 수분 등과 작용하여 냉동작용에 영향을 미치는 일이 없을 것
- 전열이 양호할 것
- 점도와 표면장력이 작을 것
- 비열비가 작을 것
- 전기적 절연내력이 작을 것
- 터보냉동기용 냉매는 가스 비중이 클 것

34 다음 내용의 (　) 안에 들어갈 용어로서 모두 옳은 것은?

> 송풍기 송풍량은 (㉮)이나 기기취득부하에 의해 구해지며, (㉯)는(은) 이들 열부하 외에 외기부하나 재열부하를 합해서 얻어진다.

① ㉮ 실내취득열량　㉯ 냉동기용량
② ㉮ 냉각탑방출열량　㉯ 배관부하
③ ㉮ 실내취득열량　㉯ 냉각코일용량
④ ㉮ 냉각탑방출열량　㉯ 송풍기부하

정답　31 ③　32 ④　33 ④　34 ③

35 냉동능력이 29,980kcal/h인 냉동장치에서 응축기의 냉각수온도가 입구온도 32℃, 출구온도 37℃일 때, 냉각수 수량이 120L/min이라고 하면 이 냉동기의 축동력은?(단, 열손실은 없는 것으로 가정한다)

① 5kW ② 6kW
③ 7kW ④ 8kW

해설
$Q_c = Q_e + L_{kW}$ (kcal/h)
120kg/min × 60min/1h × 1kcal/kg℃ × (37−32)℃
= 29,980kcal/h + x kW × $\frac{860kcal/h}{1kW}$

∴ x = 7kW

36 냉동기 검사에 합격한 냉동기에는 다음 사항을 명확히 각인한 금속박판을 부착하여야 한다. 각인할 내용에 해당되지 않는 것은?

① 냉매가스의 종류
② 냉동능력(RT)
③ 냉동기 제조자의 명칭 또는 약호
④ 냉동기 운전조건(주위온도)

해설
냉동기에 대한 각인
• 냉동기 제조자의 명칭 또는 약호
• 냉매가스의 종류
• 냉동능력(단위 : RT)
• 원동기소요전력 및 전류(단위 : kW, A)
• 제조번호
• 검사에 합격한 연월
• 내압시험압력(기호 : TP, 단위 : MPa)
• 최고사용압력(기호 : DP, 단위 : MPa)

37 정현파 교류에서 전압의 실횻값(V)을 나타내는 식으로 옳은 것은?(단, 전압의 최댓값을 V_m, 평균값을 V_a라고 한다)

① $V = \dfrac{V_a}{\sqrt{2}}$ ② $V = \dfrac{V_m}{\sqrt{2}}$

③ $V = \dfrac{\sqrt{2}}{V_m}$ ④ $V = \dfrac{\sqrt{2}}{V_a}$

해설
정현파 교류에서 전압의 실횻값(V)을 나타내는 식 : $V = \dfrac{V_m}{\sqrt{2}}$

38 스윙(Swing)형 체크 밸브에 관한 설명으로 틀린 것은?

① 호칭치수가 큰 관에 사용된다.
② 유체의 저항이 리프트(Lift)형보다 작다.
③ 수평배관에만 사용할 수 있다.
④ 핀을 축으로 하여 회전시켜 개폐한다.

해설
체크 밸브(Check Valve)
유체의 흐름이 한쪽으로 흐르게 하고, 역류하면 자동적으로 배압에 의하여 닫히는 밸브
• 스윙형 체크 밸브 : 핀을 축으로 하여 회전됨으로써 개폐되므로 유체에 대한 마찰저항이 리프트형보다 작고 수평, 수직 어느 배관에도 사용할 수 있다.
• 리프트형 체크 밸브 : 유체의 압력으로 밸브가 수직으로 상하하면서 개폐되어 리프트는 밸브 지름의 1/4 정도이고, 유체의 흐름에 대한 마찰저항이 크고 수평배관에만 사용된다.

39 냉동사이클 내를 순환하는 동작유체로서 잠열에 의해 열을 운반하는 냉매로 가장 거리가 먼 것은?

① 1차 냉매
② 암모니아(NH_3)
③ 프레온(Freon)
④ 브라인(Brine)

해설
브라인 : 냉동장치 외면을 반복 순환하면서 상태변화 없이 감열, 즉 현열상태로 열을 운반하는 작동유체이다.
브라인의 구비조건
• 비열이 클 것
• 열전도율이 클 것
• 점도가 작을 것
• 응고점이 낮을 것
• 불연성이며 독성이 없을 것

40 열전 냉동법의 특징에 관한 설명으로 틀린 것은?

① 운전 부분으로 인해 소음과 진동이 생긴다.
② 냉매가 필요 없으므로 냉매 누설로 인한 환경오염이 없다.
③ 성적계수가 증기압축식에 비하여 월등히 떨어진다.
④ 열전소자의 크기가 작고 가벼워 냉동기를 소형, 경량으로 만들 수 있다.

해설
펠티에 효과, 즉 열전기쌍에 열기전력에 저항하는 전류를 통하게 하면 고온 접점쪽에서 발열하고, 저온 접점쪽에서 흡열(따라서 냉각)이 이루어지는 효과를 이용하여 냉각공간을 얻는 방법으로 소음과 진동이 없다.

41 표준 냉동사이클의 몰리에르($P-h$) 선도에서 압력이 일정하고, 온도가 저하되는 과정은?

① 압축과정
② 응축과정
③ 팽창과정
④ 증발과정

해설
응축과정 : 표준 냉동사이클의 몰리에르($P-h$) 선도에서 압력이 일정하고, 온도가 저하되는 과정

42 표준 대기압 상태에서 100℃의 포화수 2kg을 100℃의 건포화증기로 만드는 데 필요한 열량은?

① 3,320kcal
② 2,435kcal
③ 1,078kcal
④ 539kcal

해설
$Q = G\gamma = 2kg \times 539kcal/kg = 1,078kcal$

43 공기조화방식의 중앙식 공조방식에서 수·공기방식에 해당되지 않는 것은?

① 이중 덕트방식
② 유인유닛방식
③ 팬코일 유닛방식(덕트 병용)
④ 복사냉난방방식(덕트 병용)

해설
공조방식의 분류
- 중앙식 : 전공기 방식, 수·공기방식, 수방식(동력 소비량 : 전공기 방식 > 수·공기방식 > 수방식)
- 전공기방식(덕트만 이용) : 단일 덕트방식(대용량), 이중 덕트방식, 멀티존 유닛방식, 말단 재열방식

44 증기분사 냉동법에 관한 설명으로 옳은 것은?

① 융해열을 이용하는 방법
② 승화열을 이용하는 방법
③ 증발열을 이용하는 방법
④ 펠티에 효과를 이용하는 방법

해설
증기분사 냉동법 : 냉매는 물이며, 스팀 이젝터(Steam Ejector)의 분사력을 이용한다. 증발기 내부의 압력을 저하시켜 수분을 증발시키고 나머지 물은 증발열을 빼앗겨 냉각된다. 즉, 다량의 증기를 분사할 때의 부압작용을 이용하여 냉동을 행하는 방법이다.

45 프레온 냉동장치의 배관에 사용되는 재료로 가장 거리가 먼 것은?

① 배관용 탄소강 강관
② 배관용 스테인리스 강관
③ 이음매 없는 동관
④ 탈산 동관

해설
프레온은 수분 존재 시 탄소강을 부식시킨다.

46 냉동사이클에서 증발온도를 일정하게 하고 응축온도를 상승시켰을 경우의 상태변화로 옳은 것은?

① 소요동력 감소
② 냉동능력 증대
③ 성적계수 증대
④ 토출가스 온도 상승

해설
냉동사이클에서 증발온도를 일정하게 하고 응축온도를 상승시켰을 경우의 상태변화
- 소요동력 증대
- 냉동능력 감소
- 성적계수 감소
- 토출가스 온도 상승

47 외기온도 -5℃일 때 공급공기를 18℃로 유지하는 열펌프로 난방을 한다. 방의 총열손실이 50,000 kcal/h일 때 외기로부터 얻은 열량은?

① 43,500kcal/h
② 46,047kcal/h
③ 50,000kcal/h
④ 53,255kcal/h

해설

열량 = $50,000 - \dfrac{50,000(291-268)}{291}$ = 46,048kcal/h

48 셸 앤 튜브(Shell & Tube)형 열교환기에 관한 설명으로 옳은 것은?

① 전열관 내 유속은 내식성이나 내마모성을 고려하여 약 1.8m/s 이하가 되도록 하는 것이 바람직하다.
② 동관을 전열관으로 사용할 경우 유체온도는 200℃ 이상이 좋다.
③ 증기와 온수의 흐름은 열교환 측면에서 병행류가 바람직하다.
④ 열관류율은 재료와 유체의 종류에 상관없이 거의 일정하다.

해설
② 동관을 전열관으로 사용할 경우 유체온도가 150℃ 이하가 좋다.
③ 증기와 온수의 흐름은 수평 흐름이 바람직하다.
④ 열관류율은 재료와 유체의 종류에 따라 다르다.

49 가습방식에 따른 분류로 수분무식 가습기가 아닌 것은?

① 원심식
② 초음파식
③ 모세관식
④ 분무식

해설
가습기의 종류
• 수분무식 : 초음파식, 분무식, 원심식
• 증기식 가습기 : 전극식, 간접증기식, 전열식, 적외선식, 증기분무식
• 기화식 : 적하침투기화식

50 가정용 세탁기나 커피자동판매기처럼 미리 정해진 순서에 따라 조작부가 동작하여 제어목표를 달성하는 제어는?

① On-off 제어
② 시퀀스제어
③ 공정제어
④ 서보제어

해설
시퀀스제어
• 미리 정해진 순서에 따라 제어의 각 단계를 진행하는 제어
• 응용 분야 : 전기세탁기, 전기냉장고, 전기밥솥, 엘리베이터, 컨베이어, 리프트, 프레스, 선반, 자동판매기, 광고탑, 발전소, 변전소 등
※ 가정용 전기냉장고는 On-off 작동제어이다.

51 공기 중의 미세먼지 제거 및 클린룸에 사용되는 필터는?

① 여과식 필터
② 활성탄 필터
③ 초고성능 필터
④ 자동감지용 필터

해설
고성능 필터(HEPA ; High Efficiency Particulate Air filter)
- DOP법에 의한 여과효율이 99.79% 이상이며 여과재는 글라스 파이버, 아스베스토스 파이버가 사용된다.
- 병원수술실, 방사선물질 취급소, 클린룸 등에 사용된다.

52 다음 중 공기조화기의 구성요소가 아닌 것은?

① 공기여과기
② 공기가열기
③ 공기세정기
④ 공기압축기

해설
공기조화기(AHU ; Air Handling Unit) : 공기여과기, 공기냉각기, 공기가열기, 공기세정기 등

53 다음 냉동장치의 제어장치 중 온도제어장치에 해당되는 것은?

① TC
② LPS
③ EPR
④ OPS

해설
TC : 냉동장치의 제어장치 중 온도제어장치

54 단열압축, 등온압축, 폴리트로픽 압축에 관한 사항 중 틀린 것은?

① 압축일량은 등온압축이 제일 작다.
② 압축일량은 단열압축이 제일 크다.
③ 압축가스온도는 폴리트로픽 압축이 제일 높다.
④ 실제 냉동기의 압축방식은 폴리트로픽 압축이다.

해설
압축 후의 토출가스온도는 단열압축이 가장 높다.
가스압축 시 소요되는 열량과 가스의 온도 상승에 따른 순서
단열압축 > 폴리트로픽 압축 > 등온압축

55 다음 중 효율은 그다지 높지 않고 풍량과 동력의 변화가 비교적 많으며 환기·공조 저속 덕트용으로 주로 사용되는 송풍기는?

① 시로코 팬
② 축류 송풍기
③ 에어 포일팬
④ 프로펠러형 송풍기

해설
시로코 팬 : 환기 공조용 저속 덕트 송풍기로서 저항 변화에 대해 풍량, 동력 변화가 크고 정속운전에 사용하기 적합하다.

56 실내 취득 감열량이 35,000kcal/h이고, 실내로 유입되는 송풍량이 9,000m³/h일 때 실내의 온도를 25℃로 유지하려면 실내로 유입되는 공기의 온도를 약 몇 ℃로 해야 되는가?(단, 공기의 비중량은 1.29kg/m³, 공기의 비열은 0.24kcal/kg·℃로 한다)

① 9.5℃ ② 10.6℃
③ 12.6℃ ④ 148℃

해설
실내 취득 열량 $= 0.24 \gamma Q(t_2 - t_1)$
$35,000 = 0.24 \times 1.29 \times 9,000 \times (25 - x)$
∴ $x = 12.4$

57 고압가스안전관리법에 의하면 냉동기를 사용하여 고압가스를 제조하는 자는 안전관리자를 해임하거나, 퇴직한 때에는 지체 없이 이를 허가 또는 신고 관청에 신고하고, 해임 또는 퇴직한 날로부터 며칠 이내에 다른 안전관리자를 선임하여야 하는가?

① 7일 ② 10일
③ 20일 ④ 30일

해설
안전관리자(고압가스안전관리법 제15조)
안전관리자를 선임한 자는 안전관리자를 선임 또는 해임하거나 안전관리자가 퇴직한 경우에는 지체 없이 이를 허가관청·신고관청·등록관청 또는 사용신고관청에 신고하고, 해임 또는 퇴직한 날부터 30일 이내에 다른 안전관리자를 선임하여야 한다.

58 안전관리에 대한 제반활동을 설명한 것이다. 이 중 옳지 않은 것은?

① 재해로부터 인명과 재산을 보호하기 위한 계획적인 안전활동이다.
② 재해의 원인을 찾아내고 그 원인을 사전에 제거하는 안전활동이다.
③ 근로자에게 쾌적한 작업환경을 조성해 주고 경영자에게는 재해손실을 줄여 준다.
④ 안전활동을 수행하기 위해서는 경영자를 제외한 모든 종업원이 참여해야 한다.

해설
안전활동을 수행하기 위해서는 경영자뿐만 아니라 모든 종업원이 참여해야 한다.

59 열에너지를 효율적으로 이용할 수 있는 방법 중 하나인 축열장치의 특징에 관한 설명으로 틀린 것은?

① 저속 연속운전에 의한 고효율 정격운전이 가능하다.
② 냉동기 및 열원설비의 용량을 감소할 수 있다.
③ 열회수 시스템의 적용이 가능하다.
④ 수질관리 및 소음관리가 필요 없다.

해설
축열장치는 수질관리 및 소음관리가 필요하다.

60 LNG 냉열이용 동결장치의 특징으로 틀린 것은?

① 식품과 직접 접촉하여 급속 동결이 가능하다.
② 외기가 흡입되는 것을 방지한다.
③ 공기에 분산되어 있는 먼지를 철저히 제거하여 장치 내부에 눈이 생기는 것을 방지한다.
④ 저온공기의 풍속을 일정하게 확보함으로써 식품과의 열전달계수를 저하시킨다.

해설
LNG 냉열이용 동결장치에서 저온공기의 풍속을 일정하게 확보함으로써 식품과의 열전달계수를 향상시킨다.

2018년 제1회 과년도 기출복원문제

01 작업자의 안전태도를 형성하기 위한 가장 유효한 방법은?

① 안전에 관한 훈시
② 안전한 환경의 조성
③ 안전 표지판의 부착
④ 안전에 관한 교육 실시

해설
사업주는 소속 근로자에게 고용노동부령으로 정하는 바에 따라 정기적으로 안전보건교육을 하여야 한다. 즉, 교육이 작업자의 안전태도를 형성하기 가장 유효한 방법이다.

02 수공구 중 정 작업 시 안전 작업수칙으로 옳지 않은 것은?

① 정의 머리가 둥글게 된 것은 사용하지 말 것
② 처음에는 가볍게 때리고 점차 타격을 가할 것
③ 철재를 절단할 때에는 철편이 날아 튀는 것에 주의할 것
④ 표면이 단단한 열처리 부분은 정으로 가공할 것

해설
열처리된 경우에 정으로 가공하면 취성이 커서 부러지기 쉽다.

03 해머 작업 시 지켜야 할 사항 중 적절하지 못한 것은?

① 녹슨 것을 때릴 때 주의하도록 한다.
② 해머는 처음부터 힘을 주어 때리도록 한다.
③ 작업 시에는 타격하려는 곳에 눈을 집중시킨다.
④ 열처리된 것은 해머로 때리지 않도록 한다.

해설
해머 작업 시 처음부터 힘을 주어 때리지 않도록 한다.
해머 작업 시 안전사항
• 보호안경을 착용할 것
• 처음에는 서서히 할 것
• 장갑을 끼지 말 것
• 해머를 자루에 꼭 끼울 것

04 방폭성능을 가진 전기기기의 구조 분류에 해당되지 않는 것은?

① 내압방폭구조
② 유입방폭구조
③ 압력방폭구조
④ 자체방폭구조

해설
방폭구조의 종류 : 압력, 내압, 유입, 안전증, 본질안전증, 특수 방폭구조 등

정답 1 ④ 2 ④ 3 ② 4 ④

05 보일러 파열사고의 원인으로 적절하지 못한 것은?

① 압력 초과 ② 취급 불량
③ 수위 유지 ④ 과 열

해설
보일러는 저수위일 때 보일러 파열사고가 일어날 수 있다.

06 보일러 청소인 화학적인 방법에서 염산을 많이 사용하는 이유가 아닌 것은?

① 스케일 용해 능력이 우수하다.
② 물에 용해도가 작아서 세관 후 세척이 쉽다.
③ 가격이 저렴하여 경제적이다.
④ 부식 억제제의 종류가 많다.

해설
염산은 물의 용해도가 커서 스케일 제거능력이 우수하다.

07 냉동 부속 장치 중 응축기와 팽창 밸브사이의 고압관에 설치하며, 증발기의 부하 변동에 대응하여 냉매 공급을 원활하게 하는 것은?

① 유분리기 ② 수액기
③ 액분리기 ④ 중간냉각기

해설
수액기 : 냉동 부속 장치 중 응축기와 팽창 밸브 사이의 고압관에 설치하며, 증발기의 부하 변동에 대응하여 냉매 공급을 원활하게 한다.

08 압축기의 토출가스 압력의 상승 원인이 아닌 것은?

① 냉각수온의 상승
② 냉각수량의 감소
③ 불응축가스의 부족
④ 냉매의 과충전

해설
압축기의 토출가스 압력 상승의 원인
• 냉각수온이 상승
• 냉각수량이 감소
• 불응축가스 많을 때
• 냉매의 과충전

09 아크용접작업 기구 중 보호구와 관계없는 것은?

① 용접용 보안면
② 용접용 앞치마
③ 용접용 홀더
④ 용접용 장갑

해설
용접용 홀더는 아크용접작업 기구의 도구이다.

5 ③ 6 ② 7 ② 8 ③ 9 ③   **정답**

10 냉동장치 운전 중 액해머 현상이 일어나는 경우 정상운전으로 회복시키기 위한 조치로 제일 먼저 해야 할 것은?

① 토출밸브를 닫는다.
② 흡입밸브를 연다.
③ 안전밸브를 연다.
④ 압축기를 정지시킨다.

해설
압축기 흡입가스가 습증기일 경우 리퀴드백에 의해 압축기가 소손될 수 있으므로 압축기를 정지시킨다.

11 2개 이상의 전선이 서로 접촉되어 폭음과 함께 녹아 버리는 현상은?

① 혼 촉　　② 단 락
③ 누 전　　④ 지 락

해설
① 혼촉 : 1, 2차 코일의 절연파괴로 인하여 발생
③ 누전 : 절연파괴로 전류가 설계된 부분 이외의 곳으로 흐르는 현상
④ 지락 : 누설전류의 일부가 대지로 흐르는 현상

12 가스용접 작업 시의 주의사항이 아닌 것은?

① 용기밸브는 서서히 열고 닫는다.
② 용접 전에 소화기 및 방화사를 준비한다.
③ 용접 전에 전격방지기 설치 유무를 확인한다.
④ 역화방지를 위하여 안전기를 사용한다.

해설
전격방지기 설치 유무는 전기용접 작업 시 주의사항이다.

13 아세틸렌 용접기에서 가스가 새어 나올 경우 적당한 검사방법은?

① 촛불로 검사한다.
② 기름을 칠해본다.
③ 성냥불로 검사한다.
④ 비눗물을 칠해 검사한다.

해설
아세틸렌가스가 새는 경우 비눗물로 누설을 확인한다.

14 작업조건에 따라 착용하여야 하는 보호구의 연결로 틀린 것은?

① 고열에 의한 화상 등의 위험이 있는 작업 - 안전대
② 근로자가 추락할 위험이 있는 작업 - 안전모
③ 물체가 흩날릴 위험이 있는 작업 - 보안경
④ 감전의 위험이 있는 작업 - 절연용 보호구

해설
안전대(안전벨트) : 추락에 의한 위험을 방지하기 위해 로프, 고리, 급정지기구와 근로자의 몸에 묶는 띠 및 그 부속품

정답　10 ④　11 ②　12 ③　13 ④　14 ①

15 가연물의 구비조건에 해당되지 않는 것은?

① 연소열이 많을 것
② 열전도율이 클 것
③ 산화되기 쉬울 것
④ 건조도가 양호할 것

해설
가연물의 구비조건
- 연소열(발열량)이 많을 것
- 열전도율이 작을 것
- 산화되기 쉬울 것
- 산소와의 접촉면적이 클 것
- 건조도가 양호할 것
- 산소와 화학반응에 필요한 활성화에너지가 작을 것

16 고압가스안전관리법에 의거 원심식 압축기의 냉동설비 중 그 압축기의 원동기 냉동능력 산정기준으로 맞는 것은?

① 정격출력 1.0kW를 1일의 냉동능력 1톤으로 본다.
② 정격출력 1.2kW를 1일의 냉동능력 1톤으로 본다.
③ 정격출력 1.5kW를 1일의 냉동능력 1톤으로 본다.
④ 정격출력 2.0kW를 1일의 냉동능력 1톤으로 본다.

해설
냉동능력 산정기준(고압가스안전관리법 시행규칙 별표 3)
원심식 압축기를 사용하는 냉동설비는 그 압축기의 원동기 정격출력 1.2kW를 1일의 냉동능력 1ton으로 보고, 흡수식 냉동설비는 발생기를 가열하는 1시간의 입열량 6,640kcal를 1일의 냉동능력 1ton으로 본다.

17 0℃의 얼음 3.5kg을 융해 시 필요한 잠열은 약 몇 kcal인가?

① 245   ② 280
③ 326   ④ 630

해설
융해잠열 = 3.5 × 79.68 = 278.88 ≒ 280

18 2원 냉동장치에 대한 설명 중 틀린 것은?

① 냉매는 주로 저온용과 고온용을 1:1로 섞어서 사용한다.
② 고온측 냉매로는 비등점이 높은 냉매를 주로 사용한다.
③ 저온측 냉매로는 비등점이 낮은 냉매를 사용한다.
④ −80~−70℃정도 이하의 초저온 냉동장치에 주로 사용한다.

해설
2원 냉동방식의 냉동사이클: −70℃ 이하의 초저온장치가 되면, 다단압축방식으로는 초저온의 실현이 곤란해진다. 그래서 냉동장치의 개량으로서 다원냉동(多元冷凍)방식이 채용되었다.
- 저온냉동기에 사용되는 냉매: R-13, R-14, 메탄(R-50), 에틸렌, 프로판(R-290)
- 고온냉동기에 사용되는 냉매: R-12, R-22 등

19 다음 냉매 가스 중 1RT당 냉매 가스 순환량이 제일 큰 것은?(단, 온도 조건은 동일하다)

① 암모니아 ② 프레온 22
③ 프레온 21 ④ 프레온 11

해설
냉매의 증발 잠열이 클수록 냉매 순환량이 작아지고 흡입관경이 가늘어진다.
- 증발잠열 순서 : 암모니아 > 프레온 22 > 프레온 21 > 프레온 11
- 냉매 가스 순환량 : 프레온 11 > 프레온 21 > 프레온 22 > 암모니아

20 암모니아 냉매의 특성에 대한 것으로 틀린 것은?

① 동 및 동합금, 아연을 부식시킨다.
② 철 및 강을 부식시킨다.
③ 물에 잘 용해되지만 윤활유에는 잘 녹지 않는다.
④ 염산이나 유황의 불꽃과 반응하여 흰 연기를 발생시킨다.

해설
암모니아는 철 및 강을 부식시키지 않는다.

21 암모니아 냉매와 프레온 냉매의 설명 중 맞는 것은?

① R-12는 암모니아보다 냉동효과(kcal/kg)가 커서 일반적으로 많이 사용한다.
② R-22는 암모니아보다 냉동효과(kcal/kg)가 크고 안전하다.
③ R-22는 R-12에 비하여 저온용에 적합하다.
④ R-12는 암모니아에 비하여 유분리가 용이하다.

해설
냉동효과가 큰 순서 : 암모니아 > R-22 > R-12

22 표준사이클을 유지하고, 암모니아의 순환량을 186 kg/h로 운전했을 때의 소요동력(kW)은 약 얼마인가?(단, NH_3 1kg을 압축하는 데 필요한 열량은 몰리에르 선도상에서는 56kcal/kg이라 한다)

① 12.1 ② 24.2
③ 28.6 ④ 36.4

해설
$$소요동력(kW) = \frac{G \times A}{860} = 186 \times 56 \times \frac{1}{860} \fallingdotseq 12.11 kW$$

23 압축기의 상부 간격(Top Clearance)이 크면 냉동장치에 어떤 영향을 주는가?

① 토출가스 온도가 낮아진다.
② 체적효율이 상승한다.
③ 윤활유가 열화되기 쉽다.
④ 냉동능력이 증가한다.

해설
압축기의 상부 간격(Top Clearance)이 크면 윤활유가 열화되기 쉽다.

24 흡수식 냉동장치의 적용대상으로 가장 거리가 먼 것은?

① 백화점 공조용　② 산업공조용
③ 제빙공장용　　④ 냉난방장치용

해설
냉동 온도가 낮은 제빙용은 흡수식 냉동장치의 적용대상이 아니다.

25 2단 압축 냉동장치에서 각각 다른 2대의 압축기를 사용하지 않고 1대의 압축기가 2대의 압축기 역할을 할 수 있는 압축기는?

① 부스터 압축기
② 캐스케이드 압축기
③ 콤파운드 압축기
④ 보조압축기

해설
2단 압축 냉동장치에서 각각 다른 2대의 압축기를 사용하지 않고 1대의 압축기가 2대의 압축기 역할을 할 수 있는 압축기는 콤파운드 압축기이다.

26 팽창밸브 본체와 온도센서 및 전자제어부를 조립함으로써 과열도 제어를 하는 특징을 가지며, 바이메탈과 전열기가 조립된 부분과 니들밸브 부분으로 구성된 팽창밸브는?

① 온도식 자동 팽창밸브
② 정압식 자동 팽창밸브
③ 열전식 팽창밸브
④ 플로트식 팽창밸브

해설
열전식 팽창밸브는 바이메탈의 변형을 이용한 것이다.

27 유압압력조정밸브는 냉동장치의 어느 부분에 설치되는가?

① 오일펌프 출구
② 크랭크 케이스 내부
③ 유여과망과 오일펌프 사이
④ 오일쿨러 내부

해설
유압조정밸브는 유압을 정상압력으로 조정하기 위한 밸브로서 오일펌프 출구에 설치한다.

28 냉동능력이 29,980kcal/h인 냉동장치에서 응축기의 냉각수 온도가 입구온도 32℃, 출구 온도 37℃일 때, 냉각수 수량이 120L/min이라고 하면 이 냉동기의 축동력은?(단, 열손실은 없는 것으로 가정한다)

① 5kW　② 6kW
③ 7kW　④ 8kW

해설
$Q_c = Q_e + L_{kW} (\text{kcal/h})$
$120\text{kg/min} \times 60\text{min/1h} \times 1\text{kcal/kg}℃ \times (37-32)℃$
$= 29,980\text{kcal/h} + x\text{kW} \times \dfrac{860\text{kcal/h}}{1\text{kW}}$
$\therefore x = 7\text{kW}$

29 간접식과 비교한 직접 팽창식 냉동기의 특징이 아닌 것은?

① 냉매 순환량이 적다.
② 냉매의 증발온도가 높다.
③ 구조가 간단하다.
④ 냉매 소비량(충전량)이 적다.

해설
직접 팽창식과 간접 팽창식 비교

비교 조건	직접 팽창식	간접 팽창식
증발온도	높음	낮음
열축적능력	없음	있음
열운반	잠열	현열
소요동력	작음	큼
설비의 복잡성	간단	복잡
냉매순환량	적음	많음
냉매충전량	많음	적음

30 다음 중 액순환식 증발기와 액펌프 사이에 부착하는 것은?

① 감압 밸브
② 여과기
③ 역지 밸브
④ 건조기

해설
액순환식 증발기와 액펌프 사이에 유체의 역류를 방지하는 체크밸브를 설치한다.

31 압축기가 1대일 경우 고압 차단 스위치(HPS)의 압력 인출 위치는?

① 흡입지변 직전
② 토출지변 직전
③ 팽창밸브 직전
④ 수액기 직전

해설
고압차단스위치는 고압 + 4kg/cm² 에서 작동되며 토출밸브와 스톱밸브 사이에 설치한다.

32 NH_3 냉매를 사용하는 냉동장치에서는 열교환기를 설치하지 않는다. 그 이유는?

① 응축압력이 낮기 때문에
② 증발압력이 낮기 때문에
③ 비열비 값이 크기 때문에
④ 임계점이 높기 때문에

해설
암모니아 냉매는 비열비값이 크기 때문에 토출가스 온도가 높아서 윤활유의 열화 및 탄화현상이 발생되므로 열교환기를 설치하지 않는다.

정답 29 ④ 30 ③ 31 ② 32 ③

33 저압수액기와 액펌프의 설치 위치로 가장 적당한 것은?

① 저압수액기 위치를 액펌프보다 약 1.2m 정도 높게 한다.
② 응축기 높이와 일정하게 한다.
③ 액펌프와 저압수액기의 위치를 같게 한다.
④ 저압수액기를 액펌프보다 최소한 5m 낮게 한다.

해설
저압수액기의 위치를 액펌프보다 약 1.2m 정도 높게 한다.

34 수평배관을 서로 직선 연결할 때 사용되는 이음쇠는?

① 캡
② 티
③ 유니언
④ 엘 보

해설
유니언 : 수평배관을 서로 직선 연결할 때 사용되는 이음쇠

35 용접 강관을 벤딩할 때 구부리고자 하는 관을 바이스에 어떻게 물려야 되나?

① 용접선을 안쪽으로 향하게 한다.
② 용접선을 바깥쪽으로 향하게 한다.
③ 용접선을 위로 향하게 한다.
④ 용접선은 방향에 관계없이 물린다.

해설
용접강관을 바이스에 물리고자 할 경우 용접선이 바이스에 물려 터지지 않도록 용접선을 위로 향하게 한다.

36 동관을 구부릴 때 사용되는 동관 전용 벤더의 최소 곡률 반지름은 관지름의 약 몇 배인가?

① 약 1~2배
② 약 4~5배
③ 약 7~8배
④ 약 10~11배

해설
동관을 구부릴 때 사용되는 동관 전용 벤더의 최소 곡률 반지름은 관지름의 약 4~5배이다.

37 동관을 용접이음하려고 한다. 다음 중 가장 적당한 것은?

① 가스 용접
② 스폿 용접
③ 테르밋 용접
④ 플라스마 용접

해설
동관 용접은 가스 용접을 사용한다.

38 다음과 같이 25A×25A×25A의 티에 20A관을 직접 A부에 연결하고자 할 때 필요한 이음쇠는?

① 유니언 ② 니 플
③ 이경부싱 ④ 플러그

해설
이경부싱 : 관경이 서로 다른 배관을 연결할 때 사용하는 부속품

39 옴의 법칙에 대한 설명 중 옳은 것은?
① 전류는 전압에 비례한다.
② 전류는 저항에 비례한다.
③ 전류는 전압의 2승에 비례한다.
④ 전류는 저항의 2승에 비례한다.

해설
옴의 법칙
$V = IR$
여기서, V : 전압
I : 전류
R : 저항

40 고유저항에 대한 설명 중 맞는 것은?
① 저항(R)는 길이(L)에 비례하고 단면적(A)에 반비례한다.
② 저항(R)는 단면적(A)에 비례하고 길이(L)에 반비례한다.
③ 저항(R)는 길이(L)에 비례하고 단면적(A)에 비례한다.
④ 저항(R)는 단면적(A)에 반비례하고 길이(L)에 반비례한다.

해설
저항 : $R = \rho \dfrac{L}{A}$ (저항은 길이에 비례하고 단면적에 반비례한다)

41 고온가스를 이용하는 제상장치 중 고온가스를 증발기에 유입시키기 위한 적합한 인출장치의 위치는?
① 액분리기와 압축기 사이
② 증발기와 압축기 사이
③ 유분리기와 응축기 사이
④ 수액기와 팽창밸브 사이

해설
제상장치 중 고온가스를 증발기에 유입시키기 위한 인출장치의 위치 : 유분리기와 응축기 사이

42 냉매에 대한 설명으로 틀린 것은?

① 암모니아에는 동 또는 동합금을 사용해도 좋다.
② R-12, R-22에는 강관을 사용해도 좋다.
③ 암모니아는 물에 잘 용해한다.
④ 암모니아액은 냉동기유보다 가볍다.

[해설]
암모니아는 동 및 동합금을 사용하면 착이온을 형성하여 배관을 부식시킨다.

43 2단 압축 냉동사이클에서 중간냉각기가 하는 역할 중 틀린 것은?

① 저단 압축기의 토출가스온도를 낮춘다.
② 냉매가스를 과냉각시켜 압축비를 상승시킨다.
③ 고단 압축기로의 냉매액 흡입을 방지한다.
④ 냉매액을 과냉각시켜 냉동효과를 증대시킨다.

[해설]
2단 압축 냉동 사이클에서 중간 냉각기는 냉매가스를 과냉각시켜 압축비를 낮게 한다.

44 정해진 순서에 따라 작동하는 제어를 무엇이라 하는가?

① 피드백 제어   ② 무접점 제어
③ 변환 제어   ④ 시퀀스 제어

[해설]
시퀀스 제어는 미리 정해진 순서에 따라 순차적으로 제어하는 방식이며 커피 자동판매기, 가정용 세탁기, 네온사인 등에 사용된다.

45 냉동 사이클에서의 냉매 상태변화가 옳게 설명된 것은?

① 압축과정 : 압력 상승, 비체적 감소
② 응축과정 : 압력 일정, 엔탈피 증가
③ 팽창과정 : 압력 강하, 엔탈피 감소
④ 증발과정 : 압력 일정, 온도 상승

[해설]
② 응축과정 : 압력 일정, 온도 저하. 엔탈비 저하
③ 팽창과정 : 압력 저하, 온도 저하, 비체적 상승, 엔탈피 일정
④ 증발과정 : 압력 일정, 온도 일정. 엔탈피 상승

46 다음 중 현열만 함유한 부하는?

① 인체의 발생부하
② 환기용 외기부하
③ 극간풍에 의한 부하
④ 조명(형광등)에 의한 부하

[해설]
실내부하의 종류

구 분	종 류	내 용	열의 종류
실내 취득 열량	온도차에 의한 전도열	천장, 칸막이, 마루 등으로부터의 열량	현 열
		지붕, 벽체로부터의 열량	현 열
		유리창 등으로부터의 열량	현 열
	태양 복사열	유리창 등으로부터의 열량	현 열
		지붕, 벽으로부터의 열량	현 열
	내부 발생열량	벽체의 축열 부하량	현 열
		극간풍에 의한 열량	현 + 잠열
		인체의 발생열량	현 + 잠열
		조명, 복사기(기구)로부터의 열량	현 열
		증발기로부터의 발생열량	현 + 잠열
장치 내의 취득열량		덕트, 송풍기로부터 취득열량	현 열
외기부하		신선한 공기	현 + 잠열
재열부하		재열기로부터의 취득열량	현 열

47 다음 중 개별제어방식이 아닌 것은?

① 유인유닛방식
② 패키지 유닛방식
③ 단일 덕트 정풍량 방식
④ 단일 덕트 변풍량 방식

해설
단일 덕트 정풍량 방식은 중앙 공조기에서 실내로 취출하는 공기를 온도와 습도를 조절하여 1개의 덕트를 통하여 각 실로 공급하는 방식으로, 송풍량이 일정하여 개별제어가 불가능하다.

48 난방부하가 3,600kcal/h인 실에 온수를 열매로 하는 방열기를 설치하는 경우 소요방열 면적은 몇 m²인가?(단, 방열기의 방열량은 표준방열량 kcal/m²·h을 기준으로 한다)

① 2.0　　② 4.0
③ 6.0　　④ 8.0

해설
$$방열면적 = \frac{난방부하}{방열기\ 방열량} = \frac{3,600}{450} = 8$$

49 인체가 느끼는 온열 감각에 대한 온도, 습도, 기류의 영향을 하나로 모아서 만든 쾌감지표는?

① 실내건구온도
② 실내습구온도
③ 상대습도
④ 유효온도

해설
실효온도[ET ; Effective Temperature(유효온도, 감각온도, 실감온도)]
습구온도 이외에 기류의 영향을 더한 온도이며, 기준은 상대습도 100%로 포화상태이다. 정지공기(V = 0.08~0.13m/s)의 실내 상태를 말하며, 온습도의 쾌감과 동일한 쾌감을 얻을 수 있는 기류를 포함한 온도이다.

50 이중 덕트방식에 대한 설명으로 틀린 것은?

① 실의 냉난방 부하가 감소되어도 취출공기의 부족 현상은 없다.
② 실내부하에 따라 각실 제어나 존(Zone)별 제어가 가능하다.
③ 방의 설계 변경이나 완성 후 용도 변경에도 쉽게 대처할 수 있다.
④ 단일 덕트방식에 비해 에너지 소비량이 적다.

해설
이중 덕트방식(Double Duct System)
온풍과 냉풍 2개의 덕트를 설비하여 각 실의 부하조건에 따라서 혼합 박스(Mixing Box)로 적당한 급기온도를 조정하여 토출시키는 방식으로, 에너지 소비량이 크다.

51 다음 중 풍량 조절용 댐퍼가 아닌 것은?

① 버터플라이 댐퍼
② 베인 댐퍼
③ 루버 댐퍼
④ 릴리프 댐퍼

해설
- 풍량 조절용 댐퍼(볼륨 댐퍼) ┬ 버터플라이 댐퍼
  ├ 루버 댐퍼 ┬ 평형 날개형
  │   └ 대향 날개형
  └ 베인 댐퍼
- 풍량 분배용 댐퍼(스플릿 댐퍼)
- 정압 밸런스용 댐퍼(밸런싱 댐퍼) – 고속 덕트의 정압 조정용
- 역류 방지용 댐퍼(릴리프 댐퍼) – 공기 역류 방지용
- 방화 댐퍼 ┬ 루버형
           └ 피벗형

52 흡수식 냉동기의 특징 중 틀린 것은?

① 전력 사용량이 적다.
② 소음, 진동이 크다.
③ 용량제어 범위가 넓다.
④ 여름철에도 보일러 운전이 필요하다.

해설
흡수식 냉동기는 압축기가 없으므로 소음과 진동이 작다.

53 연도나 굴뚝으로 배출되는 배기가스에 선회력을 부여함으로써 원심력에 의해 연소가스 중에 있는 입자를 제거하는 집진기는?

① 세정식 집진기
② 사이클론 집진기
③ 전기 집진기
④ 자석식 집진기

해설
사이클론 집진기 : 원심력에 의해 연소가스 중에 있는 입자를 제거하는 장치

54 다음 중 공기조화 설비에서 단일덕트 방식의 장점에 들지 않는 것은?

① 덕트가 1계통이므로 시설비가 적게 들고 덕트 스페이스도 적게 차지한다.
② 냉동과 온풍을 혼합하는 혼합상자가 필요 없으므로 소음과 진동이 작다.
③ 냉·온풍의 혼합손실이 없으므로 에너지가 절약적이다.
④ 덕트 스페이스를 크게 차지한다.

해설
덕트 스페이스를 크게 차지하는 것은 단점이다.

55 환기 공조용 저속덕트 송풍기로서 저항변화에 대해 풍량, 동력 변화가 크고 정숙운전에 사용하기 적합한 것은?

① 시로코 팬
② 축류 송풍기
③ 에어 포일팬
④ 프로펠러형 송풍기

해설
시로코 팬 : 환기 공조용 저속 덕트 송풍기로서 저항 변화에 대해 풍량, 동력 변화가 크고 정속운전에 사용하기 적합하다.

56 온수난방의 장점이 아닌 것은?

① 관 부식은 증기난방보다 적고 수명이 길다.
② 증기난방에 비해 배관지름이 작으므로 설비비가 적게 든다.
③ 보일러 취급이 용이하고 안전하며 배관 열손실이 적다.
④ 온수 때문에 보일러의 연소를 정지해도 여열이 있어 실온이 급변하지 않는다.

해설
온수난방의 장단점

장점	• 난방부하에 따라 온도 조절이 용이하다. • 상하 온도차가 많지 않아 난방 쾌감도가 좋은 편이다. • 소음이 적고 보일러 취급이 용이하다. • 증기난방에 비해 관부식이 적다.
단점	• 예열시간이 길고, 예열부하가 크다. • 증기난방에 비해 열 수송능력이 적다. • 혹한 시에 동파의 우려가 있다. • 방열면적과 배관경이 커지고 설비비가 많이 든다.

57 온수난방의 구분에서 저온수식의 온수온도는 몇 ℃ 미만인가?

① 100   ② 150
③ 200   ④ 250

해설
• 100℃ 이상 : 고온수 난방
• 100℃ 미만 : 저온수 난방

58 다음 난방설비에 관한 설명 중 옳지 않은 것은?

① 증기난방의 방열기는 주로 열의 복사작용을 이용하는 것이다.
② 온수난방은 주택, 병원, 호텔 등의 거실에 적합한 난방방식이다.
③ 증기난방은 학교, 사무소와 같은 건축물에 사용할 수 있는 난방방식이다.
④ 전기열에 의한 난방은 편리하지만, 경제적이지 못하다.

해설
증기난방의 방열기는 주로 열의 전도와 대류를 이용하는 것이다.

59 보일러에서의 상용출력이란?

① 난방부하
② 난방부하 + 급탕부하
③ 난방부하 + 급탕부하 + 배관부하
④ 난방부하 + 급탕부하 + 배관부하 + 예열부하

해설
보일러의 상용출력 = 난방부하 + 급탕부하 + 배관부하

60 습공기 선도에서 표시되어 있지 않은 값은?

① 건구온도
② 습구온도
③ 엔탈피
④ 엔트로피

해설
습공기 선도에서 엔트로피는 표시되어 있지 않다.

2018년 제2회 과년도 기출복원문제

01 독성가스를 냉매로 사용 시 수액기 내용적이 몇 L 이상이면 방류둑을 설치하는가?

① 10,000 ② 8,000
③ 6,000   ④ 4,000

해설
독성가스를 냉매로 사용 시 수액기 내용적이 10,000L 이상이면 방류둑을 설치한다.

02 작업장에서 가장 높은 비율을 차지하는 사고원인은?

① 작업방법
② 시설장비의 결함
③ 작업환경
④ 근로자의 불안전한 행동

해설
작업장에서 사고의 원인은 불안전한 행동과 불안전한 방법이 가장 많은 비율을 차지한다.

03 드럼이 없어 수관만으로 되어 있으며 가동시간이 짧고, 과열되어 파손되어도 비교적 안전한 보일러는?

① 주철제 보일러
② 관류 보일러
③ 원통형 보일러
④ 노통연관식 보일러

해설
관류 보일러 : 드럼이 없이 수관만으로 되어있고 가동시간이 짧으며 과열되어 파손되어도 비교적 안전하다.

04 냉동장치의 기기 중 직접 압축기의 보호역할을 하는 것과 관계없는 것은?

① 안전밸브
② 유압보호 스위치
③ 고압차단 스위치
④ 증발압력조정밸브

해설
증발압력조정밸브(EPR ; Evaporator Pressure Regulator)
• 증발압력이 일정 이하가 되는 것을 방지한다.
• 압축기 흡입관에 설치하며, 밸브 입구의 압력에 의해서 작동한다.

정답 1 ① 2 ④ 3 ② 4 ④

05 쿨링타워(Cooling Tower) 설치 위치 선정 시 주의사항으로 타당하지 않는 것은?

① 먼지가 적은 장소에 설치할 것
② 냉동기로부터 거리가 먼 장소일 것
③ 설치, 보수, 점검이 용이한 장소일 것
④ 고온의 배기 영향을 받지 않는 장소일 것

해설
쿨링타워는 냉동기로부터 거리가 가까운 장소에 설치한다.

06 발화온도가 낮아지는 조건으로 옳은 것은?

① 발열량이 높을수록
② 압력이 낮을수록
③ 산소농도가 낮을수록
④ 열전도도가 높을수록

해설
발화온도가 낮아지는 조건
• 발열량이 높을수록
• 산소농도가 높을수록
• 압력이 높을수록
• 분자구조가 복잡할수록

07 고압가스 저장실(가연성 가스) 주위에는 화기 또는 인화성 물질을 두어서는 안 된다. 이때 유지하여야 할 적당한 거리는?

① 1m ② 3m
③ 7m ④ 8m

해설
고압가스 저장실(가연성 가스) 주위에 화기 또는 인화성 물질은 8m 이상의 우회거리를 유지해야 한다.

08 가스용접 시 사용하는 아세틸렌 호스의 색은?

① 청 색 ② 적 색
③ 녹 색 ④ 백 색

해설
아세틸렌 호스의 색상은 적색이다.

09 아세틸렌-산소를 사용하는 가스용접장치를 사용할 때 조정기로 압력 조정 후 점화 순서로 옳은 것은?

① 아세틸렌과 산소 밸브를 동시에 열어 조연성 가스를 많이 혼합한 후 점화시킨다.
② 아세틸렌 밸브를 열어 점화시킨 후 불꽃 상태를 보면서 산소 밸브를 열어 조정한다.
③ 먼저 산소 밸브를 연 다음 아세틸렌 밸브를 열어 점화시킨다.
④ 먼저 아세틸렌 밸브를 연 다음 산소 밸브를 열어 적정하게 혼합한 후 점화시킨다.

해설
토치 점화 시에는 조정기의 압력을 조정하고, 먼저 토치의 아세틸렌 밸브를 연 다음 산소밸브를 열어 점화시키고, 작업 후에는 산소 밸브를 먼저 닫고 나서 아세틸렌 밸브를 닫는다.

10 보호구의 적절한 선정 및 사용방법에 대한 설명 중 틀린 것은?

① 작업에 적절한 보호구를 선정한다.
② 작업장에는 필요한 수량의 보호구를 비치한다.
③ 보호구는 방호 성능이 없어도 품질이 양호해야 한다.
④ 보호구는 착용이 간편해야 한다.

해설
보호구는 방호 성능이 우수하고 품질이 양호해야 한다.

11 관 절단 후 절단부에 생기는 거스러미를 제거하는 공구는?

① 클립
② 사이징 툴
③ 파이프 리머
④ 쇠 톱

해설
③ 파이프 리머 : 관 속의 내경(內經)을 경사지게 다듬질하는 리머
② 사이징 툴 : 동관의 접합 시 정확한 원형으로 교정하는 데 사용
④ 쇠톱 : 관을 절단하는 공구

12 냉동설비사업소의 경계표지 방법으로 적당한 것은?

① 사업소의 경계표지는 출입구를 제외한 울타리, 담 등에 게시할 것
② 이동식 냉동 설비에는 표시를 생략할 것
③ 외부 사람이 명확하게 식별할 수 있는 크기로 할 것
④ 해당 시설에 접근할 수 있는 장소가 여러 방향일 때는 대표적인 장소에만 게시할 것

해설
냉동설비사업소의 경계표지는 외부 사람이 명확하게 식별할 수 있는 크기로 한다.

정답 9 ②, ④ 10 ③ 11 ③ 12 ③

13 기계설비를 안전하게 사용하고자 한다. 다음과 같은 작업을 하고자 할 때 필요한 보호구는?

> 물체가 떨어지거나 날아올 위험 또는 근로자가 감전되거나 추락할 위험이 있는 작업

① 안전모 ② 안전벨트
③ 방열복 ④ 보안면

해설
물체가 떨어지거나 날아올 위험 또는 근로자가 감전되거나 추락할 위험이 있는 작업을 하는 경우 안전모가 보호구이다.

14 냉동기의 메인 스위치를 차단하고 전기시설을 점검하던 중 감전사고가 있었다면 어떤 전기부품 때문인가?

① 콘덴서 ② 마그넷
③ 릴레이 ④ 타이머

해설
콘덴서는 냉동기의 메인 스위치를 차단하고 전기시설을 점검하던 중 감전사고의 위험성이 있다.
감전 사고의 직접적인 원인
- 충전부에 직접 접촉하거나 안전거리 이내 접근 시
- 절연열화 손상 파손 등에 의해 누전된 전기기기 등에 접촉 시
- 잔류전하가 충전된 콘덴서 고압케이블 등에 접촉 시
- 전기기기 등의 외함과 권선 사이 또는 외함과 대지 간의 정전용량에 의한 분압전압이 인가된 경우
- 지락전류 등이 흐르고 있는 도체 부근에 발생하는 전위경사도(전위차)에 의한 경우
- 고전압 송전선의 정전유도 또는 유도전압에 의한 경우
- 정전회로에 오조작 또는 자가용 발전기 운전으로 인한 역송전에 의한 가압의 경우
- 낙뢰의 진행파에 의한 경우

15 드릴작업 시 주의사항으로 틀린 것은?

① 드릴 회전 중에는 칩을 입으로 불어서는 안 된다.
② 작업에 임할 때는 복장을 단정히 한다.
③ 가공 중 드릴 끝이 마모되어 이상한 소리가 나면 즉시 바꾸어 사용한다.
④ 이송레버에 파이프를 끼워 걸고 재빨리 돌린다.

해설
드릴작업 시 주의사항
- 옷소매가 늘어지거나 머리카락이 긴 채로 작업하지 않는다.
- 시동 전에 드릴이 올바르게 고정되어 있는지 확인한다.
- 장갑을 끼고 작업하지 않는다.
- 드릴을 끼운 후에는 척렌치를 빼도록 한다.
- 드릴 회전 중에는 칩(Chip)을 입으로 불거나 손으로 털지 않도록 한다.
- 전기드릴을 사용할 때에는 반드시 접지(Earth)시킨다.
- 가공 중 드릴 끝이 마모되어 이상음 발생 시에는 드릴을 연마하거나 교체 사용한다.
- 먼저 작은 구멍을 뚫은 다음 큰 구멍을 뚫도록 한다.
- 얇은 판에 구멍을 뚫을 때는 나무판을 밑에 받치고 구멍을 뚫는다.

16 온도계의 표시방법으로 옳은 것은?

① Ⓢ ②
③ Ⓟ ④

해설
- : 온도계
- Ⓟ : 압력계

17 증발식 응축기에 대한 설명 중 옳은 것은?

① 냉각수의 사용량이 많아 증발량도 커진다.
② 응축능력은 냉각관 표면의 온도와 외기 건구온도 차에 비례한다.
③ 냉각수량이 부족한 곳에 적합하다.
④ 냉매의 압력 강하가 작다.

해설
냉각방식에 의한 분류
- 수랭식 응축기 : 수량 및 수질이 좋은 곳에서 사용
- 공랭식 응축기 : 냉각수가 없는 곳에서 사용
- 증발식 응축기 : 냉각수가 부족한 곳에서 사용

18 지수식 응축기라고도 하며 나선 모양의 관에 냉매를 통과시키고, 이 나선관을 구형 또는 원형의 수조에 담고 순환시켜 냉매를 응축시키는 응축기는?

① 셸 앤드 코일식 응축기
② 증발식 응축기
③ 공랭식 응축기
④ 대기식 응축기

해설
셸 앤드 코일식 응축기 : 나선 모양의 관에 냉매를 통과시키고 이 나선 관을 구형 또는 원형의 수조에 담고 순화시켜 냉매를 응축시키는 응축기

19 대기압이 1.005at일 때 1,300mmHg·a는 계기압력으로 몇 kPa인가?

① 22.56
② 34.76
③ 52.96
④ 74.76

해설
절대압력(kg/cm²a)
= 대기압(1.033kg/cm²) + 게이지압력(kg/cm²)
= 대기압 − 진공압
게이지압력 = 절대압력 − 대기압
$$= \left(1{,}300\text{mmHg} \times \frac{101.325\text{kPa}}{760\text{mmHg}}\right)$$
$$\quad - \left(1.005\text{atm} \times \frac{101.325\text{kPa}}{1.0332\text{atm}}\right)$$
$$= 74.76$$

20 냉동장치에 수분이 침입되었을 때 에멀션 현상이 일어나는 냉매는?

① 황 산
② R−12
③ R−22
④ NH₃

해설
암모니아 냉매는 수분과 용해되어 암모니아수가 생성되고 암모니아수는 오일을 우윳빛으로 변질시킨다. 이것을 에멀션 현상이라 한다.

21 냉동 장치 내에 불응축 가스가 침입되었을 때 미치는 영향 중 틀린 것은?

① 압축비 증대
② 응축압력 상승
③ 소요동력 증대
④ 토출가스 온도 저하

해설
불응축가스가 침입하면 압축기의 토출가스 온도는 상승한다.

정답 17 ③ 18 ① 19 ④ 20 ④ 21 ④

22 프레온 냉동장치에서 오일 포밍 현상이 일어나면 실린더 내로 다량의 오일이 올라가 오일을 압축하여 실린더 헤드부에서 이상음이 발생하는 현상은?

① 에멀션 현상
② 동부착 현상
③ 오일 포밍 현상
④ 오일 해머 현상

해설
오일 해머 현상 : 냉동장치에서 오일 포밍 현상이 일어나면 실린더 내부로 다량의 오일이 올라가 오일을 압축하여 실린더 헤드부에서 이상음이 발생하는 현상

23 다음 프레온 냉매 중 냉동능력이 가장 좋은 것은?

① R-113
② R-11
③ R-12
④ R-22

해설
냉동능력이 좋은 순서
R-22 > R-11 > R-12 > R-113

24 다음 그림과 같은 역카르노 사이클에 대한 설명 중 옳은 것은?

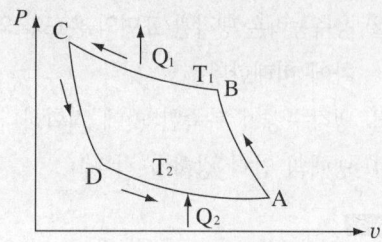

① C → D의 과정은 압축과정이다.
② B → C, D → A의 변화는 등온변화이다.
③ A → B는 냉동장치의 증발기에 해당되는 구간이다.
④ 역카르노 사이클은 1개의 단열과정과 2개의 등온과정으로 표시된다.

해설
냉동 사이클(역카르노 사이클)
카르노 사이클이 역으로 순환하는 사이클을 역카르노 사이클이라고 한다. 이상적인 냉동 사이클로서 단열과정 2개와 등온과정 2개로 구성되어 있다.

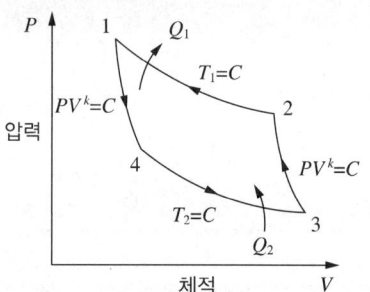

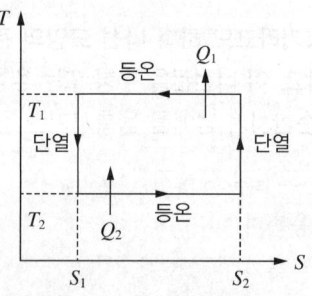

냉동작용을 위해 냉매의 상태 변화를 유발하는 사이클이다. 예를 들면 압축 변화된 냉매가 스로틀 작용의 영향으로 팽창하면 냉매의 압력이 강해져 증발하면서 주위에 있는 열을 흡수하게 된다. 이러한 냉동원리를 순환시키기 위하여 압축 냉동기의 1회 사이클은 냉매가 압축기, 응축기, 팽창 밸브, 증발기의 4가지 장치를 거치는 일련의 과정으로 형성되는 사이클이다.

25 다음 중 동관작업에 필요하지 않은 공구는?

① 튜브 벤더
② 사이징 툴
③ 플레어링 툴
④ 클 립

해설
동관용 배관용구
- 플레어링 툴 세트
- 익스펜더
- 사이징 툴
- 튜브 커터
- 리 머
- 튜브 벤더

26 전자 밸브에 대한 설명 중 틀린 것은?

① 전자코일에 전류가 흐르면 밸브는 닫힌다.
② 밸브의 전자코일을 상부로 하고 수직으로 설치한다.
③ 일반적으로 소용량에는 직동식, 대용량에는 파일럿 전자밸브를 사용한다.
④ 전압과 용량에 맞게 설치한다.

해설
전자코일에 전류가 흐르면 밸브는 열린다.

27 강관의 보온 재료로 가장 거리가 먼 것은?

① 규조토   ② 유리면
③ 기포성 수지 ④ 광명단

해설
광명단은 도료의 일종이다.

28 냉동기 계통 내에 스트레이너가 필요 없는 곳은?

① 압축기의 토출구
② 압축기의 흡입구
③ 팽창변 입구
④ 크랭크케이스 내의 저유통

해설
스트레이너는 압축기 흡입측에 설치하여 이물질을 걸러내는 장치이다.

29 팽창밸브 직후의 냉매 건조도를 0.23, 증발잠열이 52kcal/kg이라 할 때, 이 냉매의 냉동효과는?

① 226kcal/kg
② 40kcal/kg
③ 38kcal/kg
④ 12kcal/kg

해설
냉동효과(q_e)
$q_e = (1-x)q = (1-0.23) \times 52 = 40\text{kcal/kg}$

정답 25 ④ 26 ① 27 ④ 28 ① 29 ②

30 건포화증기를 압축기에서 압축시킬 경우 토출되는 증기의 상태는?

① 과열증기 ② 포화증기
③ 포화액 ④ 습증기

해설
건포화증기를 압축기에서 압축시킬 경우 토출되는 증기는 내부온도 상승으로 과열증기가 된다.

31 냉동의 뜻을 옳게 설명한 것은?

① 인공적으로 주위의 온도보다 낮게 하는 것을 말한다.
② 열이 높은 데서 낮은 곳으로 흐르는 것을 말한다.
③ 물체 자체의 열을 이용하여 일정한 온도를 유지하는 것을 말한다.
④ 기체가 액체로 변화할 때의 기화열에 의한 것을 말한다.

해설
냉동은 인위적으로 피냉각물체나 냉동실의 온도를 낮게 조작하는 것을 말한다.

32 관이음의 도시기호에서 용접이음 기호는?

① ——●—— ② ——┼——
③ ——╫—— ④ ——○——

해설
① ——●—— : 용접이음
② ——┼—— : 나사이음
③ ——╫—— : 플랜지이음
④ ——○—— : 납땜이음

33 냉동장치의 능력을 나타내는 단위로서 냉동톤(RT)이 있다. 1냉동톤에 대한 설명으로 옳은 것은?

① 0℃의 물 1kg을 24시간에 0℃의 얼음을 만드는 데 필요한 열량
② 0℃의 물 1ton을 24시간에 0℃의 얼음을 만드는 데 필요한 열량
③ 0℃의 물 1kg을 1시간에 0℃의 얼음을 만드는 데 필요한 열량
④ 0℃의 물 1ton을 1시간에 0℃의 얼음을 만드는 데 필요한 열량

해설
1냉동톤 : 0℃의 물 1ton을 24시간에 0℃의 얼음을 만드는 데 필요한 열량

34 도체의 저항에 대한 설명으로 틀린 것은?

① 도체의 종류에 따라 다르다.
② 길이에 비례한다.
③ 도체의 단면적에 반비례한다.
④ 항상 일정하다.

해설
도체의 저항은 도체의 종류, 길이, 단면적에 따라 다르다.

35 시퀀스제어에 속하지 않는 것은?

① 자동 전기밥솥
② 전기세탁기
③ 가정용 전기냉장고
④ 네온사인(Neon Sign)

해설
가정용 전기냉장고는 피드백제어의 정치제어에 속한다.
※ 시퀀스제어 : 미리 정해진 순서에 따라 제어의 각 단계를 진행하는 제어

36 왕복동 압축기와 비교하여 원심 압축기의 장점으로 틀린 것은?

① 흡입밸브, 토출밸브 등의 마찰 부분이 없으므로 고장이 적다.
② 마찰에 의한 손상이 적어서 성능 저하가 작다.
③ 저온장치에는 압축단수를 1단으로 가능하다.
④ 왕복동 압축기에 비해 구조가 간단하다.

해설
원심압축기는 저온장치에서 압축단수를 1단으로 불가능하다.

37 강관용 공구가 아닌 것은?

① 파이프바이스
② 파이프커터
③ 드레서
④ 동력나사절삭기

해설
연관용 배관공구
• 봄볼 : 연관을 뽑아서 구멍을 뚫을 때
• 드레서 : 연관 표면의 산화물 제거
• 맬릿 : 나무해머
• 턴핀 : 연관 끝을 넓힐 때
• 벤드밴 : 연관에 끼워 관을 굽히거나 펼 때

38 관의 지름이 다를 때 사용하는 이음쇠가 아닌 것은?

① 리듀서
② 부 싱
③ 리턴 벤드
④ 편심 이경 소켓

해설
관 이음쇠 종류

목 적	종 류
배관 방향을 바꿀 때	엘보, 밴드, 이경 엘보, 암수엘보
관을 도중에서 분기할 때	티, 이경 티, 암수티, 와이, 크로스
지름이 같은 관의 직선 연결	소켓, 유니언, 플랜지, 니플
지름이 다른 관의 연결	부싱, 이경 소켓(리듀서), 이경 엘보, 이경 티
관 끝을 막을 때	캡, 플러그, 블라인드 플랜지
관의 수리, 점검, 교체가 필요할 때	유니언(50A 이하의 관에 사용), 플랜지

39 압축기 종류에 따른 정상적인 유압이 아닌 것은?

① 터보 = 정상저압 + 6kg/cm^2
② 입형저속 = 정상저압 + 0.5~1.5kg/cm^2
③ 소형 = 정상저압 + 0.5kg/cm^2
④ 고속다기통 = 정상저압 + 6kg/cm^2

해설
유압계 지시압력 = 유압(기어펌프에서의 유압) + 저압으로서 일반적으로 다음과 같이 표시한다.
- 입형저속 = 저압 + 0.5~1.5kg/cm^2
- 고속다기통 = 저압 + 1.5~3kg/cm^2
- 터보냉동기 = 저압 + 6~7kg/cm^2
- 소형냉동기 = 저압 + 0.5kg/cm^2

40 증발기에 대한 설명으로 옳은 것은?

① 증발기 입구 냉매 온도는 출구 냉매 온도보다 높다.
② 탱크형 냉각기는 주로 제빙용에 쓰인다.
③ 1차 냉매는 감열로 열을 운반한다.
④ 브라인은 무기질이 유기질보다 부식성이 작다.

해설
① 증발기 입구의 냉매온도는 출구의 냉매온도보다 낮다.
③ 1차 냉매는 잠열로 열을 운반한다.
④ 브라인은 무기질이 유기질보다 부식성이 크다.

41 암모니아 냉매의 특성으로 틀린 것은?

① 물에 잘 용해된다.
② 밀폐형 압축기에 적합한 냉매이다.
③ 다른 냉매보다 냉동효과가 크다.
④ 가연성으로 폭발의 위험이 있다.

해설
암모니아 냉매는 전기 절연물을 침식시키기 때문에 밀폐형 압축기에는 사용할 수 없다.

42 액체가 기체로 변할 때의 열은?

① 승화열   ② 응축열
③ 증발열   ④ 융해열

해설
증발열은 어떤 물질이 기화할 때 외부로부터 흡수하는 열량이다. 이 열이 클수록 주변에서 더 많은 열을 빼앗으므로 주위의 온도를 낮추게 된다.

43 흡수식 냉동기의 특징으로 틀린 것은?

① 전력 사용량이 적다.
② 압축식 냉동기보다 소음, 진동이 크다.
③ 용량제어범위가 넓다.
④ 부분부하에 대한 대응성이 좋다.

해설
흡수식 냉동기의 특징
- 운전 시의 소음 및 진동이 거의 없다.
- 증기, 온수 등 배열을 이용할 수 있다.
- 압축식에 비해서 설치면적 및 중량이 크다.
- 압축식에 비해서 예랭시간이 길다.

정답 39 ④ 40 ② 41 ② 42 ③ 43 ②

44 무기질 단열재에 해당되지 않는 것은?

① 코르크 ② 유리섬유
③ 암 면 ④ 규조토

해설

단열 보온재의 종류
- 무기질 보온재 : 안전사용온도 300~800℃의 범위 내에서 보온 효과가 있는 것
  - 종류 : 탄산마그네슘(250℃), 그라스울(300℃), 석면(500℃), 규조토(500℃), 암면(600℃), 규산칼슘(650℃), 세라믹파이버(1,000℃)
- 유기질 보온재 : 안전사용온도 100~200℃의 범위 내에서 보온 효과가 있는 것
  - 종류 : 펠트류(100℃), 텍스류(120℃), 탄화코르크(130℃), 기포성수지

45 다음 몰리에르 선도에서의 성적계수는 약 얼마인가?

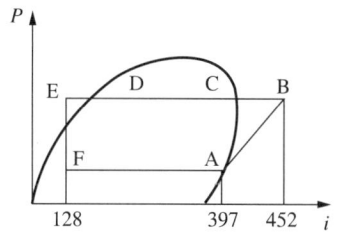

① 2.4 ② 4.9
③ 5.4 ④ 6.3

해설

성적계수(COP) = $\dfrac{q}{A_w}$

= $\dfrac{397-128}{452-397}$

= 4.9

46 파이프 코일을 바닥이나 천장 등에 설치하고 냉수 또는 온수를 보내어 냉난방을 하는 방식은?

① 전공기방식 ② 패키지 유닛방식
③ 유인유닛방식 ④ 복사냉난방방식

해설

복사난방 : 바닥패널, 벽패널, 천장패널을 설치하여 복사열을 이용하여 난방

47 온수난방에 이용되는 밀폐형 팽창탱크에 관한 설명으로 틀린 것은?

① 공기층의 용적을 작게 할수록 압력의 변동은 감소한다.
② 개방형에 비해 용적이 크다.
③ 통상 보일러 근처에 설치되므로 동결의 염려가 없다.
④ 개방형에 비해 보수점검이 유리하고 가압식이 필요하다.

해설

밀폐형 팽창탱크의 작동원리
- 팽창탱크의 공기실을 미리 최저운전압력(Pi)으로 봉입하여 처음에는 배관수가 팽창탱크 내로 유입되지 않는다.
- 배관시스템의 운전을 시작하여 온도가 상승하면 팽창수는 팽창탱크 내로 유입되고, 공기실의 체적이 감소하면서 팽창탱크의 압력은 최고운전압력까지 상승한다.
- 배관시스템의 온도가 내려가면 팽창수는 다시 수축하고, 공기실의 압력에 의해 물은 배관으로 밀려 나간다.
- 이와 함께 공기실의 체적이 늘어나면서 압력이 감소하고, 처음의 최저운전압력 상태로 돌아간다.

48 공기의 냉각, 가열코일의 선정 시 유의사항에 대한 내용 중 가장 거리가 먼 것은?

① 냉각코일 내에 흐르는 물의 속도는 통상 약 1m/s 정도로 하는 것이 좋다.
② 증기코일을 통과하는 풍속은 통상 약 3~5m/s 정도로 하는 것이 좋다.
③ 냉각코일의 입출구 온도차는 통상 약 5℃ 정도로 하는 것이 좋다.
④ 공기 흐름과 물의 흐름은 평행류로 하여 전열을 증대시킨다.

> 해설
> 증기코일의 설계
> • 증기코일은 열수가 적으므로 코일 전면풍속은 3~5m/s로 한다.
> • 사용증기압은 0.1~2kg/cm² 정도이다.
> • 증기트랩의 용량은 최대응축수량의 3배 이상으로 한다.
> • 응축수 배출을 위한 배관은 1/50~1/100의 순기울기로 한다.

49 다음 중 송풍량을 결정하는 것은?

① 실내취득열량 + 기기 내 취득열량
② 실내취득열량 + 재열량
③ 기기 내 취득열량 + 외기부하
④ 재열량 + 외기부하

> 해설
> 송풍량 결정
> 실내 취득열량 + 기기 내 취득열량

50 공기조화방식 중에서 중앙식의 전공기방식에 속하는 것은?

① 패키지 유닛방식
② 복사냉난방식
③ 팬코일 유닛방식
④ 2중 덕트방식

> 해설
> 중앙식 전공기방식
>
> | 전공기방식 | 단일 덕트 방식 | 정풍량 방식 | 말단에 재열기가 없는 방식 |
> |---|---|---|---|
> | | | 변풍량 방식 | • 재열기가 없는 방식
• 재열기가 있는 방식 |
> | | 2중 덕트 방식 | | • 정풍량 2중 덕트방식
• 변풍량 2중 덕트방식
• 멀티존 유닛방식
• 덕트 병용의 패키지방식
• 각층 유닛방식 |

51 보일러의 3대 구성요소가 아닌 것은?

① 보일러 본체
② 연소장치
③ 부속품과 부속장치
④ 분출장치

> 해설
> 보일러의 3대 구성요소
> • 보일러 본체
> • 연소장치
> • 각종 제어장치

52 다음 설명에 알맞은 취출구의 종류는?

- 취출 기류의 방향 조정이 가능하다.
- 댐퍼가 있어 풍량 조절이 가능하다.
- 공기저항이 크다.
- 공장, 주방 등의 국소냉방에 사용된다.

① 다공판형　　② 베인격자형
③ 펑커루버형　④ 아네모스탯형

해설
펑커루버(Punkah Louver)형
원래 선반의 환기용으로 만들어진 것으로, 목을 움직일 수 있어 취출기류의 방향 조정이 가능하고, 댐퍼가 있어 풍량 조절도 가능하다. 풍량에 비해 공기저항이 크며 공장, 주방 등의 국소냉방(Spot Cooling)용이다.

53 다음 중 인간의 냉난방에 관계가 없는 것은?

① 실내공기의 온도
② 공기의 흐름
③ 공기가 함유하는 탄산가스의 양
④ 공기 중의 수증기의 양

해설
냉난방 관련인자 : 온도, 습도, 기류 등

54 외기온도 0℃, 실내온도 20℃, 벽면적 20m²인 벽체를 통한 손실 열량은 몇 kcal/h인가?(단, 벽체의 열통과율은 2.35kcal/m²h℃이며, 방위계수는 무시한다)

① 470　　② 940
③ 1,410　④ 1,880

해설
열량(Q) = $K \times A \times \Delta t$
$x = 2.35 \times 20 \times (20-0)$
　 = 940

55 공기가 노점온도보다 낮은 냉각코일을 통과하였을 때의 상태를 기술한 것 중 틀린 것은?

① 상대습도 감소
② 절대습도 감소
③ 비체적 감소
④ 건구온도 저하

해설
공기가 노점온도 이하보다 낮으면 상대습도는 높아진다.

56 가습효율이 100%에 가까우며 무균이면서 응답성이 좋아 정밀한 습도제어가 가능한 가습기는?

① 물분무식 가습기
② 증발팬 가습기
③ 증기 가습기
④ 소형 초음파 가습기

57 상대습도에 대한 설명 중 옳은 것은?

① 습공기에 포함되는 수증기의 양과 건조공기의 양과의 중량비
② 습공기의 수증기압과 동일 온도에 있어서 포화공기의 수증기압과의 비
③ 포화상태의 수증기의 분량과의 비
④ 습공기의 절대습도와 그와 동일한 온도의 포화습공기의 절대습도의 비

해설
상대습도(RH ; Relative Humidity) : 수증기의 분압과 동일 온도의 포화습공기 수증기 분압의 비로서 $1m^3$의 습공기 중에 함유된 수분의 중량과 이와 동일한 $1m^3$ 포화 습공기 중에 함유된 수분의 중량과의 비이다.

58 복사난방의 특징이 아닌 것은?

① 외기온도의 급변화에 따른 온도 조절이 곤란하다.
② 배관시공이나 수리가 비교적 곤란하고 설비비용이 비싸다.
③ 공기의 대류가 많아 쾌감도가 나쁘다.
④ 방열기가 불필요하다.

해설
복사난방의 특징
• 복사난방은 배관이 매립되어 있으므로 고장 시 발견이 어렵고 시설비가 많이 든다.
• 복사난방은 실내온도분포가 가장 균일한 난방방식이다.
• 복사난방은 부하 변화에 따른 온도 조절이 늦다(외기의 온도 변화에 대한 온도 조절이 어렵다).
• 복사난방은 실내의 평균온도가 낮다.

59 전력의 단위로 옳은 것은?

① C   ② A
③ V   ④ W

해설
전력의 단위 : W

60 열원이 분산된 개별공조방식에 대한 설명으로 틀린 것은?

① 서모스탯이 내장되어 개별제어가 가능하다.
② 외기냉방이 가능하여 중간기에는 에너지 절약형이다.
③ 유닛에 냉동기를 내장하고 있어 부분운전이 가능하다.
④ 장래의 부하 증가, 증축 등에 대해 쉽게 대응할 수 있다.

해설
개별공조방식은 외기냉방이 어렵다.

2019년 제1회 과년도 기출복원문제

01 냉동제조 시설이 적합하게 설치 또는 유지·관리되고 있는지 확인하기 위한 검사가 아닌 것은?

① 중간검사 ② 완성검사
③ 불시검사 ④ 정기검사

해설
고압가스 냉동제조의 시설·기술·검사 및 정밀안전검진 기준(고압가스안전관리법 시행규칙 별표 7)
냉동제조 시설이 적합하게 설치 또는 유지·관리되고 있는지 확인하기 위한 검사로 중간검사, 완성검사, 정기검사, 수시검사가 있다.

02 보일러의 안전한 운전을 위해 근로자에게 보일러의 운전방법을 교육하여 안전사고를 방지하여야 한다. 다음 중 교육내용에 해당되지 않는 것은?

① 가동 중인 보일러에는 작업자가 항상 정위치를 떠나지 아니할 것
② 압력방출장치·압력제한스위치·화염검출기의 설치 및 정상 작동 여부를 점검할 것
③ 압력방출장치의 개방된 상태를 확인할 것
④ 고저수위조절장치와 급수펌프와의 상호 기능 상태를 점검할 것

해설
보일러의 안전한 운전을 위해 압력방출장치의 봉인된 상태를 확인해야 한다.

03 기계설비에서 일어나는 사고의 위험점이 아닌 것은?

① 협착점 ② 끼임점
③ 고정점 ④ 절단점

해설
기계설비 위험점의 종류
- 협착점 : 왕복운동을 하는 동작 부분과 움직임이 없는 고정 부분 사이에 형성되는 위험점
- 끼임점 : 고정 부분과 회전하는 동작 부분이 함께 만드는 위험점
- 절단점 : 회전하는 운동 부분 자체의 위험이나 운동하는 기계 부분 자체의 위험에서 초래되는 위험점
- 물림점 : 회전하는 두 개의 회전체에 물려 들어가는 위험점
- 접선 물림점 : 회전하는 부분의 접선 방향으로 물려 들어갈 위험점
- 회전 말림점 : 회전하는 물체에 작업복 등이 말려드는 위험이 존재하는 점

04 구내 운반차를 사용하여 운반작업을 하고자 한다. 사전 점검사항에 해당되지 않는 것은?

① 제동장치 및 조정장치 기능의 이상 유무
② 바퀴의 이상 유무
③ 와이어로프 등의 이상 유무
④ 충전장치를 포함한 홀더 등의 결합 상태 이상 유무

해설
구내 운반차 운반작업
- 근로자가 구내 운반차 및 이동대차에 타는 일이 없도록 한다.
- 제동장치, 유압장치, 하역장치, 조정장치 등 기능의 이상이 없도록 한다.
- 바퀴의 이상이 없도록 한다.
- 방향지시기, 경음기의 이상 유무를 확인한다.
- 충전장치를 포함한 홀더 등의 결합 상태 이상 유무를 확인한다.
- 주행속도는 10km/h 이하로 한다.
- 허용 적재하중을 초과하여 운행하지 않는다.

정답 1 ③ 2 ③ 3 ③ 4 ③

05 냉동기 운전 중 액 압축이 일어난 경우에 나타나는 현상으로 옳은 것은?

① 토출배관이 따뜻해진다.
② 실린더에 서리가 낀다.
③ 실린더가 과열된다.
④ 축수하중이 감소된다.

[해설]
냉동기 운전 중에서 액 압축이 일어난 경우 압축기 흡입관, 실린더, 토출관에 서리가 발생하여 압축기가 고장 날 우려가 높다.

06 감전되었을 경우 위험도가 가장 큰 것은?

① 통전전류의 크기
② 통전경로
③ 전원의 종류
④ 통전시간과 전격의 인가 위상

[해설]
감전재해는 통전전류의 크기, 통전전류의 종류, 통전시간, 통전경로, 인체조건에 의해 발생하며, 가장 위험한 것은 통전전류의 크기이다.

07 가스보일러 점화 시 주의사항 중 옳지 않은 것은?

① 연소실 내의 용적 4배 이상의 공기로 충분히 환기를 행할 것
② 점화는 3~4회로 착화될 수 있도록 할 것
③ 갑작스런 실화 시에는 연료 공급을 즉시 차단할 것
④ 점화버너의 스파크 상태가 정상인가 확인할 것

[해설]
가스보일러의 점화는 1회로 착화될 수 있도록 한다.

08 산업안전보건법의 제정목적과 가장 관계가 적은 것은?

① 산업재해 예방
② 쾌적한 작업환경 조성
③ 노무를 제공하는 자의 안전 및 보건을 유지·증진
④ 산업안전에 관한 정책 수립

[해설]
산업안전보건법의 목적
산업안전 및 보건에 관한 기준을 확립하고 그 책임의 소재를 명확하게 하여 산업재해를 예방하고 쾌적한 작업환경을 조성함으로써 노무를 제공하는 자의 안전 및 보건을 유지·증진함을 목적으로 한다.

09 가스용접 작업 중에 발생되는 재해가 아닌 것은?

① 전 격
② 화 재
③ 가스폭발
④ 가스중독

[해설]
가스용접 작업 중 발생하는 재해 : 화재, 파열(폭발), 중독, 산소결핍

정답 5 ② 6 ① 7 ② 8 ④ 9 ①

10 연소에 관한 설명이 잘못된 것은?

① 온도가 높을수록 연소속도가 빨라진다.
② 입자가 작을수록 연소속도가 빨라진다.
③ 촉매가 작용하면 연소속도가 빨라진다.
④ 산화되기 어려운 물질일수록 연소속도가 빨라진다.

해설
산화되기 쉬운 물질일수록 연소속도가 빨라진다.

11 가스보일러 점화 전 주의사항 중 연소실 용적의 약 몇 배 이상의 공기량을 보내어 충분히 환기를 행해야 되는가?

① 2　　② 4
③ 6　　④ 8

해설
연소실 환기량 : 연소실 용적의 4배 이상의 공기량

12 발화온도가 낮아지는 조건과 관계없는 것은?

① 발열량이 높을수록 발화온도는 낮아진다.
② 분자구조가 간단할수록 발화온도는 낮아진다.
③ 압력이 높을수록 발화온도는 낮아진다.
④ 산소농도가 높을수록 발화온도는 낮아진다.

해설
발화온도가 낮아지는 조건
• 발열량이 높을수록
• 산소농도가 높을수록
• 압력이 높을수록
• 분자구조가 복잡할수록

13 가스 용접장치에 대한 안전수칙으로 틀린 것은?

① 가스용기의 밸브는 빨리 열고 닫는다.
② 가스의 누설검사는 비눗물로 한다.
③ 용접 작업 전에 소화기 및 방화사 등을 준비한다.
④ 역화의 위험을 방지하기 위하여 역화방지기를 설치하여 역화를 방지한다.

해설
가스용기의 밸브는 서서히 열고 닫아야 한다.

14 가스용접기를 이용하여 동관을 용접하였다. 용접을 마친 후의 조치로서 올바른 것은?(단, 용접기의 메인 밸브는 추후에 닫는 것으로 한다)

① 산소 밸브를 먼저 닫고 아세틸렌 밸브를 닫을 것
② 아세틸렌 밸브를 먼저 닫고 산소 밸브를 닫을 것
③ 산소 및 아세틸렌 밸브를 동시에 닫을 것
④ 가스 압력 조정기를 닫은 후 호스 내 가스를 유지시킬 것

해설
가스용접기 용접이 끝나면 산소 밸브를 먼저 닫고 아세틸렌 밸브를 닫는다.

[정답] 10 ④　11 ②　12 ②　13 ①　14 ①

15 전기용접 작업 시 전격에 의한 사고를 예방할 수 있는 사항으로 틀린 것은?

① 절연 홀더의 절연 부분이 파손되었으면 바로 보수하거나 교체한다.
② 용접봉의 심선은 손에 접촉되지 않게 한다.
③ 용접용 케이블은 2차 접속단자에 접촉한다.
④ 용접기는 무부하 전압이 필요 이상 높지 않은 것을 사용한다.

해설
용접용 케이블은 용접기와 전원, 용접기와 피용접물을 접속하는 전선을 말한다.

16 다음 설명 중 내용이 맞는 것은?

① 1BTU는 물 1lb를 1℃ 높이는 데 필요한 열량이다.
② 절대압력은 대기압의 상태를 0으로 기준하여 측정한 압력이다.
③ 이상기체를 단열팽창시켰을 때 온도는 내려간다.
④ 보일-샤를의 법칙이란 기체의 부피는 압력에 반비례하고 절대온도에 반비례한다.

해설
① 1BTU : 물 1lb를 1°F 올리는 데 필요한 열량(미국과 영국에서 사용되는 단위)
② 절대압력 : 완전 진공을 0으로 하여 측정한 압력
④ 보일-샤를의 법칙 : 기체의 부피는 압력에 반비례하고 절대온도에 비례한다는 법칙

17 절대압력과 게이지압력과의 관계식으로 옳은 것은?

① 절대압력 = 대기압력 + 게이지압력
② 절대압력 = 대기압력 - 게이지압력
③ 절대압력 = 대기압력 × 게이지압력
④ 절대압력 = 대기압력 ÷ 게이지압력

해설
절대압력(완전 진공을 0으로 하여 측정한 압력)
※ 단위 : $kg/cm^2 a$, $kg/m^2 a$, lb/in^2
• 절대압력($kg/cm^2 a$) = 대기압($1.033kg/cm^2$) + 게이지압력(kg/cm^2)
• 절대압력 = 대기압 - 진공압

18 가용전(Fusible Plug)에 대한 설명으로 틀린 것은?

① 프레온 장치의 수액기, 응축기 등에 사용한다.
② 용융점은 냉동기에서 68~75℃ 이하로 한다.
③ 구성 성분은 주석, 구리, 납으로 되어 있다.
④ 토출가스의 영향을 직접 받지 않는 곳에 설치해야 한다.

해설
가용전의 성분 : 주석(Sn), 카드뮴(Cd), 비스무트(Bi), 납(Pb), 안티몬(Sb)

19 다음 중 압축기와 관계없는 효율은?

① 체적효율   ② 기계효율
③ 압축효율   ④ 팽창효율

해설
압축기의 효율 : 체적효율, 기계효율, 압축효율

20 다음 중 액순환식 증발기와 액펌프 사이에 부착하는 것은?

① 감압 밸브　　② 여과기
③ 역지 밸브　　④ 건조기

해설
액순환식 증발기와 액펌프 사이에 유체의 역류를 방지하는 체크 밸브를 설치한다.

21 강관에서 나타내는 스케줄 번호(Schedule Number)에 대한 설명으로 틀린 것은?

① 관의 두께를 나타내는 호칭이다.
② 유체의 사용압력에 비례하고 배관의 허용응력에 반비례한다.
③ 번호가 클수록 관 두께가 두껍다.
④ 호칭지름이 같은 관은 스케줄 번호가 같다.

해설
스케줄 번호(Schedule Number) : 관의 두께를 나타내는 호칭으로 다음 공식처럼 유체의 사용압력에 비례하고 배관의 허용응력에 반비례한다. 번호가 클수록 관 두께가 두껍다.

$$\text{스케줄 번호} = \frac{\text{사용압력}(kgf/cm^2)}{\text{허용응력}(kg/mm^2)} \times 10$$

22 냉동장치의 제어장치 중 온도제어장치에 해당되는 것은?

① TC　　② LPS
③ EPR　　④ OPS

해설
TC : 냉동장치의 제어장치 중 온도제어장치

23 펌프의 캐비테이션 방지대책으로 틀린 것은?

① 양흡입 펌프를 사용한다.
② 흡입관경을 크게 하고 길이를 짧게 한다.
③ 펌프의 설치 위치를 낮춘다.
④ 펌프 회전수를 빠르게 한다.

해설
공동현상의 방지대책
• 펌프의 흡입측 수두, 마찰손실을 작게 한다.
• 펌프 임펠러 속도를 느리게 한다.
• 펌프 흡입관경을 크게 한다.
• 펌프 설치 위치를 수원보다 낮게 한다.
• 펌프 흡입압력을 유체의 증기압보다 높게 한다.
• 양흡입 펌프를 사용하여야 한다.
• 양흡입 펌프로 부족 시 펌프를 2대로 나눈다.

24 팬형 가습기에 대한 설명으로 틀린 것은?

① 가습의 응답속도가 느리다.
② 팬 속의 물을 강제적으로 증발시켜 가습한다.
③ 패키지형의 소형 공조기에 많이 사용한다.
④ 가습장치 중 효율이 가장 우수하며, 가습량을 자유로이 변화시킬 수 있다.

해설
팬형 가습기 : 가습효율이 100%에 가까우며 무균이면서 응답성이 좋아 정밀한 습도 제어가 가능한 가습기이다. 또한, 패키지 에어컨에 조립하여 물이 들어 있는 용기를 전열히터로 가열·증발시켜 가습하는 것으로 가습량을 자유로이 변화시킬 수 없다.

25 냉동장치의 배관 설치 시 주의사항으로 틀린 것은?

① 냉매의 종류, 온도 등에 따라 배관재료를 선택한다.
② 온도 변화에 의한 배관의 신축을 고려한다.
③ 기기 조작, 보수, 점검에 지장이 없도록 한다.
④ 굴곡부는 가능한 한 작게 하고 곡률반경을 작게 한다.

> [해설]
> 굴곡부는 가능한 한 작게 하고 곡률반경을 크게 한다.

26 정현파 교류에서 전압의 실횻값(V)을 나타내는 식으로 옳은 것은?(단, 전압의 최댓값을 V_m, 평균값을 V_a라고 한다)

① $V = \dfrac{V_a}{\sqrt{2}}$ ② $V = \dfrac{V_m}{\sqrt{2}}$

③ $V = \dfrac{\sqrt{2}}{V_a}$ ④ $V = \dfrac{\sqrt{2}}{V_m}$

> [해설]
> 정현파 교류에서 전압의 실횻값(V)을 나타내는 식 : $V = \dfrac{V_m}{\sqrt{2}}$

27 열에너지를 효율적으로 이용할 수 있는 방법 중 하나인 축열장치의 특징에 관한 설명으로 틀린 것은?

① 저속 연속운전에 의한 고효율 정격운전이 가능하다.
② 냉동기 및 열원설비의 용량을 감소할 수 있다.
③ 열회수 시스템의 적용이 가능하다.
④ 수질관리 및 소음관리가 필요 없다.

> [해설]
> 축열장치는 수질관리 및 소음관리가 필요하다.

28 공기세정기에서 유입되는 공기를 정화시키기 위해 설치하는 것은?

① 루 버   ② 댐 퍼
③ 분무노즐   ④ 일리미네이터

> [해설]
> 루버 : 공기세정기에서 유입되는 공기를 정화시키기 위해 설치하는 것

29 냉동기에서 열교환기는 고온유체와 저온유체를 직접혼합 또는 원형동관으로 유체를 분리하여 열교환하는데 다음 설명 중 옳은 것은?

① 동관 내부를 흐르는 유체는 전도에 의한 열전달이 된다.
② 동관 내벽에서 외벽으로 통과할 때는 복사에 의한 열전달이 된다.
③ 동관 외벽에서는 대류에 의한 열전달이 된다.
④ 동관 내부에서 동관 외벽까지 복사, 전도, 대류의 열전달이 된다.

> [해설]
> 동관 내부를 흐르는 유체, 동관 외벽에서는 대류에 의한 열전달이 된다.

30 흡수식 냉동기에 관한 설명으로 틀린 것은?

① 압축식에 비해 소음과 진동이 작다.
② 증기, 온수 등 배열을 이용할 수 있다.
③ 압축식에 비해 설치면적 및 중량이 크다.
④ 흡수식은 냉매를 기계적으로 압축하는 방식이며, 열적으로 압축하는 방식은 증기 압축식이다.

해설
흡수식은 냉매를 열적으로 압축하는 방식이며, 기계적으로 압축하는 방식은 증기 압축식이다.

31 냉동 장치에서 가스 퍼저(Purger)를 설치할 경우 가스의 인입선은 어디에 설치해야 하는가?

① 응축기와 증발기 사이에 한다.
② 수액기와 팽창 밸브 사이에 한다.
③ 응축기와 수액기의 균압관에 한다.
④ 압축기의 토출관으로부터 응축기의 3/4이 되는 곳에 한다.

해설
냉동 장치에서 가스 퍼저(Purger)를 설치할 경우 가스의 인입선은 응축기와 수액기의 균압관에 설치한다.

32 프로펠러 회전에 의하여 축 방향으로 공기를 흐르게 하는 송풍기는?

① 관류 송풍기　② 축류 송풍기
③ 터보 송풍기　④ 크로스 플로 송풍기

해설
축류 송풍기 : 프로펠러 회전에 의하여 축 방향으로 공기를 흐르게 하는 송풍기

33 용적형 압축기에 대한 설명으로 틀린 것은?

① 압축실 내의 체적을 감소시켜 냉매의 압력을 증가시킨다.
② 압축기의 성능은 냉동능력, 소비동력, 소음, 진동값 및 수명 등 종합적인 평가가 요구된다.
③ 압축기의 성능을 측정하는 유용한 두 가지 방법은 성능계수와 단위 냉동능력당 소비동력을 측정하는 것이다.
④ 개방형 압축기의 성능계수는 전동기와 압축기의 운전효율을 포함하는 반면, 밀폐형 압축기의 성능계수에는 전동기 효율이 포함되지 않는다.

해설
압축기의 성능계수는 전동기 효율과 운전효율을 모두 포함시켜야 한다.

34 비열비를 나타내는 공식으로 옳은 것은?

① $\dfrac{정적비열}{비 중}$　② $\dfrac{정압비열}{비 중}$

③ $\dfrac{정압비열}{정적비열}$　④ $\dfrac{정적비열}{정압비열}$

해설
비열비(k)
기체의 정압비열과 정적비열과의 비, 즉 $\dfrac{C_p}{C_v}$ 이므로 비열비는 항상 1보다 크다. 따라서 $C_p > C_v$ 이므로 항상 $\dfrac{C_p}{C_v} > 1$이다.

35 열에 관한 설명으로 틀린 것은?

① 감열은 건구온도계로 측정할 수 있다.
② 잠열은 물체의 상태를 바꾸는 작용을 하는 열이다.
③ 감열은 상태 변화 없이 온도 변화에 필요한 열이다.
④ 융해열은 감열의 일종이며, 고체를 액체로 바꾸는데 필요한 열이다.

해설
융해열은 잠열의 일종이다.

37 다음 취출구 중 내부 유인성능을 가지고 있으며 추출 온도차를 크게 반영할 수 있는 것은?

① 아네모스탯형 취출구
② 라인형 취출구
③ 노즐형 취출구
④ 유니버설형 취출구

해설
다수의 원형 또는 각형의 콘(Cone)을 덕트 개구단에 붙여서 천장 부근의 실내 공기를 유인하여 취출기류가 충분히 확산되도록 한다. 취출구 중 가장 큰 유인성능을 가지고 있으며, 취출기류 또는 유인된 실내 공기 중의 먼지에 의한 취출구 주변의 오염(Smudging)을 방지하기 위한 링(Ring)이 부착되어 있으며 원형, 각형, 장방형 등이 있다.

36 표준 냉동사이클에서 과냉각도는 얼마인가?

① 45℃
② 30℃
③ 15℃
④ 5℃

해설
표준 냉동사이클의 과냉각도 : 5℃

38 다이헤드형 동력나사 절삭기로 할 수 없는 작업은?

① 파이프 벤딩
② 파이프 절단
③ 나사 절삭
④ 리머 작업

해설
다이헤드형 동력나사 절삭기로는 파이프 벤딩 작업을 할 수 없다.

39 단단 증기압축식 이론 냉동사이클에서 응축부하가 10kW이고, 냉동능력이 6kW일 때 이론 성적계수는 얼마인가?

① 0.6
② 1.5
③ 1.67
④ 2.5

해설
성적계수(COP) = $\dfrac{Q_2}{Q_1 - Q_2} = \dfrac{6}{10-6} = 1.5$

40 다음의 냉방부하 중에서 현열부하만 발생하는 것은?

① 극간풍에 의한 열량
② 인체의 발생 열량
③ 벽체로부터의 열량
④ 실내기구의 발생 열량

해설
실내부하의 종류

구 분	종 류	내 용	열의 종류
실내 취득 열량	온도차에 의한 전도열	천장, 칸막이, 마루 등으로부터의 열량	현 열
		지붕, 벽체로부터의 열량	현 열
		유리창 등으로부터의 열량	현 열
	태양 복사열	유리창 등으로부터의 열량	현 열
		지붕, 벽으로부터의 열량	현 열
	내부 발생열량	벽체의 축열 부하량	현 열
		극간풍에 의한 열량	현 + 잠열
		인체의 발생열량	현 + 잠열
		조명, 복사기(기구)로부터의 열량	현 열
		증발기로부터의 발생열량	현 + 잠열
장치 내의 취득열량		덕트, 송풍기로부터 취득열량	현 열
외기부하		신선한 공기	현 + 잠열
재열부하		재열기로부터의 취득열량	현 열

41 개별공조방식의 특징이 아닌 것은?

① 국소적인 운전이 자유롭다.
② 중앙방식에 의해 소음과 진동이 크다.
③ 외기 냉방을 할 수 있다.
④ 취급이 간단하다.

해설
개별공조방식은 외기 냉방이 어렵다.

개별공조방식

장 점	• 개별 제어, 부분 운전 용이 • 부하 변동에 따른 증설이나 설치 위치 변경에 대응 용이 • 덕트 설치 면적, 공조실 불필요 • 고장 시 다른 시스템에 영향이 적고 운전 취급이 쉬움 • 설비비와 운전비가 쌈
단 점	• 습도, 청정도, 기류 분포의 제어가 곤란 • 소음, 진동이 크며 수명이 짧음

42 히트펌프방식에서 냉난방 절환을 위해 필요한 밸브는?

① 감압 밸브
② 2방 밸브
③ 4방 밸브
④ 전동 밸브

해설
4방 밸브 : 히트펌프방식에서 냉방과 난방 시 절환하여 사용하는 밸브로서, 압축기에서 냉매가스를 실외로부터 실내 또는 복귀되는 냉매가스를 실내로부터 실외로 전환시킬 때 사용하기 위해 설치하는 밸브이다.

정답 39 ② 40 ③ 41 ③ 42 ③

43 15℃의 1ton의 물을 0℃의 얼음으로 만드는 데 제거해야 할 열량은?(단, 물의 비열 4.2kJ/kg·K, 응고잠열 334kJ/kg이다)

① 63,000kJ
② 271,600kJ
③ 334,000kJ
④ 397,000kJ

해설
열량(Q)
$Q = q_1 + q_2$
$q_1 = G \times C \times \Delta t = 1,000 \times 4.2 \times (15-0) = 63,000 kJ$
$q_2 = G \times \gamma = 1,000 \times 334 = 334,000 kJ$
∴ $63,000 + 334,000 = 397,000 kJ$

44 수동나사 절삭방법으로 틀린 것은?

① 관 끝은 절삭날이 쉽게 들어갈 수 있도록 약간의 모따기를 한다.
② 관을 파이프 바이스에서 약 150mm 정도 나오게 하고 관이 찌그러지지 않게 주의하면서 단단히 물린다.
③ 나사가 완성되면 편심 핸들을 급히 풀고 절삭기를 뺀다.
④ 나사 절삭기를 관에 끼우고 래칫을 조정한 다음 약 30°씩 회전시킨다.

해설
나사가 완성되면 편심 핸들을 천천히 풀어야 한다.

45 전기장의 세기를 나타내는 것은?

① 유전속 밀도
② 전하 밀도
③ 정전력
④ 전기력선 밀도

해설
전기장의 세기는 전기력선의 밀도와 비례한다.

46 공조용 취출구 종류 중 원형 또는 원추형 팬을 매달아 여기에 토출기류를 부딪치게 하여 천장면을 따라서 수평 방향으로 공기를 취출하는 것으로, 유인비 및 소음 발생이 적은 것은?

① 팬형 취출구
② 웨이형 취출구
③ 라인형 취출구
④ 아네모스탯형 취출구

해설
취출구 종류별 특징
- 팬형 : 유인성능은 아네모스탯(Anemostat)형에 비해 떨어지나 도달거리는 길다.
- 라인형 : 취출구 폭이 큰 것은 슬롯형과 같이 도달거리를 크게 잡을 수 있어 천장이 높은 곳의 취출구로 적합하며, 페리미터 존, 엘리베이터 홀, 입구 홀 등에 많이 사용된다.
- 아네모스탯형 : 다수의 원형 또는 각형의 콘(Cone)을 덕트 개구 단에 붙여서 천장 부근의 실내 공기를 유인하여 취출기류가 충분히 확산되도록 한다. 취출구 중 가장 큰 유인성능을 가지고 있으며 취출기류 또는 유인된 실내공기 중의 먼지에 의한 취출구 주변의 오염(Smudging)을 방지하기 위한 링(Ring)이 부착되어 있으며 원형, 각형, 장방형 등이 있다.
- 그릴형 : 그릴형은 풍량 조절이 불가능하여 저속의 환기용 취출구나 흡입구에 사용한다.
- 웨이(Way)형 : 날개의 모양 변경으로 1방향 기류분포에서부터 4방향으로 다양한 기류를 얻을 수 있으므로 시스템 천장용에 사용된다.

47 접지공사의 목적으로 가장 올바른 것은?

① 전류변동방지, 전압변동방지, 절연저하방지
② 절연저하방지, 화재방지, 전압변동방지
③ 화재방지, 감전방지, 기기손상방지
④ 감전방지, 전압변동방지, 화재방지

해설
접지공사의 목적 : 화재방지, 감전방지, 기기손상방지

48 감습장치에 대한 설명이다. 옳은 것은?

① 냉각식 감습장치는 감습만을 목적으로 사용하면 경제적이다.
② 압축식 감습장치는 감습만을 목적으로 하면 소요 동력이 커서 비경제적이다.
③ 흡착식 감습법은 액체에 의한 감습법보다 효율이 좋으나 낮은 노점까지 감습이 어려워 주로 큰 용량에 적합하다.
④ 흡수식 감습장치는 흡착식에 비해 감습효율이 떨어져 소규모 용량에만 적합하다.

해설
① 냉각 감습장치는 냉각과 감습을 동시에 필요로 할 때는 유리하지만 냉각을 필요로 하지 않을 때도 재열(再熱)이 필요하여 열량이 소모된다.
③ 흡착식 감습장치는 재생에 대량의 열량을 필요로 하므로 풍량이 적어도 되는 건조실 등에 사용된다.
④ 흡수식 감습장치는 냉각식에 비해 공조되어 있는 실내의 현열비가 60% 이하일 때 유리하다.

49 동관을 용접 이음하려고 한다. 다음 중 가장 적당한 것은?

① 가스 용접
② 스폿 용접
③ 테르밋 용접
④ 플라스마 용접

해설
동관 용접은 가스 용접을 사용한다.

50 냉방부하 계산 시 인체로부터의 취득열량에 대한 설명으로 틀린 것은?

① 인체 발열부하는 작업 상태와는 관계없다.
② 땀의 증발, 호흡 등은 잠열이라고 할 수 있다.
③ 인체의 발열량은 재실 인원수와 현열량과 잠열량으로 구한다.
④ 인체 표면에서 대류 및 복사에 의해 방사되는 열은 현열이다.

해설
인체의 발열부하는 작업 상태와 밀접한 관계가 있다.

정답 47 ③ 48 ② 49 ① 50 ①

51 시퀀스 제어장치의 구성으로 가장 거리가 먼 것은?

① 검출부 ② 조절부
③ 피드백부 ④ 조작부

해설
피드백부는 피드백 제어에 해당된다.

52 액백(Liquid Back)의 원인으로 가장 거리가 먼 것은?

① 팽창밸브의 개도가 너무 클 때
② 냉매가 과충전되었을 때
③ 액분리기가 불량일 때
④ 증발기 용량이 너무 클 때

해설
액백(Liquid Back)
- 액백이란 압축기 흡입가스 중에 액이 남아 있는 것이다. 흡입가스 중에 액이 남아 있으면 냉동사이클의 효율이 저하됨은 물론이고, 액백이 심해지면 액압축의 위험이 있다.
- 액백이 일어나면 흡입관에서 실린더까지 적상이 일어난다.

액백의 원인
- 증발기에서의 냉동부하의 급격한 감소
- 팽창밸브의 고장에 의한 밸브 개도의 증대 등으로 냉매유량 증가
- 겨울철 외기온도가 낮고, 냉동장치 정지 중 압축기의 흡입관 내에 냉매가스가 응축하여 액상으로 고였다가 압축기 기동 시 액이 흡입

액백 방지법
- 냉동부하에 비해 과다한 능력의 압축기를 사용하지 않는다.
- 냉매액을 과잉 공급하지 않는다.

53 표준 냉동사이클의 몰리에르($P-h$)선도에서 압력이 일정하고, 온도가 저하되는 과정은?

① 압축과정 ② 응축과정
③ 팽창과정 ④ 증발과정

해설
응축과정 : 표준 냉동사이클의 몰리에르($P-h$)선도에서 압력이 일정하고, 온도가 저하되는 과정

54 표준 대기압의 상태에서 100℃의 포화수 2kg을 100℃의 건포화증기로 만드는 데 필요한 열량은?

① 3,320kcal ② 2,435kcal
③ 1,078kcal ④ 539kcal

해설
$Q = G \times \gamma = 2\text{kg} \times 539\text{kcal/kg} = 1,078\text{kcal}$

55 절대압력이 0.5165kg/cm²일 때 복합 압력계로 표시되는 진공압력은 약 얼마인가?

① 28cmHgV ② 22.8cmHgV
③ 38cmHgV ④ 32.8cmHgV

해설
절대압력 = 대기압 - 진공압
여기서, 진공압을 x라 하면
$0.5165\text{kg/cm}^2 \times \dfrac{76\text{cmHg}}{1.0332\text{kg/cm}^2} = 76\text{cmHg} - x$
∴ $x = 38\text{cmHg}$

56 다음 중 공기조화기의 구성요소가 아닌 것은?

① 공기여과기
② 공기가열기
③ 공기세정기
④ 공기압축기

해설
공기조화기(AHU ; Air Handling Unit) : 공기여과기, 공기냉각기, 공기가열기, 공기세정기 등

57 공기조화방식의 중앙식 공조방식에서 수-공기방식에 해당되지 않는 것은?

① 이중 덕트방식
② 유인 유닛방식
③ 팬코일 유닛방식(덕트 병용)
④ 복사 냉난방방식(덕트 병용)

해설
공조 방식의 분류
- 중앙식 : 전공기 방식, 수-공기 방식, 수방식(동력 소비량 : 전공기 방식 > 수-공기 방식 > 수방식)
- 전공기 방식(덕트만 이용) : 단일 덕트방식(대용량), 이중 덕트방식, 멀티존 유닛방식, 말단 재열방식
- 수-공기 방식(배관 + 덕트) : 덕트 병용 팬코일 유닛방식(FCU), 유인 유닛방식(IDU), 각층 유닛 방식, 덕트 병용 복사 냉난방 방식, 덕트 병용 패키지 방식
- 수방식(배관만 이용) : 팬코일 유닛방식(FCU)

58 흡입배관에서 압력손실이 발생하면 나타나는 현상이 아닌 것은?

① 흡입압력의 저하
② 토출가스 온도의 상승
③ 비체적 감소
④ 체적효율 저하

해설
흡입배관에서 압력손실이 발생하면 흡입압력의 저하로 인하여 비체적이 증가하고, 압축비와 토출가스 온도가 상승하며 체적효율은 저하한다.

59 개스킷 재료가 갖추어야 할 조건이 아닌 것은?

① 유체에 의해 변질되지 않을 것
② 열변형이 용이할 것
③ 충분한 강도를 가질 것
④ 유연성을 유지할 수 있을 것

해설
개스킷 재료는 열변형이 잘되지 않아야 한다.

60 공기조화설비에서 단면의 형상은 주로 장방형과 원형의 것이 있으며 공기를 수송하는 데 사용되는 것은?

① 댐퍼
② 밸브
③ 배관
④ 덕트

해설
④ 덕트 : 공기를 수송하는 것으로 장방형과 원형 등이 있음
① 댐퍼 : 덕트 내에 설치하여 송풍량을 조절하는 공기조절판
② 밸브 : 관로의 도중이나 용기에 설치하여 유체의 유량·압력 등의 제어를 하는 장치
③ 배관 : 급수·배수·급탕·냉방·난방·가스 공사용의 관을 배치하는 것 또는 배치된 관

정답 56 ④ 57 ① 58 ③ 59 ② 60 ④

2019년 제2회 과년도 기출복원문제

01 작업자의 안전태도를 형성하기 위한 가장 유효한 방법은?

① 안전에 관한 훈시
② 안전한 환경 조성
③ 안전 표지판 부착
④ 안전에 관한 교육 실시

해설
사업주는 소속 근로자에게 고용노동부령으로 정하는 바에 따라 정기적으로 안전보건교육을 하여야 한다. 즉, 교육이 작업자의 안전태도를 형성하기 가장 유효한 방법이다.

02 산업안전의 관심과 이해 증진으로 얻을 수 있는 이점이 아닌 것은?

① 기업의 신뢰도를 높여 준다.
② 기업의 투자경비를 증대시킬 수 있다.
③ 이직률이 감소된다.
④ 고유 기술이 축적되어 품질이 향상된다.

해설
산업안전에 대한 관심과 이해 증진으로 얻을 수 있는 이점
- 기업의 신뢰도를 높여 준다.
- 기업의 투자경비를 줄일 수 있다.
- 이직률이 감소된다.
- 품질이 향상된다.

03 안전관리자의 업무에 해당되지 않는 것은?

① 산업재해 발생의 원인 조사 및 재발 방지를 위한 기술적 보좌 및 조언·지도
② 안전에 관한 조직 편성 및 예산 책정
③ 자율안전확인대상 기계·기구 등 구입 시 적격품의 선정에 관한 보좌 및 지도·조언
④ 해당 사업장 안전교육계획의 수립 및 안전교육 실시에 관한 보좌 및 지도·조언

해설
안전관리자의 업무 등(산업안전보건법 시행령 제18조)
- 산업안전보건위원회 또는 안전 및 보건에 관한 노사협의체에서 심의·의결한 업무와 해당 사업장의 안전보건관리규정 및 취업규칙에서 정한 업무
- 위험성평가에 관한 보좌 및 지도·조언
- 안전인증대상 기계 등과 자율안전확인대상 기계 등 구입 시 적격품의 선정에 관한 보좌 및 지도·조언
- 해당 사업장 안전교육계획의 수립 및 안전교육 실시에 관한 보좌 및 지도·조언
- 사업장 순회점검, 지도 및 조치 건의
- 산업재해 발생의 원인 조사·분석 및 재발 방지를 위한 기술적 보좌 및 지도·조언
- 산업재해에 관한 통계의 유지·관리·분석을 위한 보좌 및 지도·조언
- 법 또는 법에 따른 명령으로 정한 안전에 관한 사항의 이행에 관한 보좌 및 지도·조언
- 업무수행 내용의 기록·유지
- 그 밖에 안전에 관한 사항으로서 고용노동부장관이 정하는 사항

04 공구취급 안전관리 일반사항으로 옳지 않은 것은?

① 결함이 없는 완전한 공구를 사용한다.
② 공구는 사용 전에 반드시 점검한다.
③ 불량 공구는 일단 수리하여 사용하고 반납한다.
④ 공구는 항상 일정한 장소에 비치한다.

해설
불량 공구는 사용하면 안 된다.

05 냉동설비사업소의 경계표지 방법으로 적당한 것은?

① 사업소의 경계표지는 출입구를 제외한 울타리, 담 등에 게시할 것
② 이동식 냉동 설비에는 표시를 생략할 것
③ 외부 사람이 명확하게 식별할 수 있는 크기로 할 것
④ 해당 시설에 접근할 수 있는 장소가 여러 방향일 때는 대표적인 장소에만 게시할 것

해설
냉동설비사업소의 경계표지는 외부 사람이 명확하게 식별할 수 있는 크기로 한다.

06 가스 집합 용접장치를 사용하여 금속의 용접·용단 및 가열작업을 할 때에 가스 집합 용접장치의 관리상 준수하여야 하는 사항이 아닌 것은?

① 사용하는 가스의 명칭 및 최대 가스저장량을 가스장치실의 보기 쉬운 장소에 게시할 것
② 밸브·콕 등의 조작 및 점검요령을 가스장치실의 보기 쉬운 장소에 게시할 것
③ 가스 집합장치로부터 5m 이내의 장소에서는 흡연, 화기의 사용 또는 불꽃을 발생시킬 우려가 있는 행위를 금지할 것
④ 이동식 가스 집합 용접장치의 가스집합장치는 고온의 장소, 통풍이나 환기가 불충분한 장소 또는 진동이 많은 장소에 설치하여 사용할 것

해설
이동식 가스 집합 용접장치의 가스집합장치는 저온의 장소, 통풍이나 환기가 잘되는 장소 또는 진동이 없는 장소에 설치하여야 한다.

07 냉동 장치 취급에 있어서 안전관리를 위한 사항이 아닌 것은?

① 고압가스 안전관리와 관계되는 법규를 이해한다.
② 안전검사를 위하여 구체적인 계획을 세우고, 실천해야 한다.
③ 냉매의 특성을 이해하는 것은 안전관리에 별 다른 도움을 주지 않는다.
④ 압력계, 온도계, 전류계 등 각종 계기의 수치와 단위에 대하여 이해한다.

해설
냉매의 특성을 이해하는 것은 안전관리에 큰 도움이 된다.

08 교류용접기의 규격란에 AW200이라고 표시되어 있을 때 200이 나타내는 값은?

① 정격 1차 전륫값
② 정격 2차 전륫값
③ 1차 전류 최댓값
④ 2차 전류 최댓값

해설
교류용접기 규격란에 AW200이라고 표시되어 있을 때, 200이 나타내는 값은 정격 2차 전륫값이다.

09 근로자가 안전하게 통행할 수 있도록 통로에는 몇 럭스(lx) 이상의 조명시설을 설치해야 하는가?

① 10   ② 30
③ 45   ④ 75

해설
근로자가 안전하게 통행할 수 있도록 통로에는 75lx 이상의 조명시설을 설치하여야 한다.

10 가연성 가스 또는 가연성 분진 등이 체류하는 장소에 설치해야 하는 것으로 옳은 것은?

① 진동설비   ② 배수설비
③ 소음설비   ④ 환기설비

해설
가연성 가스 또는 가연성 분진이 체류하기 쉬운 장소는 환기설비를 설치해야 한다.

11 가스용접 작업 시 아세틸렌가스와 접촉하는 부분에 사용해서는 안 되는 것은?

① 알루미늄   ② 납
③ 구 리   ④ 탄소강

해설
아세틸렌가스와 구리가 접촉하면 폭발성 물질인 구리 아세틸라이드가 생성되므로 위험하다.

12 가연성 가스(암모니아, 브롬화메탄 및 공기 중에서 자기 발화하는 가스 제외)설비의 전기설비는 어떤 기능을 갖은 구조이어야 하는가?

① 방수기능 ② 내화기능
③ 방폭기능 ④ 일반기능

해설
가연성 가스설비의 전기설비는 방폭기능을 갖는 구조이어야 한다.

13 안전·보건표지에서 비상구 및 피난소, 사람 또는 차량의 통행표지의 색채는?

① 빨 강 ② 녹 색
③ 파 랑 ④ 노 랑

해설
안전·보건표지에서 비상구 및 피난소, 사람 또는 차량의 통행표지의 색채는 녹색이다.

14 가스용접기를 이용하여 동관을 용접하였다. 용접을 마친 후의 조치로서 올바른 것은?(단, 용접기의 메인 밸브는 추후에 닫는 것으로 한다)

① 산소 밸브를 먼저 닫고 아세틸렌 밸브를 닫을 것
② 아세틸렌 밸브를 먼저 닫고 산소 밸브를 닫을 것
③ 산소 및 아세틸렌 밸브를 동시에 닫을 것
④ 가스 압력 조정기를 닫은 후 호스 내 가스를 유지시킬 것

해설
가스용접기 용접이 끝나면 산소 밸브를 먼저 닫고 아세틸렌 밸브를 닫는다.

15 감전되거나 전기 화상을 입을 위험이 있는 작업에서 인체의 전부나 일부를 보호하기 위해 구비해야 할 것은?

① 보호구 ② 구명구
③ 구급용구 ④ 비상등

해설
보호구
재해방지나 건강장해방지의 목적으로 작업자가 직접 몸에 걸치고 작업하는 것이다. 재해방지를 목적으로 하는 것을 안전보호구, 건강장해방지를 목적으로 사용하는 것을 보건보호구라고 하며, 직접 생산을 위해 사용하는 것은 아니다. 고용노동부고시에 규격이 제정되어 있는 것은 안전모, 안전대, 안전화, 보안경, 안전장갑, 보안면, 방진 마스크, 방독 마스크, 방음 보호구, 방열복 등이다.

16 다음 설명 중 내용이 맞는 것은?

① 1BTU는 물 1 lb를 1℃ 높이는 데 필요한 열량이다.
② 절대압력은 대기압의 상태를 0으로 기준하여 측정한 압력이다.
③ 이상기체를 단열팽창시켰을 때 온도는 내려간다.
④ 보일-샤를의 법칙이란 기체의 부피는 압력에 반비례하고 절대온도에 반비례한다.

해설
① 1BTU : 물 1 lb을 1°F 올리는 데 필요한 열량(미국과 영국에서 사용되는 단위)
② 절대압력 : 완전 진공을 0으로 하여 측정한 압력
④ 보일-샤를의 법칙 : 기체의 부피는 압력에 반비례하고 절대온도에 비례한다는 법칙

17 암모니아 냉매 배관을 설치할 때 시공방법으로 틀린 것은?

① 관이음 패킹재료는 천연고무를 사용한다.
② 흡입관에는 U트랩을 설치한다.
③ 토출관의 합류는 Y접속으로 한다.
④ 액관의 트랩부에는 오일 드레인 밸브를 설치한다.

해설
암모니아 냉매 배관에는 흡입관에 액 압축을 방지하기 위하여 U트랩이나 굴곡부를 설치하지 않는다.

18 기체의 용해도에 대한 설명으로 옳은 것은?

① 고온·고압일수록 용해도가 커진다.
② 저온·저압일수록 용해도가 커진다.
③ 저온·고압일수록 용해도가 커진다.
④ 고온·저압일수록 용해도가 커진다.

해설
기체의 용해도는 저온·고압일수록 커진다.

19 전류계의 측정범위를 넓히는 데 사용되는 것은?

① 배율기 ② 분류기
③ 역률기 ④ 용량분압기

해설
- 분류기 : 전류의 측정범위를 넓히기 위하여 병렬로 설치한다.
- 직류기 : 전압의 측정범위를 넓히기 위하여 직렬로 설치한다.

20 CA 냉장고의 주된 용도는?

① 제빙용
② 청과물 보관용
③ 공조용
④ 해산물 보관용

해설
CA 냉장고 : 청과물을 냉장·저장하는 데 있어 보다 좋은 저장성을 확보하기 위하여 냉장고 내의 공기를 치환하는데 산소를 3~5% 감소시키고 탄산가스를 3~5% 증가시켜 줌으로써 냉장고 내의 청과물의 호흡작용을 억제하면서 냉장하는 냉장고

21 전기장의 세기를 나타내는 것은?

① 유전속 밀도
② 전하 밀도
③ 정전력
④ 전기력선 밀도

해설
전기장의 세기는 전기력선의 밀도와 비례한다.

22 원심식 냉동기의 서징현상에 대한 설명 중 옳지 않은 것은?

① 흡입가스 유량이 증가되어 냉매가 어느 한계치 이상으로 운전될 때 주로 발생한다.
② 서징현상 발생 시 전류계의 지침이 심하게 움직인다.
③ 운전 중 고·저압의 차가 증가하여 냉매가 임펠러를 통과할 때 역류하는 현상이다.
④ 소음과 진동을 수반하고 베어링 등 운동 부분에서 급격한 마모현상이 발생한다.

해설
서징현상(Surging)
펌프를 운전할 때 송출압력과 송출유량이 주기적으로 변동하여 펌프 입구 및 출구에 설치된 진공계, 압력계의 지침이 흔들리는 현상을 말한다. 밸브의 급작스런 개폐에 의한 수격작용을 완화하기 위해 압력수로와 압력관 사이에 자유수면(대기압을 접하는 수면)을 가진 조절수조를 설치하여 수로(수압관)를 일시적으로 폐쇄하면 흐르던 물이 서지 탱크 내로 유입하여 수원과 탱크 사이의 수면이 상승하는 현상이다.

23 다음 중 응축기와 관계가 없는 것은?

① 스월(Swirl)
② 셸 앤드 튜브(Shell and Tube)
③ 로 핀 튜브(Low Finned Tube)
④ 감온통(Thermo Sensing Bulb)

해설
감온통의 설치
• 증발기 출구 압축기 흡입관에 설치한다.
• 강관일 때는 알루미늄칠을 하여 녹을 방지한다.
• 흡입관 외경이 (7/8)″ 이하일 경우 : 흡입관 상부
• 흡입관 외경이 (7/8)″ 이상일 경우 : 수평보다 45° 하부에 부착

24 어떤 방의 체적이 $2 \times 3 \times 2.5$m이고, 실내 온도를 21℃로 유지하기 위하여 실외 온도 5℃의 공기를 3회/h로 도입할 때 환기에 의한 손실열량은?(단, 공기의 비열은 0.24kcal/kg·℃, 비중량은 1.2kg/m³이다)

① 207.4kcal/h
② 381.2kcal/h
③ 465.7kcal/h
④ 727.2kcal/h

해설
$Q = G \times C \times \Delta t$
$G = (2 \times 3 \times 2.5)\text{m}^3 \times 1.2\text{kg/m}^3 = 18\text{kg}$
$C = 0.24\text{kcal/kg℃}$
$\Delta t = (21-5)℃$
$Q = 18\text{kg} \times 0.24\text{kcal/kg℃} \times 16℃ \times 3회/\text{h} = 207.36\text{kcal/h}$

25 환수주관을 보일러 수면보다 높은 위치에 배관하는 것은?

① 강제순환식
② 건식환수관식
③ 습식환수관식
④ 진공환수관식

해설
환수관의 배치에 따른 분류
• 건식환수 방법 : 보일러의 수면보다 환수주관이 위에 있는 경우로, 환수주관의 증기 혼입에 의한 열손실을 방지하기 위하여 방열기와 관말에 트랩 설치
• 습식환수 방법 : 보일러의 수면보다 환수주관이 아래에 있는 경우로, 건식보다 관경이 작아도 되며 관말트랩은 불필요

정답 22 ① 23 ④ 24 ① 25 ②

26 흡수식 냉동사이클에서 흡수기와 재생기는 증기 압축식 냉동사이클의 무엇과 같은 역할을 하는가?

① 증발기　　② 응축기
③ 압축기　　④ 팽창 밸브

해설
흡수식 냉동사이클에서 흡수기와 재생기는 증기 압축식 냉동사이클의 압축기와 같은 역할을 한다. 즉, 흡수식 냉동사이클에는 압축기가 없다.

27 어떤 저항 R에 100V의 전압이 인가해서 10A의 전류가 1분간 흘렀다면 저항 R에 발생한 에너지는?

① 70,000J　　② 60,000J
③ 50,000J　　④ 40,000J

해설
$R = \dfrac{V}{I} = \dfrac{100}{10} = 10\Omega$
$P = I^2 Rt = 10^2 \times 10 \times 60 = 60,000J$

28 냉매 건조기(Dryer)에 관한 설명으로 옳은 것은?

① 암모니아 가스관에 설치하여 수분을 제거한다.
② 압축기와 응축기 사이에 설치한다.
③ 프레온은 수분에 잘 용해되지 않으므로 팽창 밸브에서의 동결을 방지하기 위하여 설치한다.
④ 건조제로는 황산, 염화칼슘 등의 물질을 사용한다.

해설
프레온 냉동장치에서 수분 침입 시 미치는 악영향을 제거해 주기 위해 팽창 밸브 직전의 액관에 설치한다.

29 스윙(Swing)형 체크밸브에 관한 설명으로 틀린 것은?

① 호칭치수가 큰 관에 사용된다.
② 유체의 저항이 리프트(Lift)형보다 작다.
③ 수평 배관에만 사용할 수 있다.
④ 핀을 축으로 하여 회전시켜 개폐한다.

해설
체크밸브(Check Valve)
유체의 흐름을 한쪽으로 흐르게 하고, 역류하면 자동적으로 배압의 의하여 밸브체가 닫히는 밸브
- 스윙형 체크밸브 : 핀을 축으로 하여 회전시켜 개폐되므로 유체에 대한 마찰저항이 리프트형보다 작고 수평, 수직 어느 배관에도 사용할 수 있다.
- 리프트형 체크밸브 : 유체의 압력으로 밸브가 수직으로 상하하면서 개폐되어 리프트는 밸브 지름의 1/4 정도이고, 유체의 흐름에 대한 마찰저항이 크고 수평 배관에만 사용된다.

30 흡수식 냉동기에서 냉매 순환과정을 바르게 나타낸 것은?

① 재생(발생)기 → 응축기 → 냉각(증발)기 → 흡수기
② 재생(발생)기 → 냉각(증발)기 → 흡수기 → 응축기
③ 응축기 → 재생(발생)기 → 냉각(증발)기 → 흡수기
④ 냉각(증발)기 → 응축기 → 흡수기 → 재생(발생)기

해설
흡수식 냉동기에서 냉매 순환과정
재생(발생)기 → 응축기 → 냉각(증발)기 → 흡수기

31 증발기 내의 압력에 의해서 작동하는 팽창 밸브는?

① 저압측 플로트 밸브
② 정압식 자동 팽창 밸브
③ 온도식 자동 팽창 밸브
④ 수동 팽창 밸브

해설

자동 팽창 밸브의 종류
- 온도식 자동 팽창 밸브 : 증발기 출구의 과열도에 의해 작동되는 팽창 밸브로 냉매의 감압과 유량을 비례적으로 제어하는 기능을 가지고 있다.
- 정압식 자동 팽창 밸브 : 증발기 내의 압력으로 밸브를 작동시켜 증발기 내의 압력을 일정하게 유지시켜 간접적으로 증발온도를 일정하게 하는 목적으로 사용된다.
- 전자식 팽창 밸브 : 증발기 입구 냉각관 벽과 증발기 출구 냉각관 벽에 온도센서를 설치하여, 이들 양쪽 센서의 검출 온도차에 의해 증발기 출구 냉매가스의 과열도를 측정한다. 이 신호에 따라 밸브를 개폐하며, 증발기에 유입하는 냉매유량을 피드백(Feedback) 제어한다.
- 플로트식 팽창 밸브 : 액면의 위치에 따라 플로트(Float)가 상하로 움직이는 것을 이용하여 밸브를 개폐시키는 형식으로, 고압부인 수액기의 액면에 플로트를 설치한 것을 고압측 플로트 팽창 밸브, 저압부인 증발기 내 액면에 설치한 것을 저압측 플로트 팽창 밸브라 한다.
- 열전식 팽창 밸브 : 한쪽에는 구동원으로 바이메탈과 전열기가 조립된 바이메탈 부분과 다른 한쪽은 니들 밸브가 조립되어 있는 밸브이다.

32 보일러에서 배기가스의 현열을 이용하여 급수를 예열하는 장치는?

① 절탄기
② 재열기
③ 증기과열기
④ 공기가열기

해설

절탄기 : 보일러 전열면(傳熱面)을 가열하고 난 연도(煙道) 가스에 의하여 보일러 급수를 가열하는 장치

33 감습장치에 대한 설명으로 옳은 것은?

① 냉각식 감습장치는 감습만을 목적으로 사용하면 경제적이다.
② 압축식 감습장치는 감습만을 목적으로 하면 소요 동력이 커서 비경제적이다.
③ 흡착식 감습장치는 액체에 의한 감습보다 효율이 좋으나 낮은 노점까지 감습이 어려워 주로 큰 용량에 적합하다.
④ 흡수식 감습장치는 흡착식에 비해 감습효율이 떨어져 소규모 용량에만 적합하다.

해설

① 냉각 감습장치는 냉각과 감습을 동시에 필요로 할 때는 유리하지만 냉각을 필요로 하지 않을 때도 재열(再熱)이 필요하여 열량이 소모된다.
③ 흡착식 감습장치는 재생에 대량의 열량을 필요로 하므로 풍량이 적어도 되는 건조실 등에 사용된다.
④ 흡수식 감습장치는 냉각식에 비해 공조되어 있는 실내의 현열비가 60% 이하일 때 유리하다.

감습장치
- 냉각식 감습장치 : 냉각코일, 공기세정기를 이용한다.
- 압축식 감습장치 : 공기를 압축하여 여분의 수분을 응축시키는 방법으로 소요동력이 커서 비경제적이다.
- 흡수식 감습장치 : 염화리튬, 트라이에틸렌글리콜 등의 액체 흡수제를 이용한다.
- 흡착식 감습장치 : 실리카겔, 활성알루미나 등의 반고체, 고체 흡수제를 사용하여 감습한다(극저습도용).

34 열전 냉동법의 특징에 관한 설명으로 틀린 것은?

① 운전 부분으로 인해 소음과 진동이 생긴다.
② 냉매가 필요 없으므로 냉매 누설로 인한 환경오염이 없다.
③ 성적계수가 증기 압축식에 비하여 월등히 떨어진다.
④ 열전소자의 크기가 작고 가벼워 냉동기를 소형, 경량으로 만들 수 있다.

해설
펠티에 효과, 즉 열전기쌍에 열기전력에 저항하는 전류를 통하게 하면 고온 접점쪽에서 발열하고, 저온 접점쪽에서 흡열(따라서 냉각)이 이루어지는 효과를 이용하여 냉각공간을 얻는 방법으로 소음과 진동이 없다.

35 왕복식 압축기 크랭크축이 관통하는 부분에 냉매나 오일이 누설되는 것을 방지하는 것은?

① 오일링   ② 압축링
③ 축봉장치   ④ 실린더재킷

해설
축봉장치 : 왕복식 압축기 크랭크축이 관통하는 부분에 냉매나 오일이 누설되는 것을 방지하는 것

36 다음 중 제빙장치의 주요 기기에 해당되지 않는 것은?

① 교반기   ② 양빙기
③ 송풍기   ④ 탈빙기

해설
제빙장치의 주요 기기 : 교반기, 양빙기, 탈빙기

37 다음 중 프로세스 제어에 속하는 것은?

① 전 압   ② 전 류
③ 유 량   ④ 속 도

해설
프로세스 제어 : 온도, 유량, 농도 등 공업 프로세스의 상태를 표시하는 양의 제어를 말한다.

38 저단측 토출가스의 온도를 냉각시켜 고단측 압축기가 과열되는 것을 방지하는 것은?

① 부스터   ② 인터쿨러
③ 팽창탱크   ④ 콤파운드 압축기

해설
중간냉각기(인터쿨러) : 저단측 토출가스의 온도를 냉각시켜 고단측 압축기가 과열되는 것을 방지하는 것이다.

39 축봉장치(Shaft Seal)의 역할로 가장 거리가 먼 것은?

① 냉매누설장치
② 오일누설장치
③ 외기침입장치
④ 전동기의 슬립(Slip) 방지

[해설]
축봉장치(Shaft Seal)의 역할
- 냉매누설장치
- 오일누설장치
- 외기침입장치

40 다음 중 건조공기의 구성요소가 아닌 것은?

① 산 소
② 질 소
③ 수증기
④ 이산화탄소

[해설]
수증기가 포함된 공기는 습공기이다.

41 셸 앤 튜브(Shell & Tube)형 열교환기에 관한 설명으로 옳은 것은?

① 전열관 내 유속은 내식성이나 내마모성을 고려하여 약 1.8m/s 이하가 되도록 하는 것이 바람직하다.
② 동관을 전열관으로 사용할 경우 유체온도는 200℃ 이상이 좋다.
③ 증기와 온수의 흐름은 열교환 측면에서 병행류가 바람직하다.
④ 열관류율은 재료와 유체의 종류에 상관 없이 거의 일정하다.

[해설]
셸 앤 튜브(Shell & Tube)형 열교환기
- 전열관 내 유속은 내식성이나 내마모성을 고려하여 약 1.8m/s 이하가 되도록 하는 것이 바람직하다.
- 동관을 전열관으로 사용할 경우 유체온도는 150℃ 이하가 좋다.
- 증기와 온수의 흐름은 수평 흐름이 바람직하다.
- 열관류율은 재료와 유체의 종류에 따라 다르다.

42 팬의 효율을 표시할 때 사용되는 전압효율에 대한 올바른 정의는?

① $\dfrac{축동력}{공기동력}$ ② $\dfrac{공기동력}{축동력}$

③ $\dfrac{회전속도}{송풍기의 크기}$ ④ $\dfrac{송풍기의 크기}{회전속도}$

[해설]
전압효율 = $\dfrac{공기동력}{축동력}$

정답 39 ④ 40 ③ 41 ① 42 ②

43 단일덕트 정풍량 방식의 특징으로 옳은 것은?

① 각 실마다 부하변동에 대응하기 곤란하다.
② 외기도입을 충분히 할 수 없다.
③ 냉풍과 온풍을 동시에 공급할 수 있다.
④ 변풍량에 비하여 에너지 소비가 적다.

해설
단일덕트 정풍량 방식 : 건물 내 장소에 따라 부하변동의 상황이 달라질 경우 구역 구분을 통해 구역마다 공조기를 설치하여 부하처리를 하는 방식

44 지열을 이용하는 열펌프(Heat Pump)의 종류가 아닌 것은?

① 엔진 구동 열펌프(GHP)
② 지하수 이용 열펌프(GWHP)
③ 지표수 이용 열펌프(SWHP)
④ 지중열 이용 열펌프(GCHP)

해설
지열을 이용한 열펌프의 종류 : 지하수·지표수·지중열을 이용한 열펌프

45 건구온도 30℃, 상대습도 50%인 습공기 500m³/h를 냉각 코일에 의하여 냉각한다. 코일의 장치노점온도는 10℃이고, 바이패스 팩터가 0.1이라면 냉각된 공기의 온도(℃)는 얼마인가?

① 10
② 12
③ 24
④ 28

해설
냉각된 공기의 온도 $= DT + (f \times \Delta t)$
$= 10 + 0.1 \times (30 - 10)$
$= 12℃$

46 흡수식 냉동장치에는 안전 확보와 기기의 보호를 위하여 여러 가지 안전장치가 설치되어 있다. 그 목적에 해당되지 않는 것은?

① 냉수 동결방지
② 흡수액 결정방지
③ 압력 상승방지
④ 압축기 보호

해설
흡수식 냉동장치에는 압축기가 없다.

47 다음 중 용어의 설명이 틀린 것은?

① 대기 중에는 습공기가 존재하지 않으므로 공기조화에서 취급되는 공기는 모두 건공기이다.
② 절대습도는 습공기의 중량을 건조공기의 중량으로 나눈 값이다.
③ 습구온도는 온도계의 감열부를 물에 젖은 헝겊으로 싼 상태에서 가리키는 온도를 말한다.
④ 노점온도는 공기 중의 수증기가 응축하기 시작할 때의 온도, 즉 공기가 수증기 포화 상태로 될 때의 온도를 말한다.

해설
공기조화에 취급되는 공기는 대부분 습공기이다.

48 실내 취득 감열량이 35,000kcal/h이고, 실내로 유입되는 송풍량이 9,000m³/h일 때 실내의 온도를 25℃로 유지하려면 실내로 유입되는 공기의 온도를 약 몇 ℃로 해야 되는가?(단, 공기의 비중량은 1.29kg/m³, 공기의 비열은 0.24kcal/kg·℃로 한다)

① 9.5℃   ② 10.6℃
③ 12.6℃   ④ 148℃

해설
실내 취득 열량 = $0.24\gamma Q(t_2 - t_1)$
$35,000 = 0.24 \times 1.29 \times 9,000 \times (25 - x)$
∴ $x ≒ 12.4$

49 실내오염공기의 유입을 방지해야 하는 곳에 적합한 환기법은?

① 자연환기법
② 제1종 환기법
③ 제2종 환기법
④ 제3종 환기법

해설
기계의 힘에 의하여 강제로 환기하는 방식
• 제1종 기계환기법 : 급기 → 송풍기, 배기 → 송풍기
• 제2종 기계환기법 : 급기 → 송풍기, 배기 → 자연
• 제3종 기계환기법 : 급기 → 자연, 배기 → 송풍기

50 고온부에서 방출하는 열량을 이용하는 난방을 행하는 열펌프의 고온부 온도가 30℃이고, 저온부 온도가 −10℃일 때 이 열펌프의 성적계수는?

① 약 4.5   ② 약 5.5
③ 약 6.5   ④ 약 7.5

해설
$$\varepsilon = \frac{q_1}{A_w} = \frac{고온체에 \ 공급한 \ 열량}{공급일} = \frac{T_1}{T_1 - T_2}$$
$$= \frac{(273+30)}{(273+30)-(273-10)} ≒ 7.5$$

51 몰리에르 선도에서의 성적계수는 약 얼마인가?

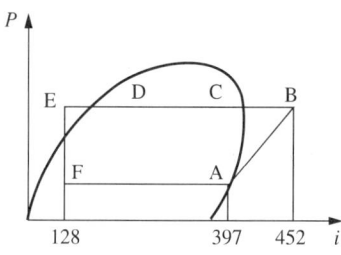

① 2.4   ② 4.9
③ 5.4   ④ 6.3

해설
성적계수(COP) = $\frac{q}{A_w} = \frac{397-128}{452-397} ≒ 4.9$

52 혼합원료를 일정량씩 동결시키도록 하는 장치인 배치(Batch)식 동결장치의 종류로 가장 거리가 먼 것은?

① 수평형　② 수직형
③ 연속형　④ 브라인식

해설
배치(Batch)식 동결장치의 종류 : 수평형, 수직형, 브라인식

53 산소-아세틸렌 용접 시 역화의 원인으로 틀린 것은?

① 토치 팁이 과열되었을 때
② 토치에 절연장치가 없을 때
③ 사용가스의 압력이 부적당할 때
④ 토치 팁의 끝이 이물질로 막혔을 때

해설
역화의 원인
- 토치의 팁이 과열되었을 때
- 토치의 취급이 불량할 때
- 토치 팁의 끝이 이물질로 막혀 있을 때
- 토치의 성능이 불량할 때
- 아세틸렌 공급압력이 낮을 때

54 다음 그림에서 고압 액관은 어느 부분인가?

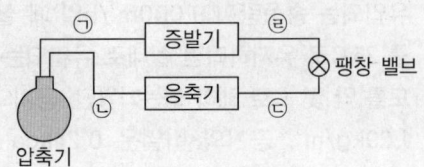

① ㉠　② ㉡
③ ㉢　④ ㉣

해설
- ㉠ : 저압증기
- ㉡ : 고압증기
- ㉢ : 고압액
- ㉣ : 저압액

55 용접기 취급상 주의사항으로 틀린 것은?

① 용접기는 환기가 잘되는 곳에 두어야 한다.
② 2차측 단자의 한쪽 및 용접기의 외통은 접지를 확실히 해 둔다.
③ 용접기는 지표보다 약간 낮게 두어 습기의 침입을 막아 주어야 한다.
④ 감전의 우려가 있는 곳에서는 반드시 전격방지기를 설치한 용접기를 사용한다.

해설
용접기는 지표보다 약간 높게 두어 습기의 침입을 막아 주어야 한다.

56 유류 화재 시 사용하는 소화기로 가장 적합한 것은?

① 무상수 소화기   ② 봉상수 소화기
③ 분말 소화기   ④ 방화수

해설
B급화재(유류 및 가스화재)
연소 후 아무것도 남지 않는 화재로 에테르, 알코올, 석유, 가연성 액체가스 등 유류 및 가스화재가 이에 속하며, 구분 색은 황색이다.
※ 소화방법 : 공기 차단으로 인한 피복소화로 화학포, 증발성 액체(할로겐화물), 탄산가스, 소화분말(드라이케미컬) 등이 있다.

57 가스보일러 점화 시 주의사항 중 틀린 것은?

① 연소실 내의 용적 4배 이상의 공기로 충분히 환기를 행할 것
② 점화는 3~4회로 착화될 수 있도록 할 것
③ 착화 실패나 갑작스런 실화 시에는 연료 공급을 중단하고 환기 후 그 원인을 조사할 것
④ 점화버너의 스파크 상태가 정상인지 확인할 것

해설
가스보일러 점화 시 착화는 1회에 즉시 이루어져야 한다.

58 연삭숫돌을 교체한 후 시험운전 시 최소 몇 분 이상 공회전을 시켜야 하는가?

① 1분 이상   ② 3분 이상
③ 5분 이상   ④ 10분 이상

해설
연삭숫돌 교체 시 3분 이상 시운전을 실시한다.

59 열의 이동에 관한 설명으로 틀린 것은?

① 열에너지가 중간물질과 관계 없이 열선의 형태를 갖고 전달되는 전열형식을 복사라고 한다.
② 대류는 기체나 액체운동에 의한 열의 이동현상을 말한다.
③ 온도가 다른 두 물체가 접촉할 때 고온에서 저온으로 열이 이동하는 것을 전도라고 한다.
④ 물체 내부를 열이 이동할 때 전열량은 온도차에 반비례하고, 거리에 비례한다.

해설
물체 내부를 열이 이동할 때 전열량은 온도차에 비례하고, 거리에 반비례한다.

60 다음 ( ) 안에 들어갈 용어로 옳은 것은?

> 압축기의 체적효율은 격간(Clearance)의 증대에 의하여 (㉠)하며, 압축비가 클수록 (㉡)하게 된다.

① ㉠ : 감소, ㉡ : 감소
② ㉠ : 증가, ㉡ : 감소
③ ㉠ : 감소, ㉡ : 증가
④ ㉠ : 증가, ㉡ : 증가

해설
압축기의 체적효율은 격간(Clearance)의 증대에 의하여 감소하며, 압축비가 클수록 감소한다.

2020년 제1회 과년도 기출복원문제

01 냉방부하 계산 시 유리창을 통한 취득열부하를 줄이는 방법으로 가장 적절한 것은?

① 얇은 유리를 사용한다.
② 투명 유리를 사용한다.
③ 흡수율이 큰 재질의 유리를 사용한다.
④ 반사율이 큰 재질의 유리를 사용한다.

02 보일러의 수면계가 파손될 경우 제일 먼저 취해야 할 조치는?

① 먼저 물 콕을 닫는다.
② 먼저 증기 콕을 닫는다.
③ 먼저 기름밸브를 닫는다.
④ 먼저 배수밸브를 연다.

03 가스용접 작업 시의 주의사항이 아닌 것은?

① 용기밸브는 서서히 열고 닫는다.
② 용접 전에 소화기 및 방화사를 준비한다.
③ 용접 전에 전격방지기 설치 유무를 확인한다.
④ 역화방지를 위하여 안전기를 사용한다.

[해설]
전격방지기 설치 유무는 가스용접 작업이 아니라 전기용접 작업 시의 주의사항이다.

04 관의 지름이 다를 때 사용하는 이음쇠가 아닌 것은?

① 리듀서　　② 부싱
③ 리턴 벤드　④ 편심 이경 소켓

[해설]
밴드는 유체 흐름의 방향을 결정한다.

관 이음쇠 종류

목 적	종 류
배관 방향을 바꿀 때	엘보, 밴드, 이경 엘보, 암수엘보
관을 도중에서 분기할 때	티, 이경 티, 암수티, 와이, 크로스
지름이 같은 관의 직선 연결	소켓, 유니언, 플랜지, 니플
지름이 다른 관의 연결	부싱, 이경 소켓(리듀서), 이경 엘보, 이경 티
관 끝을 막을 때	캡, 플러그, 블라인드 플랜지
관의 수리, 점검, 교체가 필요할 때	유니언(50A 이하의 관에 사용), 플랜지

05 개별공조방식의 특징이 아닌 것은?

① 국소적인 운전이 자유롭다.
② 중앙방식에 의해 소음과 진동이 크다.
③ 외기 냉방을 할 수 있다.
④ 취급이 간단하다.

[해설]
개별공조방식은 외기 냉방이 어렵다.

개별공조방식

장 점	• 개별 제어, 부분 운전 용이 • 부하 변동에 따른 증설이나 설치 위치 변경에 대응 용이 • 덕트 설치 면적, 공조실 불필요 • 고장 시 다른 시스템에 영향이 적고 운전 취급이 쉬움 • 설비비와 운전비가 쌈
단 점	• 습도, 청정도, 기류 분포의 제어가 곤란 • 소음, 진동이 크며 수명이 짧음

정답　1 ④　2 ①　3 ③　4 ③　5 ③

06 방폭성능을 가진 전기기기의 구조 분류에 해당되지 않는 것은?

① 내압방폭구조
② 유입방폭구조
③ 압력방폭구조
④ 자체방폭구조

해설
방폭구조의 종류 : 압력, 내압, 유입, 안전증, 본질안전증, 특수방폭구조 등

07 목재화재 시에는 물을 소화제로 이용하는데 주된 소화효과는?

① 제거효과
② 질식효과
③ 냉각효과
④ 억 제

해설
물은 증발잠열(539kcal/kg)이 크기 때문에 냉각효과가 가장 크다.

08 원심(Turbo)식 압축기의 특징이 아닌 것은?

① 진동이 작다.
② 한 대로 대용량이 가능하다.
③ 전동부가 없다.
④ 용량에 비해 대형이다.

해설
원심(Turbo)식 압축기의 특징
• 임펠러에 의한 원심력을 이용하여 압축한다.
• 소형으로, 설치면적이 작다.
• 부하가 감소되면 서징이 일어난다.
• 주로 냉수 냉각용으로 직접 팽창방식을 사용한다.
• 진동이 작고, 한 대로도 대용량이 가능하다.

09 브라인에 대한 설명 중 옳지 못한 것은?

① 일반적으로 무기질 브라인은 유기질 브라인에 비해 부식성이 크다.
② 브라인은 용액의 농도에 따라 동결온도가 달라진다.
③ 브라인을 2차 냉매라고도 한다.
④ 브라인의 구비조건으로는 비중이 적당하고 점도가 커야 한다.

해설
브라인은 점도가 작아야 한다. 점도(점성)가 크면 운송하는 펌프의 동력이 커야 하므로 좋지 않다.

10 다음 중 수-공기 공기조화방식에 해당하는 것은?

① 2중 덕트방식
② 패키지 유닛방식
③ 복사 냉난방방식
④ 정풍량 단일 덕트방식

해설
공조방식의 분류

분류			명칭
중앙 방식	전공기 방식	단일 덕트 방식	정풍량 방식 • 말단에 재열기가 없는 방식
			변풍량 방식 • 재열기가 없는 방식 • 재열기가 있는 방식
		2중 덕트 방식	• 정풍량 2중 덕트 방식 • 변풍량 2중 덕트 방식 • 멀티존 유닛방식 • 덕트 병용의 패키지 방식 • 각층 유닛방식
	공기・수방식 (유닛 병용 방식)		• 덕트 병용 팬코일 유닛방식 • 유인유닛방식 • 복사냉난방방식
	전수방식		팬코일 유닛방식
개별 방식	냉매방식		• 패키지 방식 : 냉수 배관, 복잡한 덕트 등이 없다. • 룸 쿨러 방식 • 멀티 유닛방식

11 산소가 결핍되어 있는 장소에서 사용되는 마스크는?

① 송기마스크 ② 방진마스크
③ 방독마스크 ④ 특급 방진마스크

해설
① 송기마스크 : 유해물의 농도가 높거나 산소가 결핍된 장소에서 사용하는 마스크
② 방진마스크 : 공기 중에 부유하는 유해한 미립자 물질을 흡입함으로써 건강장해의 우려성이 있는 경우에 사용하는 마스크
③ 방독마스크 : 유독성 가스 발생지역이나 밀폐된 장소에서 사용하는 마스크

12 흡수식 냉동장치에서 냉매인 물이 5℃ 전후의 온도로 증발하고 있다. 이때 증발기 내부의 압력은?

① 약 7mmHg(933Pa)・a 정도
② 약 32mmHg(4,266Pa)・a 정도
③ 약 75mmHg(9,999Pa)・a 정도
④ 약 108mmHg(14,398Pa)・a 정도

해설
흡수식 냉동장치에서 냉매인 물의 온도가 5℃ 전후에서의 증발압력은 약 7mmHg(a) 정도이다.

13 유분리기의 설치 위치로서 적당한 곳은?

① 압축기와 응축기 사이
② 응축기와 수액기 사이
③ 수액기와 증발기 사이
④ 증발기와 압축기 사이

해설
유분리기는 압축기에서 토출되는 냉매가스 속에 포함되어 있는 냉동오일을 분리하는 장치로, 압축기와 응축기 사이 배관에 설치한다.

14 완전 진공 상태를 0으로 기준하여 측정한 압력은?

① 대기압
② 진공도
③ 계기압력
④ 절대압력

해설
- 절대압력 : 완전 진공을 0으로 하여 측정한 압력
- 계기압력(게이지압력) : 대기압을 0으로 기준하여 측정한 압력

15 이중 덕트 변풍량방식의 특징으로 틀린 것은?

① 각 실내의 온도 제어가 용이하다.
② 설비비가 높고 에너지 손실이 크다.
③ 냉풍과 온풍을 혼합하여 공급한다.
④ 단일 덕트방식에 비해 덕트 스페이스가 작다.

해설
이중 덕트 변풍량방식은 단일 덕트방식에 비해 덕트 스페이스가 크다.

16 작업장의 출입문에 대한 설명이다. 옳지 않은 것은?

① 담당자 외에는 쉽게 열고 닫을 수 없게 해야 한다.
② 출입문의 위치 및 크기는 작업장 용도에 적합해야 한다.
③ 운반기계용인 출입구는 보행자용 문을 따로 설치해야 한다.
④ 통로의 출입구는 근로자의 안전을 위해 경보장치를 해야 한다.

해설
① 작업장의 출입문은 근무하는 근로자가 쉽게 열고 닫을 수 있게 해야 된다.
② 출입구의 위치·수 및 크기가 작업장의 용도와 특성에 적합해야 한다.
③ 주목적이 하역 운반기계용인 출입구에는 인접하여 보행자용 출입구를 따로 설치해야 한다.
④ 계단이 출입구와 바로 연결된 경우에는 작업자의 안전한 통행을 위하여 그 사이에 1.2m 이상 거리를 두거나 안내표지 또는 비상벨 등을 설치해야 한다.

17 다음 중 공기냉각용 증발기는?

① 셸 앤 코일형 증발기
② 캐스케이드 증발기
③ 보데로 증발기
④ 탱크형 증발기

해설
공기냉각용 증발기
- 관코일식 증발기
- 캐스케이드 증발기
- 핀 튜브식 증발기
- 플레이트식 증발기
- 멀티피드 멀티섹션 증발기

18 터보냉동기의 주요 부품이 아닌 것은?

① 임펠러
② 피스톤링
③ 추기 회수장치
④ 흡입 가이드 베인

해설
피스톤링은 왕복동 압축기에서 사용하는 실의 기능을 한다.

19 가습팬에 의한 가습장치의 설명으로 틀린 것은?

① 온수가열용에는 증기 또는 전기가열기가 사용된다.
② 가습장치 중 효율이 가장 우수하다.
③ 응답속도가 느리다.
④ 소형 공조기에 사용한다.

해설
수증기를 공기류 속에 분무하는 방법은 가습효율이 100%에 가까우며, 무균이면서 응답성이 좋아 정밀한 습도 제어가 가능하다.

20 압축기의 설치목적에 대한 설명으로 옳은 것은?

① 엔탈피 감소로 비체적을 증가시키기 위해
② 상온에서 응축액화를 용이하게 하기 위한 목적으로 압력을 상승시키기 위해
③ 수랭식 및 공랭식 응축기의 사용을 위해
④ 압축 시 임계온도 상승으로 상온에서 응축액화를 용이하게 하기 위해

해설
압축기 또는 컴프레서(Compressor)는 기체의 부피 줄임으로써 기체의 압력을 증가시키는 기계식 장치이다.

21 전기기계기구에서 절연 상태를 측정하는 계기로 맞는 것은?

① 검류계   ② 전류계
③ 절연저항계   ④ 접지저항계

해설
전기기계기구에서 측정 테스터기 종류
• 검류계 : 미소전류 측정
• 접지 테스터기 : 접지저항
• 절연저항계 : 누전 여부, 절연 상태 측정
• 전압계 : 전압 측정
• 전류계 : 전류 측정
• 오실로스코프 : 펄스 측정

22 주기가 0.002S일 때 주파수는 몇 Hz인가?

① 400
② 450
③ 500
④ 550

해설
주기(T)
$T = \dfrac{1}{f}$
$f = \dfrac{1}{T}$[Hz]
$= \dfrac{1}{0.002} = 500 \text{Hz}$
여기서, f : 주파수

23 만액식 증발기에 사용되는 팽창밸브는?

① 저압식 플로트밸브
② 온도식 자동팽창밸브
③ 정압식 자동팽창밸브
④ 모세관 팽창밸브

해설
플로트식 팽창밸브(저압측 플로트법)
만액식 증발기 본체 또는 집주기(集注器), 액펌프방식 저압 수액기 등의 냉매측 액면을 제어하면서 냉매액을 감압한다.

24 보건용 공기조화에서 쾌적한 상태를 제공해 주는 4가지 주요한 요소에 해당되지 않는 것은?

① 온 도
② 습 도
③ 기 류
④ 음 향

해설
공기조화 : 실내의 온도, 습도, 기류, 박테리아, 먼지, 냄새, 유독가스 등의 조건을 인체 및 물품에 가장 좋은 조건으로 유지하는 것이다.

25 재해율 중 연천인율을 구하는 식으로 옳은 것은?

① 연천인율 = (연간 재해자수/연평균 근로자수) × 1,000
② 연천인율 = (연평균 근로자수/재해 발생건수) × 1,000
③ 연천인율 = (재해 발생건수/근로 총시간수) × 1,000
④ 연천인율 = (근로 총시간수/재해 발생건수) × 1,000

해설
연천인율 : 1년간 근로자 1,000명 중 몇 명이 재해를 당했느냐를 나타내는 재해율 통계
$\dfrac{1{,}000 \times 재해자수}{연평균 근로자수} = 빈도율 \times 2.4$

정답 22 ③ 23 ① 24 ④ 25 ①

26 다음 중 용어의 설명이 잘못된 것은?

① 냉각(Cooling) : 상온보다 낮은 온도로 열을 제거하는 것
② 동결(Freezing) : 냉각작용에 의해 물질을 응고점 이하까지 열을 제거하여 고체 상태로 만드는 것
③ 냉장(Storage) : 냉각장치를 이용하여 0℃ 이상의 온도에서 식품이나 공기 등을 상변화 없이 저장하는 것
④ 냉방(Air Conditioning) : 실내공기에 열을 가하여 주위온도보다 높게 하는 방법

해설
냉방 : 실내공기에 열을 빼앗아 주위온도보다 낮게 조작하는 방법

27 지열을 이용하는 열펌프(Heat Pump)의 종류가 아닌 것은?

① 엔진 구동 열펌프
② 지하수 이용 열펌프
③ 지표수 이용 열펌프
④ 지중열 이용 열펌프

해설
지열원 열펌프(GSHP ; Ground Source Heat Pump)의 열원(열침)의 종류
• 토양(지중) 이용 열펌프(GCHP ; Ground Coupled Heat Pump)
• 지하수 이용 열펌프(GWHP ; Ground Water Heat Pump)
• 지표수 이용 열펌프(SWHP ; Surface Water Heat Pump)
• 복합 지열원 열펌프(Hybrid Ground Source Heat Pump)
※ 엔진 구동 열펌프는 가스 엔진 구동 히트펌프(GHP)이다.

28 냉매가 팽창밸브(Expansion Valve)를 통과할 때 변하는 것은?(단, 이론상의 표준 냉동 사이클)

① 엔탈피와 압력 ② 온도와 엔탈피
③ 압력과 온도   ④ 엔탈피와 비체적

해설
팽창밸브에서 냉매가 통과할 때 교축(단열) 팽창과정으로서 엔탈피가 일정하고 압력은 강하, 온도는 저하, 비체적은 상승한다.

29 시간당 5,000m³의 공기가 지름 80cm의 원형 덕트 내를 흐를 때 풍속은 약 몇 m/s인가?

① 1.81 ② 2.32
③ 2.76 ④ 3.25

해설
유량(Q)
$Q = AV$
$V = \dfrac{Q}{A} = \dfrac{4Q}{\pi D^2} = \dfrac{4 \times 5,000}{\pi \times 0.8^2 \times 3,600} = 2.76$

30 브라인의 구비조건으로 틀린 것은?

① 비열이 크고 동결온도가 낮을 것
② 불연성이며 불활성일 것
③ 열전도율이 클 것
④ 점성이 클 것

해설
브라인 구비조건
• 부식성이 없을 것
• 열용량이 클 것
• 응고점이 낮을 것
• 가격이 저렴할 것
• 점성이 작을 것(순환펌프의 소요동력이 작다)
• 누설하여도 냉장품에 손상이 없을 것

31 안전화의 구비조건에 대한 설명으로 틀린 것은?

① 정전화는 인체에 대전된 정전기를 구두 바닥을 통하여 땅으로 누전시킬 수 있는 재료를 사용할 것
② 가죽제 안전화는 가능한 한 무거울 것
③ 착용감이 좋고 작업에 편리할 것
④ 앞발가락 끝부분에 선심을 넣어 압박 및 충격에 대하여 착용자의 발가락을 보호할 수 있을 것

해설
안전화는 가볍고 견고하게 제작되어야 한다.

32 사업주는 그 작업조건에 적합한 보호구를 동시에 작업하는 근로자의 수 이상으로 지급하고 이를 착용하도록 하여야 한다. 이때 적합한 보호구 지급에 해당되지 않는 것은?

① 보안경 : 물체가 날아 흩어질 위험이 있는 작업
② 보안면 : 용접 시 불꽃 또는 물체가 날아 흩어질 위험이 있는 작업
③ 안전대 : 감전의 위험이 있는 작업
④ 방열복 : 고열에 의한 화상 등의 위험이 있는 작업

해설
안전대(안전벨트) : 추락에 의한 위험을 방지하기 위해 로프, 고리, 급정지기구와 근로자의 몸에 묶는 띠 및 그 부속품

33 프레온 냉동장치에 필요 없는 것은?

① 워터재킷   ② 드라이어
③ 액분리기   ④ 유분리기

해설
워터재킷은 실린더를 냉각시켜 주는 장치로서, 암모니아 냉동장치에 필요하다.

34 냉매의 성질로 옳은 것은?

① 암모니아는 강을 부식시키므로 구리나 아연을 사용한다.
② 프레온은 절연내력이 커서 밀폐형에는 부적합하고 개방형에 사용된다.
③ 암모니아는 인조고무를 부식시키고, 프레온은 천연고무를 부식시킨다.
④ 프레온은 수분과 분리가 잘되므로 드라이어를 설치할 필요가 없다.

해설
① 암모니아는 구리 및 구리 합금을 부식시키므로 강관을 사용한다.
② 프레온은 개방형, 밀폐형에 모두 사용 가능하다.
④ 프레온은 수분과 분리가 잘되므로 반드시 드라이어를 설치해야 한다.

정답 31 ② 32 ③ 33 ① 34 ③

35 냉동장치에서 압력과 온도를 낮추고 동시에 증발기로 유입되는 냉매량을 조절해 주는 곳은?

① 수액기　　② 압축기
③ 응축기　　④ 팽창밸브

해설
팽창밸브 : 냉동기 및 열펌프 사이클 중에서 고온·고압의 냉매를 교축시켜 갑자기 저압의 증발기(냉각코일) 속에 방출하는 일종의 감압밸브로, 매우 작은 틈에서 냉매를 방출한다. 동작에 따라 수동밸브, 자동밸브가 있으며, 자동식에는 압력식(다이어프램식), 온도식, 플로트식, 전자식(電磁式) 등이 있다. 팽창밸브 개도가 너무 크면 냉매액이 증발기에서 모두 증발시키지 않고 압축기로 넘어올 수 있다.

36 틈새바람에 의한 부하를 계산하는 방법에 속하지 않는 것은?

① 창 면적법　　② 크랙(Crack)법
③ 환기 횟수법　　④ 바닥 면적법

해설
극간(틈새바람) 풍량 계산법
• 환기 횟수법
• 면적법
• Crack(극간 길이)법

37 공구를 취급할 때 지켜야 될 사항에 해당되지 않는 것은?

① 공구는 떨어지기 쉬운 곳에는 놓지 않는다.
② 공구는 손으로 넘겨주거나 때에 따라서 던져서 주어도 무방하다.
③ 공구는 항상 일정한 장소에 놓고 사용한다.
④ 불량 공구는 함부로 수리하지 않는다.

38 펌프의 캐비테이션 방지책으로 잘못된 것은?

① 양흡입펌프를 사용한다.
② 흡입관의 손실을 줄이기 위해 관지름을 굵게, 굽힘을 작게 한다.
③ 펌프의 설치 위치를 낮춘다.
④ 펌프 회전수를 빠르게 한다.

해설
공동현상의 방지대책
• 펌프의 흡입측 수두, 마찰손실을 작게 한다.
• 펌프 임펠러(Impeller) 속도를 느리게 한다.
• 펌프 흡입 관경을 크게 한다.
• 펌프 설치 위치를 수원보다 낮게 한다.
• 펌프 흡입압력을 유체의 증기압보다 높게 한다.
• 양흡입펌프를 사용한다.
• 양흡입펌프로 부족 시 펌프를 2대로 나눈다.

39 금속 패킹의 재료로 적당하지 않은 것은?

① 납
② 구리
③ 연강
④ 탄산마그네슘

해설
탄산마그네슘은 도료의 종류가 아니라 무기질 보온재에 해당된다.
금속패킹의 재료 : 납, 구리, 연강, 스테인리스강 등

40 공기조화설비의 구성과 가장 거리가 먼 것은?

① 냉동기 설비
② 보일러 실내기기 설비
③ 위생기구 설비
④ 송풍기, 공조기 설비

해설
공기조화 설비의 구성
- 열원장치
- 공기조화기
- 열매체 운반장치
- 자동제어장치

41 냉동기 계통 내에 스트레이너가 필요 없는 곳은?

① 압축기의 토출구
② 압축기의 흡입구
③ 팽창변 입구
④ 크랭크케이스 내의 저유통

해설
스트레이너는 압축기 흡입측에 설치하여 이물질을 걸러내는 장치이다.

42 공기조화기기에서 송풍기를 배출압력에 따라 분류할 때 블로어(Blower)의 일반적인 압력범위는?

① $0.1 kgf/cm^2$ 미만
② $0.1 \sim 1 kgf/cm^2$
③ $1 \sim 2 kgf/cm^2$
④ $2 kgf/cm^2$ 이상

해설
- 블로어의 일반적인 압력범위 : $0.1 \sim 1 kgf/cm^2$
- 팬(Fan) : $0.1 kgf/cm^2$ 미만의 것
- 송풍기(Blower) : $0.1 kgf/cm^2$ 이상 $1 kgf/cm^2$ 미만의 것
- 공기압축기 : 대기압의 공기를 흡입, 압축하여 $1 kgf/cm^2$ 이상의 압력을 발생시키는 것

43 재해의 직접적인 원인이 아닌 것은?

① 보호구의 잘못된 사용
② 불안전한 조작
③ 안전지식 부족
④ 안전장치의 기능 제거

해설
안전지식의 부족은 재해의 간접적인 원인이다.
재해의 직접적인 원인
- 불안전한 행동(인적 원인)
  - 위험한 장소 접근 및 불안전한 조작, 상태 방치
  - 안전장치의 기능 제거, 불안전한 자세 및 동작
  - 기계, 기구의 잘못된 사용 및 운전 중인 기계장치의 손실
  - 복장, 보호구의 잘못된 사용 및 감독, 연락 불충분
- 불안전한 상태(물적 원인)
  - 기계 자체, 안전장치, 방호장치의 결함
  - 보호구 및 작업 장소의 결함
  - 작업환경의 결함
  - 생산공정 및 설비의 결함

정답 39 ④ 40 ③ 41 ① 42 ② 43 ③

44 냉동장치에서 안전상 운전 중에 점검해야 할 중요 사항에 해당되지 않는 것은?

① 냉매의 각부 압력 및 온도
② 윤활유의 압력과 온도
③ 냉각수온도
④ 전동기의 회전 방향

해설
전동기의 회전 방향은 운전 전에 점검해야 할 사항이다.

45 압력 표시에서 1atm과 값이 다른 것은?

① 1.01325bar
② 1.10325MPa
③ 760mmHg
④ 1.03227kgf/cm^2

해설
표준 대기압(atm)
1기압은 위도 45°의 해면에서 0℃ 760mmHg가 매 cm^{2}에 주는 힘이다.
1atm = 760mmHg
= 10,332mmH$_2$O(mmAq = kg/m^2)
= 1.0332kg/cm^2
= 14.7psi(= lb/Inch^2)
= 1,013.25mbar
= 101,325Pa(= N/m^2)

46 실내의 취득열량을 구했더니 현열이 28,000kcal/h, 잠열이 12,000kcal/h였다. 실내를 21℃, 60%(RH)로 유지하기 위해 취출온도차 10℃로 송풍할 때, 현열비는 얼마인가?

① 0.7
② 1.8
③ 1.4
④ 0.4

해설
현열비(SHF ; Sensible Heat Facto, 감열비) : 전열량에 대한 현열량의 비로서 실내로 송출되는 공기의 상태

$$SHF = \frac{q_s}{q_s + q_L}$$
$$= \frac{28,000}{28,000 + 12,000} = 0.7$$

여기서, q_s : 현열량
q_L : 잠열량

47 전동공구작업 시 감전의 위험성을 방지하기 위해 해야 하는 조치는?

① 단 전
② 감 지
③ 단 락
④ 접 지

해설
접지의 목적 : 보호계전기의 우수한 동작, 차단기의 오·부동작 방지, 인체 감전사고 예방, 이상전압으로부터 정밀기기 보호 등

48 공비 혼합냉매가 아닌 것은?

① 프레온 500 ② 프레온 501
③ 프레온 502 ④ 프레온 152a

해설
① R-500(혼합비율은 중량 단위로 표시)
   R-12 : 73.8%, R-152 : 26.2%
② R-501
   R-12 : 25%, R-22 : 75%
③ R-502
   R-22 : 50%, R-115 : 50%
※ 공비 혼합냉매 : 2종의 냉매를 어떤 특정 비율로 혼합하면 각각 냉매의 특성과는 다른 단일 냉매의 특성을 나타내게 되며, 액상 또는 기상에서의 혼합비율이 같은 것을 말한다.

49 온풍난방에 대한 설명으로 옳지 않은 것은?

① 예열시간이 짧고 간헐운전이 가능하다.
② 실내온도 분포가 균일하여 쾌적성이 좋다.
③ 방열기나 배관 등의 시설이 필요 없어 설비비가 비교적 싸다.
④ 송풍기로 인한 소음이 발생할 수 있다.

해설
온풍난방은 실내온도 분포가 불균일하다.

50 정상편차를 제거하고 응답속도를 빠르게 하여 속응성과 정상 상태 응답 특성을 개선하는 제어동작은?

① 비례동작 ② 비례적분동작
③ 비례미분동작 ④ 비례적분미분동작

해설
비례적분미분제어동작(Control Action)
비례제어동작, 적분제어동작, 미분제어동작을 결합한 것으로, 세 가지 제어동작의 장점을 가지고 있다. 즉, 적분동작에 의해 잔류편차를 없애고, 미분동작은 오버슈트를 감소시켜 응답속도를 빠르게 한다. PID 제어동작은 제어성능이 우수하고 제어 이득 조정이 비교적 쉽기 때문에 많이 사용된다.

51 안전모를 착용하는 목적과 관계가 없는 것은?

① 감전의 위험 방지
② 추락에 의한 위험 경감
③ 물체의 낙하에 의한 위험 방지
④ 분진에 의한 재해 방지

해설
안전모 : 물체의 낙하, 비래 또는 추락에 의한 위험을 방지 또는 경감하거나 감전에 의한 위험을 방지하기 위한 것

52 냉동 관련 설명에 대한 내용 중에서 잘못된 것은?

① 1BTU란 물 1lb를 1°F 높이는 데 필요한 열량이다.
② 1kcal란 물 1kg을 1℃ 높이는 데 필요한 열량이다.
③ 1BTU는 3.968kcal에 해당된다.
④ 기체에서 정압비열은 정적비열보다 크다.

해설
열량
- 1kcal : 물 1kg을 1℃ 올리는 데 필요한 열량(한국, 일본에서 사용되는 단위)
- 1BTU : 물 1lb을 1°F 올리는 데 필요한 열량(미국, 영국에서 사용되는 단위)
- 1CHU(PCU) : 물 1lb를 1℃ 올리는 데 필요한 열량
※ 열량 상호 간의 관계식
  1kcal = 3.968BTU = 2.205CHU

53 보일러의 사고원인 중 취급자의 부주의로 인한 것은?

① 구조의 불량
② 판 두께의 부족
③ 보일러수의 부족
④ 재료의 강도 부족

해설
보일러 사고의 원인
- 제작상의 원인 : 재료 불량, 강도 부족, 구조 및 설계 불량, 용접 불량, 부속기기의 설비 미비 등
- 취급상의 원인 : 저수위, 압력 초과, 미연가스에 의한 노 내 폭발, 급수처리 불량, 부식, 과열 등

54 흡수식 냉동기에서 냉매 순환과정을 바르게 나타낸 것은?

① 재생(발생)기 → 응축기 → 냉각(증발)기 → 흡수기
② 재생(발생)기 → 냉각(증발)기 → 흡수기 → 응축기
③ 응축기 → 재생(발생)기 → 냉각(증발)기 → 흡수기
④ 냉각(증발)기 → 응축기 → 흡수기 → 재생(발생)기

55 냉동기 윤활유의 구비조건으로 틀린 것은?

① 저온에서 응고하지 않고 왁스를 석출하지 않을 것
② 인화점이 낮고 고온에서 열화하지 않을 것
③ 냉매에 의하여 윤활유가 용해되지 않을 것
④ 전기절연도가 클 것

해설
윤활유의 구비조건
- 응고점이 낮고 인화점이 높을 것
- 점도가 알맞고 변질되지 않을 것
- 수분이 포함되지 않고 불순물이 없으며 전기적인 절연내력이 클 것
- 저온에서 왁스(Wax) 분리가 되지 않으며 냉매가스 흡수가 적을 것
- 냉매가스가 흡수하여도 용적 증기가 적을 것
- 장기 휴지 중 방청능력이 있고, 오일 포밍에 소포성이 있을 것

56 유체의 속도가 20m/s일 때 이 유체의 속도수두는 얼마인가?

① 5.1m ② 10.2m
③ 15.5m ④ 20.4m

해설
유속(V)
$V = \sqrt{2gH}$
$20 = \sqrt{2 \times 9.8 \times x}$
∴ $x ≒ 20.4\text{m}$

57 풍량 조절용으로 사용되지 않는 댐퍼는?

① 방화 댐퍼 ② 버터플라이 댐퍼
③ 루버 댐퍼 ④ 스플릿 댐퍼

해설
댐퍼(Damper)
덕트 내에 흐르는 통과 풍량의 조정기구
- 풍량 조절용 댐퍼(볼륨 댐퍼)
  - 버터플라이 댐퍼
  - 루버 댐퍼 ─ 평형 날개형
           └ 대향 날개형
  - 베인 댐퍼
- 풍량 분배용 댐퍼(스플릿 댐퍼)
- 정압 밸런스용 댐퍼(밸런싱 댐퍼)-고속 덕트의 정압 조정용
- 역류 방지용 댐퍼(릴리프 댐퍼)-공기 역류 방지용
- 방화 댐퍼 ─ 루버형
          └ 피봇형

58 지수식 응축기라고도 하며 나선 모양의 관에 냉매를 통과시키고 이 나선관을 구형 또는 원형의 수조에 담그고 순환시켜 냉매를 응축시키는 응축기는?

① 셸 앤드 코일식 응축기
② 증발식 응축기
③ 공랭식 응축기
④ 대기식 응축기

59 코일의 열수 계산 시 계산항목에 해당되지 않는 것은?

① 코일의 연관류율
② 코일의 정면면적
③ 대수평균온도차
④ 코일 내를 흐르는 유체의 유속

해설
코일의 열수 계산에서는 유체의 유속을 고려하지 않는다. 코일의 열수는 냉각열량 및 가열열량, 코일의 열관류율, 젖은 면 보정계수, 냉온수온도와 코일 통과 공기온도의 온도차 등에 의해 계산한다.

60 온도식 자동팽창밸브에 관한 설명으로 옳은 것은?

① 냉매의 유량은 증발기 입구의 냉매가스 과열도에 의해 제어된다.
② R-12에 사용하는 팽창밸브를 R-22 냉동기에 그대로 사용해도 된다.
③ 팽창밸브가 지나치게 작으면 압축기 흡입가스의 과열도는 커진다.
④ 증발기가 너무 길어 증발기의 출구에서 압력 강하가 커지는 경우에는 내부 균압형을 사용한다.

해설
온도식 자동팽창밸브 : 팽창밸브가 지나치게 크면 액냉매가 증발기 내에서 완전하게 증발되지 못하고 압축기에 흡입되는 냉매 중에 액이 남아 있는 상태가 된다. 이 경우에는 리퀴드백 현상이 발생되어 압축기의 밸브를 손상시키고, 나아가 액의 흡입량이 많아지거나 배관 중에 고여 있던 액이 일시에 압축기로 흡입되면 압축기 파손이 일어난다. 즉, 압축기 흡입가스의 과열도는 작아진다.

[정답] 56 ④ 57 ① 58 ① 59 ④ 60 ③

2020년 제2회 과년도 기출복원문제

01 통기관의 종류가 아닌 것은?

① 각개 통기관
② 루프 통기관
③ 신정 통기관
④ 분해 통기관

해설
통기관의 종류 : 각개 통기관, 루프 통기관, 신정 통기관, 결합 통기관, 습윤 통기관 등

02 아세틸렌 용접기에서 가스가 새어 나올 경우 적당한 검사방법은?

① 촛불로 검사한다.
② 기름을 칠해 본다.
③ 성냥불로 검사한다.
④ 비눗물을 칠해 검사한다.

해설
아세틸렌가스의 누설은 비눗물로 확인한다.

03 안전사고 발생의 심리적 요인에 해당되는 것은?

① 감 정
② 극도의 피로감
③ 육체적 능력의 초과
④ 신경계통의 이상

해설
정신적인 원인
• 안전지식, 주의력 부족
• 방심 및 공상
• 판단력 부족
• 불안, 초조

04 압축기 운전 중 이상음이 발생하는 원인으로 가장 거리가 먼 것은?

① 기초 볼트의 이완
② 피스톤 하부에 오일이 고임
③ 토출밸브, 흡입밸브의 파손
④ 크랭크샤프트 및 피스톤 핀의 마모

해설
피스톤 하부에 오일이 고이면 윤활을 원활히 할 수 있다.

05 연삭숫돌을 교체한 후 시험운전 시 최소 몇 분 이상 공회전을 시켜야 하는가?

① 1분 이상
② 3분 이상
③ 5분 이상
④ 10분 이상

정답 1 ④ 2 ④ 3 ① 4 ② 5 ②

06 보호구의 적절한 선정 및 사용방법에 대한 설명 중 틀린 것은?

① 작업에 적절한 보호구를 선정한다.
② 작업장에는 필요한 수량의 보호구를 비치한다.
③ 보호구는 방호 성능이 없어도 품질이 양호해야 한다.
④ 보호구는 착용이 간편해야 한다.

해설
보호구는 방호 성능이 우수하고 품질이 양호해야 한다.

07 전기기기 방폭구조의 형태가 아닌 것은?

① 내압방폭구조
② 안전증방폭구조
③ 유입방폭구조
④ 차동방폭구조

해설

방폭구조	정의	기호
내압 방폭구조	용기 내 폭발 시 용기가 폭발압력을 견디며 접합면, 개구부를 통해 외부에 인화될 우려가 없는 구조	Ex d
압력 방폭구조	용기 내에 보호가스를 압입시켜 폭발성 가스나 증기가 용기 내부에 유입되지 않도록 된 구조	Ex p
안전증 방폭구조	정상운전 중에 점화원 발생 방지를 위해 기계적, 전기적 구조상 혹은 온도 상승에 대해 안전도를 증가한 구조	Ex e
유입 방폭구조	전기불꽃 아크, 고온 발생 부분을 기름으로 채워 폭발성 가스 또는 증기에 인화되지 않도록 한 구조	Ex o
본질안전 방폭구조	정상 시 및 사고 시(단선, 단락, 지락)에 폭발 점화원(전기불꽃, 아크, 고온)의 발생이 방지된 구조	Ex ia Ex ib

08 위험을 예방하기 위하여 사업주가 취해야 할 안전상의 조치로 틀린 것은?

① 시설에 대한 안전조치
② 기계에 대한 안전조치
③ 근로수당에 대한 안전조치
④ 작업방법에 대한 안전조치

해설
사업주가 취해야 할 안전상의 조치
• 사업주는 다음의 위험을 예방하기 위하여 필요한 조치를 하여야 한다.
  – 기계·기구, 그 밖의 설비에 의한 위험
  – 폭발성, 발화성 및 인화성 물질 등에 의한 위험
  – 전기, 열, 그 밖의 에너지에 의한 위험
• 굴착, 채석, 하역, 벌목, 운송, 조작, 운반, 해체, 중량물 취급, 그 밖의 작업을 할 때 불량한 작업방법 등으로 인하여 발생하는 위험을 방지하기 위하여 필요한 조치를 하여야 한다.
• 작업 중 근로자가 추락할 위험이 있는 장소, 토사·구축물 등이 붕괴할 우려가 있는 장소, 물체가 떨어지거나 날아올 위험이 있는 장소, 그 밖에 작업 시 천재지변으로 인한 위험이 발생할 우려가 있는 장소에는 그 위험을 방지하기 위하여 필요한 조치를 하여야 한다.

09 냉동장치의 냉매배관에서 흡입관의 시공상 주의점으로 틀린 것은?

① 두 개의 흐름이 합류하는 곳은 T이음으로 연결한다.
② 압축기가 증발기보다 밑에 있는 경우, 흡입관은 증발기 상부보다 높은 위치까지 올린 후 압축기로 가게 한다.
③ 흡입관의 입상이 매우 길 때는 약 10m마다 중간에 트랩을 설치한다.
④ 각각의 증발기에서 흡인 주관으로 들어가는 관은 주관위에서 접속한다.

해설

흡입관의 시공상 주의점

- 수평배관 중에는 특히 압축기 흡입측 부근에서는 절대로 트랩(Trap)을 만들지 않는다(액백의 원인이 되므로).
- 압축기가 증발기보다 밑에 있는 경우에는 정지 중에 액이 압축기로 유입되는 것을 방지하기 위해 흡입관을 증발기 상부까지 입상시킨 후 압축기로 향하도록 한다.

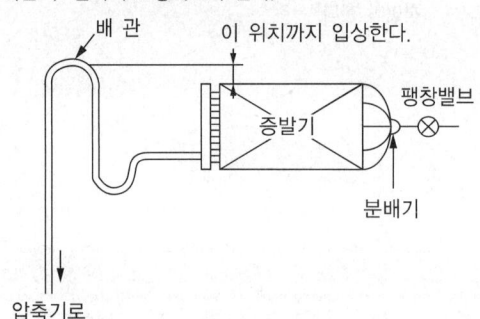

[흡입관 입상]

- 흡입관의 입상 길이가 매우 길 때는 10m마다 중간에 트랩을 설치한다(유·회수를 위해).

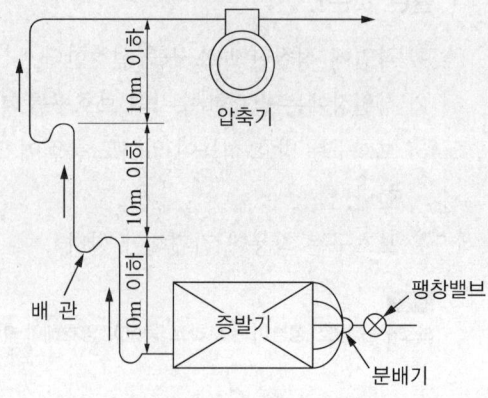

[흡입관의 입상이 긴 경우]

- 2대 이상의 증발기가 서로 다른 높이에 있고 압축기가 이들보다 밑에 있는 경우 흡입관은 증발기 상부 이상 입상시키고 압축기로 향하도록 한다(정지 중 액이 압축기로로 유입되는 것 방지).

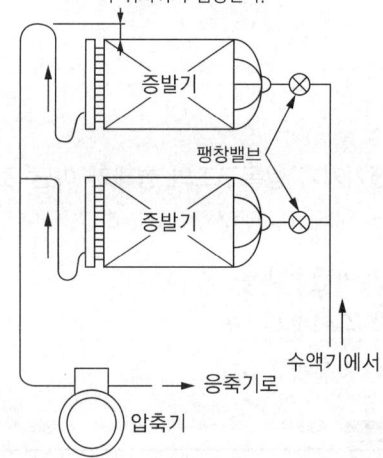

[2대의 증발기 흡입관 설치(압축기가 증발기 하부에 위치)]

- 2개 이상의 증발기가 있어도 부하 변동이 심하지 않을 경우에는 1개가 입상관으로 해도 좋다.

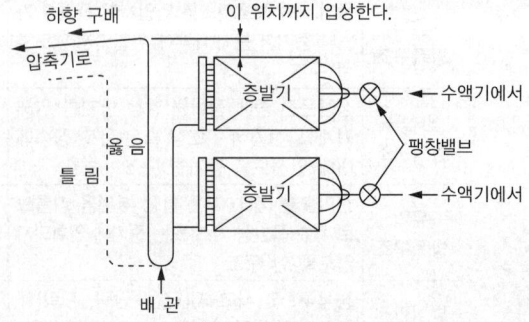

[2대의 증발기 흡입관 설치(부하변동이 작은 경우)]

10 도시가스 배관에서 중압은 얼마의 압력을 의미하는가?

① 0.1MPa 이상 1MPa 미만
② 1MPa 이상 3MPa 미만
③ 3MPa 이상 10MPa 미만
④ 10MPa 이상 100MPa 미만

해설
도시가스 배관의 압력
• 저압 : 0.1MPa 미만
• 중압 : 0.1MPa 이상 1MPa 미만
• 고압 : 1MPa 이상

11 암모니아 냉매의 특성으로 틀린 것은?

① 물에 잘 용해된다.
② 밀폐형 압축기에 적합한 냉매이다.
③ 다른 냉매보다 냉동효과가 크다.
④ 가연성으로 폭발의 위험이 있다.

해설
암모니아 냉매는 전기 절연물을 침식시키기 때문에 밀폐형 압축기에는 사용할 수 없다.

12 2단 압축 1단 팽창 사이클에서 중간냉각기 주위에 연결되는 장치로 적당하지 않은 것은?

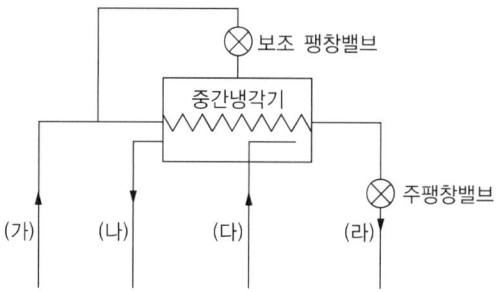

① (가) : 수액기
② (나) : 고단측압축기
③ (다) : 응축기
④ (라) : 증발기

해설
(다) : 저단측 압축기

13 덕트 속에 흐르는 공기의 평균 유속 10m/s, 공기의 비중량 1.2kgf/m³, 중력 가속도가 9.8m/s²일 때 동압은?

① 약 3mmAq   ② 약 4mmAq
③ 약 5mmAq   ④ 약 6mmAq

해설
$V = \sqrt{\dfrac{2gh}{\gamma}}$

$10 = \sqrt{\dfrac{2 \times 9.8 \times x}{1.2}}$

∴ $x ≒ 6$

14 근로자가 안전하게 통행할 수 있도록 통로에는 몇 lx 이상의 조명시설을 해야 하는가?

① 10
② 30
③ 45
④ 75

15 흡수식 냉동장치의 적용대상으로 가장 거리가 먼 것은?

① 백화점 공조용
② 산업 공조용
③ 제빙공장용
④ 냉난방장치용

해설
냉동온도가 낮은 제빙용은 흡수식 냉동장치의 적용대상이 아니다.

16 다음은 덕트 내의 공기압력을 측정하는 방법이다. 그림 중 정압을 측정하는 방법은?

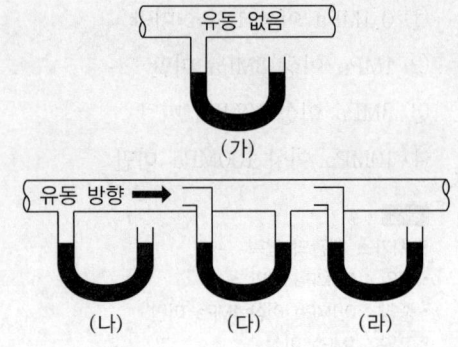

① (가)
② (나)
③ (다)
④ (라)

해설
공기압력을 측정하는 방법
- (나) : 정압
- (다) : 동압
- (라) : 전압

17 프레온 냉매 액관을 시공할 때 플래시가스 발생 방지조치로서 틀린 것은?

① 열교환기를 설치한다.
② 지나친 입상을 방지한다.
③ 액관을 방열한다.
④ 응축 설계온도를 낮춘다.

해설
플래시가스 발생 방지법
- 열교환기를 설치한다.
- 지나친 입상을 방지한다.
- 액관을 방열한다.
- 응축 설계온도를 높게 한다.

18 2개 이상의 엘보를 사용하여 배관의 신축을 흡수하는 신축이음은?

① 루프형 이음
② 벨로스형 이음
③ 슬리브형 이음
④ 스위블 이음

해설
스위블형(스윙형) : 스윙 조인트 또는 지블이음이라고도 한다. 온수 또는 저압 증기의 분기점을 2개 이상의 엘보로 연결하여 관의 신축 시에 비틀림을 일으켜 신축을 흡수하여 주로 온수 급탕배관에 주로 사용한다.

19 표준 냉동사이클의 증발과정 동안 압력과 온도는 어떻게 변화하는가?

① 압력과 온도가 모두 상승한다.
② 압력과 온도가 모두 일정하다.
③ 압력은 상승하고, 온도는 일정하다.
④ 압력은 일정하고, 온도는 상승한다.

해설
기준 냉동사이클

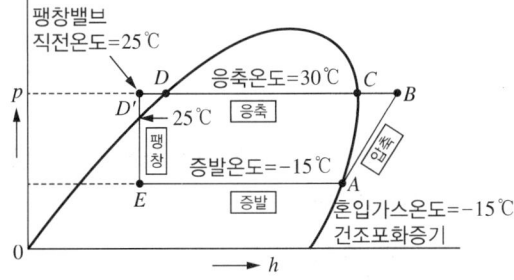

- 증발온도 : -15℃
- 응축온도 : +30℃
- 압축기 흡입가스온도 : -15℃(건조포화증기 = 과열도 0)
- 팽창밸브 입구 냉매액온도 : +25℃(과냉각도 : 5℃)

20 건축물의 출입문으로부터 극간풍의 영향을 방지하는 방법으로 틀린 것은?

① 회전문을 설치한다.
② 이중문을 충분한 간격으로 설치한다.
③ 출입문에 블라인드를 설치한다.
④ 에어커튼을 설치한다.

해설
실내의 압력을 외부 압력보다 높게 유지해야 극간풍을 방지할 수 있다.

21 팽창밸브를 적게 열었을 때 일어나는 현상으로 옳은 것은?

① 증발압력 상승
② 토출온도 상승
③ 증발온도 상승
④ 냉동능력 상승

해설
팽창밸브가 너무 적게 열리면 토출가스온도가 상승한다.

22 차량계 하역 운반기계의 종류로 가장 거리가 먼 것은?

① 지게차
② 화물 자동차
③ 구내 운반차
④ 크레인

해설
양중기의 종류
- 크레인 : 동력을 사용하여 중량물을 매달아 상하 및 좌우(수평 또는 선회)로 운반하는 것을 목적으로 하는 기계 또는 기계장치
- 리프트 : 동력을 사용하여 사람이나 화물을 운반하는 것을 목적으로 하는 기계설비
- 곤돌라 : 와이어로프 또는 달기강선에 의하여 달기발판 또는 운반구가 전용 승강장치에 의하여 오르내리는 설비
- 승강기 : 건축물이나 고정된 시설물에 설치되어 일정한 경로에 따라 사람이나 화물을 승강장으로 옮기는 데에 사용되는 설비

23 냉동장치에서 압축기의 이상적인 압축과정은?

① 등엔트로피 변화
② 정압 변화
③ 등온 변화
④ 정적 변화

24 양측의 표면 열전달율이 3,000kcal/m²h℃인 수랭식 응축기의 열관류율은?(단, 냉각관의 두께는 3mm이고, 냉각관 재질의 열전도율은 40kcal/mh℃이며, 부착 물때의 두께는 0.2mm, 물때의 열전도율은 0.80kcal/mh℃이다)

① 978kcal/m²h℃
② 988kcal/m²h℃
③ 998kcal/m²h℃
④ 1,008kcal/m²h℃

해설

$$K = \cfrac{1}{\cfrac{1}{\alpha_1} + \left(\cfrac{l_1}{\lambda_1} + \cfrac{l_2}{\lambda_2} + \cdots\right) + \cfrac{1}{\alpha_2}}$$

$$= \cfrac{1}{\cfrac{1}{3,000} + \left(\cfrac{0.003}{40} + \cfrac{0.0002}{0.8}\right) + \cfrac{1}{3,000}}$$

$$= 1,008$$

25 덕트 계통의 열손실(취득)과 직접적인 관계로 가장 거리가 먼 것은?

① 덕트 주위의 온도
② 덕트 가공의 정도
③ 덕트 주위의 소음
④ 덕트 속 공기압력

26 1kg 기체가 압력 200kPa, 체적 0.5m³ 상태로부터 압력 600kPa, 체적 1.5m³로 상태변화하였다. 이 변화에서 기체 내부의 에너지 변화가 없다고 하면 엔탈피의 변화는?

① 500kJ만큼 증가
② 600kJ만큼 증가
③ 700kJ만큼 증가
④ 800kJ만큼 증가

해설
전열량(I) = 내부에너지(u) + 유동일 에너지(APv)
$600\text{kPa} \times \frac{1\text{kN/m}^2}{1\text{kPa}} \times 1.5\text{m}^3 - 200\text{kPa} \times \frac{1\text{kN/m}^2}{1\text{kPa}} \times 0.5\text{m}^3$
$= 800\text{kJ}$
($1\text{kJ} = 1\text{kN} \cdot \text{m}$)

27 만액식 증발기에서 냉매측 전열을 좋게 하는 조건으로 틀린 것은?

① 냉각관이 냉매에 잠겨 있거나 접촉해 있을 것
② 열전달 증가를 위해 관 간격이 넓을 것
③ 유막이 존재하지 않을 것
④ 평균온도차가 클 것

해설
만액식 증발기에서 냉매측 전열을 좋게 하려면 열전달 증가를 위해 관 간격이 좁아야 한다.

28 비열비를 나타내는 공식으로 옳은 것은?

① $\dfrac{정적비열}{비중}$ ② $\dfrac{정압비열}{비중}$

③ $\dfrac{정압비열}{정적비열}$ ④ $\dfrac{정적비열}{정압비열}$

해설
비열비(k)
기체의 정압비열과 정적비열과의 비, 즉 $\dfrac{C_p}{C_v}$ 이므로 비열비는 항상 1보다 크다. 즉, $C_p > C_v$ 이므로 항상 $\dfrac{C_p}{C_v} > 1$이다.

29 증발기 내의 압력에 의해서 작동하는 팽창밸브는?

① 저압측 플로트밸브
② 정압식 자동팽창밸브
③ 온도식 자동팽창밸브
④ 수동팽창밸브

해설
자동팽창밸브의 종류
- 온도식 자동팽창밸브 : 증발기 출구의 과열도에 의한 작동되는 팽창밸브로 냉매의 감압과 유량을 비례적으로 제어하는 기능이 있다.
- 정압식 자동팽창밸브 : 증발기 내의 압력으로 밸브를 작동시켜 증발기 내의 압력을 일정하게 유지시켜 간접적으로 증발온도를 일정하게 할 목적으로 사용된다.
- 전자식 팽창밸브 : 증발기 입구 냉각관 벽과 증발기 출구 냉각관 벽에 온도센서를 설치하여, 이들 양쪽 센서의 검출온도차에 의해 증발기 출구 냉매가스의 과열도를 측정한다. 이 신호에 따라 밸브를 개폐하며, 증발기에 유입하는 냉매 유량을 피드백(Feedback) 제어한다.
- 플로트식 팽창밸브 : 액면의 위치에 따라 플로트(Float)가 상하로 움직이는 것을 이용하여 밸브를 개폐시키는 형식이다. 고압부인 수액기의 액면에 플로트를 설치한 것을 고압측 플로트 팽창밸브, 저압부인 증발기 내 액면에 설치한 것을 저압측 플로트 팽창밸브라고 한다.
- 열전식 팽창밸브 : 한쪽에는 구동원으로 바이메탈과 전열기가 조립된 바이메탈 부분과 다른 한쪽은 니들밸브가 조립되어 있는 밸브이다.

30 냉동사이클 중 $P-h$ 선도(압력-엔탈피 선도)로 구할 수 없는 것은?

① 냉동능력　② 성적계수
③ 냉매 순환량　④ 마찰계수

[해설]
$P-h$ 선도(압력-엔탈피 선도)로 구할 수 있는 것 : 냉동능력, 성적계수, 냉매 순환량, 냉동기의 운전에 필요한 전동기의 크기

31 다음 그림은 2단 압축, 2단 팽창 이론 냉동사이클이다. 이론 성적계수를 구하는 공식으로 옳은 것은?(단, G_L 및 G_H는 각각 저단, 고단 냉매 순환량이다)

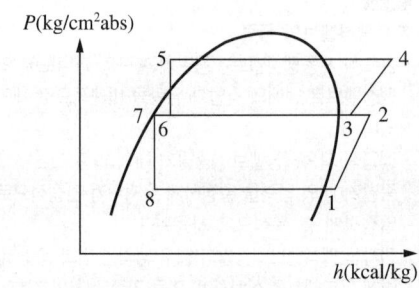

① $COP = \dfrac{G_L \times (h_1 - h_8)}{(G_L + G_H) \times (h_4 - h_1)}$

② $COP = \dfrac{G_L \times (h_1 - h_8)}{(G_L - G_H) \times (h_4 - h_1)}$

③ $COP = \dfrac{G_H \times (h_1 - h_8)}{G_L \times (h_2 - h_1) + G_H \times (h_4 - h_3)}$

④ $COP = \dfrac{G_L \times (h_1 - h_8)}{G_L \times (h_2 - h_1) + G_H \times (h_4 - h_3)}$

32 환기의 효과가 가장 큰 환기법은?

① 제1종 환기
② 제2종 환기
③ 제3종 환기
④ 제4종 환기

[해설]
기계환기
강제로 기계의 힘에 의하여 환기를 하는 방식
• 제1종 기계환기법 : 급기 → 송풍기, 배기 → 송풍기
• 제2종 기계환기법 : 급기 → 송풍기, 배기 → 자연
• 제3종 기계환기법 : 급기 → 자연, 배기 → 송풍기

33 냉매가 구비해야 할 조건으로 틀린 것은?

① 증발잠열이 클 것
② 응고점이 낮을 것
③ 전기저항이 클 것
④ 증기의 비열비가 클 것

[해설]
냉매는 증기의 비열비가 작아야 한다.

34 다음 그림이 나타내는 냉동사이클은?

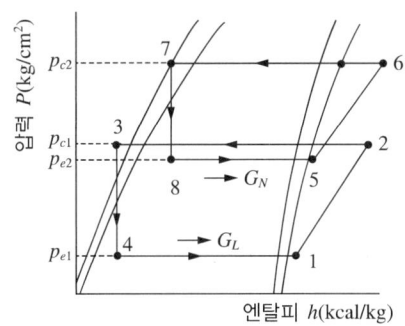

① 2단 압축 1단 팽창 냉동사이클
② 2단 압축 2단 팽창 냉동사이클
③ 2원 냉동사이클
④ 강제순환식 2단 사이클

해설
2원 냉동방식의 냉동사이클
−70℃ 이하의 초저온장치가 되면, 다단압축방식으로는 초저온의 실현이 곤란해져 냉동장치의 개량으로서 다원냉동(多元冷凍)방식이 채용되었다.

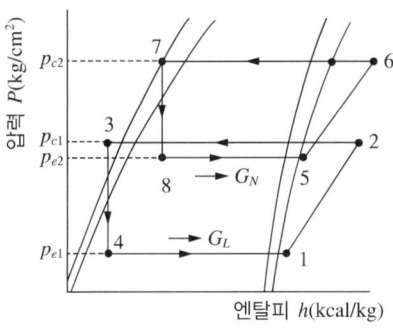

35 압축기 보호장치 중 고압차단 스위치(HPS)의 작동압력은 정상적인 고압에 몇 kgf/cm² 정도 높게 설정하는가?

① 1
② 4
③ 10
④ 25

해설
작동압력(Cut Out)은 통상적으로 정상 고압 + 4kgf/cm²이다.

36 압축기의 축봉장치에 대한 설명으로 옳은 것은?

① 냉매나 윤활유가 외부로 새는 것을 방지한다.
② 축의 회전을 원활하게 하는 베어링 역할을 한다.
③ 축이 빠지는 것을 막아 주는 역할을 한다.
④ 윤활유를 냉각하는 장치이다.

37 수정유효온도는 유효온도에 무엇의 영향을 고려한 것인가?

① 온 도　　② 습 도
③ 기 류　　④ 복사열

해설
효과온도(OT : 수정유효온도) : 건구온도계에 의하여 측정한 주위 벽면의 평균 복사온도(t_R)와 건구온도(t)와의 평균치로 기온, 기동(氣動), 주위벽으로부터의 복사열 등의 종합효과를 표시한 온도이다.

38 패키지형 공조방식의 특징으로 틀린 것은?

① 자동운전이며 개별 제어 및 유지관리가 쉽다.
② 대량 생산이 가능하며 품질도 안정되어 있다.
③ 특별한 기계실이 필요 없고 설치면적도 작다.
④ 실내 설치는 가능하지만, 덕트 접속은 불가능하다.

해설
패키지형 공조방식은 실내 설치는 불가능하지만 덕트 접속은 가능하다.

39 광명단 도료에 대한 설명 중 틀린 것은?

① 밀착력이 강하고 도막도 단단하여 풍화에 강하다.
② 연단에 아마인유를 배합한 것이다.
③ 기계류의 도장 밑칠에 널리 사용된다.
④ 은분이라고도 하며, 방청효과가 매우 좋다.

해설
일종의 사삼산화연(四三酸化鉛)으로 연단, 적연이라고도 한다. 납 또는 산화연을 공기 속에서 400℃ 이상으로 가열하여 만든 붉은빛의 가루이다. 붉은 안료, 납유리의 제조, 녹슬지 않게 하는 도료 등으로 쓰인다.

40 고압배관과 저압배관의 사이에 설치하여 고압측 압력을 필요한 압력으로 낮추어 저압측 압력을 일정하게 유지시키는 밸브는?

① 체크밸브　　② 게이트밸브
③ 안전밸브　　④ 감압밸브

해설
감압밸브는 유체의 압력을 감소시켜 주는 밸브이다. 1차측 입구의 높은 압력을 밸브 내의 조절나사 및 디스크로 조절하여, 2차측 출구압력을 원하는 압력으로 낮춰 주는 역할을 한다.

41 흡입관경이 20mm(7/8°) 이하일 때 감온통의 부착 위치로 적당한 것은?(단, ◐ 표시가 감온통이다)

① 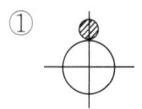 ②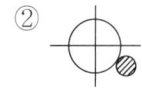
③  ④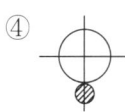

해설
증발기 출구측에 감온통 설치 기준
- 흡입관 외경이 20mm 미만일 경우 : 흡입관 상부에 부착
- 흡입관 외경이 20mm 이상일 경우 : 흡입관 수평보다 45° 하부에 부착

42 공정점이 -55℃이고 저온용 브라인으로서 일반적으로 제빙, 냉장 및 공업용으로 많이 사용되는 것은?

① 염화칼슘 ② 염화나트륨
③ 염화마그네슘 ④ 프로필렌글리콜

해설
브라인
- 염화칼슘 : 공정점이 -55℃이고, 제빙용으로 사용한다.
- 염화나트륨 : 공정점이 -21.2℃이고, 식품 저장용으로 사용한다.
- 염화마그네슘 : 공정점이 -33.6℃이고, 염화칼슘 대용으로 사용한다.
- 프로필렌글리콜 : 식품 동결용으로 사용한다.

43 유류화재 시 사용하는 소화기로 가장 적합한 것은?

① 무상수 소화기
② 봉상수 소화기
③ 분말 소화기
④ 방화수

해설
B급 화재(유류 및 가스화재)
연소 후 아무것도 남지 않은 화재로 에테르, 알코올, 석유, 가연성 액체가스 등 유류 및 가스화재가 이에 해당하며, 구분 색은 황색이다.
※ 소화방법 : 공기 차단으로 인한 피복소화로 화학포, 증발성 액체(할로겐화물), 탄산가스, 소화분말(드라이케미컬) 등이 있다.

44 관의 지름이 다를 때 사용하는 이음쇠가 아닌 것은?

① 부 싱 ② 리듀서
③ 리턴 벤드 ④ 편심 이경 소켓

해설
관 이음쇠 종류

목 적	종 류
배관 방향을 바꿀 때	엘보, 밴드, 이경 엘보, 암수엘보
관을 도중에서 분기할 때	티, 이경 티, 암수티, 와이, 크로스
지름이 같은 관의 직선 연결	소켓, 유니언, 플랜지, 니플
지름이 다른 관의 연결	부싱, 이경 소켓(리듀서), 이경 엘보, 이경 티
관 끝을 막을 때	캡, 플러그, 블라인드 플랜지
관의 수리, 점검, 교체가 필요할 때	유니언(50A 이하의 관에 사용), 플랜지

정답 41 ① 42 ① 43 ③ 44 ③

45 개방식 냉각탑의 종류로 가장 거리가 먼 것은?

① 대기식 냉각탑
② 자연통풍식 냉각탑
③ 강제통풍식 냉각탑
④ 증발식 냉각탑

해설
개방식 냉각탑의 종류 : 대기식, 자연통풍식, 강제통풍식

46 다음 중 상대습도를 맞게 표시한 것은?

① $\varphi = \dfrac{습공기수증기분압}{포화수증기압} \times 100$
② $\varphi = \dfrac{포화수증기압}{습공기수증기분압} \times 100$
③ $\varphi = \dfrac{습공기수증기중량}{포화수증기압} \times 100$
④ $\varphi = \dfrac{포화수증기중량}{습공기수증기중량} \times 100$

해설
상대습도(RH ; Relative Humidity) : 수증기의 분압과 동일 온도의 포화 습공기 수증기 분압의 비로서, 1m³의 습공기 중에 함유된 수분의 중량 이와 동일한 1m³ 포화 습공기 중에 함유된 수분의 중량과의 비이다.

47 증기배관의 말단이나 방열기 환수구에 설치하여 증기관이나 방열기에서 발생한 응축수 및 공기를 배출하여 수격작용 및 배관의 부식을 방지하는 장치는?

① 공기빼기밸브(AAV)
② 신축이음(EXP)
③ 증기트랩(ST)
④ 팽창탱크(ET)

해설
증기트랩(ST) : 증기 열교환기 등에서 나오는 응축수를 자동적으로 급속히 환수관측 등에 배출시키는 기구

48 공기선도에 관한 다음 그림에서 구성요소의 연결이 올바르게 된 것은?

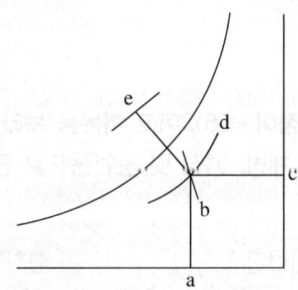

① a : 건구온도, b : 비체적, c : 노점온도
② a : 습구온도, c : 절대습도, d : 엔탈피
③ b : 비체적, c : 절대습도, e : 엔탈피
④ c : 상대습도, d : 절대습도, e : 열수분비

해설
a : 건구온도, b : 비체적, c : 절대습도, d : 상대습도, e : 엔탈피

49 외기온도가 32.3℃, 실내온도가 26℃이고, 일사를 받은 벽의 상당 온도차가 22.5℃, 벽체의 열관류율이 3kcal/m²·h·℃일 때, 벽체의 단위 면적당 이동하는 열량은?

① 18.9kcal/m²·h
② 67.5kcal/m²·h
③ 96.9kcal/m²·h
④ 101.8kcal/m²·h

해설
벽체의 단위면적당 이동하는 열량 = 열관류율 × 상당 온도차
= 3 × 22.5
= 67.5kcal/m²·h

50 가스배관에서 가스가 누설될 경우 중독 및 폭발사고를 미연에 방지하기 위하여 조금만 누설되어도 냄새로 충분히 감지할 수 있도록 설치하는 장치는?

① 부스터설비   ② 정압기
③ 부취설비   ④ 가스홀더

해설
부취설비 : 가스가 누설되었을 때 쉽게 확인하는 방법으로, 가연성 가스(LNG, LPG)에 냄새나는 물질을 첨가하는 장치이다.

51 역카르노사이클에 대한 설명으로 옳은 것은?

① 2개의 압축과정과 2개의 증발과정으로 이루어져 있다.
② 2개의 압축과정과 2개의 응축과정으로 이루어져 있다.
③ 2개의 단열과정과 2개의 등온과정으로 이루어져 있다.
④ 2개의 증발과정과 2개의 응축과정으로 이루어져 있다.

해설
카르노사이클이 역으로 순환하는 사이클을 역카르노사이클이라고 한다. 이상적인 냉동사이클로서 단열과정 2개와 등온과정 2개로 구성되어 있다.

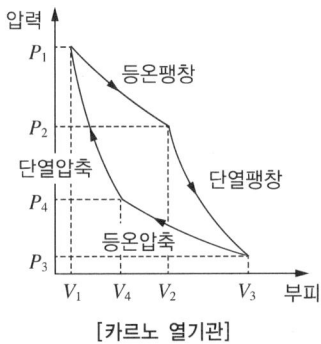

[카르노 열기관]

52 실내 상태점을 통과하는 현열비선과 포화곡선과의 교점을 나타내는 온도로서, 취출공기가 실내 잠열부하에 상당하는 수분을 제거하는 데 필요한 코일 표면온도는?

① 혼합온도
② 바이패스 온도
③ 실내장치 노점온도
④ 설계온도

53 열에너지를 효율적으로 이용할 수 있는 방법 중 하나인 축열장치의 특징에 관한 설명으로 틀린 것은?

① 저속 연속운전에 의한 고효율 정격운전이 가능하다.
② 냉동기 및 열원설비의 용량을 감소할 수 있다.
③ 열회수시스템의 적용이 가능하다.
④ 수질관리 및 소음관리가 필요 없다.

해설
축열장치는 수질관리 및 소음관리가 필요하다.

54 환수주관을 보일러 수면보다 높은 위치에 배관하는 것은?

① 강제순환식
② 건식 환수관식
③ 습식 환수관식
④ 진공환수관식

해설
환수관의 배치에 따른 분류
• 건식 환수방법 : 보일러의 수면보다 환수주관이 위에 있는 경우로, 환수주관의 증기 혼입에 의한 열손실을 방지하기 위하여 방열기와 관말에 트랩을 설치한다.
• 습식 환수방법 : 보일러의 수면보다 환수주관이 아래에 있는 경우로, 건식보다 관경이 작아도 되며 관말 트랩은 필요하지 않다.

55 목푯값이 미리 정해진 변화를 할 때의 제어로서, 열처리 노의 온도 제어, 무인 운전 열차 등이 속하는 제어는?

① 추종 제어   ② 프로그램 제어
③ 비율 제어   ④ 정치 제어

해설
• 추치 제어 : 목푯값이 시간적으로 변화하는 경우의 제어로, 측정 제어라고도 한다.
• 추종 제어 : 목표치가 시간에 따라 임의로 변화할 때의 제어이다.
• 프로그램 제어 : 목푯값의 변화방법이 미리 정해진 순서에 의해 변화되는 제어이다.
• 비율 제어 : 2개 이상의 링 사이에 일정 비율관계로 변화 조절되는 제어이다.

56 공조용 취출구 종류 중 원형 또는 원추형 팬을 매달아 여기에 토출기류를 부딪치게 하여 천장면을 따라서 수평 방향으로 공기를 취출하는 것으로 유인비 및 소음 발생이 작은 것은?

① 팬형 취출구
② 웨이형 취출구
③ 라인형 취출구
④ 아네모스탯형 취출구

해설
취출구 종류별 특징
• 팬형 : 유인성능은 아네모스탯(Anemostat)형에 비해 떨어지나 도달거리는 길다.
• 라인형 : 취출구 폭이 큰 것은 슬롯형과 같이 도달거리를 크게 잡을 수 있어 천장이 높은 곳의 취출구로 적합하다. 페리미터 존, 엘리베이터 홀, 입구 홀 등에 많이 사용된다.
• 아네모스탯형 취출구 : 다수의 원형 또는 각형의 콘(Cone)을 덕트 개구단에 붙여서 천장 부근의 실내공기를 유인하여 취출기류가 충분히 확산된다. 취출구 중 가장 큰 유인성능을 가지고 있으며 취출기류 또는 유인된 실내공기 중의 먼지에 의한 취출구 주변의 오염(Smudging)을 방지하기 위한 링(Ring)이 부착되어 있으며 원형, 각형, 장방형 등이 있다.

57 공조용 전열교환기에 관한 설명으로 옳은 것은?

① 배열회수에 이용하는 배기는 탕비실, 주방 등을 포함한 모든 공간의 배기를 포함한다.
② 회전형 전열교환기의 로터구동모터와 급배기 팬은 반드시 연동 운전할 필요가 없다.
③ 중간기 외기 냉방을 행하는 공조시스템의 경우에도 별도의 덕트 없이 이용할 수 있다.
④ 외기량과 배기량의 밸런스를 조정할 때 배기량은 외기량의 40% 이상을 확보해야 한다.

해설
공조용 전열교환기에서 외기량과 배기량의 밸런스를 조정할 때 배기량은 외기량의 40% 이상 확보해야 한다.

58 단일 덕트 정풍량방식에 대한 설명으로 틀린 것은?

① 실내 부하가 감소될 경우에 송풍량을 줄여도 실내공기가 오염되지 않는다.
② 고성능 필터의 사용이 가능하다.
③ 기계실에 기기류가 집중 설치되므로 운전 보수관리가 용이하다.
④ 각 실이나 존의 부하 변동이 서로 다른 건물에서는 온습도에 불균형이 생긴다.

해설
실내 부하가 감소하면 송풍량을 줄여도 실내공기가 오염되기 쉽다.

59 물과 공기의 접촉 면적을 크게 하기 위해 증발포를 사용하여 수분을 자연스럽게 증발시키는 가습방식은?

① 초음파식   ② 가열식
③ 원심분리식 ④ 기화식

해설
가습방식
- 초음파식 : 초음파에 의해 물을 무화시키는 방식이다.
- 가열식 : 물을 끓여 수증기를 방출하는 방식이다.
- 원심분무식 : 원심력에 의해 물의 표면장력 이상으로 물을 회전시켜 작은 입자로 만드는 방식으로, 소음이 크다.
- 기화식 : 물과 공기의 접촉 면적을 크게 하기 위해 증발포를 사용하여 수분을 자연스럽게 증발시키는 가습방식이다.

60 도선에 전류가 흐를 때 발생하는 열량으로 옳은 것은?

① 전류의 세기에 반비례한다.
② 전류의 세기의 제곱에 비례한다.
③ 전류의 세기의 제곱에 반비례한다.
④ 열량은 전류의 세기와 무관하다.

해설
$H = I^2 RT$ (H : 저항 중에 발생되는 열량)
열량은 전류의 세기의 제곱에 비례한다.

2021년 제1회 과년도 기출복원문제

01 컨베이어 등에 근로자의 신체 일부가 말려드는 등 근로자에게 위험을 미칠 우려가 있을 때 설치해야 하는 장치는?

① 권과방지장치
② 비상정지장치
③ 해지장치
④ 이탈 및 역주행방지장치

해설
비상정지장치 : 위험 한계 내에 신체의 일부가 들어가 있는 경우나 이상사태가 발견된 경우에 의식해서 기계의 작동을 정지하는 것을 목적으로 하는 장치

02 일정 기간마다 정기적으로 점검하는 것으로, 일반적으로 매주 또는 매월 1회씩 담당 분야별로 해당 분야의 작업 책임자가 점검하는 것은?

① 계획점검   ② 수시점검
③ 임시점검   ④ 특별점검

해설
안전점검의 종류
- 임시점검 : 기계·기구 또는 설비의 이상 발견 시에 임시로 실시하는 점검
- 수시점검(일상점검) : 매일 작업 전·중·후에 실시하는 점검
- 정기점검(계획점검) : 일정 기간마다 정기적으로 실시하는 점검
- 특별점검 : 기계·기구 또는 설비의 신설·변경·고장·수리 등 부정기 특별점검

03 보호장구는 필요할 때 언제라도 착용할 수 있도록 청결하고 성능이 유지된 상태로 보관해야 한다. 보호장구의 보관방법으로 틀린 것은?

① 광선을 피하고 통풍이 잘되는 장소에 보관한다.
② 부식성, 유해성, 인화성 액체 등과 혼합하여 보관하지 않는다.
③ 모래·진흙 등이 묻은 경우는 깨끗하게 씻고 햇빛에 말린다.
④ 발열성 물질을 보관하는 주변에 가까이 두지 않는다.

해설
보호장구를 깨끗하게 세척한 경우에는 햇빛이 들지 않는 그늘에서 건조시켜야 한다.

04 수공구 중 정 작업 시 안전작업 수칙으로 옳지 않은 것은?

① 정의 머리가 둥글게 된 것은 사용하지 않는다.
② 처음에는 가볍게 때리고 점차 타격을 가한다.
③ 철재를 절단할 때에는 철편이 날아 튀는 것에 주의한다.
④ 면이 단단한 열처리 부분은 정으로 가공한다.

해설
열처리된 경우에 정으로 가공하면 취성이 커서 부러지기 쉽다.

정답 1 ② 2 ① 3 ③ 4 ④

05 냉동설비의 설치공사 완료 후 시운전 또는 기밀시험을 실시할 때 사용할 수 없는 것은?

① 헬륨   ② 산소
③ 질소   ④ 탄산가스

해설
기밀시험 시 조연성 가스인 산소를 사용하면 안 된다.
기밀시험용 가스 : 불연성 가스(헬륨, 질소, 이산화탄소 등)

06 안전보건표지에서 비상구 및 피난소, 사람 또는 차량의 통행표지 색채는?

① 빨강   ② 녹색
③ 파랑   ④ 노랑

07 산소가 충전되어 있는 용기의 취급상 주의사항으로 틀린 것은?

① 용기밸브는 녹이 생기면 잘 열리지 않으므로 그리스 등 기름을 발라 둔다.
② 용기밸브의 개폐는 천천히 하며, 산소 누출 여부 검사는 비눗물을 사용한다.
③ 용기밸브가 얼어서 녹일 경우에는 약 40℃ 정도의 따뜻한 물로 녹여야 한다.
④ 산소용기는 눕혀 두거나 굴리는 등 충격을 주면 안 된다.

해설
산소용기의 밸브는 금유라고 쓰인 산소 전용을 이용한다.

08 산업안전보건기준에 관한 규칙에서 정한 가스장치실을 설치하는 경우 설치구조에 대한 내용에 해당되지 않는 것은?

① 벽에는 불연성 재료를 사용한다.
② 지붕과 천장에는 가벼운 불연성 재료를 사용한다.
③ 가스가 누출된 경우에는 그 가스가 정체되지 않도록 한다.
④ 방음장치를 설치한다.

해설
가스장치실은 소음이 발생하지 않으므로 방음장치를 설치할 필요는 없다.

09 프레온 냉동장치에서 오일포밍현상이 일어나면 실린더 내로 다량의 오일이 올라가 오일을 압축하여 실린더 헤드부에서 이상음이 발생하는 현상은?

① 에멀션현상
② 동부착현상
③ 오일포밍현상
④ 오일해머현상

해설
① 에멀션(Emulsion, 유탁액)현상 : 암모니아 냉매는 수분과 용해되어 암모니아수가 생성되고 암모니아수는 오일을 우윳빛으로 변질시키는 현상이다.
② 동부착(Copper Plating)현상 : 프레온 냉동장치에서 수분과 프레온이 작용하여 산이 생성되고 침입한 공기 중의 산소와 화합하여 동에 반응한 다음 압축기 각 부분의 금속 표면(메탈부분)에 동이 도금되는 현상이다.
③ 오일포밍(Oil Foaming)현상 : 프레온 냉동기에서 압축기 정지 시 크랭크케이스 내의 오일 중에 융해되어 있던 프레온 냉매가 압축기 기동 시 크랭크케이스 내의 압력이 급격히 낮아지므로 오일과 냉매가 급격히 분리하는데, 이 때문에 유면이 약동하며 윤활유에 거품이 일어나는 현상이다. 오일포밍이 급격히 일어나면 피스톤 상부로 다량의 오일이 올라가 오일을 압축하게 되는데, 이때 이상음이 발생한다.

10 냉동 사이클의 구성 순서로 옳은 것은?

① 증발 → 응축 → 팽창 → 압축
② 압축 → 응축 → 증발 → 팽창
③ 압축 → 응축 → 팽창 → 증발
④ 팽창 → 압축 → 증발 → 응축

11 다음 중 LPG의 주성분이 아닌 것은?

① 부 탄   ② 프로판
③ 프로필렌   ④ 메 탄

해설
- LPG의 주성분 : 프로판(C_3H_8), 부탄(C_4H_{10}), 프로필렌(C_3H_6), 뷰틸렌(C_4H_8)
- LNG의 주성분 : 메탄(CH_4), 에탄(C_2H_6)

12 보일러의 안전 저수면에 대한 설명으로 옳은 것은?

① 보일러의 보안상 운전 중에 보일러 전열면이 화염에 노출되는 최저 수면의 위치
② 보일러의 보안상 운전 중에 급수하였을 때의 최저 수면의 위치
③ 보일러의 보안상 운전 중에 유지해야 하는 일상적인 가동 시의 표준 수면의 위치
④ 보일러의 보안상 운전 중에 유지해야 하는 보일러 드럼 내 최저 수면의 위치

13 기체연료의 발열량 단위로 옳은 것은?

① $kcal/m^2$
② $kcal/cm^2$
③ $kcal/mm^2$
④ $kcal/Nm^3$

해설
발열량의 단위
- 기체 : $kcal/Nm^3$
- 고체 및 액체 : $kcal/kg$

14 콘크리트 벽이나 바닥 등 배관이 관통하는 곳에 관의 보호를 위하여 사용하는 것은?

① 슬리브
② 보온재료
③ 행 거
④ 신축곡관

해설
① 슬리브 : 보통 벽 같은 곳에 구멍을 내고 배관이 통과하는 곳의 관 보호를 위해 사용하는 것
③ 행거 : 배관의 하중을 위(천장)에서 걸어 당겨 받치는 지지구
④ 신축곡관 : 루프형(만곡형)이라고도 하며 고온·고압용 증기관 등의 옥외 배관에 많이 쓰이는 신축이음

15 압축기 진동과 서징, 관의 수격작용, 지진 등에서 발생하는 진동을 억제하기 위해 사용하는 지지장치는?

① 벤드밴
② 플랩밸브
③ 그랜드 패킹
④ 브레이스

해설
④ 브레이스 : 펌프, 압축기 등에서 발생하는 기계의 진동, 압축가스에 의한 서징, 밸브의 급격한 개폐에서 발생하는 수격작용, 지진 등에서 발생하는 진동을 억제하는 데 사용하며, 진동을 완화하는 방진기와 충격을 완화하는 완충기
① 벤드밴 : 연관에 끼워 관을 굽히거나 펼 때 사용하는 연관용 배관공구
③ 그랜드 패킹 : 밸브의 회전 부분에 사용하여 기밀을 유지하는 역할한다(석면 각형 패킹, 석면 얀 패킹, 아마존 패킹, 몰드 패킹)

16 고온배관용 탄소강 강관의 KS 기호는?

① SPHT
② SPLT
③ SPPS
④ SPA

해설
강관의 종류
• 배관용 탄소강관(SPP) : 10kgf/cm² 이하의 증기, 물, 가스
• 압력배관용 탄소강관(SPPS) : 350℃ 이하, 10~100kg/cm²
• 고압배관용 탄소강관(SPPH) : 350℃ 이하, 100kg/cm² 이상
• 고온배관용 탄소강관(SPHT) : 350~450℃
• 배관용 합금강관 : SPA
• 저온배관용 탄소강관 : SPLT(냉매배관용)
• 수도용 아연도금 강관 : SPPW
• 배관용 아크용접탄소강 강관 : SPW
• 배관용 스테인리스강 강관 : STSXT
• 보일러 열교환기용 탄소강 강관 : STH

17 보일러 제어에서 자동연소제어에 해당하는 약호는?

① ACC
② ABC
③ STC
④ FWC

해설
보일러자동제어

보일러자동제어(ABC)	제어량	조작량
자동연소제어(ACC)	증기압력	연료량, 공기량
	노 내 압력	연소가스량
급수제어(FWC)	드럼 수위	급수량
증기온도제어(STC)	과열증기온도	전열량

18 보일러의 수위제어에 영향을 미치는 요인 중에서 보일러 수위제어시스템으로 제어할 수 없는 것은?

① 급수온도
② 급수량
③ 수위 검출
④ 증기량 검출

해설
3요소식 수위제어방식 : 수위, 증기량, 급수량

19 연관 최고부보다 노통 윗면이 높은 노통연관보일러의 최저 수위(안전 저수면)의 위치는?

① 노통 최고부 위 100mm
② 노통 최고부 위 75mm
③ 연관 최고부 위 100mm
④ 연관 최고부 위 75mm

해설
노통연관보일러 안전 저수위
• 연관이 높은 경우 : 최상단 부위 75mm 높이
• 노통이 높은 경우 : 노통 최상단 부위 100mm 높이

20 증기난방 배관 시공 시 환수관이 문 또는 보와 교차할 때 이용되는 배관형식으로 위로는 공기, 아래로는 응축수를 유통시킬 수 있도록 시공하는 배관은?

① 루프형 배관　② 리프트 피팅 배관
③ 하트포드 배관　④ 냉각 배관

해설
루프형 배관 : 환수관이 보 또는 문과 교차하거나 증기관과 환수관이 출입구나 보와 같은 장애물에 부딪치는 경우, 상부로는 공기, 하부로는 응축수가 흐르도록 한 배관

21 전기의 접지 목적에 해당되지 않는 것은?

① 화재 방지　② 설비 증설 방지
③ 감전 방지　④ 기기 손상 방지

해설
접지의 목적 : 화재 방지, 감전 방지, 기기 손상 방지

22 고유저항에 대한 설명으로 맞는 것은?

① 저항(R)은 길이(L)에 비례하고 단면적(A)에 반비례한다.
② 저항(R)은 단면적(A)에 비례하고 길이(L)에 반비례한다.
③ 저항(R)은 길이(L)에 비례하고 단면적(A)에 비례한다.
④ 저항(R)은 단면적(A)에 반비례하고 길이(L)에 반비례한다.

해설
저항은 길이에 비례하고 단면적에 반비례한다.
$R = \rho \dfrac{L}{A}$

23 절대압력과 게이지압력의 관계식으로 옳은 것은?

① 절대압력 = 대기압력 + 게이지압력
② 절대압력 = 대기압력 − 게이지압력
③ 절대압력 = 대기압력 × 게이지압력
④ 절대압력 = 대기압력 ÷ 게이지압력

해설
절대압력 : 완전 진공을 0으로 하여 측정한 압력
• 절대압력($kg/cm^2 \cdot a$) = 대기압($1.033kg/cm^2$) + 게이지압력(kg/cm)
• 절대압력 = 대기압 − 진공압력
※ 단위 : $kg/cm^2 \cdot a$, $kg/m^2 \cdot a$, $lb/in^2 \cdot a$

24 가용전(Fusible Plug)에 대한 설명으로 틀린 것은?

① 프레온 장치의 수액기, 응축기 등에 사용한다.
② 용융점은 냉동기에서 68~75℃ 이하로 한다.
③ 구성 성분은 주석, 구리, 납으로 되어 있다.
④ 토출가스의 영향을 직접 받지 않는 곳에 설치해야 한다.

해설
가용전의 성분 : 주석(Sn), 카드뮴(Cd), 비스무트(Bi), 납(Pb), 안티몬(Sb)

25 냉동사이클에서 증발온도를 일정하게 하고 응축온도를 상승시켰을 경우의 상태변화로 옳은 것은?

① 소요동력 감소
② 냉동능력 증대
③ 성적계수 증대
④ 토출가스 온도 상승

해설
냉동사이클에서 증발온도를 일정하게 하고 응축온도를 상승시켰을 경우의 상태변화
• 소요동력 증대
• 냉동능력 감소
• 성적계수 감소
• 토출가스 온도 상승

26 냉동장치에 수분이 침입되었을 때 에멀션현상이 일어나는 냉매는?

① 황 산
② R-12
③ R-22
④ NH_3

27 브라인을 사용할 때 금속의 부식방지법으로 틀린 것은?

① 브라인 pH를 7.5~8.2 정도로 유지한다.
② 공기와 접촉시키고, 산소를 용입시킨다.
③ 산성이 강하면 가성소다로 중화시킨다.
④ 방청제를 첨가한다.

해설
브라인은 공기와 접촉 시 부식이 촉진된다.

28 온풍난방에 대한 장점이 아닌 것은?

① 예열시간이 짧다.
② 실내 온습도 조절이 비교적 용이하다.
③ 기기 설치 장소의 선정이 자유롭다.
④ 단열 및 기밀성이 좋지 않은 건물에 적합하다.

해설
온풍난방의 특성
• 열효율이 높고 연료비가 적게 든다.
• 설비비가 싸다.
• 설치면적이 작다.
• 설치가 쉽고, 보수관리가 용이하다.
• 집진은 물론 가습도 가능하다.
• 열용량이 적고, 예열기간이 짧다.
• 예열부하가 작고, 소형이다.
• 자동운전이 가능하다.

29 덕트에 사용되는 댐퍼의 사용목적에 관한 설명으로 틀린 것은?

① 풍량 조절 댐퍼 : 공기량을 조절하는 댐퍼
② 배연 댐퍼 : 배연덕트에서 사용되는 댐퍼
③ 방화 댐퍼 : 화재 시에 연기를 배출하기 위한 댐퍼
④ 모터 댐퍼 : 자동제어장치에 의해 풍량 조절을 위해 모터로 구동되는 댐퍼

해설
방화 댐퍼 : 화재 시에 화염을 차단하기 위한 댐퍼

30 비열비를 나타내는 공식으로 옳은 것은?

① $\dfrac{\text{정적비열}}{\text{비중}}$ ② $\dfrac{\text{정압비열}}{\text{비중}}$

③ $\dfrac{\text{정압비열}}{\text{정적비열}}$ ④ $\dfrac{\text{정적비열}}{\text{정압비열}}$

해설
비열비(k)
기체의 정압비열과 정적비열의 비로, $\dfrac{C_p}{C_v}$ 이므로 비열비는 항상 1보다 크다. 즉, $C_p > C_v$ 이므로 항상 $\dfrac{C_p}{C_v} > 1$ 이다.

31 LNG 냉열이용동결장치의 특징으로 틀린 것은?

① 식품과 직접 접촉하여 급속 동결이 가능하다.
② 외기가 흡입되는 것을 방지한다.
③ 공기에 분산되어 있는 먼지를 철저히 제거하여 장치 내부에 눈이 생기는 것을 방지한다.
④ 저온공기의 풍속을 일정하게 확보함으로써 식품과의 열전달계수를 저하시킨다.

해설
LNG 냉열이용동결장치에서 저온공기의 풍속을 일정하게 확보함으로써 식품과의 열전달계수를 향상시킨다.

32 열에너지를 효율적으로 이용할 수 있는 방법 중의 하나인 축열장치의 특징에 관한 설명으로 틀린 것은?

① 저속 연속운전에 의한 고효율 정격운전이 가능하다.
② 냉동기 및 열원설비의 용량을 감소할 수 있다.
③ 열회수시스템의 적용이 가능하다.
④ 수질관리 및 소음관리가 필요 없다.

해설
축열장치는 수질관리 및 소음관리가 필요하다.

33 공기조화방식의 중앙식 공조방식에서 수-공기방식에 해당되지 않는 것은?

① 이중 덕트방식
② 유인유닛방식
③ 팬코일 유닛방식(덕트 병용)
④ 복사 냉난방방식(덕트 병용)

해설
공조방식의 분류

분 류			명 칭
중앙방식	전공기 방식	단일 덕트 방식	정풍량 방식 · 말단에 재열기가 없는 방식
			변풍량 방식 · 재열기가 없는 방식 · 재열기가 있는 방식
		2중 덕트 방식	· 정풍량 2중 덕트방식 · 변풍량 2중 덕트방식 · 멀티존 유닛방식 · 덕트 병용의 패키지 방식 · 각층 유닛방식
	공기·수방식 (유닛 병용 방식)		· 덕트 병용 팬코일 유닛방식 · 유인유닛방식 · 복사냉난방방식
	전수방식		팬코일 유닛방식
개별방식	냉매방식		· 패키지 방식 : 냉수 배관, 복잡한 덕트 등이 없다. · 룸 쿨러 방식 · 멀티 유닛방식

34 어떤 방의 체적이 2×3×2.5m이고, 실내온도를 21℃로 유지하기 위하여 실외온도 5℃의 공기를 3회/h로 도입할 때 환기에 의한 손실열량은?(단, 공기의 비열은 0.24kcal/kg·℃, 비중량은 1.2kg/m³이다)

① 207.4kcal/h
② 381.2kcal/h
③ 465.7kcal/h
④ 727.2kcal/h

해설

$Q = G \times C \times \Delta t$

$G = (2 \times 3 \times 2.5)\text{m}^3 \times 1.2 \dfrac{\text{kg}}{\text{m}^3} = 18\text{kg}$

$C = 0.24 \dfrac{\text{kcal}}{\text{kg}\,℃}$

$\Delta t = (21 - 5)℃$

$Q = 18\text{kg} \times 0.24 \dfrac{\text{kcal}}{\text{kg}\,℃} \times 16℃ \times \dfrac{3회}{\text{h}}$

$= 207.36 \dfrac{\text{kcal}}{\text{h}}$

35 다음 설명 중 틀린 것은?

① 냉동능력 2kW는 약 0.52냉동톤(RT)이다.
② 냉동능력 10kW, 압축기 동력 4kW인 냉동장치의 응축부하는 14kW이다.
③ 냉매증기를 단열압축하면 온도는 높아지지 않는다.
④ 진공계의 지시값이 10cmHg인 경우, 절대압력은 약 0.9kgf/cm²이다.

해설
냉매증기를 단열압축하면 온도는 높아진다.

36 공기냉각용 증발기로서 주로 벽 코일 동결실의 선반으로 사용되는 증발기의 형식은?

① 만액식 셸 앤 튜브식 증발기
② 보데로 증발기
③ 탱크식 증발기
④ 캐스케이드식 증발기

해설
• 보데로 증발기 : 물이나 우유의 냉각에 사용하며, 냉각관 청소가 쉬워 위생적이다.
• 탱크식 증발기 : 주로 암모니아용이며, 제빙에 사용한다. 만액식이며, 전열률이 양호하다.

37 관의 지름이 다를 때 사용하는 이음쇠가 아닌 것은?

① 부 싱
② 리듀서
③ 리턴 벤드
④ 편심 이경 소켓

해설
관 이음쇠의 종류

목 적	종 류
배관 방향을 바꿀 때	엘보, 밴드, 이경 엘보, 암수엘보
관을 도중에서 분기할 때	티, 이경 티, 암수티, 와이, 크로스
지름이 같은 관의 직선 연결 (수평배관)	소켓, 유니언, 플랜지, 니플
지름이 다른 관의 연결	부싱, 이경 소켓(리듀서), 이경 엘보, 이경 티
관 끝을 막을 때	캡, 플러그, 블라인드 플랜지
관의 수리, 점검, 교체가 필요할 때	유니언(50A 이하의 관에 사용), 플랜지

정답 34 ① 35 ③ 36 ④ 37 ③

38 공조용 취출구 종류 중 원형 또는 원추형 팬을 매달아 여기에 토출기류를 부딪치게 하여 천장면을 따라서 수평 방향으로 공기를 취출하는 것으로, 유인비 및 소음 발생이 작은 것은?

① 팬형 취출구
② 웨이형 취출구
③ 라인형 취출구
④ 아네모스탯형 취출구

해설
취출구 종류별 특징
- 팬형 : 유인성능은 아네모스탯(Anemostat)형에 비해 떨어지나 도달거리는 길다.
- 라인형 : 취출구 폭이 큰 것은 슬롯형과 같이 도달거리를 크게 잡을 수 있어 천장이 높은 곳의 취출구로 적합하다. 페리미터존, 엘리베이터 홀, 입구 홀 등에 많이 사용된다.
- 아네모스탯형 취출구 : 다수의 원형 또는 각형의 콘(Cone)을 덕트 개구단에 붙이면 천장 부근의 실내공기를 유인하여 취출기류가 충분히 확산된다. 취출구 중 가장 큰 유인성능을 가지고 있으며, 취출기류 또는 유인된 실내공기 중의 먼지에 의한 취출구 주변의 오염(Smudging)을 방지하기 위한 링(Ring)이 부착되어 있으며 원형, 각형, 장방형 등이 있다.
- 그릴형 : 그릴형은 풍량 조절이 불가능하여 저속의 환기용 취출구나 흡입구에 사용한다.
- 웨이(Way)형 : 날개의 모양 변경으로 1방향 기류분포에서부터 4방향으로 다양한 기류를 얻을 수 있으므로 시스템 천장용에 사용된다.

39 일정 풍량을 이용한 전공기방식으로 부하변동의 대응이 어려워 정밀한 온습도를 요구하지 않는 극장, 공장 등이 대규모 공간에 적합한 공기조화방식은?

① 정풍량 단일 덕트방식
② 정풍량 이중 덕트방식
③ 변풍량 단일 덕트방식
④ 변풍량 이중 덕트방식

해설
단일 덕트 정풍량방식 : 건물 내 장소에 따라 부하변동의 상황이 달라질 경우 구역 구분을 통해 구역마다 공조기를 설치하여 부하처리를 하는 방식

40 다음 설명 중 옳은 것은?

① 냉각탑의 입구수온은 출구수온보다 낮다.
② 응축기 냉각수 출구온도는 입구온도보다 낮다.
③ 응축기에서의 방출열량은 증발기에서 흡수하는 열량과 같다.
④ 증발기의 흡수열량은 응축열량에서 압축일량을 뺀 값과 같다.

해설
압축기의 일량 = 응축기 발열량 − 증발기의 흡수열량

41 다음 중 압력자동급수밸브의 주된 역할은?

① 냉각수온을 제어한다.
② 증발온도를 제어한다.
③ 과열도 유지를 위해 증발압력을 제어한다.
④ 부하변동에 대응하여 냉각수량을 제어한다.

42 수랭식 응축기의 능력은 냉각수 온도와 냉각 수량에 의해 결정되는데, 응축기의 응축능력을 증대시키는 방법으로 가장 거리가 먼 것은?

① 냉각 수량을 줄인다.
② 냉각수의 온도를 낮춘다.
③ 응축기의 냉각관을 세척한다.
④ 냉각수 유속을 적절히 조절한다.

해설
냉각 수량을 줄이면 오히려 응축기의 능력이 떨어진다.

43 NH₃ 냉매를 사용하는 냉동장치에서 일반적으로 압축기를 수랭식으로 냉각하는 주된 이유는?

① 냉매의 응축압력이 낮기 때문에
② 냉매의 증발압력이 낮기 때문에
③ 냉매의 비열비값이 크기 때문에
④ 냉매의 임계점이 높기 때문에

44 공기의 냉각, 가열코일의 선정 시 유의사항에 대한 설명으로 가장 거리가 먼 것은?

① 냉각코일 내에 흐르는 물의 속도는 통상 약 1m/s 정도로 하는 것이 좋다.
② 증기코일을 통과하는 풍속은 통상 약 3~5m/s 정도로 하는 것이 좋다.
③ 냉각코일의 입출구 온도차는 통상 약 5℃ 정도로 하는 것이 좋다.
④ 공기의 흐름과 물의 흐름은 평행류로 하여 전열을 증대시킨다.

해설
증기코일의 설계
- 증기코일은 열수가 작으므로 코일 전면 풍속은 3~5m/s로 한다.
- 사용증기압은 0.1~2kg/cm² 정도이다.
- 증기트랩의 용량은 최대 응축 수량의 3배 이상으로 한다.
- 응축수 배출을 위한 배관은 1/50~1/100의 순기울기로 한다.

45 제2종 환기법으로 송풍기만 설치하여 강제 급기하는 방식은?

① 병용식   ② 압입식
③ 흡출식   ④ 자연식

해설
기계환기 : 강제로 기계의 힘에 의하여 환기하는 방식
- 제1종 기계환기법(병용식) : 급기 → 송풍기, 배기 → 송풍기
- 제2종 기계환기법(압입식) : 급기 → 송풍기, 배기 → 자연
- 제3종 기계환기법(흡출식) : 급기 → 자연, 배기 → 송풍기

46 단수 릴레이의 종류로 가장 거리가 먼 것은?

① 단압식 릴레이
② 차압식 릴레이
③ 수류식 릴레이
④ 비례식 릴레이

해설
단수 릴레이(Water Pressure Switch)
- 역할 : 냉동장치에서 브라인 쿨러나 수냉각기에서 브라인이나 냉수의 유량이 감수되거나 단수되면 동파의 위험이 있고, 수랭 응축기에서 냉각수 유량이 단수 또는 감수되면 이상 고압의 원인이 되므로, 이를 방지하기 위해 단수 릴레이를 설치한다.
- 설치 위치 : 냉수 또는 브라인 배관 입구에 설치한다.
- 종류 : 수류식 릴레이, 차압식 릴레이, 단압식 릴레이
- 설치 시 주의
  - 스위치의 화살표 방향과 유체의 흐름 방향을 일치시킨다.
  - 가동편이 흐름에 직각으로 설치되어야 한다.

47 식품을 냉각된 부동액에 넣어 직접 접촉시켜서 동결시키는 것으로 살포식과 침지식으로 구분하는 동결장치는?

① 접촉식 동결장치
② 공기동결장치
③ 브라인 동결장치
④ 송풍식 동결장치

해설
동결장치의 종류
- 공기냉각식 동결장치 : 공기동결장치, 송풍동결장치, 반송풍동결장치, 컨베이어식 동결장치, 스파이럴식 동결장치, 유동식 동결장치
- 브라인 동결장치 : 염화나트륨 브라인 동결장치, 염화칼슘 브라인 동결장치, 프로필렌 글리콜(Propylene Glycol) 동결장치, 에탄올 브라인 침지동결장치
- 고체 냉각식 동결장치 : 배치식 콘택트 프리저, 연속식 싱글 스틸벨트 프리저, 연속식 더블 콘택트 프리저, 드럼 프리저
- 액화가스 동결장치 : 액체질소 동결장치, 액화탄산가스 동결장치, LNG 냉열이용 동결장치

48 고열원온도 T_1, 저열원온도 T_2인 카르노사이클의 열효율은?

① $\dfrac{T_2 - T_1}{T_1}$
② $\dfrac{T_1 - T_2}{T_2}$
③ $\dfrac{T_2}{T_1 - T_2}$
④ $\dfrac{T_1 - T_2}{T_1}$

49 강관용 공구가 아닌 것은?

① 파이프바이스
② 파이프커터
③ 드레서
④ 동력나사절삭기

해설
배관공구의 종류
- 강관용 배관공구 : 파이프 커터, 쇠톱, 파이프 바이스, 파이프 리머, 파이프 렌치, 파이프 벤딩머신, 동력나사절삭기
- 동관용 배관용구 : 플레어링 툴 세트, 익스펜더, 사이징 툴, 튜브커터, 리머, 튜브벤더
- 연관용 배관공구
  - 봄볼 : 연관을 뽑아서 구멍을 뚫을 때
  - 드레서 : 연관 표면의 산화물 제거
  - 맬릿 : 나무해머
  - 턴핀 : 연관 끝을 넓힐 때
  - 벤드벤 : 연관에 끼워 관을 굽히거나 펼 때

50 NH_3, R-12, R-22냉매의 기름과 물에 대한 용해도를 설명한 것으로 옳은 것은?

㉠ 물에 대한 용해도는 R-12가 가장 크다.
㉡ 기름에 대한 용해도는 R-12가 가장 크다.
㉢ R-22는 물에 대한 용해도와 기름에 대한 용해도가 모두 암모니아보다 크다.

① ㉠, ㉡, ㉢
② ㉡, ㉢
③ ㉡
④ ㉢

해설
기름에 대한 용해도는 R-12가 가장 크다.

51 다음은 덕트 내의 공기압력을 측정하는 방법이다. 그림 중 정압을 측정하는 방법은?

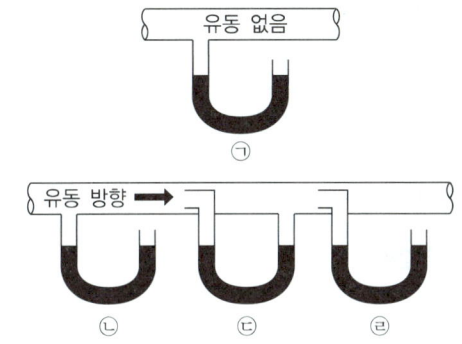

① ㉠ ② ㉡
③ ㉢ ④ ㉣

해설
공기압력을 측정하는 방법
- ㉡ : 정압을 측정하는 방법
- ㉢ : 동압을 측정하는 방법
- ㉣ : 전압을 측정하는 방법

52 실내의 현열부하가 3,200kcal/h, 잠열부하가 600 kcal/h일 때 현열비는?

① 0.16 ② 6.25
③ 1.20 ④ 0.84

해설
현열비(SHF ; Sensible Heat Factor, 감열비)
전열량에 대한 현열량의 비로서 실내로 송출되는 공기의 상태를 나타낸다.

$$SHF = \frac{q_s}{q_s + q_L} = \frac{3,200}{3,200 + 600} = 0.84$$

여기서, q_s : 현열량
q_L : 잠열량

53 체감을 나타내는 척도로 사용되는 유효온도와 관계있는 것은?

① 습도와 복사열
② 온도와 습도
③ 온도와 기압
④ 온도와 복사열

해설
실효온도(ET ; Effective Temperature, 유효온도, 감각온도, 실감온도) : 습구온도 이외에 기류의 영향을 더한 온도이다. 그 기준은 상대습도 100%, 즉 포화상태이며, 정지공기(V = 0.08~0.13 m/s)의 실내 상태이다. 즉, 온습도의 쾌감과 동일한 쾌감을 얻을 수 있는 기류를 포함한 온도이다.

54 복사난방에 관한 설명으로 틀린 것은?

① 바닥면의 이용도가 높고 열손실이 작다.
② 단열층 공사비가 많이 들고 배관의 고장을 발견하기 어렵다.
③ 대류난방에 비하여 설비비가 많이 든다.
④ 방열체의 열용량이 적으므로 외기온도에 따라 방열량의 조절이 쉽다.

해설
복사난방의 특징
- 복사난방은 배관이 매립되어 있어 고장 시 발견이 어렵고, 시설비가 많이 든다.
- 복사난방은 실내온도분포가 가장 균일한 난방방식이다.
- 복사난방은 부하 변화에 따른 온도 조절이 늦다(외기의 온도 변화에 대한 온도 조절이 어렵다).
- 복사난방은 실내의 평균 온도가 낮다.

55 유량이 적거나 고압일 때에 유량 조절을 한층 더 엄밀하게 행할 목적으로 사용되는 것은?

① 콕
② 안전밸브
③ 글로브밸브
④ 앵글밸브

해설
글로브밸브(Glove Valve) : 옥형 밸브 또는 구형 밸브라고 하며, 밸브의 형상이 둥글게 되어 있다. 유체의 흐름이 S자 모형으로 되므로 유체의 흐름저항은 크지만 밸브의 리프트(양정)는 작아 개폐가 용이하여 유량 조절에 적합하고 소형 경량이며 가격이 싸다.

56 열역학 제1법칙을 설명한 것으로 옳은 것은?

① 밀폐계가 변화할 때 엔트로피 증가가 나타낸다.
② 밀폐계에 가해 준 열량과 내부에너지 변화량의 합은 일정하다.
③ 밀폐계에 전달되는 열량은 내부에너지 증가와 계가 한 일의 합과 같다.
④ 밀폐계의 운동에너지와 위치에너지의 합은 일정하다.

해설
열역학 제1법칙 : 에너지보존의 법칙을 적용하여 열량은 일량으로, 일량은 열량으로 환산 가능함을 밝힌 법칙이다. 밀폐계에 전달되는 열량은 내부에너지 증가와 계가 한 일의 합과 같다.

57 덕트 속에 흐르는 공기의 평균 유속이 10m/s, 공기의 비중량이 1.2kgf/m³, 중력가속도가 9.8m/s²일 때 동압은?

① 약 3mmAq
② 약 4mmAq
③ 약 5mmAq
④ 약 6mmAq

해설
$$V = \sqrt{\frac{2gh}{\gamma}}$$
$$10 = \sqrt{\frac{2 \times 9.8 \times x}{1.2}}$$
∴ $x ≒ 6$mmAq

58 냉동장치의 능력을 나타내는 단위는 냉동톤(RT)이다. 1냉동톤에 대한 설명으로 옳은 것은?

① 0℃의 물 1kg을 24시간 동안에 0℃의 얼음으로 만드는 데 필요한 열량
② 0℃의 물 1ton을 24시간 동안에 0℃의 얼음으로 만드는 데 필요한 열량
③ 0℃의 물 1kg을 1시간에 동안에 0℃의 얼음으로 만드는 데 필요한 열량
④ 0℃의 물 1ton을 1시간 동안에 0℃의 얼음으로 만드는 데 필요한 열량

정답 55 ③ 56 ③ 57 ④ 58 ②

59 표준냉동사이클의 $P-h$(압력-엔탈피)선도에 대한 설명으로 틀린 것은?

① 응축과정에서는 압력이 일정하다.
② 압축과정에서는 엔트로피가 일정하다.
③ 증발과정에서는 온도와 압력이 일정하다.
④ 팽창과정에서는 엔탈피와 압력이 일정하다.

해설
팽창과정에서는 엔탈피는 일정하지만 압력은 내려간다.

60 개방식 냉각탑의 종류로 가장 거리가 먼 것은?

① 대기식 냉각탑
② 자연통풍식 냉각탑
③ 강제통풍식 냉각탑
④ 증발식 냉각탑

해설
개방식 냉각탑의 종류 : 대기식, 자연통풍식, 강제통풍식

정답 59 ④ 60 ④

2021년 제2회 과년도 기출복원문제

01 산업안전의 관심과 이해 증진으로 얻을 수 있는 이점이 아닌 것은?

① 기업의 신뢰도를 높여 준다.
② 기업의 투자경비를 증대시킬 수 있다.
③ 이직률이 감소된다.
④ 고유의 기술이 축적되어 품질이 향상된다.

[해설]
산업안전에 대한 관심과 이해 증진으로 얻을 수 있는 이점
- 기업의 신뢰도를 높여 준다.
- 기업의 투자경비를 줄일 수 있다.
- 이직률이 감소된다.
- 품질이 향상된다.

02 구내 운반차를 사용하여 운반작업을 하고자 한다. 사전 점검사항에 해당되지 않는 것은?

① 제동장치 및 조정장치 기능의 이상 유무
② 바퀴의 이상 유무
③ 와이어로프 등의 이상 유무
④ 충전장치를 포함한 홀더 등이 결합 상태 이상 유무

[해설]
구내 운반차 운반작업 시 점검사항
- 근로자가 구내 운반차 및 이동대차에 타는 일이 없도록 한다.
- 제동장치, 유압장치, 하역장치, 조정장치 등 기능에 이상이 없도록 한다.
- 바퀴에 이상이 없도록 한다.
- 방향지시기, 경음기의 이상 유무를 확인한다.
- 충전장치를 포함한 홀더 등의 결합 상태 이상 유무를 확인한다.
- 주행속도는 10km/h 이하로 한다.
- 허용적재하중을 초과해서 운행하지 않는다.

03 냉동제조시설이 적합하게 설치 또는 유지·관리되고 있는지 확인하기 위한 검사가 아닌 것은?

① 중간검사   ② 완성검사
③ 불시검사   ④ 정기검사

[해설]
고압가스 냉동제조의 시설·기술·검사 및 정밀안전검진 기준(고압가스안전관리법 시행규칙 별표 7)
냉동제조 시설이 적합하게 설치 또는 유지·관리되고 있는지 확인하기 위한 검사로 중간검사, 완성검사, 정기검사, 수시검사가 있다.

04 방폭성능을 가진 전기기기의 구조 분류에 해당되지 않는 것은?

① 내압 방폭구조   ② 유입 방폭구조
③ 압력 방폭구조   ④ 자체 방폭구조

[해설]
방폭구조의 종류

방폭구조	정 의	기 호
내압 방폭구조	용기 내 폭발 시 용기가 폭발압력을 견디며 접합면, 개구부를 통해 외부에 인화될 우려가 없는 구조	Ex d
압력 방폭구조	용기 내에 보호가스를 압입시켜 폭발성 가스나 증기가 용기 내부에 유입되지 않도록 된 구조	Ex p
안전증 방폭구조	정상운전 중에 점화원 발생 방지를 위해 기계적, 전기적 구조상 혹은 온도 상승에 대해 안전도를 증가한 구조	Ex e
유입 방폭구조	전기불꽃 아크, 고온 발생 부분을 기름으로 채워 폭발성 가스 또는 증기에 인화되지 않도록 한 구조	Ex o
본질안전 방폭구조	정상 시 및 사고 시(단선, 단락, 지락)에 폭발 점화원(전기불꽃, 아크, 고온)의 발생이 방지된 구조	Ex ia Ex ib

1 ② 2 ③ 3 ③ 4 ④

05 해머작업 시 지켜야 할 사항 중 적절하지 못한 것은?

① 녹슨 것을 때릴 때 주의한다.
② 해머는 처음부터 힘을 주어 때린다.
③ 작업 시에는 타격하려는 곳에 눈을 집중시킨다.
④ 열처리된 것은 해머로 때리지 않는다.

해설
해머작업 시 안전사항
• 보호안경을 착용한다.
• 처음에는 서서히 힘을 주어 때린다.
• 장갑을 끼지 않는다.
• 해머를 자루에 꼭 끼운다.

06 산소-아세틸렌 용접 시 역화의 원인이 아닌 것은?

① 토치 팁이 과열되었을 때
② 토치에 절연장치가 없을 때
③ 사용가스의 압력이 부적당할 때
④ 토치 팁의 끝이 이물질로 막혔을 때

해설
역화의 원인
• 토치의 팁이 과열되었을 때
• 토치의 취급이 불량할 때
• 토치 팁의 끝이 이물질로 막혀 있을 때
• 토치의 성능이 불량할 때
• 아세틸렌 공급압력이 낮을 때

07 안전대책의 3원칙에 속하지 않는 것은?

① 기술적 대책   ② 자본적 대책
③ 교육적 대책   ④ 관리적 대책

해설
안전대책의 3원칙 : 교육적 대책, 기술적 대책, 관리적 대책

08 산소가 결핍되어 있는 장소에서 사용하는 마스크는?

① 송기마스크
② 방진마스크
③ 방독마스크
④ 격리식 방진마스크

해설
① 송기마스크 : 유해물의 농도가 높거나 산소가 결핍된 장소에서 사용하는 마스크
② 방진마스크 : 공기 중에 부유하는 유해한 미립자 물질을 흡입함으로써 건강장해의 우려성이 있는 경우에 사용하는 마스크
③ 방독마스크 : 유독성 가스 발생지역이나 밀폐된 장소에서 사용하는 마스크

09 신축곡관이라고도 하며, 관의 구부림을 이용하여 신축을 흡수하는 신축이음장치는?

① 슬리브형 신축이음
② 벨로스형 신축이음
③ 루프형 신축이음
④ 스위블형 신축이음

해설
루프형(만곡형) : 강관 또는 동관을 굽혀서 루프상의 곡관을 만들어 그 힘에 의해서 신축을 흡수하는 방식(곡률반경은 관지름의 6배 이상으로 한다)

10 가스용 보일러 설비 주위에 설치해야 할 계측기 및 안전장치와 무관한 것은?

① 급기 가스온도계
② 가스 사용량 측정유량계
③ 연료 공급 자동차단장치
④ 가스 누설 자동차단장치

해설
가스용 보일러 설비 주위에 설치해야 할 계측기 및 안전장치
• 급수 입구의 급수온도계
• 가스 사용량 측정유량계
• 연료 공급 자동차단장치
• 가스 누설 자동차단장치

11 온수난방설비의 밀폐식 팽창탱크에 설치되지 않는 것은?

① 수위계
② 압력계
③ 배기관
④ 안전밸브

해설
배기관(통기관)은 개방식 팽창탱크에 설치한다.

12 다른 보온재에 비하여 단열효과가 낮으며, 500℃ 이하의 파이프, 탱크, 노벽 등에 사용하는 보온재는?

① 규조토
② 암면
③ 기포성 수지
④ 탄산마그네슘

해설
무기질 보온재의 안전사용 최고 온도
• 세라믹 파이버 : 30~1,300℃
• 실리카 파이버 : 50~1,100℃
• 탄산마그네슘 : 250℃
• 규조토 : 500℃
• 석면 : 500℃
• 암면 : 600℃
• 규산칼슘 : 650℃

13 보일러의 강도가 부족하여 증기압 또는 수두압에 견디지 못하고 파열하는 원인과 가장 무관한 것은?

① 사용 중 부식
② 재료 불량
③ 캐리오버
④ 용접 불량

해설
캐리오버(기수공발) : 발생증기 중 물방울이 포함되어 송기되는 현상

14 과열증기 사용 시 장점이 아닌 것은?

① 열효율이 증가한다.
② 증기 소비량을 감소시킨다.
③ 보일러 관 내의 물때가 적어진다.
④ 습증기로 인한 부식을 방지한다.

해설
과열증기 사용 시 장단점
• 장 점
 – 적은 증기로 많은 일을 한다.
 – 증기의 마찰저항이 감소한다.
 – 부식 및 수격작용을 방지한다.
 – 열효율이 증가한다.
• 단 점
 – 가열장치에 열응력이 발생한다.
 – 표면온도를 일정하게 유지하기 곤란하다.

15 화염에서 발생하는 적외선을 이용하여 화염을 검출하는 것은?

① 플레임 로드
② 스택 스위치
③ 플레임 아이
④ 아쿠아스태트

해설
화염검출기의 종류
• 플레임 아이 : 화염에서 발생하는 적외선을 이용한 화염검출기
• 플레임 로드 : 화염의 전기전도성을 이용한 화염검출기
• 스택 스위치 : 화염의 발열현상을 이용한 검출기

16 유류 연소 자동점화보일러의 점화 순서상 화염검출기 작동 후 다음 단계는?

① 공기 댐퍼 열림
② 전자밸브 열림
③ 노 내압 조정
④ 노 내 환기

해설
유류 보일러의 자동장치 점화는 전원 스위치를 넣고 전환 스위치를 모두 자동으로 설정한 후 기동 스위치를 넣으면, 송풍기 기동 → 프리퍼지 → 점화용 버너 착화 → 연료펌프 기동 → 주버너 착화의 순서로 시퀀스가 진행된다.

17 관의 접속 상태·결합방식의 표시방법에서 납땜이음을 나타내는 도시기호로 맞는 것은?

해설
배관의 도시기호

명칭	도시기호	명칭	도시기호
나사형	─┼─	유니언형	─╂┤─
용접형	─✕─	슬루스밸브형	─▷◁─
플랜지형	─┤├─	글로브밸브형	─▷●─
턱걸이형	─⊂─	체크밸브형	─▷│─
납땜형	─○─	캡형	─┤

18 감습장치에 대한 설명으로 옳지 않은 것은?

① 압축감습장치는 동력 소비가 적다.
② 냉각감습장치는 노점온도 이하로 감습한다.
③ 흡수식 감습장치는 흡수성이 큰 용액을 이용한다.
④ 흡착식 감습장치는 고체 흡수제를 이용한다.

해설
감습장치
• 냉각감습장치 : 냉각코일 또는 공기세정기를 사용하며, 공기조화의 기본적인 조작의 하나이다. 냉각과 감습을 동시에 필요로 할 때는 유리하지만 냉각을 필요로 하지 않을 때는 재열(再熱)을 필요로 하므로 열량이 소모된다.
• 압축감습장치 : 공기를 압축기로 압축하고 냉각기로 냉각해 수분을 응축시킨다. 소요 동력이 커지므로 냉동기가 없는 소규모의 장치와 공기액화 등에 이용된다.
• 흡수식 감습장치 : 염화리튬, 트라이에틸렌글리콜 등의 흡수제를 사용한다. 공기를 분무 상태인 흡수제 속으로 통과시켜 감습하고, 흡수제는 가열, 농축 냉각되어 재생되므로 연속적인 처리가 이루어진다.
• 흡착식 감습장치 : 실리카겔, 활성알루미나, 생석회 등의 흡착제를 사용하여 두 개의 탑에서 흡습과 재생을 교대로 행한다. 장치는 간단하며 저습도의 공기를 얻을 수 있지만, 재생에 대량의 열량을 필요로 하므로 풍량이 적어도 되는 건조실 등에 사용된다.

19 다음 몰리에르 선도에서의 성적계수는 약 얼마인가?

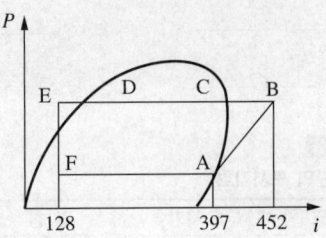

① 2.4 ② 4.9
③ 5.4 ④ 6.3

해설
성적계수(COP) = $\dfrac{q}{A_w} = \dfrac{397-128}{452-397} ≒ 4.9$

20 냉매 건조기(Dryer)에 관한 설명으로 옳은 것은?
① 암모니아 가스관에 설치하여 수분을 제거한다.
② 압축기와 응축기 사이에 설치한다.
③ 프레온은 수분에 잘 용해되지 않으므로 팽창밸브의 동결을 방지하기 위하여 설치한다.
④ 건조제로는 황산, 염화칼슘 등의 물질을 사용한다.

해설
프레온 냉동장치에서 수분 침입 시 미치는 악영향을 제거해 주기 위해 팽창밸브 직전의 액관에 설치한다.

21 프레온 냉동장치에 필요 없는 것은?
① 워터재킷 ② 드라이어
③ 액분리기 ④ 유분리기

해설
워터재킷은 실린더를 냉각시켜 주는 장치로, 암모니아 냉동장치에 필요하다.

22 냉동장치에서 가스퍼저(Gas Purger)를 설치할 경우 가스의 인입선을 설치하는 곳은?
① 응축기와 수액기의 균압관에 한다.
② 수액기와 팽창밸브 사이에 한다.
③ 압축기의 토출관으로부터 응축기의 3/4 되는 곳에 한다.
④ 응축기와 증발기 사이에 한다.

해설
가스퍼지에서 인입선은 응축기와 수액기의 균압관에 설치한다.

23 SI 단위에서 비체적의 설명으로 맞는 것은?
① 단위 엔트로피당 체적이다.
② 단위 체적당 중량이다.
③ 단위 체적당 엔탈피이다.
④ 단위 질량당 체적이다.

해설
비체적
단위 질량당 체적, 즉 밀도의 역수이다.
$\dfrac{부피}{질량}$

24 2차 냉매의 열전달방법은?

① 상태 변화에 의한다.
② 온도 변화에 의하지 않는다.
③ 잠열로 전달한다.
④ 감열로 전달한다.

해설
2차 냉매(간접 냉매)
통칭 Brine(NaCl, $CaCl_2$, $MgCl_2$ 등)을 말하며, 제빙장치의 브라인, 공조장치의 냉수 등이 이에 속한다. 감열에 의해 열을 운반한다.

25 압력표시에 1atm과 값이 다른 것은?

① 1.01325bar
② 1.0325MPa
③ 760mmHg
④ 1.03227kgf/cm^2

해설
표준대기압(atm)
1기압은 위도 45°의 해면에서 0℃ 760mmHg가 매 cm^2에 주는 힘
1atm = 760mmHg = 10,332mmH_2O(mmAq = kg/m^2)
= 1.0332kg/cm^2 = 14.7psi(lb/$inch^2$) = 1013.25mbar
= 101,325Pa(= N/m^2)

26 관을 절단하는 데 사용하는 공구는?

① 파이프 리머
② 파이프 커터
③ 오스터
④ 드레서

27 압축기에서 보통 안전밸브의 작동압력으로 옳은 것은?

① 저압 차단스위치 작동압력과 같게 한다.
② 고압 차단스위치 작동압력보다 다소 높게 한다.
③ 유압 보호스위치 작동압력과 같게 한다.
④ 고·저압 차단스위치 작동압력보다 낮게 한다.

28 냉동장치 배관 설치 시 주의사항으로 틀린 것은?

① 냉매의 종류, 온도 등에 따라 배관재료를 선택한다.
② 온도 변화에 의한 배관의 신축을 고려한다.
③ 기기 조작, 보수, 점검에 지장이 없도록 한다.
④ 굴곡부는 가능한 한 작게 하고, 곡률 반경을 작게 한다.

해설
배관 설치 시 굴곡부는 가능한 한 작게 하고, 곡률 반경은 크게 한다.

[정답] 24 ④ 25 ② 26 ② 27 ② 28 ④

29 1초 동안에 76kgf·m의 일을 할 경우 시간당 발생하는 열량은 약 몇 kcal/h인가?

① 641kcal/h
② 658kcal/h
③ 673kcal/h
④ 685kcal/h

해설
열량(Q)
Q = 76kg·m/s × 1kcal/427kg·m × 3,600s/h
　 = 641kcal/h

30 증기를 단열압축할 때 엔트로피의 변화는?

① 감소한다.
② 증가한다.
③ 일정하다.
④ 감소하다가 증가한다.

31 탱크형 증발기에 관한 설명으로 옳지 않은 것은?

① 만액식에 속한다.
② 주로 암모니아용으로 제빙용에 사용된다.
③ 상부에는 가스 헤드, 하부에는 액 헤드가 존재한다.
④ 브라인의 유동속도가 늦어도 능력에는 변화가 없다.

해설
탱크형 증발기는 유동속도에 영향을 받는다.

32 급수펌프에서 송출량이 10m³/min이고, 전양정이 8m일 때 펌프의 소요마력은?(단, 펌프효율은 75%이다)

① 15.6PS
② 17.8PS
③ 23.7PS
④ 31.6PS

해설

$$\text{PS} = \frac{\gamma Q h}{75\eta} = \frac{1,000\frac{\text{kg}}{\text{m}^3} \times 10\frac{\text{m}^3}{\text{min}} \times \frac{1\text{min}}{60\text{sec}} \times 8\text{m}}{75 \times 0.75} = 23.7$$

33 증발식 응축기 설계 시 1RT당 전열면적은?(단, 응축온도는 43℃로 한다)

① 1.2m²/RT
② 3.5m²/RT
③ 6.5m²/RT
④ 7.5m²/RT

34 회전식과 비교한 왕복동식 압축기의 특징으로 옳지 않은 것은?

① 진동이 크다.
② 압축능력이 작다.
③ 압축이 단속적이다.
④ 크랭크 케이스 내부압력이 저압이다.

해설
왕복동 압축기는 압축능력이 크다.

35 냉동장치 내에 냉매가 부족할 때 일어나는 현상으로 가장 거리가 먼 것은?

① 냉동능력이 감소한다.
② 고압측의 압력이 상승한다.
③ 흡입관에 상(霜)이 붙지 않는다.
④ 흡입가스가 과열된다.

해설
냉매가 부족하면 고압측의 압력이 감소한다.

36 고속 다기통 압축기의 흡입 및 토출밸브에 주로 사용하는 것은?

① 포핏밸브
② 플레이트밸브
③ 리드밸브
④ 와셔밸브

37 표준 냉동사이클의 온도조건으로 틀린 것은?

① 증발온도 : -15℃
② 응축온도 : 30℃
③ 팽창밸브 입구에서의 냉매액 온도 : 25℃
④ 압축기 흡입가스온도 : 0℃

해설
기준 냉동사이클

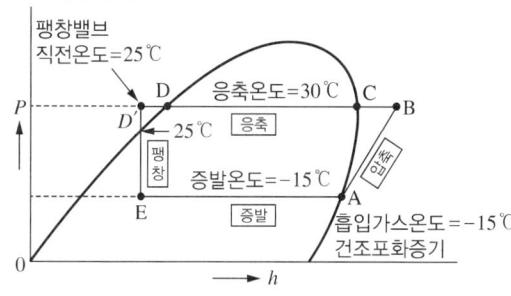

[P-h 선도상의 기준 냉동사이클 표시]

• 압축기 흡입가스온도 : -15℃(건조포화증기 = 과열도 0)
• 증발온도 : -15℃
• 응축온도 : +30℃
• 팽창밸브 입구 냉매액 온도 : +25℃(과냉각도 : 5℃)

38 회전식 압축기의 특징에 관한 설명으로 틀린 것은?

① 조립이나 조정에 있어서 고도의 정밀도가 요구된다.
② 대형 압축기와 저온용 압축기에 많이 사용된다.
③ 왕복동식보다 부품수가 적으며 흡입밸브가 없다.
④ 압축이 연속적으로 이루어져 진공펌프로도 사용된다.

해설
압축기의 종류에 따라 스크루식, 왕복동식, 회전식으로 구분된다. 중·소용량에는 회전식 및 왕복동식이 사용되고, 중·대용량에는 주로 왕복동식 및 스크루식이 사용된다.

정답 34 ② 35 ② 36 ② 37 ④ 38 ②

39 200V, 300W의 전열기를 100V 전압에서 사용할 경우 소비전력은?

① 약 50kW
② 약 75kW
③ 약 100kW
④ 약 150kW

해설
$P = VI$
$I = \dfrac{V}{R}$
$P = \dfrac{V^2}{R}$

전력은 전압의 제곱에 비례하므로,
$300 : 200^2 = x : 100^2$
$x = \dfrac{300 \times 100^2}{200^2} = 75$

40 지열을 이용하는 열펌프(Heat Pump)의 종류로 가장 거리가 먼 것은?

① 엔진 구동 열펌프
② 지하수 이용 열펌프
③ 지표수 이용 열펌프
④ 토양 이용 열펌프

해설
지열을 이용한 열펌프의 종류 : 지하수, 지표수, 지중열 이용 열펌프

41 −15℃에서 건조도가 0인 암모니아 가스를 교축, 팽창시켰을 때 변화가 없는 것은?

① 비체적
② 압력
③ 엔탈피
④ 온도

해설
팽창밸브에서 냉매가 통과할 때 교축(단열)팽창과정으로서, 엔탈피가 일정하고 압력은 강하되고, 온도는 저하되며, 비체적은 상승한다.

42 수랭식 응축기에 관한 설명으로 옳은 것은?

① 수온이 일정한 경우 유막 물때가 두껍게 부착되어도 수량을 증가하면 응축압력에는 영향이 없다.
② 응축부하가 크게 증가하면 응축압력 상승에 영향을 준다.
③ 냉온 수량이 풍부한 경우에는 불응축가스의 혼입 영향이 없다.
④ 냉각 수량이 일정한 경우에는 수온에 의한 영향이 없다.

해설
수랭식 응축기의 응축압력이 정상보다 높을 때의 원인
- 냉각 수량 부족 및 수온 상승 시(공랭식인 경우 송풍량 부족 및 외기온도 상승 시)
- 응축기 냉각관에 스케일(물 때 및 유막)이 과대하게 끼어 있을 때
- 불응축가스가 장치 내에 혼입되었을 때
- 냉매의 과충전이나 응축부하 증대 시

43 증발압력조절밸브를 부착하는 주요 목적은?

① 흡입압력을 저하시켜 전동기의 기동전류를 작게 한다.
② 증발기 내의 압력이 일정 압력 이하가 되는 것을 방지한다.
③ 냉매의 증발온도를 일정치 이하로 내리게 한다.
④ 응축압력을 항상 일정하게 유지한다.

44 제빙장치 중 결빙한 얼음을 제빙관에서 떼어낼 때 관 내의 얼음 표면을 녹이기 위해 사용하는 기기는?

① 주수조
② 양빙기
③ 저빙고
④ 용빙조

해설
용빙조 : 결빙한 얼음을 제빙관에서 떼어낼 때 관 내의 얼음 표면을 녹이기 위해 사용하는 기기

46 난방방식 중 방열체가 필요 없는 것은?

① 온수난방　② 증기난방
③ 복사난방　④ 온풍난방

해설
온풍난방은 열원장치에서 가열한 공기를 직접 실내에 공급하는 난방하는 방식으로서 방열체가 필요 없다.

난방방식의 분류와 특징

구 분	증기 난방	보통온수 난방	고온수 난방	복사 난방	온풍 난방
열 매	증 기	온 수	온 수	온 수	공 기
열매온도(℃)	100~110	40~80	110~150	40~60	50~80
방열체	방열기	방열기	방열기	바닥, 천장	-
방열량 (kcal/m²h)	650	450	600	100	-
설비비 (방열체, 배관)	소	중	소	대	소
운전비	중	중	소	중	대
사용용도	학교, 사무소	병원, 기숙사	지역 난방	아파트, 유치원	개별식

45 탄성이 부족하여 석면, 고무, 금속 등과 조합하여 사용되며, 내열범위는 -260~260℃ 정도로 기름에 침식되지 않는 패킹은?

① 고무 패킹
② 석면조인트 시트
③ 합성수지 패킹
④ 오일실 패킹

해설
패킹의 특징
- 고무 패킹 : 탄성이 우수하고 흡수성이 없다.
- 석면조인트 시트 : 광물질의 미세한 섬유로 450℃까지의 고온배관에도 사용된다.
- 합성수지 패킹 : 탄성이 부족하여 석면, 고무, 금속 등과 조합하여 사용되며, 내열범위는 -260~260℃ 정도로 기름에 침식되지 않는다.
- 오일실 패킹 : 한지를 일정한 두께로 겹쳐서 내유가공한 것으로 내열도는 낮으나 펌프, 기어박스 등에 사용한다.

47 물과 공기의 접촉면적을 크게 하기 위해 증발포를 사용하여 수분을 자연스럽게 증발시키는 가습방식은?

① 초음파식
② 가열식
③ 원심분리식
④ 기화식

해설
가습방식
- 초음파식 : 초음파에 의해 물을 무화시키는 방식
- 가열식 : 물을 끓여 수증기를 방출하는 방식
- 원심분무식 : 원심력에 의해 물의 표면장력 이상으로 물을 회전시켜 작은 입자로 만드는 방식으로, 소음이 큼
- 기화식 : 물과 공기의 접촉면적을 크게 하기 위해 증발포를 사용하여 수분을 자연스럽게 증발시키는 가습방식

정답　44 ④　45 ③　46 ④　47 ④

48 실내취득감열량이 35,000kcal/h이고, 실내로 유입되는 송풍량이 9,000m³/h일 때 실내의 온도를 25℃로 유지하려면 실내로 유입되는 공기의 온도를 약 몇 ℃로 해야 하는가?(단, 공기의 비중량은 1.29kg/m³, 공기의 비열은 0.24kcal/kg·℃로 한다)

① 9.5℃   ② 10.6℃
③ 12.6℃ ④ 148℃

해설
실내취득열량 = $0.24\gamma Q(t_2 - t_1)$
$35,000 = 0.24 \times 1.29 \times 9,000 \times (25 - x)$
∴ $x = 12.4$

49 냉각코일의 종류 중 증발관 내에 냉매를 팽창시켜 그 냉매의 증발잠열을 이용하여 공기를 냉각시키는 것은?

① 건코일
② 냉수코일
③ 간접 팽창코일
④ 직접 팽창코일

해설
냉·열매에 따른 공기조화기 코일
- 냉수코일 : 관 내에 냉수를 흐르게 하여 공기를 냉각시킨 후 냉방
- 온수코일 : 관 내에 온수를 흐르게 하여 공기를 가열시킨 후 난방
- 냉·온수코일 : 관 내의 냉방 시에는 냉수 공급, 난방 시에는 온수 공급
- 증기코일 : 관 내에 증기를 공급하여 공기를 가열시킨 후 난방
- 직접 팽창코일 : 관 내에 냉매를 통하게 하여 냉방 또는 냉동에 사용되며 냉동사이클의 증발기에 해당

50 다음 중 상대습도를 맞게 표시한 것은?

① φ = (습공기수증기분압/포화수증기압)×100
② φ = (포화수증기압/습공기수증기분압)×100
③ φ = (습공기수증기중량/포화수증기압)×100
④ φ = (포화수증기중량/습공기수증기중량)×100

해설
상대습도(RH ; Relative Humidity)
수증기의 분압과 동일한 온도의 포화습공기 수증기 분압의 비로서, 1m³의 습공기 중에 함유된 수분의 중량과 이와 동일한 1m³ 포화 습공기 중에 함유된 수분의 중량과의 비이다.

51 공기세정기에서 유입되는 공기를 정화시키기 위해 설치하는 것은?

① 루버   ② 댐퍼
③ 분무노즐   ④ 일리미네이터

해설
② 댐퍼 : 덕트 내에 설치하여 송풍량을 조절하는 공기조절판
④ 일리미네이터 : 관에 분무되는 냉각수의 일부가 공기와 같이 외부로 비산하는 것을 방지하기 위해 설치

52 단일 덕트 정풍량 방식의 특징으로 옳은 것은?

① 각 실마다 부하변동에 대응하기 곤란하다.
② 외기 도입을 충분히 할 수 없다.
③ 냉풍과 온풍을 동시에 공급할 수 있다.
④ 변풍량에 비하여 에너지 소비가 작다.

해설
단일 덕트 정풍량 방식 : 건물 내 장소에 따라 부하변동의 상황이 달라질 경우 구역 구분을 통해 구역마다 공조기를 설치하여 부하처리를 하는 방식

53 보일러에서 배기가스의 현열을 이용하여 급수를 예열하는 장치는?

① 절탄기
② 재열기
③ 증기과열기
④ 공기가열기

해설
절탄기 : 보일러 전열면(傳熱面)을 가열하고 난 연도(煙道)가스에 의하여 보일러 급수를 가열하는 장치

54 셸 앤 튜브(Shell & Tube)형 열교환기에 관한 설명으로 옳은 것은?

① 전열관 내 유속은 내식성이나 내마모성을 고려하여 약 1.8m/s 이하가 되도록 하는 것이 바람직하다.
② 동관을 전열관으로 사용할 경우 유체온도는 200℃ 이상이 좋다.
③ 증기와 온수의 흐름은 열교환 측면에서 병행류가 바람직하다.
④ 열관류율은 재료와 유체의 종류에 상관없이 거의 일정하다.

해설
셸 앤 튜브(Shell & Tube)형 열교환기
• 전열관 내 유속은 내식성이나 내마모성을 고려하여 약 1.8m/s 이하가 되도록 하는 것이 바람직하다.
• 동관을 전열관으로 사용할 경우 유체온도가 150℃ 이하가 좋다.
• 증기와 온수의 흐름은 수평 흐름이 바람직하다.
• 열관류율은 재료와 유체의 종류에 따라 다르다.

55 보일러에서 공기예열기 사용에 따라 나타나는 현상으로 틀린 것은?

① 열효율 증가
② 연소효율 증대
③ 저질탄 연소 가능
④ 노 내 연소속도 감소

해설
공기예열기 사용에 따라 나타나는 현상
• 열효율 증가
• 연소효율 증대
• 저질탄 연소 가능
• 노 내 연소속도 증가

56 공기조화시스템의 열원장치 중 보일러에 부착되는 안전장치로 가장 거리가 먼 것은?

① 감압밸브
② 안전밸브
③ 화염검출기
④ 저수위 경보장치

해설
감압밸브는 송기장치이다.

57 공기냉각코일의 설치에 대한 내용으로 틀린 것은?

① 공기의 풍속은 2~3m/s가 되도록 한다.
② 물의 속도는 일반적으로 1m/s 전후가 되도록 한다.
③ 코일의 설치는 관이 수직으로 놓이게 한다.
④ 공기류와 수류의 방향은 역류가 되도록 한다.

해설
공기냉각코일은 관이 수평으로 놓이게 설치한다.

정답 53 ① 54 ① 55 ④ 56 ① 57 ③

58 파이프 코일을 바닥이나 천장 등에 설치하고 냉수 또는 온수를 보내 냉난방을 하는 방식은?

① 전 공기방식
② 패키지 유닛방식
③ 유인 유닛방식
④ 복사 냉난방방식

> [해설]
> 복사난방
> - 바닥패널, 벽패널, 천장패널을 설치하여 복사열을 이용해 난방하는 방식이다.
> - 매설관 때문에 준공 후의 수리나 보존이 매우 번잡하다.
> - 바닥면에서 예열이 이용되므로 연료 소비량이 적다.
> - 주택, 아파트에 적합하다.

59 팬의 효율을 표시하는 데 있어서 사용되는 전압효율에 대한 올바른 정의는?

① $\dfrac{축동력}{공기동력}$

② $\dfrac{공기동력}{축동력}$

③ $\dfrac{회전속도}{송풍기 크기}$

④ $\dfrac{송풍기 크기}{회전속도}$

60 공조용 급기덕트에서 취출된 공기가 어느 일정 거리만큼 진행했을 때의 기류 중심선과 취출구 중심의 거리를 무엇이라고 하는가?

① 도달거리
② 1차 공기거리
③ 2차 공기거리
④ 강하거리

> [해설]
> - 강하거리 : 공조용 급기덕트에서 취출된 공기가 어느 일정 거리만큼 진행했을 때의 기류 중심선과 취출구 중심의 거리
> - 도달거리 : 분출구에서 분출된 공기가 도달한 어떤 점 및 일반적으로 0.25m/s의 일정 풍속이 되는 곳까지의 수평 이동거리

2022년 제1회 과년도 기출복원문제

01 연삭숫돌을 고속 회전시켜 공작물의 표면을 깎아 내는 연삭작업 시 안전수칙으로 옳지 않은 것은?

① 작업 시작 전에 1분 이상 시운전한다.
② 연삭숫돌을 교체한 후에는 2분 이상 시운전한다.
③ 측면을 사용하는 것을 목적으로 하는 연삭숫돌 이외의 연삭숫돌은 측면을 사용하도록 해서는 안 된다.
④ 연삭숫돌의 최고 사용회전속도를 초과하여 사용 하도록 하여서는 안 된다.

해설
연삭숫돌 교체 시 3분 이상 시운전을 실시한다.

02 안전모의 무게는 얼마 이상을 초과하면 안 되는 가?(단, 턱끈 등의 부속품 무게는 제외한다)

① 240g   ② 340g
③ 440g   ④ 540g

해설
안전모의 모체, 충격 흡수 라이너 및 착장제의 무게는 0.44kg을 초과하지 않아야 한다(안전모의 내전압성 : 7,000V 이하).

03 줄작업 시 유의해야 할 내용으로 적절하지 못한 것은?

① 미끄러지면 손을 다칠 위험이 있으므로 유의한다.
② 손잡이가 줄에 튼튼하게 고정되어 있는지 확인한다.
③ 줄의 균열 유무를 확인할 필요는 없다.
④ 줄작업은 몸의 안정을 유지하며 전신을 이용한다.

해설
줄작업 시 줄의 균열 유무를 반드시 확인해야 한다.

04 사용압력이 30kgf/cm², 관의 허용응력이 10kg/mm²일 때 스케줄 번호는?

① 30   ② 40
③ 100 ④ 80

해설
스케줄 번호 $= \dfrac{\text{사용압력[kgf/cm}^2\text{]}}{\text{허용응력[kg/mm}^2\text{]}} \times 10$
$= \dfrac{30}{10} \times 10 = 30$

정답 1 ② 2 ③ 3 ③ 4 ①

05 관의 지름이 다를 때 사용하는 이음쇠가 아닌 것은?

① 리듀서 ② 부 싱
③ 리턴 벤드 ④ 편심 이경 소켓

해설
밴드는 유체의 흐름 방향을 결정한다.
관 이음쇠의 종류

목 적	종 류
배관의 방향을 바꿀 때	엘보, 밴드, 이경 엘보, 암수엘보
관을 도중에서 분기할 때	티, 이경 티, 암수티, 와이, 크로스
지름이 같은 관의 직선 연결	소켓, 유니언, 플랜지, 니플
지름이 다른 관의 연결	부싱, 이경 소켓(리듀서), 이경 엘보, 이경 티
관 끝을 막을 때	캡, 플러그, 블라인드 플랜지
관의 수리, 점검, 교체가 필요할 때	유니언(50A 이하의 관에 사용), 플랜지

06 수관 보일러로부터 드럼을 제거하고 수관으로만 연소실을 둘러쌓은 것으로, 보유 수량이 적어 증기 발생이 빠른 보일러는?

① 노통 보일러
② 연관 보일러
③ 노통연관 보일러
④ 관류 보일러

해설
관류 보일러 : 드럼 없이 수관으로만 되어 있고 가동시간이 짧으며, 과열되어 파손되어도 비교적 안전하다.
관류 보일러의 장점
• 드럼 없이 관으로만 고압 보일러가 제작된다.
• 순환비가 1이다.
• 전열면적이 크고 효율이 좋다.
• 시동시간이 짧다.

07 지구상에 존재하는 공기의 주된 성분이 아닌 것은?

① 산 소 ② 질 소
③ 아르곤 ④ 염 소

해설
공기의 주된 성분 : 질소, 산소, 아르곤

08 극간풍의 풍량을 계산하는 방법으로 틀린 것은?

① 환기 횟수에 의한 방법
② 극간 길이에 의한 방법
③ 창 면적에 의한 방법
④ 재실 인원수에 의한 방법

해설
극간풍의 풍량을 계산하는 방법 : 극간 길이법, 면적법, 환기 횟수법

09 환기와 배연에 관한 설명으로 틀린 것은?

① 환기란 실내의 공기를 차거나 따뜻하게 만들기 위한 것이다.
② 환기는 급기 또는 배기를 통하여 이루어진다.
③ 환기는 자연적인 방법, 기계적인 방법이 있다.
④ 배연설비란 화재 초기에 발생하는 연기를 제거하기 위한 설비이다.

해설
건축물에서 환기의 목적은 실내에서 발생되는 분진이나 열, 습기, 악취, 유해가스 등을 희석 또는 제거함으로써 실내의 공기 환경을 일정하게 유지해 재실자의 건강을 유지하는 것이다.

10 공기조화방식 분류 중 전공기방식이 아닌 것은?

① 멀티존 유닛방식
② 변풍량 재열식
③ 유인유닛방식
④ 정풍량식

해설
공조방식의 분류

분류			명칭
중앙 공조 방식	전공기 방식	단일 덕트 방식	정풍량 방식 · 말단에 재열기가 없는 방식
			변풍량 방식 · 재열기가 없는 방식 · 재열기가 있는 방식
		2중 덕트 방식	· 정풍량 2중 덕트방식 · 변풍량 2중 덕트방식 · 멀티존 유닛방식 · 덕트 병용의 패키지 방식 · 각층 유닛방식
	공기·수방식 (유닛 병용 방식)		· 덕트 병용 팬코일 유닛방식 · 유인유닛방식 · 복사냉난방방식
	전수방식		팬코일 유닛방식
개별 공조 방식	냉매방식		· 패키지 유닛방식 : 냉수배관, 복잡한 덕트 등이 없음 · 룸 쿨러 방식 · 멀티 유닛방식

11 다음 분류 중 천장 취출방식이 아닌 것은?

① 아네모스탯형
② 브리즈 라인형
③ 팬 형
④ 유니버설형

해설
유니버설형 : 창대에 설치하는 취출구

12 다음 중 엔탈피의 단위는?

① kcal/kg · ℃
② kcal/kg
③ kcal/m² · h · ℃
④ kcal/m · h · ℃

해설
엔탈피는 단위중량당 가지고 있는 에너지의 함량이다.

13 다음 중 현열부하에만 영향을 주는 것은?

① 건구온도   ② 절대습도
③ 비체적   ④ 상대습도

해설
부하 형태에 따른 분류
• 현열부하 + 잠열부하
 - 외기 도입으로 인한 취득열량
 - 극간풍에 의한 열량
 - 인체 발생 부하
 - 기구 발생 부하
• 현열부하
 - 벽체로부터 취득열량
 - 유리로부터 취득열량
 - 송풍기에 의한 취득열량
 - 덕트로부터의 취득열량
 - 재열기 가열량

14 전열량의 변화와 절대습도 변화의 비율은?

① 현열비   ② 포화비
③ 열수분비 ④ 절대비

해설
열수분비(u) : 수분의 증가량에 대한 열량의 증가량의 비

15 유인 유닛 공조방식에 대한 설명으로 옳은 것은?

① 실내 환경 변화에 대응이 어렵다.
② 덕트 공간이 비교적 크다.
③ 각 실의 제어가 어렵다.
④ 회전 부분이 없어 동력(전기) 배선이 필요 없다.

해설
유닛에 송풍기나 전동기 등의 동력장치가 없어 전기배선이 없어도 된다.

16 습공기 선도상에서 확인할 수 있는 사항이 아닌 것은?

① 노점온도　　② 습공기의 엔탈피
③ 효과온도　　④ 수증기 분압

해설
습공기 선도에서 건구온도, 습구온도, 노점온도, 절대습도, 상대습도, 수증기 분압, 엔탈피, 비체적 등을 알 수 있다.

17 공기조화의 냉수코일을 설계하고자 할 때의 설명으로 틀린 것은?

① 코일을 통과하는 물의 속도는 1m/s 정도가 되도록 한다.
② 코일 출입구의 수온차는 대개 5~10℃ 정도가 되도록 한다.
③ 공기와 물의 흐름을 병류(평행류)로 하면 대수평균온도차가 커진다.
④ 코일의 모양은 효율을 고려하여 가능한 한 정방형으로 본다.

해설
공기와 물의 흐름을 대항류로 해야 대수평균온도차가 커진다.

18 전공기식 공기조화에 관한 설명으로 틀린 것은?

① 덕트가 소형으로 되므로 스페이스가 작게 된다.
② 송풍량이 충분하므로 실내 공기의 오염이 작다.
③ 중앙집중식이므로 운전, 보수관리를 집중화할 수 있다.
④ 병원의 수술실과 같이 높은 공기의 청정도를 요구하는 곳에 적합하다.

해설
전공기식 공기조화는 덕트가 대형으로 되므로 스페이스가 크게 된다.

19 열에 대한 설명으로 옳은 것은?

① 온도는 변화하지 않고 물질의 상태를 변화시키는 열은 잠열이다.
② 냉동에 주로 이용되는 것은 현열이다.
③ 잠열은 온도계로 측정할 수 있다.
④ 고체를 기체로 직접 변화시키는 데 필요한 승화열은 감열이다.

해설
- 현열(감열) : 상태 변화 없이 온도를 변화시키는 데 필요한 열
- 잠열(숨은열) : 온도 변화 없이 상태를 변화시키는 데 필요한 열
- 증발잠열(기화잠열) : 액체가 일정한 온도에서 증발할 때 필요한 열

20 몰리에르 선도에 대한 설명 중 틀린 것은?

① 과열 구역에서 등엔탈피선은 등온선과 거의 직교한다.
② 습증기 구역에서 등온선과 등압선은 평행하다.
③ 습증기 구역에서만 등건조도선이 존재한다.
④ 등비체적선은 과열증기 구역에서도 존재한다.

해설
과열 구역에서 등엔탈피선은 등온선과 거의 평형을 이룬다.

21 만액식 증발기의 특징으로 가장 거리가 먼 것은?

① 전열작용이 건식보다 나쁘다.
② 증발기 내에 액을 가득 채우기 위해 액면제어장치가 필요하다.
③ 액과 증기를 분리시키기 위해 액분리기를 설치한다.
④ 증발기 내에 오일이 고일 염려가 있으므로 프레온의 경우 유회수장치가 필요하다.

해설
냉매액이 가득 차 있으면 전열작용이 건식보다 좋다.

22 건식 증발기의 종류에 해당되지 않는 것은?

① 셸 코일식 냉각기
② 핀 코일식 냉각기
③ 보데로 냉각기
④ 플레이트 냉각기

해설
보데로 냉각기 : 액체 냉각용

23 12kW 펌프의 회전수가 800rpm, 토출량 1.5m³/min인 경우 펌프의 토출량을 1.8m³/min으로 하기 위하여 회전수를 얼마로 변화하면 되는가?

① 850rpm
② 960rpm
③ 1,025rpm
④ 1,365rpm

해설
펌프의 상사법칙

$Q_2 = Q_1 \times \left(\dfrac{N_2}{N_1} \right)$

$1.8 = 1.5 \times \dfrac{x}{800}$

∴ $x = 960$

24 액체나 기체가 갖는 모든 에너지를 열량의 단위로 나타낸 것은?

① 엔탈피
② 외부에너지
③ 엔트로피
④ 내부에너지

25 간접 냉각냉동장치에 사용하는 2차 냉매인 브라인이 갖추어야 할 성질로 틀린 것은?

① 열전달 특성이 좋아야 한다.
② 부식성이 없어야 한다.
③ 비등점이 높고, 응고점이 낮아야 한다.
④ 점성이 커야 한다.

해설
브라인은 점성이 크면 운송하는 펌프의 동력도 커야 하므로 점성이 작아야 한다.

정답 20 ① 21 ① 22 ③ 23 ② 24 ① 25 ④

26 암모니아 냉매의 특성이 아닌 것은?

① 수분을 함유한 암모니아는 구리와 그 합금을 부식시킨다.
② 대규모 냉동장치에 널리 사용된다.
③ 물과 윤활유에 잘 용해된다.
④ 독성이 강하고, 강한 자극성을 가지고 있다.

해설
암모니아 냉매는 물에는 잘 용해되지만, 윤활유에는 용해되지 않는다.

27 종류가 다른 금속으로 폐회로를 두 접속점에 온도를 다르게 하면 전류가 흐르게 되는 현상은?

① 펠티어효과   ② 평형현상
③ 제베크효과   ④ 자화현상

해설
열전효과(제베크효과) : 상이한 금속을 접합하여 전기회로를 구성하고, 양쪽 접속점에 온도차가 있으면 회로에 열기전력이 발생하는 현상

28 일반적으로 루프형 신축이음의 굽힘 반경은 사용 관경의 몇 배 이상으로 하는가?

① 1배   ② 3배
③ 4배   ④ 6배

해설
루프형(만곡형) 신축이음 : 강관 또는 동관을 굽혀서 루프상의 곡관을 만들어 그 힘에 의해서 신축을 흡수하는 방식으로, 곡률반경은 관지름의 6배 이상으로 한다.

29 고압증기난방에서 환수관이 트랩장치보다 높은 곳에 배관되었을 때 버킷 트랩이 응축수를 리프팅하는 높이는 증기 파이프와 환수관의 압력차 $1kg/cm^2$에 대하여 얼마로 하는가?

① 2m 이하   ② 5m 이하
③ 8m 이하   ④ 11m 이하

해설
버킷 트랩이 응축수를 리프팅하는 높이는 증기 파이프와 환수관의 압력차 $1kg/cm^2$에 대하여 5m 이하로 한다.

30 기수혼합식 급탕기를 사용하여 물을 가열할 때 열효율은?

① 100%   ② 90%
③ 80%   ④ 70%

해설
기수혼합식 탕비기 보일러에서 생긴 증기를 급탕용의 물속에 직접 불어 넣어서 온수를 얻는 방법이다. 증기를 열원으로 하는 급탕방식으로, 열효율이 100%로 높다.

31 밸브의 일반적인 기능으로 가장 거리가 먼 것은?

① 관 내 유량 조절 기능
② 관 내 유체의 유동 방향 전환 기능
③ 관 내 유체의 온도 조절 기능
④ 관 내 유체 유동의 개폐 기능

해설
배관의 일반적인 기능 중에서 온도 조절은 가능하지 않다.

26 ③   27 ③   28 ④   29 ②   30 ①   31 ③

32 외기온도 −5℃일 때 공급공기를 18℃로 유지하는 히트펌프난방을 한다. 방의 총열손실이 50,000 kcal/h일 때 외기로부터 얻은 열량은 약 몇 kcal/h 인가?

① 43,500　② 46,047
③ 50,000　④ 53,255

해설

열량 $= 50,000 - \dfrac{50,000 \times (291-268)}{291} \fallingdotseq 46,048$

33 보일러 점화 직전 운전원이 반드시 제일 먼저 점검해야 할 사항은?

① 공기온도 측정
② 보일러 수위 확인
③ 연료의 발열량 측정
④ 연소실의 잔류가스 측정

해설

보일러의 수위가 낮으면 과열로 파괴될 수 있으므로 수위를 반드시 확인해야 한다.

보일러 점화 전 점검사항
- 수면계의 수위를 확인한다(수면계의 기능 확인).
- 압력계의 기능을 점검한다(압력계의 지침이 0에 있는지 확인).
- 수저분출장치의 콕 및 밸브의 기능과 누수 유무를 확인한다.
- 연료계통 및 급수계통을 점검한다.
- 댐퍼를 만개하고, 노 내를 충분히 환기시킨다.
- 각 밸브의 개폐 상태를 확인한다.
- 기타 부속 및 제어장치를 확인한다.

34 목재 화재 시에는 물을 소화재로 이용하는데, 주된 소화효과는?

① 제거효과
② 질식효과
③ 냉각효과
④ 억 제

해설

물은 증발잠열(539kcal/kg)이 크기 때문에 냉각효과가 가장 크다.

35 회전식 압축기의 특징에 대한 설명으로 틀린 것은?

① 회전식 압축기는 조립이나 조정에 있어 정밀도가 요구되지 않는다.
② 잔류가스의 재팽창에 의한 체적효율의 감소가 작다.
③ 직경 구동에 용이하며, 왕복동에 비해 부품수가 적고 구조가 간단하다.
④ 왕복동식에 비해 진동과 소음이 작다.

해설

회전식 압축기는 조립이나 조정에 있어 정밀도가 요구된다.

정답　32 ②　33 ②　34 ③　35 ①

36 온도작동식 자동팽창밸브에 대한 설명으로 옳은 것은?

① 실온을 서모스탯에 의하여 감지하고, 밸브의 개도를 조정한다.
② 팽창밸브 직전의 냉매온도에 의하여 자동적으로 개도를 조정한다.
③ 증발기 출구의 냉매온도에 의하여 자동적으로 개도를 조정한다.
④ 압축기의 토출 냉매온도에 의하여 자동적으로 개도를 조정한다.

해설
온도작동식 자동팽창밸브는 증발기 출구의 냉매온도에 의하여 자동적으로 개도를 조정한다.

37 다음 중 이상적인 냉동사이클은?

① 오토사이클 ② 카르노사이클
③ 사바테사이클 ④ 역카르노사이클

해설
역카르노사이클 : 카르노사이클이 역으로 순환하는 사이클로, 이상적인 냉동사이클이다. 단열과정 2개와 등온과정 2개로 구성되어 있다.

38 도선에 전류가 흐를 때 발생하는 열량에 대한 설명으로 옳은 것은?

① 전류의 세기에 비례한다.
② 전류의 세기에 반비례한다.
③ 전류의 세기의 제곱에 비례한다.
④ 전류의 세기의 제곱에 반비례한다.

해설
열량(q) = I^2RT
즉, 열량은 전류의 세기의 제곱에 비례한다.

39 가정용 세탁기나 커피자동판매기처럼 미리 정해진 순서에 따라 조작부가 동작하여 제어목표를 달성하는 제어는?

① On-off제어
② 시퀀스제어
③ 공정제어
④ 서보제어

해설
시퀀스제어
- 미리 정해진 순서에 따라 제어의 각 단계를 진행하는 제어
- 응용 분야 : 전기세탁기, 전기냉장고, 전기밥솥, 엘리베이터, 컨베이어, 리프트, 프레스, 선반, 자동판매기, 광고탑, 발전소, 변전소 등
※ 가정용 전기냉장고는 On-off 작동제어이다.

40 공기조화용 취출구 종류 중 관에 일정한 크기의 구멍을 뚫어 토출구를 만들고, 천장 설치용으로 적당하며, 확산효과가 크기 때문에 도달거리가 짧은 것은?

① 아네모스탯(Anemostat)형
② 라인(Line)형
③ 팬(Pan)형
④ 다공판(Multi Vent)형

해설
④ 다공판형 : 판에 일정한 크기의 구멍을 뚫어 토출구를 만든 것으로, 천장 설치용으로 적당하다.
① 아네모스탯형 : 동심원상의 여러 장의 판을 겹쳐 빈틈을 만들고, 그 틈으로 공기를 취출함과 동시에 실내 공기를 유인하여 확산시킨다.
③ 팬형 : 천장 덕트의 아래쪽에 원형이나 방형판을 부착하고, 여기에 취출한 공기를 스치게 하여 천장면과 평행으로 불어낸다.

41 냉매 배관의 시공에 대한 설명으로 옳지 않은 것은?

① 기기 상호 간의 길이는 가능한 한 길게 한다.
② 관의 가공에 의한 재질의 변질을 최소화한다.
③ 압력손실은 지나치게 크지 않도록 한다.
④ 냉매의 온도와 압력에 충분히 견딜 수 있어야 한다.

해설
냉매 배관 시공 시 기기 상호 간의 길이는 가능한 한 짧게 하여 압력손실을 줄인다.

42 냉동장치의 기기 중 직접 압축기의 보호 역할을 하는 것과 관계없는 것은?

① 안전밸브
② 유압보호 스위치
③ 고압차단 스위치
④ 증발압력 조정밸브

해설
증발압력 조정밸브는 증발압력이 일정압력 이하가 되는 것을 방지하는 부속장치이다.

43 CA 냉장고란 무엇인가?

① 제빙용 냉동고
② 공조용 냉장고
③ 해산물 냉동고
④ 청과물 냉장고

해설
CA 냉장고 : 청과물을 냉장·저장하는 데 있어 보다 좋은 저장성을 확보하기 위하여 냉장고 내의 공기를 치환하는데 산소를 3~5% 감소시키고, 탄산가스를 3~5% 증가시켜 냉장고 내 청과물의 호흡작용을 억제하면서 냉장하는 냉장고

44 탱크형 증발기에 대한 설명으로 잘못된 것은?

① 만액식에 속한다.
② 브라인의 유동속도가 늦어도 능력에는 변화가 없다.
③ 상부에는 가스헤드, 하부에는 액헤드가 존재한다.
④ 주로 암모니아용으로 제빙용에 사용된다.

해설
브라인의 유동속도가 느리면 브라인의 양이 감소되어 냉동능력이 저하된다.

45 암모니아 냉매의 압력이 상승할 때 성질 변화에 대한 설명으로 옳은 것은?

① 증발잠열은 커지고, 증기의 비체적은 작아진다.
② 증발잠열은 작아지고, 증기의 비체적은 커진다.
③ 증발잠열은 작아지고, 증기의 비체적도 작아진다.
④ 증발잠열은 커지고, 증기의 비체적도 커진다.

해설
압력이 상승하면 증발잠열 및 비체적이 작아진다.

정답 41 ① 42 ④ 43 ④ 44 ② 45 ③

46 완전 진공 상태를 0으로 기준하여 측정한 압력은?

① 대기압 　　　② 진공도
③ 계기압력 　　④ 절대압력

해설
- 절대압력 : 완전 진공을 0으로 하여 측정한 압력
- 계기압력(게이지압력) : 대기압을 0으로 기준하여 측정한 압력

47 덕트의 아스펙트(Aspect)비는 보통 얼마로 하는가?

① 2 : 1 이하가 바람직하지만 4 : 1을 넘지 않는 범위로 한다.
② 4 : 1 이하가 바람직하지만 8 : 1을 넘지 않는 범위로 한다.
③ 6 : 1 이하가 바람직하지만 12 : 1을 넘지 않는 범위로 한다.
④ 8 : 1 이하가 바람직하지만 16 : 1을 넘지 않는 범위로 한다.

해설
아스펙트비는 장변과 단변의 비로서, 2 : 1을 표준으로 한다. 가능한 한 4 : 1 이하로 하여 최대 8 : 1 이상이 되지 않도록 한다.
덕트의 설계 및 시공 시 주의사항
- 덕트의 아스펙트비 : 4 이내
- 덕트의 곡률 반경 : 1.5~2배

48 공기조화를 행하는 주목적과 거리가 먼 것은?

① 온도 조절 　　② 습도 조절
③ 청정도 조절 　④ 소음 조절

해설
공기조화의 정의 및 목적
실내의 온도, 습도, 기류, 박테리아, 먼지, 냄새, 유독가스 등의 조건을 인체 및 물품에 가장 좋은 조건으로 유지하는 것이다.

49 건물의 바닥, 천장, 벽 등에 온수를 통하는 관을 매설하여 방열면으로 사용하며 아파트, 주택 등에 적합한 난방방법은?

① 복사난방 　　② 증기난방
③ 온풍난방 　　④ 전기히터난방

해설
복사난방
- 바닥 패널, 벽 패널, 천장 패널을 설치하여 복사열을 이용하여 난방한다.
- 매설관 때문에 준공 후의 수리나 보존이 매우 번잡하다.
- 바닥면에 예열이 이용되므로 연료 소비량이 적다.
- 주택, 아파트에 적합하다.

50 프레온계 냉매용 횡형 셸 앤 튜브(Shell and Tube)식 응축기에서 냉각관의 설명으로 옳은 것은?

① 재료는 강이고, 냉각수측의 전열저항에 비해 냉매측의 전열저항이 매우 크므로 외측의 전열면적을 증가시킨 핀튜브가 사용된다.
② 재료는 동이고, 냉각수측의 전열저항에 비해 냉매측의 전열저항이 매우 크므로 외측의 전열면적을 증가시킨 핀튜브가 사용된다.
③ 재료는 강이고, 냉각수측의 전열저항에 비해 냉매측의 전열저항이 매우 크므로 내측의 전열면적을 증가시킨 핀튜브가 사용된다.
④ 재료는 동이고, 냉각수측의 전열저항에 비해 냉매측의 전열저항이 매우 크므로 내측의 전열면적을 증가시킨 핀튜브가 사용된다.

해설
횡형 셸 앤 튜브식 응축기에서 냉각관의 재료는 동이고, 냉각수측의 전열저항에 비해 냉매측의 전열저항이 매우 크므로, 외측의 전열면적을 증가시킨 핀 튜브가 사용된다.

정답 46 ④　47 ②　48 ④　49 ①　50 ②

51 강관이음법 중 용접이음의 이점에 대한 설명으로 옳지 않은 것은?

① 유체의 마찰손실이 작다.
② 관의 해체와 교환이 쉽다.
③ 접합부 강도가 강하며, 누수의 염려가 작다.
④ 중량이 가볍고 시설의 보수 유지비가 절감된다.

해설
용접이음은 관의 해체와 교환이 어렵다. 관의 해체와 교환이 쉬운 이음은 플랜지이음, 유니언이음이다.

52 소규모 건물에 가장 적합한 공조방식은?

① 패키지 유닛방식
② 변풍량 단일 덕트방식
③ 이중 덕트방식
④ 복사냉난방방식

해설
패키지 유닛방식(Packaged Air Conditioner)
- 냉각코일에 냉매를 사용하며 환기와 급기를 덕트로 통하게 하는 방식으로 개별방식이라고도 한다.
- 패키지 유닛을 각 존마다 또는 각 층마다 설치 응용할 수 있다.
- 설치가 간단하고 자동 조작이 가능하다.
- 상점, 레스토랑 등의 소규모 구조물에 적합하다.

53 실내의 현열부하가 52,000kcal/h이고, 잠열부하가 20,000kcal/h일 때 현열비(SHF)는 약 얼마인가?

① 0.72   ② 0.67
③ 0.38   ④ 0.25

해설
현열비(SHF ; Sensible Heat Factor, 감열비)
전열량에 대한 현열량의 비로서 실내로 송출되는 공기의 상태를 나타낸다.

$$SHF = \frac{q_s}{q_s + q_L}$$
$$= \frac{52,000}{52,000 + 20,000}$$
$$= 0.72$$

여기서, q_s : 현열량
q_L : 잠열량

54 다음 중 환기의 효과가 가장 큰 환기법은?

① 제1종 환기
② 제2종 환기
③ 제3종 환기
④ 제4종 환기

해설
기계환기
강제로 기계의 힘에 의하여 환기를 하는 방식
- 제1종 기계환기법 : 급기 → 송풍기, 배기 → 송풍기
- 제2종 기계환기법 : 급기 → 송풍기, 배기 → 자연
- 제3종 기계환기법 : 급기 → 자연, 배기 → 송풍기

정답 51 ② 52 ① 53 ① 54 ①

55 토출압력이 너무 낮은 경우의 원인으로 적절하지 않은 것은?

① 냉매 충전량의 과다
② 토출밸브에서의 누설
③ 냉각수 수온이 너무 낮아서
④ 냉각수량이 너무 많아서

해설
냉매 충전량이 많으면 토출압력이 상승한다.
토출압력이 너무 낮은 경우의 원인
- 냉각수량이 너무 많거나 수온이 너무 낮은 경우
- 공랭식의 경우 냉각 공기량이 너무 많거나 냉각 공기온도가 너무 낮은 경우
- 증발기에서 압축기로 액냉매가 혼입된 경우
- 냉매 충전량이 부족한 경우
- 토출밸브로부터 냉매가 누설된 경우

56 내식성이 우수하고 열전도율이 비교적 크며, 굽힘성 등이 좋아 냉난방관, 급수관 등에 널리 이용되는 관은?

① 구리관
② 납 관
③ 합성수지관
④ 합금강 강관

해설
동관(구리관)의 특징
- 내식성이 좋다(상온의 공기에서는 녹슬지 않으나 수분 및 CO_2에 의해 청록색의 녹이 생긴다).
- 알칼리(가성소다, 가성칼리)에는 내식성이 크지만, 산성(초산, 황산 등)에는 심하게 부식되며 암모니아류에도 부식된다.
- 굴곡성, 전기·열전도성이 매우 양호하다.

57 액 순환식 증발기에 대한 설명 중 옳은 것은?

① 오일이 체류할 우려가 크고, 제상 자동화가 어렵다.
② 냉매량이 적게 소요되며 액펌프, 저압수액기 등 설비가 간단하다.
③ 증발기 출구에서 액은 80% 정도이고, 기체는 20% 정도 차지한다.
④ 증발기가 하나라도 여러 개의 팽창밸브가 필요하다.

해설
- 액 순환식 증발기는 증발기 출구에서 액이 80% 정도 차지하고, 기체는 20% 정도 차지한다.
- 액 압축을 방지할 수 있고, 제상의 자동화가 용이하다.
- 냉매량이 많이 들며 액펌프, 저압수액기 등 설비가 복잡하다 (단점).
- 증발기가 여러 대라도 팽창밸브는 한 개로 충분하다(장점).

58 2단 압축냉동장치에서 저압측(흡입압력)이 0kgf/cm²·g, 고압측(토출압력)이 15kgf/cm²·g이었다. 이때 중간압력은 약 몇 kgf/cm²·g인가?

① 2.03
② 3.03
③ 4.03
④ 5.03

해설
중간압력 $= \sqrt{P_1 \times P_2}$
$= \sqrt{(0+1) \times (15+1)}$
$= 4 \text{kg/cm}^2$
∴ $4 - 1 = 3 \text{kg/cm}^2 \cdot g$

59 가열원이 필요하며, 압축기가 필요 없는 냉동기는?

① 터보냉동기
② 흡수식 냉동기
③ 회전식 냉동기
④ 왕복동식 냉동기

해설
흡수식 냉동기
• 운전 시 소음 및 진동이 거의 없다.
• 증기, 온수 등 배열을 이용할 수 있다.
• 압축식에 비해서 설치면적 및 중량이 크다.
• 압축식에 비해서 예랭시간이 길다.
• 흡수식 냉동장치에는 압축기가 없다.

60 냉매의 건조도가 가장 큰 상태는?

① 과냉액
② 습포화 증기
③ 포화액
④ 건조포화 증기

해설
건조포화 증기는 건조도가 100%이다.

2022년 제2회 과년도 기출복원문제

01 냉동기의 메인 스위치를 차단하고 전기시설을 점검하던 중 감전사고가 발생했다면, 어떤 전기부품 때문인가?

① 콘덴서
② 마그넷
③ 릴레이
④ 타이머

해설
콘덴서는 냉동기의 메인 스위치를 차단하고 전기시설을 점검하던 중 감전사고의 위험성이 있다.
감전사고의 직접적인 원인
- 충전부에 직접 접촉하거나 안전거리 이내 접근 시
- 절연열화 손상, 파손 등에 의해 누전된 전기기기 등에 접촉 시
- 잔류전하가 충전된 콘덴서 고압케이블 등에 접촉 시
- 전기기기 등의 외함과 권선 사이 또는 외함과 대지 간의 정전용량에 의한 분압전압이 인가된 경우
- 지락전류 등이 흐르고 있는 도체 부근에 발생하는 전위경사도(전위차)에 의한 경우
- 고전압 송전선의 정전유도 또는 유도전압에 의한 경우
- 정전회로에 오조작 또는 자가용 발전기 운전으로 인한 역송전에 의한 가압의 경우
- 낙뢰의 진행파에 의한 경우

02 재해율 중 연천인율을 구하는 식으로 옳은 것은?

① 연천인율 = (연간 재해자수/연평균 근로자수) × 1,000
② 연천인율 = (연평균 근로자수/재해 발생건수) × 1,000
③ 연천인율 = (재해 발생건수/근로 총시간수) × 1,000
④ 연천인율 = (근로 총시간수/재해 발생건수) × 1,000

해설
연천인율
1년간 근로자 1,000명 중 몇 명이 재해를 당했느냐를 나타내는 재해율 통계

$$연천인율 = \frac{1,000 \times 재해자수}{연평균\ 근로자수} = 빈도율 \times 2.4$$

03 수공구 안전에 대한 일반적인 유의사항으로 잘못된 것은?

① 사용 전에 반드시 이상 유무를 점검한다.
② 작업에 적합한 공구가 없을 경우 대용으로 유사한 것을 사용한다.
③ 수공구 사용 시에는 필요한 보호구를 착용한다.
④ 수공구 사용 전에 사용법을 충분히 숙지하고 익힌다.

해설
작업에 적합한 공구가 없을 경우 대용으로 유사한 것을 사용해서는 안 된다.

정답 1 ① 2 ① 3 ②

04 산소용접 중 역화현상이 일어났을 때 조치방법으로 가장 적합한 것은?

① 아세틸렌 밸브를 즉시 닫는다.
② 토치 속의 공기를 배출한다.
③ 아세틸렌 압력을 높인다.
④ 산소압력을 용접조건에 맞춘다.

해설
산소용접 중 역화 시 산소, 아세틸렌 밸브를 모두 닫는다.

05 냉동기계 설치 시 각 기기의 위치를 정하기 위한 설명으로 옳지 않은 것은?

① 운전상 작업의 용이성을 고려할 것
② 실내의 기계 상태를 일부분만 볼 수 있게 하고 제어가 쉽도록 할 것
③ 실내의 조명과 환기를 고려할 것
④ 현장의 상황에 맞는가를 조사할 것

해설
냉동기계 설치 시 실내의 기계 상태를 전부 볼 수 있게 하고, 제어가 쉽도록 한다.

06 보일러 취급 부주의에 의한 사고원인이 아닌 것은?

① 이상 감수(減水)   ② 압력 초과
③ 수처리 불량   ④ 용접 불량

해설
보일러 사고의 원인
• 제작상의 원인 : 재료 불량, 강도 부족, 구조 및 설계 불량, 용접 불량, 부속 기기의 설비 미비 등
• 취급상의 원인 : 저수위, 압력 초과, 미연가스에 의한 노 내 폭발, 급수처리 불량, 부식, 과열 등

07 열역학 제1법칙을 설명한 것 중 옳은 것은?

① 열평형에 관한 법칙이다.
② 이론적으로 유도 가능하여 엔트로피의 뜻을 잘 설명한다.
③ 이상 기체에만 적용되는 열량법칙이다.
④ 에너지 보존의 법칙 중 열과 일의 관계를 설명한 것이다.

해설
④ 열역학 제1법칙 : 에너지 보존의 법칙을 적용한 것으로 열량은 일량으로, 일량은 열량으로 환산 가능함을 밝힌 법칙
① 열역학 제0법칙
② 열역학 제2법칙

08 축류 취출구로서 노즐을 분기 덕트에 접속하여 급기를 취출하는 방식으로, 구조가 간단하며 도달거리가 긴 것은?

① 펑커루버   ② 아네모스탯형
③ 노즐형   ④ 팬 형

해설
① 펑커루버형 : 원래 선박의 환기용으로 만들어진 것으로, 목을 움직일 수 있어 취출기류의 방향 조정이 가능하고, 댐퍼가 있어 풍량 조절도 가능하다. 풍량에 비해 공기저항이 크며 공장, 주방 등의 국소냉방(Spot Cooling)용이다.
② 아네모스탯형 : 다수의 원형 또는 각형의 콘(Cone)을 덕트 개구단에 붙여서 천장 부근의 실내 공기를 유인하여 취출기류가 충분히 확산된다. 취출구 중 가장 큰 유인 성능을 가지고 있으며, 취출기류 또는 유인된 실내 공기 중의 먼지에 의한 취출구 주변의 오염(Smudging)을 방지하기 위한 링(Ring)이 부착되어 있으며 원형, 각형, 장방형 등이 있다.
④ 팬형 : 유인 성능은 아네모스탯형에 비해 떨어지지만 도달거리는 길다.

09 전공기방식의 특징에 관한 설명으로 틀린 것은?

① 송풍량이 충분하므로 실내 공기의 오염이 작다.
② 리턴 팬을 설치하면 외기냉방이 가능하다.
③ 중앙집중식이므로 운전, 보수관리를 집중화할 수 있다.
④ 큰 부하의 실에 대해서도 덕트가 작게 되어 설치 공간이 작다.

해설
전공기방식은 큰 부하의 실에 대해서도 덕트가 크게 되어 설치 공간이 크다.

10 난방부하 계산 시 침입 외기에 의한 열손실로 가장 거리가 먼 것은?

① 현열에 의한 열손실
② 잠열에 의한 열손실
③ 크롤 공간(Crawl Space)의 열손실
④ 굴뚝효과에 의한 열손실

해설
크롤 공간(Crawl Space) : 환기 및 내부 수리 등의 목적으로 바닥 밑에 확보한 좁은 공간

11 흡수식 냉동기의 특징에 대한 설명으로 틀린 것은?

① 부분 부하에 대한 대응성이 좋다.
② 용량제어의 범위가 넓어 폭넓은 용량제어가 가능하다.
③ 초기 운전 시 정격 성능을 발휘할 때까지 도달속도가 느리다.
④ 압축식 냉동기에 비해 소음과 진동이 크다.

해설
흡수식 냉동기의 특징
• 운전 시 소음 및 진동이 거의 없다.
• 증기, 온수 등 배열을 이용할 수 있다.
• 압축식에 비해서 설치면적 및 중량이 크다.
• 압축식에 비해서 예랭시간이 길다.

12 감온식 팽창밸브의 작동에 영향을 미치는 것으로만 짝지어진 것은?

① 증발기의 압력, 스프링 압력, 흡입관의 압력
② 증발기의 압력, 응축기의 압력, 감온통의 압력
③ 스프링 압력, 흡입관의 압력, 압축기 토출 압력
④ 증발기의 압력, 스프링 압력, 감온통의 압력

해설
감온식 팽창밸브의 작동에 영향을 미치는 것 : 증발기의 압력, 스프링 압력, 감온통의 압력

13 프레온 냉동기의 제어장치 중 가용전(Fusible Pluge)은 주로 어디에 설치하는가?

① 열교환기   ② 증발기
③ 수액기   ④ 팽창밸브

해설
수액기
• 용량
  – NH_3용 : 계통 내 냉매량의 50%
  – Freon용 : 계통 내 냉매량의 100%
• 직경이 다른 2개의 수액기를 설치할 때는 상단을 일치시킨다.
• 내용적의 90% 이상 충전 금지
• NH_3용 : 안전밸브 설치, Freon용 : 가용전 설치

14 어느 냉동기가 2HP의 동력을 소모하여 시간당 5,050kcal의 열을 저열원에서 제거한다면 이 냉동기의 성적계수는 약 얼마인가?

① 4   ② 5
③ 6   ④ 7

해설
냉동기의 성적계수 = $\dfrac{냉동효과}{압축일}$ = $\dfrac{5,050\text{kcal/h}}{2\text{HP} \times \dfrac{641\text{kcal/h}}{1\text{HP}}}$ = 3.94

15 물 10kg을 0℃로부터 100℃까지 가열하면 엔트로피는 얼마만큼 증가하는가?(단, 물의 비열은 1kcal/kg·℃이다)

① 2.18kcal/K   ② 3.12kcal/K
③ 4.32kcal/K   ④ 5.18kcal/K

해설
$$\Delta S = mC_i \ln\frac{T_2}{T_1}$$
$$= 10\text{kg} \times 1\frac{\text{kcal}}{\text{kg}\,℃} \times \ln\frac{(273+100)}{(273+0)} = 3.12\text{kcal/K}$$

(섭씨온도차와 절대온도차는 같기 때문에)

16 표준 냉동사이클이 적용된 냉동기에 관한 설명으로 옳은 것은?

① 압축기 입구의 냉매 엔탈피와 출구의 냉매 엔탈피는 같다.
② 압축비가 커지면 압축기 출구의 냉매가스 토출온도는 상승한다.
③ 압축비가 커지면 체적효율은 증가한다.
④ 팽창밸브 입구에서 냉매의 과냉각도가 증가하면 냉동능력은 감소한다.

해설
압축비가 커지면 압축기의 토출가스의 온도가 높아지고 체적효율이 감소하여 냉동능력이 감소하며, 소요 동력이 현저히 증가함으로써 동력이 낭비된다.

17 원심식 압축기의 특징이 아닌 것은?

① 체적식 압축기이다.
② 저압의 냉매를 사용하고 취급이 쉽다.
③ 대용량에 적합하다.
④ 서징현상이 발생할 수 있다.

해설
원심(Turbo)식 압축기의 특징
- 비용적식(비체적식) 압축기이다.
- 임펠러에 의한 원심력을 이용하여 압축한다.
- 소형으로 설치면적이 작다.
- 부하가 감소되면 서징현상이 일어난다.
- 주로 냉수 냉각용으로 직접 팽창방식을 사용한다.
- 진동이 작고, 한 대로도 대용량이 가능하다.

18 보일러의 부속장치에서 댐퍼의 설치목적으로 틀린 것은?

① 통풍력을 조절한다.
② 연료의 분무를 조절한다.
③ 주연도와 부연도가 있을 경우 가스 흐름을 전환한다.
④ 배기가스의 흐름을 조절한다.

해설
댐퍼(Damper) : 덕트 내에 흐르는 통과 풍량의 조정기구이다. 통풍력을 조절하고, 주연도와 부연도의 가스 흐름을 전환시키며, 배기가스의 흐름을 조절한다.

19 방열기의 EDR이란?

① 최대방열면적
② 표준방열면적
③ 상당방열면적
④ 최소방열면적

해설
EDR(Equivalent Direct Radiation, 상당방열면적)
- 온수방열기 1EDR당 방열량 : 450kcal/h
- 주철제방열기 1EDR당 방열량 : 650kcal/h

20 제빙장치에서 브라인의 온도가 -10℃이고, 결빙소요시간이 48시간일 때 얼음의 두께는 약 몇 mm인가?(단, 결빙계수는 0.56이다)

① 253mm
② 273mm
③ 293mm
④ 313mm

해설
결빙시간 $= \dfrac{0.56 \times t^2}{-t_b}$

$48 = \dfrac{0.56 \times x^2}{-(-10)}$

∴ $x = 29.3\text{cm} = 293\text{mm}$

여기서, t : 얼음의 두께(cm)
t_b : 브라인의 온도

21 냉동기의 보수계획을 세우기 전에 실행하여야 할 사항으로 옳지 않은 것은?

① 인사기록철의 완비
② 설비운전기록의 완비
③ 보수용 부품명세의 기록 완비
④ 설비 인허가에 관한 서류 및 기록 등의 보존

해설
냉동기의 보수계획과 인사기록은 관계가 없다.

22 냉동효과의 증대 및 플래시(Flash) 가스 방지에 적당한 사이클은?

① 건조압축사이클
② 과열압축사이클
③ 습압축사이클
④ 과냉각사이클

해설
과냉각사이클에서는 플래시 가스가 발생하기 어렵고, 냉동효과도 증대된다.

23 가용전(Fusible Plug)에 대한 설명으로 틀린 것은?

① 불의의 사고(화재 등) 시 일정온도에서 녹아 냉동 장치의 파손을 방지하는 역할을 한다.
② 용융점은 냉동기에서 68~75℃ 이하로 한다.
③ 구성 성분은 주석, 구리, 납으로 되어 있다.
④ 토출가스의 영향을 직접 받지 않는 곳에 설치해야 한다.

해설
가용전의 구성요소
Cd(카드뮴), Bi(비스무트), Pb(납), Sn(주석), Sb(안티몬)

24 15℃의 1ton의 물을 0℃의 얼음으로 만드는 데 제거해야 할 열량은?(단, 물의 비열 4.2kJ/kg·K, 응고잠열 334kJ/kg이다)

① 63,000kJ
② 271,600kJ
③ 334,000kJ
④ 397,000kJ

해설
열량(Q)
$Q = q_1 + q_2$
$q_1 = G \times C \times \Delta t = 1,000 \times 4.2 \times (15-0) = 63,000$kJ
$q_2 = G \times \gamma = 1,000 \times 334 = 334,000$kJ
∴ $63,000 + 334,000 = 397,000$kJ

25 다음 중 브라인의 동파방지책으로 옳지 않은 것은?

① 부동액을 첨가한다.
② 단수 릴레이를 설치한다.
③ 흡입압력조정밸브를 설치한다.
④ 브라인 순환펌프와 압축기 모터를 인터록한다.

해설
브라인의 동파방지대책
• 부동액을 첨가한다.
• 단수 릴레이를 설치한다.
• 동파방지용 온도조절기를 설치한다.
• 증발압력조정밸브를 설치한다.
• 순환펌프와 압축기 모터를 인터록시킨다.

정답 22 ④ 23 ③ 24 ④ 25 ③

26 다음 중 습공기 선도의 종류에 속하지 않는 것은?
(단, h는 엔탈피, x는 절대습도, t는 건구온도, P는 압력을 각각 나타낸다)

① $h-x$ 선도
② $t-x$ 선도
③ $t-h$ 선도
④ $P-h$ 선도

해설
$P-h$ 선도는 냉매의 몰리에르 선도이다.

27 다음 중 수소, 염소, 불소, 탄소로 구성된 냉매계열은?

① HFC계
② HCFC계
③ CFC계
④ 할론계

해설
HCFC 계열 : 수소, 염소, 불소(플루오린), 탄소로 구성된 냉매계열

28 증발식 응축기 설계 시 1RT당 전열면적은?(단, 응축온도는 43℃로 한다)

① $1.2m^2/RT$
② $3.5m^2/RT$
③ $6.5m^2/RT$
④ $7.5m^2/RT$

29 전자식 팽창밸브에 관한 설명으로 틀린 것은?

① 응축압력의 변화에 따른 영향을 직접적으로 받지 않는다.
② 온도식 팽창밸브에 비해 초기 투자비용이 비싸고 내구성이 떨어진다.
③ 일반적으로 슈퍼마켓, 쇼케이스 등과 같이 운전시간이 길고 부하변동이 비교적 큰 경우에 사용하기 적합하다.
④ 전자식 팽창밸브는 응축기의 냉매유량을 전자제어장치에 의해 조절하는 밸브이다.

해설
전자식 팽창밸브 : 증발기의 냉매유량을 전자제어장치에 의하여 조절하는 밸브이다. 증발기 입구 냉각관 벽과 증발기 출구 냉각관 벽에 온도센서를 설치하여 이들 양쪽 센서의 검출온도차에 의해 증발기 출구 냉매가스의 과열도를 측정한다. 이 신호에 따라 밸브를 개폐하며, 증발기에 유입하는 냉매 유량을 피드백(Feedback) 제어한다.

30 냉동사이클에서 등엔탈피 과정이 이루어지는 곳은?

① 압축기
② 증발기
③ 수액기
④ 팽창밸브

해설
팽창밸브에서 냉매가 통과할 때 교축(단열) 팽창과정으로서 엔탈피는 일정하고 압력은 강하, 온도는 저하, 비체적은 상승한다.

31 팽창밸브를 너무 닫았을 때 나타나는 현상이 아닌 것은?

① 증발압력이 높아지고 증발기 온도가 상승한다.
② 압축기의 흡입가스가 과열된다.
③ 능력당 소요동력이 증가한다.
④ 압축기의 토출가스 온도가 높아진다.

해설
팽창밸브를 너무 닫으면 저항의 증대로 지나친 압력 강하에 의해 증발압력이 저하되고, 증발기 온도가 저하된다.

32 목푯값이 시간에 대하여 변화하지 않는 제어로 정전압장치나 일정 속도제어 등에 해당하는 제어는?

① 프로그램제어   ② 추종제어
③ 정치제어   ④ 비율제어

33 다음 그림($P-h$ 선도)에서 응축부하를 구하는 식으로 옳은 것은?

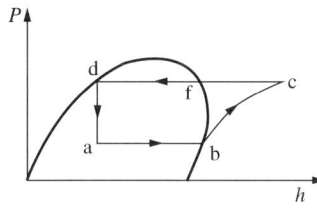

① $h_c - h_d$ ② $h_c - h_b$
③ $h_b - h_a$ ④ $h_d - h_a$

해설
응축기가 하는 역할 : c → d

34 냉동기 오일에 관한 설명으로 옳지 않은 것은?

① 윤활방식에는 비말식과 강제급유식이 있다.
② 사용 오일은 응고점이 높고, 인화점이 낮아야 한다.
③ 수분의 함유량이 적고, 장기간 사용하여도 변질이 적어야 한다.
④ 일반적으로 고속 다기통 압축기의 경우 윤활유의 온도는 50~60℃ 정도이다.

해설
윤활유의 구비조건
• 응고점이 낮고, 인화점이 높을 것
• 점도가 알맞고, 변질되지 말 것
• 수분이 포함되지 않고, 불순물이 없고, 전기적인 절연내력이 클 것
• 저온에서 왁스(Wax) 분리가 되지 않으며, 냉매가스 흡수가 적을 것
• 냉매가스가 흡수되어도 용적 증기가 적을 것
• 장기 휴지 중 방청능력이 있고, 오일 포밍에 소포성이 있을 것

35 수·공기방식인 팬 코일 유닛(Fan Coil Unit)방식의 장점으로 옳지 않은 것은?

① 개별 제어가 가능하다.
② 부하 변경에 따른 증설이 비교적 간단하다.
③ 전공기방식에 비해 이송동력이 작다.
④ 부분 부하 시 도입 외기량이 많아 실내 공기의 오염이 작다.

해설
팬 코일 유닛방식은 외기량이 적어 실내 공기의 오염이 심하다.

36 보일러의 증발량이 20ton/h이고, 본체 전열면적이 400m²일 때 이 보일러의 증발률은 얼마인가?

① 30kg/m²h
② 40kg/m²h
③ 50kg/m²h
④ 60kg/m²h

해설

전열면 증발률 = $\dfrac{실제증발량}{전열면적}$

$= \dfrac{20,000}{400}$

$= 50\text{kg/m}^2\text{h}$

37 콜드 드래프트(Cold Draft) 현상의 원인에 해당되지 않는 것은?

① 주위 벽면의 온도가 낮을 때
② 동절기 창문의 극간풍이 없을 때
③ 기류의 속도가 클 때
④ 주위 공기의 습도가 낮을 때

해설

콜드 드래프트 : 인체는 신진대사에 의해 계속 열을 생산하고 생산된 열은 주위로 소모된다. 그러나 생산된 열량보다 소비되는 열량이 많으면 추위를 느끼게 되는데, 이와 같이 소비되는 열량이 많아져서 추위를 느끼게 되는 현상이다.

콜드 드래프트의 원인
- 인체 주위의 공기온도가 너무 낮을 때
- 인체 주위의 기류속도가 너무 빠를 때
- 주위 공기의 습도가 낮을 때
- 주위 벽면의 온도가 낮을 때
- 창문 틈새를 통한 극간풍이 많을 때

38 온도, 습도, 기류를 1개의 지수로 나타낸 것으로 상대습도 100%, 풍속 0m/s인 경우의 온도는?

① 복사온도
② 유효온도
③ 불쾌온도
④ 효과온도

해설

실효온도(ET ; Effective Temperature)
습구온도 이외에 기류의 영향을 더한 온도로서 유효온도, 감각온도, 실감온도이라고도 한다. 그 기준은 상대습도 100%, 즉 포화상태이며, 정지공기(V = 0.08~0.13m/s)의 실내 상태를 말한다. 즉, 온습도의 쾌감과 동일한 쾌감을 얻을 수 있는 기류를 포함한 온도이다.

39 냉동장치를 설비할 때 보기의 작업 순서가 올바르게 나열된 것은?

┌ 보기 ┐
㉠ 냉각 운전   ㉡ 냉매 충전
㉢ 누설시험   ㉣ 진공시험
㉤ 배관의 방열공사

① ㉢ → ㉣ → ㉡ → ㉤ → ㉠
② ㉣ → ㉤ → ㉢ → ㉡ → ㉠
③ ㉢ → ㉤ → ㉣ → ㉡ → ㉠
④ ㉣ → ㉡ → ㉢ → ㉤ → ㉠

해설

냉동장치 설비의 작업 순서
누설시험 → 진공시험 → 냉매 충전 → 배관의 방열공사 → 냉각 운전

40 다음 그림이 나타내는 냉동사이클은?

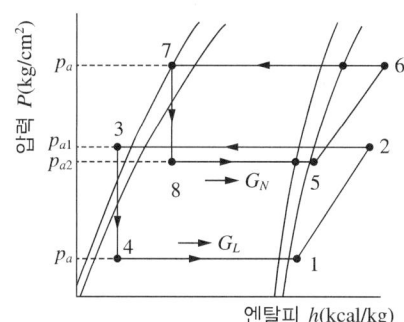

① 2단 압축 1단 팽창 냉동사이클이라고 한다.
② 2단 압축 2단 팽창 냉동사이클이라고 한다.
③ 2원 냉동사이클이라고 한다.
④ 강제순환식 2단 사이클이라고 한다.

해설
2원 냉동방식의 냉동사이클
−70℃ 이하의 초저온장치가 되면, 다단압축방식으로는 초저온의 실현이 곤란해진다. 따라서 냉동장치의 개량으로서 다원냉동(多元冷凍)방식이 채용되었다.

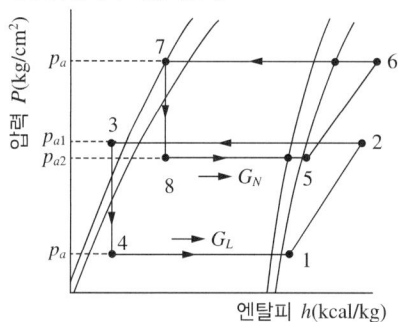

41 압축기 보호장치 중 고압차단 스위치(HPS)의 작동 압력은 정상적인 고압에 몇 kgf/cm² 정도 높게 설정하는가?

① 1 ② 4
③ 10 ④ 25

해설
작동압력(Cut Out)은 통상적으로 정상 고압 + 4kg/cm²이다.

42 시트 모양에 따라 삽입형, 홈꼴형, 유압형 등으로 구분되는 배관이음방법은?

① 플레어이음   ② 나사이음
③ 납땜이음   ④ 플랜지이음

해설
플랜지이음의 구분 : 삽입형, 홈꼴형, 유압형

43 난방공조에서 실내온도(코일의 입구온도)가 23℃, 현열량 4,000kcal/h, 풍량이 2,400kg/h이면 코일의 출구온도는 약 얼마인가?

① 26.95℃   ② 29.94℃
③ 33.42℃   ④ 36.52℃

해설
열량(Q)
$Q = G \times C \times \Delta t$
$4,000 = 2,400 \times 0.24 \times (x - 23)$
∴ $x = 29.94$

44 동일한 용량의 다른 보일러에 비해 전열면적이 크고 가동시간이 짧으며, 고압증기를 만들기 쉬워서 대용량에 적합한 것은?

① 주철제 보일러   ② 입형 보일러
③ 노통 보일러   ④ 수관 보일러

해설
수관식 보일러의 특성
• 고압 대용량에 적합하다.
• 효율이 높다.
• 증기 발생시간이 빠르다.
• 보유 수량이 적어 파열 시 피해가 작다.
• 급수처리가 까다롭고 구조가 복잡하다.
※ 관류 보일러 : 드럼이 없이 수관만으로 되어 있고 가동시간이 짧으며 과열되어 파손되어도 비교적 안전하다.

정답 40 ③ 41 ② 42 ④ 43 ② 44 ④

45 주철관을 직선으로 연결하는 접속법은?

① 티(Tee) 이음
② 소켓(Socket) 이음
③ 크로스(Cross) 이음
④ 벤드(Bend) 이음

해설
주철관을 직선으로 연결한 접속법은 소켓이음법이다.

46 프레온 냉매(할로겐화 탄화수소)의 호칭기호 결정과 관계없는 성분은?

① 수 소
② 탄 소
③ 산 소
④ 불 소

해설
프레온 냉매의 호칭기호 : 탄소, 수소, 불소, 염소

47 1분 만에 25℃의 순수한 물 40L를 5℃로 냉각하기 위한 냉각기의 냉동능력은 약 몇 냉동톤인가?

① 0.24RT
② 14.45RT
③ 241RT
④ 14,458RT

해설
$$1RT = \frac{Q}{3,320} = \frac{40 \times 1 \times (25-5)}{3,320} \times 60 = 14.45RT$$

48 불연속제어에 속하는 것은?

① On-off 제어
② 비례제어
③ 미분제어
④ 적분제어

해설
불연속 동작 : On-off 동작(2위치 동작), 다위치 동작

49 전자밸브를 작동시켜 주는 원리는?

① 냉매압력
② 영구자석의 철심의 힘
③ 전류에 의한 자기작용
④ 전자밸브 내의 소형 전동기

해설
전자밸브의 작동원리는 전류에 의한 자기작용이다.

50 사무실의 공기조화를 행할 경우, 다음 중 전체 열부하에서 가장 큰 비중을 차지하는 항목은?

① 바닥에서 침입하는 열과 재실자로부터의 발생열
② 문을 열 때 들어오는 열과 문틈으로 들어오는 열
③ 재실자로부터의 발생열과 조명기구로부터의 발생열
④ 벽, 창, 천장 등에서 침입하는 열과 일사에 의해 유리창을 투과하여 침입하는 열

해설
벽, 창, 천장 등에서 침입하는 열과 일사에 의해 유리창을 투과하여 침입하는 열이 사무실의 공기조화를 행할 경우 가장 큰 비중을 차지한다.

51 실내의 오염된 공기를 신선한 공기로 희석 또는 교환하는 것을 무엇이라고 하는가?

① 환 기   ② 배 기
③ 취 기   ④ 송 기

해설
실내의 공기를 교환하여 청정하게 유지하는 것을 환기라고 한다. 환기에는 실내외의 온도차로 생기는 공기비중의 차, 풍력에 의한 자연환기, 환풍기를 사용해 실내에 신선한 공기를 받아들이는 기계환기 등 세 종류가 있다. 최근 자동제어장치의 발달에 따라서 온도와 습도를 임의로 가감하고, 일정속도에 따라서 환기를 하는 동시에 멸균, 집진할 수 있는 방법을 강구하게 되었다. 이것을 공기 조절이라 하고 커다란 빌딩 또는 병원 등에서는 필수적인 장치가 되고 있다.

52 보일러 스케일 방지책으로 적절하지 않은 것은?

① 청정제를 사용한다.
② 보일러판을 미끄럽게 한다.
③ 급수 중의 불순물을 제거한다.
④ 수질 분석을 통한 급수의 한계값을 유지한다.

해설
스케일의 생성원인
스케일은 급수 중에 함유되어 있는 용해 고형물(경도성분 : Ca, Mg) 성분이 보일러수의 온도 상승에 따른 용해도가 감소되어 석출되는 것과 보일러수의 농축, 관수의 물리적·화학적 작용을 받아서 보일러 내면에 결정을 석출하여 존재하는 것이 있다. 보일러판을 매끄럽게 해도 스케일은 방지되지 않는다.

53 프레온 응축기(수랭식)에서 냉각수량이 시간당 18,000L, 응축기 냉각관의 전열면적이 20m², 냉각수 입구온도 30℃, 출구온도 34℃인 응축기의 열통과율 900kcal/m²·h·℃라고 할 때 응축온도는? (단, 냉매와 냉각수의 평균 온도차는 산술평균치로 하고 열손실은 없는 것으로 한다)

① 32℃   ② 34℃
③ 36℃   ④ 38℃

해설
$Q_1 = K \times F \times \Delta t_m$

$18,000 \times 1 \times 4 = 900 \times 20 \times \left(x - \frac{30+34}{2}\right)$

$\therefore x = 36℃$

여기서, Q_1 : 응축부하(kcal/h)
K : kcal/m²·h·℃
F : 전열면적(m²)
Δt_m : 평균 온도차(응축온도−냉각수 평균 온도)

54 원심식 송풍기의 종류에 속하지 않는 것은?

① 터보형 송풍기
② 다익형 송풍기
③ 플레이트형 송풍기
④ 프로펠러형 송풍기

해설
프로펠러형은 축류형 송풍기에 해당된다.

55 공기조화에서 시설 내 일산화탄소의 허용되는 오염 기준은 시간당 평균 얼마인가?

① 25ppm 이하
② 30ppm 이하
③ 35ppm 이하
④ 40ppm 이하

56 복사난방에 대한 설명으로 틀린 것은?

① 실내의 쾌감도가 높다.
② 실내온도 분포가 균등하다.
③ 외기온도의 급변에 대한 방열량 조절이 용이하다.
④ 시공, 수리, 개조가 불편하다.

해설
복사난방 : 바닥패널, 벽패널, 천장패널을 설치하여 복사열을 이용하여 난방하는 방식
- 복사난방은 배관이 매립되어 있으므로 고장 시 발견이 어렵고, 시설비가 많이 든다.
- 복사난방은 실내온도분포가 가장 균일한 난방방식이다.
- 복사난방은 부하 변화에 따른 온도 조절이 늦다(외기의 온도 변화에 대한 온도 조절이 어렵다).
- 복사난방은 실내의 평균 온도가 낮다.

57 덕트 속에 흐르는 공기의 평균 유속 10m/s, 공기의 비중량 1.2kgf/m³, 중력 가속도가 9.8m/s²일 때 동압은?

① 약 3mmAq
② 약 4mmAq
③ 약 5mmAq
④ 약 6mmAq

해설
$$V = \sqrt{\frac{2gh}{\gamma}}$$
$$10 = \sqrt{\frac{2 \times 9.8 \times x}{1.2}}$$
$$\therefore x \fallingdotseq 6$$

58 단일 덕트방식의 특징으로 틀린 것은?

① 단일 덕트 스페이스가 비교적 크게 된다.
② 외기 냉방 운전이 가능하다.
③ 고성능 공기정화장치의 설치가 불가능하다.
④ 공조기가 집중되어 있으므로 보수관리가 용이하다.

해설
단일 덕트방식은 고성능 공기정화장치의 설치가 가능하다.

59 동관 공작용 작업공구가 아닌 것은?

① 익스펜더
② 사이징 툴
③ 튜브 벤더
④ 봄 볼

해설
연관용 배관공구
- 봄볼 : 연관을 뽑아서 구멍을 뚫을 때 사용한다.
- 드레서 : 연관 표면의 산화물을 제거할 때 사용한다.
- 맬릿 : 나무해머
- 턴핀 : 연관 끝을 넓힐 때 사용한다.
- 벤드밴 : 연관에 끼워 관을 굽히거나 펼 때 사용한다.

60 주로 저압증기나 온수배관에서 호칭지름이 작은 분기관에 이용하며, 굴곡부에서 압력 강하가 생기는 이음쇠는?

① 슬리브형
② 스위블형
③ 루프형
④ 벨로스형

해설
스위블형(스윙형) : 스윙 조인트 또는 지블이음이라고도 한다. 온수 또는 저압증기의 분기점을 2개 이상의 엘보로 연결하여 관의 신축 시에 비틀림을 일으켜 신축을 흡수한다. 주로 온수급탕배관에 사용한다.

# 2023년 제1회 과년도 기출복원문제

01 수관 보일러의 특징으로 틀린 것은?

① 사용압력이 연관식보다 높다.
② 부하변동에 따른 추종성이 높다.
③ 예열시간이 짧고 효율이 좋다.
④ 초기 투자비가 적게 들며 급수처리도 용이하다.

해설
수관식 보일러는 설계가 복잡하고 대용량이라서 초기 투자비가 많이 들며 급수처리가 까다롭다.

02 흡수식 냉동기의 냉매와 흡수제 조합으로 맞는 것은?

① 물(냉매) - 프레온(흡수제)
② 암모니아(냉매) - 물(흡수제)
③ 메틸아민(냉매) - 황산(흡수제)
④ 물(냉매) - 다이메틸에테르(흡수제)

해설
흡수식 냉동기에서 냉매와 흡수제

냉 매	물(H_2O)	물(H_2O)	암모니아(NH_3)
흡수제	LiBr	LiCl	물(H_2O)

03 증발기에 대한 설명으로 틀린 것은?

① 냉각실 온도가 일정한 경우, 냉각실 온도와 증발기 내 냉매 증발온도의 차이가 작을수록 압축기 효율은 좋다.
② 동일한 조건에서 건식 증발기는 만액식 증발기에 비해 충전 냉매량이 적다.
③ 일반적으로 건식 증발기 입구에 냉매의 증기가 액냉매에 섞여 있고, 출구에서 냉매는 과열도를 갖는다.
④ 만액식 증발기에서는 증발기 내부에 윤활유가 고일 염려가 없어 윤활유를 압축기로 보내는 장치가 필요하지 않다.

해설
만액식 증발기의 특징
• 증발기 내에 오일이 고일 염려가 있어 프레온 냉동기에는 오일회수장치가 필요하다.
• 냉매량이 많이 필요하지만 전열이 양호하다.
• 냉각관이 냉매액에 잠겨 있다.
• 팽창밸브 형식은 플로트밸브 형식을 사용하면 이상적이다.
• 냉매 액백(Liquid Back)을 방지하기 위하여 액분리기(어큐뮬레이터)가 필요하다.

04 공기조화기에 속하지 않는 것은?

① 공기가열기
② 공기여과기
③ 공기냉각기
④ 덕트

해설
공기조화설비의 구성
• 열(냉)원장치 : 증기, 온수를 위한 보일러, 냉각을 얻기 위한 냉동기, 냉각탑 등
• 공기조화기(AHU ; Air Handling Unit) : 공기여과기, 공기냉각기, 공기가열기 등
• 열매체 운반장치 : 송풍기, 팬, 덕트, 배관, 펌프, 토출구, 흡입구 등
• 자동제어장치 : 공조장치 운전 시 경제적 운전을 위해 자동으로 제어되는 장치(온도・습도제어장치 등)

정답 1 ④ 2 ② 3 ④ 4 ④

05 냉동기의 메인 스위치를 차단하고 전기시설을 점검하던 중 감전사고가 발생했다면, 어떤 전기부품 때문인가?

① 콘덴서 ② 마그넷
③ 릴레이 ④ 타이머

해설
콘덴서는 냉동기의 메인 스위치를 차단하고 전기시설을 점검하던 중 감전사고의 위험성이 있다.
감전사고의 직접적인 원인
- 충전부에 직접 접촉하거나 안전거리 이내 접근 시
- 절연열화 손상, 파손 등에 의해 누전된 전기기기 등에 접촉 시
- 잔류전하가 충전된 콘덴서 고압케이블 등에 접촉 시
- 전기기기 등의 외함과 권선 사이 또는 외함과 대지 간의 정전용량에 의한 분압전압이 인가된 경우
- 지락전류 등이 흐르고 있는 도체 부근에 발생하는 전위경사도(전위차)에 의한 경우
- 고전압 송전선의 정전유도 또는 유도전압에 의한 경우
- 정전회로에 오조작 또는 자가용 발전기 운전으로 인한 역송전에 의한 가압의 경우
- 낙뢰의 진행파에 의한 경우

06 터보냉동기의 주요 부품이 아닌 것은?

① 임펠러
② 추기회수장치
③ 피스톤링
④ 흡입 가이드 베인

해설
피스톤링은 왕복동 압축기에서 사용하는 실의 기능을 한다.

07 재해율 중 연천인율을 구하는 식으로 옳은 것은?

① 연천인율 = $\dfrac{연간\ 재해자수}{연평균\ 근로자수} \times 1{,}000$

② 연천인율 = $\dfrac{연간\ 근로자수}{재해\ 발생건수} \times 1{,}000$

③ 연천인율 = $\dfrac{재해\ 발생건수}{근로\ 총시간수} \times 1{,}000$

④ 연천인율 = $\dfrac{근로\ 총시간수}{재해\ 발생건수} \times 1{,}000$

해설
연천인율 : 1년간 근로자 1,000명 중 몇 명이 재해를 당했느냐를 나타내는 재해율 통계

연천인율 = $\dfrac{연간\ 재해자수 \times 1{,}000}{연평균\ 근로자수}$ = 빈도율 $\times 2.4$

08 수공구 안전에 대한 일반적인 유의사항으로 옳지 않은 것은?

① 사용 전에 반드시 이상 유무를 점검한다.
② 작업에 적합한 공구가 없을 경우 대용으로 유사한 것을 사용한다.
③ 수공구 사용 시에는 필요한 보호구를 착용한다.
④ 수공구 사용 전에 사용법을 충분히 숙지하고 익힌다.

09 1psi는 약 몇 gf/cm²인가?

① 82.5 ② 64.5
③ 98.1 ④ 70.3

해설
$1\text{psi} \times \dfrac{1.0332\text{kg/cm}^2}{14.7\text{psi}} \times \dfrac{1{,}000\text{g}}{1\text{kg}} = 70.3\text{gf/cm}^2$

10 산소용접 중 역화현상이 일어났을 때 조치방법으로 가장 적합한 것은?

① 아세틸렌 밸브를 즉시 닫는다.
② 토치 속의 공기를 배출한다.
③ 아세틸렌 압력을 높인다.
④ 산소압력을 용접조건에 맞춘다.

> **해설**
> 산소용접 중 역화 시 산소, 아세틸렌 밸브를 모두 닫는다.

11 다음 중 사고의 본질적 특성에 해당하지 않는 것은?

① 사고의 시간성
② 사고의 재현 불가성
③ 사고의 정기성
④ 사고의 우연성

> **해설**
> 사고의 본질적 특성 : 사고의 시간성, 사고의 재현 불가성, 사고의 우연성, 사고의 무작위성

12 냉동기계 설치 시 각 기기의 위치를 정하기 위한 설명으로 옳지 않은 것은?

① 운전상 작업의 용이성을 고려할 것
② 실내의 기계 상태를 일부분만 볼 수 있게 하고 제어가 쉽도록 할 것
③ 실내의 조명과 환기를 고려할 것
④ 현장의 상황에 맞는지 조사할 것

> **해설**
> 냉동기계 설치 시 실내의 기계 상태를 전부 볼 수 있게 하고, 제어가 쉽도록 한다.

13 전류를 I, 시간을 t 라고 할 때 전기량 Q를 구하는 계산식으로 옳은 것은?

① $Q = \dfrac{I}{t}$
② $Q = \dfrac{I}{(t+1)}$
③ $Q = It$
④ $Q = \dfrac{t}{I}$

> **해설**
> 패러데이의 법칙 : 전기분해를 하면 석출되는 물질의 양은 통과한 전기량과 관계가 있음을 나타내는 법칙

14 공기조화방식 분류 중 전공기방식이 아닌 것은?

① 멀티존 유닛방식
② 변풍량 재열식
③ 유인유닛방식
④ 정풍량방식

> **해설**
> 공기조화방식의 분류
>
> | 분 류 | | | 명 칭 |
> |---|---|---|---|
> | 중앙공조방식 | 전공기방식 | 단일덕트방식 | 정풍량방식 — 말단에 재열기가 없는 방식 |
> | | | | 변풍량방식 — • 재열기가 없는 방식
• 재열기가 있는 방식 |
> | | | 2중덕트방식 | • 정풍량 2중 덕트방식
• 변풍량 2중 덕트방식
• 멀티존 유닛방식
• 덕트 병용의 패키지 방식
• 각층 유닛방식 |
> | | 공기·수방식
(유닛 병용 방식) | | • 덕트 병용 팬코일 유닛방식
• 유인유닛방식
• 복사냉난방방식 |
> | | 전수방식 | | 팬코일 유닛방식 |
> | 개별공조방식 | 냉매방식 | | • 패키지 유닛방식 : 냉수배관, 복잡한 덕트 등이 없음
• 룸 쿨러 방식
• 멀티 유닛방식 |

15 열역학 제1법칙을 설명한 것 중 옳은 것은?

① 열평형에 관한 법칙이다.
② 이론적으로 유도 가능하여 엔트로피의 뜻을 잘 설명한다.
③ 이상 기체에만 적용되는 열량법칙이다.
④ 에너지 보존의 법칙 중 열과 일의 관계를 설명한 것이다.

해설
④ 열역학 제1법칙 : 에너지 보존의 법칙을 적용한 것으로 열량은 일량으로, 일량은 열량으로 환산 가능함을 밝힌 법칙
① 열역학 제0법칙
② 열역학 제2법칙

16 난방부하 계산 시 침입 외기에 의한 열손실로 가장 거리가 먼 것은?

① 현열에 의한 열손실
② 잠열에 의한 열손실
③ 크롤 공간(Crawl Space)의 열손실
④ 굴뚝효과에 의한 열손실

해설
크롤 공간(Crawl Space) : 환기 및 내부 수리 등의 목적으로 바닥 밑에 확보한 좁은 공간

17 원심식 압축기의 특징이 아닌 것은?

① 체적식 압축기이다.
② 저압의 냉매를 사용하고 취급이 쉽다.
③ 대용량에 적합하다.
④ 서징현상이 발생할 수 있다.

해설
원심(Turbo)식 압축기의 특징
• 비용적식(비체적식) 압축기이다.
• 저압 냉매를 사용하므로 취급이 용이하고 위험이 적다.
• 임펠러에 의한 원심력을 이용하여 압축한다.
• 소형으로 설치면적이 작다.
• 부하가 감소되면 서징현상이 일어난다.
• 주로 냉수 냉각용으로 직접 팽창방식을 사용한다.
• 진동이 작고, 한 대로도 대용량이 가능하다.
• 서징에 의한 염려가 있으나 운전제어기술이 개선되어 큰 문제없이 사용한다.

18 제빙에 필요한 시간을 구하는 공식이 다음과 같다. 이 공식에서 a와 b가 의미하는 것은?

$$\tau = (0.53 \sim 0.6)\frac{a^2}{-b}$$

① a : 브라인 온도 b : 결빙 두께
② a : 결빙 두께 b : 브라인 유량
③ a : 결빙 두께 b : 브라인 온도
④ a : 브라인 유량 b : 결빙 두께

19 냉동기의 보수계획을 세우기 전에 실행하여야 할 사항으로 옳지 않은 것은?

① 인사기록철의 완비
② 설비 운전기록의 완비
③ 보수용 부품 명세의 기록 완비
④ 설비 인허가에 관한 서류 및 기록 등의 보존

해설
냉동기의 보수계획과 인사기록은 관계가 없다.

20 연소에 관한 설명이 잘못된 것은?

① 온도가 높을수록 연소속도가 빨라진다.
② 입자가 작을수록 연소속도가 빨라진다.
③ 촉매가 작용하면 연소속도가 빨라진다.
④ 산화되기 어려운 물질일수록 연소속도가 빨라진다.

해설
산화되기 쉬운 물질일수록 연소속도가 빨라진다.

21 2개 이상의 엘보를 사용하여 배관의 신축을 흡수하는 신축이음은?

① 루프형 이음   ② 벨로스형 이음
③ 슬리브형 이음   ④ 스위블형 이음

해설
스위블형(Swivel Type) 신축이음 : 스윙 조인트 또는 지불이음이라고도 한다. 온수 또는 저압 증기의 분기점을 2개 이상의 엘보로 연결하여 관의 신축 시에 비틀림을 일으켜 신축을 흡수하여 주로 온수 급탕배관에 사용한다.

22 공정점이 -55℃이고, 저온용 브라인으로서 일반적으로 제빙, 냉장 및 공업용으로 많이 사용되는 것은?

① 염화칼슘   ② 염화나트륨
③ 염화마그네슘   ④ 프로필렌글리콜

해설
브라인
• 염화칼슘 : 공정점이 -55℃이고, 제빙용으로 사용한다.
• 염화나트륨 : 공정점이 -21.2℃이고, 식품저장용으로 사용한다.
• 염화마그네슘 : 공정점이 -33.6℃이고, 염화칼슘 대용으로 사용한다.
• 프로필렌글리콜 : 냉동식품 동결용으로 사용한다.

23 제빙장치 중 결빙한 얼음을 제빙관에서 떼어낼 때 관 내의 얼음 표면을 녹이기 위해 사용하는 기기는?

① 주수조   ② 양빙기
③ 저빙고   ④ 용빙조

해설
용빙조 : 결빙된 얼음을 제빙관에서 꺼낼 때 관 내의 얼음 표면을 녹이기 위해서 물 또는 온수로 덥혀 탈빙하기 쉽게 하는 기능을 가진 기기이다.

24 20℃에서 4Ω의 동선이 온도 80℃로 상승하였을 때 저항은 몇 Ω이 되는가?(단, 동선의 저항온도계수 = 0.00393이다)

① 3.94
② 4.94
③ 5.94
④ 6.94

해설
저항온도계수가 주어졌을 때 저항을 묻는 문제이다.
$R_2 = R_1[1+\alpha(t_2-t_1)]$
$= 4[1+0.00393(80-20)]$
$≒ 4.94$

25 냉매 배관의 시공에 대한 설명으로 옳지 않은 것은?

① 기기 상호 간의 길이는 가능한 한 길게 한다.
② 관의 가공에 의한 재질의 변질을 최소화한다.
③ 압력손실은 지나치게 크지 않도록 한다.
④ 냉매의 온도와 압력에 충분히 견딜 수 있어야 한다.

해설
냉매 배관 시공 시 기기 상호 간의 길이는 가능한 한 짧게 하여 압력손실을 줄인다.

26 압축기 운전 상태가 다음 $P-h$ 선도와 같이 나타났을 때 냉동능력은 약 몇 RT인가?(단, 피스톤 압출량은 350m³/h이고, 압축기의 체적효율은 75%이다)

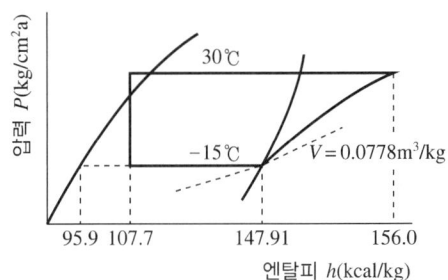

① 30.57
② 40.86
③ 50.57
④ 60.86

해설
$RT = \dfrac{Q}{3,320}$
$= \dfrac{\dfrac{350}{0.0778} \times \dfrac{75}{100} \times (147.91-107.7)}{3,320}$
$= 40.86 RT$

27 다음의 습공기로 나타낸 공기의 상태점에서 노점온도는?

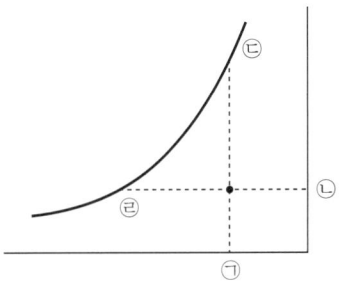

① ㉠
② ㉡
③ ㉢
④ ㉣

해설
㉠ 건구온도
㉡ 절대습도
㉢ 건구온도

28 연료계통에 화재가 발생한 경우 가장 적합한 소화작업은?

① 찬물을 붓는다.
② 산소를 공급해 준다.
③ 점화원을 차단한다.
④ 가연성 물질을 차단한다.

29 팽창밸브 직후의 냉매 건조도를 0.23, 증발잠열을 52kcal/kg이라 할 때 이 냉매의 냉동효과는?

① 226kcal/kg ② 40kcal/kg
③ 38kcal/kg   ④ 12kcal/kg

해설
냉동효과(q_e)
$q_e = (1-x) \times q$
$= (1-0.23) \times 52$
$\fallingdotseq 40 \text{kcal/kg}$

30 1냉동톤(한국)에 대한 설명으로 옳은 것은?

① 0℃의 물 1,000kg을 24시간 동안에 0℃의 얼음으로 만드는 냉동능력
② 25℃의 물 1,000kg을 24시간 동안에 0℃의 얼음으로 만드는 냉동능력
③ 0℃의 물 1,000kg을 24시간 동안에 -10℃의 얼음으로 만드는 냉동능력
④ 0℃의 물 1,000kg을 1시간 동안에 0℃의 얼음으로 만드는 냉동능력

해설
냉동능력
냉동기의 냉동능력은 냉동톤으로 표시한다. 1냉동톤(1RT)이란 0℃의 물 1ton을 24시간 동안 0℃의 얼음으로 만드는 능력이다.

31 단수 릴레이의 종류에 속하지 않는 것은?

① 단압식 릴레이
② 차압식 릴레이
③ 수류식 릴레이
④ 비례식 릴레이

해설
단수 릴레이(Water Pressure Switch)
냉동장치에서 브라인 쿨러나 수 냉각기에서 브라인이나 냉수의 유량이 감수되거나 단수되었을 때 동파의 위험이 있고, 수랭 응축기에서 냉각수 유량이 단수 또는 감수되면 이상 고압의 원인이 되므로 이를 방지하기 위해 냉수 또는 브라인 배관 입구에 설치한다.

32 다음 중 풍량 조절용 댐퍼가 아닌 것은?

① 버터플라이 댐퍼
② 베인 댐퍼
③ 루버 댐퍼
④ 릴리프 댐퍼

해설
- 풍량 조절용 댐퍼(볼륨 댐퍼) ─ 버터플라이 댐퍼
  ─ 루버 댐퍼 ─ 평형 날개형
              ─ 대향 날개형
  ─ 베인 댐퍼
- 풍량 분배용 댐퍼(스플릿 댐퍼)
- 정압 밸런스용 댐퍼(밸런싱 댐퍼) - 고속 덕트의 정압 조정용
- 역류 방지용 댐퍼(릴리프 댐퍼) - 공기 역류 방지용
- 방화 댐퍼 ─ 루버형
            ─ 피벗형

28 ④ 29 ② 30 ① 31 ④ 32 ④

33 공연장의 건물에 관람객이 500명이고, 1인당 CO_2 발생량이 0.05m³/h일 때 환기량(m³/h)은?(단, 실내 허용 CO_2 농도는 600ppm, 외기 CO_2 농도는 100ppm이다)

① 30,000 ② 35,000
③ 40,000 ④ 50,000

해설

$$환기량 = \frac{CO_2 \text{ 발생량}}{\text{실내 허용 } CO_2 \text{ 농도} - \text{외기 허용 } CO_2 \text{ 농도}}$$
$$= \frac{0.05 \times 500}{(600-100) \times 10^{-6}}$$
$$= 50,000$$

34 다음 중 조명부하를 쉽게 처리할 수 있는 취출구는?

① 아네모스탯
② 축류형 취출구
③ 웨이형 취출구
④ 라이트 트로퍼

해설

라이트 트로퍼 : 조명부하를 쉽게 처리할 수 있는 취출구

35 아세틸렌 용접장치를 사용하여 금속의 용접, 용단 또는 가열작업을 할 때 아세틸렌 사용압력은 얼마 이하여야 하는가?

① 1.0kgf/cm²
② 1.3kgf/cm²
③ 2.0kgf/cm²
④ 15.5kgf/cm²

해설

용접 시 아세틸렌 사용압력은 1.3kgf/cm² 이하로 한다.

36 축열장치 중 수축열장치의 특징으로 틀린 것은?

① 냉수 및 온수 축열이 가능하다.
② 축조의 설계 및 시공이 용이하다.
③ 열 용량이 큰 물을 축열재로 이용한다.
④ 빙축열에 비하여 축열 공간이 작아진다.

해설

수축열장치는 빙축열에 비하여 축열 공간이 더 크다.

37 바깥지름 54mm, 길이 2.66m, 냉각관수 28개로 된 응축기가 있다. 입구 냉각수온은 22℃, 출구 냉각수온은 28℃이며 응축온도는 30℃이다. 이때 응축부하는?(단, 냉각관의 열통과율은 900kcal/m²·h·℃이고, 온도차는 산술 평균 온도차를 이용한다)

① 25,300kcal/h
② 43,700kcal/h
③ 56,858kcal/h
④ 79,682kcal/h

해설

응축기 방열량
$$Q_L = K \times A \times \Delta t_m$$
$$= 900 \times (\pi \times 0.054 \times 2.66 \times 28) \times \left(30 - \frac{22+28}{2}\right)$$
$$\fallingdotseq 56,858.6 \text{kcal/h}$$

38 $P-h$ 선도상의 (a-b) 변화과정 중 옳은 것은?

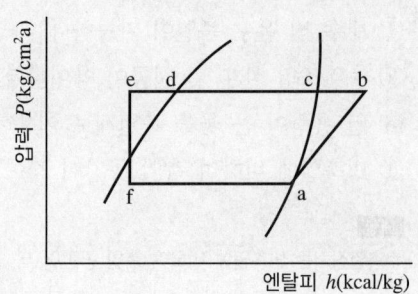

① 압력 저하
② 온도 저하
③ 엔탈피 증가
④ 비체적 증가

39 산업안전 표시 중 다음 그림이 나타내는 의미는?

① 부식성 물질 경고
② 낙하물 경고
③ 방사성 물질 경고
④ 몸균형 상실 경고

40 강관의 나사 이음쇠가 아닌 것은?
① 크로스
② 엘보
③ 부스터
④ 니플

해설
부스터 압축기는 2단 압축 냉동에서 저단 압축기에 해당된다.

41 냉동사이클에서 액관 여과기의 규격은 보통 몇 메시(mesh)인가?
① 40
② 60~70
③ 80~100
④ 150

해설
냉동 사이클에서 액관 여과기의 규격
• 액관일 경우 : 80~100mesh
• 가스관일 경우 : 40mesh

42 기체를 액화시키는 방법으로 옳은 것은?
① 임계압력 이하로 압축한 후 냉각시킨다.
② 임계온도 이상으로 가열한 후 압력을 높인다.
③ 임계압력 이상으로 가압하고 임계온도 이하로 냉각한다.
④ 임계온도 이하로 냉각하고 임계압력 이하로 감압한다.

43 프레온 냉동장치에서 오일 포밍 현상이 일어나면 실린더 내로 다량의 오일이 올라가 오일을 압축하여 실린더 헤드부에서 이상음이 발생하는 현상은?

① 에멀션 현상
② 동부착 현상
③ 오일 포밍 현상
④ 오일 해머 현상

해설
① 에멀션(Emulsion, 유탁액) 현상 : 암모니아 냉매는 수분과 용해되어 암모니아수가 생성되고 암모니아수는 오일을 우윳빛으로 변질시키는 현상이다.
② 동부착(Copper Plating) 현상 : 프레온 냉동장치에서 수분과 프레온이 작용하여 산이 생성되고 침입한 공기 중의 산소와 화합하여 동에 반응한 다음 압축기 각 부분의 금속 표면(메탈 부분)에 동이 도금되는 현상이다.
③ 오일 포밍(Oil Foaming) 현상 : 프레온 냉동기에서 압축기 정지 시 크랭크케이스 내의 오일 중에 융해되어 있던 프레온 냉매가 압축기 기동 시 크랭크케이스 내의 압력이 급격히 낮아지므로 오일과 냉매가 급격히 분리하는데, 이 때문에 유면이 약동하며 윤활유에 거품이 일어나는 현상이다. 오일 포밍이 급격히 일어나면 피스톤 상부로 다량의 오일이 올라가 오일을 압축하게 되는데, 이때 이상음이 발생한다.

44 패키지형 공조방식의 특징으로 틀린 것은?

① 자동운전이며 개별 제어 및 유지관리가 쉽다.
② 대량 생산이 가능하며 품질도 안정되어 있다.
③ 특별한 기계실이 필요 없고 설치면적도 작다.
④ 실내 설치는 가능하지만, 덕트 접속은 불가능하다.

해설
패키지형 공조방식은 실내 설치는 불가능하지만, 덕트 접속은 가능하다.

45 전기설비의 방폭성능 기준 중 용기 내부에 보호가스를 압입하여 내부압력을 유지함으로써 가연성 가스가 용기 내부로 유입되지 않도록 한 구조는?

① 내압방폭구조
② 유입방폭구조
③ 압력방폭구조
④ 안전증방폭구조

해설
방폭구조의 종류

방폭구조	정 의	기 호
내압 방폭구조	용기 내 폭발 시 용기가 폭발압력을 견디며 접합면, 개구부를 통해 외부에 인화될 우려가 없는 구조	Ex d
압력 방폭구조	용기 내에 보호가스를 압입시켜 폭발성 가스나 증기가 용기 내부에 유입되지 않도록 된 구조	Ex p
안전증 방폭구조	정상 운전 중에 점화원 발생 방지를 위해 기계적, 전기적 구조상 혹은 온도 상승에 대해 안전도를 증가한 구조	Ex e
유입 방폭구조	전기불꽃 아크, 고온 발생 부분을 기름으로 채워 폭발성 가스 또는 증기에 인화되지 않도록 한 구조	Ex o
본질안전 방폭구조	정상 시 및 사고 시(단선, 단락, 지락)에 폭발 점화원(전기불꽃, 아크, 고온)의 발생이 방지된 구조	Ex ia Ex ib

46 암모니아 냉동장치 운전을 정지하는 순서로 옳은 것은?

┌보기┐
ⓐ 응축기 액출구 밸브를 닫는다.
ⓑ 전동기 스위치를 끈다.
ⓒ 압축기 토출 밸브를 닫는다.
ⓓ 압축기 흡입 밸브를 닫는다.

① ㉠ → ㉡ → ㉣ → ㉢
② ㉠ → ㉣ → ㉡ → ㉢
③ ㉢ → ㉣ → ㉠ → ㉡
④ ㉢ → ㉠ → ㉡ → ㉣

47 온도 자동식 팽창밸브에 대한 설명으로 옳은 것은?

① 실온을 서모스탯에 의하여 감지하고, 밸브의 개도를 조정한다.
② 팽창밸브 직전의 냉매온도에 의하여 자동적으로 개도를 조절한다.
③ 증발기 출구의 냉매온도에 의하여 자동적으로 개도를 조절한다.
④ 압축기의 토출 냉매온도에 의하여 자동적으로 개도를 조절한다.

48 유기질 브라인으로서 마취성과 인화성이 있고, -100℃ 정도의 식품 초저온 동결에 사용되는 것은?

① 에틸알코올
② 염화칼슘
③ 에틸렌글리콜
④ 염화나트륨

49 주철제 방열기의 종류가 아닌 것은?

① 2주형
② 3주형
③ 4세주형
④ 5세주형

해설
주형 방열기(Column Radiator)의 종류
2주형(Ⅱ), 3주형(Ⅲ), 3세주형(3), 5세주형(5)

50 다음 중 압축기와 관계없는 효율은?

① 체적효율
② 기계효율
③ 압축효율
④ 팽창효율

해설
원심펌프의 전효율
$\eta_t = \eta_v \times \eta_m \times \eta_c$
여기서, η_v : 체적효율
η_m : 기계효율
η_c : 압축효율

51 덕트의 부속품에 대한 설명으로 잘못된 것은?

① 소형의 풍량 조절용으로는 버터플라이 댐퍼를 사용한다.
② 공조덕트의 분기부에는 베인형 댐퍼를 사용한다.
③ 화재 시 화염이 덕트 내에 침입하였을 때 자동적으로 폐쇄되도록 방화 댐퍼를 사용한다.
④ 화재의 초기 시 연기 감지로 다른 방화구역에 연기가 침입하는 것을 방지하는 방연 댐퍼를 사용한다.

해설
스플릿 댐퍼(풍향 분배용 댐퍼) : 덕트의 분기부 설치형으로, 싱글형과 더블형이 있다.

52 1차 공조기로부터 보내온 고속공기가 노즐 속을 통과할 때의 유인력에 의하여 2차 공기를 유인하여 냉각 또는 가열하는 방식은?

① 패키지 유닛방식
② 유인유닛방식
③ 팬코닐(FCU)방식
④ 바이패스방식

53 공기의 감습방법에 해당되지 않는 것은?

① 흡수식
② 흡착식
③ 냉각식
④ 가열식

해설
감습장치
• 흡수식 감습장치 : 염화리튬, 트라이에틸렌글리콜 등의 액체 흡수제를 이용하는 방법
• 흡착식 감습장치 : 실리카겔, 활성알루미나 등의 반고체, 고체 흡수제를 이용(극저습도용)하는 방법
• 냉각 감습장치 : 냉각코일, 공기세정기를 이용하는 방법
• 압축 감습장치 : 공기를 압축하여 여분의 수분을 응축시키는 방법

54 팽창밸브 선정 시 고려해야 할 사항이 아닌 것은?

① 관 두께
② 냉동기의 냉동능력
③ 사용 냉매 종류
④ 증발기의 형식 및 크기

해설
관 두께는 팽창밸브의 능력에 영향을 주지 않는다.

55 공구와 그 사용법을 바르게 연결한 것은?

① 바이스 – 암나사 내기
② 그라인더 – 공작물 연마
③ 리머 – 공작물을 고정
④ 핸드 탭 – 구멍 내면의 다듬질

해설
① 바이스 : 파이프나 공작물을 물리는 장치
③ 리머 : 절단한 파이프 내면을 매끄럽게 다듬는 공구
④ 핸드 탭 : 암나사 내는 공구

56 산업안전보건기준에 관한 규칙에 의거 사업주는 안전을 위해 작업조건에 적합한 보호구를 지급하여야 한다. 이때 사업주가 보호구를 지급하는 기준으로 옳은 것은?

① 동시에 작업하는 근로자의 수 이하
② 동시에 작업하는 근로자의 수 이상
③ 월평균 작업근로자의 수 이상
④ 연평균 작업근로자의 수 이상

정답 52 ② 53 ④ 54 ① 55 ② 56 ②

57 다음 중 수소, 염소, 불소, 탄소로 구성된 냉매계열은?

① HFC계 　② HCFC계
③ CFC계 　④ 할론계

해설
HCFC 계열 : 수소, 염소, 불소(플루오린), 탄소로 구성된 냉매계열

58 냉동장치의 온도 관계에 대한 사항 중 옳은 것은? (단, 표준냉동 사이클을 기준으로 할 것)

① 응축온도는 냉각수 온도보다 낮다.
② 응축온도는 압축기 토출가스 온도와 같다.
③ 팽창밸브 직후의 냉매온도는 증발온도보다 낮다.
④ 압축기 흡입가스 온도는 증발온도와 같다.

해설

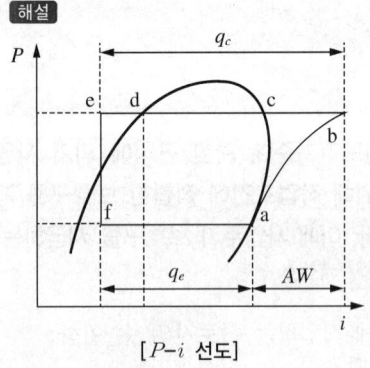

[$P-i$ 선도]

• a → b : 압축기
• b → e : 응축기
• e → f : 팽창밸브
• f → a : 증발기

59 다음의 습공기 선도에서 비체적을 나타내는 선은?

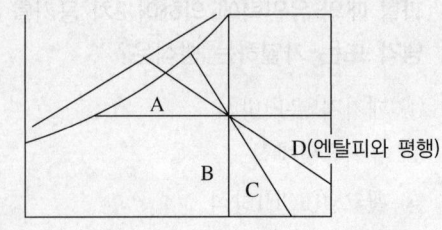

① A 　② B
③ C 　④ D

해설
습공기 선도

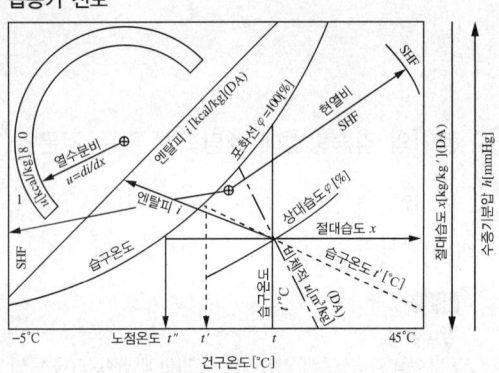

60 팬의 효율을 표시할 때 사용되는 전압효율에 대한 올바른 정의는?

① $\dfrac{축동력}{공기동력}$ 　② $\dfrac{공기동력}{축동력}$

③ $\dfrac{회전속도}{송풍기\ 크기}$ 　④ $\dfrac{송풍기\ 크기}{회전속도}$

정답 57 ② 58 ④ 59 ③ 60 ②

2023년 제2회 과년도 기출복원문제

01 냉동효과의 증대 및 플래시(Flash) 가스 방지에 적당한 사이클은?

① 건조압축사이클
② 과열압축사이클
③ 습압축사이클
④ 과냉각사이클

해설
플래시 가스는 응축기에서 응축된 냉매액이 과냉각이 덜 되어 팽창변으로 가는 도중 액의 일부가 기체로 된 것이다.

02 고저가 있는 넓은 지역에 산재해 있는 건물을 일괄하여 난방하고자 할 때 가장 적합한 방식은?

① 고온수 난방
② 저온수 난방
③ 고압증기 난방
④ 저압증기 난방

해설
고온수 난방
• 고온수를 쓰는 난방방식
• 온수난방 중 밀폐식 팽창물통에 의해 물을 가압하고 100℃ 이상의 상태에서 사용하는 난방법
• 장거리에 걸쳐 공급할 때 보통 온수난방보다 왕복 온도차를 크게(30~60℃) 하고, 배관구경(配管口徑)을 작게 하며, 배관비를 경감하기 위해 채택하는 방식

03 전자식 팽창밸브에 관한 설명으로 틀린 것은?

① 응축압력의 변화에 따른 영향을 직접적으로 받지 않는다.
② 온도식 팽창밸브에 비해 초기 투자비용이 비싸고 내구성이 떨어진다.
③ 일반적으로 슈퍼마켓, 쇼케이스 등과 같이 운전시간이 길고, 비교적 부하변동이 큰 경우에 사용하기 적합하다.
④ 전자식 팽창밸브는 응축기의 냉매유량을 전자제어장치로 조절하는 밸브이다.

해설
전자식 팽창밸브 : 증발기의 냉매유량을 전자제어장치에 의하여 조절하는 밸브이다. 증발기 입구 냉각관 벽과 증발기 출구 냉각관 벽에 온도센서를 설치하여 이들 양쪽 센서의 검출온도차에 의해 증발기 출구 냉매가스의 과열도를 측정한다. 이 신호에 따라 밸브를 개폐하며, 증발기에 유입하는 냉매유량을 피드백(Feedback) 제어한다.

04 냉동사이클에서 등엔탈피 과정이 이루어지는 곳은?

① 압축기
② 증발기
③ 수액기
④ 팽창밸브

정답 1 ④ 2 ① 3 ④ 4 ④

05 콜드 드래프트(Cold Draft) 현상의 원인에 해당되지 않는 것은?

① 주위 벽면의 온도가 낮을 때
② 동절기 창문의 극간풍이 없을 때
③ 기류의 속도가 빠를 때
④ 주위 공기의 습도가 낮을 때

[해설]
콜드 드래프트(Cold Draft) 현상 : 인체는 신진대사에 의해 계속 열을 생산하고 생산된 열은 주위로 소모된다. 그러나 생산된 열량보다 소비되는 열량이 많으면 추위를 느끼게 되는데, 이와 같이 소비되는 열량이 많아져서 추위를 느끼게 되는 현상이다.
콜드 드래프트의 원인
• 인체 주위의 공기온도가 너무 낮을 때
• 인체 주위의 기류속도가 너무 빠를 때
• 주위 공기의 습도가 낮을 때
• 주위 벽면의 온도가 낮을 때
• 창문 틈새를 통한 극간풍이 많을 때

06 사무실의 공기조화를 행할 경우, 다음 중 전체 열부하에서 가장 큰 비중을 차지하는 항목은?

① 바닥에서 침입하는 열과 재실자로부터의 발생열
② 문을 열 때 들어오는 열과 문틈으로 들어오는 열
③ 재실자로부터의 발생열과 조명기구로부터의 발생열
④ 벽, 창, 천장 등에서 침입하는 열과 일사에 의해 유리창을 투과하여 침입하는 열

07 공기조화용 덕트 부속기기에서 실내에 설치된 연기 감지기로 초기에 발생된 연기를 탐지하여 덕트를 폐쇄시키므로 다른 구역으로 연기의 침투를 방지해 주는 부속기기는?

① 방수 댐퍼
② 공기조절 댐퍼
③ K형
④ 방연 댐퍼

[해설]
방연 댐퍼 : 화재 시에 폐쇄시켜 덕트 내에 연기가 전해지는 것을 막는 댐퍼이다. 일반적으로는 실내에 설치한 연기 감지기와 연동해서 화재 초기에 댐퍼를 폐쇄시킨다.

08 냄새, 유해가스 등 오염공기가 실외로 확산되는 것을 방지해야 하는 화장실, 오물처리실 등에 가장 적합한 환기방식은?

① 자연환기법
② 제1종 환기법
③ 제2종 환기법
④ 제3종 환기법

[해설]
④ 제3종 환기 : 배풍기만으로 실내 환기를 행하는 것이다.
② 제1종 환기 : 송풍기와 배풍기를 모두 사용해서 실내 환기를 행하는 것이며, 실내외의 압력차를 조정할 수 있고, 가장 우수한 환기이다.
③ 제2종 환기 : 송풍기만으로 실내 환기를 행하는 것이다.

09 인체활동 시의 대사를 표시하는 단위는?

① RMR
② BMR
③ MET
④ CET

[해설]
인체활동 시 대사량 : 1MET(= 50kcal/m²h)

10 감전사고 발생 시 위험도에 영향을 주는 것과 관계 없는 것은?

① 통전전류의 크기
② 통전시간과 전격의 위상
③ 사용기기의 크기와 모양
④ 전원(직류 또는 교류)의 종류

해설
감전에 영향을 미치는 요인
- 통전전류의 크기
- 통전시간
- 통전 경로
- 전원의 종류(전압이 동일한 경우에 교류가 더 위험)

11 재해율 중 연천인율을 구하는 식은?

① 연천인율 = $\dfrac{\text{연간 재해자수}}{\text{연평균 근로자수}} \times 1{,}000$

② 연천인율 = $\dfrac{\text{연평균 근로자수}}{\text{재해 발생건수}} \times 1{,}000$

③ 연천인율 = $\dfrac{\text{재해 발생건수}}{\text{근로 총시간수}} \times 1{,}000$

④ 연천인율 = $\dfrac{\text{근로 총시간수}}{\text{재해 발생건수}} \times 1{,}000$

해설
연천인율 : 1년간 근로자 1,000명 중 몇 명이 재해를 당했느냐를 나타내는 재해율 통계

연천인율 = $\dfrac{\text{연간 재해자수} \times 1{,}000}{\text{연평균 근로자수}}$ = 빈도율 × 2.4

12 수공구 사용 시 주의사항으로 적당하지 않은 것은?

① 작업대 위의 공구는 작업 중에도 정리한다.
② 스패너 자루에 파이프를 끼어 사용해서는 안 된다.
③ 서피스 게이지의 바늘 끝은 위쪽으로 향하게 둔다.
④ 사용 전에 이상 유무를 반드시 점검한다.

해설
서피스 게이지의 바늘 끝은 아래쪽으로 향하게 한다.

13 산소-아세틸렌 가스용접 시 역화현상이 발생하였을 때 조치사항으로 적절하지 못한 것은?

① 산소의 공급압력을 최대로 높인다.
② 팁 구멍의 이물질 제거 등 토치의 기능을 점검한다.
③ 팁을 물로 냉각한다.
④ 아세틸렌을 차단한다.

해설
산소의 공급압력이 높으면 역화가 발생한다.

14 냉동기계 설치 시 각 기기의 위치를 정하기 위한 설명으로 옳지 않은 것은?

① 운전상 작업의 용이성을 고려할 것
② 실내의 기계 상태를 일부분만 볼 수 있게 하고, 제어가 쉽도록 할 것
③ 실내의 조명과 환기를 고려할 것
④ 현장의 상황에 맞는가를 조사할 것

해설
냉동기계 설치 시 실내의 기계 상태를 전부 볼 수 있게 하고, 제어가 쉽도록 한다.

15 수공구 사용방법 중 옳은 것은?

① 스패너에 너트를 깊이 물리고 바깥쪽으로 밀면서 풀고 죈다.
② 정 작업 시 끝날 무렵에는 힘을 빼고 천천히 타격한다.
③ 쇠톱작업 시 톱날을 고정한 후에는 재조정하지 않는다.
④ 장갑을 낀 손이나 기름 묻은 손으로 해머를 잡고 작업해도 된다.

해설
수공구 사용방법
• 정 작업 시 끝날 무렵에는 힘을 빼고 천천히 타격한다.
• 스패너에 너트를 깊이 물리고 안쪽으로 당기면서 풀고 죈다.
• 쇠톱작업 시 톱날을 고정한 후에는 재조정을 한다.
• 장갑을 낀 손이나 기름 묻은 손으로 해머를 잡고 작업해서는 안 된다.

16 공기압축기를 가동할 때 시작 전 점검사항에 해당되지 않는 것은?

① 공기저장 압력용기의 외관 상태
② 드레인 밸브의 조작 및 배수
③ 압력방출장치의 기능
④ 비상정지장치 및 비상하강장치 기능의 이상 유무

해설
비상정지장치 및 비상하강장치 기능의 이상 유무는 상시 점검사항이다.

17 보일러의 휴지보존법 중 장기보전법에 해당되지 않는 것은?

① 석회밀폐건조법   ② 질소가스봉입법
③ 소다만수보존법   ④ 가열건조법

해설
단기보존법에는 건조법과 만수법이 있다.

18 보일러 역화(Back Fire)의 원인이 아닌 것은?

① 점화 시 착화를 빨리한 경우
② 점화 시 공기보다 연료를 먼저 노 내에 공급하였을 경우
③ 노 내의 미연소가스가 충만했을 때 점화하였을 경우
④ 연료밸브를 급개하여 과다한 양을 노 내에 공급하였을 경우

해설
착화를 느리게 했을 경우 역화가 발생한다.

19 파이프 내의 압력이 높아지면 고무링은 더욱 파이프 벽에 밀착되어 누설된다. 이를 방지하는 접합방법은?

① 기계적 접합 ② 플랜지 접합
③ 빅토리 접합 ④ 소켓 접합

해설
빅토리 접합 : 고무링과 금속제 칼라를 사용하여 접합하는 것으로 관지름이 350mm 이하면 2분, 400mm 이상이면 4분하여 조여 준다. 압력 상승 시 기밀이 더욱 유지된다.

20 표준냉동사이클에서 과냉각도는 얼마인가?

① 45℃ ② 30℃
③ 15℃ ④ 5℃

해설
기준 냉동사이클

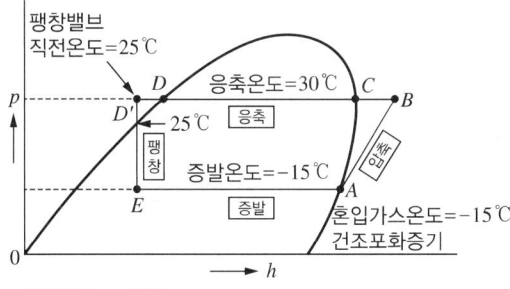

- 증발온도 : -15℃
- 응축온도 : +30℃
- 압축기 흡입가스온도 : -15℃(건조포화증기 = 과열도 0)
- 팽창밸브 입구 냉매액 온도 : +25℃(과냉각도 : 5℃)

21 양측의 표면 열전달율이 3,000kcal/m²·h·℃인 수랭식 응축기의 열관류율은?(단, 냉각관의 두께는 3mm이고, 냉각관 재질의 열전도율은 40kcal/m·h·℃이며, 부착 물때의 두께는 0.2mm, 물때의 열전도율은 0.80kcal/m·h·℃이다)

① 978kcal/m²·h·℃
② 988kcal/m²·h·℃
③ 998kcal/m²·h·℃
④ 1,008kcal/m²·h·℃

해설
$$K = \cfrac{1}{\cfrac{1}{\alpha_1} + \left(\cfrac{l_1}{\lambda_1} + \cfrac{l_2}{\lambda_2} + \cdots\cdots\right) + \cfrac{1}{\alpha_2}}$$
$$= \cfrac{1}{\cfrac{1}{3,000} + \left(\cfrac{0.003}{40} + \cfrac{0.0002}{0.8}\right) + \cfrac{1}{3,000}}$$
$$= 1,008$$

22 다음 중 용융온도가 비교적 높아 전기기구에 사용하는 퓨즈(Fuse)의 재료로 가장 적당하지 않은 것은?

① 납 ② 주석
③ 아연 ④ 구리

23 암모니아의 누설검지방법이 아닌 것은?

① 심한 자극성 냄새를 가지고 있으므로, 냄새로 확인 가능하다.
② 적색 리트머스 시험지에 물을 적셔 누설 부위에 가까이 하면 누설 시 청색으로 변한다.
③ 백색 페놀프탈레인 용지에 물을 적셔 누설 부위에 가까이 하면 누설 시 적색으로 변한다.
④ 황을 묻힌 심지에 불을 붙여 누설 부위에 가져가면 누설 시 홍색으로 변한다.

해설
암모니아의 누설검지
- 냄새로 알 수 있다.
- 적색 리트머스 시험지가 청색으로 변한다.
- 유황초에 불을 붙여 누설 부위에 대면 백색 연기가 발생한다.
- 페놀프탈레인 시험지를 물에 적셔 누설 부위에 대면 홍색으로 변한다.
- 물 또는 브라인에 암모니아가 누설 시 물이나 브라인을 조금 떠서 네슬러시약 용액을 투입하면 소량 누설 시 황색, 다량 누설 시 자색으로 변한다.

24 탄성이 부족하여 석면, 고무, 금속 등과 조합하여 사용되며, 내열범위는 –260~260℃ 정도로 기름에 침식되지 않는 패킹은?

① 고무패킹
② 석면조인트 시트
③ 합성수지 패킹
④ 오일실 패킹

해설
패킹의 특징
- 합성수지 패킹 : 탄성이 부족하여 석면, 고무, 금속 등과 조합하여 사용되며, 내열범위는 –260℃~260℃ 정도로 기름에 침식되지 않는다.
- 고무패킹 : 탄성이 우수하고 흡수성이 없다.
- 석면조인트 시트 : 광물질의 미세한 섬유로 450℃까지의 고온배관에도 사용된다.
- 오일실 패킹 : 한지를 일정한 두께로 겹쳐서 내유가공한 것으로, 내열도는 낮으나 펌프, 기어박스 등에 사용한다.

25 다음 설명 중 옳은 것은?

① 1kW는 760kcal/h이다.
② 증발열, 응축열, 승화열은 잠열이다.
③ 1kg의 얼음의 용해열은 860kcal이다.
④ 상대습도란 포화증기를 증기압으로 나눈 것이다.

해설
① 1kW는 860kcal/h이다.
③ 1kg의 얼음의 용해열은 80kcal이다.
④ 상대습도란 기체의 수증기압을 기체의 온도에 따른 포화수증기압으로 나눈 것이다.

26 동관접합 중 동관의 끝을 넓혀 압축이음쇠로 접합하는 접합방법은?

① 플랜지 접합
② 플레어 접합
③ 플라스턴 접합
④ 빅토리 접합

27 다음 중 모세관의 압력 강하가 가장 큰 것은?

① 직경이 작고 길이가 길수록
② 직경이 크고 길이가 짧을수록
③ 직경이 작고 길이가 짧을수록
④ 직경이 크고 길이가 길수록

28 공조용 취출구 종류 중 원형 또는 원추형 팬을 매달아 여기에 토출기류를 부딪치게 하여 천장면을 따라서 수평 방향으로 공기를 취출하는 것으로, 유인비 및 소음 발생이 적은 것은?

① 팬형 취출구
② 웨이형 취출구
③ 라인형 취출구
④ 아네모스탯형 취출구

해설
취출구 종류별 특징
- 팬형 : 유인성능은 아네모스탯(Anemostat)형에 비해 떨어지지만 도달거리는 길다.
- 라인형 : 취출구 폭이 큰 것은 슬롯형과 같이 도달거리를 크게 잡을 수 있어 천장이 높은 곳의 취출구로 적합하다. 페리미터 존, 엘리베이터 홀, 입구 홀 등에 많이 사용된다.
- 아네모스탯형 : 다수의 원형 또는 각형의 콘(Cone)을 덕트 개구단에 붙여서 천장 부근의 실내공기를 유인하여 취출기류가 충분히 확산된다. 취출구 중 가장 큰 유인성능을 가지고 있으며, 취출기류 또는 유인된 실내공기 중의 먼지에 의한 취출구 주변의 오염(Smuding)을 방지하기 위한 링(Ring)이 부착되어 있으며 원형, 각형, 장방형 등이 있다.
- 그릴형 : 풍량 조절이 불가능하여 저속의 환기용 취출구나 흡입구에 사용한다.
- 웨이(Way)형 : 날개 모양의 변경으로 1방향 기류분포에서부터 4방향으로 다양한 기류를 얻을 수 있으므로 시스템 천장용에 사용된다.

29 강관에서 나타내는 스케줄 번호(Schedule Number)에 대한 설명으로 틀린 것은?

① 관의 두께를 나타내는 호칭이다.
② 유체의 사용압력에 비례하고, 배관의 허용응력에 반비례한다.
③ 번호가 클수록 관 두께가 두꺼워진다.
④ 호칭지름이 같은 관은 스케줄 번호가 같다.

해설
스케줄 번호(Schedule Number)
관의 두께를 나타내는 호칭으로 다음 공식처럼 유체의 사용압력에 비례하고, 배관의 허용응력에 반비례한다. 번호가 클수록 관 두께가 두꺼워진다.

$$\text{스케줄 번호} = \frac{\text{사용압력}(\text{kgf/cm}^2)}{\text{허용응력}(\text{kg/mm}^2)} \times 10$$

30 2단 압축 냉동사이클에서 중간 냉각을 행하는 목적이 아닌 것은?

① 고단 압축기가 과열되는 것을 방지한다.
② 고압 냉매액을 과랭시켜 냉동효과를 증대시킨다.
③ 고압측 압축기의 흡입가스 중 액을 분리시킨다.
④ 저단측 압축기의 토출가스를 과열시켜 체적효율을 증대시킨다.

해설
중간냉각기(Inter-cooler)의 역할
- 저단측 압축기의 토출가스의 과열을 제거하여 고단측 압축기가 과열되는 것을 막는다.
- 증발기에 공급되는 고압 응축액을 냉각시키는 열교환기의 역할도 겸하여 냉동효과를 높인다.
- 고단 압축기의 흡입가스 중의 액을 분리시켜 액백(Liquid Back) 현상을 방지한다.

31 관의 지름이 다를 때 사용하는 이음쇠가 아닌 것은?

① 부 싱
② 리듀서
③ 리턴 벤드
④ 편심 이경 소켓

해설
관 이음쇠 종류

목 적	종 류
배관 방향을 바꿀 때	엘보, 밴드, 이경 엘보, 암수 엘보
관을 도중에서 분기할 때	티, 이경 티, 암수 티, 와이, 크로스
지름이 같은 관의 직선 연결	소켓, 유니언, 플랜지, 니플
지름이 다른 관의 연결	부싱, 이경 소켓(리듀서), 이경 엘보, 이경 티
관 끝을 막을 때	캡, 플러그, 블라인드 플랜지
관의 수리, 점검, 교체가 필요할 때	유니언(50A 이하의 관에 사용), 플랜지

32 KS규격에서 SPPW가 의미하는 것은?

① 배관용 탄소강관
② 압력배관용 탄소강관
③ 수도용 아연도금 강관
④ 일반구조용 탄소강관

해설
① 배관용 탄소강관 : SPP
② 압력배관용 탄소강관 : SPPS
④ 일반구조용 탄소강관 : SPS

33 효율은 크게 높지 않고 풍량과 동력의 변화가 비교적 많으며, 환기·공조 저속 덕트용으로 주로 사용되는 송풍기는?

① 시로코 팬
② 축류 송풍기
③ 에어 포일팬
④ 프로펠러형 송풍기

해설
시로코 팬 : 환기 공조용 저속 덕트 송풍기로서 저항 변화에 대해 풍량, 동력변화가 크고 정속운전에 사용하기 적합하다.

34 히트펌프 방식에서 냉난방 절환을 위해 필요한 밸브는?

① 감압 밸브
② 2방 밸브
③ 4방 밸브
④ 전동 밸브

해설
4방 밸브 : 히트펌프 방식에서 냉방과 난방 시 전환하여 사용하는 밸브로서, 압축기에서 냉매가스를 실외로부터 실내에 또는 복귀되는 냉매가스를 실내로부터 실외로 전환시킬 때 사용하기 위해 설치하는 밸브이다.

35 다음 중 상대습도를 맞게 표시한 것은?

① $\varphi = \dfrac{\text{습공기수증기분압}}{\text{포화수증기압}} \times 100$

② $\varphi = \dfrac{\text{포화수증기압}}{\text{습공기수증기분압}} \times 100$

③ $\varphi = \dfrac{\text{습공기수증기중량}}{\text{포화수증기압}} \times 100$

④ $\varphi = \dfrac{\text{포화수증기중량}}{\text{습공기수증기중량}} \times 100$

해설
상대습도(RH ; Relative Humidity) : 수증기의 분압과 동일한 온도의 포화습공기 수증기 분압의 비로서, 1m³의 습공기 중에 함유된 수분의 중량과 이와 동일한 1m³ 포화 습공기 중에 함유된 수분의 중량과의 비이다.

36 기계설비의 본질적 안전화를 위해 추구해야 할 사항으로 가장 거리가 먼 것은?

① 풀 프루프(Fool Proof)의 기능을 가져야 한다.
② 안전기능이 기계설비에 내장되어 있지 않도록 한다.
③ 가능한 한 조작상 위험이 없도록 한다.
④ 페일 세이프(Fail Safe)의 기능을 가져야 한다.

37 산업안전보건기준에 관한 규칙에 의하면 작업장의 계단의 폭은 얼마 이상으로 하여야 하는가?

① 50cm
② 100cm
③ 150cm
④ 200cm

해설
작업장에서 계단을 설치할 때는 폭은 1m 이상으로 한다. 또한 높이가 3m를 초과하는 계단에 높이 3m 이내마다 너비 1.2m 이상의 계단참을 설치하여야 한다.

38 냉동장치의 냉매계통 중에 수분이 침입하였을 때 일어나는 현상으로 틀린 것은?

① 프레온 냉매는 수분에 용해되지 않으므로 팽창밸브를 동결 폐쇄시킨다.
② 침입한 수분이 냉매나 금속과 화학반응을 일으켜 냉매계통의 부식, 윤활유의 열화 등을 일으킨다.
③ 암모니아는 물에 잘 녹으므로 침입한 수분이 동결하는 장애가 적은 편이다.
④ R-12는 R-22보다 많은 수분을 용해하므로, 팽창밸브 등에서의 수분 동결의 현상이 적게 일어난다.

해설
수분의 용해도 및 영향
• R-22는 용해도가 높고 R-12는 용해도가 낮다.
• 용해도가 낮아 한도를 넘으면 악영향을 미친다.
• 팽창밸브에서 동결을 일으켜 동작 불능 상태를 초래한다.
• 가수분해하여 산을 생성하므로 장치의 부식을 초래(전기 절연물 파괴)한다.
• 동 부착 현상을 발생시킨다.

39 프레온계 냉매의 특성에 관한 설명으로 틀린 것은?

① 열에 대한 안정성이 좋다.
② 수분의 용해성이 매우 크다.
③ 무색, 무취로 누설 시 발견하기 어렵다.
④ 전기 절연성이 우수하여 밀폐형 압축기에 적합하다.

해설
프레온계 냉매는 수분과의 용해성이 매우 작다.

40 어떤 저항 R에 100V의 전압이 인가해서 10A의 전류가 1분간 흘렀다면 발생한 에너지는?

① 70,000J
② 60,000J
③ 50,000J
④ 40,000J

해설
$R = \dfrac{V}{I} = \dfrac{100}{10} = 10\Omega$
$P = I^2 Rt = 10^2 \times 10 \times 60 = 60,000J$

41 정현파 교류에서 전압의 실횻값(V)을 나타내는 식으로 옳은 것은?(단, 전압의 최댓값을 V_m, 평균값을 V_a라고 한다)

① $V = \dfrac{V_a}{\sqrt{2}}$
② $V = \dfrac{V_m}{\sqrt{2}}$
③ $V = \dfrac{\sqrt{2}}{V_a}$
④ $V = \dfrac{\sqrt{2}}{V_m}$

42 증발기 내의 압력에 의해서 작동하는 팽창밸브는?

① 저압측 플로트 밸브
② 정압식 자동 팽창밸브
③ 온도식 자동 팽창밸브
④ 수동 팽창밸브

해설
자동 팽창밸브의 종류
- 정압식 자동 팽창밸브 : 증발기 내의 압력으로 밸브를 작동시켜 증발기 내의 압력을 일정하게 유지시켜 간접적으로 증발온도를 일정하게 할 목적으로 사용된다.
- 온도식 자동 팽창밸브 : 증발기 출구의 과열도에 의한 작동되는 팽창 밸브로 냉매의 감압과 유량을 비례적으로 제어하는 기능을 가지고 있다.
- 전자식 팽창밸브 : 증발기 입구 냉각관 벽과 증발기 출구 냉각관 벽에 온도센서를 설치하여, 이들 양쪽 센서의 검출 온도차에 의해 증발기 출구 냉매가스의 과열도를 측정하여, 이 신호에 따라 밸브를 개폐하며, 증발기에 유입하는 냉매유량을 피드백(Feedback) 제어한다.
- 플로트식 팽창밸브 : 액면의 위치에 따라 플로트(Float)가 상하로 움직이는 것을 이용하여 밸브를 개폐시키는 형식으로, 고압부인 수액기의 액면에 플로트를 설치한 것을 고압측 플로트 팽창밸브, 저압부인 증발기 내 액면에 설치한 것을 저압측 플로트 팽창밸브라 한다.
- 열전식 팽창밸브 : 한쪽에는 구동원으로 바이메탈과 전열기가 조립된 바이메탈 부분과 다른 한쪽은 니들밸브가 조립되어 있는 밸브이다.

43 단일덕트 정풍량 방식의 특징으로 옳은 것은?

① 각 실마다 부하변동에 대응하기 곤란하다.
② 외기도입을 충분히 할 수 없다.
③ 냉풍과 온풍을 동시에 공급할 수 있다.
④ 변풍량에 비하여 에너지 소비가 작다.

해설
단일덕트 정풍량 방식 : 건물 내 장소에 따라 부하변동의 상황이 달라질 경우 구역 구분을 통해 구역마다 공조기를 설치하여 부하처리를 하는 방식

44 보일러에서 배기가스의 현열을 이용하여 급수를 예열하는 장치는?

① 절탄기 ② 재열기
③ 증기과열기 ④ 공기가열기

해설
절탄기 : 보일러 전열면(傳熱面)을 가열하고 난 연도(煙道)가스에 의하여 보일러 급수를 가열하는 장치

45 냉동기에서 열교환기는 고온유체와 저온유체를 직접 혼합 또는 원형 동관으로 유체를 분리하여 열교환하는데 다음 설명 중 옳은 것은?

① 동관 내부를 흐르는 유체는 전도에 의한 열전달이 된다.
② 동관 내벽에서 외벽으로 통과할 때는 복사에 의한 열전달이 된다.
③ 동관 외벽에서는 대류에 의한 열전달이 된다.
④ 동관 내부에서 동관 외벽까지 복사, 전도, 대류의 열전달이 된다.

해설
동관 내부를 흐르는 유체, 동관 외벽에서는 대류에 의한 열전달이 된다.

46 증발열을 이용한 냉동법이 아닌 것은?

① 압축기계 팽창 냉동법
② 증기분사식 냉동법
③ 증기압축식 냉동법
④ 흡수식 냉동법

해설
압축기계 팽창식은 물리적인 기계의 힘을 이용해서 냉동시키는 방법이다.

47 표준 냉동사이클의 몰리에르($P-h$) 선도에서 압력이 일정하고, 온도가 저하되는 과정은?

① 압축과정
② 응축과정
③ 팽창과정
④ 증발과정

48 냉동장치에서 가스 퍼저(Purger)를 설치할 경우 가스의 인입선을 설치하는 곳은?

① 응축기와 증발기 사이에 한다.
② 수액기와 팽창밸브 사이에 한다.
③ 응축기와 수액기의 균압관에 한다.
④ 압축기의 토출관으로부터 응축기의 3/4이 되는 곳에 한다.

49 셸 앤 튜브(Shell & Tube)형 열교환기에 관한 설명으로 옳은 것은?

① 전열관 내 유속은 내식성이나 내마모성을 고려하여 약 1.8m/s 이하가 되도록 하는 것이 바람직하다.
② 동관을 전열관으로 사용할 경우 유체온도는 200℃ 이상이 좋다.
③ 증기와 온수의 흐름은 열교환 측면에서 병행류가 바람직하다.
④ 열관류율은 재료와 유체의 종류에 상관없이 거의 일정하다.

해설
셸 앤 튜브(Shell & Tube)형 열교환기
• 전열관 내 유속은 내식성이나 내마모성을 고려하여 약 1.8m/s 이하가 되도록 하는 것이 바람직하다.
• 동관을 전열관으로 사용할 경우 유체온도는 150℃ 이하가 좋다.
• 증기과 온수의 흐름은 수평 흐름이 바람직하다.
• 열관류율은 재료와 유체의 종류에 따라 다르다.

50 보일러에서 공기예열기 사용에 따라 나타나는 현상으로 틀린 것은?

① 열효율 증가
② 연소효율 증대
③ 저질탄 연소 가능
④ 노 내 연소속도 감소

해설
공기예열기 사용에 따라 나타나는 현상
• 열효율 증가
• 연소효율 증대
• 저질탄 연소 가능
• 노 내 연소속도 증가

정답 46 ① 47 ② 48 ③ 49 ① 50 ④

51 비열비를 나타내는 공식으로 옳은 것은?

① $\dfrac{\text{정적비열}}{\text{비중}}$

② $\dfrac{\text{정압비열}}{\text{비중}}$

③ $\dfrac{\text{정압비열}}{\text{정적비열}}$

④ $\dfrac{\text{정적비열}}{\text{정압비열}}$

해설
비열비(k)
기체의 정압비열과 정적비열의 비로, $k = \dfrac{C_p}{C_v}$ 이고 $C_p > C_v$ 이므로 비열비는 항상 1보다 크다.

52 가용전(Fusible Plug)에 대한 설명으로 틀린 것은?

① 프레온 장치의 수액기, 응축기 등에 사용한다.
② 용융점은 냉동기에서 68~75℃ 이하로 한다.
③ 구성성분은 주석, 구리, 납으로 되어 있다.
④ 토출가스의 영향을 직접 받지 않는 곳에 설치해야 한다.

해설
가용전의 구성성분 : 주석(Sn), 카드뮴(Cd), 비스무트(Bi), 납(Pb), 안티몬(Sb)

53 열에 관한 설명으로 틀린 것은?

① 감열은 건구온도계로서 측정할 수 있다.
② 잠열은 물체의 상태를 바꾸는 작용을 하는 열이다.
③ 감열은 상태 변화 없이 온도 변화에 필요한 열이다.
④ 융해열은 감열의 일종이며, 고체를 액체로 바꾸는 데 필요한 열이다.

해설
융해열은 잠열의 일종이다.

54 다음의 냉방부하 중에서 현열부하만 발생하는 것은?

① 극간풍에 의한 열량
② 인체의 발생 열량
③ 벽체로부터의 열량
④ 실내기구의 발생열량

해설
실내부하의 종류

구 분	종 류	내 용	열의 종류
실내 취득 열량	온도차에 의한 전도열	천장, 칸막이, 마루 등으로부터의 열량	현 열
		지붕, 벽체로부터의 열량	현 열
		유리창 등으로부터의 열량	현 열
	태양 복사열	유리창 등으로부터의 열량	현 열
		지붕, 벽으로부터의 열량	현 열
	내부 발생열량	벽체의 축열 부하량	현 열
		극간풍에 의한 열량	현 + 잠열
		인체의 발생열량	현 + 잠열
		조명, 복사기(기구)로부터의 열량	현 열
		증발기로부터의 발생열량	현 + 잠열
장치 내의 취득열량		덕트, 송풍기로부터 취득열량	현 열
외기부하		신선한 공기	현 + 잠열
재열부하		재열기로부터의 취득열량	현 열

※ 실내기구는 전체적으로 현열과 잠열이 모두 발생한다.

55 건구온도 33℃, 상대습도 50%인 습공기 500m³/h를 냉각코일에 의하여 냉각한다. 코일의 장치 노점 온도는 9℃이고, 바이패스 팩터가 0.1이라면 냉각된 공기의 온도는?

① 9.5℃ ② 10.2℃
③ 11.4℃ ④ 12.6℃

해설
냉각된 공기의 온도 $= DT + (f \times \Delta t)$
$= 9 + 0.1 \times (33 - 9)$
$= 11.4℃$

56 액체가 기체로 변할 때의 열은?

① 승화열 ② 응축열
③ 증발열 ④ 융해열

해설
증발열 : 어떤 물질이 기화할 때 외부로부터 흡수하는 열량이다. 이 열이 클수록 주변에서 더 많은 열을 빼앗아 주위의 온도를 낮춘다.

57 일정 풍량을 이용한 전공기방식으로 부하변동의 대응이 어려워 정밀한 온습도를 요구하지 않는 극장, 공장 등의 대규모 공간에 적합한 공기조화방식은?

① 정풍량 단일 덕트방식
② 정풍량 이중 덕트방식
③ 변풍량 단일 덕트방식
④ 변풍량 이중 덕트방식

해설
정풍량 단일 덕트방식 : 건물 내 장소에 따라 부하변동의 상황이 달라질 경우 구역 구분을 통해 구역마다 공조기를 설치하여 부하처리를 하는 방식

58 수관 보일러의 특징으로 틀린 것은?

① 사용압력이 연관식보다 높다.
② 부하변동에 따른 추종성이 높다.
③ 예열시간이 짧고 효율이 좋다.
④ 초기 투자비가 적게 들며 급수처리도 용이하다.

해설
수관식 보일러는 설계가 복잡하고 대용량이라서 초기 투자비가 많이 들며 급수처리가 까다롭다.

59 고온부에서 방출하는 열량을 이용하는 난방을 행하는 열펌프의 고온부 온도가 30℃이고, 저온부 온도가 -10℃일 때 이 열펌프의 성적계수는?

① 약 4.5 ② 약 5.5
③ 약 6.5 ④ 약 7.5

해설
$\varepsilon = \dfrac{q_1}{A_w} = \dfrac{고온체에\ 공급한\ 열량}{공급일} = \dfrac{T_1}{T_1 - T_2}$
$= \dfrac{(273+30)}{(273+30)-(273-10)} \fallingdotseq 7.5$

60 다음은 R-22 표준냉동사이클의 $P-h$ 선도이다. 건조도는 약 얼마인가?

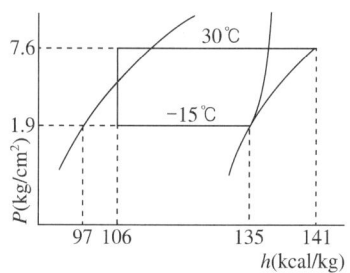

① 0.8 ② 0.21
③ 0.24 ④ 0.36

해설
건조도 $= \dfrac{증발가스}{증발잠열} = \dfrac{106-97}{135-97} \fallingdotseq 0.24$

2024년 제1회 과년도 기출복원문제

01 산업안전의 관심과 이해 증진으로 얻을 수 있는 이점이 아닌 것은?

① 기업의 신뢰도를 높여 준다.
② 기업의 투자경비를 증대시킬 수 있다.
③ 이직률이 감소된다.
④ 고유 기술이 축적되어 품질이 향상된다.

해설
산업안전에 대한 관심과 이해 증진으로 얻을 수 있는 이점
- 기업의 신뢰도를 높여 준다.
- 기업의 투자경비를 줄일 수 있다.
- 이직률이 감소된다.
- 품질이 향상된다.

02 냉동제조시설이 적합하게 설치 또는 유지·관리되고 있는지 확인하기 위한 검사가 아닌 것은?

① 중간검사
② 완성검사
③ 불시검사
④ 정기검사

해설
고압가스 냉동제조의 시설·기술·검사 및 정밀안전검진 기준(고압가스안전관리법 시행규칙 별표 7)
냉동제조 시설이 적합하게 설치 또는 유지·관리되고 있는지 확인하기 위한 검사로 중간검사, 완성검사, 정기검사, 수시검사가 있다.

03 보일러의 안전한 운전을 위해 근로자에게 보일러의 운전방법을 교육하여 안전사고를 방지하여야 한다. 다음 중 교육내용에 해당되지 않는 것은?

① 가동 중인 보일러에는 작업자가 항상 정위치를 떠나지 아니할 것
② 압력방출장치·압력제한스위치·화염검출기의 설치 및 정상 작동 여부를 점검할 것
③ 압력방출장치의 개방된 상태를 확인할 것
④ 고저수위조절장치와 급수펌프와의 상호 기능 상태를 점검할 것

해설
보일러의 안전한 운전을 위해 근로자는 압력방출장치의 봉인된 상태를 확인해야 한다.

04 다음 중 감전되었을 경우 위험도가 가장 큰 것은?

① 통전전류의 크기
② 통전경로
③ 전원의 종류
④ 통전시간과 전격의 인가 위상

해설
감전재해는 통전전류의 크기, 통전전류의 종류, 통전시간, 통전경로, 인체조건에 의해 발생되며 가장 위험한 것은 통전전류의 크기이다.

정답 1② 2③ 3③ 4①

05 가스보일러 점화 시 주의사항으로 옳지 않은 것은?
① 연소실 내의 용적 4배 이상의 공기로 충분히 환기를 행할 것
② 점화는 3~4회로 착화될 수 있도록 할 것
③ 갑작스런 실화 시에는 연료 공급을 즉시 차단할 것
④ 점화버너의 스파크 상태가 정상인지 확인할 것

해설
가스보일러의 점화는 1회로 착화될 수 있도록 한다.

06 다음 중 열펌프(Heat Pump)의 열원이 아닌 것은?
① 대 기   ② 지 열
③ 태양열   ④ 빙축열

해설
열펌프의 열원 : 대기, 지열, 태양열(복사열)

07 '회로 내의 임의의 점에서 들어오는 전류와 나가는 전류의 총합은 0이다.'라는 법칙은?
① 키르히호프의 제1법칙
② 키르히호프의 제2법칙
③ 줄의 법칙
④ 앙페르의 오른나사법칙

해설
키르히호프 법칙
- 키르히호프 제1법칙(전류법칙)
  - 회로의 임의의 접합점으로 유출입하는 전류의 대수적 총합은 0이다.
  - 즉, 접속점으로 유입하는 전류의 대수합은 0이다.
  - 유입하는 전류의 합 = 유출하는 전류의 합
  - $I_1 + I_2 + I_4 = I_3 + I_5$
- 키르히호프 제2법칙(전압법칙)
  - 임의의 폐회로를 따라서 1회전하며 취한 전압대수의 합은 그 폐회로의 저항에 생기는 전압강하의 대수합과 같다.
  - 기전력 대수합 = 전압 강하의 대수합

08 가스용접기를 이용하여 동관을 용접하였다. 용접을 마친 후의 조치로 옳은 것은?(단, 용접기의 메인밸브는 추후에 닫는 것으로 한다)
① 산소밸브를 먼저 닫고 아세틸렌밸브를 닫을 것
② 아세틸렌밸브를 먼저 닫고 산소밸브를 닫을 것
③ 산소 및 아세틸렌밸브를 동시에 닫을 것
④ 가스압력조정기를 닫은 후 호스 내 가스를 유지시킬 것

해설
가스용접기 용접이 끝나면 산소밸브를 먼저 닫고 아세틸렌밸브를 닫는다.

09 근로자가 안전하게 통행할 수 있도록 통로에는 몇 lx 이상의 조명시설을 설치해야 하는가?

① 10lx   ② 30lx
③ 45lx   ④ 75lx

해설
근로자가 안전하게 통행할 수 있도록 통로에는 75lx 이상의 조명시설을 설치하여야 한다(산업안전보건기준에 관한 규칙 제21조).

10 가연성 가스 또는 가연성 분진 등이 체류하는 장소에 설치해야 하는 것은?

① 진동설비
② 배수설비
③ 소음설비
④ 환기설비

해설
가연성 가스 또는 가연성 분진이 체류하기 쉬운 장소는 환기설비를 설치해야 한다.

11 가스보일러 점화 전 주의사항 중 연소실 용적의 약 몇 배 이상의 공기량을 보내어 충분히 환기를 행해야 되는가?

① 2   ② 4
③ 6   ④ 8

해설
연소실 환기량 : 연소실 용적의 4배 이상의 공기량

12 발화온도가 낮아지는 조건과 관계없는 것은?

① 발열량이 높을수록 발화온도는 낮아진다.
② 분자구조가 간단할수록 발화온도는 낮아진다.
③ 압력이 높을수록 발화온도는 낮아진다.
④ 산소농도가 높을수록 발화온도는 낮아진다.

해설
발화온도가 낮아지는 조건
• 발열량이 높을수록
• 산소농도가 높을수록
• 압력이 높을수록
• 분자구조가 복잡할수록

13 용적형 압축기에 대한 설명으로 옳지 않은 것은?

① 압축실 내의 체적을 감소시켜 냉매의 압력을 증가시킨다.
② 압축기의 성능은 냉동능력, 소비동력, 소음, 진동값 및 수명 등 종합적인 평가가 요구된다.
③ 압축기의 성능을 측정하는 데 유용한 두 가지 방법은 성능계수와 단위 냉동능력당 소비동력을 측정하는 것이다.
④ 개방형 압축기의 성능계수는 전동기와 압축기의 운전효율을 포함하는 반면, 밀폐형 압축기의 성능계수에는 전동기 효율이 포함되지 않는다.

해설
압축기 성능계수에는 전동기 효율과 운전효율을 모두 포함시켜야 한다.

14 정전 시 조치사항으로 옳지 않은 것은?

① 냉각수 공급을 중단한다.
② 수액기 출구밸브를 닫는다.
③ 흡입밸브를 닫고 모터가 정지한 후 토출밸브를 닫는다.
④ 냉동기의 주전원 스위치는 계속 통전시킨다.

해설
정전 시 냉동기의 주전원 스위치는 OFF시킨다.

15 CA 냉장고란?

① 제빙용 냉동고
② 공조용 냉장고
③ 해산물 냉동고
④ 청과물 냉장고

해설
CA 냉장고 : 청과물을 냉장·저장하는 데 있어 보다 좋은 저장성을 확보하기 위하여 냉장고 내의 공기를 치환하는데 산소를 3~5% 감소시키고, 탄산가스를 3~5% 증가시켜 냉장고 내 청과물의 호흡작용을 억제하면서 냉장하는 냉장고

16 냉동장치 운전에 관한 설명으로 옳은 것은?

① 흡입압력이 저하되면 토출가스 온도가 저하된다.
② 냉각수온이 높으면 응축압력이 저하된다.
③ 냉매가 부족하면 증발압력이 상승한다.
④ 응축압력이 상승되면 소요동력이 증가한다.

해설
냉동장치의 운전
• 흡입압력이 저하되면 토출가스 온도가 상승한다.
• 냉각수온이 높으면 응축압력이 상승한다.
• 냉매가 부족하면 증발압력이 저하한다.
• 응축압력이 상승하면 소요동력이 증가한다.

17 바깥지름 54mm, 길이 2.66m, 냉각관수 28개로 된 응축기가 있다. 입구 냉각수온 22℃, 출구 냉각수온 28℃이며 응축온도는 30℃이다. 이때 응축부하는?(단, 냉각관의 열통과율은 900kcal/m²·h·℃이고, 온도차는 산술 평균 온도차를 이용한다)

① 25,300kcal/h
② 43,700kcal/h
③ 56,859kcal/h
④ 79,682kcal/h

해설
응축기 방열량
$Q_L = K \times A \times \Delta t_m$
$= 900 \times (\pi \times 0.054 \times 2.66 \times 28) \times \left(30 - \frac{22+28}{2}\right)$
$\fallingdotseq 56,858.6 \text{kcal/h}$

18 다음 중 터보냉동기 용량제어와 관계없는 것은?

① 흡입 가이드 베인 조절법
② 회전수 가감법
③ 클리어런스 증대법
④ 냉각수량 조절법

해설
클리어런스 증대법은 왕복동 압축기의 용량제어방법이다.

19 다음 중 브라인 동파방지의 대책이 아닌 것은?

① 동결방지용 온도조절기를 사용한다.
② 브라인 부동액을 첨가한다.
③ 응축압력조정밸브를 설치한다.
④ 단수 릴레이를 설치한다.

해설
브라인의 동파방지 대책
• 부동액을 첨가한다.
• 단수 릴레이를 설치한다.
• 동파방지용 온도조절기를 설치한다.
• 증발압력조정밸브를 설치한다.
• 순환펌프와 압축기 모터를 인터록시킨다.

20 냉동사이클에서 액관 여과기의 규격은 보통 몇 메시(mesh)인가?

① 40   ② 60~70
③ 80~100   ④ 150

해설
냉동사이클에서 액관 여과기의 규격
• 액관일 경우 : 80~100mesh
• 가스관일 경우 : 40mesh

21 흡수식 냉동장치에는 안전 확보와 기기의 보호를 위하여 여러 가지 안전장치가 설치되어 있다. 그 목적에 해당되지 않는 것은?

① 냉수 동결방지
② 흡수액 결정방지
③ 압력 상승방지
④ 압축기 보호

해설
흡수식 냉동장치에는 압축기가 없다.

22 강제급유식에 사용되는 오일펌프가 아닌 것은?

① 플런저 펌프
② 로터리 펌프
③ 터보펌프
④ 기어펌프

해설
펌프의 종류

터보형 (비용적형)	원심식	벌류트펌프
		터빈펌프
	사류식	벌류트펌프
		디퓨저펌프
	축류식	축류펌프
용적형	회전식	베인펌프
		기어펌프
		나사펌프(스크루펌프)
	왕복식	피스톤펌프
		플런저펌프
		다이어프램펌프

18 ③ 19 ③ 20 ③ 21 ④ 22 ③

23 기체를 액화시키는 방법으로 옳은 것은?

① 임계압력 이하로 압축한 후 냉각시킨다.
② 임계온도 이상으로 가열한 후 압력을 높인다.
③ 임계압력 이상으로 가압하고, 임계온도 이하로 냉각한다.
④ 임계온도 이하로 냉각하고, 임계압력 이하로 감압한다.

해설
기체를 액화시키기 위해서는 임계압력 이상으로 가압하고, 임계온도 이하로 냉각한다. 물리학에서는 기상(Gas)과 액상(Liquid)의 구분이 사라지는 압력과 온도를 임계점이라고 한다. 임계점 밖에서 물질은 기체나 액체라고 할 수 없는데, 이를 초임계유체라고 한다.

24 증발열을 이용한 냉동법이 아닌 것은?

① 증기분사식 냉동법
② 압축기체팽창 냉동법
③ 흡수식 냉동법
④ 증기압축식 냉동법

해설
압축기체 팽창식은 물리적인 기계의 힘을 이용해서 냉동시키는 방법이다.

25 다음 설명 중 옳지 않은 것은?

① 전위차가 높을수록 전류는 잘 흐르지 않는다.
② 물체의 마찰 등에 의하여 대전된 전기를 전하라고 한다.
③ 1초 동안에 1C의 전기량이 이동하면 전류는 1A이다.
④ 전기의 흐름을 방해하는 정도를 나타내는 것을 전기저항이라고 한다.

해설
전위차가 높을수록 전류는 잘 흐른다.

26 주철관을 직선으로 연결하는 접속법은?

① 티(Tee) 이음
② 소켓(Socket) 이음
③ 크로스(Cross) 이음
④ 벤드(Bend) 이음

해설
주철관을 직선으로 연결한 접속법은 소켓 이음법이다.

27 터보냉동기 윤활사이클에서 마그네틱 플러그의 역할은?

① 오일쿨러의 냉각수 온도를 일정하게 유지하는 역할
② 오일 중의 수분을 제거하는 역할
③ 윤활사이클로 공급되는 유압을 일정하게 해 주는 역할
④ 윤활사이클로 공급되는 철분을 제거하여 장치의 마모를 방지하는 역할

해설
마그네틱 플러그 : 윤활사이클로 공급되는 철분을 제거하여 장치의 마모를 방지하는 역할을 한다.

정답 23 ③ 24 ② 25 ① 26 ② 27 ④

28 프레온 냉매(할로겐화 탄화수소)의 호칭기호 결정과 관계없는 성분은?

① 수 소 ② 탄 소
③ 산 소 ④ 불 소

해설
프레온 냉매의 호칭기호 : 탄소, 수소, 불소, 염소

29 1분간에 25℃의 순수한 물 40L를 5℃로 냉각하기 위한 냉각기의 냉동능력은 약 몇 냉동톤인가?

① 0.24RT
② 14.45RT
③ 241RT
④ 14,458RT

해설
$$1RT = \frac{Q}{3,320} = \frac{40 \times 1 \times (25-5)}{3,320} \times 60 = 14.45RT$$

30 온도 작동식 자동팽창밸브에 대한 설명으로 옳은 것은?

① 실온을 서모스탯에 의하여 감지하고, 밸브의 개도를 조정한다.
② 팽창밸브 직전의 냉매온도에 의하여 자동적으로 개도를 조정한다.
③ 증발기 출구의 냉매온도에 의하여 자동적으로 개도를 조정한다.
④ 압축기의 토출 냉매온도에 의하여 자동적으로 개도를 조정한다.

31 동관의 납땜이음 시 이음쇠와 동관의 틈새는 몇 mm 정도가 가장 적당한가?

① 0.04~0.2
② 0.5~1.0
③ 1.2~1.8
④ 2.0~3.5

해설
동관의 납땜이음 시 이음쇠와 동관의 틈새는 0.04~0.2mm 정도가 가장 적당하다.

32 펌프의 캐비테이션 방지책으로 잘못된 것은?

① 양흡입펌프를 사용한다.
② 흡입관의 손실을 줄이기 위해 관지름을 굵게, 굽힘을 작게 한다.
③ 펌프의 설치 위치를 낮춘다.
④ 펌프 회전수를 빠르게 한다.

해설
공동현상의 방지대책
• 펌프의 흡입측 수두, 마찰손실을 작게 한다.
• 펌프 임펠러(Impeller) 속도를 느리게 한다.
• 펌프 흡입 관경을 크게 한다.
• 펌프 설치 위치를 수원보다 낮게 한다.
• 펌프 흡입압력을 유체의 증기압보다 높게 한다.
• 양흡입펌프를 사용한다.
• 양흡입펌프로 부족 시 펌프를 2대로 나눈다.

33 팽창변 직후 냉매의 건조도 $X = 0.14$이고, 증발잠열이 400kcal/kg이라면 냉동효과는?

① 56kcal/kg
② 213kcal/kg
③ 344kcal/kg
④ 566kcal/kg

해설
냉동효과(q_e)
$q_e = (1-x) \times q$
$= (1-0.14) \times 400$
$= 344 \text{kcal/kg}$

34 소요 냉각수량 120L/min, 냉각수 입출구 온도차 6℃인 수랭 응축기의 응축부하는?

① 6,400kcal/h
② 12,000kcal/h
③ 14,400kcal/h
④ 43,200kcal/h

해설
응축부하(Q)
$Q = G \times C \times \Delta t$
$= 120 \dfrac{l}{\min} \times 1 \dfrac{\text{kcal}}{\text{kg} \, ℃} \times 6℃ \times \dfrac{60\min}{1h}$
$= 43,200$

35 동관 공작용 작업공구가 아닌 것은?

① 익스펜더
② 사이징 툴
③ 튜브 벤더
④ 봄 볼

해설
연관용 배관공구
• 봄볼 : 연관을 뽑아서 구멍을 뚫을 때 사용한다.
• 드레서 : 연관 표면의 산화물을 제거할 때 사용한다.
• 맬릿 : 나무해머
• 턴핀 : 연관 끝을 넓힐 때 사용한다.
• 벤드밴 : 연관에 끼워 관을 굽히거나 펼 때 사용한다.

36 단단 증기압축식 이론 냉동사이클에서 응축부하가 10kW이고, 냉동능력이 6kW일 때 이론 성적계수는 얼마인가?

① 0.6
② 1.5
③ 1.67
④ 2.5

해설
성적계수(COP) $= \dfrac{Q_2}{Q_1 - Q_2} = \dfrac{6}{10-6} = 1.5$

정답 32 ④ 33 ③ 34 ④ 35 ④ 36 ②

37 팽창밸브 선정 시 고려해야 할 사항이 아닌 것은?

① 관 두께
② 냉동기의 냉동능력
③ 사용 냉매 종류
④ 증발기의 형식 및 크기

해설
관 두께는 팽창밸브의 능력에 영향을 주지 않는다.

38 복사난방에 관한 설명으로 옳지 않은 것은?

① 바닥면의 이용도가 높고 열손실이 적다.
② 단열층 공사비가 많이 들고 배관의 고장 발견이 어렵다.
③ 대류난방에 비하여 설비비가 많이 든다.
④ 방열체의 열용량이 적어 외기온도에 따라 방열량의 조절이 쉽다.

해설
복사난방의 특징
- 복사난방은 배관이 매립되어 있으므로 고장 시 발견이 어렵고 시설비가 많이 든다.
- 복사난방은 실내온도분포가 가장 균일한 난방방식이다.
- 복사난방은 부하 변화에 따른 온도 조절이 늦다(외기의 온도 변화에 대한 온도 조절이 어렵다).
- 복사난방은 실내의 평균온도가 낮다.

39 다음 중 온풍난방의 장점이 아닌 것은?

① 예열시간이 짧아 비교적 연료 소비량이 적다.
② 온도의 자동제어가 용이하다.
③ 필터를 채택하므로 깨끗한 공기를 유지할 수 있다.
④ 실내온도분포가 균등하다.

해설
온풍난방은 실내온도분포가 불균일하다.

40 냉매가 냉동기유에 다량으로 융해되어 압축기 기동 시 크랭크 케이스 내의 압력이 급격히 낮아지면서 발생하는 현상은?

① 오일흡착현상
② 오일 에멀션 현상
③ 오일포밍현상
④ 오일 케비테이션 현상

해설
오일포밍(Oil Foaming)현상 : 프레온 냉동기에서 압축기 정지 시 크랭크 케이스 내의 오일 중에 용해되어 있던 프레온 냉매가 압축기 기동 시 크랭크 케이스 내의 압력이 급격히 낮아져 오일과 냉매가 급격히 분리되는데 이 때문에 유면이 약동하며 윤활유에 거품이 일어나는 현상이다. 오일포밍이 급격히 일어나면 피스톤 상부로 다량의 오일이 올라가 오일을 압축하게 되는데, 이때 이상음이 발생한다.

41 수랭식 응축기 냉각관의 일반적인 청소시기로 적당한 것은?

① 매월 1회
② 매년 1회
③ 3개월에 1회
④ 6개월에 1회

42 완전 기체에서 단열압축과정에 나타나는 현상은?

① 비체적이 커진다.
② 전열량이 변화가 없다.
③ 엔탈피가 증가한다.
④ 온도가 낮아진다.

해설
공기가 단열팽창을 하면 엔탈피가 감소하고 공기의 온도는 낮아지며, 공기가 단열압축을 하면 엔탈피가 증가하고 공기의 온도는 높아진다.

43 다음 중 수소, 염소, 불소, 탄소로 구성된 냉매계열은?

① HFC계
② HCFC계
③ CFC계
④ 할론계

해설
HCFC 계열 : 수소, 염소, 불소(플루오린), 탄소로 구성된 냉매계열

44 회전식 압축기(Rotary Compressor)의 특징에 대한 설명으로 옳지 않은 것은?

① 왕복동식에 비해 구조가 간단하다.
② 기동식 무부하로 기동될 수 있으며 전력 소비가 크다.
③ 압축비에 비하여 체적효율이 높다.
④ 진동 및 소음이 작다.

해설
회전식 압축기의 특징
• 왕복동식 압축기에 비해 부품수가 적고, 구조가 간단하다.
• 진동 및 소음이 작다.
• 가스의 흡입과 배출이 연속적이므로 고진공을 얻을 수 있다.
• 밀폐형에서 하우징 내의 압력은 고압이다.
• 잔류가스의 재팽창에 의한 체적효율 저하가 적다.
• 기계 용량에 비해 몸체가 작다.
• 일반적으로 소용량에 많이 쓰이며 흡입밸브가 없다.
• 기동식 무부하 운전이 가능하며 전력 소비가 적다.

45 온도자동팽창밸브에서 감온통의 부착 위치는?

① 팽창밸브 출구
② 증발기 입구
③ 증발기 출구
④ 수액기 출구

해설
감온통의 설치
• 증발기 출구 압축기 흡입관에 설치한다.
• 강관일 때는 알루미늄 칠을 하여 녹을 방지한다.
• 흡입관 외경이 (7/8)″ 이하일 경우 : 흡입관 상부에 부착한다.
• 흡입관 외경이 (7/8)″ 이상일 경우 : 수평보다 45° 하부에 부착한다.

정답 42 ③ 43 ② 44 ② 45 ③

46 파이프 내의 압력이 높아지면 고무링은 더욱 파이프 벽에 밀착되어 누설된다. 이를 방지하는 접합방법은?

① 기계적 접합　② 플랜지 접합
③ 빅토리 접합　④ 소켓 접합

[해설]
빅토리 접합 : 고무링과 금속제 칼라를 사용하여 접합하는 것으로 관지름이 350mm 이하면 2분, 400mm 이상이면 4분하여 조여 준다. 압력 상승 시 기밀이 더욱 유지된다.

47 브라인의 종류 중 무기질 브라인은?

① 에틸알코올
② 에틸렌글리콜
③ 프로필렌글리콜
④ 염화나트륨 수용액

[해설]
무기질 브라인
- 탄소(C)를 포함하지 않는다.
- 금속의 부식력이 크다.
- 가격이 저렴하다
- 종류 : NaCl, $CaCl_2$, $MgCl_2$ 등

48 냉동톤(RT)에 대한 설명으로 옳은 것은?

① 한국 1냉동톤은 미국 1냉동톤보다 크다.
② 한국 1냉동톤은 3,024kcal/h이다.
③ 제빙기가 1일 동안 생산할 수 있는 얼음의 톤수를 1냉동톤이라고 한다.
④ 1냉동톤은 0℃의 얼음이 1시간에 0℃의 물이 되는데 필요한 열량이다.

[해설]
1냉동톤(usRT)는 0℃의 물 1ton(1,000kg)을 24시간 동안에 0℃의 얼음으로 만들 때 냉각해야 할 열량(한국 1냉동톤 : 3,320kcal/h, 미국 1냉동톤 : 3,024kcal/h)이다.

49 시퀀스제어에 사용되는 무접점 릴레이의 특징으로 옳지 않은 것은?

① 작동속도가 빠르다.
② 온도 특성이 양호하다.
③ 장치의 소형화가 가능하다.
④ 진동에 의한 오작동이 적다.

[해설]
무접점 릴레이 : 릴레이 동작의 On과 Off에 대응하는 2개의 출력 상태를 가진 자기증폭기이다. 접점 사고가 거의 없고 온도·습도 등의 외부조건에 대해 신뢰성이 높아 자동제어를 비롯하여 다방면의 제어소자로 사용된다.

50 냉동장치의 온도 관계에 대한 사항 중 옳은 것은? (단, 표준 냉동사이클을 기준으로 할 것)

① 응축온도는 냉각수 온도보다 낮다.
② 응축온도는 압축기 토출가스 온도와 같다.
③ 팽창밸브 직후의 냉매온도는 증발온도보다 낮다.
④ 압축기 흡입가스 온도는 증발온도와 같다.

해설

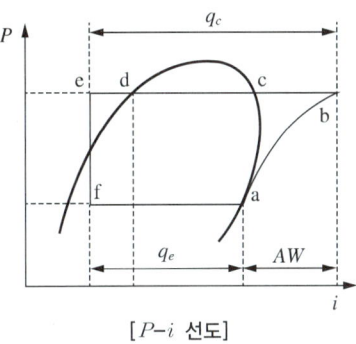

[$P-i$ 선도]

- a → b : 압축기
- b → e : 응축기
- e → f : 팽창밸브
- f → a : 증발기

51 핀 튜브에 대한 설명으로 옳지 않은 것은?

① 관 내에 냉각수, 관 외부에 프레온 냉매가 흐를 때 관 외측에 부착한다.
② 증발기에 핀 튜브를 사용하는 것은 전열효과를 크게 하기 위함이다.
③ 핀은 열전달이 나쁜 유체쪽에 부착한다.
④ 관 내에 냉각수, 관 외부에 프레온 냉매가 흐를 때 관 내측에 부착한다.

해설
핀 튜브는 전열면적을 높이기 위해서 관 외부에 부착한다.

52 냉동장치에 대한 설명으로 옳은 것은?

① 고압차단스위치 작동압력은 안전밸브 작동압력보다 조금 높게 한다.
② 온도식 자동팽창밸브의 감온통은 증발기의 입구 측에 붙인다.
③ 가용전은 프레온 냉동장치의 응축기나 수액기 등을 보호하기 위하여 사용된다.
④ 파열판은 암모니아 왕복동 냉동장치에만 사용된다.

해설
① 고압차단스위치 작동압력은 안전밸브 작동압력보다 조금 낮게 한다.
② 온도식 자동팽창밸브의 감온통은 증발기 출구 측에 붙인다.
④ 파열판과 가용전은 프레온 냉동장치에만 사용한다.

53 간접 팽창식과 비교한 직접 팽창식 냉동장치에 설명으로 옳지 않은 것은?

① 소요동력이 적다.
② 냉동톤(RT)당 냉매 순환량이 적다.
③ 감열에 의해 냉각시키는 방법이다.
④ 냉매의 증발온도가 높다.

해설
직접 팽창식 냉동장치는 잠열에 의해 냉각시키는 방법이다.

54 흡수식 냉동장치와 증기분사식 냉동장치의 냉매로 사용되는 것은?

① 물
② 공기
③ 프레온
④ 탄산가스

해설
증기분사식 냉동장치
- 흡수식 냉동기가 진공펌프로 증발기 내를 진공으로 만들어 물을 낮은 온도에서 증발하게 만드는 것
- 진공펌프 대신 증기 이젝터(Steam Ejector)를 이용하여 다량의 증기를 분사할 때의 부압작용에 의하여 진공을 만들어 냉동작용을 하는 방법

55 다음 중 다원 냉동장치에서만 볼 수 있는 것은?

① 불응축가스 퍼저
② 중간냉각기
③ 캐스케이드 열교환기
④ 부스터

해설
캐스케이드 콘덴서 : 2원 냉동사이클 저온측 응축기와 고온측 증발기를 조합하여 저온측 응축기의 열을 효과적으로 제거하여 응축액화를 촉진시켜 주는 일종의 열교환기이다.

56 얼음 두께가 280mm, 브라인 온도가 -9℃일 때 결빙에 소요된 시간은?

① 약 25시간
② 약 49시간
③ 약 60시간
④ 약 75시간

해설
결빙시간 $= \dfrac{0.56 \times t^2}{-t_b}$

$x = \dfrac{0.56 \times 28^2}{-(-9)}$

∴ $x ≒ 49$시간

여기서, t : 얼음의 두께(cm)
　　　　t_b : 브라인의 온도

57 배관도시기호 중 유체의 종류에 따라 문자기호가 서로 잘못 짝지어진 것은?

① 공기-A
② 가스-G
③ 유류-O
④ 물-S

해설
유체의 종류에 따른 도시기호
- 공기 : A(백색)
- 수증기 : S(암적색)
- 가스 : G(황색)
- 물 : W(청색)
- 유류 : O(암황적색)

58 암모니아 냉매배관을 설치할 때 시공방법으로 옳지 않은 것은?

① 관이음 패킹재료는 천연고무를 사용한다.
② 흡입관에는 U트랩을 설치한다.
③ 토출관의 합류는 Y접속으로 한다.
④ 액관의 트랩부에는 오일 드레인 밸브를 설치한다.

해설
암모니아액은 윤활유를 잘 용해하지 않으므로 윤활유가 암모니아보다 무겁기 때문에 배관의 처진 곳 또는 트랩 등에 고이면 냉매의 흐름을 방해한다. 따라서 배관의 처짐을 없애고 트랩 등에 고인 오일을 빼내기 위한 오일 드레인 배관을 설치하여 윤활유를 빼내야 한다.

59 냉동장치의 장기간 정지 시 운전자의 조치사항으로서 옳지 않은 것은?

① 냉각수는 다음에 사용할 때 필요하므로 누설되지 않도록 밸브 및 플러그의 잠김 상태를 확인하여 잘 잠가 둔다.
② 저압축 냉매를 모두 수액기에 회수하고, 수액기에 모두 회수할 수 없을 때는 냉매통에 회수한다.
③ 냉매 계통 전체의 누설을 검사하여 누설 가스를 발견했을 때는 수리해 둔다.
④ 압축기의 축봉장치에서 냉매가 누설될 수 있으므로 압력을 걸어 둔 상태로 방치하면 안 된다.

해설
냉각수는 밸브 및 플러그를 개방하여 건조한 상태를 유지하도록 한다.

60 다음과 같은 $P-h$ 선도에서 온도가 가장 높은 곳은?

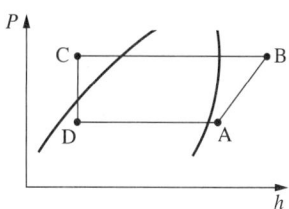

① A
② B
③ C
④ D

해설

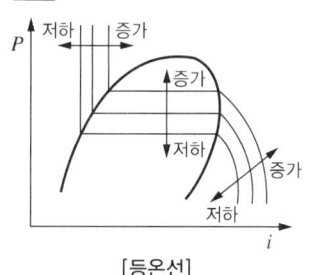

[등온선]

등온선(t, ℃)
• 과냉액 구역에서는 등엔탈피선과 직교한다.
• 습증기 구역에서는 등압선과 평행한다.
• 과열증기 구역에서는 급경사로 내려온다.
• 증발온도, 응축온도, 흡입가스온도, 토출가스온도를 알 수 있다.

정답 58 ② 59 ① 60 ②

2024년 제2회 과년도 기출복원문제

01 보일러 점화 직전 운전원이 반드시 제일 먼저 점검해야 할 사항은?
① 공기온도 측정
② 보일러 수위 확인
③ 연료의 발열량 측정
④ 연소실의 잔류가스 측정

해설
보일러의 수위가 낮으면 과열로 파괴될 수 있으므로 반드시 수위를 확인해야 한다.
보일러 점화 전 점검사항
• 수면계의 수위를 확인한다(수면계의 기능 확인).
• 압력계의 기능을 점검한다(압력계의 지침이 0에 있는지 확인).
• 수저분출장치의 콕 및 밸브의 기능과 누수 유무를 확인한다.
• 연료계통 및 급수계통을 점검한다.
• 댐퍼를 만개하고, 노 내를 충분히 환기시킨다.
• 각 밸브의 개폐 상태를 확인한다.
• 기타 부속 및 제어장치를 확인한다.

02 산업재해의 직접적인 원인에 해당되지 않는 것은?
① 안전장치의 기능 상실
② 불안전한 자세와 동작
③ 위험물의 취급 부주의
④ 기계장치 등의 설계 불량

해설
산업재해의 직접적인 원인
• 불안전한 행동(인적 원인)
 - 위험장소 접근 및 불안전한 조작, 상태 방치
 - 안전장치의 기능 제거 및 불안전한 자세와 동작
 - 기계·기구의 잘못된 사용 및 운전 중인 기계장치의 손질
 - 복장, 보호구의 잘못된 사용 및 감독, 연락 불충분
• 불안전한 상태(물적 원인)
 - 기계 자체, 안전장치, 방호장치의 결함
 - 보호구 및 작업장소의 결함
 - 작업환경의 결함
 - 생산공정 및 설비의 결함

03 수공구 사용방법 중 옳은 것은?
① 스패너에 너트를 깊이 물리고 바깥쪽으로 밀면서 풀고 죈다.
② 정 작업 시 끝날 무렵에는 힘을 빼고 천천히 타격한다.
③ 쇠톱 작업 시 톱날을 고정한 후에는 재조정을 하지 않는다.
④ 장갑을 낀 손이나 기름 묻은 손으로 해머를 잡고 작업해도 된다.

해설
수공구 사용방법
• 정 작업 시 끝날 무렵에는 힘을 빼고 천천히 타격한다.
• 스패너에 너트를 깊이 물리고 안쪽으로 당기면서 풀고 죈다.
• 쇠톱 작업 시 톱날을 고정한 후에는 재조정을 한다.
• 장갑을 낀 손이나 기름 묻은 손으로 해머를 잡고 작업해서는 안 된다.

04 공기압축기를 가동할 때 시작 전 점검사항에 해당되지 않는 것은?
① 공기저장 압력용기의 외관 상태
② 드레인 밸브의 조작 및 배수
③ 압력방출장치의 기능
④ 비상정지장치 및 비상하강장치 기능의 이상 유무

해설
비상정지장치 및 비상하강장치 기능의 이상 유무는 상시 점검사항이다.

정답 1 ② 2 ④ 3 ② 4 ④

05 화재 시 소화제로 물을 사용하는 이유로 가장 적합한 것은?

① 산소를 잘 흡수하기 때문에
② 증발잠열이 크기 때문에
③ 연소하지 않기 때문에
④ 산소 공급을 차단하기 때문에

해설
화재 시 소화제로 물을 사용하는 이유는 증발잠열이 크기 때문이다.

06 각 작업조건에 맞는 보호구의 연결이 잘못된 것은?

① 물체가 떨어지거나 날아올 위험이 있는 작업 – 안전모
② 고열에 의한 화상 등의 위험이 있는 작업 – 방열복
③ 선창 등에서 분진이 심하게 발생하는 하역작업 – 방한복
④ 높이 또는 깊이 2m 이상의 추락할 위험이 있는 장소에서 하는 작업 – 안전대

해설
유해가스, 연기, 분진 등의 발생이 심할 경우 방진마스크를 착용하도록 한다.

07 연삭작업의 안전수칙으로 옳지 않은 것은?

① 작업 도중 진동이나 마찰면에서의 파열이 심하면 곧 작업을 중지한다.
② 숫돌차에 편심이 생기거나 원주면의 메짐이 심하면 드레싱을 한다.
③ 작업 시 반드시 숫돌의 정면에 서서 작업한다.
④ 축과 구멍에는 틈새가 없어야 한다.

해설
연삭(Grinding)작업
- 안전커버를 떼고 작업하면 안 된다.
- 숫돌바퀴에 균열이 있는지 확인한다.
- 숫돌차의 과속회전은 파괴의 원인이 되므로 유의한다.
- 숫돌차의 표면이 심하게 변형된 것은 반드시 수정해야 한다.
- 받침대(Rest)는 숫돌차의 중심선보다 낮게 하지 않는다(작업 중 일감이 딸려 들어갈 위험이 있기 때문이다).
- 숫돌차의 주면과 받침대와의 간격은 3mm 이내로 유지해야 한다.
- 숫돌바퀴가 안전하게 끼워졌는지 확인한다.
- 플랜지의 조임 너트를 정확히 조인다.
- 숫돌차의 측면에서 서서히 연삭해야 하고, 숫돌바퀴의 구멍과 축과의 틈새는 0.05~0.15mm 정도로 한다.
- 작업 시작 전에 1분 이상 공회전시킨 후 정상 회전속도에서 연삭한다(숫돌 교체 시는 3분 이상 시운전할 것).

08 불응축가스가 냉동장치 운전에 미치는 영향으로 옳지 않은 것은?

① 응축압력이 낮아진다.
② 냉동능력이 감소한다.
③ 소비전력이 증가한다.
④ 응축압력이 상승한다.

해설
불응축가스가 혼입되면 계통 전체의 압력을 높여 효율을 낮아지게 하고, 오일을 탄화시킬 수 있다.

정답 5 ② 6 ③ 7 ③ 8 ①

09 방폭성능을 가진 전기기기의 구조 분류에 해당되지 않는 것은?

① 내압방폭구조
② 유입방폭구조
③ 압력방폭구조
④ 자체방폭구조

해설
방폭구조의 종류 : 압력, 내압, 유입, 안전증, 본질안전증, 특수 방폭구조 등

10 산업재해의 발생원인별 순서로 옳은 것은?

① 불안전한 상태 > 불안전한 행동 > 불가항력
② 불안전한 행동 > 불가항력 > 불안전한 상태
③ 불안전한 상태 > 불가항력 > 불안전한 행동
④ 불안전한 행동 > 불안전한 상태 > 불가항력

11 다음 중 사람이 건축물, 비계, 기계, 사다리, 계단 등에서 떨어지는 재해는?

① 도 괴   ② 낙 하
③ 비 래   ④ 추 락

해설
④ 추락 : 사람이 건축물, 비계, 기계, 사다리, 경사면, 나무 등에서 떨어지는 재해(추락을 방지하기 위해 작업발판을 설치해야 하는 높이 : 2m 이상)
① 도괴 : 물체가 넘어지거나 무너짐
② 낙하 : 물체가 높은 데서 낮은 데로 떨어짐
③ 비래 : 물체가 날아옴

12 다음 중 이상적인 냉동사이클은?

① 오토사이클
② 카르노사이클
③ 사바테사이클
④ 역카르노사이클

해설
역카르노사이클 : 카르노사이클이 역으로 순환하는 사이클로, 이상적인 냉동사이클이다. 단열과정 2개와 등온과정 2개로 구성되어 있다.

13 관로를 흐르는 유체의 유속 및 유량에 대한 설명으로 옳지 않은 것은?

① 동일한 유량이 흐르는 관로에서는 연속의 법칙에 의해 관의 단면 크기에 따라 유속은 다르게 나타난다.
② 단위시간에 흐르는 물의 양을 유속이라 한다.
③ 유량의 측정은 용기에 의한 방법, 오리피스에 의한 방법 등이 사용된다.
④ 유속은 베르누이 정리에 의해 중력가속도, 에너지 수두에 의해 결정된다.

해설
• 유량 : 단위시간에 흐르는 물의 양
• 유속 : 단위시간에 유적 내의 어떤 점을 통과하는 물입자의 속도(단위 m/s)

14 암모니아 흡수 냉동사이클에 대한 설명으로 옳지 않은 것은?

① 흡수기에서 암모니아 증기가 농축된 농용액이 된다.
② 발생기에서는 남은 희박용액을 흡수기로 되돌려 보낸다.
③ 열교환기에서는 발생기로부터 흡수기로 가는 희박용액이 가열된다.
④ 발생기 내에서는 물의 일부도 증발한다.

해설
암모니아 흡수 냉동사이클의 열교환기에서는 발생기로부터 흡수기로 가는 농용액이 가열된다.

15 다음 중 냉동에 대한 정의 및 설명으로 가장 옳은 것은?

① 물질의 온도를 인위적으로 주위의 온도보다 낮게 하는 것이다.
② 열이 높은 데서 낮은 곳으로 흐르는 것이다.
③ 물체 자체의 열을 이용하여 일정한 온도를 유지하는 것이다.
④ 기체가 액체로 변화할 때의 기화열에 의한 것이다.

해설
냉동(Refrigeration) : 어떤 물체나 계로부터 열을 제거하여 주위 온도보다 낮은 온도로 유지하는 조작

16 다음 중 동력나사 절삭기가 아닌 것은?

① 오스터식 ② 다이헤드식
③ 로터리식 ④ 호브(Hob)식

해설
동력나사 절삭기의 종류 : 오스터식, 다이헤드식, 호브식 등

17 도선에 전류가 흐를 때 발생하는 열량으로 옳은 것은?

① 전류의 세기에 반비례한다.
② 전류의 세기의 제곱에 비례한다.
③ 전류의 세기의 제곱에 반비례한다.
④ 열량은 전류의 세기와 무관하다.

해설
$H = I^2RT$ (여기서, H : 저항 중에 발생되는 열량)
열량은 전류의 세기의 제곱에 비례한다.

18 지수식 응축기라고도 하며 나선 모양의 관에 냉매를 통과시키고, 이 나선관을 구형 또는 원형의 수조에 담고 순환시켜 냉매를 응축시키는 응축기는?

① 셸 앤드 코일식 응축기
② 증발식 응축기
③ 공랭식 응축기
④ 대기식 응축기

19 1초 동안에 75kgf·m의 일을 할 경우 시간당 발생하는 열량은 약 몇 kcal/h인가?

① 621kcal/h
② 632kcal/h
③ 653kcal/h
④ 675kcal/h

해설
열량(Q)
Q = 75kgf·m/s × 1kcal/427kg·m × 3,600s/h
≒ 632kcal/h

20 몰리에르(Mollier) 선도로 계산할 수 없는 것은?

① 냉동능력
② 성적계수
③ 냉매순환량
④ 오염계수

해설

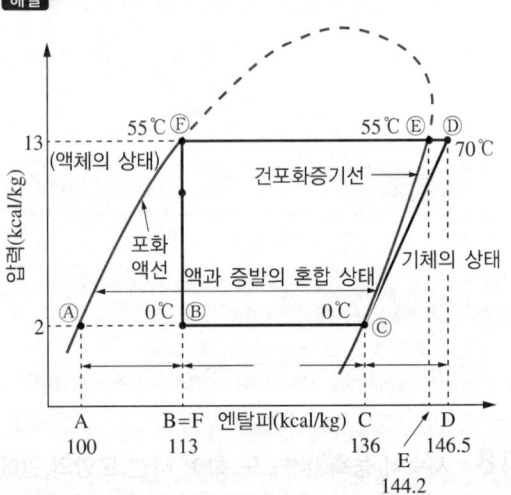

• 냉동능력 : 냉매순환량 × 엔탈피차 = 냉매순환량 × 냉동효과
• 성적계수 : $\dfrac{증발기가 한 일량}{압축기가 한 일량}$
• 냉매순환량 : $\dfrac{이론적 피스톤 압축량(V_a)}{흡입가스의 비체적(v_a)}$ × 체적효율
  = $\dfrac{냉동능력(Q_e)}{냉동효과의 차(q_e)}$

21 밀폐형 압축기의 특징이 아닌 것은?

① 냉매의 누설이 적다.
② 소음이 작다.
③ 과부하 운전이 가능하다.
④ 냉동능력에 비해 대형으로 설치면적이 크다.

해설
밀폐형 압축기의 장점
• 냉매의 누설이 적다.
• 소음이 작다.
• 소형이며, 경량이다.
• 과부하 운전이 가능하다.
• 대량 생산 시 개방형에 비해 저렴하다.

22 강관이음법 중 용접이음의 장점에 대한 설명으로 옳지 않은 것은?

① 유체의 마찰손실이 작다.
② 관의 해체와 교환이 쉽다.
③ 접합부 강도가 강하며, 누수의 염려가 작다.
④ 중량이 가볍고, 시설의 보수 유지비가 절감된다.

해설
용접이음은 관의 해체와 교환이 어렵다. 관의 해체와 교환이 쉬운 이음은 플랜지 이음, 유니언 이음이다.

23 kcal/mh°C의 단위는 무엇인가?

① 열전도율
② 비열
③ 열관류율
④ 오염계수

해설
① 열전도율 : kcal/mh°C
② 비열 : kcal/kg°C
③ 열관류율 : kcal/m²h°C

24 자기유지(Self Holding)에 대한 설명으로 옳은 것은?

① 계전기 코일에 전류를 흘려서 여자시키는 것
② 계전기 코일에 전류를 차단하여 자화 성질을 잃게 되는 것
③ 기기의 미소시간 동작을 위해 동작되는 것
④ 계전기가 여자된 후에도 동작기능이 계속 유지되는 것

해설
자기유지 : 시퀀스제어를 하는 회로를 구성하는 기본적인 회로소자의 하나로, 계전기가 여자된 후에도 동작기능이 계속 유지된다.

25 터보냉동기의 주요 부품이 아닌 것은?

① 임펠러
② 피스톤링
③ 추기회수장치
④ 흡입 가이드 베인

해설
피스톤링은 왕복동 압축기에서 사용하는 실의 기능을 한다.

26 암모니아를 냉매로 사용하는 냉동장치의 기밀시험에 사용하면 안 되는 기체는?

① 질 소 ② 아르곤
③ 공 기 ④ 산 소

해설
산소는 조연성 가스이기 때문에 기밀시험 시 사용하면 안 된다.

27 보온재 선정 시 고려해야 할 사항이 아닌 것은?

① 열전도율
② 물리적・화학적 성질
③ 전기 전도율
④ 사용온도 범위

해설
보온재 선정 시 유의사항 : 열전도, 물리적・화학적 성질, 사용온도 범위, 가격 등

28 LNG 냉열이용동결장치의 특징으로 틀린 것은?

① 식품과 직접 접촉하여 급속동결이 가능하다.
② 외기가 흡입되는 것을 방지한다.
③ 공기에 분산되어 있는 먼지를 철저히 제거하여 장치 내부에 눈이 생기는 것을 방지한다.
④ 저온공기의 풍속을 일정하게 확보함으로써 식품과의 열전달계수를 저하시킨다.

해설
LNG 냉열이용동결장치에서 저온공기의 풍속을 일정하게 확보함으로써 식품과의 열전달계수를 향상시킨다.

29 표준 냉동사이클을 몰리에르 선도상에 나타내었을 때 온도와 압력이 변하지 않는 과정은?

① 과냉각과정 ② 팽창과정
③ 증발과정   ④ 압축과정

해설
증발과정에서는 증발압력과 증발온도가 일정하다.
- 과냉각과정 : 온도 저하, 압력 일정
- 팽창과정 : 온도 저하, 압력 저하
- 압축과정 : 온도 상승, 압력 상승

30 2단 압축 냉동사이클에서 저압측 증발압력이 3kgf/cm²g이고, 고압측 응축압력이 18kgf/cm²g일 때 중간압력은 약 얼마인가?(단, 대기압은 1kgf/cm²a이다)

① 6.7kgf/cm²a ② 7.8kgf/cm²a
③ 8.7kgf/cm²a ④ 9.5kgf/cm²a

해설
중간압력 $= \sqrt{P_1 \times P_2}$
$= \sqrt{(3+1) \times (18+1)}$
$≒ 8.72 \text{kg/cm}^2$

여기서, P_1 : 흡입압력(저압측)
P_2 : 최종압력(고압측)

31 브라인 동결 방지의 목적으로 사용되는 기기가 아닌 것은?

① 서모스탯
② 단수 릴레이
③ 흡입압력조정밸브
④ 증발압력조정밸브

해설
브라인의 동결방지 목적으로 사용되는 기기 : 서모서탯, 단수 릴레이, 증발압력조정밸브

32 왕복동 압축기의 기계효율(η_m)에 대한 설명으로 옳은 것은?(단, 지시동력은 가스를 압축하기 위한 압축기의 실제 필요 동력이고, 축 동력은 실제 압축기를 운전하는 데 필요한 동력이며, 이론적 동력은 압축기의 이론상 필요한 동력이다)

① $\dfrac{\text{지시동력}}{\text{축동력}}$

② $\dfrac{\text{이론적 동력}}{\text{지시동력}}$

③ $\dfrac{\text{지시동력}}{\text{이론적 동력}}$

④ $\dfrac{\text{축동력} \times \text{지시동력}}{\text{이론적 동력}}$

해설
- 압축효율 $= \dfrac{\text{이론적 동력}}{\text{지시동력}}$
- 기계효율 $= \dfrac{\text{지시동력}}{\text{축동력}}$

33 자연적인 냉동방법 중 얼음을 이용하는 냉각법과 가장 관계가 많은 것은?

① 융해열
② 증발열
③ 승화열
④ 응고열

해설
자연적 냉동방법
- 얼음의 융해잠열을 이용하는 방법
- 승화열을 이용하는 방법
- 증발열을 이용하는 방법
- 기한제를 이용하는 방법

34 터보압축기의 특징으로 옳지 않은 것은?

① 임펠러에 의한 원심력을 이용하여 압축한다.
② 응축기에서 가스가 응축하지 않을 경우 이상고압이 발생한다.
③ 부하가 감소하면 서징을 일으킨다.
④ 진동이 작고, 한 대로도 대용량이 가능하다.

해설
터보압축기는 불응축가스가 발생할 경우 추기회수장치에서 자동으로 방출시켜 고압 상승을 방지하도록 되어 있다.

35 강제급유식에 기어펌프를 많이 사용하는 이유로 가장 적합한 것은?

① 유체의 마찰저항이 크기 때문에
② 저속으로도 일정한 압력을 얻을 수 있기 때문에
③ 구조가 복잡하기 때문에
④ 대형으로만 높은 압력을 얻을 수 있기 때문에

해설
강제급유식 기어펌프를 많이 쓰는 이유
• 유체의 마찰저항이 작다.
• 저속으로 일정한 압력을 얻을 수 있다.
• 구조가 간단하고 고장이 적다.
• 소형으로 고압을 얻을 수 있다.

36 압축기 및 응축기에서 심한 온도 상승을 방지하기 위한 대책이 아닌 것은?

① 불응축가스를 제거한다.
② 규정된 냉매량보다 적은 냉매를 충전한다.
③ 충분한 냉각수를 보낸다.
④ 냉각수 배관을 청소한다.

해설
냉매 충전량이 적을 경우 토출가스온도가 상승한다.
압축기 및 응축기에서 심한 온도 상승 방지대책
• 냉각관 청소 및 오일을 배출한다.
• 장치 내 불응축가스를 가스퍼저를 통해 배출한다.
• 냉매 충전량 적정 유무 및 응축부하를 점검한다.
• 설계수량에 맞는 적정량의 냉각수를 흐르게 하고, 냉각수 배관계통의 막힘 등을 점검한다.
• 균압관의 관지름 적정 여부를 검토한다.

37 냉동장치에서 압력과 온도를 낮추고 동시에 증발기로 유입되는 냉매량을 조절해 주는 장치는?

① 수액기
② 압축기
③ 응축기
④ 팽창밸브

해설
팽창밸브
냉동기 및 열펌프 사이클 중에서 고온·고압의 냉매를 교축시켜 갑자기 저압의 증발기(냉각코일) 속에 방출하는 밸브이며, 일종의 감압밸브로 매우 작은 틈에서 냉매를 방출한다. 동작에 따라 수동밸브, 자동밸브가 있으며, 자동식에는 압력식(다이어프램식), 온도식, 플로트식, 전자식(電磁式) 등이 있다. 팽창밸브 개도가 너무 크면 냉매액이 증발기에서 모두 증발시키지 않고 압축기로 넘어올 수 있다.

38 가습효율이 100%에 가까우며 무균이면서 응답성이 좋아 정밀한 습도제어가 가능한 가습기는?

① 물분무식 가습기 ② 증발팬 가습기
③ 증기 가습기 ④ 소형 초음파 가습기

39 어떤 냉동기의 냉동능력이 4,300kJ/h, 성적계수가 6, 냉동효과가 7.1kJ/kg, 응축기 방열량이 8.36 kJ/kg일 경우 냉매순환량은 약 얼마인가?

① 450kg/h ② 505kg/h
③ 550kg/h ④ 605kg/h

해설

냉매순환량 = $\dfrac{냉동능력}{냉동효과}$

$= \dfrac{4,300}{7.1}$

$≒ 605.6$

40 온도자동팽창밸브에서 감온통의 부착 위치는?

① 팽창밸브 출구 ② 증발기 입구
③ 증발기 출구 ④ 수액기 출구

해설
증발기 출구측에 설치하는 감온통의 기준
- 흡입관 외경이 20mm 미만일 경우 : 흡입관 상부에 부착한다.
- 흡입관 외경이 20mm 이상일 경우 : 흡입관 수평보다 45° 하부에 부착한다.

41 응축기 중 외기습도가 응축기 능력을 좌우하는 것은?

① 횡형 셸 앤드 튜브식 응축기
② 이중관식 응축기
③ 7통로식 응축기
④ 증발식 응축기

해설
증발식 응축기
물의 증발잠열을 이용하여 냉매를 응축시키는 방식으로서 외기 습구온도에 영향을 받는다.

42 브롬화리튬(LiBr) 수용액이 필요한 냉동장치는?

① 증기압축식 냉동장치
② 흡수식 냉동장치
③ 증기분사식 냉동장치
④ 전자 냉동장치

해설
흡수식 냉동기에서 냉매와 흡수제

냉 매	물(H_2O)	물(H_2O)	암모니아(NH_3)
흡수제	LiBr	LiCl	물(H_2O)

43 표준사이클을 유지하고 암모니아의 순환량을 186 kg/h로 운전했을 때의 소요동력(kW)은 약 얼마인가?(단, NH_3 1kg을 압축하는 데 필요한 열량은 몰리에르 선도상에서는 56kcal/kg이라 한다)

① 12.1 ② 24.2
③ 28.6 ④ 36.4

해설
소요동력(kW) = $186 \times 56 \times \dfrac{1}{860}$
≒ 12.1

44 강관의 이음에서 지름이 서로 다른 관을 연결하는 데 사용하는 이음쇠는?

① 캡(Cap) ② 유니언(Union)
③ 리듀서(Reducer) ④ 플러그(Plug)

45 압축기의 흡입 및 토출밸브의 구비조건으로 적당하지 않은 것은?

① 밸브의 작동이 확실하고, 개폐하는 데 큰 압력이 필요하지 않을 것
② 밸브의 관성력이 크고, 냉매의 유동에 저항을 많이 주는 구조일 것
③ 밸브가 닫혔을 때 냉매의 누설이 없을 것
④ 밸브가 마모와 파손에 강할 것

해설
압축기의 흡입·토출밸브는 밸브의 관성력이 작고, 냉매의 유동에 저항을 작게 주는 구조이어야 한다.

46 전자밸브에 대한 설명 중 틀린 것은?

① 전자코일에 전류가 흐르면 밸브는 닫힌다.
② 밸브의 전자코일을 상부로 하고 수직으로 설치한다.
③ 일반적으로 소용량에는 직동식, 대용량에는 파일럿 전자밸브를 사용한다.
④ 전압과 용량에 맞게 설치한다.

해설
전자코일에 전류가 흐르면 밸브는 열린다.

47 절대압력과 게이지 압력과의 관계식으로 옳은 것은?

① 절대압력 = 대기압력 + 게이지 압력
② 절대압력 = 대기압력 − 게이지 압력
③ 절대압력 = 대기압력 × 게이지 압력
④ 절대압력 = 대기압력 ÷ 게이지 압력

해설
절대압력
완전 진공을 0으로 하여 측정한 압력
※ 단위 : kg/cm^2a, kg/m^2a, lb/in^2a
- 절대압력(kg/cm^2a) = 대기압력($1.033kg/cm^2$) + 게이지 압력(kg/cm^2)
- 절대압력 = 대기압력 − 진공압력

48 냉동장치에서 응축기나 수액기 등 고압부에 이상이 생겨 점검 및 수리를 위해 고압측 냉매를 저압측으로 회수하는 작업은?

① 펌프아웃(Pump Out)
② 펌프다운(Pump Down)
③ 바이패스아웃(Bypass Out)
④ 바이패스다운(Bypass Down)

해설
- 펌프아웃 : 역운전이라 하며 냉동기 고압측에 이상이 생겨 수리할 필요가 있을 때는 고압측 냉매를 저압측으로 보내거나 장치 내에서 제거시켜야 한다. 즉, 고압측 냉매를 저압측으로 보내기 위해 역운전한다.
- 펌프다운 : 냉동장치의 점검, 수리 등을 위하여 냉동기 시스템을 개방하고자 할 때는 시스템 내의 냉매를 고압부인 응축기나 수액기에 회수한다. 개방작업의 안전 또는 냉매손실을 적게 하기 위해 작업하는 것이다.

49 응축온도가 13℃이고, 증발온도가 -13℃인 이론적 냉동 사이클에서 냉동기의 성적계수는?

① 0.5
② 2
③ 5
④ 10

해설
$$성적계수(COP) = \frac{Q_2}{Q_1 - Q_2}$$
$$= \frac{T_2}{T_1 - T_2}$$
$$= \frac{273 - 13}{(273 + 13) - (273 - 13)}$$
$$= 10$$

50 입형 셸 앤드 튜브식 응축기의 특징으로 가장 거리가 먼 것은?

① 옥외 설치가 가능하다.
② 액냉매의 과냉각이 쉽다.
③ 과부하에 잘 견딘다.
④ 운전 중 청소가 가능하다.

해설
입형은 냉매와 냉각수가 평형 상태이므로 과냉각도 어렵다.

51 동관을 구부릴 때 사용되는 동관 전용 벤더의 최소 곡률 반지름은 관지름의 약 몇 배인가?

① 약 1~2배
② 약 4~5배
③ 약 7~8배
④ 약 10~11배

해설
동관을 구부릴 때 사용되는 동관 전용 벤더의 최소 곡률 반지름은 관지름의 약 4~5배이다.

52 공기조화에서 시설 내 일산화탄소의 허용되는 오염 기준은 시간당 평균 얼마인가?

① 25ppm 이하
② 30ppm 이하
③ 35ppm 이하
④ 40ppm 이하

해설
일산화탄소의 허용농도(TLV-TWA 기준농도) : 25ppm

53 다음 중 복사난방에 대한 설명으로 옳지 않은 것은?

① 실내의 쾌감도가 높다.
② 실내온도분포가 균등하다.
③ 외기 온도의 급변에 대한 방열량 조절이 용이하다.
④ 시공, 수리, 개조가 불편하다.

해설
복사난방: 바닥패널, 벽패널, 천장패널을 설치하여 복사열을 이용한 난방
• 복사난방은 배관이 매립되어 있어 고장 시 발견이 어렵고, 시설비가 많이 든다.
• 복사난방은 실내온도분포가 가장 균일한 난방방식이다.
• 복사난방은 부하 변화에 따른 온도조절이 늦다(외기의 온도 변화에 대한 온도 조절이 어렵다).
• 복사난방은 실내의 평균온도가 낮다.

54 다음 그림과 같이 15A 강관을 45° 엘보에 동일 부속 나사 연결할 때 관의 실제 소요 길이는?(단, 엘보 중심 길이 21mm, 나사물림 길이 11mm이다)

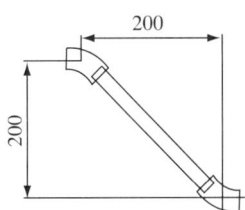

① 약 255.8mm   ② 약 258.8mm
③ 약 274.8mm   ④ 약 262.8mm

해설
$l = L - 2(A - a)$
$= 282.8 - 2(21 - 11) ≒ 262.8$mm
여기서, $L = \sqrt{200^2 + 200^2} ≒ 282.8$mm

55 압축기의 상부 간격(Top Clearance)이 크면 냉동장치에 어떤 영향을 주는가?

① 토출가스 온도가 낮아진다.
② 체적효율이 상승한다.
③ 윤활유가 열화되기 쉽다.
④ 냉동능력이 증가한다.

해설
압축기의 상부 간격(Top Clearance)이 크면 윤활유가 열화되기 쉽다.

56 200V, 300W의 전열기를 100V 전압에서 사용할 경우 소비전력은?

① 약 50kW
② 약 75kW
③ 약 100kW
④ 약 150kW

해설
$P = VI, \ I = \dfrac{V}{R}, \ P = \dfrac{V^2}{R}$

전력은 전압의 제곱에 비례하므로,
$300 : 200^2 = x : 100^2$
$x = \dfrac{300 \times 100^2}{200^2} = 75$kW

57 다음 설명 중 옳은 것은?

① 1kW는 760kcal/h이다.
② 증발열, 응축열, 승화열은 잠열이다.
③ 1kg의 얼음의 용해열은 860kcal이다.
④ 상대습도란 포화증기를 증기압으로 나눈 것이다.

해설
① 1kW는 860kcal/h이다.
③ 1kg의 얼음의 용해열은 80kcal이다.
④ 상대습도란 기체의 수증기압을 기체의 온도에 따른 포화수증기압으로 나눈 것이다.

58 왕복동식 냉동기와 비교하여 터보식 냉동기의 특징으로 옳은 것은?

① 회전수가 매우 빠르므로 동작 밸런스를 잡기 어렵고 진동이 크다.
② 일반적으로 고압 냉매를 사용하므로 취급이 어렵다.
③ 소용량의 냉동기에 적용하기에는 경제적이지 못하다.
④ 저온장치에서도 압축단수가 적어지므로 사용도가 넓다.

해설
터보식 냉동기의 특징
• 소용량의 냉동기에는 한계가 있고 생산가가 비싸다.
• 고장이 적고 보수가 용이하며 수명이 길다.

59 왕복 압축기에서 이론적 피스톤 압출량(m^3/h)의 산출식으로 옳은 것은?(단, 기통수 N, 실린더 내경 D(m), 회전수 R(rpm), 피스톤행정 L(m)이다)

① $V = D \cdot L \cdot R \cdot N \cdot 60$
② $V = \frac{\pi}{4} D \cdot L \cdot R \cdot N$
③ $V = \frac{\pi}{4} D \cdot L \cdot R \cdot N \cdot 60$
④ $V = \frac{\pi}{4} D^2 \cdot L \cdot N \cdot R \cdot 60$

60 히트펌프방식에서 냉난방 절환을 위해 필요한 밸브는?

① 감압밸브
② 2방밸브
③ 4방밸브
④ 전동밸브

해설
4방밸브 : 히트펌프방식에서 냉방과 난방 시 절환하여 사용하는 밸브로서, 압축기에서 냉매가스를 실외로부터 실내 또는 복귀되는 냉매가스를 실내로부터 실외로 전환시킬 때 사용하기 위해 설치한다.

2025년 제1회 최근 기출복원문제

01 보일러의 안전한 운전을 위해 근로자에게 보일러의 운전방법을 교육하여 안전사고를 방지하여야 한다. 다음 중 교육내용에 해당되지 않는 것은?

① 가동 중인 보일러에는 작업자가 항상 정위치를 떠나지 아니할 것
② 압력방출장치·압력제한스위치·화염검출기의 설치 및 정상 작동 여부를 점검할 것
③ 압력방출장치의 개방된 상태를 확인할 것
④ 고저수위조절장치와 급수펌프와의 상호 기능 상태를 점검할 것

해설
보일러의 안전한 운전을 위해 압력방출장치의 봉인된 상태를 확인해야 한다.

02 기계설비에서 일어나는 사고의 위험점이 아닌 것은?

① 협착점
② 끼임점
③ 고정점
④ 절단점

해설
기계설비 위험점의 종류
- 협착점 : 왕복운동을 하는 동작 부분과 움직임이 없는 고정 부분 사이에 형성되는 위험점
- 끼임점 : 고정 부분과 회전하는 동작 부분이 함께 만드는 위험점
- 절단점 : 회전하는 운동 부분 자체의 위험이나 운동하는 기계 부분 자체의 위험에서 초래되는 위험점
- 물림점 : 회전하는 두 개의 회전체에 물려 들어가는 위험점
- 접선 물림점 : 회전하는 부분의 접선 방향으로 물려 들어갈 위험점
- 회전 말림점 : 회전하는 물체에 작업복 등이 말려드는 위험이 존재하는 점

03 동기 운전 중 액 압축이 일어난 경우에 나타나는 현상으로 옳은 것은?

① 토출배관이 따뜻해진다.
② 실린더에 서리가 낀다.
③ 실린더가 과열된다.
④ 축수하중이 감소된다.

해설
냉동기 운전 중에서 액 압축이 일어난 경우 압축기 흡입관, 실린더, 토출관에 서리가 발생하여 압축기가 고장 날 우려가 높다.

04 교류용접기의 규격란에 AW200이라고 표시되어 있을 때 200이 나타내는 값은?

① 정격 1차 전륫값
② 정격 2차 전륫값
③ 1차 전류 최댓값
④ 2차 전류 최댓값

해설
교류용접기 규격란 AW 200의 의미
- AW : AC(교류) Welder(용접기)
- 200 : 정격 2차 전륫값으로, 단위는 암페어(A)이다.

정답 1 ③ 2 ③ 3 ② 4 ②

05 작업자의 안전태도를 형성하기 위한 가장 유효한 방법은?

① 안전에 관한 훈시
② 안전한 환경의 조성
③ 안전 표지판의 부착
④ 안전에 관한 교육 실시

> [해설]
> 사업주는 소속 근로자에게 고용노동부령으로 정하는 바에 따라 정기적으로 안전보건교육을 하여야 한다. 즉, 교육이 작업자의 안전태도를 형성하기 가장 유효한 방법이다.

06 다음 중 자연환기가 많이 발생해도 비교적 난방효율이 제일 좋은 것은?

① 대류난방
② 증기난방
③ 온풍난방
④ 복사난방

> [해설]
> **복사난방** : 바닥, 천장, 벽 등에 온수나 증기배관을 매설하여 복사열로 실내를 데우는 방식으로 동력 없이 자연적인 힘(중력, 풍압)을 이용해 실내 공기를 순환시키는 방식이다.
> • 바닥 패널, 벽 패널, 천장 패널을 설치하여 복사열을 이용하여 난방한다.
> • 매설관 때문에 준공 후의 수리나 보존이 매우 번잡하다.
> • 바닥면에 예열이 이용되므로 연료 소비량이 적다.
> • 주택, 아파트에 적합하다.

07 냉동제조시설이 적합하게 설치 또는 유지·관리되고 있는지 확인하기 위한 검사가 아닌 것은?

① 중간검사
② 완성검사
③ 불시검사
④ 정기검사

> [해설]
> **냉동제조시설을 확인하기 위한 검사**
> • 중간검사 : 설치 또는 유지·관리과정에서 중간 단계별로 실시하는 검사
> • 완성검사 : 시설 설치 완료 후 적합성 및 안전성을 확인하는 검사
> • 정기검사 : 법령에 따라 정기적으로 실시하는 필수검사

08 각 실마다 전기스토브나 기름난로 등을 설치하여 난방하는 방식은?

① 온돌난방
② 중앙난방
③ 지역난방
④ 개별난방

> [해설]
> 개별난방은 각 방마다 스토브, 기름난로, 보일러 등을 설치해 열원을 분산시켜 난방하는 방식이다.

09 공조방식 중 중앙공조방식이 아닌 것은?

① 단일덕트방식
② 2중 덕트방식
③ 팬코일 유닛방식
④ 룸 쿨러 방식

해설
공조방식 중 중앙공조방식과 개별공조방식
- 중앙공조방식 : 중앙의 공조기에서 처리된 공기를 덕트나 배관을 통해 여러 실로 보내는 방식
  - 단일덕트방식 : 하나의 덕트로 냉·온풍을 각 실로 공급하는 방식
  - 2중 덕트방식 : 냉방용 덕트와 난방용 덕트, 총 두 개의 덕트로 각 실에 공급하는 방식
  - 팬코일 유닛방식 : 중앙에서 처리된 공기를 팬코일 유닛(냉방 또는 난방을 위해 팬, 코일, 공기 필터 등으로 구성된 공기조화 장치)을 통해 각 실에서 제어하는 방식
- 개별공조방식 : 중앙집중식 공조시스템이 아닌 각 실마다 독립적으로 냉방 또는 난방을 처리하는 방식
  - 룸 쿨러 방식 : 각 방마다 에어컨과 같은 독립적인 냉방장치를 설치하여 실내공기를 냉각하는 방식

10 몰리에르 선도상에서 압력이 증대함에 따라 포화액선과 건포화증기선이 만나는 일치점은?

① 한계점
② 임계점
③ 상사점
④ 비등점

해설
임계점이란 어느 압력 이상에서 포화액의 증발이 시작됨과 동시에 건조포화증기로 변하게 되는데 포화액선과 건조포화증기선이 만나는 점이다.

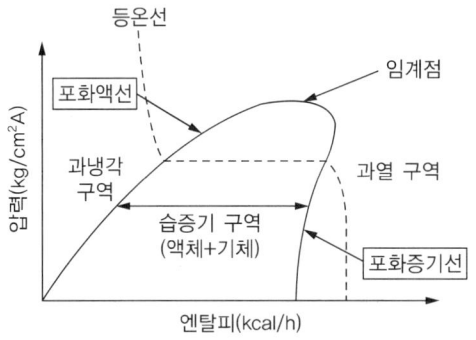

11 다음 중 냉동기의 압축기에서 일어나는 이상적인 압축과정은?

① 등온변화
② 등압변화
③ 등엔탈피 변화
④ 등엔트로피 변화

해설
등엔트로피 변화는 비슷하게 오른쪽으로 상승하는 곡선으로, 압축 과정에 해당된다.

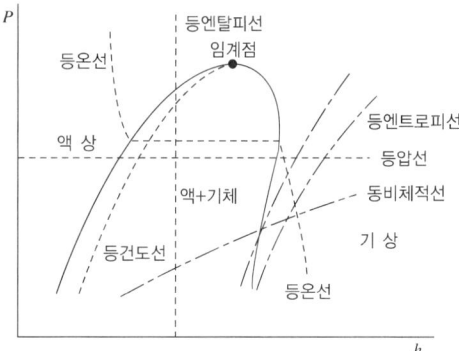

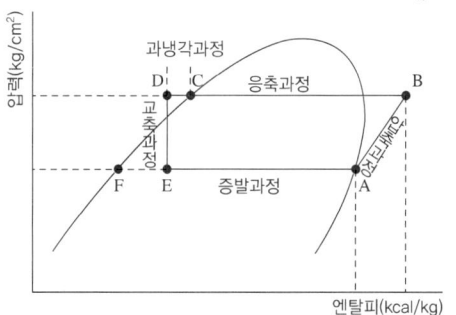

12 온도식 팽창밸브(Thermostatic Expansion Valve)에 있어서 과열도란?

① 팽창밸브 입구와 증발기 출구 사이의 냉매온 차
② 팽창밸브 입구와 팽창밸브 출구 사이의 냉매온 도차
③ 흡입관 내의 냉매가스 온도와 증발기 내의 포화 온도와의 온도차
④ 압축기 토출가스와 증발기 내 증발가스의 온도차

해설
과열도 : 어떤 압력에 대한 과열증기와 포화증기의 온도 차이로서, 흡입관 내의 냉매가스 온도와 증발기 내의 포화온도(증발압력에 해당하는 포화온도)와의 온도차이다.

정답 9 ④ 10 ② 11 ④ 12 ③

13 냉매와 배관재료의 선택을 옳게 나타낸 것은?

① NH_3 : Cu 합금
② 크롬메탈 : Al 합금
③ R-21 : Mg을 함유한 Al 합금
④ 이산화탄소 : Fe 합금

해설
냉매재료별 사용 불가능한 금속
- 암모니아 + 구리 : 암모니아는 부식성이 있어 응력부식균열이 발생하므로 구리 합금에 사용할 수 없다.
- 프레온 + 마그네슘, 마그네슘 2% 이상 함유한 알루미늄 합금 : 폭발적인 반응이 일어나며, 매우 강한 열과 빛을 방출하므로 사용할 수 없다.
- 크롬메탈 + 알루미늄 합금 : 크롬(크롬메탈)과 알루미늄이 산화물 형태로 반응하면 발열반응, 폭발, 부식, 독성물질 발생의 위험이 있으므로 사용할 수 없다.

14 30℃의 공기가 체적 $1m^3$의 용기 내에 압력 600kPa인 상태로 들어 있을 때 용기 내의 공기 질량(kg)은?(단, 기체상수는 287J/kg·K이다)

① 5.9   ② 6.9
③ 7.9   ④ 4.9

해설
$PV = GRT$
$G = \dfrac{PV}{RT} = \dfrac{600 \times 1}{0.287 \times (30 + 273)} = 6.9kg$

※ 287J/kg·K = 0.287kJ/kg·K
   600kPa = 600kJ/m^3

15 증기난방 배관에서 증기트랩을 사용하는 주된 목적은?

① 관 내의 온도를 조절하기 위해서
② 관 내의 압력을 조절하기 위해서
③ 배관의 신축을 흡수하기 위해서
④ 관 내의 증기와 응축수를 분리하기 위해서

해설
증기관 내에 응축수를 배출하여 증기의 누설을 막아 효율성을 높이기 위해서 증기트랩을 사용한다.

16 배수관 설치 기준에 대한 내용으로 옳지 않은 것은?

① 배수관의 최소 관경은 20mm 이상으로 한다.
② 지중에 매설하는 배수관의 관경은 50mm 이상이 좋다.
③ 배수관은 배수가 흐르는 방향으로 관경을 축소해서는 안 된다.
④ 기구 배수관의 관경은 이것에 접속하는 위생기구의 트랩 구경 이상으로 한다.

해설
배수 관경의 크기는 배수 기능의 유지와 막힘 방지를 위해서 최소한 30mm 이상으로 한다.

17 증기배관 내의 수격작용을 방지하기 위한 대책으로 가장 옳은 것은?

① 감압밸브를 설치한다.
② 가능한 한 배관에 굴곡부를 많이 둔다.
③ 가능한 한 배관의 관경을 크게 한다.
④ 배관 내 증기의 유속을 빠르게 한다.

해설
증기배관 내의 수격작용 방지대책
- 조압수조를 설치한다.
- 관경을 크게 하여 유속을 낮춘다.
- 플라이휠을 설치한다.
- 급격한 밸브의 조작을 피한다.

18 캐비테이션 현상의 발생원인으로 옳은 것은?

① 흡입양정이 작을 경우에 발생한다.
② 액체의 온도가 낮을 경우에 발생한다.
③ 날개차의 원주속도가 작을 경우에 발생한다.
④ 날개차의 모양이 적당하지 않을 경우에 발생한다.

해설
캐비테이션 현상의 발생 원인
• 흡입양정이 클 경우
• 액체의 온도가 높을 경우
• 날개차의 원주속도가 빠를 경우
• 날개차의 모양이 적당하지 않을 경우
• 흡입배관의 관경이 작을 경우

19 냉매배관 시 주의사항으로 옳지 않은 것은?

① 배관은 가능한 한 간단하게 한다.
② 굽힘 반지름은 작게 한다.
③ 관통 개소 외에는 바닥에 매설하지 않아야 한다.
④ 배관에 응력이 생길 우려가 있을 경우에는 신축 이음으로 배관한다.

해설
냉매배관 시 배관의 굽힘(굴곡)은 가능한 한 작게 하고, 배관을 굴곡할 때는 굽힘 반지름(R)을 충분히 크게 해야 한다.

20 배관 지지 금속 중 리스트레인트에 해당하지 않는 것은?

① 행 거   ② 앵 커
③ 스토퍼   ④ 가이드

해설
리스트레인트(Restraint)는 신축으로 인한 배관의 좌우, 상하 이동을 구속하고 제한하는 목적으로 사용하는 것으로 앵커, 스토퍼, 가이드 등이 있다.
• 앵커 : 배관의 고정점 역할을 하며, 모든 방향(축 방향, 방사 방향, 회전 방향)의 움직임을 완전히 구속한다.
• 스토퍼 : 배관의 직선 방향 운동(축 방향 움직임)을 방지하여 주로 배관의 열팽창이나 진동 등으로 인해 배관이 앞뒤로 밀리거나 당겨지는 것을 막아 배관의 위치를 고정하는 장치이다.
• 가이드 : 횡 방향(측면)으로의 움직임과 회전(회전)을 제한하는 장치이다. 단, 배관이 축 방향(길이 방향)으로는 자유롭게 움직일 수 있도록 허용한다.

21 정압기의 부속설비 중 가스 수요량이 급격히 증가하여 압력이 필요한 경우 쓰이는 장치는?

① 정압기   ② 가스미터
③ 부스터   ④ 가스필터

해설
부스터 : 도시가스 압력조정기의 정압기 부속장치이다. 가스 수요량이 급격히 증가하면 압력이 낮아져 가스를 원활하게 공급할 수 없으므로 가스압력을 일시적으로 높여 주는 장치이다.

22 전동기 정역회로를 구성할 때 기기의 보호와 조작자의 안전을 위하여 필수적으로 구성되어야 하는 회로는?

① 인터록 회로
② 플립플롭 회로
③ 정지우선 자기유지회로
④ 기동우선 자기유지회로

해설
인터록 회로 : 전동기 정역회로(회전 방향을 정방향과 역방향으로 바꿀 수 있도록 제어하는 회로)를 구성할 때 기기의 보호와 조작자의 안전을 위하여 필수적으로 구성되어야 하는 회로이다.

23 제어량을 어떤 일정한 목푯값으로 유지하는 것을 목적으로 하는 제어는?

① 추종제어　　② 비율제어
③ 정치제어　　④ 프로그램 제어

[해설]
정치제어 : 제어량을 어떤 일정한 목푯값으로 유지하는 것이 목적이다. 즉, 목푯값이 시간에 따라 변하지 않고 일정하게 고정된 제어이다. 예를 들어, 발전소나 화학반응 공정의 압력이나 온도를 일정하게 유지하는 프로세스 제어가 대표적이다.

24 다음 중 흡수식 감습장치에 일반적으로 사용되는 액상 흡수제로 가장 적절한 것은?

① 트라이에틸렌글리콜
② 실리카겔
③ 활성알루미나
④ 탄산소다수용액

[해설]
- 흡착식 감습장치 : 실리카겔, 활성 알루미나, 합성 제올라이트 등의 고체 흡수제를 사용한다.
- 흡수식 감습장치 : 염화리튬, 트리에틸렌글리콜 등의 액상 흡수제를 사용한다.

25 공기 중의 수증기 분압을 포화압력으로 하는 온도는?

① 건구온도　　② 습구온도
③ 노점온도　　④ 글로브(Globe) 온도

[해설]
노점온도 : 공기 중 수증기 분압이 포화압력과 같아지는 온도로, 이슬점 온도라고도 한다.
- 공기가 더 이상 수증기를 포함하지 못하고 응결되기 시작하는 온도
- 공기가 최대로 수분을 머금을 수 있는 상태(상대습도 100%)에 도달하는 온도

26 다음 중 공기조화설비에 해당하지 않는 것은?

① 냉각탑　　② 보일러
③ 냉동기　　④ 압력탱크

[해설]
공기조화설비
- 건물 내부의 온도, 습도, 기류, 청정도 등을 조절하여 실내환경을 쾌적하게 하는 설비이다.
- 공기조화설비의 구성
  - 열원장치 : 냉동기, 보일러, 냉각탑 등
  - 공기조화기 : 공기여과기(필터), 공기냉각기(제습기), 공기가열기, 공기세정기(가습기), 공기조절기(댐퍼) 등
  - 열운반장치 : 송풍기, 덕트, 펌프, 배관 등
  - 자동제어장치 : 온도·습도제어장치

27 표준냉동사이클에 대한 설명으로 옳은 것은?

① 응축기에서 버리는 열량은 증발기에서 취하는 열량과 같다.
② 증기를 압축기에서 단열압축하면 압력과 온도가 높아진다.
③ 팽창밸브에서 팽창하는 냉매는 압력이 감소함과 동시에 열을 방출한다.
④ 증발기 내에서의 냉매증발온도는 그 압력에 대한 포화온도보다 낮다.

[해설]
이상적인 냉동사이클(역카르노 사이클)에서 단열압축이란 외부와 열 교환이 없이 기체의 부피를 빠르게 압축할 때 온도가 상승하는 현상이다.

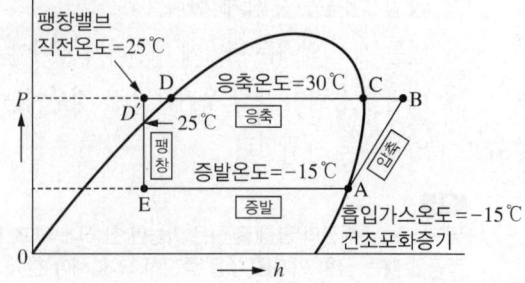

23 ③　24 ①　25 ③　26 ④　27 ②

28 방열벽을 통해 실외에서 실내로 열이 전달될 때 실외측 열전달계수가 0.02093kW/m²·K, 실내측 열전달계수가 0.00814kW/m²·K, 방열벽 두께가 0.2m, 열전도도가 5.8×10^{-5} kW/m²·K일 때 총괄 열전달계수(kW/m²·K)는?

① 1.54×10^{-3}
② 2.77×10^{-4}
③ 4.82×10^{-4}
④ 5.04×10^{-3}

해설
총괄 열전달계수(K)

$$K = \cfrac{1}{\cfrac{1}{\alpha_1} + \left(\cfrac{l_1}{\lambda_1} + \cfrac{l_2}{\lambda_2} + \cdots\right) + \cfrac{1}{\alpha_2}}$$

$$= \cfrac{1}{\cfrac{1}{0.02093} + \cfrac{0.2}{5.8 \times 10^{-5}} + \cfrac{1}{0.00814}}$$

$$= 2.77 \times 10^{-4}$$

여기서, α_1, α_2 : 대류 열전달 계수$\left(\cfrac{kW}{m^2 \cdot K}\right)$

$\lambda_1, \lambda_2 \cdots$: 열전도율$\left(\cfrac{kW}{m^2 \cdot K}\right)$

$l_1, l_2 \cdots$: 두께(m)

29 다음 중 압축방식이 다른 압축기는?

① 원심식 압축기
② 스크루 압축기
③ 스크롤 압축기
④ 왕복동식 압축기

해설
압축기
• 원심식 압축기 : 터보형(비용적식)
• 용적식 압축기 : 왕복동식, 회전식
  – 스크롤 압축기 : 두 개의 나선형 스크롤을 회전시켜 공기를 압축한다.
  – 스크루 압축기 : 두 개의 나사형 로터가 맞물려 회전하면서 공기를 압축한다.

30 1RT(냉동톤)에 대한 설명으로 옳은 것은?

① 0℃ 물 1kg을 0℃ 얼음으로 만드는 데 24시간 동안 제거해야 할 열량
② 0℃ 물 1ton을 0℃ 얼음으로 만드는 데 24시간 동안 제거해야 할 열량
③ 0℃ 물 1kg을 0℃ 얼음으로 만드는 데 1시간 동안 제거해야 할 열량
④ 0℃ 물 1ton을 0℃ 얼음으로 만드는 데 1시간 동안 제거해야 할 열량

해설
1RT(냉동톤) : 0℃ 물 1ton(1,000kg)을 0℃ 얼음으로 만드는 데 24시간 동안 제거해야 할 열량(3,320kcal/h)

31 표준냉동사이클에서 냉매액이 팽창밸브를 지날 때 상태량의 값이 일정한 것은?

① 엔트로피
② 엔탈피
③ 내부에너지
④ 온 도

해설
팽창밸브에서 냉매액이 단열팽창하므로, 팽창 전후의 냉매 엔탈피의 차는 없다. 단열팽창이란 열의 출입을 차단하고 팽창시키면 내부의 온도는 낮아진다는 원리이다.

32 실제기체가 이상기체의 상태식을 근사적으로 만족하는 경우는?

① 압력이 높고, 온도가 낮을수록
② 압력이 높고, 온도가 높을수록
③ 압력이 낮고, 온도가 높을수록
④ 압력이 낮고, 온도가 낮을수록

해설
이상기체는 분자 간의 인력을 무시한 가상의 기체를 의미한다. 즉, 실제기체가 이상기체에 가까워지려면 분자 간 거리를 멀게 해야 한다. 부피를 크게 하면 분자 간의 인력을 멀리할 수 있으므로 온도를 올리고, 압력을 낮춘다.

정답 28 ② 29 ① 30 ② 31 ② 32 ③

33 암모니아 냉동기에서 암모니아가 누설되는 곳에 페놀프탈레인 시험지를 대면 어떤 색으로 변하는가?

① 적색
② 청색
③ 갈색
④ 백색

해설
냉매 누설검사(NH_3)

누설검사	누설반응 변화
• 냄새검사	• 취기가 남
• 붉은 리트머스 시험지	• 청색
• 유황초 화기	• 흰 연기 발생
• 페놀프탈레인 시험지	• 홍색(적색)
• 브라인에 누설 시 네슬러시약 투입	• 소량 누설 시 : 황색 • 다량 누설 시 : 자색
• 염산 탈지면	• 흰 연기 발생

34 냉매의 구비조건으로 옳지 않은 것은?

① 동일한 냉동능력을 내는 경우에 소요동력이 작을 것
② 증발잠열이 크고, 액체의 비열이 작을 것
③ 액상 및 기상의 점도는 낮고 열전도도는 높을 것
④ 임계온도가 낮고 응고온도는 높을 것

해설
냉매는 임계온도가 높고, 응고온도는 낮아야 한다.
• 냉매의 임계온도가 높아야 하는 이유 : 냉동사이클이 작동하는 상온(30~40℃)에서 냉매가 쉽게 액화되어야 하기 때문에
• 응고온도가 낮아야 하는 이유 : 저온에서도 냉매가 얼지 않고 계속 액체 상태를 유지하여 냉동사이클이 효율적으로 순환하도록 돕기 위해서

냉매	임계온도	임계압력
암모니아	133℃	116.5kg/cm²a
R-12	112℃	41.4kg/cm²a

35 주철관에 관한 설명으로 옳지 않은 것은?

① 압축강도, 인장강도가 크다.
② 내식성, 내마모성이 우수하다.
③ 충격치, 휨강도가 작다.
④ 일반적으로 급수관, 배수관, 통기관에 사용된다.

해설
①은 강관에 대한 설명으로, 강관은 인장강도와 충격에 대한 저항성이 뛰어나며, 탄성이 좋고 굴곡성이 크다.
주철관의 성질
• 주철관은 내식성 및 내구성이 우수하지만, 충격이나 인장강도에는 상대적으로 약하다(취성이 있음).
• 일반적으로 급수관, 배수관, 통기관에 사용된다.

36 평면상의 변위뿐만 아니라 입체적인 변위까지도 안전하게 흡수하므로 어떤 형상의 신축에도 배관이 안전하며 증기, 물, 기름 등의 2.9MPa 압력과 220℃ 정도까지 사용할 수 있는 신축이음쇠는?

① 스위블형 신축이음쇠
② 슬리브형 신축이음쇠
③ 볼 조인트형 신축이음쇠
④ 루프형 신축이음쇠

해설
볼 조인트형 신축이음쇠
• 구체(Ball)와 소켓(Socket)의 연결 구조로 되어 있어 배관이 열팽창, 수축, 진동 등으로 인해 여러 방향으로 움직이는 것을 흡수하는 부품이다. 평면상의 변위, 입체적인 변위까지 안전하게 흡수한다.
• 증기관, 물배관, 기름배관에서 압력 2.9MPa(29kg/cm²), 온도 220℃ 정도까지 사용 가능하다.

37 냉온수 배관을 시공할 때 고려해야 할 사항으로 옳은 것은?

① 열에 의한 온수의 체적팽창을 흡수하기 위해 신축이음을 한다.
② 기기와 관의 부식을 방지하기 위해 물을 자주 교체한다.
③ 열에 의한 배관의 신축을 흡수하기 위해 팽창관을 설치한다.
④ 공기 체류 장소에는 공기빼기밸브를 설치한다.

해설
냉온수 배관을 시공할 때 고려해야 할 사항
• 온수의 체적팽창을 흡수하기 위해 팽창탱크를 설치한다.
• 물을 자주 교체하면 경제적 손실이 커진다.
• 배관 신축에 대비하여 신축 조인트를 설치한다.

38 냉매배관 중 액관은 어느 부분인가?

① 압축기와 응축기까지의 배관
② 증발기와 압축기까지의 배관
③ 응축기와 수액기까지의 배관
④ 팽창밸브와 압축기까지의 배관

해설
냉매배관
• 압축기와 응축기까지의 배관 : 가스 냉매가 이동하는 배관이다.
• 증발기와 압축기까지의 배관 : 증발기에서 기체 상태가 된 냉매가 이동하는 배관이다.
• 응축기와 수액기까지의 배관 : 응축기에서 액체화된 고온·고압의 냉매가 수액기로 이동하는 배관이다.
• 팽창밸브와 압축기까지의 배관 : 이 구간은 액관과 증발기에서 나오는 기체관이 혼합되어 있으며, 팽창밸브 이전의 액관은 액체 상태이지만, 팽창밸브 이후의 배관은 기체 상태의 저압 냉매이다.

39 다음 중 가스배관의 크기를 결정하는 요소가 아닌 것은?

① 관의 길이
② 가스의 비중
③ 가스의 압력
④ 가스기구의 종류

해설
저압배관의 유량 공식
$$Q = K\sqrt{\frac{D^5 H}{SL}}$$
여기서, Q : 유량(m^3/hr)
K : 계수(0.707)
D : 관의 내경(cm)
H : 압력손실(mmH$_2$O)
L : 배관 길이(m)
S : 가스의 비중(공기 = 1)

40 배관도시 기호 중 유체의 종류와 기호의 연결이 옳지 않은 것은?

① 공기 – A
② 수증기 – W
③ 가스 – G
④ 유류 – O

해설
유체의 종류와 기호
• S : 수증기
• A : 공기
• W : 물
• O : 유류
• G : 가스

정답 37 ④ 38 ③ 39 ④ 40 ②

41 증기난방에서 환수주관을 보일러 수면보다 높은 위치에서 설치하는 배관방식은?

① 습식 환수관식
② 진공환수식
③ 강제순환식
④ 건식 환수관식

해설
환수관의 배치에 따른 분류
- 건식 환수방법 : 보일러의 수면보다 환수주관이 위에 있는 경우로, 환수주관의 증기 혼입에 의한 열손실을 방지하기 위하여 방열기와 관말에 트랩을 설치한다.
- 습식 환수방법 : 보일러의 수면보다 환수주관이 아래에 있는 경우로, 건식보다 관경이 작아도 되며 관말 트랩은 필요 없다.

42 가용전(Fusible Plug)에 대한 설명으로 옳지 않은 것은?

① 프레온 장치의 수액기, 응축기 등에 사용한다.
② 용융점은 냉동기에서 68~75℃ 이하로 한다.
③ 구성성분은 주석, 구리, 납으로 되어 있다.
④ 토출가스의 영향을 직접 받지 않는 곳에 설치해야 한다.

해설
가용전의 구성성분 : 주석(Sn), 카드뮴(Cd), 비스무트(Bi), 납(Pb), 안티몬(Sb)

43 제빙장치에서 브라인의 온도가 -10℃이고, 결빙 소요시간이 48시간일 때 얼음의 두께는 약 몇 mm 인가?(단, 결빙계수는 0.56이다)

① 253mm ② 273mm
③ 293mm ④ 313mm

해설

결빙시간 $= \dfrac{0.56 \times t^2}{-t_b}$

$48 = \dfrac{0.56 \times x^2}{-(-10)}$

∴ $x = 29.3\text{cm} = 293\text{mm}$

여기서, t : 얼음의 두께(cm)
t_b : 브라인의 온도

44 저온을 얻기 위해 2단 압축을 했을 때의 장점은?

① 성적계수가 향상된다.
② 설비비가 적게 된다.
③ 체적효율이 저하한다.
④ 증발압력이 높아진다.

해설
2단 압축사이클 : 냉동기의 증발온도가 너무 낮으면 이에 따라 증발압력이 저하하므로 저압가스를 1단으로 압축할 경우 압축비가 커지게 된다. 압축비가 높아지면 압축기의 토출가스의 온도가 높아지고, 체적효율이 감소하여 냉동능력이 감소하며 소요동력이 현저히 증가함으로써 동력이 낭비된다. 이러한 악현상을 방지하기 위하여 증발온도가 너무 낮거나 압축비가 큰 경우에는 증발기를 나오는 저압 냉매를 2단으로 나누어 저단압축기는 저압을 중간압력까지만 상승시킨다. 이 중간압력이 된 가스를 중간냉각기(인터쿨러)로 냉각한 후 고단압축기로 고압까지 올려 주는 2단 압축방식을 채택하는 것이다.

45 스윙(Swing)형 체크밸브에 관한 설명으로 틀린 것은?

① 호칭 치수가 큰 관에 사용된다.
② 유체의 저항이 리프트(Lift)형보다 작다.
③ 수평 배관에만 사용할 수 있다.
④ 핀을 축으로 하여 회전시켜 개폐한다.

해설
체크밸브(Check Valve) : 유체의 흐름을 한쪽으로 흐르게 하고, 역류하면 자동적으로 배압의 의하여 밸브체가 닫히는 밸브이다.
- 스윙형 체크밸브 : 핀을 축으로 하여 회전시켜 개폐되므로 유체에 대한 마찰저항이 리프트형보다 작고 수평, 수직 어느 배관에도 사용할 수 있다.
- 리프트형 체크밸브 : 유체의 압력으로 밸브가 수직으로 상하하면서 개폐된다. 리프트는 밸브 지름의 1/4 정도이고, 유체의 흐름에 대한 마찰저항이 크고 수평 배관에만 사용한다.

46 kcal/m·h·℃의 단위는?

① 열전도율
② 비열
③ 열관류율
④ 오염계수

해설
열전도율이란 열이 한 물체에서 다른 물체로 또는 물체 내부에서 온도가 다른 곳으로 얼마나 빨리 이동하는지를 나타내는 척도로서 단위는 kcal/m·h·℃이다.

47 다음 중 배관의 부식 방지를 위해 사용하는 도료가 아닌 것은?

① 광명단
② 연산칼슘
③ 크롬산아연
④ 탄산마그네슘

해설
탄산마그네슘은 배관 부식을 방지하기 위한 도료로서 요구되는 안정적이고 치밀한 보호피막 형성 능력과 적절한 도료 특성이 부족하여 적합하지 않다.

48 용접접합을 나사접합과 비교한 내용으로 옳지 않은 것은?

① 누수의 우려가 작다.
② 유체의 마찰손실이 많다.
③ 배관상으로 공간효율이 좋다.
④ 접합부의 강도가 크다.

해설
배관 내부 표면의 연속성과 매끄러움 때문에 용접접합은 나사접합에 비해 유체의 마찰손실이 작다.

49 증발온도가 낮을 때 미치는 영향이 아닌 것은?

① 냉동능력 감소
② 소요동력 감소
③ 압축비 증대로 인한 실린더 과열
④ 성적계수 저하

해설
증발온도가 낮아지면 소요동력은 증대된다. 즉, 다음 그래프처럼 4→1에서 4'→1'로 증발온도가 낮아지면 소요동력이 1→2에서 1'→2'로 증가한다.

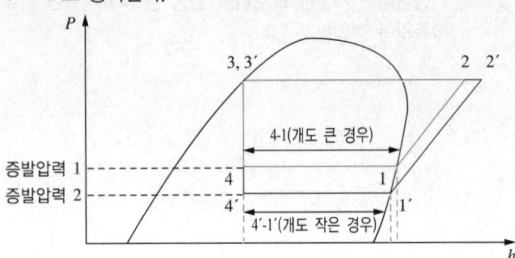

50 증기난방의 부속기기인 감압밸브의 사용목적으로 옳지 않은 것은?

① 증기의 질을 향상시킨다.
② 방열기나 증기 사용기기에 적합한 온도로 조절하기 위한 수단으로 사용한다.
③ 고압증기는 저압증기에 비하여 비체적이 크므로 배관경을 크게 설치해야 한다.
④ 증기사용설비에서 사용 압력조건, 즉 온도조건으로 운전하기 위해서 사용된다.

해설
고압증기는 저압증기에 비해 비체적이 작으므로 배관경을 작게 해도 된다.

51 난방부하가 3,000kcal/h인 온수 난방시설에서 방열기의 입구온도가 85℃, 출구온도가 25℃, 외기온도가 -5℃일 때 온수의 순환량은 얼마인가?(단, 물의 비열은 1kcal/kg℃이다)

① 50kg/h   ② 75kg/h
③ 150kg/h ④ 450kg/h

해설
열량(Q)
$Q = G \times C \times \Delta t$
$3{,}000\text{kcal/h} = x \times 1\text{kcal/kg}℃ \times (85-25)℃$
∴ $x = 50\text{kg/h}$

52 난방방식의 분류에서 간접난방에 해당하는 것은?

① 온수난방
② 증기난방
③ 복사난방
④ 히트펌프난방

해설
히트펌프는 열을 직접 만들어내는 방식이 아니라 열을 한 장소에서 다른 장소로 이동시켜 난방하기 때문에 간접난방이라고 한다.

53 자연환기에 관한 설명으로 옳지 않은 것은?

① 자연환기는 실내·외의 온도차에 의한 부력과 외기의 풍압에 의한 실내·외의 압력차에 의해 이루어진다.
② 자연환기에 의한 방의 환기량은 그 방의 바닥 부근과 천장 부근의 공기온도차에 의해 결정되는데, 급기구 및 배기구의 위치와는 무관하다.
③ 자연환기는 자연력을 이용하므로 동력은 필요하지 않지만, 항상 일정한 환기량을 얻을 수 있다.
④ 자연환기로 공장 등에서 다량의 환기량을 얻고자 할 경우는 벤틸레이터를 지붕면에 설치한다.

해설
자연환기는 급기구와 배기구의 위치에 따라 차이가 크다.

54 다음 중 불연속제어에 해당하는 것은?

① On-off 제어
② 비례제어
③ 미분제어
④ 적분제어

해설
불연속 동작
• On-off 동작(2위치 동작)
• 다위치 동작

55 다음 중 전자밸브를 작동시켜 주는 원리는?

① 냉매압력
② 영구자석의 철심의 힘
③ 전류에 의한 자기작용
④ 전자밸브 내의 소형 전동기

해설
전자밸브는 전기에너지를 기계적인 힘으로 변환하는 수단으로 전류의 자기작용을 이용하여 작동시킨다.

56 공기조화기의 송풍기의 축동력을 산출할 때 필요한 값이 아닌 것은?

① 송풍량
② 현열비
③ 송풍기 전압효율
④ 송풍기 전압

해설
송풍기의 소요동력(공기동력)
$$N = \frac{P \times Q}{102 \times \eta \times 60}$$
여기서, N : 소요동력(kW)
η : 효율
P : 송풍압력(kg/m²)
Q : 송풍량(m³/sec)

정답 53 ② 54 ① 55 ③ 56 ②

57 다음 중 현열비를 구하는 식은?

① 현열비 = $\dfrac{\text{현열부하}}{\text{잠열부하}}$

② 현열비 = $\dfrac{\text{잠열부하}}{\text{잠열부하} + \text{현열부하}}$

③ 현열비 = $\dfrac{\text{현열부하}}{\text{잠열부하} + \text{현열부하}}$

④ 현열비 = $\dfrac{\text{잠열부하}}{\text{현열부하}}$

해설
현열비(SHF ; Sensible Heat Factor, 감열비) : 전열량에 대한 현열량의 비로서 실내로 송출되는 공기의 상태를 나타낸다.

$$SHF = \dfrac{q_s}{q_s + q_L}$$

여기서, q_s : 현열량
  q_L : 잠열량

58 다음 중 수관식 보일러에 대한 설명으로 옳지 않은 것은?

① 부하변동에 따른 압력 변화가 크다.
② 급수의 순도가 낮아도 스케일 발생이 잘 일어나지 않는다.
③ 보유 수량이 적어 파열 시 피해가 작다.
④ 고온·고압의 증가 발생으로 열의 이용도를 높였다.

해설
수관식 보일러에서 급수의 순도가 낮으면 스케일 발생이 쉽게 일어난다.

59 회전식 압축기(Rotary Compressor)의 특징에 대한 설명으로 옳지 않은 것은?

① 왕복동식에 비해 구조가 간단하다.
② 기동식 무부하로 기동될 수 있으며 전력 소비가 크다.
③ 압축비에 비하여 체적효율이 높다.
④ 진동 및 소음이 작다.

해설
회전식 압축기의 특징
• 왕복동식 압축기에 비해 부품수가 적고, 구조가 간단하다.
• 진동 및 소음이 작다.
• 가스의 흡입과 배출이 연속적이므로 고진공을 얻을 수 있다.
• 밀폐형에서 하우징 내의 압력은 고압이다.
• 잔류가스의 재팽창에 의한 체적효율 저하가 작다.
• 기계 용량에 비해 몸체가 작다.
• 일반적으로 소용량에 많이 쓰이며 흡입밸브가 없다.
• 기동식 무부하 운전이 가능하며 전력 소비가 적다.

60 온도자동팽창밸브에서 감온통의 부착 위치는?

① 팽창밸브 출구
② 증발기 입구
③ 증발기 출구
④ 수액기 출구

해설
감온통의 설치
• 증발기 출구 압축기 흡입관에 설치한다.
• 강관일 때는 알루미늄 칠을 하여 녹을 방지한다.
• 흡입관 외경이 (7/8)″ 이하일 경우 : 흡입관 상부에 부착한다.
• 흡입관 외경이 (7/8)″ 이상일 경우 : 수평보다 45° 하부에 부착한다.

정답 57 ③ 58 ② 59 ② 60 ③

2025년 제2회 최근 기출복원문제

01 프레온계 냉매액이 피부에 묻었을 때 가장 적합한 조치는?

① 진한 염산으로 중화시킨다.
② 암모니아, 황산나트륨 포화용액으로 살포한다.
③ 물로 씻고, 피크르산용액을 바른다.
④ 레몬주스 또는 20%의 식초를 바른다.

해설
프레온 냉매가 피부에 묻었을 때에는 피부의 동상을 방지하고, 발생한 동상 병변을 완화하기 위해 다량의 물로 씻어내고 피크르산 용액을 바른다.

02 불응축가스가 냉동장치 운전에 미치는 영향으로 옳지 않은 것은?

① 응축압력이 낮아진다.
② 냉동능력이 감소한다.
③ 소비전력이 증가한다.
④ 응축압력이 상승한다.

해설
불응축가스가 혼입되면 계통 전체의 압력을 높여 효율을 낮추게 하고, 오일을 탄화시킬 수 있다.

03 방폭성능을 가진 전기기기의 구조 분류에 해당되지 않는 것은?

① 내압방폭구조
② 유입방폭구조
③ 압력방폭구조
④ 자체방폭구조

해설
방폭구조의 종류
- 압력방폭구조
- 내압방폭구조
- 유입방폭구조
- 안전증방폭구조
- 본질안전증방폭구조
- 특수방폭구조방폭구조

04 산업재해의 발생원인별 순서로 옳은 것은?

① 불안전한 상태 > 불안전한 행동 > 불가항력
② 불안전한 행동 > 불가항력 > 불안전한 상태
③ 불안전한 상태 > 불가항력 > 불안전한 행동
④ 불안전한 행동 > 불안전한 상태 > 불가항력

정답 1 ③ 2 ① 3 ④ 4 ④

05 다음 중 사람이 건축물, 비계, 기계, 사다리, 계단 등에서 떨어지는 재해는?

① 도 괴   ② 낙 하
③ 비 래   ④ 추 락

해설
④ 추락 : 사람이 건축물, 비계, 기계, 사다리, 경사면, 나무 등에서 떨어지는 재해(추락을 방지하기 위해 작업발판을 설치해야 하는 높이 : 2m 이상)
① 도괴 : 물체가 넘어지거나 무너지는 재해
② 낙하 : 물체가 높은 데서 낮은 데로 떨어지는 재해
③ 비래 : 물체가 날아오는 재해

06 다음 중 호흡용 보호구에 해당하지 않는 것은?

① 방진마스크   ② 방수마스크
③ 방독마스크   ④ 송기마스크

해설
호흡용 보호구
- 방진마스크 : 분진, 미스트, 퓸 등 입자상 유해물질이 호흡기를 통해 들어오는 것을 막기 위해 착용하는 호흡보호구
- 방독마스크 : 유독가스, 증기, 세균, 방사성 물질과 같은 유해물질이 호흡기를 통해 몸속으로 들어오는 것을 막아 주는 호흡보호구
- 송기마스크 : 외부 공기 공급원에서 깨끗한 공기를 호스(송기라인)를 통해 작업자에게 공급하는 호흡용 보호구

07 정전기의 예방대책으로 옳지 않은 것은?

① 설비 주변에 적외선을 쪼인다.
② 설비 주변의 공기를 가습한다.
③ 설비의 금속 부분을 접지한다.
④ 설비에 정전기 발생 방지 도장을 한다.

해설
정전기 방지대책
- 접지한다.
- 상대습도를 70% 이상 유지한다.
- 공기를 이온화시킨다.
- 유속을 낮게 한다.
- 제전기를 설치한다.

08 작업장의 출입문에 대한 설명이다. 옳지 않은 것은?

① 담당자 외에는 쉽게 열고 닫을 수 없게 해야 한다.
② 출입문의 위치 및 크기는 작업장 용도에 적합해야 한다.
③ 운반기계용인 출입구는 보행자용 문을 따로 설치해야 한다.
④ 통로의 출입구는 근로자의 안전을 위해 경보장치를 해야 한다.

해설
① 작업장의 출입문은 근무하는 근로자가 쉽게 열고 닫을 수 있게 해야 된다.
② 출입구의 위치·수 및 크기가 작업장의 용도와 특성에 적합해야 한다.
③ 주목적이 하역 운반기계용인 출입구에는 인접하여 보행자용 출입구를 따로 설치해야 한다.
④ 계단이 출입구와 바로 연결된 경우에는 작업자의 안전한 통행을 위하여 그 사이에 1.2m 이상 거리를 두거나 안내표지 또는 비상벨 등을 설치해야 한다.

09 줄 작업 시 주의사항으로 옳지 않은 것은?

① 줄 작업은 가능한 한 빠른 속도로 한다.
② 줄 작업의 높이는 작업자의 팔꿈치 높이로 하는 것이 좋다.
③ 줄의 손잡이는 작업 전에 잘 고정되어 있는지 확인한다.
④ 칩(Chip)은 브러시로 제거한다.

해설
줄 작업은 가능한 한 천천히 해야 한다.

10 기수혼합급탕기에서 증기를 물에 직접 분사시켜 가열하면 압력차로 인해 소음이 발생하는데 소음을 줄이기 위해 사용하는 설비는?

① 스팀 사일런서
② 응축수 트랩
③ 안전밸브
④ 가열코일

11 다음 중 강관을 재질상으로 분류한 것이 아닌 것은?

① 탄소강관
② 합금강관
③ 전기용접강관
④ 스테인리스강관

해설
강관의 재질별 분류 : 탄소강관, 합금강관, 스테인리스 강관

12 도시가스 배관에서 중압은 얼마의 압력을 의미하는가?

① 0.1MPa 이상 1MPa 미만
② 1MPa 이상 3MPa 미만
③ 3MPa 이상 10MPa 미만
④ 10MPa 이상 100MPa 미만

해설
도시가스 배관의 압력
- 저압 : 0.1MPa 미만
- 중압 : 0.1MPa 이상 1MPa 미만
- 고압 : 1MPa 이상

13 암모니아 냉동설비의 배관으로 사용하기 가장 부적절한 배관은?

① 이음매 없는 구리관
② 저온 배관용 강관
③ 배관용 탄소강 강관
④ 배관용 스테인리스 강관

해설
암모니아(NH_3) 냉매는 구리(Cu)이나 구리합금을 부식시키기 때문에 암모니아 냉매배관에 구리관은 사용하지 않는다(단, 수분이 없으면 상관없다).

14 다음 중 공기조화설비의 구성에 해당하지 않는 것은?

① 냉동기 설비
② 보일러 실내기기 설비
③ 위생기구 설비
④ 송풍기, 공조기 설비

해설
공기조화설비의 구성
- 열(냉)원장치 : 증기, 온수를 위한 보일러, 냉각을 얻기 위한 냉동기, 냉각탑 등
- 공기조화기(AHU ; Air Handling Unit) : 공기여과기, 공기냉각기, 공기가열기 등
- 열매체 운반장치 : 송풍기, 팬, 덕트, 배관, 펌프, 토출구, 흡입구 등
- 자동제어장치 : 공조장치 운전 시 경제적 운전을 위해 자동으로 제어되는 장치(온도·습도제어장치 등)

정답 10 ① 11 ③ 12 ① 13 ① 14 ③

15 다음 중 통기관의 종류가 아닌 것은?

① 각개 통기관　　② 루프 통기관
③ 신정 통기관　　④ 분해 통기관

해설
통기관 설비
- 1관식 배관법(신정 통기관)
- 2관식 배관법(고층 건물용) : 각개 통기식, 회로 통기식
- 환상 통기식(루프식)
- 섹스티아 배수방식 : 와류를 발생시키면 배수 수직관 내부에 공기 코어를 형성하여 통기관 없이도 배수와 통기 기능을 동시에 수행하며, 배수 수직관의 공기 코어 연속성을 확보한다.
- 솔벤트 방식 : 통기관을 따로 설치하지 않고 2개의 특수이음쇠와 신정 통기관만으로 배수와 통기를 겸하는 시스템이다.

16 암모니아 냉동기에서 유분리기의 설치 위치로 가장 적당한 곳은?

① 압축기와 응축기 사이
② 응축기와 팽창밸브 사이
③ 증발기와 압축기 사이
④ 팽창밸브와 증발기 사이

해설
냉매 속에 흡입된 오일을 제거하기 위해 압축기와 응축기 사이에 유분리기를 설치한다.

17 증발온도 −15℃, 응축온도 30℃인 이상적인 냉동기의 성적계수(COP)는?

① 5.73　　② 6.41
③ 6.73　　④ 7.34

해설
$T_1 = 273 - 15 = 258K$
$T_2 = 273 + 30 = 303K$
$\therefore COP = \dfrac{T_1}{T_2 - T_1} = \dfrac{258}{303 - 258} = 5.73$

18 브라인의 구비조건으로 옳지 않은 것은?

① 비열이 크고, 동결온도가 낮을 것
② 불연성이며 불활성일 것
③ 열전도율이 클 것
④ 점성이 클 것

해설
브라인 구비조건
- 부식성이 없을 것
- 열용량(비열)이 클 것
- 응고점이 낮을 것
- 가격이 저렴할 것
- 불연성이고, 불활성일 것
- 열전도율이 클 것
- 점성이 작을 것(순환펌프의 소요동력이 작다)
- 누설하여도 냉장품에 손상이 없을 것

19 흡수식 냉동기의 특징에 대한 설명으로 옳지 않은 것은?

① 부분 부하에 대한 대응성이 좋다.
② 용량제어의 범위가 넓어 폭넓은 용량제어가 가능하다.
③ 초기 운전 시 정격 성능을 발휘할 때까지 도달속도가 느리다.
④ 압축식 냉동기에 비해 소음과 진동이 크다.

해설
흡수식 냉동기의 특징
- 운전 시 소음 및 진동이 거의 없다.
- 증기, 온수 등 배열을 이용할 수 있다.
- 압축식에 비해서 설치 면적 및 중량이 크다.
- 압축식에 비해서 예랭시간이 길다.

20 줄-톰슨효과와 가장 관련이 깊은 냉동방법은?

① 압축기체의 팽창에 의한 냉동법
② 감열에 의한 냉동법
③ 흡수식 냉동법
④ 2원 냉동법

해설
줄-톰슨 효과 : 압축된 기체를 단열팽창시키면 온도와 압력이 내려가는 현상으로, 공기를 액화시킬 때나 냉매의 냉각에 응용된다. 압축기체의 팽창에 의한 냉동법에는 교축팽창, 단열팽창에 의한 냉동법이 있다.

21 증발온도(압력)가 감소할 때 장치에 발생하는 현상으로 옳지 않은 것은?(단, 응축온도는 일정하다)

① 성적계수(COP)가 감소한다.
② 토출가스 온도가 상승한다.
③ 냉매순환량이 증가한다.
④ 냉동효과가 감소한다.

해설
응축온도가 일정할 때 냉매 증발온도가 감소하면 압축비 증가로 성적계수가 감소하므로 냉매의 순환량이 감소한다.

22 압축기의 설치목적에 대한 설명으로 옳은 것은?

① 엔탈피 감소로 비체적을 증가시키기 위해
② 상온에서 응축액화를 용이하게 하기 위한 목적으로 압력을 상승시키기 위해
③ 수랭식 및 공랭식 응축기의 사용을 위해
④ 압축 시 임계온도 상승으로 상온에서 응축액화를 용이하게 하기 위해

해설
압축기 또는 컴프레서(Compressor)는 기체의 부피 줄임으로써 기체의 압력을 증가시키는 기계식 장치이다.

23 다음 중 오존파괴지수(ODP)가 가장 낮은 냉매는?

① R-11
② R-12
③ R-22
④ R-134a

해설
냉매의 오존파괴지수(ODP)
• R-11, R-12, R-22는 오존층 파괴지수가 0.6~1.0 사이이다.
• R-134a는 대체 냉매로서 ODP는 0이다.

24 보일러의 급수장치에 대한 설명으로 옳은 것은?

① 보일러 급수의 경도가 낮으면 관 내 스케일이 부착되기 쉬우므로 가급적 경도가 높은 물을 급수로 사용한다.
② 보일러 내 물의 광물질이 농축되는 것을 방지하기 위하여 때때로 관수를 배출하여 소량씩 물을 바꾸어 넣는다.
③ 수질에 의한 영향을 받기 쉬운 보일러에서는 경수장치를 사용한다.
④ 증기보일러에서는 보일러 내 수위를 일정하게 유지할 필요는 없다.

해설
① 보일러 급수의 경도가 높으면 관 내에 스케일이 부착되기 쉬우므로 가급적 경도가 낮은 물을 급수로 사용한다.
③ 수질에 의한 영향을 받기 쉬운 보일러에서는 연수장치를 사용한다.
④ 증기보일러에서 고수위일 경우 캐리오버 또는 프라이밍의 원인이 되고, 저수위일 경우 보일러 과열의 원인이 되므로 보일러 내 수위를 표준 수위로 유지한다.

25 환기에 대한 설명으로 틀린 것은?

① 기계환기법에는 풍압과 온도차를 이용하는 방식이 있다.
② 제품이나 기기 등의 성능을 보전하는 것도 환기의 목적이다.
③ 자연환기는 공기의 온도에 따른 비중차를 이용한 환기이다.
④ 실내에서 발생하는 열이나 수증기도 제거한다.

해설
풍압과 온도차를 이용하는 방식은 자연환기 방식이다.

26 냉난방 설계 시 열부하에 관한 설명으로 옳은 것은?

① 인체에 대한 냉방부하는 현열만이다.
② 인체에 대한 난방부하는 현열과 잠열이다.
③ 조명에 대한 냉방부하는 현열만이다.
④ 조명에 대한 난방부하는 현열과 잠열이다.

해설
열부하
• 난방부하(Heating Load) : 공급해야 하는 열량이다.
• 냉방부하(Cooling Load) : 제거해야 하는 열량이다.
• 인체에 대한 냉방부하는 현열(Sensible Heat)과 잠열(Latent Heat)이 모두 발생하며, 모두 냉방부하 계산에 포함되어야 한다.
• 조명에 대한 냉방부하는 현열만이다. 조명에서 발생하는 열(전기에너지의 일부)은 실내를 덥히는 열원이므로 냉방부하에 포함되어야 한다.

27 다음 중 수-공기 공기조화방식에 해당하는 것은?

① 2중 덕트방식
② 패키지 유닛방식
③ 복사냉난방방식
④ 정풍량 단일 덕트방식

해설
공조방식의 분류

분류			명칭
중앙 방식	전공기 방식	단일 덕트 방식	정풍량 방식 : • 말단에 재열기가 없는 방식
			변풍량 방식 : • 재열기가 없는 방식 • 재열기가 있는 방식
		2중 덕트 방식	• 정풍량 2중 덕트방식 • 변풍량 2중 덕트방식 • 멀티존 유닛방식 • 덕트 병용의 패키지 방식 • 각층 유닛방식
	공기·수방식 (유닛 병용 방식)		• 덕트 병용 팬코일 유닛방식 • 유인유닛방식 • 복사냉난방방식
	전수방식		팬코일 유닛방식
개별 방식	냉매방식		• 패키지 방식 : 냉수 배관, 복잡한 덕트 등이 없다. • 룸 쿨러 방식 • 멀티 유닛방식

28 복사난방에 대한 설명으로 옳지 않은 것은?

① 다른 방식에 비해 쾌감도가 높다.
② 시설비가 적게 든다.
③ 실내에 유닛이 노출되지 않는다.
④ 열용량이 크기 때문에 방열량 조절에 시간이 다소 걸린다.

해설
복사난방은 바닥패널, 벽패널, 천장패널의 매립배관이라서 시설비가 많이 든다.

29 지역난방의 특징에 대한 설명으로 옳지 않은 것은?

① 광범위한 지역의 대규모 난방에 적합하며, 열매는 고온수 또는 고압증기를 사용한다.
② 소비처에서 24시간 연속 난방과 연속 급탕이 가능하다.
③ 대규모화에 따라 고효율 운전 및 폐열을 이용하는 등 에너지 취득이 경제적이다.
④ 순환펌프 용량이 크며 열수송배관에서의 열손실이 작다.

해설
지역난방은 수송거리가 길어서 열수송배관에서의 열손실이 크다.

30 가스배관의 설치방법에 관한 설명으로 옳지 않은 것은?

① 최단거리로 할 것
② 구부러지거나 오르내림을 적게 할 것
③ 가능한 한 은폐하거나 매설할 것
④ 가능한 한 옥외에 할 것

해설
가연성 가스나 독성가스는 누설 시 쉽게 검출이 가능하여야 하기 때문에 가능한 한 옥외 설치나 개방배관이 필요하다.

31 증기난방설비 시공 시 보온을 필요로 하는 배관은?

① 관말 증기 트랩장치의 냉각관
② 방열기 주위의 배관
③ 증기공급관
④ 환수관

해설
보온이 필요한 관 : 급탕관, 온수공급관, 증기공급관, 기름예열관

32 냉매액관 시공 시 유의사항으로 옳지 않은 것은?

① 긴 입상 액관의 경우 압력 감소가 크므로 충분한 과냉각이 필요하다.
② 배관 도중에 다른 열원으로부터 열을 받지 않도록 한다.
③ 액관배관은 가능한 한 길게 한다.
④ 액 냉매가 관 내에서 증발하는 것을 방지하도록 한다.

해설
모든 배관은 저항손실을 감소시키기 위해 가능한 한 짧게 한다.

33 루프형 신축이음쇠의 특징에 대한 설명으로 옳지 않은 것은?

① 설치 공간을 많이 차지한다.
② 신축에 따른 자체 응력이 생긴다.
③ 고온·고압의 옥외배관에 많이 사용된다.
④ 장시간 사용 시 패킹의 마모로 누수의 원인이 된다.

해설
장시간 사용 시 패킹의 마모로 누수의 원인이 되는 신축이음쇠는 슬리브형 이음쇠이다.

정답 29 ④ 30 ③ 31 ③ 32 ③ 33 ④

34 압축기의 톱 클리어런스(Top Clearance)가 클 때 나타나는 현상은?

① 체적효율이 증대한다.
② 냉동능력이 감소한다.
③ 토출가스의 온도가 저하한다.
④ 윤활유가 열화하지 않는다.

[해설]
압축기의 톱 클리어런스가 크면 압축되는 양이 적어지므로 냉동능력이 감소한다.

35 파이프 내의 압력이 높아지면 고무링은 더욱 파이프 벽에 밀착되어 누설된다. 이를 방지하는 접합방법은?

① 기계적 접합
② 플랜지 접합
③ 빅토리 접합
④ 소켓 접합

[해설]
빅토리 접합 : 파이프 끝단에 홈을 파고, 고무 개스킷과 금속제 커플링(클램프)을 이용해 파이프를 고정한다. 볼트와 너트로 커플링을 조이면 개스킷이 밀착되어 누수를 막는다.

36 다음 중 가장 두꺼운 동관은?

① K형 ② L형
③ M형 ④ N형

[해설]
동관의 분류
• 동관의 두께별 분류 : K형 > L형 > M형
• 동관의 질별 분류 : 경질 > 반경질 > 반연질 > 연질

37 증발식 응축기에 관한 설명으로 옳은 것은?

① 증발식 응축기의 냉각수는 보충할 필요가 없다.
② 증발식 응축기는 물의 현열을 이용하여 냉각한다.
③ 내부에 냉매가 통하는 나관이 있고, 그 위에 노즐을 이용하여 물을 산포하는 형식이다.
④ 압력 강하가 작아 고압측 배관에 적당하다.

[해설]
증발식 응축기 : 냉매가 통과하는 관에 물을 뿌리고, 팬으로 바람을 불어 물이 증발하면서 발생하는 증발열로 냉매를 응축시키는 장치로서, 수랭식 응축기 중 냉각 수량이 가장 적게 사용된다.
• 증발식 응축기의 냉각수는 사용 중 일부 증발되는 소비량과 비산 수량, 드레인 수량 등을 보충해야 한다.
• 증발식 응축기는 물의 잠열을 이용하여 냉각하므로 냉각수의 소비량이 적다.
• 별도의 냉각탑을 설치하지 않고 옥외에 설치하므로 배관이 길어지고 압력 강하가 커진다.
• 대기의 습구온도에 영향을 많이 받는다.

38 다음 중 고압가스 안전관리법에 적용되지 않는 것은?

① 스크루 냉동기
② 고속 다기통 냉동기
③ 회전용적형 냉동기
④ 열전모듈 냉각기

[해설]
열전모듈 냉각기 : 펠티어 효과를 이용하는 방식으로 전류를 흘려주면 한쪽 면에서 열을 흡수하고(냉각), 반대쪽 면에서 열을 방출한다. 고압가스 안전관리법에 적용되지 않는다.

39 냉동장치에서 플래시 가스가 발생하지 않도록 하기 위한 방지대책으로 옳지 않은 것은?

① 액관의 직경이 충분한 크기를 갖도록 한다.
② 증발기의 위치를 응축기와 비교해서 너무 높게 설치하지 않는다.
③ 여과기나 필터의 점검·청소를 실시한다
④ 액관 냉매액의 과냉도를 줄인다.

해설
플래시 가스는 액체 냉매가 팽창밸브에 도달하기 전 액관 내에서 압력 강하나 외부로부터의 열 흡수로 인해 일부가 기체 상태로 증발하는 현상이다. 플래시 가스는 냉동시스템의 효율을 크게 떨어뜨리므로 액관 냉매액의 과냉도를 크게 하여 플래시 가스 발생을 방지한다.

40 냉동장치 내에 불응축가스가 혼입되었을 때 냉동장치의 운전에 미치는 영향이 아닌 것은?

① 열교환 작용을 방해하므로 응축압력이 낮아진다.
② 냉동능력이 감소한다.
③ 소비 전력이 증가한다.
④ 실린더가 과열되고 윤활유가 열화 및 탄화된다.

해설
냉동장치에 불응축가스(공기, 수소가스)가 발생하면 열교환 작용을 방해하므로 응축압력이 높아진다.

41 몰리에르 선도에 대한 설명으로 옳지 않은 것은?

① 과열 구역에서 등엔탈피선은 등온선과 거의 직교한다.
② 습증기 구역에서 등온선과 등압선은 평행하다.
③ 습증기 구역에서만 등건조도선이 존재한다.
④ 등비체적선은 과열증기 구역에서도 존재한다.

해설
과열 구역에서는 등온선과 등엔탈피선이 거의 평행하고, 습증기 구역에서는 직교한다.

42 냉매가 구비해야 할 조건으로 옳지 않은 것은?

① 증발잠열이 클 것
② 응고점이 낮을 것
③ 전기저항이 클 것
④ 증기의 비열비가 클 것

해설
증기의 비열비가 크면 냉매 토출가스 온도가 높아서 압축기 과열에 의한 손상이 우려된다.

43 가용전에 대한 설명으로 옳은 것은?

① 저압 차단 스위치를 의미한다.
② 압축기 토출측에 설치한다.
③ 수랭 응축기 냉각수 출구측에 설치한다.
④ 응축기 또는 고압 수액기의 액 배관에 설치한다.

해설
가용전(합금제 안전장치) : 응축기, 고압 수액기의 압력 상승이나 온도 증가 시 용융되어서 고온의 냉매를 방출시켜 이상 고압을 방지하는 장치이다.

44 냉동사이클 중 $P-h$ 선도(압력-엔탈피 선도)로 구할 수 없는 것은?

① 냉동능력
② 성적계수
③ 냉매순환량
④ 마찰계수

해설
몰리에르 선도($P-h$ 선도)상의 표시사항
- 냉동능력
- 성적계수
- 냉매순환량

45 다음 중 냉동장치의 압축기와 관계가 없는 효율은?

① 소음효율
② 압축효율
③ 기계효율
④ 체적효율

해설
냉동장치의 압축기 효율
- 기계효율 : 실제 소요동력과 관계
- 압축효율 : 이론적 소요동력과 관계
- 체적효율 : 피스톤 압출량과 관계

46 다음 중 흡입관 내를 흐르는 냉매증기의 압력 강하가 커지는 경우는?

① 관이 굵고, 흡입관 길이가 짧은 경우
② 냉매증기의 비체적이 큰 경우
③ 냉매의 유량이 적은 경우
④ 냉매의 유속이 빠른 경우

해설
냉매의 유속이 빠르면 저항이 증가하여 압력이 강하된다.

47 에어와셔(공기세정기) 속의 플러딩 노즐(Flooding Nozzle)의 역할은?

① 균일한 공기 흐름 유지
② 분무수의 분무
③ 일리미네이터 청소
④ 물방울의 기류에 혼입 방지

해설
플러딩 노즐은 공기조화기(AHU) 내의 일리미네이터(Eliminator, 물방울 제거장치)에 부착된 먼지나 오염물질(진애)을 씻어내고 청소하는 데 사용한다.

48 냉방부하에 관한 설명으로 옳은 것은?

① 조명에서 발생하는 열량은 잠열로서 외기부하에 해당된다.
② 상당외기온도차는 방위, 시각 및 벽체 재료 등에 따라 값이 정해진다.
③ 유리창을 통해 들어오는 부하는 태양복사열만 계산한다.
④ 극간풍에 의한 부하는 실내·외 온도차에 의한 현열만을 계산한다.

해설
상당외기온도차
- 상당외기온도차(EDT) = 상당외기온도 – 실내온도
- 냉방부하에서 상당외기온도차는 방위·시각·벽체 재료에 따라 값이 정해진다(유리창 : 현열 이용, 극간풍 : 현열, 잠열 이용).

49 송풍기 회전수를 높일 때 나타나는 현상이 아닌 것은?

① 정압 감소
② 동압 감소
③ 소음 감소
④ 송풍기 동력 증가

해설
압력(정압, 전압)은 회전수의 제곱에 비례하므로, 회전수를 높이면 정압이 증가한다.
송풍기의 상사법칙
- 유량 : $Q_2 = Q_1 \times \dfrac{N_2}{N_1} \times \left(\dfrac{D_2}{D_1}\right)^3$
- 전양정 : $H_2 = H_1 \times \left(\dfrac{N_2}{N_1}\right)^2 \times \left(\dfrac{D_2}{D_1}\right)^2$
- 동력 : $P_2 = P_1 \times \left(\dfrac{N_2}{N_1}\right)^3 \times \left(\dfrac{D_2}{D_1}\right)^5$

여기서, N : 회전수(rpm)
D : 내경(mm)

50 유리를 투과한 일사에 의한 취득열량과 가장 관련이 없는 것은?

① 유리창 면적
② 일사량
③ 환기 횟수
④ 차폐계수

해설
환기 횟수는 극간풍에 영향을 받는 손실부하(외기부하)로, 난방부하에 속한다.

51 다음 중 직접난방방식이 아닌 것은?

① 증기난방
② 온수난방
③ 복사난방
④ 온풍난방

해설
온풍난방은 덕트시설을 이용한 간접난방이다.

정답 48 ② 49 ① 50 ③ 51 ④

52 일반적으로 대용량의 공조용 냉동기에 사용되는 터보식 냉동기의 냉동부하 변화에 따른 용량제어 방식이 아닌 것은?

① 압축기 회전수 가감법
② 흡입 가이드 베인 조절법
③ 클리어런스 증대법
④ 흡입 댐퍼 조절법

해설
냉동기 용량제어법
- 왕복동식 : 회전수 가감법, 바이패스법, 클리어런스 증대법(간극 조절법), 언로드법
- 원심식 : 베인 조절법, 회전수 가감법, 바이패스법, 흡입 댐퍼 조절법, 냉각수량 조절법

53 냉동능력이 10RT이고, 압축일량이 10kW일 때 응축기의 방열량은 약 얼마인가?

① 41,800kcal/h
② 22,900kcal/h
③ 2,400kcal/h
④ 18,600kcal/h

해설
응축기 방열량
$$\left(10RT \times \frac{3,320\text{kcal/h}}{1RT}\right) + \left(10kW \times \frac{860\text{kcal/h}}{1kW}\right) = 41,800\text{kcal/h}$$
※ 1RT = 3,320kcal/h
　 1kW = 860kcal/h

54 암모니아 냉동장치에서 팽창밸브 직전의 온도가 25°C, 흡입가스의 온도가 −15°C인 건조포화 증기인 경우, 냉매 1kg당의 냉동효과가 280kcal라면 냉동능력 15RT가 요구될 때의 냉매순환량은 얼마인가?

① 약 178kg/h
② 약 195kg/h
③ 약 188kg/h
④ 약 200kg/h

해설
냉매순환량(G)
$$G = \frac{냉동능력}{냉동효과} = \frac{15 \times 3,320}{280} = 178\text{kg/h}$$
※ 1RT = 3,320kcal/h

55 이상기체의 엔탈피가 변하지 않는 과정은?

① 가역 단열과정
② 등온과정
③ 비가역 압축과정
④ 교축과정

해설
팽창밸브(교축과정) : 냉동기 및 열펌프 사이클 중에서 고온 고압의 냉매를 교축시켜 갑자기 저압의 증발기(냉각코일) 속에 방출하는 밸브 일종의 감압밸브로 매우 작은 틈에서 냉매를 방출한다.

56 다음 중 열펌프(Heat Pump)의 열원이 아닌 것은?

① 대 기
② 지 열
③ 태양열
④ 빙축열

해설
빙축열 방식은 전기 소비가 폭주하는 낮에 에어컨을 돌리지 않고 심야시간에 얼음을 얼렸다가 한낮에 이를 녹여 건물을 냉방하는 첨단방식이다.

57 수동나사 절삭방법으로 옳지 않은 것은?

① 관을 파이프 바이스에서 약 150mm 정도 나오게 하고, 관이 찌그러지지 않게 주의하면서 단단히 물린다.
② 관 끝은 절삭날이 쉽게 들어갈 수 있도록 약간의 모따기를 한다.
③ 나사 절삭기를 관에 끼우고 래칫을 조정한 다음 약 30°씩 회전시킨다.
④ 나사가 완성되면 편심 핸들을 급히 풀고 절삭기를 뺀다.

해설
나사가 완성되면 편심 핸들을 천천히 풀어야 한다.

58 냉동사이클의 구성 순서로 옳은 것은?

① 증발 → 응축 → 팽창 → 압축
② 압축 → 응축 → 증발 → 팽창
③ 압축 → 응축 → 팽창 → 증발
④ 팽창 → 압축 → 증발 → 응축

59 냉동기의 정상적인 운전 상태를 파악하기 위하여 운전관리상 검토해야 할 사항이 아닌 것은?

① 윤활유의 압력, 온도 및 청정도
② 냉각수 온도 또는 냉각공기 온도
③ 정지 중의 소음 및 진동
④ 압축기용 전동기의 전압 및 전류

해설
냉동기 정지 중의 상태는 점검할 필요가 없다.

60 만액식 증발기의 전열을 좋게 하기 위한 것이 아닌 것은?

① 냉각관이 냉매액에 잠겨 있거나 접촉해 있을 것
② 증발기 관에 핀(Fin)을 부착할 것
③ 평균 온도차가 작고 유속이 빠를 것
④ 유막이 없을 것

해설
만액식 증발기의 전열을 좋게 하기 위해서는 평균 온도차를 크게 해야 된다.

정답 56 ④ 57 ④ 58 ③ 59 ③ 60 ③

참 / 고 / 문 / 헌

- 이덕수, 소방설비기사 기본서 필기 기계편, 시대고시기획 시대교육, 2015

- 김희태, 공조냉동기계산업기사 한권으로 끝내기, 시대고시기획 시대교육, 2015

- 김용원, 산업안전기사필기, 동일출판사, 2015

- 마용화, 한홍걸, 공기조화냉동기계 기사 산업기사 필기시험문제, 크라운 출판사, 2010

- 김종원, 한권으로 끝내기! 산업안전기사·산업기사, 시대고시기획 시대교육, 2009

- 최상복, 산업안전대사전, 도서출판골드, 2004

Win-Q 공조냉동기계기능사 필기

개정11판1쇄 발행	2026년 01월 05일 (인쇄 2025년 11월 14일)
초 판 발 행	2015년 03월 05일 (인쇄 2015년 02월 06일)
발 행 인	박영일
책 임 편 집	이해욱
편 저	허판효
편 집 진 행	윤진영, 최 영
표지디자인	권은경, 길전홍선
편집디자인	정경일
발 행 처	(주)시대고시기획
출 판 등 록	제10-1521호
주 소	서울시 마포구 큰우물로 75 [도화동 538 성지 B/D] 9F
전 화	1600-3600
팩 스	02-701-8823
홈 페 이 지	www.sdedu.co.kr
I S B N	979-11-434-0536-4(13550)
정 가	26,000원

※ 저자와의 협의에 의해 인지를 생략합니다.
※ 이 책은 저작권법의 보호를 받는 저작물이므로 동영상 제작 및 무단전재와 배포를 금합니다.
※ 잘못된 책은 구입하신 서점에서 바꾸어 드립니다.